Experimentalphysik: Mechanik

Helga Kumrić · Felix Roser

# Experimentalphysik: Mechanik

## Grundlagen und Aufgaben zu Massenpunkten, Newton, Fluiden & Co.

Springer Spektrum

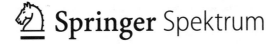

Helga Kumrić
1. Physikalisches Institut
Universität Stuttgart
Stuttgart, Deutschland

Felix Roser
Institut für Theoretische Physik III
Universität Stuttgart
Stuttgart, Deutschland

ISBN 978-3-662-61854-7 ISBN 978-3-662-61855-4 (eBook)
https://doi.org/10.1007/978-3-662-61855-4

Die Deutsche Nationalbibliothek verzeichnet diese Publikation in der Deutschen Nationalbibliografie; detaillierte bibliografische Daten sind im Internet über http://dnb.d-nb.de abrufbar.



Planung/Lektorat: Lisa Edelhäuser
Springer Spektrum ist ein Imprint der eingetragenen Gesellschaft Springer-Verlag GmbH, DE und ist ein Teil von Springer Nature.
Die Anschrift der Gesellschaft ist: Heidelberger Platz 3, 14197 Berlin, Germany

# Vorwort

Die Physik-Vorlesung zur klassischen Mechanik ist nicht nur im Physikstudium, sondern auch in vielen Ingenieursstudiengängen obligatorisch. Das ist nicht ohne Grund so. Einerseits können wir aus der klassischen Mechanik vieles lernen, was in verschiedenen Fächern Anwendung findet, andererseits schult uns die Physik ganz allgemein im Lösen von Problemen verschiedenster Art.

Wir haben dieses Lernbuch mit Blick auf diese Aspekte geschrieben. Thematisch beschränken wir uns dabei auf die Inhalte, die in der Prüfung zur klassischen Mechanik üblicherweise wichtig sind. Aus didaktischer Sicht ist dieses Buch aber besonders darauf ausgerichtet, die Leserinnen und Leser im physikalischen und auch im mathematischen Denken zu schulen. Dafür kombinieren wir ausführliche Erläuterungen zur Theorie der klassischen Mechanik mit lehrreichen Übungsaufgaben.

Wir sind davon überzeugt, dass Sie Aufgaben in der Physik leichter lösen können, wenn Sie die physikalischen Hintergründe verstehen. Um Ihnen dabei zu helfen, fokussieren wir uns in diesem Buch nicht auf Experimente und historische Zusammenhänge, sondern geben Ihnen die Grundlagen, die sie brauchen, um solche Dinge selbstständig zu erarbeiten.

Wir hoffen, dass wir Ihnen mit diesem Buch helfen können, sich gut auf Ihre Physikprüfungen vorzubereiten. Wenn es uns dabei gelingt, bei Ihnen das Interesse für die Physik zu wecken, dann haben wir unser Ziel mehr als erfüllt.

## Dank

Wir möchten allen, die uns beim Schreiben dieses Buches in unterschiedlicher Art und Weise unterstützt haben, danken.

Zunächst bedanken wir uns bei Frau Dr. Lisa Edelhäuser. Dieses Buch ist auf ihre Idee hin entstanden und sie hat uns in den letzten zwei Jahren mit viel Enthusiasmus, zahlreichen Anregungen und großem Einsatz begleitet.

Unser Dank gilt auch dem Springer Spektrum Verlag und insbesondere Frau Lerch für die freundliche und professionelle Leitung durch die Entstehung und Fertigstellung dieses Lernbuches.

Herrn Prof. Dr. Dressel danken wir für seine Ermutigung und Förderung in allen Phasen dieses Projekts.

Herr Tobias Reinsch hat das Buch mit viel Hingabe korrekturgelesen. Er hat alle Gleichungen und Aufgaben nachgerechnet und uns auf viele unklare und fehlerhafte Passagen hingewiesen. Ihm gilt unser besonderer Dank.

Frau Anne Roser hat die unglaubliche Ausdauer und Geduld bewiesen, dieses Buch freiwillig komplett durchzulesen und zahlreiche kleine und große Fehler zu korrigieren. Wir können ihr dafür nicht genug danken.

Unseren lieben Familien möchten wir für ihren Beistand und ihre großzügige Unterstützung ein herzliches Dankeschön und Hvala aussprechen.

Stuttgart,
im August 2020

Helga Kumrić
Felix Roser

# Einleitung

Liebe Leserin, lieber Leser,

wenn Sie das lesen, dann besuchen Sie wahrscheinlich gerade Ihre erste Physikvorlesung oder Sie befinden sich bereits in der Vorbereitung auf die dazugehörige Prüfung. Dieses Lernbuch soll Ihnen dabei helfen, den Stoff der Experimentalphysik I zu verstehen und anschließend die Prüfung zu meistern. Dazu bietet es Ihnen nicht nur ausführliche Erklärungen zur Theorie der klassischen Mechanik, sondern auch zahlreiche Übungsaufgaben.

Wir möchten diese Einleitung nutzen, um Ihnen den Aufbau dieses Buches zu erläutern und Ihnen einige Hinweise zu geben, wie sie es am besten zum Lernen verwenden können.

## An wen sich dieses Buch richtet

Alle Studierenden, die eine Experimentalphysikvorlesung zur klassischen Mechanik besuchen, können von diesem Buch profitieren. Damit ist es für Studierende von Ingenieursstudiengängen sowie der Naturwissenschaften, insbesondere der Physik, geeignet.

## Was Sie in diesem Buch nicht finden

Wir behandeln hier die klassische Mechanik aus Sicht der Experimentalphysik. Dabei lassen wir aber bewusst Aspekte der Mechanik aus, die in Lehrveranstaltungen mehr Beachtung finden.

In diesem Buch gehen wir auf einige der häufig in Vorlesungen behandelten Experimente zu klassischen Mechanik nicht ein. Wir liefern auch nur wenige historische Hintergründe und gehen selten im Detail auf Beispiele aus der Realität ein. Stattdessen behandeln wir den Stoff auf einer eher abstrakten und theoretischen Ebene.

Warum ist dies ein Buch über Experimentalphysik und nicht über theoretische Physik? Die Methodik und die mathematischen Hilfsmittel, die wir verwenden, sind die, die aus den Lehrveranstaltungen der Experimentalphysik bekannt sind. Deshalb machen wir hier eher Experimentalphysik ohne Experimente, als theoretische Physik.

Dieses Buch ist kein Lexikon der Experimentalphysik und ersetzt auch keine Physik-Vorlesung. Während wir hier besonderen Wert auf das Verständnis von Grundlagen legen, wird in Lehrveranstaltungen üblicherweise mehr auf weiterführende Themen eingegangen. Deshalb ist es möglich, dass Ihnen in Ihren Lehrveranstaltungen Inhalte begegnen, die Sie nicht in diesem Buch finden. Außerdem behandeln wir die verschiedenen Themen in einer anderen Reihenfolge, als die meisten Bücher und Lehrveranstaltungen.

## Was Sie in diesem Buch finden

Wir legen in diesem Buch großen Wert auf die Grundlagen und Herleitungen, die in der klassischen Mechanik wichtig sind. Es liegt uns viel daran, dass Sie sich den behandelten Stoff nicht nur einprägen, sondern dass Sie ihn auch verstehen. Deshalb widmen wir uns im Besonderen den Prinzipien, die hinter den vielen Formeln der klassischen Mechanik liegen.

Wenn Sie die mathematischen und physikalischen Hintergründe beherrschen, die wir hier ausführlich behandeln, dann sollten Sie ohne große Schwierigkeiten auch Aspekte der klassischen Mechanik verstehen können, die in diesem Buch nicht besprochen werden. Auch die üblichen Experimente, die in Lehrveranstaltungen diskutiert werden, beruhen im Wesentlichen auf der Theorie, die wir im Detail erläutern. So geben wir Ihnen hier nicht nur das Verständnis der Prinzipien der klassischen Mechanik mit, sondern auch alles, was Sie brauchen, um sich selbst Themen herzuleiten, die hier nicht behandelt werden. Diese Art von selbstständiger Arbeit ist in jedem Ingenieursstudium und ganz besonders im Physikstudium von zentraler Bedeutung.

Neben ausführlichen Theorieteilen, in denen wir die wichtigsten Themen der klassischen Mechanik einführen, bieten wir Ihnen in diesem Buch auch viele Übungsaufgaben. Diese haben wir mit ausführlichen Lösungen versehen. So eignet sich dieses Buch nicht nur als vorlesungsbegleitendes Werk, sondern auch insbesondere zur Prüfungsvorbereitung.

## Wie dieses Buch geschrieben ist

In diesem Buch finden Sie unterschiedliche didaktische Elemente, mithilfe derer wir versuchen, die verschiedenen Inhalte so übersichtlich und verständlich wie möglich zu vermitteln.

Alle Kapitel beginnen mit einer visuellen Übersicht über die wichtigsten Themen, die behandelt werden.

Anschließend folgt der Theorieteil des jeweiligen Kapitels. Darin erklären wir die Grundlagen und Herleitungen der verschiedenen Regeln und Gleichungen, die Sie in Ihrer Prüfung kennen müssen.

Um Ihnen zu helfen, einige der wichtigsten Aspekte der klassischen Mechanik wirklich zu verinnerlichen, haben wir an einigen Stellen in den Theorieteilen Lücken gelassen. Dort finden Sie Aufgaben und genug Platz, um diese auch zu lösen. So werden Sie manche Herleitungen der Theorie besser verstehen und einordnen können.

Die Aufgaben zur Theorie haben unterschiedliche Schwierigkeitsgrade. Diese haben wir mit kleinen Punkten (• • •) markiert. Aufgaben mit einem Punkt sind eher leicht zu lösen, wogegen Aufgaben mit drei Punkten schwieriger sind. Wir möchten Sie aber dennoch ermutigen, sich an allen Aufgabenstellungen zu versuchen, weil Sie davon nur profitieren können. Selbstverständlich finden Sie in diesem Buch auch ausführliche Lösungen, die Sie zur Kontrolle nutzen oder einfach abschreiben können. So bleiben keine ungefüllten Lücken im Theorieteil bestehen.

Um die Theorie weiter zu strukturieren, verwenden wir außerdem verschiedene Boxen.

**Wichtige Box**

In solchen Boxen finden Sie die allerwichtigsten Gleichungen und Erläuterungen, die Sie sich unbedingt merken sollten.

**►Tipp:**

Hier geben wir Ihnen Tipps und Tricks mit, die Ihnen helfen Rechnungen durchzuführen, Aufgaben zu lösen oder auch ein Thema zu verstehen.

In diesen Boxen geben wir Hinweise auf Aspekte, die über das Thema hinaus gehen. Sie finden hier auch einige historische Bemerkungen.

Am Ende der Theorieteile finden Sie kurze Zusammenfassungen (*Alles auf einen Blick*) der behandelten Themen. Dabei handelt es sich im Wesentlichen um Zusammenstellungen der wichtigen Boxen. So können Sie die zentralen Zusammenhänge und Formeln auf einen Blick finden.

Wir wissen, dass Theorie nur durch Übung verinnerlicht werden kann. Deshalb finden Sie am Ende der Kapitel Übungsaufgaben zu allen physikalischen Themen. Diese haben wir bewusst nicht nach ihrem Schwierigkeitsgrad sortiert, denn Sie sollten die mathematischen Methoden ohnehin beherrschen. Stattdessen haben wir die Aufgaben in drei Kategorien unterteilt:

- In *Einführungsaufgaben* können Sie die Verwendung von Formeln üben. Dabei müssen Sie nicht physikalisch denken, sondern nur mathematisch.
- Die meisten *Verständnisaufgaben* können Sie lösen, ohne Rechnungen durchzuführen. Stattdessen geht es hier darum, dass Sie den Stoff und die Zusammenhänge wirklich verstanden haben und auch in Worten ausdrücken können.
- Normale *Aufgaben* erfordern neben Berechnungen auch physikalisches Denken. Diese Aufgaben haben einen ähnlichen Stil wie auch Prüfungsaufgaben.

Zu allen Aufgaben finden Sie am Ende des Buches Lösungen. Bearbeitete Aufgaben können Sie an den kleinen Kästchen abhaken.

## Welche Kapitel dieses Buch enthält

Dieses Buch ist in acht Kapitel unterteilt, deren Inhalt wir hier kurz wiedergeben.

- Wir beginnen in Kapitel 1 mit einem sehr kurzen Überblick über alle mathematischen Methoden, die in diesem Buch verwendet werden. Einige davon kennen Sie bereits aus der Schule, andere lernen Sie in Mathematikvorlesungen kennen. Dieses Kapitel ist ein Nachschlagewerk, in dem Sie die wichtigsten Formeln und Regeln zusammengefasst finden. Dabei haben wir die Mathematik sehr auf die klassische Mechanik zurechtgeschneidert. Wir behandeln die Methoden und Rechnungen hier deshalb nicht mathematisch rigoros, sondern so, dass wir sie anwenden können und hier die richtigen Ergebnisse erhalten. Somit ersetzen wir selbstverständlich keine Mathematikvorlesung.
- Nachdem wir das mathematische Grundgerüst aufgebaut haben, widmen wir Kapitel 2 der Verknüpfung von Mathematik und Physik. Wir erläutern, was physikalische Größen sind und was das Internationale Einheitensystem ist. Außerdem gehen wir kurz auf den Umgang mit Messfehlern ein.
- Kapitel 3 ist das zentrale und längste Kapitel dieses Buches. Hier gehen wir auf die Physik von Massenpunkten ein. Dabei lernen wir die wichtigsten mathematischen und physikalischen Methoden kennen, die wir auch für den Rest des Buches benötigen. Außerdem geben wir eine detaillierte Einführung in die Prinzipien der Newton'schen Mechanik, da diese das Fundament für das ganze erste Semester darstellt. Nur anhand von Massenpunkten können wir so die meisten Aspekte der klassischen Mechanik bereits verstehen. Wenn Sie dieses Kapitel durchgearbeitet haben, dann haben Sie das Schlimmste bereits überstanden.
- In manchen Vorlesungen zur Experimentalphysik wird die spezielle Relativitätstheorie angesprochen. Deshalb behandeln wir diese in Kapitel 4. Dabei legen wir den Fokus nicht auf das Lösen von Aufgaben in der Relativitätstheorie, weil das ohnehin nicht ins erste Physiksemester gehört. Stattdessen versuchen wir die Zusammenhänge und Herleitungen möglichst klar zu machen, sodass Sie am Ende des Kapitels verstehen, was die Grundkonzepte der speziellen Relativitätstheorie sind, und welche Phänomene sie beschreibt.
- Am Ende des ersten Semesters werden in der Physik üblicherweise noch kurz Schwingungen und Wellen angesprochen. In Kapitel 5 behandeln wir diese Themen. Dabei geben wir eine recht vollständige Einführung in die Mathematik zur Beschreibung von Schwingungen. Wellen werden zwar teilweise im ersten Semester behandelt, aber selten sind zu diesem Zeitpunkt bereits viele Systeme bekannt, in denen Wellen vorkommen. Sie werden beispielsweise erst mit der Elektrodynamik und der Quantenmechanik eingeführt. Deshalb beschreiben wir Wellen hier aus einer eher abstrakten Sichtweise.
- Bis zu diesem Punkt konnten wir alles anhand der Mechanik von Massenpunkten verstehen. In Kapitel 6 widmen wir uns nun ausgedehnten Körpern. Wir erklären, wie die Theorie ausgedehnter Körper mit der Theorie von Massenpunkten verknüpft ist und führen Sie in die Mechanik starrer Körper

ein. Zum Ende des Kapitels behandeln wir außerdem noch Körper, die sich unter Krafteinwirkungen verformen.

- Zum Schluss gehen wir in Kapitel 7 auf Fluide, also Flüssigkeiten und Gase ein. Dabei lernen wir einige neue physikalische Größen kennen und betrachten nicht nur statische, sondern auch dynamische Systeme.
- In Kapitel 8 finden Sie die Lösungen zu allen Übungsaufgaben dieses Buches.

## Wie Sie dieses Buch verwenden sollten

Die meisten Leser dieses Buches befinden sich wahrscheinlich noch am Anfang ihres Studiums. Es ist wichtig, dass Sie herausfinden, wie Sie am besten lernen können. Manche Studierenden rechnen am Ende des Semesters möglichst viele Übungsaufgaben, um sich sicher für ihre Prüfung zu fühlen. Andere wiederum arbeiten den Stoff durch, um ihn möglichst gut zu verstehen und rechnen danach eher wenige Aufgaben.

Deshalb werden wir Ihnen hier nicht empfehlen, wie Sie dieses Buch verwenden sollten. Wenn Sie Aufgaben rechnen möchten, dann finden Sie hier viele vor, inklusive Lösungen. Wenn Sie die Theorie und die Zusammenhänge möglichst gut verstehen möchten (was besonders auch für mündliche Prüfungen wichtig sein kann), dann finden Sie in diesem Buch auch alles, was Sie brauchen.

Wir freuen uns über Lob, Verbesserungsvorschläge und Hinweise zu möglichen Fehlern. Wenden Sie sich dafür gerne direkt an uns:

kumric-roser@web.de

Ob Sie dieses Buch vorlesungsbegleitend, für Übungsaufgaben oder als Ablage für Schokolade verwenden – wir wünschen Ihnen viel Erfolg bei Ihrer Prüfung und beim Verlauf Ihres Studiums!

Helga Kumrić & Felix Roser

# Konstanten

| Konstante | Zeichen | Wert |
|---|---|---|
| **Fundamentalkonstanten** (CODATA 2018) | | |
| Lichtgeschwindigkeit | $c$ | $299\,792\,458\,\mathrm{m \cdot s^{-1}}$ |
| Gravitationskonstante | $G$ | $6{,}674\,30(15) \cdot 10^{-11}\,\mathrm{m^3 \cdot kg^{-1} \cdot s^{-2}}$ |
| Planck-Konstante | $h$ | $6{,}626\,070\,15 \cdot 10^{-34}\,\mathrm{J \cdot s}$ |
| Gaskonstante | $R$ | $8{,}314\,462\,618 ...\,\mathrm{J \cdot mol^{-1} \cdot K^{-1}}$ |
| Boltzmann-Konstante | $k_\mathrm{B}$ | $1{,}380\,649 \cdot 10^{-23}\,\mathrm{J \cdot K^{-1}}$ |
| Avogadro-Konstante | $N_\mathrm{A}$ | $6{,}022\,140\,76 \cdot 10^{23}\,\mathrm{mol^{-1}}$ |
| Elementarladung | $e$ | $1{,}602\,176\,634 \cdot 10^{-19}\,\mathrm{C}$ |
| Elektronenmasse | $m_\mathrm{e}$ | $9{,}109\,383\,701\,5(28) \cdot 10^{-31}\,\mathrm{kg}$ |
| Protonenmasse | $m_\mathrm{P}$ | $1{,}672\,621\,923\,69(51) \cdot 10^{-27}\,\mathrm{kg}$ |
| Dielektrizitätskonstante | $\varepsilon_0$ | $8{,}854\,187\,812\,8(13) \cdot 10^{-12}\,\mathrm{A \cdot s \cdot V^{-1} \cdot m^{-1}}$ |
| Bohr-Radius | $a_0$ | $5{,}291\,772\,109\,03(80) \cdot 10^{-11}\,\mathrm{m}$ |
| **Nützliche Konstanten** | | |
| Masse der Erde | $M_\mathrm{E}$ | $5{,}972\,3 \cdot 10^{24}\,\mathrm{kg}$ |
| Masse des Mondes | $M_\mathrm{M}$ | $7{,}349 \cdot 10^{22}\,\mathrm{kg}$ |
| Radius der Erde | $R_\mathrm{E}$ | $6\,371\,\mathrm{km}$ |
| Gravitationsbeschl. (Erde) | $g$ | $9{,}81\,\mathrm{m \cdot s^{-2}}$ |
| **Mathematische Konstanten** | | |
| $\pi$ | | $3{,}141\,592\,65...$ |
| $e$ | | $2{,}718\,281\,8...$ |
| $\sqrt{2}$ | | $1{,}414\,213\,56...$ |
| $\sqrt{3}$ | | $1{,}732\,050\,8...$ |
| **Trigonometrische Werte** | | |
| $\sin(0)$ | | $0$ |
| $\sin(\pi/6)$ | | $1/2$ |
| $\sin(\pi/4)$ | | $1/\sqrt{2}$ |
| $\sin(\pi/3)$ | | $\sqrt{3}/2$ |
| $\sin(\pi/2)$ | | $1$ |
| $\cos(0)$ | | $1$ |
| $\cos(\pi/6)$ | | $\sqrt{3}/2$ |
| $\cos(\pi/4)$ | | $1/\sqrt{2}$ |
| $\cos(\pi/3)$ | | $1/2$ |
| $\cos(\pi/2)$ | | $2$ |

# Griechisches Alphabet

| Name | Buchstabe (groß/klein) | Name | Buchstabe (groß/klein) |
|---|---|---|---|
| Alpha | $A/\alpha$ | Ny | $N/\nu$ |
| Beta | $B/\beta$ | Xi | $\Xi/\xi$ |
| Gamma | $\Gamma/\gamma$ | Omikron | $O/o$ |
| Delta | $\Delta/\delta$ | Pi | $\Pi/\pi$ |
| Epsilon | $E/\varepsilon$ | Rho | $P/\rho$ |
| Zeta | $Z/\zeta$ | Sigma | $\Sigma/\sigma$ |
| Eta | $H/\eta$ | Tau | $T/\tau$ |
| Theta | $\Theta/\vartheta$ | Ypsilon | $\Upsilon/\upsilon$ |
| Iota | $I/\iota$ | Phi | $\Phi/\varphi$ |
| Kappa | $K/\kappa$ | Chi | $X/\chi$ |
| Lambda | $\Lambda/\lambda$ | Psi | $\Psi/\psi$ |
| My | $M/\mu$ | Omega | $\Omega/\omega$ |

# Inhaltsverzeichnis

# Mathematische Grundlagen 1

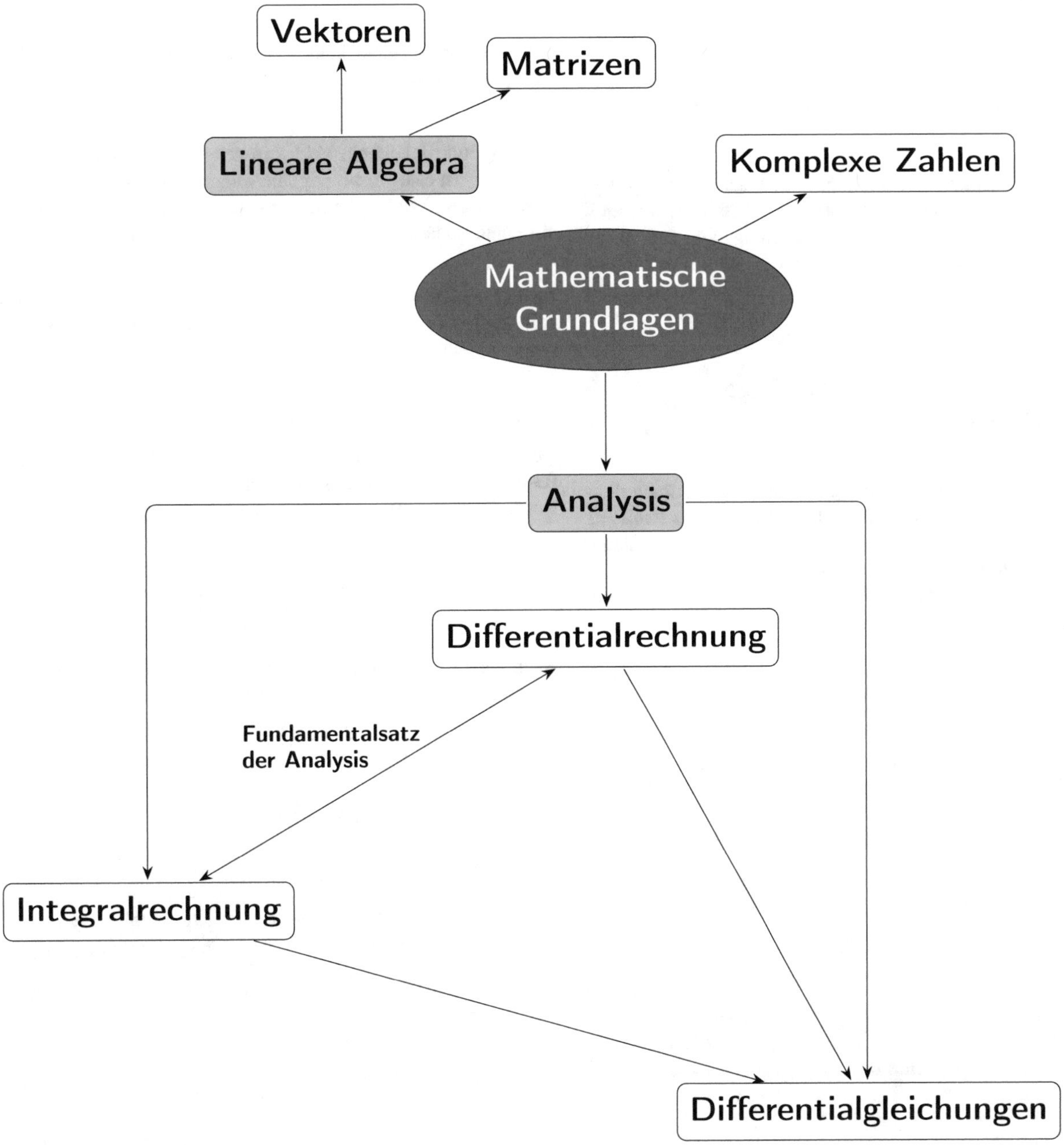



H. Kumrić und F. Roser, *Experimentalphysik: Mechanik*,
https://doi.org/10.1007/978-3-662-61855-4_1

Im Rahmen dieses Kapitels werden die mathematischen Grundlagen, die zum Verständnis dieses Buches benötigt werden, behandelt. Wir beschränken uns dabei auf eine skizzenhafte, stark gekürzte und anwendungsorientierte Darstellung der verschiedenen Themen. Dabei geben wir hier bewusst keine physikalischen Beispiele an.

Dieses Kapitel ersetzt kein Buch der Mathematik. Es ist lediglich als Stütze für die mathematischen Methoden der nachfolgenden physikalischen Kapitel gedacht.

## 1.1 Vektoren und lineare Algebra

Wir behandeln zuerst die Grundlagen der Vektorrechnung. Dabei konzentrieren wir uns ausschließlich auf diejenigen Bereiche, die im Rahmen dieses Buches notwendig sind, und verlieren uns nicht in den Tiefen der linearen Algebra. Der interessierte Leser sei dafür auf weiterführende Literatur verwiesen.

### 1.1.1 Vektoren und zugehörige Rechenoperationen

Vektoren sind eigentlich als Elemente von Vektorräumen definiert. Diese Herangehensweise spielt hier aber keine Rolle, da wir Vektoren ausschließlich benötigen werden, um verschiedene Größen im dreidimensionalen, reellen Raum $\mathbb{R}^3$ zu beschreiben. Für uns sind Vektoren deshalb einfach Objekte mit drei Komponenten

$$\boldsymbol{v} = \begin{pmatrix} v_1 \\ v_2 \\ v_3 \end{pmatrix} . \tag{1.1}$$

Die Indizes 1, 2 und 3 bezeichnen in kartesischen Koordinaten die drei Raumrichtungen $x$, $y$ und $z$. In anderen Koordinatensystemen kommt den Indizes aber eine andere Bedeutung zu. Darauf kommen wir in Unterabschnitt 1.1.4 zurück.

**►Tipp:**

Grundsätzlich kann ein Vektor auch mehr oder weniger als drei Komponenten haben. Die $i$-te Komponente des Vektors $\boldsymbol{v}$ bezeichnen wir mit $v_i$.

Außerdem gibt es für Vektoren auch die Komponentenschreibweise. Dann schreiben wir anstelle von Vektoren nur ihre Komponenten mit einem variablen Index auf. Gilt zum Beispiel für zwei Vektoren $\boldsymbol{v}$ und $\boldsymbol{w}$ die Gleichung $\boldsymbol{v} = \boldsymbol{w}$, so muss für jede Komponente $i$ gelten $v_i = w_i$. Beide Ausdrücke sind äquivalent.

Vektoren haben eine *Richtung* und eine *Länge* (auch *euklidische Norm* genannt) und werden in Skizzen durch Pfeile dargestellt.

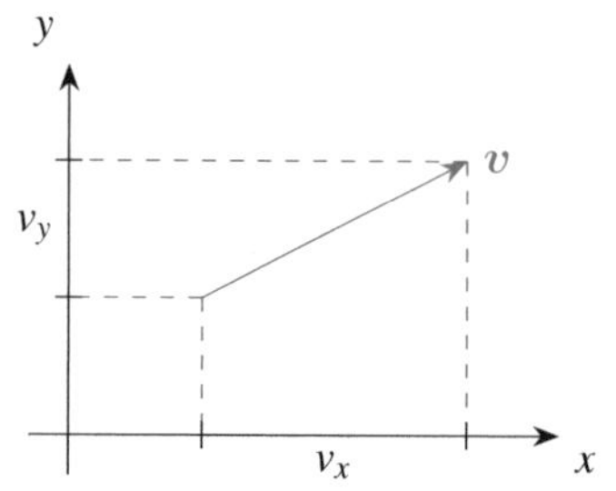


Abb. 1.1: Skizze eines Vektors $\boldsymbol{v}$ in zwei Dimensionen mit den Komponenten $v_x$ und $v_y$.

In Abbildung 1.1 ist ein Vektor in zwei Dimensionen gezeichnet. Dabei ist es egal, wo wir den Vektor im Koordinatensystem positionieren. Wichtig ist nur, dass die Komponenten $v_x$ und $v_y$ stimmen, sodass der Vektor die richtige Richtung und Länge hat.

Im Folgenden wollen wir die verschiedenen Rechenoperationen, die im Zusammenhang mit Vektoren wichtig sind, behandeln.

#### Addition und Subtraktion

Gegeben seien zwei Vektoren $\boldsymbol{u},\boldsymbol{v} \in \mathbb{R}^3$ im dreidimensionalen Raum $\mathbb{R}^3$. Sowohl *Summe* als auch *Differenz* beider Vektoren werden komponentenweise berechnet. Es ist also

$$\boldsymbol{u} \pm \boldsymbol{v} = \begin{pmatrix} v_1 \pm u_1 \\ v_2 \pm u_2 \\ v_3 \pm u_3 \end{pmatrix} . \tag{1.2}$$

Nach der Addition zweier dreidimensionaler Vektoren erhalten wir wieder einen neuen dreidimensionalen Vektor.

Natürlich funktioniert das auch mit einer beliebigen Zahl an Vektorkomponenten. Für die Komponenten schreiben wir einfach

$$(\boldsymbol{u} \pm \boldsymbol{v})_i = u_i \pm v_i . \tag{1.3}$$

**►Tipp:**

Da sich reelle Zahlen unter Addition kommutativ verhalten, ist auch die Addition von Vektoren kommutativ:

$$\boldsymbol{u} + \boldsymbol{v} = \boldsymbol{v} + \boldsymbol{u} . \tag{1.4}$$

Gleiches gilt für die Assoziativität:

$$(\boldsymbol{u} + \boldsymbol{v}) + \boldsymbol{w} = \boldsymbol{u} + (\boldsymbol{v} + \boldsymbol{w}) . \tag{1.5}$$

In dieser Hinsicht verhalten sich Vektoren einfach wie reelle Zahlen.

Zeichnerisch werden Vektoren addiert, indem ein Vektor ans Ende des zweiten Vektors gesetzt wird, wie in Abbildung 1.2 gezeigt.

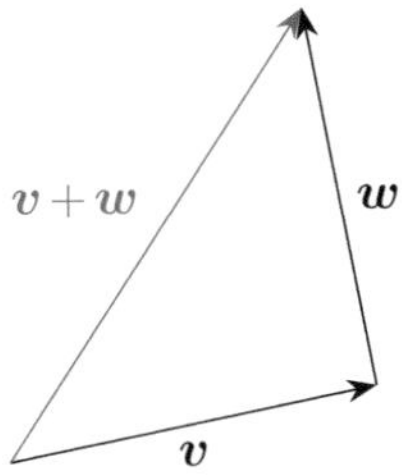


Abb. 1.2: Zwei Vektoren können zeichnerisch durch Aneinandersetzen addiert werden.

### Multiplikation und Division mit Skalaren

Unter einem *Skalar* verstehen wir hier eine Größe, die durch einen gewöhnlichen, eindimensionalen Zahlenwert gegeben ist. Die einzelnen Komponenten $v_i$ von Vektoren $\boldsymbol{v}$ sind beispielsweise auch Skalare.

Betrachten wir nun einen Skalar $\lambda$ und einen Vektor $\boldsymbol{v}$. Das *Produkt* beider Größen ist durch die komponentenweise Multiplikation

$$\lambda \boldsymbol{v} = \begin{pmatrix} \lambda v_1 \\ \lambda v_2 \\ \lambda v_3 \end{pmatrix} \tag{1.6}$$

gegeben. Das Ergebnis der Multiplikation ist also wieder ein Vektor. Dabei ändert sich die Richtung, in die der Vektor zeigt, nicht. Er wird aber in die Länge gestreckt oder gestaucht, oder sogar in seiner Orientierung umgekehrt. Das hängt vom Wert von $\lambda$ ab, der auch negativ sein kann. In Komponentenschreibweise erhalten wir

$$(\lambda \boldsymbol{v})_i = \lambda v_i. \tag{1.7}$$

> **►Tipp:**
> Es gilt hier das Distributivgesetz:
> $$\lambda(\boldsymbol{u}+\boldsymbol{v}) = \lambda \boldsymbol{u} + \lambda \boldsymbol{v}. \tag{1.8}$$

Möchten wir einen Vektor durch einen Skalar dividieren, so können wir das wieder auf eine Multiplikation zurückführen:

$$\frac{\boldsymbol{v}}{\lambda} = \frac{1}{\lambda}\boldsymbol{v}. \tag{1.9}$$

### Norm

Die *euklidische Norm* eines Vektors gibt seine Länge an. Es handelt sich also um einen Skalar. Die Norm wird mithilfe des Satzes des Pythagoras berechnet:

$$|\boldsymbol{v}| = \sqrt{\sum_{i=1}^{3} v_i^2} = \sqrt{v_1^2 + v_2^2 + v_3^2}. \tag{1.10}$$

Häufig sprechen wir dabei auch vom *Betrag* des Vektors.

> **►Tipp:**
> Oft wird der Betrag eines Vektors einfach als $v = |\boldsymbol{v}|$ geschrieben.

### Einheitsvektor

Ein *Einheitsvektor* $\hat{\boldsymbol{v}}$ ist ein Vektor mit Norm $|\hat{\boldsymbol{v}}| = 1$. Durch

$$\hat{\boldsymbol{v}} = \frac{\boldsymbol{v}}{|\boldsymbol{v}|} \tag{1.11}$$

lässt sich jeder Vektor $\boldsymbol{v}$ zu einem Einheitsvektor skalieren. Die einzige Ausnahme bildet hier der Nullvektor $\boldsymbol{0}$, dessen Komponenten alle Null sind und dessen Norm deshalb verschwindet.

### Standardskalarprodukt

Das *Standardskalarprodukt* bildet zwei Vektoren $\boldsymbol{u}$ und $\boldsymbol{v}$ auf einen Skalar ab:

$$\boldsymbol{u} \cdot \boldsymbol{v} = \sum_{i=1}^{3} u_i v_i = u_1 v_1 + u_2 v_2 + u_3 v_3. \tag{1.12}$$

Wir schreiben das Skalarprodukt immer mit einem Malpunkt zwischen den Vektoren.

> **►Tipp:**
> Das Skalarprodukt ist kommutativ:
> $$\boldsymbol{u} \cdot \boldsymbol{v} = \boldsymbol{v} \cdot \boldsymbol{u}. \tag{1.13}$$

Wenn wir zwischen den Vektoren $\boldsymbol{u}$ und $\boldsymbol{v}$ einen Winkel $\varphi$ einzeichnen (siehe Abbildung 1.3), dann können wir auch

$$\boldsymbol{u} \cdot \boldsymbol{v} = |\boldsymbol{u}|\,|\boldsymbol{v}| \cos(\varphi) \tag{1.14}$$

schreiben. Das legt eine Interpretation des Skalarprodukts nahe, die auch in Abbildung 1.3 eingezeichnet ist. Der Wert

$$\frac{\boldsymbol{u} \cdot \boldsymbol{v}}{|\boldsymbol{v}|} \tag{1.15}$$

ist die Projektion des Vektors $\boldsymbol{u}$ auf den Vektor $\boldsymbol{v}$. Wenn wir also einen Vektor mit einem Einheitsvektor multiplizieren, dann erhalten wir seine Projektion auf den Einheitsvektor.

> Skalarprodukte können auch anders definiert sein. Das Skalarprodukt, das wir hier verwenden, wird deshalb auch als Standardskalarprodukt bezeichnet.

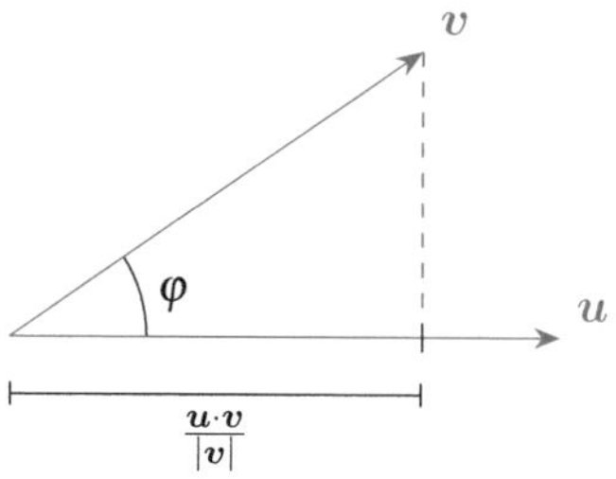


Abb. 1.3: Das Standardskalarprodukt kann mit der Projektion eines Vektors auf einen anderen Vektor in Zusammenhang gebracht werden.

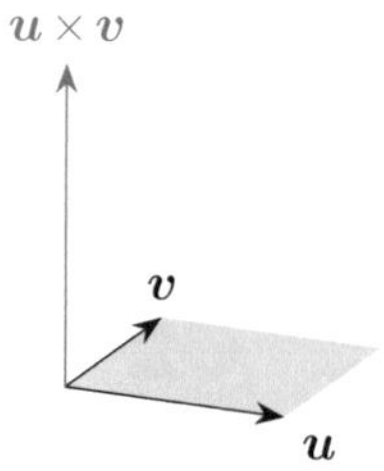


Abb. 1.4: Das Vektorprodukt $\boldsymbol{u} \times \boldsymbol{v}$ der Vektoren $\boldsymbol{u}$ und $\boldsymbol{v}$ steht senkrecht auf beiden dieser Vektoren. Die Länge des resultierenden Vektors ist genauso groß wie die Fläche des von $\boldsymbol{u}$ und $\boldsymbol{v}$ aufgespannten Parallelogramms.

**►Tipp:**

Wenn die Vektoren $\boldsymbol{u}$ und $\boldsymbol{v}$ im rechten Winkel zueinander stehen, dann verschwindet ihr Skalarprodukt:

$$\boldsymbol{u} \cdot \boldsymbol{v} = 0. \tag{1.16}$$

Über den Zusammenhang

$$\boldsymbol{u} \cdot \boldsymbol{u} = \boldsymbol{u}^2 = |\boldsymbol{u}|^2 \tag{1.17}$$

ist das Standardskalarprodukt mit der euklidischen Norm verknüpft.

### Vektorprodukt

Mit dem *Vektorprodukt* (oder auch *Kreuzprodukt*) werden zwei Vektoren auf einen neuen Vektor abgebildet:

$$\boldsymbol{u} \times \boldsymbol{v} = \begin{pmatrix} u_1 \\ u_2 \\ u_3 \end{pmatrix} \times \begin{pmatrix} v_1 \\ v_2 \\ v_3 \end{pmatrix} = \begin{pmatrix} u_2 v_3 - u_3 v_2 \\ u_3 v_1 - u_1 v_3 \\ u_1 v_2 - u_2 v_1 \end{pmatrix}. \tag{1.18}$$

Im Gegensatz zum Skalarprodukt schreiben wir hier ein Malkreuz.

**►Tipp:**

Das Vektorprodukt ist antikommutativ:

$$\boldsymbol{u} \times \boldsymbol{v} = -\boldsymbol{v} \times \boldsymbol{u}. \tag{1.19}$$

Das Vektorprodukt zweier Vektoren $\boldsymbol{u}$ und $\boldsymbol{v}$ steht immer senkrecht auf den beiden Vektoren. Wir haben das in Abbildung 1.4 eingezeichnet. Der resultierende Vektor ist nach der *Rechten-Hand-Regel* orientiert. Dafür zeigen wir mit dem rechten Daumen in Richtung $\boldsymbol{u}$ und mit dem Zeigefinger in die Richtung von $\boldsymbol{v}$. Wenn wir nun den Mittelfinger orthogonal zu Daumen und Zeigefinder ausstrecken, dann zeigt er in die Richtung des Vektorprodukts $\boldsymbol{u} \times \boldsymbol{v}$.

So wie das Skalarprodukt können wir auch das Vektorprodukt zweier Vektoren über den von ihnen eingeschlossenen Winkel $\varphi$ interpretieren:

$$\boldsymbol{u} \times \boldsymbol{v} = |\boldsymbol{u}|\,|\boldsymbol{v}| \sin(\varphi)\,\hat{\boldsymbol{n}}. \tag{1.20}$$

Dabei ist $\hat{\boldsymbol{n}}$ ein Einheitsvektor, der senkrecht auf $\boldsymbol{u}$ und $\boldsymbol{v}$ steht und dem Vektorprodukt seine Richtung gibt.

Der Betrag des Vektorprodukts ist genauso groß wie die Fläche des von $\boldsymbol{u}$ und $\boldsymbol{v}$ aufgespannten Parallelogramms. Wir haben dieses Parallelogramm in Abbildung 1.4 eingezeichnet.

## 1.1.2 Lineare Abhängigkeit

Wenn zwei Vektoren $\boldsymbol{u}$ und $\boldsymbol{v}$ in die gleiche Richtung zeigen, dann können wir sie durch einen Skalar $\lambda$ miteinander verbinden:

$$\boldsymbol{u} = \lambda \boldsymbol{v}. \tag{1.21}$$

Das bedeutet, dass wir gewissermaßen den Vektor $\boldsymbol{u}$ aus dem Vektor $\boldsymbol{v}$ konstruieren können. Wir sagen dann, dass die Vektoren voneinander linear abhängig sind.

Dieses Konzept kann auf mehrere Vektoren erweitert werden. Der Vektor $\boldsymbol{u}$ ist von den Vektoren $\boldsymbol{v}_1, \boldsymbol{v}_2, ..., \boldsymbol{v}_n$ *linear abhängig*, wenn er sich mithilfe von Skalaren $\lambda_1, \lambda_2, ..., \lambda_n$ als

$$\boldsymbol{u} = \sum_{i=1}^{n} \lambda_i \boldsymbol{v}_i = \lambda_1 \boldsymbol{v}_1 + \cdots + \lambda_n \boldsymbol{v}_n \tag{1.22}$$

schreiben lässt. Das bedeutet, dass die Vektoren $\boldsymbol{v}_i$ so aneinandergehängt werden können, dass wir dabei den Vektor $\boldsymbol{u}$ erhalten.

Eine Menge von Vektoren $\boldsymbol{u}_1, ..., \boldsymbol{u}_n$ ist *linear unabhängig*, wenn der Nullvektor $\mathbf{0}$ durch sie mit der Gleichung

$$\mathbf{0} = \sum_{i=1}^{n} \lambda_i \boldsymbol{u}_i = \lambda_1 \boldsymbol{u}_1 + \cdots + \lambda_n \boldsymbol{u}_n \tag{1.23}$$

nur dann dargestellt werden kann, wenn alle Skalare $\lambda_i = 0$ sind. In diesem Fall kann keiner der Vektoren durch die anderen Vektoren dargestellt werden.

In drei Dimensionen können maximal drei Vektoren voneinander linear unabhängig sein. Jeder weitere Vektor kann dann durch die drei ursprünglichen Vektoren dargestellt werden. Auf diesem Prinzip beruht unser kartesisches Koordinatensystem mit seinen drei Achsen.

## 1.1.3 Basis und Erzeugendensystem

Aus den Vektoren $\boldsymbol{u}_1$, ..., $\boldsymbol{u}_n$ lassen sich unendlich viele andere Vektoren linear kombinieren, also durch

$$\boldsymbol{v} = \sum_{i=1}^{n} \lambda_i \boldsymbol{u}_i \tag{1.24}$$

darstellen. Die Menge $V$ aller Vektoren, die sich so konstruieren lassen, nennen wir einen *Vektorraum*. Die ursprünglichen Vektoren $\boldsymbol{u}_1$, ..., $\boldsymbol{u}_n$ bilden ein *Erzeugendensystem* des Vektorraums.

Beispielsweise bilden die Vektoren

$$\boldsymbol{u}_1 = \begin{pmatrix} 1 \\ 0 \\ 0 \end{pmatrix} \tag{1.25a}$$

$$\boldsymbol{u}_2 = \begin{pmatrix} 0 \\ 1 \\ 0 \end{pmatrix} \tag{1.25b}$$

$$\boldsymbol{u}_3 = \begin{pmatrix} 1 \\ 7 \\ 0 \end{pmatrix} \tag{1.25c}$$

ein Erzeugendensystem der $x$-$y$-Ebene, da alle Vektoren der Form

$$\begin{pmatrix} x \\ y \\ 0 \end{pmatrix} \tag{1.26}$$

durch sie dargestellt werden können. Die $x$-$y$-Ebene ist demnach auch ein Vektorraum.

Wenn die Vektoren eines Erzeugendensystems linear unabhängig sind, dann sprechen wir von einer *Basis* des Vektorraums $V$. In unserem vorherigen Beispiel gilt $\boldsymbol{u}_3 = \boldsymbol{u}_1 + 7\boldsymbol{u}_2$, also handelt es sich dabei nicht um eine Basis. Betrachten wir aber nur die Vektoren $\boldsymbol{u}_1$ und $\boldsymbol{u}_2$, so bilden diese eine Basis für die $x$-$y$-Ebene. Alternativ könnten wir beispielsweise auch die Vektoren $\boldsymbol{u}_1$ und $\boldsymbol{u}_3$ als Basis wählen.

In kartesischen Koordinaten verwenden wir die Basisvektoren

$$\hat{\boldsymbol{e}}_x = \begin{pmatrix} 1 \\ 0 \\ 0 \end{pmatrix} \tag{1.27a}$$

$$\hat{\boldsymbol{e}}_y = \begin{pmatrix} 0 \\ 1 \\ 0 \end{pmatrix} \tag{1.27b}$$

$$\hat{\boldsymbol{e}}_z = \begin{pmatrix} 0 \\ 0 \\ 1 \end{pmatrix} . \tag{1.27c}$$

Wenn wir einen Vektor $\boldsymbol{v}$ mit seinen Komponenten aufschreiben, dann ist damit eigentlich

$$\boldsymbol{v} = \begin{pmatrix} v_x \\ v_y \\ v_z \end{pmatrix} = v_x \hat{\boldsymbol{e}}_x + v_y \hat{\boldsymbol{e}}_y + v_z \hat{\boldsymbol{e}}_z \tag{1.28}$$

gemeint. Die Komponenten des Vektors sind einfach nur die Koeffizienten, mit denen der Vektor $\boldsymbol{v}$ aus den zugehörigen Basisvektoren linear konstruiert wird. Wählen wir andere Basisvektoren, so ändern sich die Komponenten von $\boldsymbol{v}$.

Als Beispiel betrachten wir einen zweidimensionalen Vektor

$$\boldsymbol{v} = \begin{pmatrix} 3 \\ -5 \end{pmatrix} \tag{1.29}$$

in der Basis $\{\hat{\boldsymbol{e}}_x, \hat{\boldsymbol{e}}_y\}$. Wenn wir stattdessen die Basisvektoren (die hier in der kartesischen Basis aufgeschrieben sind)

$$\boldsymbol{w}_1 = \begin{pmatrix} 1 \\ 2 \end{pmatrix} \tag{1.30a}$$

$$\boldsymbol{w}_2 = \begin{pmatrix} 2 \\ 1 \end{pmatrix} \tag{1.30b}$$

wählen, dann bekommt der gleiche Vektor die Form

$$\boldsymbol{v} = \begin{pmatrix} -\frac{13}{3} \\ \frac{11}{3} \end{pmatrix} . \tag{1.31}$$

## 1.1.4 Verschiedene Koordinatensysteme

Normalerweise werden Vektoren in kartesischen Koordinatensystemen betrachtet. In besonderen Situationen kann es aber einfacher sein, andere Koordinatensysteme zu verwenden. Deshalb stellen wir hier die wichtigsten Systeme kurz vor.

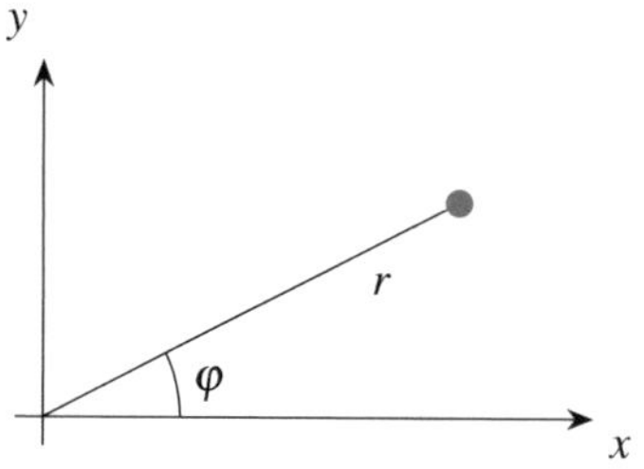


Abb. 1.5: In Polarkoordinaten wird die Position eines Punktes durch den Abstand vom Koordinatenursprung $r$ und einen Winkel $\varphi$ angegeben.

## Kartesische Koordinaten

Das *kartesische Koordinatensystem* ist wohl das bekannteste. Es gibt drei zueinander orthogonale Achsen $x$, $y$ und $z$, die entlang der Einheitsvektoren

$$\hat{e}_x = \begin{pmatrix} 1 \\ 0 \\ 0 \end{pmatrix} \quad (1.32a)$$

$$\hat{e}_y = \begin{pmatrix} 0 \\ 1 \\ 0 \end{pmatrix} \quad (1.32b)$$

$$\hat{e}_z = \begin{pmatrix} 0 \\ 0 \\ 1 \end{pmatrix} \quad (1.32c)$$

ausgerichtet sind.

Ein Vektor $\boldsymbol{v}$ vom Koordinatenursprung zu einem bestimmten Punkt im Raum kann in kartesischen Koordinaten ausgedrückt werden, indem er auf die jeweiligen Achsen projiziert wird:

$$\boldsymbol{v} = (\boldsymbol{v} \cdot \hat{e}_x)\,\hat{e}_x + (\boldsymbol{v} \cdot \hat{e}_y)\,\hat{e}_y + (\boldsymbol{v} \cdot \hat{e}_z)\,\hat{e}_z \quad (1.33a)$$

$$= v_x\hat{e}_x + v_y\hat{e}_y + v_z\hat{e}_z \quad (1.33b)$$

$$= \begin{pmatrix} v_x \\ v_y \\ v_z \end{pmatrix}. \quad (1.33c)$$

## Polarkoordinaten

Der Einfachheit halber betrachten wir zuerst nur zwei Dimensionen. Wir können die Position eines Punktes durch seine kartesischen Koordinaten $x$ und $y$ angeben. Wir können aber alternativ auch den Abstand $r$ des Punktes vom Koordinatenursprung sowie den Winkel $\varphi$ zur $x$-Achse angeben. Wir haben das in Abbildung 1.5 skizziert.

Die Koordinaten $r$ und $\varphi$ nennen wir *Polarkoordinaten*. Sie können folgendermaßen in kartesische Koordinaten umgerechnet werden:

$$x = r\cos(\varphi) \quad (1.34a)$$

$$y = r\sin(\varphi)\,. \quad (1.34b)$$

Umgekehrt gilt:

$$r = \sqrt{x^2 + y^2} \quad (1.35a)$$

$$\varphi = \arctan\left(\frac{y}{x}\right). \quad (1.35b)$$

Ein Vektor in Polarkoordinaten hat also nun die Komponenten

$$\boldsymbol{v} = \begin{pmatrix} r \\ \varphi \end{pmatrix}. \quad (1.36)$$

**►Tipp:**

Beachten Sie, dass der Radius $r$ immer eine positive reelle Zahl ist. Der Winkel $\varphi$ wird immer von der $x$-Achse aus gegen den Uhrzeigersinn gemessen und hat Werte im Intervall $[0,2\pi)$. Üblicherweise wird hier das Bogenmaß genutzt.

So wie die normierte Basis der kartesischen Koordinaten durch die Vektoren $\hat{e}_x$, $\hat{e}_y$ und $\hat{e}_z$ gegeben ist, lassen sich auch normierte Basisvektoren für Polarkoordinaten finden:

$$\hat{e}_r = \begin{pmatrix} \cos(\varphi) \\ \sin(\varphi) \end{pmatrix} \quad (1.37a)$$

$$\hat{e}_\varphi = \begin{pmatrix} -\sin(\varphi) \\ \cos(\varphi) \end{pmatrix}. \quad (1.37b)$$

Diese zeigen in die radiale und die tangentiale Richtung. Polarkoordinaten eignen sich besonders zum Beschreiben von Kreisbewegungen.

## Zylinderkoordinaten

*Zylinderkoordinaten* sind nichts weiter als die Fortsetzung von Polarkoordinaten in drei Dimensionen. Wir behalten den Radius $r$ und den Winkel $\varphi$, um Positionen in der $x$-$y$-Ebene zu beschreiben. Dazu gibt es noch die $z$-Achse, die wir von den kartesischen Koordinaten kennen. So ist jeder Punkt durch seinen Abstand $r$ von der $z$-Achse, seinen Winkel $\varphi$ zur $x$-Achse (in der $x$-$y$-Ebene) und seine Höhe $z$ bestimmt. Zylinderkoordinaten eignen sich zum Beschreiben von Systemen mit Zylindersymmetrie.

Wir übersetzen Zylinderkoordinaten folgendermaßen in kartesische Koordinaten:

$$x = r\cos(\varphi) \quad (1.38a)$$

$$y = r\sin(\varphi) \quad (1.38b)$$

$$z = z. \quad (1.38c)$$

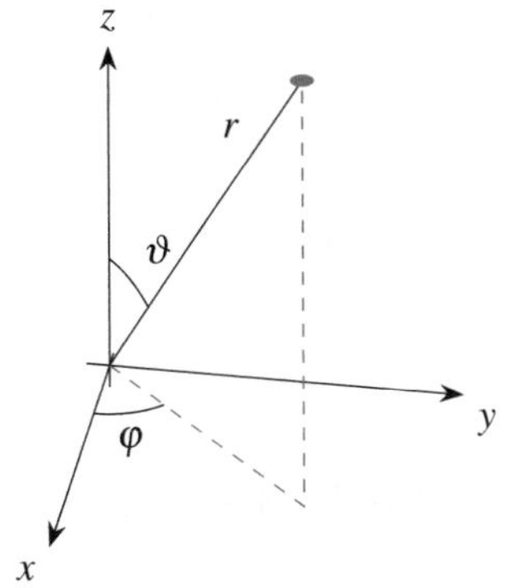


Abb. 1.6: In Kugelkoordinaten wird die Position eines Punktes durch den Radius $r$ und die Winkel $\varphi$ und $\vartheta$ angegeben.

Die Einheitsvektoren, die die Basis der Zylinderkoordinaten bilden, werden in kartesischen Koordinaten durch

$$\hat{e}_r = \begin{pmatrix} \cos(\varphi) \\ \sin(\varphi) \\ 0 \end{pmatrix} \tag{1.39a}$$

$$\hat{e}_\varphi = \begin{pmatrix} -\sin(\varphi) \\ \cos(\varphi) \\ 0 \end{pmatrix} \tag{1.39b}$$

$$\hat{e}_z = \begin{pmatrix} 0 \\ 0 \\ 1 \end{pmatrix} \tag{1.39c}$$

dargestellt.

### Kugelkoordinaten

Für Systeme mit Kugelsymmetrie bieten sich *Kugelkoordinaten* an. So wie in Abbildung 1.6 gezeigt, können wir die Position eines Punktes in drei Dimensionen durch seinen Abstand $r$ vom Koordinatenursprung, den Winkel $\varphi$, den wir schon von den Zylinderkoordinaten kennen, und durch den Winkel $\vartheta$ zwischen der $z$-Achse und dem Ortsvektor des Punktes angeben.

Dabei ist $r \in [0,\infty)$, $\varphi \in [0,2\pi)$ und $\vartheta \in [0,\pi)$. Den Winkel $\vartheta$ können wir uns wie einen Breitengrad auf dem Globus vorstellen.

Wir können die Kugelkoordinaten folgendermaßen in kartesische Koordinaten umrechnen:

$$x = r\cos(\varphi)\sin(\vartheta) \tag{1.40a}$$

$$y = r\sin(\varphi)\sin(\vartheta) \tag{1.40b}$$

$$z = r\cos(\vartheta)\,. \tag{1.40c}$$

In kartesischen Koordinaten sind die normierten Basisvektoren der Kugelkoordinaten

$$\hat{e}_r = \begin{pmatrix} \sin(\vartheta)\cos(\varphi) \\ \sin(\vartheta)\sin(\varphi) \\ \cos(\vartheta) \end{pmatrix} \tag{1.41a}$$

$$\hat{e}_\vartheta = \begin{pmatrix} \cos(\vartheta)\cos(\varphi) \\ \cos(\vartheta)\sin(\varphi) \\ -\sin(\vartheta) \end{pmatrix} \tag{1.41b}$$

$$\hat{e}_\varphi = \begin{pmatrix} -\sin(\varphi) \\ \cos(\varphi) \\ 0 \end{pmatrix}. \tag{1.41c}$$

## 1.1.5 Lineare Abbildungen und Matrizen

*Lineare Abbildungen* sind Abbildungen, bei denen Vektoren auf eine bestimmte Art und Weise anderen Vektoren zugeordnet werden. Wir müssen mit solchen Abbildungen in diesem Buch eher selten arbeiten, aber sie kommen dennoch an verschiedenen Stellen in der klassischen Mechanik vor.

### Lineare Abbildungen

Wir betrachten eine lineare Abbildung $f : \boldsymbol{v} \mapsto f(\boldsymbol{v})$, die einen Vektor $\boldsymbol{v}$ auf einen neuen Vektor $f(\boldsymbol{v})$ abbildet. Grundsätzlich können dabei die Vektoren $\boldsymbol{v}$ und $f(\boldsymbol{v})$ unterschiedliche Dimensionen haben.

Eine lineare Abbildung erfüllt die folgenden Bedingungen:

- Für alle Skalare $\lambda$ gilt: $f(\lambda\boldsymbol{v}) = \lambda f(\boldsymbol{v})$.
- Für zwei beliebige Vektoren $\boldsymbol{u}$ und $\boldsymbol{v}$ gilt: $f(\boldsymbol{u}+\boldsymbol{v}) = f(\boldsymbol{u}) + f(\boldsymbol{v})$.

### Matrizen

Eine Matrix $\boldsymbol{A}$ der Form $m \times n$ hat $m$ Zeilen und $n$ Spalten:

$$\boldsymbol{A} = \begin{pmatrix} a_{1,1} & a_{1,2} & \cdots & a_{1,n} \\ a_{2,1} & a_{2,2} & & a_{2,n} \\ \vdots & & \ddots & \vdots \\ a_{m,1} & a_{m,2} & \cdots & a_{m,n} \end{pmatrix}. \tag{1.42}$$

Wir sprechen auch von einer $m \times n$-Matrix. Wie für Vektoren gibt es auch für Matrizen eine Komponentenschreibweise:

$$(\boldsymbol{A})_{i,j} = a_{i,j}\,. \tag{1.43}$$

Matrizen werden wie Vektoren komponentenweise miteinander addiert oder mit Skalaren multipliziert. Es ist aber auch möglich, zwei Matrizen miteinander zu multiplizieren.

Zwei Matrizen $\boldsymbol{A}$ und $\boldsymbol{B}$ können multipliziert werden, wenn die Spaltenzahl von $\boldsymbol{A}$ mit der Zeilenzahl von $\boldsymbol{B}$ übereinstimmt. Wird eine $m \times n$-Matrix mit einer $n \times o$-Matrix multipliziert, so erhalten wir eine $m \times o$-Matrix als Ergebnis. In der Komponentenschreibweise ist die Matrizenmultiplikation durch

$$(\boldsymbol{A}\boldsymbol{B})_{i,j} = \sum_{k=1}^{n} a_{i,k} b_{k,j} \tag{1.44}$$

definiert. Das bedeutet, dass die Spalten von $\boldsymbol{A}$ jeweils mit den Zeilen von $\boldsymbol{B}$ verrechnet werden.

**►Tipp:**

Für die Multiplikation von Matrizen gilt *nicht* das Kommutativgesetz. Es gilt aber das Assoziativgesetz:

$$(\boldsymbol{A}\boldsymbol{B})\boldsymbol{C} = \boldsymbol{A}(\boldsymbol{B}\boldsymbol{C}) \tag{1.45}$$

Auf dem gleichen Weg kann eine Matrix auch mit einem Vektor multipliziert werden. Wir haben es üblicherweise mit dreidimensionalen Vektoren und $3 \times 3$-Matrizen zu tun:

$$\boldsymbol{A}\boldsymbol{v} = \begin{pmatrix} a_{11} & a_{12} & a_{13} \\ a_{21} & a_{22} & a_{23} \\ a_{31} & a_{32} & a_{33} \end{pmatrix} \begin{pmatrix} v_1 \\ v_2 \\ v_3 \end{pmatrix} \tag{1.46a}$$

$$= \begin{pmatrix} a_{11}v_1 + a_{12}v_2 + a_{13}v_3 \\ a_{21}v_1 + a_{22}v_2 + a_{23}v_3 \\ a_{31}v_1 + a_{32}v_2 + a_{33}v_3 \end{pmatrix}. \tag{1.46b}$$

Matrizen und Vektoren können transponiert werden. Dabei werden sie einfach an der Diagonalen gespiegelt und aus einer $m \times n$-Matrix wird eine $n \times m$-Matrix. In Komponentenschreibweise gilt

$$\left(\boldsymbol{A}^T\right)_{ij} = (\boldsymbol{A})_{ji} = a_{ji}. \tag{1.47}$$

Aus einem Spaltenvektor

$$\begin{pmatrix} v_1 \\ v_2 \\ \vdots \end{pmatrix} \tag{1.48}$$

wird so ein Zeilenvektor

$$\begin{pmatrix} v_1 \\ v_2 \\ \vdots \end{pmatrix}^T = \begin{pmatrix} v_1 & v_2 & \cdots \end{pmatrix}. \tag{1.49}$$

**►Tipp:**

Wir können das Standardskalarprodukt auch als Matrixprodukt schreiben:

$$\boldsymbol{u} \cdot \boldsymbol{v} = \boldsymbol{u}^T \boldsymbol{v}. \tag{1.50}$$

### Matrizen und lineare Abbildungen

Lineare Abbildungen können durch Matrizen dargestellt werden. Es gibt also für jede lineare Abbildung $f$ eine Matrix $\boldsymbol{A}$, sodass

$$f(\boldsymbol{v}) = \boldsymbol{A}\boldsymbol{v} \tag{1.51}$$

ist.

## 1.1.6 Quadratische Matrizen

Eine quadratische Matrix hat gleich viele Zeilen und Spalten. Wir machen hier einen kurzen Exkurs über die Eigenschaften solcher Matrizen, weil wir sie in Bezug auf Trägheitstensoren in der Physik benötigen werden. Damit wir die Mathematik an dieser Stelle möglichst einfach halten können, betrachten wir im Besonderen $3 \times 3$-Matrizen. So können wir zwar nicht alle mathematischen Prinzipien vollständig begreifen, aber wir können alle physikalischen Problemstellungen in diesem Buch lösen. Eine Lehrveranstaltung zur linearen Algebra können wir hier natürlich keineswegs ersetzen.

Quadratische Abbildungen benötigen wir in der Physik beispielsweise, wenn wir einen dreidimensionalen Vektor auf einen anderen dreidimensionalen Vektor abbilden möchten.

### Determinante

Die *Determinante* einer $3 \times 3$-Matrix ist als

$$\det(\boldsymbol{A}) = \det\left[\begin{pmatrix} a_{11} & a_{12} & a_{13} \\ a_{21} & a_{22} & a_{23} \\ a_{31} & a_{32} & a_{33} \end{pmatrix}\right] \tag{1.52}$$
$$= a_{11}a_{22}a_{33} + a_{12}a_{23}a_{31} + a_{13}a_{21}a_{32} - a_{13}a_{22}a_{31} - a_{23}a_{32}a_{11} - a_{33}a_{12}a_{21}$$

definiert. Sie wird oft auch als

$$\det(\boldsymbol{A}) = |\boldsymbol{A}| \tag{1.53}$$

notiert.

Wenn Sie Schwierigkeiten haben, sich die Formel zur Berechnung der Determinante von $3 \times 3$-Matrizen zu merken, kann die *Regel von Sarrus* helfen.

Die Determinante ist in der linearen Algebra an verschiedenen Stellen ein sehr wichtiges Werkzeug. Wir werden sie hier aber nur als Mittel zum Zweck verwenden und nicht weiter darauf eingehen, was hier eigentlich dahintersteckt.

> **►Tipp:**
> Achtung! Wenn wir nicht $3 \times 3$-Matrizen betrachten, dann ist die Berechnung der Determinante mitunter deutlich komplizierter. Deshalb beschränken wir uns hier gezielt auf den dreidimensionalen Fall.

### Eigenwerte und Eigenvektoren

Wenn ein Vektor $\boldsymbol{v}$ durch eine quadratische Matrix $\boldsymbol{A}$ auf sich selbst abgebildet wird (abgesehen von einem Skalierungsfaktor), dann nennen wir ihn einen *Eigenvektor*:

$$\boldsymbol{A}\boldsymbol{v} = \lambda \boldsymbol{v}. \tag{1.54}$$

Der Skalar $\lambda$ ist dann ein sogenannter *Eigenwert* der Matrix.

Die Eigenwerte einer Matrix werden mithilfe des sogenannten *charakteristischen Polynoms* berechnet. Dieses ist als

$$\chi_{\boldsymbol{A}}(\lambda) = \det(\boldsymbol{A} - \lambda \mathbf{1}) \tag{1.55}$$

mit der Einheitsmatrix

$$\mathbf{1} = \begin{pmatrix} 1 & 0 & 0 \\ 0 & 1 & 0 \\ 0 & 0 & 1 \end{pmatrix} \tag{1.56}$$

definiert. Die Nullstellen $\lambda_1$, $\lambda_2$ und $\lambda_3$ des charakteristischen Polynoms sind die Eigenwerte der Matrix $\boldsymbol{A}$. Die Eigenwerte sind also die Lösungen der Gleichung

$$\det(\boldsymbol{A} - \lambda \mathbf{1}) = 0. \tag{1.57}$$

> **►Tipp:**
> Es gibt für $3 \times 3$-Matrizen immer drei Eigenwerte. Allerdings können mehrere Eigenwerte denselben Wert haben. Dann sprechen wir von der *algebraischen Vielfachheit*.

Wenn wir einen Eigenwert einer Matrix kennen, dann können wir Gleichung (1.54) als lineares Gleichungssystem betrachten. Den Eigenvektor $\boldsymbol{v}$ erhalten wir so als Lösung des Gleichungssystems.

> **►Tipp:**
> Wenn wir zu einem Eigenwert verschiedene linear unabhängige Eigenvektoren finden, dann sprechen wir von einer *geometrischen Vielfachheit*.

### Diagonalisierbare Matrizen

Wenn die algebraische und geometrische Vielfachheit aller Eigenwerte einer quadratischen Matrix $\boldsymbol{A}$ identisch sind, dann ist die Matrix *diagonalisierbar*. Das bedeutet, dass wir die Eigenvektoren $\boldsymbol{v}_1$, $\boldsymbol{v}_2$, $\boldsymbol{v}_3$ als neue Basis verwenden können und die Matrix so die Form

$$\boldsymbol{A} = \begin{pmatrix} \lambda_1 & 0 & 0 \\ 0 & \lambda_2 & 0 \\ 0 & 0 & \lambda_3 \end{pmatrix} \tag{1.58}$$

bekommt.

Um eine Matrix zu diagonalisieren, müssen wir also zuerst die Nullstellen ihres charakteristischen Polynoms berechnen. Diese stellen die Eigenwerte der Matrix dar. Anschließend berechnen wir für alle Eigenwerte die zugehörigen Eigenvektoren, indem wir Gleichung (1.54) lösen. Die Matrix ist nur dann diagonalisierbar, wenn es genauso viele linear unabhängige Eigenvektoren gibt, wie die Matrix Zeilen (oder Spalten) hat. Die diagonalisierte Matrix ist nun durch die Eigenwerte gegeben (siehe Gleichung (1.58)). Die Matrix nimmt diese diagonale Form an, wenn wir die Eigenvektoren als Basis wählen.

## 1.2 Komplexe Zahlen

Komplexe Zahlen stellen eine Erweiterung der reellen Zahlen dar. Durch sie werden mathematische Betrachtungen möglich, die uns helfen können, physikalische Zusammenhänge leichter zu beschreiben. Im Rahmen dieses Buches werden wir sie jedoch nur zum Lösen einiger Differentialgleichungen benötigen. Deshalb geben wir hier nur eine sehr kurze und zielorientierte Einführung in dieses Thema.

### 1.2.1 Was sind komplexe Zahlen?

Die Menge der reellen Zahlen $\mathbb{R}$ ist aus der Schule bekannt. Um alltägliche Situationen zu beschreiben, genügen die reellen Zahlen im Allgemeinen. Aus rein mathematischer Sicht kann es aber Nachteile haben, wenn wir uns nur auf die reellen Zahlen beschränken.

Wir betrachten die Gleichung

$$x^2 = -1. \tag{1.59}$$

Für $x \in \mathbb{R}$ können wir hier keine Lösung finden. Um die Gleichung dennoch lösbar zu machen, definieren wir die sogenannte *imaginäre Einheit* $i$, der wir die Eigenschaft

$$i^2 = -1 \tag{1.60}$$

geben. Gleichung (1.59) hat nun die Lösungen $x = \pm i$.

1

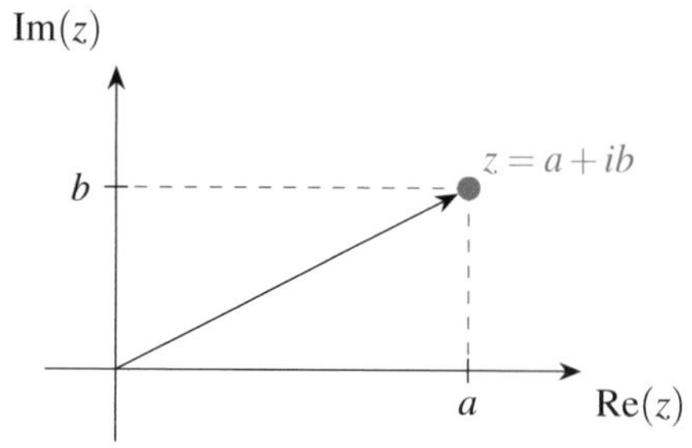


Abb. 1.7: Komplexe Zahlen können in der komplexen Ebene dargestellt werden.

Damit erweitern wir also die Menge der reellen Zahlen und führen die *komplexen Zahlen* ein. Wir schreiben für die Menge aller komplexen Zahlen $\mathbb{C}$. Jede komplexe Zahl $z \in \mathbb{C}$ lässt sich als

$$z = a + ib \tag{1.61}$$

schreiben. Dabei ist $a, b \in \mathbb{R}$.

Eine komplexe Zahl besteht also aus zwei Anteilen, dem *Realteil* $\mathrm{Re}(z) = a$ und dem *Imaginärteil* $\mathrm{Im}(z) = b$. Um das zu visualisieren, führen wir die *komplexe Ebene* ein, die in Abbildung 1.7 gezeigt ist. Wir tragen hierbei den Realteil jeder komplexen Zahl auf der horizontalen Achse und den Imaginärteil auf der vertikalen Achse auf. Alle komplexen Zahlen, die auf der horizontalen Achse liegen, haben die Form $z = a + i \cdot 0 = a$ und gehören damit zur Menge der reellen Zahlen.

Beim Vergleich der komplexen Ebene mit dem Zahlenstrahl der reellen Zahlen wird ein wichtiger Unterschied beider Mengen klar. Für zwei reelle Zahlen können wir immer eine Aussage machen, welche Zahl größer ist (weiter rechts auf dem Zahlenstrahl) und welche Zahl kleiner ist (weiter links auf dem Zahlenstrahl). Die komplexe Ebene ist jedoch zweidimensional und erlaubt diese Betrachtungen nun nicht mehr. Für zwei verschiedene komplexe Zahlen können wir also niemals sagen, welche Zahl größer und welche Zahl kleiner ist. Wir sagen, dass die Menge der komplexen Zahlen $\mathbb{C}$ *nicht angeordnet* ist.

## 1.2.2 Rechnen mit komplexen Zahlen

Mit komplexen Zahlen können wir die gleichen Rechenoperationen durchführen, die wir auch von reellen Zahlen kennen. Dabei müssen wir aber das spezielle Verhalten der imaginären Einheit beachten.

### Komplexe Konjugation

Beim *komplexen Konjugieren* wird eine komplexe Zahl auf der komplexen Ebene an der reellen (horizontalen) Achse gespiegelt. Eine komplexe Zahl der Form $z = a + ib$ wird durch

$$\bar{z} = a - ib \tag{1.62}$$

komplex konjugiert.

### Addition und Subtraktion

Addition und Subtraktion von komplexen Zahlen funktionieren so, wie man es erwarten würde. Für zwei Zahlen $z_1$ und $z_2$ gilt:

$$z_1 \pm z_2 = (a_1 + ib_1) \pm (a_2 + ib_2) \tag{1.63a}$$
$$= a_1 \pm a_2 + i(b_1 \pm b_2)\,. \tag{1.63b}$$

Auf der komplexen Ebene (siehe Abbildung 1.7) entspricht das der Vektoraddition (oder Subtraktion) der Ortsvektoren, die zu den Punkten auf der Ebene zeigen.

### Multiplikation

Werden zwei komplexe Zahlen miteinander multipliziert, so müssen wir beachten, dass $i^2 = -1$ ist:

$$z_1 z_1 = (a_1 + ib_1)(a_2 + ib_2) \tag{1.64a}$$
$$= a_1 a_2 - b_1 b_2 + i(a_1 b_2 + a_2 b_1)\,. \tag{1.64b}$$

### Division

Wenn wir zwei komplexe Zahlen *dividieren*, dann ist zunächst

$$\frac{z_1}{z_2} = \frac{a_1 + ib_1}{a_2 + ib_2}\,. \tag{1.65}$$

Jetzt erweitern wir diesen Bruch mit $\bar{z}_2$ und erhalten

$$\frac{z_1}{z_2} = \frac{z_1 \bar{z}_2}{z_2 \bar{z}_2} \tag{1.66a}$$
$$= \frac{(a_1 + ib_1)(a_2 - ib_2)}{(a_2 + ib_2)(a_2 - ib_2)} \tag{1.66b}$$
$$= \frac{a_1 a_2 + b_1 b_2 + i(a_2 b_1 - a_1 b_2)}{a_2^2 + b_2^2}\,. \tag{1.66c}$$

## 1.2.3 Komplexe Zahlen in Polarkoordinaten

In Unterabschnitt 1.1.4 haben wir bereits die Polarkoordinaten $r$ und $\varphi$ eingeführt. Diese Koordinaten lassen sich auch in der komplexen Ebene (siehe Abbildung 1.7) verwenden.

Wir nennen den Radius $r$ den *Betrag* einer komplexen Zahl:

$$r = |z| = \sqrt{a^2 + b^2}\,. \tag{1.67}$$

Den Winkel $\varphi$ bezeichnen wir als das Argument:

$$\varphi = \arg(z) = \arctan\left(\frac{b}{a}\right). \tag{1.68}$$

**►Tipp:**
Der Betrag ist immer eine reelle Zahl und kann mithilfe der komplexen Konjugation ausgedrückt werden:

$$|z| = \sqrt{z\bar{z}}\,. \tag{1.69}$$

Eine komplexe Zahl kann jetzt auch folgendermaßen geschrieben werden:

$$z = a + ib = r\left[\cos(\varphi) + i\sin(\varphi)\right]. \tag{1.70}$$

### Euler'sche Formel

Die *Euler'sche Formel* besagt, dass

$$\cos(\varphi) + i\sin(\varphi) = e^{i\varphi} \tag{1.71}$$

ist. Eine Exponentialfunktion mit rein imaginärem Argument $i\varphi$ entspricht also auf der komplexen Ebene einem Punkt auf dem Einheitskreis beim Winkel $\varphi$. Damit ist $\left|e^{i\varphi}\right| = 1$. So können wir jetzt eine komplexe Zahl noch kürzer in Exponentialform ausdrücken:

$$z = r e^{i\varphi}. \tag{1.72}$$

### Multiplikation und Division in Polarkoordinaten

Mithilfe von Gleichung (1.72) können wir komplexe Zahlen ganz einfach miteinander *multiplizieren*. Es ist

$$z_1 z_2 = r_1 e^{i\varphi_1} r_2 e^{i\varphi_2} = (r_1 r_2) e^{i(\varphi_1 + \varphi_2)}. \tag{1.73}$$

Beim Multiplizieren zweier komplexer Zahlen werden also ihre Beträge multipliziert und ihre Argumente addiert.

Die *Division* können wir in Polarkoordinaten auf die Multiplikation zurückführen:

$$\frac{z_1}{z_2} = \frac{r_1 e^{i\varphi_1}}{r_2 e^{i\varphi_2}} = \left(r_1 e^{i\varphi_1}\right)\left(\frac{1}{r_2} e^{-i\varphi_2}\right) = \frac{r_1}{r_2} e^{i(\varphi_1 - \varphi_2)}. \tag{1.74}$$

## 1.3 Differentialrechnung

Das Konzept von *Ableitungen* sollte bereits grundsätzlich bekannt sein. Wir betrachten eine Funktion $f(x)$ mit einer kontinuierlichen Variablen $x$. Der Differenzenquotient

$$\frac{f(x + \Delta x) - f(x)}{\Delta x} \tag{1.75}$$

gibt gewissermaßen an, wie stark sich die Funktion $f$ auf der Strecke $\Delta x$ ändert. Diese Änderung der Funktion nennen wir auch

$$\Delta f(x) = f(x + \Delta x) - f(x). \tag{1.76}$$

Damit wird aus dem Differenzenquotient einfach

$$\frac{\Delta f(x)}{\Delta x}. \tag{1.77}$$

Das Steigungsdreieck, das zum Differenzenquotient gehört, haben wir in Abbildung 1.8 eingezeichnet.

Um die Steigung nicht über einen Abschnitt $\Delta x$, sondern an einem einzelnen Punkt zu bestimmen, definieren wir die Ableitung der Funktion $f(x)$ als

$$f'(x) = \lim_{\Delta x \to 0} \frac{f(x + \Delta x) - f(x)}{\Delta x}. \tag{1.78}$$

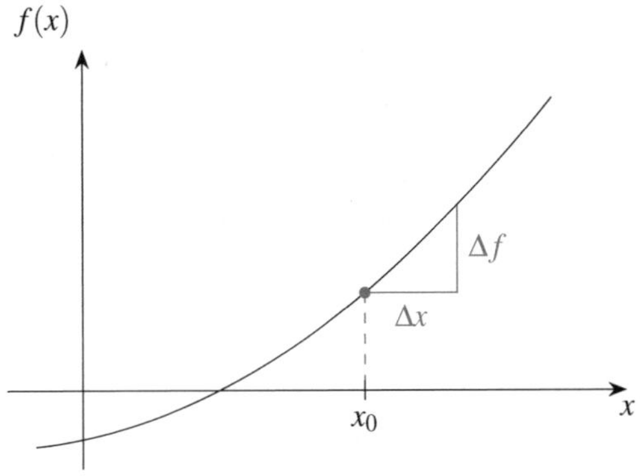


Abb. 1.8: Durch ein Steigungsdreieck können wir die Steigung einer Funktion $f(x)$ über einem Abschnitt $\Delta x$ ausdrücken. Je kleiner $\Delta x$ und damit das Dreieck gewählt wird, desto näher kommt das Seitenverhältnis $\Delta f/\Delta x$ der Ableitung $f'(x)$.

Die Ableitung ist also einfach der Quotient $\Delta f/\Delta x$ für unendlich kleine Abschnitte $\Delta x$. Wenn wir den Limes ausführen, dann machen wir aus den Abschnitten, die wir mit $\Delta$ bezeichnen, *Differentiale* $\Delta x \to \mathrm{d}x$. Ein Differential ist gewissermaßen ein unendlich kleiner Abschnitt. Für die Ableitung $f'(x)$ schreiben wir häufig auch einfach

$$f'(x) = \frac{\mathrm{d}f(x)}{\mathrm{d}x}. \tag{1.79}$$

Wir definieren außerdem den Operator

$$\frac{\mathrm{d}}{\mathrm{d}x}, \tag{1.80}$$

den wir auf eine Funktion anwenden können, um diese abzuleiten. Dafür multiplizieren wir diesen Bruch formal von links an die Funktion:

$$\frac{\mathrm{d}}{\mathrm{d}x} f(x) = f'(x). \tag{1.81}$$

**►Tipp:**
Anstelle des Bruches $\mathrm{d}/\mathrm{d}x$ wird manchmal auch nur als Abkürzung $\mathrm{d}_x$ notiert. Oft wird auch

$$\frac{\mathrm{d}f(x)}{\mathrm{d}x} = \frac{\mathrm{d}f}{\mathrm{d}x}(x) \tag{1.82}$$

geschrieben.

**►Tipp:**
Wenn eine vektorwertige Funktion $\boldsymbol{f}(x)$ abgeleitet werden soll, dann wird einfach komponentenweise abgeleitet:

$$\frac{\mathrm{d}}{\mathrm{d}x} \boldsymbol{f}(x) = \frac{\mathrm{d}}{\mathrm{d}x} \begin{pmatrix} f_1(x) \\ f_2(x) \\ f_3(x) \end{pmatrix} = \begin{pmatrix} \frac{\mathrm{d}}{\mathrm{d}x} f_1(x) \\ \frac{\mathrm{d}}{\mathrm{d}x} f_2(x) \\ \frac{\mathrm{d}}{\mathrm{d}x} f_3(x) \end{pmatrix}. \tag{1.83}$$

1

**►Tipp:**
Nicht alle Funktionen können abgeleitet werden. Wenn eine Funktion einen stufenförmigen (unstetigen) oder eckigen Verlauf hat, dann existiert an manchen Stellen keine Ableitung. Deshalb betrachten wir hier nur Funktionen, die *differenzierbar* sind.

### 1.3.1 Wichtige Ableitungen

Für Ableitungen von Funktionen, die mit einem Vorfaktor multipliziert werden, gilt

$$(a \cdot f(x))' = a f'(x) . \tag{1.84}$$

Für Summen von Funktionen gilt

$$(f(x) + g(x))' = f'(x) + g'(x) . \tag{1.85}$$

Diese Eigenschaften erinnern nicht zufällig an die Regeln, die für lineare Abbildungen gelten. Die Ableitung ist gewissermaßen auch eine lineare Operation.

Polynome werden mithilfe der Regel

$$\frac{\mathrm{d}}{\mathrm{d}x} x^a = a x^{a-1} \tag{1.86}$$

abgeleitet. Für die Exponentialfunktion gilt

$$\frac{\mathrm{d}}{\mathrm{d}x} e^x = e^x . \tag{1.87}$$

Die Ableitungen der trigonometrischen Funktionen sind

$$\frac{\mathrm{d}}{\mathrm{d}x} \sin(x) = \cos(x) \tag{1.88}$$

$$\frac{\mathrm{d}}{\mathrm{d}x} \cos(x) = -\sin(x) . \tag{1.89}$$

Für den natürlichen Logarithmus gilt

$$\frac{\mathrm{d}}{\mathrm{d}x} \ln(x) = \frac{1}{x} . \tag{1.90}$$

### 1.3.2 Kettenregel

Wenn das Argument einer Funktion $f$ eine andere Funktion $g$ ist, dann schreiben wir für die resultierende Funktion $h$

$$h(x) = (f \circ g)(x) = f(g(x)) . \tag{1.91}$$

Man spricht auch von einer Verkettung von Funktionen. Für die Ableitung gilt dann

$$h'(x) = (f(g(x)))' = f'(g(x))\, g'(x) . \tag{1.92}$$

Dabei ist $f'(g)$ die Ableitung der Funktion $f$ nach $g$ und nicht nach $x$.

### 1.3.3 Produktregel

Werden zwei Funktionen multipliziert, sodass $h(x) = f(x)\, g(x)$ ist, so gilt

$$h'(x) = (f(x)\, g(x))' = f'(x)\, g(x) + f(x)\, g'(x) . \tag{1.93}$$

### 1.3.4 Quotientenregel

Wenn die Funktion $h(x) = f(x)/g(x)$ der Quotient zweier Funktionen $f$ und $g$ (mit $g(x) \neq 0$) ist, dann gilt

$$h'(x) = \left(\frac{f(x)}{g(x)}\right)' = \frac{f'(x)\, g(x) - f(x)\, g'(x)}{g^2(x)} . \tag{1.94}$$

Diese Regel kann aus der Produktregel und der Kettenregel hergeleitet werden.

### 1.3.5 Partielle Ableitung

Manche Funktionen hängen von mehreren Argumenten ab. Wir betrachten beispielsweise eine Funktion $f(x,y)$, die von den Variablen $x$ und $y$ abhängt. Wir können die Funktion nur nach $x$ ableiten, indem wir *partiell differenzieren*:

$$\frac{\partial}{\partial x} f(x,y) . \tag{1.95}$$

Dabei wird die Variable $y$ einfach wie eine Konstante behandelt. Genauso können wir mit $\partial/\partial y$ nur in $y$-Richtung ableiten.

**►Tipp:**
Für partielle Ableitungen schreiben wir anstelle des Differentials d das Zeichen $\partial$ (del). Wir kürzen auch hier den Bruch $\partial/\partial x$ mit $\partial_x$ ab.

#### Satz von Schwarz

Partielle Ableitungen können nach dem *Satz von Schwarz* miteinander vertauscht werden:

$$\frac{\partial^2 f}{\partial x \partial y} = \frac{\partial}{\partial x}\frac{\partial}{\partial y} f = \frac{\partial}{\partial y}\frac{\partial}{\partial x} f = \frac{\partial^2 f}{\partial y \partial x} . \tag{1.96}$$

### 1.3.6 Nabla-Operator

Häufig arbeiten wir in der Physik mit Funktionen $f(x,y,z)$, die im dreidimensionalen Raum definiert sind und von den drei

Raumrichtungen $x$, $y$ und $z$ abhängen. In vielen Situationen wird dabei der *Nabla-Operator*

$$\boldsymbol{\nabla} = \begin{pmatrix} \frac{\partial}{\partial x} \\ \frac{\partial}{\partial y} \\ \frac{\partial}{\partial z} \end{pmatrix} \tag{1.97}$$

nützlich. Es handelt sich dabei um einen Vektor, der die Funktion in allen drei Raumrichtungen ableitet.

### Gradient

Wird der Nabla-Operator auf eine skalare Funktion angewendet, so erhalten wir als Ergebnis ein Vektorfeld. Wir sprechen dabei auch vom *Gradienten*:

$$\operatorname{grad}(f(x,y,z)) = \boldsymbol{\nabla} f(x,y,z) \tag{1.98a}$$

$$= \begin{pmatrix} \partial_x f(x,y,z) \\ \partial_y f(x,y,z) \\ \partial_z f(x,y,z) \end{pmatrix}. \tag{1.98b}$$

Der Gradient einer Funktion ist an jeder Stelle im Raum ein Vektor, der in die Richtung zeigt, in der sich die Funktion am stärksten ändert.

Beachten Sie, dass der Nabla-Operator in nicht-kartesischen Koordinaten seine Form verändert. Deshalb wird der Gradient in Zylinderkoordinaten durch

$$\begin{aligned} \operatorname{grad}(f(r,\varphi,z)) &= [\partial_r f(r,\varphi,z)]\,\hat{\boldsymbol{e}}_r \\ &\quad + \frac{1}{r}\left[\partial_\varphi f(r,\varphi,z)\right]\hat{\boldsymbol{e}}_\varphi \\ &\quad + [\partial_z f(r,\varphi,z)]\,\hat{\boldsymbol{e}}_z \end{aligned} \tag{1.99}$$

berechnet. In Kugelkoordinaten gilt dagegen

$$\begin{aligned} \operatorname{grad}(f(r,\varphi,\vartheta)) &= [\partial_r f(r,\varphi,\vartheta)]\,\hat{\boldsymbol{e}}_r \\ &\quad + \frac{1}{r}[\partial_\vartheta f(r,\varphi,\vartheta)]\,\hat{\boldsymbol{e}}_\vartheta \\ &\quad + \frac{1}{r\sin(\vartheta)}\left[\partial_\varphi f(r,\varphi,\vartheta)\right]\hat{\boldsymbol{e}}_\varphi. \end{aligned} \tag{1.100}$$

### Divergenz

Der Nabla-Operator kann über das Skalarprodukt mit einem Vektorfeld $\boldsymbol{f}(x,y,z)$ multipliziert werden. Dann erhalten wir die skalare *Divergenz* des Vektorfeldes, die uns Quellen und Senken des Feldes anzeigen kann:

$$\operatorname{div}(\boldsymbol{f}(x,y,z)) = \boldsymbol{\nabla} \cdot \boldsymbol{f}(x,y,z)\,. \tag{1.101}$$

In Zylinderkoordinaten wird die Divergenz folgendermaßen berechnet:

$$\begin{aligned} \operatorname{div}(\boldsymbol{f}(r,\varphi,z)) &= \frac{1}{r}\partial_r (r f_r) \\ &\quad + \frac{1}{r}\partial_\varphi f_\varphi \\ &\quad + \partial_z f_z. \end{aligned} \tag{1.102}$$

Dabei ist $\boldsymbol{f} = f_r\hat{\boldsymbol{e}}_r + f_\varphi\hat{\boldsymbol{e}}_\varphi + f_z\hat{\boldsymbol{e}}_z$.

Auch in Kugelkoordinaten kann die Divergenz berechnet werden. Dann ist $f = f_r\hat{\boldsymbol{e}}_r + f_\varphi\hat{\boldsymbol{e}}_\varphi + f_\vartheta\hat{\boldsymbol{e}}_\vartheta$ und

$$\begin{aligned} \operatorname{div}(\boldsymbol{f}(r,\varphi,\vartheta)) &= \frac{1}{r^2}\partial_r\left(r^2 f_r\right) \\ &\quad + \frac{1}{r\sin(\vartheta)}\partial_\vartheta\left(f_\vartheta \sin(\vartheta)\right) \\ &\quad + \frac{1}{r\sin(\vartheta)}\partial_\varphi f_\varphi. \end{aligned} \tag{1.103}$$

### Rotation

Alternativ können wir den Nabla-Operator auch über das Vektorprodukt mit einem Vektorfeld multiplizieren. Dann erhalten wir die vektorwertige *Rotation* des Feldes, die uns Verwirbelungen anzeigt:

$$\operatorname{rot}(\boldsymbol{f}(x,y,z)) = \boldsymbol{\nabla} \times \boldsymbol{f}(x,y,z)\,. \tag{1.104}$$

In Zylinderkoordinaten berechnet sich die Rotation durch

$$\begin{aligned} \operatorname{rot}(\boldsymbol{f}(r,\varphi,z)) &= \left[\frac{1}{r}\partial_\varphi f_z - \partial_z f_\varphi\right]\hat{\boldsymbol{e}}_r \\ &\quad + [\partial_z f_r - \partial_r f_z]\,\hat{\boldsymbol{e}}_\varphi \\ &\quad + \frac{1}{r}\left[\partial_r\left(r f_\varphi\right) - \partial_\varphi f_r\right]\hat{\boldsymbol{e}}_z. \end{aligned} \tag{1.105}$$

In Kugelkoordinaten ist

$$\begin{aligned} &\operatorname{rot}(\boldsymbol{f}(r,\varphi,\vartheta)) \\ &= \frac{1}{r\sin(\vartheta)}\left[\partial_\vartheta\left(f_\vartheta\sin(\vartheta)\right) - \partial_\varphi f_\vartheta\right]\hat{\boldsymbol{e}}_r \\ &\quad + \left[\frac{1}{r\sin(\vartheta)}\partial_\varphi f_r - \frac{1}{r}\partial_r\left(r f_\varphi\right)\right]\hat{\boldsymbol{e}}_\vartheta \\ &\quad + \frac{1}{r}[\partial_r(r f_\vartheta) - \partial_\vartheta f_r]\,\hat{\boldsymbol{e}}_\varphi. \end{aligned} \tag{1.106}$$

## 1.3.7 Laplace-Operator

Der *Laplace-Operator* ist das Quadrat des Nabla-Operators:

$$\Delta = \boldsymbol{\nabla}^2 = \frac{\partial^2}{\partial x^2} + \frac{\partial^2}{\partial y^2} + \frac{\partial^2}{\partial z^2}. \tag{1.107}$$

Im Gegensatz zum Nabla-Operator ist der Laplace-Operator also ein Skalar und kein Vektor.

Auch beim Laplace-Operator verändert sich die Darstellung in verschiedenen Koordinatensystemen. In Zylinderkoordinaten ist

$$\begin{aligned} \Delta f &= \frac{1}{r}\partial_r(r\partial_r f) \\ &\quad + \frac{1}{r^2}\partial_\varphi^2 f \\ &\quad + \partial_z^2 f. \end{aligned} \tag{1.108}$$

In Kugelkoordinaten wird der Laplace-Operator durch

$$\Delta f = \frac{1}{r^2}\partial_r\left(r^2\partial_r f\right) + \frac{1}{r^2\sin(\vartheta)}\partial_\vartheta\left(\sin(\vartheta)\,\partial_\vartheta f\right) + \frac{1}{r^2\sin^2(\vartheta)}\partial_\varphi^2 f \qquad (1.109)$$

berechnet.

### 1.3.8 Totales Differential

Wenn eine Funktion $f(x_1,\cdots,x_n)$ von $n$ verschiedenen Variablen abhängt, dann können wir sie nach jeder dieser Variablen partiell ableiten. Das *totale Differential* enthält alle diese partiellen Ableitungen und gibt die gesamte Änderung der Funktion entlang jeder beliebigen Richtung an:

$$\mathrm{d}f(x_1,\cdots,x_n) = \frac{\partial f}{\partial x_1}\mathrm{d}x_1 + \cdots + \frac{\partial f}{\partial x_n}\mathrm{d}x_n \qquad (1.110a)$$

$$= \sum_{i=1}^{n}\frac{\partial f}{\partial x_i}\mathrm{d}x_i. \qquad (1.110b)$$

### 1.3.9 Taylorreihe

Wenn wir eine komplizierte Funktion $f(x)$ nur in einem kleinen Bereich um die Stelle $x_0$ herum betrachten, dann können wir die *Taylorreihe* verwenden. Die Idee ist, dass sich die meisten Funktionen durch Polynome beliebig gut annähern lassen. Wir definieren die Taylorreihe der Funktion $f$ mit Variable $x$ um den Punkt $x_0$ in $n$-ter Ordnung als

$$T_n(f,x;x_0) = \sum_{i=0}^{n}\frac{f^{(i)}(x_0)}{i!}(x-x_0)^i. \qquad (1.111)$$

Dabei ist $f^{(i)}$ die $i$-te Ableitung der Funktion $f$. Das Semikolon im Argument wird hier konventionell benutzt. Wenn sich die Funktion $f$ nicht ungewöhnlich verhält, dann ist

$$f(x) = T_n(f,x;x_0) + \mathcal{O}\left((x-x_0)^{n+1}\right). \qquad (1.112)$$

Das bedeutet, dass sich die Taylorreihe von der ursprünglichen Funktion um einen Fehler

$$\mathcal{O}\left((x-x_0)^{n+1}\right) \qquad (1.113)$$

von der Ordnung $n+1$ oder höher unterscheidet. Je größer wir $n$ wählen, desto besser wird die Funktion angenähert.

In Abbildung 1.9 haben wir die Taylorreihen erster, dritter und fünfter Ordnung für eine Sinusfunktion um den Punkt $x_0 = 0$ eingezeichnet. Wir sehen, dass die Funktion umso besser angenähert wird, je höher wir die Ordnung wählen.

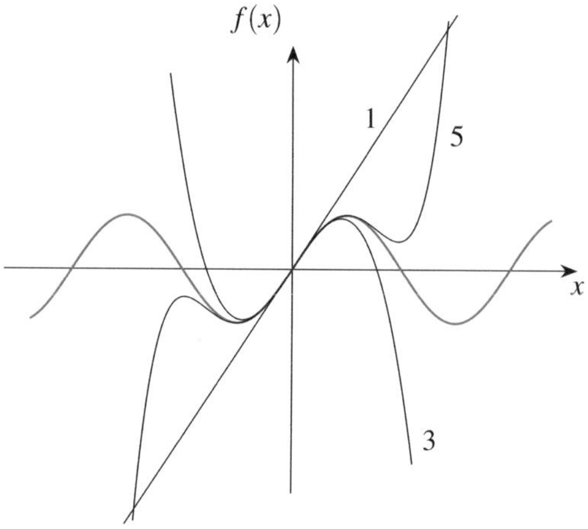


Abb. 1.9: Für eine Sinusfunktion haben wir die Taylorreihen erster, dritter und fünfter Ordnung skizziert. Dabei haben wir $x_0 = 0$ gewählt.

**►Tipp:**

Aus der Taylorreihe der Sinusfunktion in erster Ordnung erhalten wir die Kleinwinkelnäherung $\sin(x) \approx x$, die für kleine Winkel $x$ gilt.

Meistens verwenden wir die Taylorreihe in der Physik, wenn wir wissen, dass eine bestimmte Variable besonders klein ist. Dann können wir eine komplizierte Funktion als Taylorreihe entwickeln und besser verstehen, wie sie sich verhält.

## 1.4 Integralrechnung

Nun möchten wir die Fläche unter einer Funktion in einem Intervall $[a,b]$ berechnen. Dafür unterteilen wir das Intervall in Abschnitte der Größe $\Delta x$ und zeichnen Rechtecke der Größe $f(x)\cdot\Delta x$ unter die Funktion $f$. Wir haben das in Abbildung 1.10 dargestellt.

Die Summe der Flächen all dieser Rechtecke nennen wir die Untersumme

$$U = \sum f(x_i)\cdot\Delta x. \qquad (1.114)$$

Die Stellen $x_i$ sind im jeweiligen Intervall $[x,x+\Delta x]$ so gewählt, dass $f(x_i)$ minimal ist. Analog können wir natürlich alle Rechtecke so wählen, dass ihre Oberkanten über der Funktion $f$ liegen. Dann sprechen wir von der Obersumme $O$.

Wenn wir nun wie bei der Differentialrechnung den Abschnitt $\Delta x$ klein machen, dann erhalten wir sehr viele Rechtecke mit der infinitesimal kleinen Breite $\mathrm{d}x$. Aus der Summe wird dann ein Integral: $\sum \to \int$. Die Fläche unter der Funktion $f$ zwischen den Stellen $a$ und $b$, die wir in Abbildung 1.11 eingezeichnet haben,

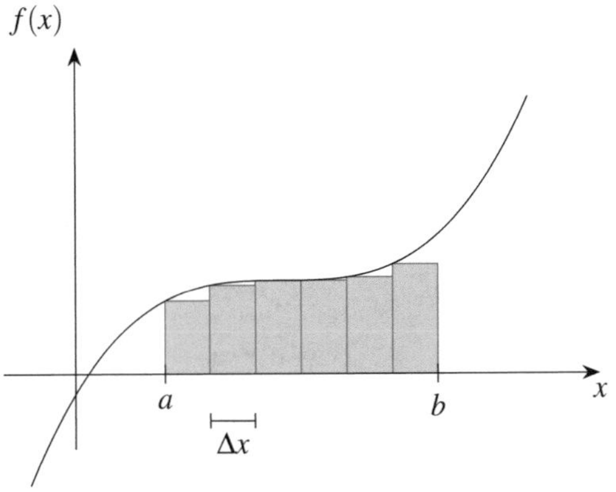


Abb. 1.10: Die Untersumme unter einer Funktion setzt sich aus schmalen Rechtecken der Breite $\Delta x$ zusammen. Je kleiner wir die Abschnitte $\Delta x$ machen, desto mehr nähert sich die Fläche der Rechtecke der Fläche unter der Funktion an, die wir in Abbildung 1.11 skizziert haben.

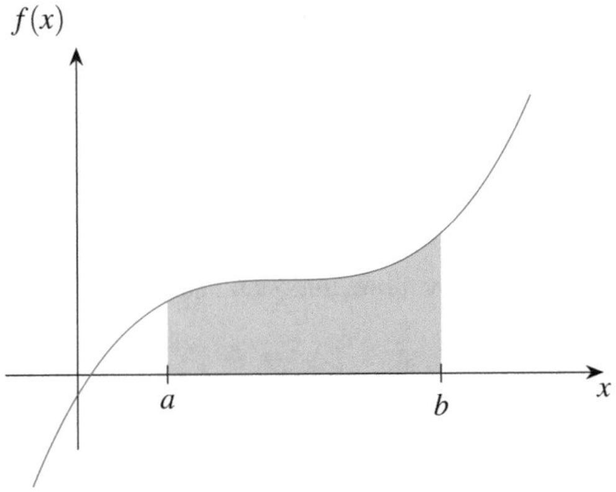


Abb. 1.11: Die Fläche unter einer Funktion in einem Intervall $[a,b]$ kann mithilfe eines Integrals berechnet werden.

schreiben wir dann als

$$\lim_{\Delta x \to 0} U = \lim_{\Delta x \to 0} O = \int_a^b f(x)\,\mathrm{d}x. \tag{1.115}$$

## 1.4.1 Fundamentalsatz der Analysis

Der *Fundamentalsatz der Analysis* verbindet die Integralrechnung mit der Differentialrechnung.

Wenn wir das Integral in Gleichung (1.115) berechnen wollen, dann benötigen wir die *Stammfunktion F* von der Funktion $f$. Die Stammfunktion muss so gewählt sein, dass ihre Ableitung wieder die Funktion $f$ ergibt:

$$F'(x) = f(x). \tag{1.116}$$

Dann gilt nach dem Fundamentalsatz der Analysis für das Integral

$$\int_a^b f(x)\,\mathrm{d}x = F(x)|_a^b = F(b) - F(a). \tag{1.117}$$

**►Tipp:**
Manchmal schreiben wir ein Integral auch ohne Grenzen auf. Dann schreiben wir als Lösung einfach die Stammfunktion, die noch um eine Konstante verschoben sein kann:

$$\int f(x)\,\mathrm{d}x = F(x) + const. \tag{1.118}$$

## 1.4.2 Wichtige Stammfunktionen

Integrale verhalten sich linear:

$$\int \lambda f(x)\,\mathrm{d}x = \lambda \cdot \int f(x)\,\mathrm{d}x \tag{1.119}$$

$$\int (f(x) + g(x))\,\mathrm{d}x = \int f(x)\,\mathrm{d}x + \int g(x)\,\mathrm{d}x. \tag{1.120}$$

Wir zählen hier einige besonders wichtige Stammfunktionen auf.

Wir setzen im Folgenden die Integrationskonstante aus Gleichung (1.118) immer auf Null. Damit erhalten wir jeweils eine der möglichen Stammfunktionen. Wenn wir aber noch Integrationskonstanten zu den Stammfunktionen addieren, erhalten wir andere richtige Lösungen.

Polynome werden mithilfe der Regel

$$\int x^n\,\mathrm{d}x = \frac{x^{n+1}}{n+1} \tag{1.121}$$

aufgeleitet, sofern $n \neq -1$ ist.

Für die Ausnahme $n = -1$ gilt

$$\int \frac{1}{x}\,\mathrm{d}x = \ln(|x|). \tag{1.122}$$

Die Exponentialfunktion und die Logarithmusfunktion werden durch

$$\int e^x\,\mathrm{d}x = e^x \tag{1.123}$$

$$\int \ln(x)\,\mathrm{d}x = x\ln(x) - x \tag{1.124}$$

integriert.

1

Für die trigonometrischen Funktionen gilt

$$\int \sin(x)\,\mathrm{d}x = -\cos(x) \tag{1.125}$$

$$\int \cos(x)\,\mathrm{d}x = \sin(x)\,. \tag{1.126}$$

Außerdem ist

$$\int \frac{1}{1+x^2}\,\mathrm{d}x = \arctan(x)\,. \tag{1.127}$$

Es gibt Bücher, in denen ausführliche Listen von Stammfunktionen zu finden sind. Ein Beispiel dafür ist das *Taschenbuch der Mathematik* von Bronstein.

### 1.4.3 Partielle Integration

Es ist nicht immer leicht, die Stammfunktion für ein Integral zu finden. Die *partielle Integration* kann helfen, ein Integral dennoch zu bestimmen. Sie kommt zum Einsatz, wenn der Integrand ein Produkt zweier Funktionen ist, von denen wir eine Stammfunktion kennen:

$$\int_a^b f'(x)\cdot g(x)\,\mathrm{d}x = f(x)\cdot g(x)\big|_a^b - \int_a^b f(x)\cdot g'(x)\,\mathrm{d}x. \tag{1.128}$$

Diese Regel kann mithilfe der Produktregel für Ableitungen hergeleitet werden (siehe Unterabschnitt 1.3.3).

### 1.4.4 Integration durch Substitution

Manche Integrale lassen sich leichter lösen, wenn eine Substitution durchführt wird. Wir haben ein Integral, in dem nach einer Variable $t$ integriert wird und dessen Integrand $f$ von einer Funktion $\varphi(t)$ abhängt. Jetzt substituieren wir $x = \varphi(t)$. Dann ist

$$\mathrm{d}x = \frac{\mathrm{d}\varphi}{\mathrm{d}t}\mathrm{d}t = \varphi'(t)\,\mathrm{d}t. \tag{1.129}$$

So erhalten wir die Regel

$$\int_a^b f(\varphi(t))\cdot\varphi'(t)\,\mathrm{d}t = \int_{\varphi(a)}^{\varphi(b)} f(x)\,\mathrm{d}x. \tag{1.130}$$

Dabei dürfen wir nicht vergessen, dass auch die Grenzen des Integrals substituiert werden müssen.

Diese Regel mag etwas abstrakt erscheinen, deshalb führen wir hier ein Beispiel durch. Wir betrachten das Integral

$$\int_1^2 2te^{t^2}\,\mathrm{d}t. \tag{1.131a}$$

Nun substituieren wir

$$x = \varphi(t) = t^2. \tag{1.131b}$$

Dabei ist $\varphi'(t) = 2t$. Diesen Term finden wir auch im Integral wieder. Mit der Substitution erhalten wir also das Ergebnis

$$\int_1^2 2te^{t^2}\,\mathrm{d}t = \int_{1^2}^{2^2} e^x\,\mathrm{d}x \tag{1.131c}$$

$$= \int_1^4 e^x\,\mathrm{d}x \tag{1.131d}$$

$$= e^x\big|_1^4 \tag{1.131e}$$

$$= e^4 - e. \tag{1.131f}$$

### 1.4.5 Mehrdimensionale Integrale

Wir können Funktionen auch in mehreren Dimensionen integrieren. Beispielsweise wird bei Volumenintegralen nicht über eine Strecke von $a$ bis $b$, sondern über ein dreidimensionales Volumen $V$ integriert. Das Volumen wird dann in Volumenelemente $\mathrm{d}V$ unterteilt, die selbst dreidimensional sind: $\mathrm{d}V = \mathrm{d}x\,\mathrm{d}y\,\mathrm{d}z$. Wir integrieren also über das Volumen, indem wir über jede Raumrichtung integrieren. Wir schreiben

$$\int f(x,y,z)\,\mathrm{d}V = \iiint f(x,y,z)\,\mathrm{d}x\,\mathrm{d}y\,\mathrm{d}z \tag{1.132a}$$

$$= \int \mathrm{d}x \int \mathrm{d}y \int \mathrm{d}z\, f(x,y,z) \tag{1.132b}$$

und führen die einzelnen Integrationen nacheinander aus.

**►Tipp:**

Die Reihenfolge, in der die Integrationen ausgeführt werden, ist eigentlich egal. Manchmal hängen die Grenzen eines Integrals aber von der Integrationsvariable eines anderen Integrals ab. Das muss dann in der Wahl der Reihenfolge beachtet werden.

#### Jacobi-Determinante

Wir haben in Unterabschnitt 1.1.4 andere Koordinatensysteme eingeführt. Wenn wir in kartesischen Koordinaten arbeiten, dann ist ein Volumenelement $\mathrm{d}V = \mathrm{d}x\,\mathrm{d}y\,\mathrm{d}z$ und ein Flächenelement ist $\mathrm{d}A = \mathrm{d}x\,\mathrm{d}y$. Wenn wir allerdings andere Koordinaten verwenden möchten, dann müssen wir beachten, dass nicht alle Volumenelemente gleich groß sind. Wir gleichen diesen Fehler mit der *Jacobi-Determinante* aus, die wir in unsere Integrale einbeziehen müssen.

Ein Flächenelement in Polarkoordinaten ist

$$\mathrm{d}A = r\cdot\mathrm{d}r\,\mathrm{d}\varphi. \tag{1.133}$$

Der zusätzliche Faktor $r$ ist die Jacobi-Determinante. Wir benötigen sie, weil die Flächenelemente umso größer sind, je weiter sie vom Koordinatenursprung entfernt sind.

In Zylinderkoordinaten wird ein Volumenelement durch

$$\mathrm{d}V = r \cdot \mathrm{d}r\,\mathrm{d}\varphi\,\mathrm{d}z \tag{1.134}$$

ausgedrückt. Hier haben wir die gleiche Jacobi-Determinante wie für Polarkoordinaten.

In Kugelkoordinaten hat ein Volumenelement die Größe

$$\mathrm{d}V = r^2 \sin(\vartheta) \cdot \mathrm{d}r\,\mathrm{d}\varphi\,\mathrm{d}\vartheta \tag{1.135}$$

mit der Jacobi-Determinante $r^2 \sin(\vartheta)$.

Natürlich gibt es allgemeine Regeln, nach denen die Jacobi-Determinante für beliebige Koordinatensysteme berechnet werden kann. Für uns genügt es aber, Integrale in diesen speziellen Koordinaten lösen zu können.

### 1.4.6 Kurvenintegrale

*Kurvenintegrale* sind in der Physik besonders wichtig. Wir benötigen sie zum Beispiel, um die Arbeit entlang eines Weges zu berechnen.

Wir betrachten einen Weg im dreidimensionalen Raum, den wir $\mathscr{C}$ nennen. Diese Kurve beginnt am Punkt $a$ und endet am Punkt $b$. Das Streckenelement entlang der Kurve nennen wir $\mathrm{d}s$.

Nun möchten wir das Integral

$$\int_{\mathscr{C}} f(x,y,z)\,\mathrm{d}s \tag{1.136}$$

berechnen. Dafür parametrisieren wir den Weg, sodass er durch die Funktion $\gamma(t)$ beschrieben wird. Während wir die Variable $t$ verändern, bewegt sich also der Punkt $\gamma(t)$ entlang des Weges $\mathscr{C}$ durch den Raum. Die Variable $t$ beginnt bei $t_a$ und endet bei $t_b$. Dann ist

$$\int_{\mathscr{C}} f(x,y,z)\,\mathrm{d}s = \int_{t_a}^{t_b} f(\gamma(t))\,\left|\gamma'(t)\right|\,\mathrm{d}t. \tag{1.137}$$

So können wir das Integral eines Weges auf ein einfacheres, eindimensionales Integral zurückführen.

In manchen Situationen (auch beim Arbeitsintegral in der Physik) ist die Funktion $\boldsymbol{f}$ tatsächlich ein Vektor und wir integrieren entlang eines Vektorfeldes, sodass auch das Differential $\mathrm{d}\boldsymbol{s}$ ein Vektor ist. Dann gilt

$$\int_{\mathscr{C}} \boldsymbol{f}(x,y,z) \cdot \mathrm{d}\boldsymbol{s} = \int_{t_a}^{t_b} \boldsymbol{f}(\gamma(t)) \cdot \gamma'(t)\,\mathrm{d}t. \tag{1.138}$$

**►Tipp:**

Wenn wir ein Kurvenintegral über einer geschlossenen Kurve ausführen ($\gamma(t_a) = \gamma(t_b)$), dann schreiben wir das Integral auch als $\oint$. Das gilt auch für geschlossene Oberflächen.

Wir geben hier ein Beispiel für eine Parametrisierung. Angenommen, wir möchten entlang des Einheitskreises (gegen den Uhrzeigersinn) in zwei Dimensionen integrieren, sodass der Anfangs- und Endpunkt rechts auf der $x$-Achse liegen, dann können wir als Parametrisierung die Funktion

$$\gamma(t) = \begin{pmatrix} \cos(t) \\ \sin(t) \end{pmatrix} \tag{1.139}$$

mit $t \in [0,2\pi]$ wählen. Dieser Vektor bewegt sich mit ansteigendem $t$ entlang des Einheitskreises.

Ähnlich wie die Kurvenintegrale gibt es auch Integrale entlang gekrümmter Flächen. Diese haben anstelle des Linienelements $\mathrm{d}\boldsymbol{s}$ ein Flächenelement $\mathrm{d}\boldsymbol{A}$. Dieser Vektor steht immer senkrecht auf dem Flächenelement, sodass er dessen Orientierung angibt. Oberflächen werden mit zwei Variablen parametrisiert. Darauf müssen wir in diesem Buch aber nicht näher eingehen.

### 1.4.7 Satz von Gauß

Wir betrachten ein Volumen $V$ mit der Oberfläche $\partial V$ und das Vektorfeld $\boldsymbol{f}(x,y,z)$. Nach dem *Satz von Gauß* gilt dann

$$\int_V \mathrm{div}(\boldsymbol{f}(x,y,z))\,\mathrm{d}V = \oint_{\partial V} \boldsymbol{f}(x,y,z) \cdot \mathrm{d}\boldsymbol{A}. \tag{1.140}$$

Damit verbinden wir die Quelle eines Vektorfeldes im Inneren eines Volumens mit dem Fluss des Vektorfeldes durch die Oberfläche des Volumens.

### 1.4.8 Satz von Stokes

Wir betrachten eine Oberfläche $A$ in drei Dimensionen, die den Rand $\partial A$ hat. Wir integrieren über die Rotation eines Vektorfeldes $\boldsymbol{f}(x,y,z)$. Dann gilt nach dem *Satz von Stokes*

$$\int_A \mathrm{rot}(\boldsymbol{f}(x,y,z)) \cdot \mathrm{d}\boldsymbol{A} = \oint_{\partial A} \boldsymbol{f}(x,y,z) \cdot \mathrm{d}\boldsymbol{s}. \tag{1.141}$$

Damit verbinden wir die Verwirbelung eines Vektorfeldes auf einer Oberfläche mit dem Wegintegral entlang des Randes der Fläche.

## 1.5 Differentialgleichungen

Differentialgleichungen sind Gleichungen, die eine Funktion sowie auch Ableitungen dieser Funktion enthalten. Sie stellen ein äußerst wichtiges Werkzeug in der Physik dar. In diesem Buch arbeiten wir nur mit vergleichsweise einfachen Differentialgleichungen, aber dennoch möchten wir hier einige allgemeine Bemerkung zum Lösen verschiedener Gleichungstypen machen.

1

## 1.5.1 Lineare Differentialgleichungen

Wir betrachten eine Funktion $y(x)$, die von einer Variablen $x$ abhängt. Die $i$-te Ableitung der Funktion bezeichnen wir mit $y^{(i)}(x)$. In *linearen Differentialgleichungen* werden die Funktion $y$ und ihre Ableitungen gewissermaßen linear kombiniert, wie die Vektoren in Gleichung (1.22).

### Homogene lineare Differentialgleichungen

Eine *homogene lineare Differentialgleichung* hat im Allgemeinen die Form

$$a_n y^{(n)}(x) + \cdots + a_1 y^{(1)}(x) + a_0 y(x) = 0. \qquad (1.142)$$

Grundsätzlich könnten die Koeffizienten $a_i$ auch Funktionen von $x$ sein. Wir betrachten hier aber nur den Fall, in dem die Koeffizienten konstant sind. Auf der rechten Seite der Gleichung steht eine Null. Deshalb sprechen wir von einer homogenen Gleichung.

Wir wollen nun alle Funktionen $y(x)$ finden, die Gleichung (1.142) lösen. Dafür wählen wir den Ansatz

$$y(x) = e^{\lambda x}. \qquad (1.143)$$

Eingesetzt in die Differentialgleichung und mit $e^{\lambda x}$ erhalten wir die Bedingung

$$a_n \lambda^n + \cdots + a_1 \lambda + a_0 = 0, \qquad (1.144)$$

die wir nun nach $\lambda$ auflösen müssen. Dabei ist $\lambda \in \mathbb{C}$. Für eine Differentialgleichung $n$-ter Ordnung (die höchste Ableitung gibt die Ordnung an) gibt es $n$ Lösungen für $\lambda$ und damit auch $n$ verschiedene Funktionen $y(x)$.

**►Tipp:**

Wenn eine Lösung für $\lambda$ eine $m$-fache Nullstelle von Gleichung (1.144) ist, dann sind auch die Funktionen

$$y(x) = x^j e^{\lambda x} \qquad (1.145)$$

mit $j \in \{0, \cdots, m-1\}$ Lösungen von Gleichung (1.142).

Da die Differentialgleichung linear ist, können wir die $n$ verschiedenen Lösungen $(y_1(x), ..., y_n(x))$, die wir mithilfe des Ansatzes erhalten haben, auch linear kombinieren. Das bedeutet, dass alle Funktionen der Form

$$y(x) = \sum_{i=1}^{n} c_i y_i(x) = c_1 y_1(x) + \cdots + c_n y_n(x) \qquad (1.146)$$

die Differentialgleichung lösen. Die Konstanten $c_i$ sind dabei völlig frei wählbar.

### Randbedingungen

*Randbedingungen* sind Einschränkungen für die Funktion $y(x)$. In der klassischen Mechanik kann beispielsweise die Anfangsposition eines Teilchens oder seine Anfangsgeschwindigkeit eine Randbedingung sein. Wir sprechen dabei auch häufig von *Anfangsbedingungen*.

Die Randbedingungen können von unterschiedlicher Form sein. Wir erfüllen sie, indem wir die Konstanten in Gleichung (1.146) passend wählen.

**►Tipp:**

Für gewöhnlich schreibt die Ordnung der Differentialgleichung vor, wie viele Randbedingungen wir benötigen, um eine einzige Lösung auszuwählen. Für eine Gleichung $n$-ter Ordnung benötigen wir $n$ verschiedene Randbedingungen.

### Inhomogene lineare Differentialgleichungen

*Inhomogene lineare Differentialgleichungen* sehen ähnlich aus wie Gleichung (1.142), auf der rechten Seite steht nun aber eine Funktion $f(x)$:

$$a_n y^{(n)}(x) + \cdots + a_1 y^{(1)}(x) + a_0 y(x) = f(x). \qquad (1.147)$$

Zum Lösen von inhomogenen Differentialgleichungen finden wir zunächst die Lösungen der entsprechenden homogenen Gleichung, die wir $y_{\text{hom}}(x)$ nennen. Die *homogenen Lösungen* lösen die inhomogene Gleichung nicht, aber wir kommen später darauf zurück.

Jetzt suchen wir eine Lösung $y_{\text{par}}(x)$ für die inhomogene Differentialgleichung. Wir nennen sie auch die *partikuläre Lösung*. Der Ansatz, den wir dafür brauchen, hängt von der Funktion $f(x)$ ab:

- Wenn $f(x)$ ein Polynom der Form $a_m x^m + \cdots a_1 x + a_0$ ist, dann setzen wir auch für die partikuläre Lösung ein solches Polynom an. Die Koeffizienten ergeben sich dann aus der Differentialgleichung.
- Wenn $f(x)$ ein Sinus oder ein Kosinus ist, dann wählen wir als Ansatz eine Linearkombination aus *beiden* dieser Funktionen: $y_{\text{par}}(x) = c_1 \sin(x) + c_2 \cos(x)$.
- Wenn $f(x)$ eine Exponentialfunktion der Form $u^x$ ist, dann wählen wir auch als Ansatz $y_{\text{par}}(x) = c\,u^x$.

Wir sehen hier, dass der Ansatz für die partikuläre Lösung häufig der Funktion $f(x)$ ähnlich sieht. Natürlich sind auch andere Terme $f(x)$ denkbar, aber die genannten Fälle sind für uns ausreichend.

Die partikuläre Lösung $y_{\text{par}}(x)$ löst nun die inhomogene Differentialgleichung. Jetzt können wir aber auch noch eine homogene Lösung addieren. Im Allgemeinen haben die Lösungen der inhomogenen Differentialgleichung (Gleichung (1.147)) deshalb die Form

$$y(x) = y_{\text{hom}}(x) + y_{\text{par}}(x). \qquad (1.148)$$

### 1.5.2 Andere Differentialgleichungen

Differentialgleichungen können nahezu beliebig kompliziert werden. Wir haben hier nur lineare Gleichungen betrachtet und uns dabei noch auf konstante Koeffizienten beschränkt. Beides muss nicht unbedingt gegeben sein.

Außerdem kann die Funktion $y$ auch von mehr als einer Variablen abhängen. Wenn in einer Differentialgleichung partielle Ableitungen nach verschiedenen Variablen auftreten, dann sprechen wir von einer partiellen Differentialgleichung. Solche Gleichungen finden wir in diesem Buch bei der Beschreibung von Wellen. Auch dabei bleiben wir aber bei linearen Differentialgleichungen mit konstanten Koeffizienten.

Andere kompliziertere Gleichungen finden wir zwar in diesem Buch auch (beispielsweise bei der Beschreibung von Flüssigkeiten), mit der Lösung solcher Gleichungen werden wir uns aber nicht befassen. Deshalb haben wir uns in dieser mathematischen Einführung nur auf die einfachsten Fälle konzentriert.

# Physikalische Größen 2

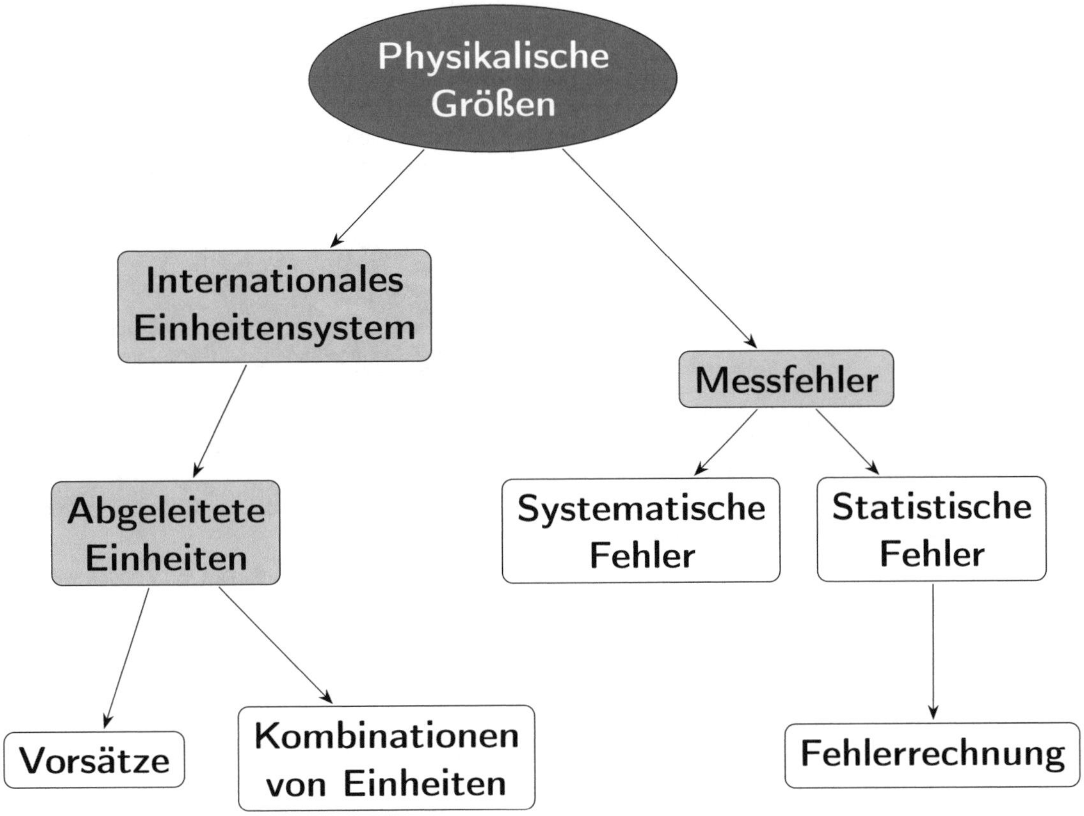



H. Kumrić und F. Roser, *Experimentalphysik: Mechanik*,
https://doi.org/10.1007/978-3-662-61855-4_2

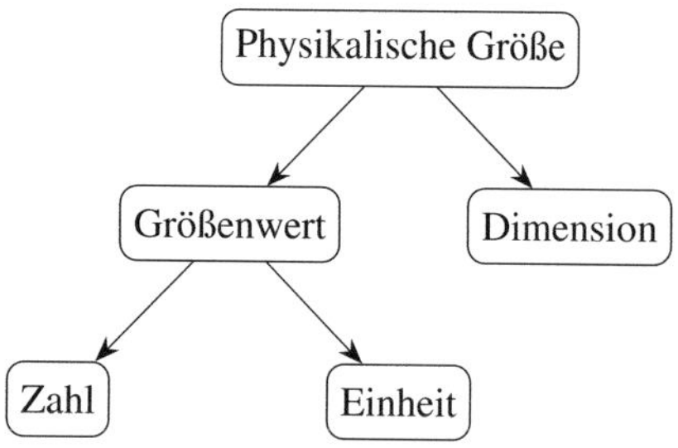


Abb. 2.1: Eine physikalische Größe hat einen Größenwert und eine Dimension. Der Größenwert setzt sich aus einer einfachen Zahl (oder auch einem Vektor, ...) und einer Maßeinheit zusammen.

Um die Vorgänge der Welt zu beschreiben, verwenden wir in der Physik die Methoden der Mathematik. Dabei rechnen wir aber mit physikalischen Größen und nicht nur mit einfachen Zahlen. Solche Größen geben Eigenschaften von Dingen an und ermöglichen es uns, verschiedene Dinge anhand ihrer Eigenschaften miteinander zu vergleichen.

Wenn wir hier von Dingen sprechen, dann meinen wir alles, was quantitative Eigenschaften hat. Dazu gehören Objekte, Flüssigkeiten, Zustände, Vorgänge, ...

Neben einem *Größenwert* haben physikalische Größen auch eine *Dimension* (siehe Abbildung 2.1). Damit ist nicht die mathematische Dimension eines Vektorraumes gemeint, sondern die Eigenschaft, die durch die Größe ausgedrückt wird. Wir reden hier von Längen, Zeitabständen, Massen, Temperaturen, aber auch von Geschwindigkeiten oder anderen Eigenschaften, die wir einem Ding zuordnen können. Wenn wir bei der Division zweier Größen eine einfache, dimensionslose Zahl erhalten, dann haben beide Größen die gleiche Dimension. So können wir Vergleiche durchführen.

Wir können beispielsweise die Länge eines Autos mit der Länge eines Fahrrads vergleichen. Allerdings lässt sich die Länge eines Autos nicht mit der Dauer eines Tages vergleichen. Das liegt daran, dass hier die Dimensionen nicht übereinstimmen.

Der Größenwert einer physikalischen Größe ist nicht nur einfach eine Zahl. Es gehört auch immer eine *Maßeinheit* dazu. Für Längen können wir beispielsweise einen Meter als Einheit verwenden, für Zeiten bietet sich eine Stunde als Einheit an.

Wenn wir den Wert einer physikalischen Größe angeben, dann schreiben wir eine Zahl multipliziert mit einer Einheit:

$$\text{Größe} = \text{Zahl} \cdot \text{Einheit}. \tag{2.1}$$

Die Einheit ist dabei absolut wichtig. Erst durch sie wird die Größe mit anderen Größen derselben Dimension vergleichbar.

**►Tipp:**

Vergessen Sie *niemals*, zu jeder Größe auch die Einheit dazuzuschreiben. Die Autoren dieses Buches haben in Prüfungen schon unzählige – *vermeidbare* – Male wegen fehlender Einheiten Punkte abziehen müssen. Wenn die Einheit fehlt, dann ist ein Ergebnis schlichtweg wertlos und falsch.

Als Beispiel betrachten wir ein Auto. Der Abstand vom vorderen zum hinteren Ende des Autos ist eine physikalische Größe. Er hat die Dimension einer Länge. Der Größenwert des Abstands der Enden des Autos ist 4 Meter. Dabei ist 4 der Zahlenwert und Meter die Maßeinheit.

**Physikalische Größe**

Eine physikalische Größe gibt eine quantitative Eigenschaft eines Dinges (eines Objekts, eines Vorgangs, eines Zustands, ...) an. Sie hat einen Größenwert und eine Dimension. Die Dimension gibt die Art der Eigenschaft an. Der Wert der Größe setzt sich aus einer Zahl (oder einem Vektor, ...) und einer Maßeinheit zusammen.

Grundsätzlich können beliebige Einheiten verwendet werden. So werden an verschiedenen Orten auf der Welt unterschiedliche Längen- (Meilen, Kilometer, Fuß) und Masseneinheiten (Pfund, Kilogramm) benutzt. Es ist aber wichtig, dass wir unsere Einheiten konsistent definieren. Ein Meter muss überall auf der Welt gleich lang und ein Kilogramm gleich schwer sein. Deshalb wurde das *Internationale Einheitensystem* eingeführt.

## 2.1 Internationales Einheitensystem

Das Internationale Einheitensystem beruht auf sieben *Basiseinheiten*, mithilfe derer sich alle wichtigen physikalischen Größen beschreiben lassen. Diese Einheiten werden auch *SI-Einheiten* genannt.

Für die moderne Physik ist es äußerst wichtig, genaue Definitionen für Einheiten zu haben. Sonst wären präzise Messungen einfach wertlos. Dafür werden die Definitionen der SI-Einheiten immer wieder aktualisiert.

In Frankreich wurde am Ende des 18. Jahrhunderts zum ersten Mal ein einheitliches Einheitensystem eingeführt. Damals wurden der Meter, das Gramm und die Sekunde definiert. Ein Meter sollte genauso lang sein, dass zehn Millionen Meter der Strecke vom Nord- oder Südpol zum Äquator der Erde entsprechen. Ein Gramm war die Masse eines Kubikzentimeters Wasser bei einer bestimmten Temperatur und bei einem bestimmten Druck.

Außerdem sollten 86 400 Sekunden genauso lang sein wie ein mittlerer Sonnentag.

Den Franzosen, die als Erste ein einheitliches Einheitensystem entwickelt haben, haben wir auch den französischen Namen *Système international d'unités* oder SI-Einheiten zu verdanken.

Heute haben wir zu den SI-Einheiten noch andere Dimensionen als die Länge, die Masse und die Zeit hinzugenommen. Außerdem sind diese Größen mittlerweile anders definiert. In der 26. Generalkonferenz für Maß und Gewicht im Jahr 2018 wurde entschieden, dass alle Basiseinheiten mit physikalischen Konstanten verknüpft sein sollen. Seit dem 20. Mai 2019 nutzen wir daher die folgenden Einheiten:

- Für *Zeiten* nutzen wir die Sekunde (Einheitenzeichen s) als Einheit. Eine Sekunde ist das 9 192 631 770-Fache der Periodendauer der Strahlung, die dem Übergang zwischen den beiden Hyperfeinstrukturniveaus im Grundzustand des Isotops $^{133}Cs$ von Cäsium entspricht.
- Für *Längen* wird als Einheit der Meter (Einheitenzeichen m) verwendet. Ein Meter ist die Strecke, die Licht im Vakuum in einer Zeit von
$$\frac{1}{299\,792\,458}\,\mathrm{s} \tag{2.2}$$
zurücklegt. Damit haben wir die Lichtgeschwindigkeit auf einen Wert von
$$c = 299\,792\,458\,\frac{\mathrm{m}}{\mathrm{s}} \tag{2.3}$$
festgelegt.
- Für *Massen* hat sich anstelle des Gramms heute das Kilogramm (Einheitenzeichen kg) als praktischer erwiesen. Ein Kilogramm ist das Tausendfache eines Gramms. Per Definitionem wird das Kilogramm durch das Planck'sche Wirkungsquantum festgelegt, dessen Wert
$$h = 6{,}626\,070\,15 \cdot 10^{-34}\,\frac{\mathrm{kg}\cdot\mathrm{m}^2}{\mathrm{s}} \tag{2.4}$$
ist.
- Die *elektrische Stromstärke* wird in Ampere gemessen (Einheitenzeichen A). Sie ist durch die Elementarladung
$$e = 1{,}602\,176\,634 \cdot 10^{-19}\,\mathrm{A}\cdot\mathrm{s} \tag{2.5}$$
bestimmt. Die Elementarladung ist die kleinste Ladungseinheit, die in der Natur vorkommt. Protonen haben genau diese elektrische Ladung und Elektronen haben die Ladung $-e$.
- *Temperaturen* werden in Kelvin (Einheitenzeichen K) gemessen. Indem die Boltzmann-Konstante auf den Wert
$$k_\mathrm{B} = 1{,}380\,649 \cdot 10^{-23}\,\frac{kg\cdot m^2}{s^2\cdot K} \tag{2.6}$$
festgelegt wurde, haben wir damit das Kelvin auch definiert.
- Für *Stoffmengen* wird das Mol (Einheitenzeichen mol) verwendet. Die Stoffmenge ist einfach eine Teilchenzahl. Ein Mol eines Stoffes enthält per Definitionem $6{,}022\,140\,76 \cdot 10^{23}$ Teilchen. Diese Definition kommt durch die Festlegung der Avogadro-Konstante auf
$$N_\mathrm{A} = 6{,}022\,140\,76 \cdot 10^{23}\,\frac{1}{\mathrm{mol}} \tag{2.7}$$
zustande. Diese Konstante gibt also an, wie viele Teilchen sich in einer bestimmten Stoffmenge befinden.
- Für die *Lichtstärke* verwenden wir die Einheit Candela (Einheitenzeichen cd). Sie ist über das photometrische Strahlungsäquivalent für monochromatische Strahlung mit Frequenz $540\,\mathrm{THz} = 540 \cdot 10^{12}\,\mathrm{1/s}$
$$K_\mathrm{cd} = 683\,\frac{\mathrm{cd}\cdot\mathrm{s}^3\cdot\mathrm{sr}}{\mathrm{kg}\cdot\mathrm{m}^2} \tag{2.8}$$
festgelegt. Dabei bezeichnet die Einheit sr den Steradiant, der einen Raumwinkel angibt. Im SI-Einheitensystem ist einfach $1\,\mathrm{sr} = 1$.

Von diesen Einheiten benötigen wir in diesem Buch nur den Meter, die Sekunde, das Kilogramm und das Kelvin.

## 2.2 Abgeleitete Einheiten

Aus den SI-Einheiten lassen sich auch andere Einheiten ableiten. Oft werden einfach die Vorsätze aus Tabelle 2.1 vor eine Einheit gesetzt. Sie ersetzen Zehnerpotenzen. Wir kennen das von Kilometern ($1\,\mathrm{km} = 10^3\,\mathrm{m}$) oder Millisekunden ($1\,\mathrm{ms} = 10^{-3}\,\mathrm{s}$). Andere Einheiten sind nicht direkt Zehnerpotenzen von SI-Einheiten. Beispielsweise entspricht eine Minute 60 Sekunden. Ähnlich können auch Meilen oder Pfunde in SI-Einheiten übersetzt werden.

Darüber hinaus werden SI-Einheiten auch zu neuen Einheiten kombiniert, die andere Dimensionen beschreiben. Beispielsweise ist eine Geschwindigkeit der Quotient aus einer Länge und einer Zeit. In SI-Einheiten schreiben wir $\mathrm{m/s}$. Einige besondere abgeleitete Einheiten haben so auch einen eigenen Namen erhalten. Die wichtigsten davon, die wir auch in diesem Buch benötigen, haben wir in Tabelle 2.2 aufgelistet.

Es ist nicht unüblich, dass in physikalischen Aufgabenstellungen verschiedene Größen in verschiedenen Einheiten angegeben sind. Dann müssen wir beim Rechnen aufpassen, dass uns keine Einheitenfehler unterlaufen. Achten Sie darauf, in jedem Rechenschritt die richtigen Einheiten aufzuschreiben. Sind Sie nicht sicher im Umgang mit verschiedenen Einheiten, dann empfehlen wir, zu Beginn einer Rechnung alle Einheiten als SI-Einheiten auszudrücken und bei Bedarf Zehnerpotenzen zu nutzen. Wenn Sie dann die Rechnung in SI-Einheiten durchführen, passieren normalerweise die wenigsten Fehler. Durch Zehnerpotenzen vermeiden Sie lange Zahlen oder viele Nachkommastellen. So lassen sich Rechnungen übersichtlicher gestalten.

| Vorsatz | Zeichen | Vorfaktor |
|---|---|---|
| Yocto | y | $10^{-24}$ |
| Zepto | z | $10^{-21}$ |
| Atto | a | $10^{-18}$ |
| Femto | f | $10^{-15}$ |
| Piko | p | $10^{-12}$ |
| Nano | n | $10^{-9}$ |
| Mikro | $\mu$ | $10^{-6}$ |
| Milli | m | $10^{-3}$ |
| Zenti | c | $10^{-2}$ |
| Dezi | d | $10^{-1}$ |
| Deka | da | $10^{1}$ |
| Hekto | h | $10^{2}$ |
| Kilo | k | $10^{3}$ |
| Mega | M | $10^{6}$ |
| Giga | G | $10^{9}$ |
| Tera | T | $10^{12}$ |
| Peta | P | $10^{15}$ |
| Exa | E | $10^{18}$ |
| Zetta | Z | $10^{21}$ |
| Yotta | Y | $10^{24}$ |

Tab. 2.1: Diese Vorsätze werden vor Einheiten gesetzt, um Zehnerpotenzen zu vermeiden und Ergebnisse anschaulicher darzustellen.

| Größe | Einheit | Zeichen | SI |
|---|---|---|---|
| Frequenz | Hertz | Hz | $s^{-1}$ |
| Kraft | Newton | N | $kg \cdot m \cdot s^{-2}$ |
| Druck | Pascal | Pa | $kg \cdot m^{-1} \cdot s^{-2}$ |
| Energie | Joule | J | $kg \cdot m^{2} \cdot s^{-2}$ |
| Leistung | Watt | W | $kg \cdot m^{2} \cdot s^{-3}$ |

Tab. 2.2: Die hier aufgelisteten Kombinationen aus SI-Einheiten haben ihren eigenen Namen erhalten.

Wenn beispielsweise in einer Aufgabe von einem Liter Wasser die Rede ist, dann können wir schreiben:

$$1\,\mathrm{l} = 1\,\mathrm{dm}^3 = 1\left(10^{-1}\mathrm{m}\right)^3 = 10^{-3}\,\mathrm{m}^3. \quad (2.9)$$

So lassen sich unnötige Fehler vermeiden.

**►Tipp:**

Wenn Sie sauber mit den Einheiten in einer Rechnung umgehen, dann können Sie sie auch als zusätzliche Kontrolle verwenden. Wenn Sie beispielsweise in einer Rechnung eine Geschwindigkeit ausrechnen, dann sollte das Endergebnis die Dimension einer Länge dividiert durch eine Zeit haben.

## 2.3 Messfehler

Mit Messfehlern werden wir uns in diesem Buch eigentlich nicht näher befassen. Sie sind aber ein wichtiger Bestandteil der experimentellen Physik. Deshalb erklären wir hier kurz die wichtigsten Aspekte, die im Umgang mit Messfehlern beachtet werden müssen.

### 2.3.1 Systematische und statistische Messfehler

Messfehler in Experimenten können verschiedene Ursachen haben. *Systematische Fehler* sind durch den Aufbau des Experiments bedingt. Übliche Fehlerursachen sind fehlerhafte oder falsch kalibrierte Messgeräte oder auch menschliche Fehler beim Messvorgang. Beispielsweise könnte ein Meterstab verwendet werden, der etwas zu lang ist. Dadurch entstehen Fehler, die sich mit der erneuten Durchführung des Experiments wiederholen.

Es gibt auch *statistische Fehler*. Diese treten unter anderem auf, wenn eine Messung ungenau ist. Mit einem Meterstab beispielsweise können wir Längen nur mit einer Unsicherheit von wenigen Millimetern angeben. Deshalb liegen wir mit unseren Längenmessungen mal über und mal unter der tatsächlichen Länge eines Objekts. Wenn wir ein Experiment mehrfach durchführen, dann ergibt sich jedes Mal ein anderer statistischer Fehler.

Systematische Fehler traten in der Vergangenheit immer wieder selbst an großen und teuren Experimenten auf. So wurde beispielsweise von der Gruppe des OPERA-Experiments am CERN im Jahr 2011 die Geschwindigkeit von Neutrinos gemessen. Das Ergebnis des Experiments erregte damals großes Aufsehen, denn die Forscher maßen tatsächlich Überlichtgeschwindigkeiten. Später stellte sich jedoch heraus, dass Fehler im Experiment (unter anderem ein fehlerhaftes Kabel) die Ergebnisse verfälschten. Die Neutrinos bewegten sich doch nicht schneller als Licht im Vakuum.

Für ein anderes Experiment wurde in den 1960er Jahren eine große, empfindliche Mikrowellenantenne gebaut. Das Signal, das die Forscher Arno Penzias und Robert Woodrow Wilson allerdings zunächst maßen, stellte sich als verrauscht heraus. So versuchten sie, die Ursache für diese Störung zu finden. Dafür hatten sie sogar die Hinterlassenschaften von Tauben in der Antenne im Verdacht. Was auch immer die Forscher untersuchten – das mysteriöse Rauschen blieb konstant. Im Jahr 1978 erhielten Penzias und Wilson den Physiknobelpreis. Sie hatten zufällig die kosmische Mikrowellenhintergrundstrahlung entdeckt, die kurz nach dem Urknall entstand und bereits in den 1940er Jahren vorhergesagt wurde.

**Fehler**

*Systematische Fehler* werden durch das Experiment selbst erzeugt und bleiben mit der erneuten Durchführung des Experiments gleich. *Statistische Fehler* lassen sich dagegen nicht reproduzieren, sondern liefern mit jeder Durchführung eines Experiments ein neues Ergebnis.

## 2.3.2 Fehlerrechnung

Wir werden hier kurz auf einige Methoden zum Umgang mit statistischen Fehlern eingehen. Zunächst betrachten wir einen Messwert $x$, den wir in einem Experiment erhalten. Jedes Mal, wenn wir das Experiment durchführen, erhalten wir einen neuen Wert, da der statistische Fehler immer anders ausfällt. Wir nummerieren die Ergebnisse für $n$ Experimente mit Indizes: $x_1, ..., x_n$.

Grundsätzlich kennen wir den tatsächlichen Wert $x$ nicht (sonst müssten wir das Experiment nicht durchführen). Wenn wir also am tatsächlichen Wert $x$ interessiert sind, dann ist unsere beste Hoffnung der *Mittelwert*

$$\bar{x} = \frac{1}{n}\sum_{j=1}^{n} x_j \tag{2.10}$$

aus den einzelnen Messergebnissen.

Wenn der statistische Fehler von $x$ klein ist, dann erwarten wir, dass die Werte $x_i$ nahe beieinander liegen. Ein großer statistischer Fehler lässt dagegen eine größere Streuung der Messwerte vermuten. In der Realität wissen wir nicht unbedingt, wie groß der Fehler einer Messung ist, aber wir können uns ansehen, wie stark die Messwerte vom Mittelwert abweichen. Dafür gibt es die *Standardabweichung*

$$\Delta x = \sqrt{\frac{1}{n-1}\sum_{j=1}^{n}(x_j - \bar{x})^2}. \tag{2.11}$$

Dieser Wert gibt uns gewissermaßen an, wie weit die Messergebnisse gestreut sind.

Theoretisch könnten wir nun ein Experiment $n$-mal durchführen und einen Mittelwert $\bar{x}$ errechnen. Einen Tag später führen wir das Experiment wieder $n$-mal durch, aber dieses Mal erhalten wir einen anderen Mittelwert. Auch der Mittelwert ist also fehlerbehaftet. Es gilt:

$$\Delta\bar{x} = \frac{\Delta x}{\sqrt{n}}. \tag{2.12}$$

Das bedeutet, dass der Mittelwert umso genauer wird, je mehr Messungen wir durchführen.

**Statistische Fehler**

Eine Messung einer Größe $x$ mit statistischem Fehler wird $n$-mal durchgeführt. Dabei werden die Werte $x_1, ..., x_n$ gemessen. Der Mittelwert dieser Messungen ist

$$\bar{x} = \frac{1}{n}\sum_{j=1}^{n} x_j. \tag{2.13}$$

Die Streuung der Messwerte kann durch die Standardabweichung angegeben werden:

$$\Delta x = \sqrt{\frac{1}{n-1}\sum_{j=1}^{n}(x_j - \bar{x})^2}. \tag{2.14}$$

Die Standardabweichung des Mittelwerts sinkt mit der Zahl der Messungen:

$$\Delta\bar{x} = \frac{\Delta x}{\sqrt{n}}. \tag{2.15}$$

Nun stellen wir uns vor, dass wir mehrere verschiedene Größen $x_1, x_2, ..., x_N$ gemessen haben. (Das sind verschiedene Größen und *nicht* verschiedene Messergebnisse der gleichen Größe.) Dazu gehören die Standardabweichungen $\Delta x_1, ..., \Delta x_N$. Aus diesen Größen errechnen wir nun eine neue Größe $G(x_1, \cdots, x_N)$. Beispielsweise könnten wir eine Geschwindigkeit aus einer Länge und einer Zeit berechnen. Nun müssen wir auch für die errechnete Größe $G$ eine Abweichung $\Delta G$ erwarten. Diese lässt sich mithilfe der *Gauß'schen Fehlerfortpflanzung* berechnen:

$$\Delta G = \sqrt{\sum_{j=1}^{N}\left(\frac{\partial G}{\partial x_j}\Delta x_j\right)^2}. \tag{2.16}$$

Wir leiten hier die Größe $G$ partiell nach allen gemessenen Größen $x_j$ ab. Für die Gauß'sche Fehlerfortpflanzung wird angenommen, dass die Größen $x_1, ..., x_N$ voneinander unabhängig sind. Wenn das nicht gegeben ist, dann gilt Gleichung (2.16) nicht.

**Gauß'sche Fehlerfortpflanzung**

Mithilfe der Gauß'schen Fehlerfortpflanzung kann aus den Standardabweichungen $N$ verschiedener Größen $\Delta x_1, ..., \Delta x_N$ die Abweichung einer berechneten Größe $G(x_1, \cdots, x_N)$ ermittelt werden:

$$\Delta G = \sqrt{\sum_{j=1}^{N}\left(\frac{\partial G}{\partial x_j}\Delta x_j\right)^2}. \tag{2.17}$$

2

## Maximaler Fehler

Bei manchen Messungen kennen wir den maximal möglichen statistischen Fehler. Wenn wir beispielsweise eine Länge $x$ mit einem Geodreieck messen, dann können wir erwarten, dass das Messergebnis nicht mehr als $\Delta x = 2\,\mathrm{mm}$ vom tatsächlichen Wert entfernt liegt. Dieser absolute maximale Fehler ist eine vorzeichenlose Größe. Wenn wir den Wert $x_{\mathrm{mess}}$ messen, dann gilt für den tatsächlichen Wert

$$x = x_{\mathrm{mess}} \pm \Delta x. \tag{2.18}$$

Er befindet sich also im Intervall $[x_{\mathrm{mess}} - \Delta x, x_{\mathrm{mess}} + \Delta x]$. Maximale Fehler sind für viele Messgeräte angegeben.

Auch für maximale Fehler gibt es eine Fehlerfortpflanzung. Wir betrachten wieder unsere Größe $G(x_1, \cdots, x_N)$ die von den gemessenen Werten $x_1, ..., x_N$ abhängt. Für jeden dieser Werte kennen wir die maximale Abweichung $\Delta x_1$, ..., $\Delta x_N$. Dann ist die maximale Abweichung von $G$ näherungsweise

$$\Delta G = \sum_{j=1}^{N} \left| \frac{\partial G}{\partial x_j} \right| \Delta x_j. \tag{2.19}$$

Das ist gewissermaßen eine Taylorentwicklung von $G$ in erster Ordnung für kleine Abweichungen $\Delta x_1$, ..., $\Delta x_N$.

### Maximaler Fehler

Für manche Messungen $x_{\mathrm{mess}}$ kann ein maximaler Fehler $\Delta x$ angegeben werden. Dabei handelt es sich um eine vorzeichenlose Größe, die angibt, in welchem Bereich der tatsächliche Wert $x$ liegt:

$$x = x_{\mathrm{mess}} \pm \Delta x. \tag{2.20}$$

Der maximale Fehler für eine Größe $G(x_1, \cdots, x_N)$ ist dann

$$\Delta G = \sum_{j=1}^{N} \left| \frac{\partial G}{\partial x_j} \right| \Delta x_j. \tag{2.21}$$

## 2.4 Alles auf einen Blick

**Physikalische Größe**

Eine physikalische Größe gibt eine quantitative Eigenschaft eines Dinges (eines Objekts, eines Vorgangs, eines Zustands, ...) an. Sie hat einen Größenwert und eine Dimension. Die Dimension gibt die Art der Eigenschaft an. Der Wert der Größe setzt sich aus einer Zahl (oder einem Vektor, ...) und einer Maßeinheit zusammen.

### Internationales Einheitensystem

Im Internationalen Einheitensystem sind die folgenden Einheiten definiert:

- Die Sekunde (s) für Zeiten.
- Der Meter (m) für Längen.
- Das Kilogramm (kg) für Massen.
- Das Ampere (A) für elektrische Stromstärken.
- Das Kelvin (K) für Temperaturen.
- Das Mol (mol) für Stoffmengen.
- Die Candela (cd) für Lichtstärken.

### Abgeleitete Einheiten

Aus den SI-Einheiten können andere Einheiten abgeleitet werden, um auch andere Größen zu beschreiben. So können beispielsweise auch Geschwindigkeiten beschrieben werden. Manche Kombinationen von SI-Einheiten haben eigene Namen. Einige davon sind in Tabelle 2.2 aufgeführt.

Außerdem können Einheiten mit Zehnerpotenzen versehen werden, indem die in Tabelle 2.1 aufgezählten Vorsätze verwendet werden.

### Messfehler

**Fehler**

Systematische Fehler werden durch das Experiment selbst erzeugt und bleiben mit der erneuten Durchführung des Experiments gleich. *Statistische Fehler* lassen sich dagegen nicht reproduzieren, sondern liefern mit jeder Durchführung eines Experiments ein neues Ergebnis.

**Statistische Fehler**

Eine Messung einer Größe $x$ mit statistischem Fehler wird $n$-mal durchgeführt. Dabei werden die Werte $x_1, ..., x_n$ gemessen. Der Mittelwert dieser Messungen ist

$$\bar{x} = \frac{1}{n}\sum_{j=1}^{n} x_j. \tag{2.13}$$

Die Streuung der Messwerte kann durch die Standardabweichung angegeben werden:

$$\Delta x = \sqrt{\frac{1}{n-1}\sum_{j=1}^{n}(x_j - \bar{x})^2}. \tag{2.14}$$

Die Standardabweichung des Mittelwerts sinkt mit der Zahl der Messungen:

$$\Delta\bar{x} = \frac{\Delta x}{\sqrt{n}}. \tag{2.15}$$

**Gauß'sche Fehlerfortpflanzung**

Mithilfe der Gauß'schen Fehlerfortpflanzung kann aus den Standardabweichungen $N$ verschiedener Größen $\Delta x_1$, ..., $\Delta x_N$ die Abweichung einer berechneten Größe $G(x_1, \cdots, x_N)$ ermittelt werden:

$$\Delta G = \sqrt{\sum_{j=1}^{N}\left(\frac{\partial G}{\partial x_j}\Delta x_j\right)^2}. \tag{2.17}$$

**Maximaler Fehler**

Für manche Messungen $x_{\text{mess}}$ kann ein maximaler Fehler $\Delta x$ angegeben werden. Dabei handelt es sich um eine vorzeichenlose Größe, die angibt, in welchem Bereich der tatsächliche Wert $x$ liegt:

$$x = x_{\text{mess}} \pm \Delta x. \tag{2.20}$$

Der maximale Fehler für eine Größe $G(x_1, \cdots, x_N)$ ist dann

$$\Delta G = \sum_{j=1}^{N}\left|\frac{\partial G}{\partial x_j}\right|\Delta x_j. \tag{2.21}$$

# Bewegungen von Massenpunkten

3

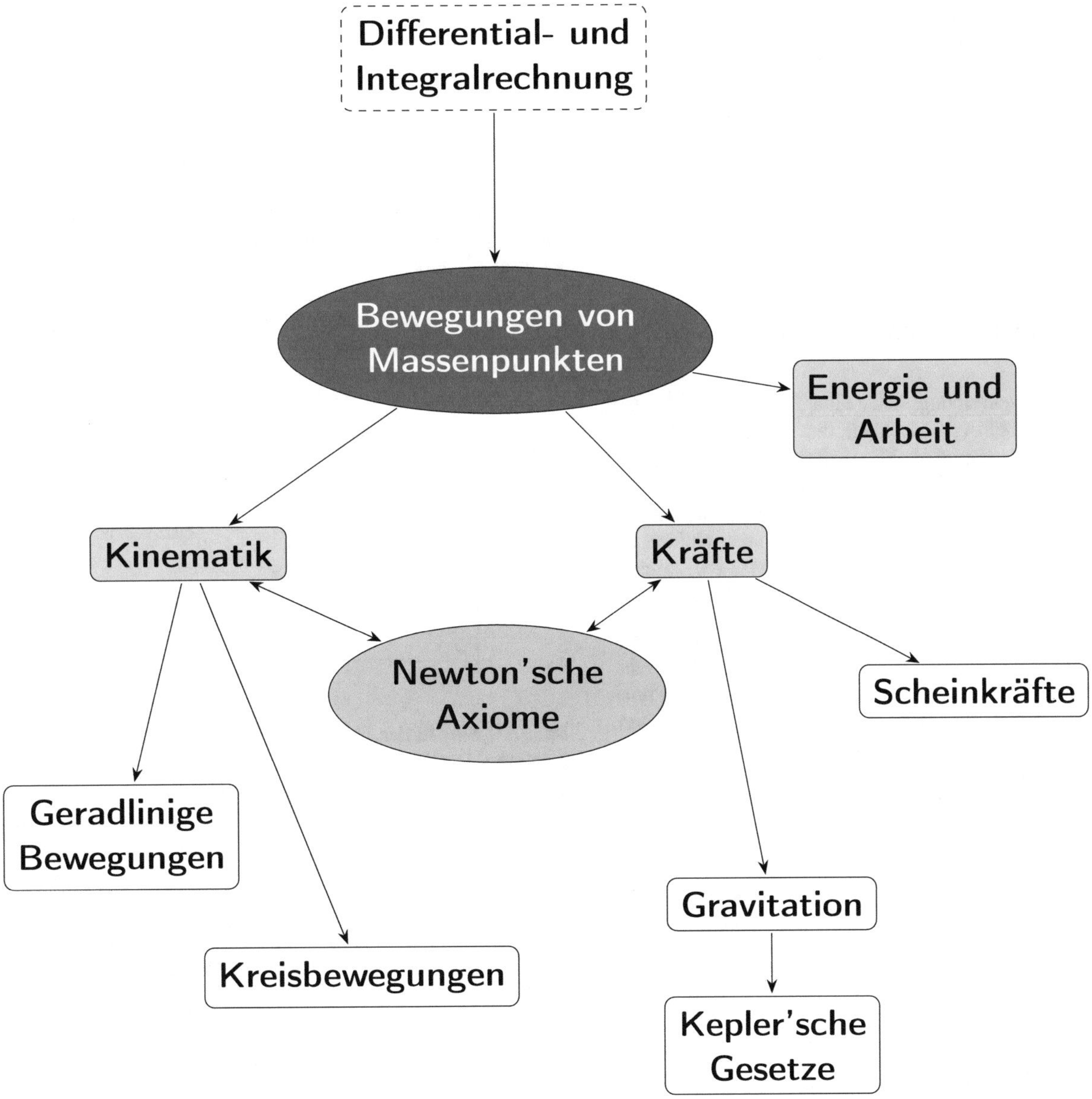



H. Kumrić und F. Roser, *Experimentalphysik: Mechanik*,
https://doi.org/10.1007/978-3-662-61855-4_3

Das Gebiet der klassischen Mechanik behandelt die Lehre der Bewegungen von Körpern unter Einflüssen von Kräften. Es basiert auf den noch im 17. Jahrhundert von Isaac Newton gelegten Grundlagen.

Um uns diesem Thema zu nähern, werden hier zunächst die Bewegungen von Massenpunkten beschrieben. In vielen Fällen bewegen sich Körper nicht anders als Punkte, und als solche werden wir sie in den grundlegenden physikalischen Gesetzen auch behandeln. Erst in den nachfolgenden Kapiteln gehen wir auf die Mechanik ausgedehnter Körper ein. Dabei wird ein ausgedehnter Körper aus unendlich vielen Massenpunkten zusammengesetzt.

3

## 3.1 Kinematik von Massenpunkten

### 3.1.1 Was ist ein Massenpunkt?

Gerade bei der Beschreibung vieler alltäglicher physikalischer Vorgänge hat die klassische Mechanik ihre Stärken. Dabei werden ausschließlich ausgedehnte Körper betrachtet, deren Physik im Allgemeinen sehr kompliziert ist. In besonderen Fällen spielen die räumlichen Ausdehnungen von Körpern jedoch keine Rolle für deren Bewegungen, sodass wir sie auch einfach als gedachte punktförmige Teilchen mit gleicher Masse behandeln können. Diese Teilchen werden als *Massenpunkte* bezeichnet.

Selbstverständlich hat das Modell eines Massenpunktes Grenzen, beispielsweise wenn sich ein Körper um sich selbst dreht. Diese Bewegung kann nicht durch die Bewegung eines Punktes dargestellt werden, weil man einen Punkt nicht drehen kann. Genauso problematisch ist dieses Modell bei der Beschreibung der Auswirkungen von Kräften, wenn diese nicht an der richtigen Stelle eines Körpers angreifen und dabei in Richtung seines Schwerpunktes zeigen. Auch Körper, die nicht starr sind, können durch einen Massenpunkt nicht beschrieben werden.

Wie wir in Kapitel 6 sehen werden, hat die Behandlung von Massenpunkten jedoch auch in der Beschreibung ausgedehnter Körper einen großen Wert. Jeder Körper kann schließlich als Summe aus unendlich vielen Massenpunkten betrachtet werden.

### 3.1.2 Beschreibung der Bewegung von Massenpunkten

Die Bewegung eines Massenpunktes wird durch seine *Bahnkurve* (oder Trajektorie) beschrieben. Dabei handelt es sich um eine Funktion, die für jeden *Zeitpunkt* $t$ einen *Ort* $\boldsymbol{r}(t)$ angibt, an dem sich der Massenpunkt befindet. Eine Bahnkurve hat demnach die Einheit einer Länge (in SI-Einheiten: m) und ist im Allgemeinen dreidimensional, da sich ein Punkt in allen drei Raumrichtungen bewegen kann. In kartesischen Koordinaten wird

$$\boldsymbol{r}(t) = \begin{pmatrix} x(t) \\ y(t) \\ z(t) \end{pmatrix} \tag{3.1}$$

geschrieben. Die Bahnkurve ist also ein Vektor, der sich in der Zeit verändern kann.

Die Ableitung der Bahnkurve nach der Zeit

$$\frac{\mathrm{d}}{\mathrm{d}t}\boldsymbol{r}(t) = \dot{\boldsymbol{r}}(t) \equiv \boldsymbol{v}(t) \tag{3.2}$$

gibt die Änderung des Orts zu einem Zeitpunkt $t$ an. Deshalb wird diese Ableitung auch als *Geschwindigkeit* bezeichnet. Auch die Geschwindigkeitsfunktion $\boldsymbol{v}(t)$ ist im Allgemeinen dreidimensional. Die Richtung des Vektors gibt die Bewegungsrichtung des Punktteilchens und der Betrag $v = |\boldsymbol{v}|$ die Größe der Geschwindigkeit an, mit der sich der Massenpunkt bewegt. Durch eine einfache Einheitenbetrachtung wird klar, dass die Geschwindigkeit eine Länge ist, welche durch eine Zeit dividiert wird (in SI-Einheiten also: m/s). Ein Beispiel einer Trajektorie ist in Abbildung 3.1 skizziert.

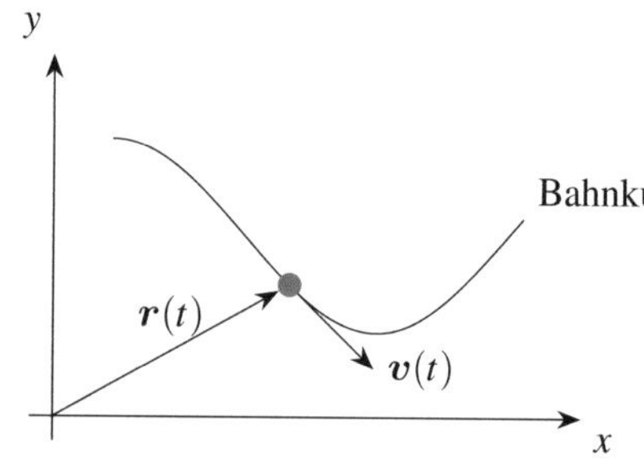


Abb. 3.1: Skizze der Bahnkurve eines Teilchens in zwei Dimensionen. Der Vektor $\boldsymbol{r}(t)$ wird vom Ursprung zum Teilchen hin gezeichnet. Der Geschwindigkeitsvektor $\boldsymbol{v}(t)$ beginnt dagegen am Ort des Teilchens und gibt damit die Richtung an, in die sich der Ortsvektor ändert.

**►Tipp:**
Ableitungen nach der Zeit werden in der Physik häufig einfach durch einen Punkt gekennzeichnet:

$$\frac{\mathrm{d}}{\mathrm{d}t}x = \dot{x}. \tag{3.3}$$

Die zweite Ableitung des Orts nach der Zeit

$$\frac{\mathrm{d}^2}{\mathrm{d}t^2}\boldsymbol{r}(t) = \frac{\mathrm{d}}{\mathrm{d}t}\boldsymbol{v}(t) \equiv \boldsymbol{a}(t) \tag{3.4}$$

ist die zeitliche Änderung der Geschwindigkeit und wird auch als *Beschleunigung* bezeichnet. Die Einheit der Beschleunigung ist die Einheit der Geschwindigkeit dividiert durch eine Zeit (in SI-Einheiten: $\mathrm{m/s^2}$).

### Geschwindigkeit und Beschleunigung

Die *Geschwindigkeit* ist die zeitliche Ableitung der *Bahnkurve*:

$$\dot{\boldsymbol{r}} = \boldsymbol{v}. \tag{3.5}$$

Die *Beschleunigung* ist die zeitliche Ableitung der Geschwindigkeit oder die zweite zeitliche Ableitung der Bahnkurve:

$$\ddot{\boldsymbol{r}} = \dot{\boldsymbol{v}} = \boldsymbol{a}. \tag{3.6}$$

Ist für eine Situation die Bahnkurve eines Massenpunktes bekannt, so können wir durch die Ableitung erst die Geschwindigkeit und danach die Beschleunigung des Teilchens zu jedem Zeitpunkt berechnen.

Im Folgenden soll hergeleitet werden, wie aus einer bekannten Geschwindigkeit ein Ort berechnet werden kann.

## Theorieaufgabe 1: Integrale Form der Gleichungen der Bewegung •

Zeigen Sie, dass bei gegebener Geschwindigkeit $\boldsymbol{v}(t)$ der Ort $\boldsymbol{r}(t)$ allgemein berechnet werden kann durch

$$\boldsymbol{r}(t) = \boldsymbol{r}(t_0) + \int_{t_0}^{t} \boldsymbol{v}(t')\, \mathrm{d}t'. \tag{3.7}$$

Dabei sei $t_0$ eine beliebige Zeit und $\boldsymbol{r}(t_0)$ der Ort des betrachteten Massenpunktes zu dieser Zeit.

. . . . . . . . . . . . . . . . . . . . . . . . . . . . . . . . . . . . . . . . . . . . . . . . . . . . . . . . . . . . . . . . . . . . . . . . .

Analog lässt sich auch zeigen, dass aus einer gegebenen Beschleunigung $\boldsymbol{a}(t)$ die Geschwindigkeit über

$$\boldsymbol{v}(t) = \boldsymbol{v}(t_0) + \int_{t_0}^{t} \boldsymbol{a}(t')\,\mathrm{d}t' \tag{3.8}$$

berechnet werden kann.

### 3.1.3 Geradlinige Bewegungen

Wenn die Bewegung eines Massenpunktes nur entlang einer Geraden verläuft, ist es nicht nötig, den Ort, die Geschwindigkeit und die Beschleunigung in drei Dimensionen zu definieren. Durch geschickte Wahl des Koordinatensystems kann die Trajektorie des Teilchens auf die Form

$$\boldsymbol{r}(t) = \begin{pmatrix} r_x(t) \\ 0 \\ 0 \end{pmatrix} \tag{3.9}$$

gebracht werden. Gleiches gilt im Fall einer geradlinigen Bewegung auch für die Geschwindigkeit und den Ort. Von nun an werden wir die irrelevanten Raumrichtungen ignorieren und nur mit skalaren Größen $r(t)$, $v(t)$ und $a(t)$ arbeiten. Wir wollen dabei besondere Spezialfälle betrachten, in denen sich einfache Zusammenhänge zwischen allen drei Größen finden lassen.

**►Tipp:**

Der Ort $\boldsymbol{r}(t)$ wird in einer Dimension auch oft als Skalar $s(t)$ geschrieben und *Strecke* genannt. Diese Konvention werden wir im Folgenden annehmen.

**Theorieaufgabe 2:**
**Strecke im Falle einer konstanten Geschwindigkeit** ••

Berechnen Sie die nach einer Zeit $t$ zurückgelegte Strecke $s$ eines Teilchens mit zeitlich konstanter Geschwindigkeit $v$.

## Theorieaufgabe 3: Geschwindigkeit im Falle einer konstanten Beschleunigung ••

Berechnen Sie die Geschwindigkeit $v(t)$ eines Teilchens zum Zeitpunkt $t$ im Falle einer zeitlich konstanten Beschleunigung $a$.

## Theorieaufgabe 4: Strecke im Falle einer konstanten Beschleunigung ••

Berechnen Sie die zurückgelegte Strecke $s(t)$ eines Teilchens in Abhängigkeit von der Zeit $t$ im Falle einer konstanten Beschleunigung $a$.

3

**Geradlinige Bewegungen**

Folgende Zusammenhänge lassen sich für die speziellen geradlinigen Bewegungen finden:

- Im Falle einer konstanten Geschwindigkeit $v$ wird folgende Strecke zurückgelegt:

$$s = v \cdot t + s_0. \tag{3.10}$$

- Bei einer konstanten Beschleunigung $a$ gilt für die Geschwindigkeit

$$v = a \cdot t + v_0 \tag{3.11}$$

und für die Strecke

$$s = \frac{1}{2}at^2 + v_0 t + s_0. \tag{3.12}$$

**►Tipp:**
Ein wichtiges Beispiel für die geradlinige Beschleunigung ist die *Gravitationsbeschleunigung* $g$. Sie kann auf der Erdoberfläche in guter Näherung als konstant angenommen werden.

Ihr Wert beträgt

$$g = 9{,}81\,\frac{\text{m}}{\text{s}^2} \tag{3.13}$$

und ist für alle Körper gleich.

### 3.1.4 Galilei-Transformation

Wir haben bislang die Bedeutung von Bezugssystemen vernachlässigt. Allerdings hängt eine Bahnkurve auch vom Beobachter ab. Die sogenannte Galilei-Transformation ermöglicht die Transformation einer Bewegung in ein anderes System.

Zur Veranschaulichung beginnen wir hier mit einem einfachen Beispiel:

Bob steht an einem Bahnsteig, während Alice in einem Zug sitzt, der mit Geschwindigkeit $v_{\text{Zug}}$ an Bob vorbeifährt. Alice sieht, dass der Schaffner mit der Geschwindigkeit $v_{\text{Schaffner}}$ durch den Zug geht. Bob hingegen misst für den Schaffner die Geschwindigkeit $v'_{\text{Schaffner}} = v_{\text{Zug}} + v_{\text{Schaffner}}$, da sich dieser ja in einem fahrenden Zug befindet. Eine Bewegung wird also in verschiedenen Bezugssystemen unterschiedlich beschrieben. Die Galilei-Transformation ermöglicht nun den Wechsel zwischen den verschiedenen Systemen.

Übrigens gibt es in diesem Beispiel auch das Bezugssystem des Schaffners. Dieser sieht sich selbst in Ruhe und Alice mit der Geschwindigkeit $-v_{\text{Schaffner}}$, sowie Bob mit der Geschwindigkeit $-v_{\text{Zug}} - v_{\text{Schaffner}}$. Das System, in dem der Schaffner unbewegt ist, wird *Ruhesystem* des Schaffners genannt.

Im Allgemeinen kann der Wechsel zwischen Bezugssystemen sehr kompliziert sein. Für unsere Zwecke genügt es aber vorerst anzunehmen, dass sich alle Beobachter geradlinig und mit konstanter Geschwindigkeit bewegen (siehe Abbildung 3.2). Später werden wir dafür den Begriff des Inertialsystems einführen. In diesem Spezialfall nimmt die Galilei-Transformation eine besonders einfache Form an.

**Galilei-Transformation**

In einem Bezugssystem $\mathscr{K}$ wird ein Ereignis durch die Koordinaten $\boldsymbol{r}$ und $t$ beschrieben. Ein zweites Bezugssystem $\mathscr{K}'$, welches sich im Vergleich zum ersten System mit konstanter Geschwindigkeit $\boldsymbol{v}$ bewegt, hat die Koordinaten $\boldsymbol{r}'$ und $t'$. Dann ist nach der *Galilei-Transformation*

$$\boldsymbol{r}' = \boldsymbol{r} - \boldsymbol{v} \cdot t \tag{3.14a}$$

$$t' = t. \tag{3.14b}$$

Dabei wird angenommen, dass die Zeit in beiden Systemen synchronisiert ist und dass beide Koordinatensysteme zur Zeit $t = 0$ identisch sind. Im allgemeineren Fall wäre $t' = t + t_0$ mit einer beliebigen Zeitverschiebung $t_0$.

Die inverse Galilei-Transformation, welche vom Bezugssystem $\mathscr{K}'$ zurück in das System $\mathscr{K}$ wechselt, ist gegeben durch

$$\boldsymbol{r} = \boldsymbol{r}' + \boldsymbol{v} \cdot t \tag{3.15a}$$

$$t = t'. \tag{3.15b}$$

Wie lässt sich diese Transformation verstehen? Das wird am besten klar, wenn Geschwindigkeiten in beiden Systemen miteinander verglichen werden. Wenn sich ein Objekt im System $\mathscr{K}$ mit der Geschwindigkeit

$$\boldsymbol{v}_{\text{obj}} = \frac{\mathrm{d}}{\mathrm{d}t}\boldsymbol{r} \tag{3.16}$$

bewegt, dann ist seine Geschwindigkeit im System $\mathscr{K}'$ gegeben durch

$$\boldsymbol{v}'_{\text{obj}} = \frac{\mathrm{d}}{\mathrm{d}t}\boldsymbol{r}' = \boldsymbol{v}_{\text{obj}} - \boldsymbol{v}. \tag{3.17}$$

Die Geschwindigkeit des Objekts überlagert sich also mit der Geschwindigkeit des Systems. Gleiches gilt in unserem obigen Beispiel für Bob, der am Bahnsteig steht und den Schaffner beobachtet. Für ihn addiert sich die Geschwindigkeit des Zugs zu der Geschwindigkeit des Schaffners.

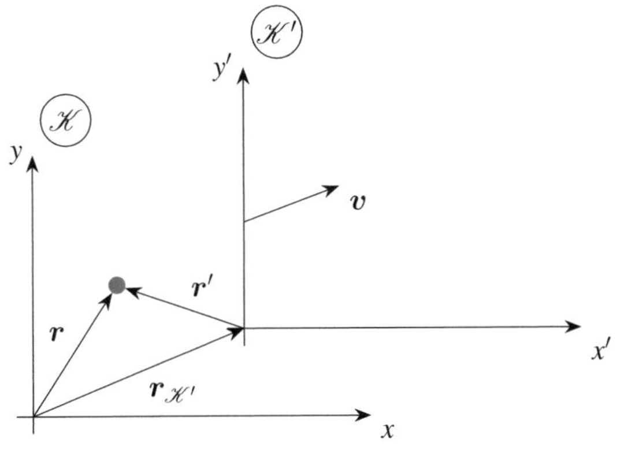


Abb. 3.2: Skizze zweier Koordinatensysteme $\mathscr{K}$ und $\mathscr{K}'$. $\mathscr{K}'$ bewegt sich bezüglich des Systems $\mathscr{K}$ mit der Geschwindigkeit $\boldsymbol{v}$. Sein Koordinatenursprung befindet sich im ungestrichenen System am Ort $\boldsymbol{r}_{\mathscr{K}'}$. Von beiden Systemen aus kann der Ort eines Massenpunktes durch $\boldsymbol{r}(t)$ beziehungsweise $\boldsymbol{r}'(t)$ angegeben werden.

Um eine Bewegung zu beschreiben, genügt es also nicht, nur eine Bahnkurve anzugeben. Das Bezugssystem muss immer klar definiert sein. Auch Geschwindigkeiten können nur relativ zu einem Bezugssystem definiert werden.

An dieser Stelle sei angemerkt, dass die Galilei-Transformation bei großen Geschwindigkeiten nahe der Lichtgeschwindigkeit scheitert. In diesem Fall lässt sich empirisch (durch Experimente) zeigen, dass dieses Prinzip keine Gültigkeit hat. Im Rahmen der speziellen Relativitätstheorie wird dieses Problem durch eine andere Transformation (Lorentz-Transformation) gelöst.

## 3.2 Kräfte

Wir haben nun verstanden, wie Bewegungen von Massenpunkten mathematisch beschrieben werden. Allerdings haben wir noch nicht die Frage nach der Ursache von Bewegungen gestellt. Darum führen wir jetzt *Kräfte* ein. Diese wirken auf die Teilchen und setzen sie so in Bewegung.

Eine Kraft $\boldsymbol{F}$ ist im Allgemeinen eine vektorwertige Größe, die in der Einheit *Newton* ($1\,\mathrm{N} = 1\,\mathrm{kg{\cdot}m/s^2}$) angegeben wird. In vielen Aspekten ist der intuitive Kraftbegriff aus dem Alltag sehr hilfreich. Dabei ist eine Kraft die Ursache für eine Bewegungsänderung. Wir werden dieses Konzept im Folgenden verfeinern und auf die einzelnen Kräfte wie Zentripetalkraft, Federkraft, Schwerkraft usw. eingehen. Außerdem werden wir auch die Bedeutung der Masse näher behandeln.

### 3.2.1 Newton'sche Axiome

Der englische Naturforscher Sir Isaac Newton veröffentlichte im 17. Jahrhundert das Werk *Philosophiae Naturalis Principia Mathematica*, welches heute die Grundlage der klassischen Mechanik bildet. Gleichermaßen führte er physikalische Begriffsdefinitionen, verschiedene physikalische Gesetze und mathematische Grundlagen zur Beschreibung dieser Gesetze ein.

Für uns sind an dieser Stelle besonders die drei *Newton'schen Axiome* von zentraler Bedeutung. Wir werden damit wichtige physikalische Begriffe und Konzepte einführen und beschreiben.

Unter einem Axiom verstehen wir den Grundsatz einer Theorie, der selbst von dieser Theorie nicht begründet wird. Die Newton'schen Axiome sind also Annahmen, deren Richtigkeit im Rahmen der Newton'schen Mechanik nicht hergeleitet wird. Stattdessen können die Newton'schen Axiome empirisch bestätigt werden.

### Erstes Newton'sches Axiom

> Ein Körper verharrt im Zustand der Ruhe oder der gleichförmig geradlinigen Bewegung, sofern er nicht durch einwirkende Kräfte zur Änderung seines Zustands gezwungen wird.

Dieses Gesetz wird auch als *Trägheitsgesetz* bezeichnet. Es gilt für Massenpunkte, aber genauso auch für ausgedehnte Körper, wie wir in Kapitel 6 noch ausführlicher beschreiben werden. Wenn keine Kraft wirkt, dann ändert sich die Geschwindigkeit eines Körpers nicht. Dieses Gesetz gilt in beiden Richtungen: Wenn sich ein Körper mit einer zeitlich konstanten Geschwindigkeit bewegt, können wir daraus schließen, dass die Gesamtkraft gleich Null ist.

Das Axiom kann auch in eine mathematische Form gebracht werden. Für die Kraft $\boldsymbol{F}$, die auf einen Körper wirkt, und seine Beschleunigung $\boldsymbol{a}$ gilt die Äquivalenz:

$$\boldsymbol{F} = \boldsymbol{0} \quad \Leftrightarrow \quad \boldsymbol{a} = \boldsymbol{0}. \tag{3.18}$$

Das erste Newton'sche Axiom stellt essentielle Anforderungen an das Bezugssystem, in dem die Bewegung eines Teilchens beschrieben wird. Wir betrachten einen beschleunigenden Zug, in dem ein Ball liegt. Es gibt keine Kraft, die auf diesen Ball wirkt, trotzdem wird er im anfahrenden Zug nach hinten rollen. Bremst der Zug ab, so rollt der Ball nach vorne. Es wird also sofort klar, dass das erste Newton'sche Axiom nicht in jedem Bezugssystem gilt.

Darum definieren wir eine besondere Klasse von Systemen, die wir *Inertialsysteme* nennen. In ihnen gilt das erste Newton'sche Axiom. Wir werden für alle folgenden Betrachtungen ein Inertialsystem annehmen. Erst bei der Beschreibung von Scheinkräften in Abschnitt 3.4 erläutern wir Effekte, die in anderen Systemen auftreten können.

Welche Bedingungen muss ein Bezugssystem erfüllen, damit es ein Inertialsystem ist? An dieser Stelle kann uns die Intuition aus dem Alltag weiterhelfen: Wir spüren eine Kraft in einem Zug, der beschleunigt, aber nicht in einem Zug, der steht oder sich mit konstanter Geschwindigkeit bewegt. Das legt die Vermutung nahe, dass alle unbeschleunigten (gleichförmig bewegten) Bezugssysteme Inertialsysteme sind. In der folgenden Aufgabe wird das bestätigt.

### Theorieaufgabe 5: Inertialsysteme •

Nutzen Sie die Galilei-Transformation um zu zeigen, dass sich ein gleichförmig bewegter Körper auch in jedem gleichförmig bewegten Bezugssystem gleichförmig bewegt.

**Erstes Newton'sches Axiom – Inertialsystem**

Ein *Inertialsystem* ist ein unbeschleunigtes Bezugssystem, in dem sich die Bewegung kräftefreier Teilchen nicht ändert.

### Zweites Newton'sches Axiom

Die Änderung der Bewegung ist der Einwirkung der bewegenden Kraft proportional und geschieht in Richtung derjenigen geraden Linie, auf welcher jene Kraft wirkt.

Mit diesem Gesetz wird beschrieben, wie sich Kräfte auf die Bewegungen von Körpern auswirken. Intuitiv hängt die Änderung der Bewegung eines Objekts mit seiner Beschleunigung zusammen. Man könnte also vereinfacht sagen, dass Kräfte Körper beschleunigen, und zwar in genau die Richtung, in der die Kraft wirkt.

Wir haben bis jetzt den Begriff der Bewegung nicht genauer betrachtet. Newton bezeichnete das Produkt aus Masse $m$ und Geschwindigkeit $\boldsymbol{v}$ als Bewegung. Heutzutage wird dieses Produkt *Impuls p* genannt:

$$\boldsymbol{p} = m \cdot \boldsymbol{v}. \tag{3.19}$$

Damit lässt sich das zweite Newton'sche Axiom für einen Impuls $\boldsymbol{p}$ eines Teilchens und eine Kraft $\boldsymbol{F}$, die auf dieses Teilchen wirkt, in mathematischer Form darstellen:

$$\dot{\boldsymbol{p}} = \boldsymbol{F}. \tag{3.20}$$

Die zeitliche Änderung des Impulses ist gleich der wirkenden Kraft.

Newton beschrieb in seinem Axiom die Proportionalität von Kraft und Bewegungsänderung, sagte aber nichts über einen Proportionalitätsfaktor aus. Wir haben diesen Proportionalitätsfaktor auf 1 gesetzt. Warum ist das erlaubt? Es handelt sich hierbei um eine Konvention. Durch die Gleichung $\dot{\boldsymbol{p}} = \boldsymbol{F}$ wird die Kraft $\boldsymbol{F}$ erst definiert. Würden wir beispielsweise $\dot{\boldsymbol{p}} = 2 \cdot \tilde{\boldsymbol{F}}$ schreiben, wobei $\tilde{\boldsymbol{F}}$ eine alternative Kraft sei, so würde sich an den physikalischen Gesetzen nichts ändern. Wir würden uns nur unter der Kraft eine andere Größe vorstellen.

Wendet man die Produktregel auf das erste Newton'sche Axiom an, so erhält man die folgende Form:

$$\boldsymbol{F} = \dot{m} \cdot \boldsymbol{v} + m \cdot \dot{\boldsymbol{v}}. \tag{3.21}$$

In vielen Fällen werden Körper betrachtet, deren Masse sich nicht ändert ($\dot{m} = 0$). Dann erhalten wir den (aus der Schule bekannten) Zusammenhang

$$\boldsymbol{F} = m \cdot \dot{\boldsymbol{v}} = m \cdot \boldsymbol{a}. \tag{3.22}$$

Das erste Newton'sche Gesetz liefert damit also eine Definition der Kraft als zeitliche Änderung des Impulses. Daraus ergibt sich auch eine Messvorschrift, nach der Kräfte gemessen werden können. Will man die Größe und Richtung einer Kraft auf einen Körper wissen, so muss man seine Masse kennen (hierzu mehr im dritten Newton'schen Axiom) und seine instantane Beschleunigung messen.

**Zweites Newton'sches Axiom – Kraft**

Die *Kraft*

$$\boldsymbol{F} = \dot{\boldsymbol{p}} \tag{3.23}$$

ist definiert als zeitliche Änderung des *Impulses*

$$\boldsymbol{p} = m \cdot \boldsymbol{v}. \tag{3.24}$$

### Drittes Newton'sches Axiom

Kräfte treten immer paarweise auf. Übt ein Körper A auf einen Körper B eine Kraft aus (actio), so wirkt eine genauso große, aber entgegengesetzt gerichtete Kraft von Körper B auf Körper A (reactio).

Dieses Gesetz wird uns im Alltag nicht unbedingt bewusst. Wer auf der Stelle hüpft, wird nicht nur vom Boden in die Luft gestoßen, sondern der stößt auch den Boden von sich weg. Mit jedem Sprung in die Höhe macht also auch die Erdkugel einen Sprung in die entgegengesetzte Richtung. An diesem Beispiel wird allerdings klar, dass die Masse eine entscheidende Rolle spielt. Schließlich ist die Bewegung der Erdkugel weit jenseits des messbaren Bereichs, aber die Bewegung der springenden Person gut sichtbar. Um das zu verstehen, bringen wir das dritte Newton'sche Axiom zunächst in eine mathematische Form. Wir nennen die Kraft, die Körper A auf Körper B ausübt, $\boldsymbol{F}_{\mathrm{AB}}$ und die Kraft, die Körper B auf Körper A ausübt, $\boldsymbol{F}_{\mathrm{BA}}$. Dann gilt:

$$\boldsymbol{F}_{\mathrm{AB}} + \boldsymbol{F}_{\mathrm{BA}} = \boldsymbol{0}. \tag{3.25}$$

Wie bereits angedeutet, steckt in dieser Gleichung die Definition der Masse. Dafür nehmen wir Körper mit konstanter Masse $m_{\mathrm{A}}$ und $m_{\mathrm{B}}$ an und erhalten mit den entsprechenden Beschleunigungen

$$m_{\mathrm{B}} \cdot \boldsymbol{a}_{\mathrm{B}} + m_{\mathrm{A}} \cdot \boldsymbol{a}_{\mathrm{A}} = 0 \tag{3.26}$$

oder nach wenigen Umformungen (beide Beschleunigungen müssen in genau entgegengesetzte Richtungen zeigen, deshalb können einfach Beträge betrachtet werden)

$$\frac{m_{\mathrm{B}}}{m_{\mathrm{A}}} = \frac{|\boldsymbol{a}_{\mathrm{A}}|}{|\boldsymbol{a}_{\mathrm{B}}|}. \tag{3.27}$$

Damit liefert uns das dritte Newton'sche Axiom eine Messvorschrift für Massen. Wer die Masse eines Objekts kennt, kann die Masse eines zweiten Objekts bestimmen, indem er beispielsweise dafür sorgt, dass sich beide Massen voneinander abstoßen, und dabei ihre Beschleunigungen misst. Diese Erkenntnis erklärt auch, warum sich eine springende Person deutlich mehr bewegt als die Erdkugel, deren Masse viel größer ist. Je größer die Masse eines Objekts ist, desto schwächer wird es bei gleicher Kraft beschleunigt.

Genau genommen gibt das dritte Newton'sche Axiom keine Messvorschrift für Massen an, sondern nur für Massenverhältnisse. Wie kann man hier also von einer Definition der Masse reden? Auch hier handelt es sich wieder um eine Konvention. Seit dem Ende des 19. Jahrhunderts wurde in einem Tresor in der Nähe von Paris das Ur-Kilo (1 kg) als Grundmaß aller Gewichte verwahrt. Seit dem 20. Mai 2019 ist ein neues Einheitensystem in Kraft. Die aktuellen Definitionen der Einheiten sind in Kapitel 2 aufgelistet.

Außerdem lässt sich mithilfe des dritten Newton'schen Axioms auch eine Aussage über den Gesamtimpuls eines physikalischen Systems treffen. Zur Vereinfachung betrachten wir zunächst ein System mit zwei Teilchen. Der Gesamtimpuls ist hier $\boldsymbol{p} = \boldsymbol{p}_1 + \boldsymbol{p}_2$, also einfach die Summe beider einzelnen Impulse.

## Theorieaufgabe 6: Impulserhaltung in abgeschlossenen Systemen •

Betrachten Sie ein abgeschlossenes System mit zwei Teilchen. (Es gibt nur Wechselwirkungen zwischen den beiden Teilchen und keine Kräfte von außen.) Zeigen Sie, dass in einem solchen System der Gesamtimpuls eine Erhaltungsgröße ist.

**►Tipp:**

Allgemein ist eine Größe $A$ eine Erhaltungsgröße, wenn ihre zeitliche Ableitung verschwindet: $\dot{A} = 0$.

Die gleiche Rechnung lässt sich auch auf Systeme mit $N$ Teilchen verallgemeinern. Demnach bleibt der Gesamtimpuls in abgeschlossenen Systemen immer erhalten. Diese *Impulserhaltung* ist nicht nur ein äußerst wichtiges physikalisches Prinzip, sondern auch Grundlage vieler Rechnungen. Wir werden an späterer Stelle darauf zurückkommen.

Auch das Universum selbst ist ein System ohne äußere Einflüsse. Deshalb ist der Impuls im gesamten Universum konstant, wodurch er zu einer fundamentalen Erhaltungsgröße wird.

### Drittes Newton'sches Axiom – Gegenkraft

Zu jeder *Kraft* (actio) gibt es auch eine genauso große *Gegenkraft* (reactio) mit umgekehrter Richtung. Daraus folgt, dass der *Gesamtimpuls* in abgeschlossenen Systemen erhalten bleibt.

### Masse

Die *Masse* ist die Eigenschaft eines Körpers, die der Veränderung seiner Bewegung entgegenwirkt. Je größer die Masse ist, desto größer muss die *Kraft* sein, um eine bestimmte *Beschleunigung* zu erreichen.

Die Masse ist eine skalare, additive und stets positive Größe (es gibt keine negativen Massen). Das bedeutet, dass sich zwei Objekte mit verschiedenen Massen $m_1$ und $m_2$ zu einem kombinierten Objekt mit Masse $m = m_1 + m_2$ zusammenfassen lassen.

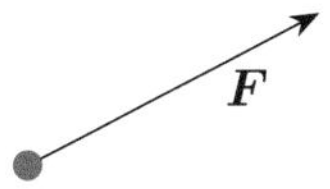


Abb. 3.3: Skizze eines Kraftvektors $\boldsymbol{F}$. Die Kraft greift an einem Massenpunkt an und beschleunigt ihn.

Was wir hier als *Masse* bezeichnen, wird in einer akkurateren Beschreibung der Newton'schen Mechanik eigentlich als *träge Masse* $m_t$ bezeichnet. Die träge Masse ist die Größe, die für die Trägheit eines Körpers verantwortlich ist und einer Änderung seiner Bewegung entgegenwirkt. Damit unterscheidet sie sich von der sogenannten *schweren Masse* $m_s$, die als Gravitationsladung verstanden werden kann und das Vermögen eines Körpers beschreibt, andere Körper gravitativ anzuziehen.

In Experimenten zeigt sich, dass die Gravitationskraft von Körpern direkt proportional zu ihrer Trägheit ist. Das bedeutet, dass $m_t \propto m_s$ ist. Durch geschickte Wahl der Gravitationskonstante wird hier die Gleichheit erreicht und es ist $m_t = m_s$. Deshalb ist es nicht unbedingt nötig, die träge Masse von der schweren Masse zu unterscheiden.

## 3.2.2 Zerlegung von Kräften

Wir haben Kräfte bislang als ein abstraktes Konzept eingeführt. Das wollen wir jetzt anhand von Beispielen konkretisieren. Dabei beschränken wir uns zunächst auf Kräfte, die auf Massenpunkte wirken. Einflüsse auf ausgedehnte Körper werden in Kapitel 6 ausführlich behandelt.

### Einzelne Kräfte

Zu jeder Kraft gehört ein Punkt, an dem sie wirkt. Das ist uns aus dem alltäglichen Leben beispielsweise bei der Verwendung von Hebeln bewusst. Schließlich ändert sich die Hebelwirkung, je nachdem an welcher Stelle eines Hebels wir ziehen. Wir betrachten hier zunächst nur Massenpunkte, deshalb können die behandelten Kräfte nur am jeweiligen Punkt angreifen. In Abbildung 3.3 ist eine solche Situation skizziert. Allerdings ist, wie bereits erwähnt, das Modell des Massenpunktes ein Ersatzbild für viele (aber nicht alle) reale physikalische Systeme. Wann also kann ein reales System mit Körpern und Kräften auf ein System aus Massenpunkten reduziert werden?

Zunächst beschreiben wir nur starre Körper, da Verformungen natürlich nicht durch einen einzelnen Punkt ausgedrückt werden können. Körper können rotieren, aber Massenpunkte prinzipiell nicht. Also müssen wir hier alle Systeme ausschließen, in denen eine Kraft einen Körper zum Rotieren bringt. An dieser Stelle müssen wir auf etwas vorgreifen, was wir später (Kapitel 6) noch genauer behandeln werden.

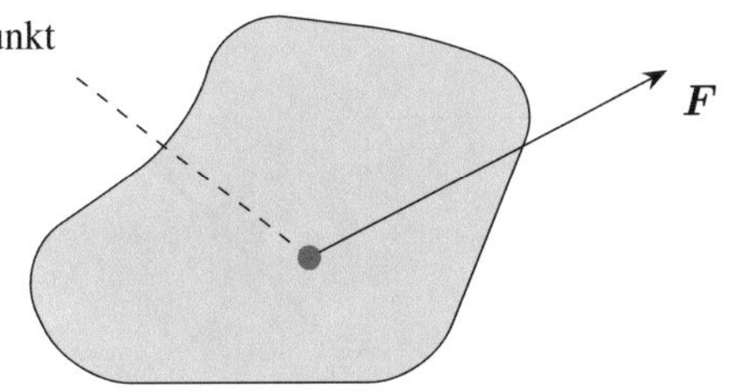


Abb. 3.4: Skizze einer Kraft, die am Schwerpunkt eines starren Körpers angreift. Dadurch wird der Körper nicht in Rotation versetzt und das System kann deshalb durch einen Massenpunkt mit der Masse des Körpers beschrieben werden.

Der *Schwerpunkt* eines Körpers ist aus der alltäglichen Intuition bekannt. Hebt man ein beliebiges Objekt an seinem Schwerpunkt hoch, so ist es ausbalanciert und wird nicht kippen. Das lässt sich direkt auf unser Problem übertragen. Greift eine Kraft am Schwerpunkt eines Körpers an, wie in Abbildung 3.4 skizziert, wird er dadurch nicht in Rotation versetzt.

Wir werden in Kapitel 6 das Konzept des Schwerpunktes genauer beschreiben. Für das Verständnis genügt hier zunächst die Intuition aus dem alltäglichen Leben.

**►Tipp:**

Genau betrachtet muss eine Kraft nicht unbedingt am Schwerpunkt eines Körpers angreifen, um diesen nicht in eine Rotation zu versetzen. Stattdessen muss das *Drehmoment* um den Schwerpunkt verschwinden. Darauf werden wir in Abschnitt 3.3 noch genau eingehen.

**►Tipp:**

Tatsächlich ist es für das Übersetzen einer realen physikalischen Situation in eine Situation mit Massenpunkten nicht notwendig, dass die involvierten Körper nicht rotieren. Die Rotation muss nur von den betrachteten Kräften unabhängig sein. Das erkennt man beispielsweise bei der Beschreibung der Rotation der Erdkugel um die Sonne, welche mit Massenpunkten behandelt werden kann. Die Eigenrotation der Erde ist dabei nicht relevant.

### Mehrere Kräfte

Schon aus dem Alltag ist klar, dass in den meisten Fällen nicht nur eine Kraft auf einen Körper wirkt. So wirkt beispielsweise auf den Leser/die Leserin dieses Buches die Schwerkraft der Erde. Dennoch sinkt er/sie nicht in den Boden ein, da dieser auf ihn/sie eine elektrostatische Kraft ausübt. (Die Valenzelektronen des Lesers/der Leserin stoßen sich an der Kontaktfläche von den Valenzelektronen des Bodens ab.) Schon an dieser Stelle wirken also zwei verschiedene Kräfte (deren Natur hier nicht relevant ist), die sich gegenseitig ausgleichen.

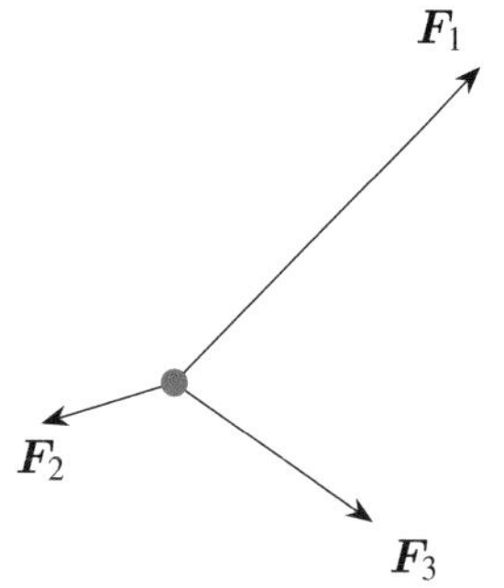


Abb. 3.5: Wenn mehrere Kräfte an demselben Punkt angreifen, gilt das Superpositionsprinzip.

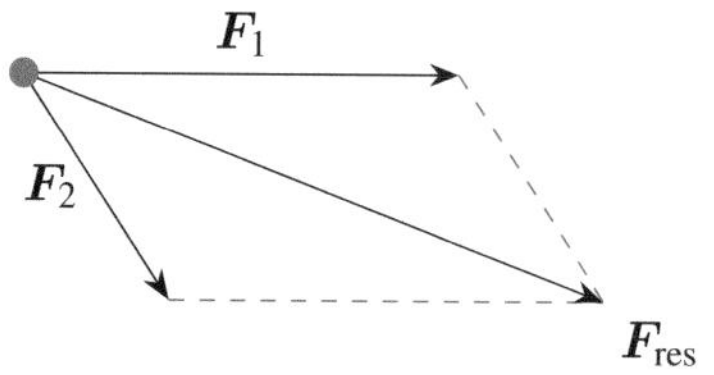


Abb. 3.6: In einem Kräfteparallelogramm können zwei Kräfte zu einer resultierenden Kraft (Diagonale) kombiniert werden.

Für Kräfte gilt das sogenannte *Superpositionsprinzip* (manchmal auch *Überlagerungsprinzip*). Das bedeutet, dass sich mehrere Kräfte, die an demselben Punkt angreifen, durch Addition zu einer einzelnen Gesamtkraft kombinieren lassen. In Abbildung 3.5 ist eine solche Situation skizziert.

**Superposition von Kräften**

Wenn an einem Punkt $N$ Kräfte $\boldsymbol{F}_i$ mit $i \in \{1, \cdots, N\}$ wirken, dann berechnet sich die resultierende Gesamtkraft durch die Summe

$$\boldsymbol{F}_{\text{res}} = \sum_{i=1}^{N} \boldsymbol{F}_i. \tag{3.28}$$

Zeichnerisch können immer je zwei Kräfte zu einer resultierenden Kraft kombiniert werden, indem ein sogenanntes *Kräfteparallelogramm* gezeichnet wird (Vektoraddition). Wie in Abbildung 3.6 skizziert, werden dabei die beiden Kräfte einfach als verschiedene Seiten eines Parallelogramms interpretiert. Die resultierende Kraft ist dann die Diagonale im Parallelogramm.

### Kräftezerlegung

Nicht nur können verschiedene Kräfte zu einer Kraft kombiniert werden, in manchen Fällen ist es hilfreich, eine einzelne Kraft als Summe von zwei anderen Kräften zu interpretieren. Ein Beispiel hierfür ist die schiefe Ebene, wie in Abbildung 3.7 skizziert. Angenommen, der skizzierte Körper gleitet reibungsfrei auf der schiefen Ebene. Wie stark wird er dann beschleunigt? Um das herauszufinden, wird die Gravitationskraft, die senkrecht nach unten wirkt, aufgeteilt in eine zur Ebene tangentiale Komponente $\boldsymbol{F}_t$, welche den Körper beschleunigt, und in eine zur Ebene orthogonale Komponente $\boldsymbol{F}_n$, die keinen Beitrag zur Beschleunigung des Körpers leistet. Die beiden Komponenten werden häufig auch als Hangabtriebskraft und als Normalkraft bezeichnet. Über das zweite Newton'sche Axiom kann dann die Beschleunigung des Körpers entlang der Ebene berechnet werden:

$$|\boldsymbol{F}_t| = m \cdot a. \tag{3.29}$$

Die genaue Berechnung der Beschleunigung in Abhängigkeit vom Winkel $\alpha$ eignet sich hervorragend als Übungsaufgabe. Wir werden sie daher hier nicht explizit ausführen, sondern in Aufgabe 51 vorbringen.

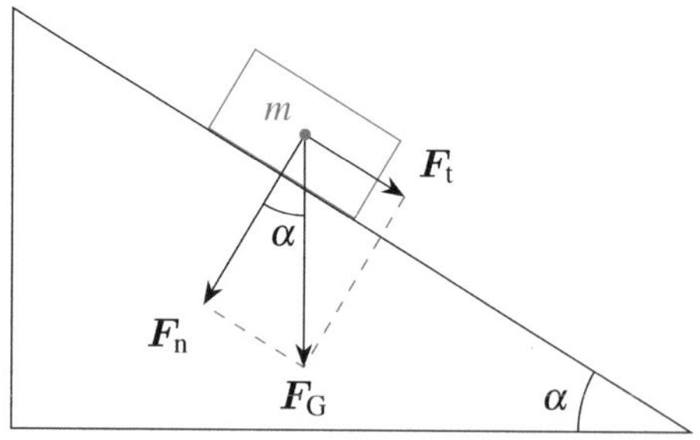


Abb. 3.7: Skizze eines Körpers auf einer schiefen Ebene. Die Gewichtskraft kann in eine Normal- und in eine Tangentialkomponente bezüglich der Ebene zerlegt werden.

## 3.2.3 Aufstellen und Lösen von Bewegungsgleichungen

Um die Dynamik eines mechanischen Systems vollständig beschreiben zu können, führen wir an dieser Stelle die Bewegungsgleichung ein. Es handelt sich dabei um eine Differentialgleichung. (Wir werden uns in den weiteren Kapiteln noch oft mit den Lösungen der Differentialgleichungen beschäftigen.) Im Abschnitt 1.5 ist ihnen ein ganzes Unterkapitel gewidmet. Bevor wir fortfahren, möchten wir noch darauf hinweisen, dass die Bewegungsgleichung nicht mit der Bahnkurve zu verwechseln ist.

Die allgemeine Bewegungsgleichung für ein Teilchen mit Impuls $\boldsymbol{p}$, auf welches die Kräfte $\boldsymbol{F}_i$ wirken, ist in der klassischen Mechanik durch das zweite Newton'sche Axiom gegeben:

$$\frac{\mathrm{d}}{\mathrm{d}t}\boldsymbol{p}(t) = \sum_{i=1}^{N} \boldsymbol{F}_i(t). \tag{3.30}$$

Diese Gleichung beschreibt die physikalischen Vorgänge des klassischen Systems vollständig. Das bedeutet, dass man für die Lösung der Bewegungsgleichung nur noch die Anfangsbedingungen braucht und damit die Bahnkurve des Teilchens beschrieben werden kann.

**▸Tipp:**

In klassischen Systemen mit mehr als einem Teilchen gibt es auch mehr als eine Bewegungsgleichung. So entstehen Gleichungssysteme, die, falls die Teilchen miteinander wechselwirken, gekoppelt sind.

**Bewegungsgleichung**

Für ein Teilchen mit konstanter Masse $m$ ist die klassische Bewegungsgleichung gegeben durch

$$\frac{\mathrm{d}^2}{\mathrm{d}t^2}\boldsymbol{r}(t) = \frac{1}{m}\sum_{i=1}^{N}\boldsymbol{F}_i(t), \tag{3.31}$$

wobei $\boldsymbol{F}_i$ die Kräfte sind, die auf das Teilchen wirken. Das ist eine Differentialgleichung zweiter Ordnung, deren Lösungen nur durch zwei verschiedene Randbedingungen festgelegt sind: 1. den Ort und 2. die Geschwindigkeit zu einem Zeitpunkt. Das bedeutet, dass die gesamte Dynamik jedes klassischen physikalischen Systems durch die Angabe aller Anfangsorte und aller Anfangsgeschwindigkeiten festgelegt ist. Man nennt das *Determinismus*.

Das Aufstellen und Lösen von Bewegungsgleichungen gehört zu den Standardaufgaben in der klassischen Mechanik. Deshalb wollen wir hierfür *Lösungsstrategien* anbieten und diese anhand eines Beispiels erläutern.

### Strategie zum Aufstellen und Lösen einer Bewegungsgleichung

#### Beispielaufgabe:

Gegeben sei ein Klotz mit Masse $m$, der auf einer waagrechten Ebene rutscht. Seine Reibungskraft ist proportional zu seiner Geschwindigkeit und gegeben durch

$$\boldsymbol{F}_{\text{Reibung}} = -\gamma \cdot \boldsymbol{v} \tag{3.32a}$$

mit der Dämpfungskonstante $\gamma > 0$. Zu Beginn bewegt sich der Klotz mit einer Geschwindigkeit $v_0$ und befindet sich am Koordinatenursprung. Geben Sie seine Bahnkurve und seine Geschwindigkeit als Funktion der Zeit an.

#### Schritt 1:

Wir bestimmen alle Kräfte, die im System wirken.

In unserem System ist das nur die Reibungskraft $\boldsymbol{F}_{\text{Reibung}}$. In anderen Beispielen können die Kräfte auch vom Ort, von der Zeit, oder von der Position anderer Teilchen abhängen.

#### Schritt 2:

In welchen Koordinaten lässt sich das System am besten beschreiben? Haben die wirkenden Kräfte Komponenten, die für die Bewegung irrelevant sind?

In unserem Beispiel liegt eine geradlinige Bewegung vor. Schließlich ist die Kraft parallel zur Geschwindigkeit und hat demnach nur einen Beitrag in Bewegungsrichtung. Aus diesem Grund bietet sich hier eine eindimensionale Beschreibung des Problems an. Wir nennen die Achse $x$, entlang der sich der Klotz bewegt. Auch die Kraft $\boldsymbol{F}_{\text{Reibung}}$ zeigt in diese Richtung und lässt sich demnach reduzieren auf den Skalar

$$F_{\text{Reibung}} = \left|\boldsymbol{F}_{\text{Reibung}}\right| = -\gamma \cdot v. \tag{3.32b}$$

In anderen Aufgaben kann dies der schwierigste Schritt sein. Beispielsweise wird bei einer schiefen Ebene wie in Abbildung 3.7 eine Kräftezerlegung durchgeführt, um das Problem zu vereinfachen.

#### Schritt 3:

Wir stellen die Bewegungsgleichung auf.

Nun lässt sich die Bewegungsgleichung mithilfe des zweiten Newton'schen Axioms aufstellen. Es ist:

$$F_{\text{Reibung}} = m \cdot a \tag{3.32c}$$

$$\Leftrightarrow \quad -\gamma \cdot v = m \cdot a \tag{3.32d}$$

$$\Leftrightarrow \quad -\gamma \cdot \dot{x} = m \cdot \ddot{x}. \tag{3.32e}$$

#### Schritt 4:

Wir lösen die Bewegungsgleichung allgemein.

Wir gehen hier nicht näher auf das Lösen von Differentialgleichungen ein. Dazu sei auf Abschnitt 1.5 verwiesen.

In unserem Fall handelt es sich um eine Differentialgleichung erster Ordnung. Dafür schreiben wir

$$-\gamma \cdot v = m \cdot \dot{v}. \tag{3.32f}$$

Die allgemeine Lösung dieser Gleichung ist gegeben durch

$$v(t) = A \cdot e^{-\frac{\gamma}{m}t}. \tag{3.32g}$$

$A$ bezeichnet eine beliebige Konstante. Der Ort $x$ wird jetzt durch Integration der Geschwindigkeit erhalten:

$$x(t) = -\frac{Am}{\gamma} \cdot e^{-\frac{\gamma}{m}t} + B. \tag{3.32h}$$

$B$ ist dabei die Integrationskonstante.

**Schritt 5:**

Wir finden die Randbedingungen des Problems. Um die gesuchte Dynamik zu erhalten, setzen wir diese Randbedingungen in die Lösung der Bewegungsgleichung ein.

Die Randbedingungen gehen hier aus der Aufgabenstellung hervor. Wir wählen zunächst unsere Zeit zu Beginn $t = 0\,\text{s}$. Dann soll gelten: $v(0) = v_0$. Das Einsetzen in die Geschwindigkeitsgleichung liefert

$$v_0 = v(0\,\text{s}) = A \cdot e^{-\frac{\gamma}{m} \cdot 0\,\text{s}} = A \tag{3.32i}$$

$$\Rightarrow \qquad A = v_0. \tag{3.32j}$$

Außerdem soll sich der Klotz zu Beginn im Koordinatenursprung befinden. Wir wählen also unsere Koordinate $x$ so, dass sich der Punkt $x = 0\,\text{m}$ auch im Koordinatenursprung befindet, und erhalten die Bedingungen $x(0\,\text{s}) = 0\,\text{m}$. Nach dem Einsetzen in die allgemeine Ortsfunktion erhalten wir

$$0\,\text{m} = x(0\,\text{s}) = -\frac{Am}{\gamma} \cdot e^{-\frac{\gamma}{m} \cdot 0\,\text{s}} + B = -\frac{Am}{\gamma} + B \tag{3.32k}$$

$$\Rightarrow \qquad B = \frac{Am}{\gamma}. \tag{3.32l}$$

Nun können wir beide Konstanten einsetzen und erhalten als Lösung für die Bewegung des Klotzes:

$$v(t) = v_0 \cdot e^{-\frac{\gamma}{m}t} \tag{3.32m}$$

$$x(t) = -\frac{v_0 m}{\gamma} \cdot e^{-\frac{\gamma}{m}t} + \frac{v_0 m}{\gamma} = \frac{v_0 m}{\gamma} \cdot \left(1 - e^{-\frac{\gamma}{m}t}\right). \tag{3.32n}$$

**Theorieaufgabe 7: Gedämpfte Bewegung** •

Wir haben gerade die Bewegungsgleichung für einen Körper mit Dämpfung aufgestellt und gelöst. Interpretieren Sie das Ergebnis. Wie weit bewegt sich der Klotz und wann hält er an?

## 3.2.4 Aufzählung verschiedener Kräfte

Einige Kräfte kommen in Aufgaben häufiger vor als andere. Hier lohnt es sich, die jeweiligen Formeln auswendig zu lernen. Es folgt eine kurze Auflistung der wichtigsten Kräfte und der zugehörigen mathematischen Zusammenhänge. Dabei lassen wir Scheinkräfte aus; diese werden in Abschnitt 3.4 ausführlich behandelt.

### Zentripetalkraft

Die *Zentripetalkraft* ist die Kraft, die einen Körper auf einer Kreisbahn hält. Wir kennen sie aus jedem Karussell. Dabei wirkt die Zentripetalkraft (entgegen der häufigen Annahme) immer nach innen in Richtung Kreismittelpunkt (siehe Abbildung 3.8).

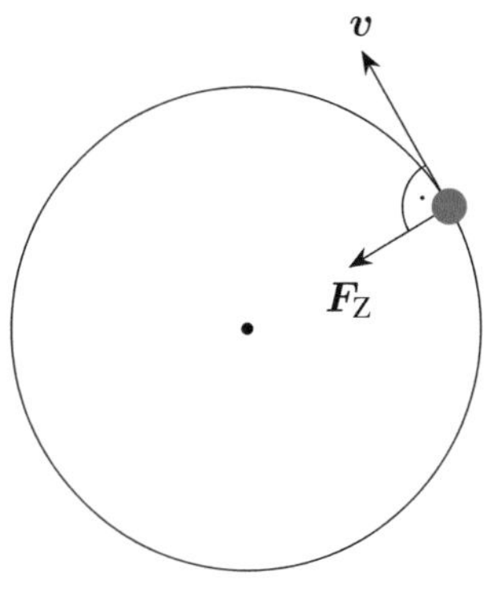


Abb. 3.8: Die Zentripetalkraft hält den Massenpunkt auf seiner Kreisbahn.

Viele Menschen denken intuitiv, dass sie bei einer Kreisbewegung (beispielsweise im Karussel oder bei Kurven im Auto) nach außen gedrückt werden. Dabei handelt es sich aber um einen Irrtum. Tatsächlich fühlen wir im Karussel die äußere Seite des Sitzes stärker, weil sie uns nach innen drückt. Nach dem dritten Newton'schen Axiom drückt unser Körper die Außenseite des Sitzes nach außen.

Die Zentripetalkraft ist nicht zu verwechseln mit der Zentrifugalkraft (siehe Unterabschnitt 3.4.2), die den gleichen Betrag hat, aber nach außen zeigt!

**Zentripetalkraft**

Ein Teilchen der Masse $m$ bewegt sich mit Geschwindigkeit $v$ auf einer Kreisbahn mit Radius $r$. Dann zeigt die *Zentripetalkraft* nach innen und hat den Betrag

$$F_Z = \frac{mv^2}{r}. \quad (3.33)$$

Mit der *Winkelgeschwindigkeit* $\omega = {}^v/_r$ gilt

$$F_Z = m\omega^2 r. \quad (3.34)$$

Da die Zentripetalkraft bei einer Kreisbahn nach innen zeigt, ist klar, dass sie orthogonal auf dem Geschwindigkeitsvektor der Bewegung steht. Daraus folgt, dass ein kreisförmig bewegtes Teilchen durch die Zentripetalkraft nur die Richtung seiner Geschwindigkeit ändert, aber nicht deren Betrag.

## Federkraft

Hier ist von gewöhnlichen Spiralfedern die Rede. Wird eine solche Feder aus ihrer entspannten Position (Ruhelage) ausgelenkt, so wirkt eine Kraft der Auslenkung entgegen, wie in Abbildung 3.9 gezeigt. Dabei ist es egal, ob die Feder gestaucht oder

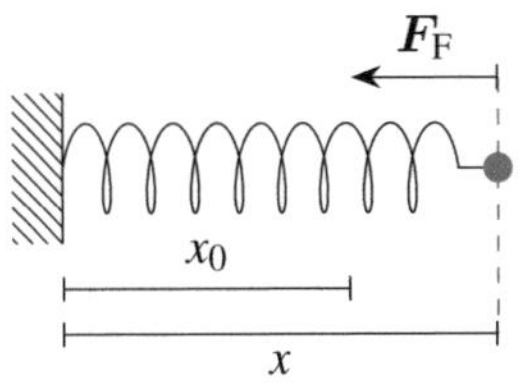


Abb. 3.9: Die Federkraft wirkt der Auslenkung der Feder aus ihrer Ruhelage entgegen.

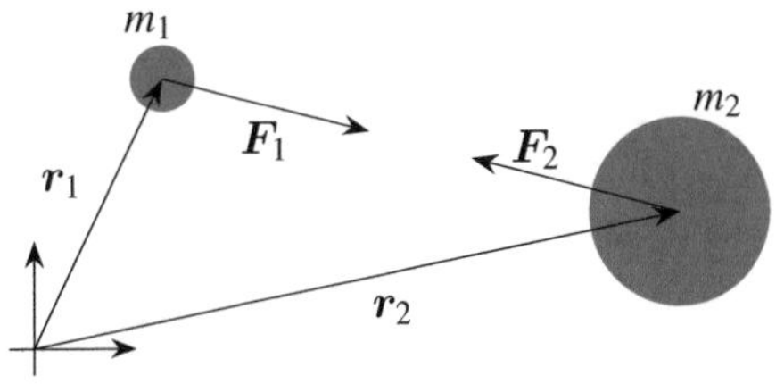


Abb. 3.10: Zwei massebehaftete Körper ziehen sich durch die Gravitationskraft gegenseitig an. Nach dem dritten Newton'schen Axiom ist hier $F_1 = -F_2$.

gestreckt wird. Solche Kräfte, die ein System zurück in seine Ruheposition drängen, werden auch *Rückstellkräfte* genannt. Je größer die Auslenkung ist, desto stärker ist hier auch die Federkraft. Bei kleinen Verformungen der Feder ist die Federkraft proportional zur Auslenkung. Der Proportionalitätsfaktor wird Federkonstante $D$ genannt und gibt an, wie groß die rückstellende Kraft bei einer gegebenen Auslenkung ist.

**Federkraft**

Gegeben ist eine Feder mit Ruhelänge $x_0$ und Federkonstante $D$. Wenn die Feder auf die Länge $x$ gebracht wird, dann kann die *Federkraft* durch

$$F_F = -D \cdot (x - x_0) \quad (3.35)$$

berechnet werden. Diesen Zusammenhang nennt man auch das *Hooke'sche Gesetz*.

## Schwerkraft (Gravitationskraft)

Die *Schwerkraft* wird auch *Gravitationskraft* genannt und beschreibt die gegenseitige Anziehung massebehafteter Körper. Das *Newton'sche Gravitationsgesetz* besagt, dass sich alle Massen gegenseitig anziehen. Diese Kraft wird stärker, je näher sich zwei Gegenstände kommen. Dabei beschreibt das Gravitationsgesetz nicht nur die Bewegungen von Himmelskörpern, sondern auch den berühmten Apfel, der vom Baum fällt. Dabei zieht übrigens der Apfel mit der gleichen Kraft an der Erdkugel, mit der auch die Erdkugel am Apfel zieht. Jedoch ist die Erde so schwer, dass ihre Bewegung dabei nicht messbar ist. Eine solche Situation ist in Abbildung 3.10 skizziert.

### Gravitationskraft

Gegeben sind zwei Massenpunkte mit den Massen $m_1$ und $m_2$ im Abstand $r$. Die *Gravitationskraft*, mit welcher sich die Massen gegenseitig anziehen, ist gegeben durch

$$F_G = \frac{G \cdot m_1 m_2}{r^2}. \tag{3.36}$$

Dabei ist

$$G = 6{,}67430 \cdot 10^{-11} \, \frac{\mathrm{m}^3}{\mathrm{kg} \cdot \mathrm{s}^2} \tag{3.37}$$

die *Gravitationskonstante* (manchmal auch $\gamma$).

Die Gravitationskraft lässt sich auch vektoriell ausdrücken. Dafür befindet sich der erste Massenpunkt am Ort $\boldsymbol{r}_1$ und der zweite am Ort $\boldsymbol{r}_2$. Die Kraft auf die erste Masse ist gegeben durch

$$\boldsymbol{F}_1 = G \cdot m_1 m_2 \cdot \frac{(\boldsymbol{r}_2 - \boldsymbol{r}_1)}{|\boldsymbol{r}_2 - \boldsymbol{r}_1|^3}. \tag{3.38}$$

Die Kraft auf den zweiten Massenpunkt ist $\boldsymbol{F}_2 = -\boldsymbol{F}_1$.

Das Newton'sche Gravitationsgesetz beschreibt die Bewegungen von Planeten und Monden mit erstaunlicher Genauigkeit. Besonders präzise Messungen (beispielsweise die Beobachtung der Periheldrehung des Merkur in der Mitte des 19. Jahrhunderts) zeigten jedoch kleine Abweichungen der Realität von den nach Newton erwarteten Bewegungen. Erst Albert Einstein war mithilfe seiner allgemeinen Relativitätstheorie in der Lage, diese Abweichungen zu erklären. Er verfeinerte die Newton'sche Theorie und veränderte damit unser Verständnis der Gravitation grundlegend. Wir verweisen hier auf weiterführende Literatur.

Das oben formulierte Gravitationsgesetz gilt in seiner Form in erster Linie nur für Massenpunkte. Es kann allerdings für ausgedehnte Körper umformuliert werden. Mathematisch lässt sich (mithilfe des Satzes von Gauß, siehe Unterabschnitt 1.4.7) zeigen, dass sich sphärisch symmetrische (kugelsymmetrische) Körper genauso gegenseitig anziehen, wie es gleich schwere Massenpunkte an ihrem Mittelpunkt tun würden. Deshalb können Körper wie die Erde, der Mond oder die Sonne als Massenpunkte betrachtet werden.

### Gravitationskraft kugelförmiger Massen

Die Gravitationskraft außerhalb einer sphärisch symmetrischen (kugelförmigen) Massenverteilung ist genau gleich der Gravitationskraft eines Massenpunktes mit gleicher Masse an ihrem Mittelpunkt.

Eine ähnliche Regel findet sich auch innerhalb einer sphärisch symmetrischen Massenverteilung. Wenn wir die Gravitationskraft im Abstand $r$ vom Zentrum berechnen möchten, dann denken wir uns eine Kugel mit Radius $r$. Die Masse innerhalb dieser Kugel ist $m(r)$. Die Gravitationskraft auf eine kleine Testmasse $m_T$ ist nun genauso groß wie die Kraft, die von einer Punktmasse $m(r)$ am Zentrum hervorgerufen würde:

$$F = \frac{G m(r) m_T}{r^2}. \tag{3.39}$$

## Gewichtskraft

Die *Gewichtskraft* beschreibt einen Spezialfall der Gravitationskraft. Die Anziehungskraft zweier Körper hängt von deren Abstand ab. Wenn aber ein betrachtetes System sehr klein ist (verglichen mit seinem Abstand zu einer großen Masse), dann ist die Gravitationskraft im System überall annähernd gleich. Diese Näherung ist beispielsweise für alltägliche Situationen auf der Erde (siehe Abbildung 3.11) gegeben (maßgeblich ist der große Abstand zum Erdmittelpunkt). Deshalb können wir annehmen, dass die Gravitationskraft hier immer konstant ist.

### Gewichtskraft

Die *Gewichtskraft*, die Objekte auf der Erde nach unten beschleunigt, ist gegeben durch

$$F_g = m \cdot g \tag{3.40}$$

mit der Masse $m$ des Objekts und der *Gravitationsbeschleunigung* $g$. Auf der Erdoberfläche beträgt letztere ungefähr

$$g = 9{,}81 \, \frac{\mathrm{m}}{\mathrm{s}^2}. \tag{3.41}$$

Es handelt sich hierbei um eine Näherung des Newton'schen Gravitationsgesetzes.

Abb. 3.11: In alltäglichen Situationen wird die Gravitationskraft durch die Gewichtskraft als konstant angenähert.

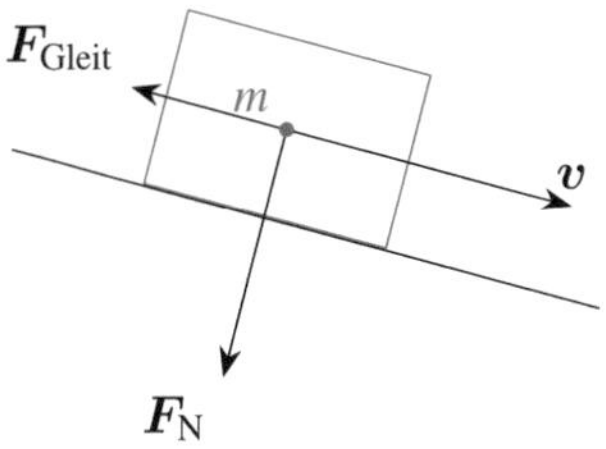


Abb. 3.12: Die Gleitreibungskraft wirkt der Bewegung eines Körpers auf einer Oberfläche entgegen. In diesem Beispiel wird die Normalkraft durch die Gewichtskraft hervorgerufen. Allerdings ist auf einer schiefen Ebene $F_N < F_g$.

Vergleichen wir den Abstand der Erde zum Mond mit dem Durchmesser der Erde, so stellen wir fest, dass letzterer nicht vernachlässigbar klein ist. Wenn wir also die ganze Erde als System betrachten, dann gilt unsere obige Näherung für die Gewichtskraft nicht. Deshalb ist die Gravitationskraft des Mondes an verschiedenen Orten auf der Erde unterschiedlich stark. Diese Unterschiede verursachen Ebbe und Flut. Man spricht allgemein von *Gezeitenkräften.*

Genau genommen handelt es sich bei der Gewichtskraft um eine Kombination aus Gravitationskraft und Zentrifugalkraft (die wir in Unterabschnitt 3.4.2 behandeln). Durch die Drehung der Erde um ihre Achse werden Körper leicht nach außen (von der Drehachse weg) geschleudert. Deshalb wiegen Körper am Äquator etwas weniger als an den Polen. Darum starten Raketen häufig aus äquatorialen Gegenden.

### Reibungskraft

Wir unterscheiden hier drei verschiedene Arten von Reibung.

### Gleitreibung

Bewegt sich (gleitet) ein fester Körper über eine Oberfläche, dann wird er durch die *Gleitreibungskraft* abgebremst, wie in Abbildung 3.12 schematisch dargestellt. Experimentell lässt sich bestimmen, dass diese Kraft für Körper gleicher Form nur von der Kraft abhängt, mit der sie auf die Oberfläche gedrückt werden. In vielen Fällen ist diese Normalkraft einfach die Gravitationskraft. Es findet sich der Zusammenhang

$$F_{\text{Gleit}} = \mu_G \cdot F_N. \tag{3.42}$$

Dabei ist $F_N$ die Normalkraft, die der Körper auf die Oberfläche ausübt. $\mu_G$ wird der *Gleitreibungskoeffizient* genannt. Dieser hängt von der Beschaffenheit der Oberfläche und des Körpers ab.

### Haftreibung

Aus dem Alltag ist uns bekannt, dass manche Objekte erst einen starken Schub benötigen, um ins Rutschen zu kommen, dann aber bedeutend leichter gleiten. Das ist der sogenannten *Haftreibungskraft* geschuldet. Während die Gleitreibungskraft für Körper gilt, die in Bewegung sind, wirkt die Haftreibungskraft auf Körper, die in Ruhe sind. Sie berechnet sich nach

$$F_{\text{Haft}} = \mu_H \cdot F_N \tag{3.43}$$

mit dem *Haftreibungskoeffizienten* $\mu_H$. Es ist $\mu_H > \mu_G$. Das bedeutet, dass ein Körper nur dann zum Gleiten gebracht werden kann, wenn die aufgewendete Kraft größer ist als die Haftreibungskraft.

**►Tipp:**
Genau genommen ist die tatsächlich wirkende Haftreibungskraft abhängig von der Kraft $F$, mit der am Körper gezogen wird. Ist $F < F_{\text{Haft}}$, so ist die tatsächliche Haftreibungskraft immer genauso groß wie die Zugkraft, damit diese ausgeglichen wird. $F_{\text{Haft}}$ markiert also nur den höchsten Wert, den die Haftreibungskraft annehmen kann.

### Rollreibung

Wenn ein runder Körper nicht gleitet, sondern rollt, lässt sich die Reibung bekanntlich minimieren. Auch für diesen Fall nimmt die Reibungskraft eine ähnliche Form an:

$$F_{\text{Roll}} = \mu_R \cdot F_N. \tag{3.44}$$

Dabei ist $\mu_R$ der *Rollreibungskoeffizient.*

### Zusammenfassung

Die oben genannten Reibungsarten fester Körper auf Oberflächen unterscheiden sich mathematisch nur durch die verschiedenen Reibungskoeffizienten.

**Reibungskraft**

Ein fester Körper liegt auf einer Oberfläche. Es gelten folgende Zusammenhänge für die verschiedenen Reibungsarten:

- *Gleitreibung*:
$$F_{\text{Gleit}} = \mu_G \cdot F_N \tag{3.45}$$
- *Haftreibung*:
$$F_{\text{Haft}} = \mu_H \cdot F_N \tag{3.46}$$
- *Rollreibung*:
$$F_{\text{Roll}} = \mu_R \cdot F_N. \tag{3.47}$$

Dabei ist $F_N$ die Kraft, mit welcher der Körper gegen die Oberfläche drückt. Die unterschiedlichen *Reibungskoeffizienten* hängen von den Kontaktflächen zwischen Körper und Oberfläche ab.

Üblicherweise gilt für einen Körper auf einer Oberfläche

$$\mu_H > \mu_G \,(> \mu_R). \tag{3.48}$$

Letzteres gilt nur, wenn der Körper ausreichend rund ist, sodass er auch rollen kann. Reibungskräfte wirken immer entgegen der Bewegungsrichtung.

3

### Dämpfungskraft

Auch die Dämpfungskraft beschreibt eine Form von Reibungsverlust. Hier ist die Kraft allerdings nicht von der Normalkraft eines Körpers auf eine Oberfläche abhängig, sondern von seiner Geschwindigkeit. Ein solches Verhalten wird beispielsweise für Luftreibung oder den Reibungswiderstand im Wasser beobachtet (bei kleinen Geschwindigkeiten, siehe Abschnitt 7.3).

**Dämpfungskraft**

Die *Dämpfungskraft* $\boldsymbol{F}_D$ ist von der Geschwindigkeit $\boldsymbol{v}$ eines Körpers abhängig. Es ist

$$\boldsymbol{F}_D = -\gamma \cdot \boldsymbol{v} \tag{3.49}$$

mit der *Dämpfungskonstante* $\gamma$.

Durch Betrachten der Einheiten wird klar, dass die Dämpfungskonstante die Dimension einer Masse pro Zeit haben muss.

## 3.2.5 Systeme mit Impulserhaltung

Wir haben bereits anhand der Newton'schen Axiomen in Unterabschnitt 3.2.1 gezeigt, dass in Systemen ohne äußere Kräfte der Gesamtimpuls erhalten ist. Wir betrachten im Folgenden einige weitere Aspekte solcher Systeme.

### Systeme von Massenpunkten

Wir beschreiben ein abgeschlossenes System mit $N$ Massenpunkten mit den Massen $m_i$ an den Positionen $\boldsymbol{r}_i$ (siehe Abbildung 3.13). Zunächst führen wir einige Begriffe ein.

Der *Gesamtimpuls* $\boldsymbol{P}$ ist die Summe über alle Einzelimpulse $\boldsymbol{p}_i$:

$$\boldsymbol{P} = \sum_{i=1}^{N} \boldsymbol{p}_i = \sum_{i=1}^{N} m_i \dot{\boldsymbol{r}}_i. \tag{3.50}$$

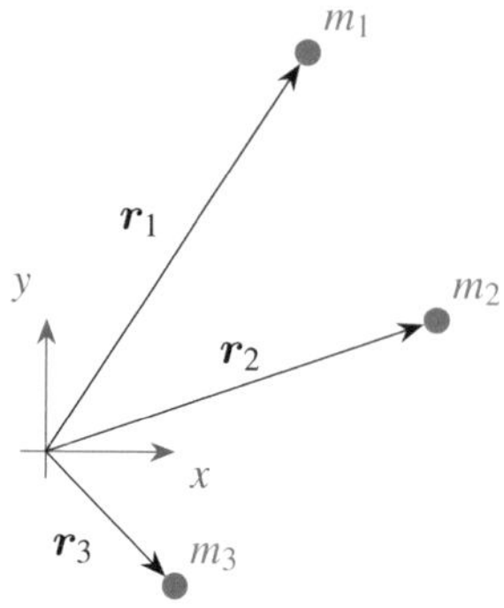


Abb. 3.13: Skizze eines Systems mit mehreren Massenpunkten.

Analog ist die *Gesamtmasse* $M$ des Systems einfach die Summe über alle einzelnen Massen:

$$M = \sum_{i=1}^{N} m_i. \tag{3.51}$$

Der *Schwerpunkt* $\boldsymbol{R}$ des Systems von Massenpunkten ist gegeben durch

$$\boldsymbol{R} = \frac{1}{M} \sum_{i=1}^{N} m_i \boldsymbol{r}_i. \tag{3.52}$$

**►Tipp:**

Beim Vergleich mit dem arithmetischen Mittelwert fällt auf, dass der Schwerpunkt nichts anderes ist als der Mittelwert aller Teilchenorte, die entsprechend der jeweiligen Teilchenmasse gewichtet wurden.

### Bewegung des Schwerpunktes:

Der Schwerpunkt eines Systems befindet sich im Allgemeinen nicht immer an demselben Ort. Allerdings ist seine Bewegung in Systemen mit Impulserhaltung eng mit dem Gesamtimpuls verknüpft.

### Theorieaufgabe 8: Schwerpunktsbewegung •

Zeigen Sie, dass sich in einem System mit konstantem Gesamtimpuls $\boldsymbol{P}$ der Massenschwerpunkt $\boldsymbol{R}$ mit konstanter Geschwindigkeit bewegt. (Die Massen der verschiedenen Teilchen seien konstant.)

Wir betrachten nun das Ruhesystem des Schwerpunktes, also das Bezugssystem, in dem der Schwerpunkt in Ruhe ist. Dieses System bewegt sich, verglichen mit unserem ursprünglichen Koordinatensystem, mit konstanter Geschwindigkeit und ist somit auch ein Inertialsystem. Wie wir bereits wissen, können wir immer zwischen Inertialsystemen wechseln. Es treten dabei in beiden Systemen die gleichen Kräfte auf. Deshalb können wir unser Vielteilchensystem mit Gesamtimpulserhaltung einfach im Ruhesystem des Schwerpunktes beschreiben, ohne dass sich dabei die Physik ändert.

## Systeme von zwei Teilchen

Wir behandeln nun ein System von zwei Teilchen. Da wir uns auf abgeschlossene Systeme beschränken, kann eine Kraft auf ein Teilchen nur vom jeweils anderen Teilchen ausgeübt werden. Die Bewegungsgleichungen des Systems lauten daher nach dem zweiten Newton'schen Axiom

$$m_1 \ddot{\boldsymbol{r}}_1 = \boldsymbol{F}_{12} \tag{3.53a}$$

$$m_2 \ddot{\boldsymbol{r}}_2 = \boldsymbol{F}_{21} \tag{3.53b}$$

mit $\boldsymbol{F}_{12} = -\boldsymbol{F}_{21}$. Es handelt sich hier um ein gekoppeltes Gleichungssystem zweiter Ordnung mit den Koordinaten $\boldsymbol{r}_1$ und $\boldsymbol{r}_2$.

## Theorieaufgabe 9: Zweikörperproblem ●●●

Lösen Sie das Gleichungssystem (3.53), indem Sie eine Koordinatentransformation durchführen.

a) Führen Sie die Schwerpunktskoordinate $\boldsymbol{R}$ für das System ein. Was ist die Bewegungsgleichung des Schwerpunktes?

b) Führen Sie die Relativkoordinate $\boldsymbol{r}_{12} = \boldsymbol{r}_1 - \boldsymbol{r}_2$ ein. Zeigen Sie, dass die Bewegungsgleichung für die Relativkoordinate mithilfe der Masse

$$\mu = \frac{m_1 \cdot m_2}{m_1 + m_2} \tag{3.54}$$

eine einfache Form annimmt.

3

Wir haben jetzt gesehen, dass die Bewegungsgleichungen in den Koordinaten des Schwerpunktes und der Relativbewegung entkoppelt werden. Da die Bewegungsgleichung des Schwerpunktes trivial ist, haben wir das Zweikörpersystem sozusagen auf die Gleichung $\mu \ddot{\boldsymbol{r}}_{12} = \boldsymbol{F}_{12}$ reduziert. Im mathematischen Sinne ist das ein Einteilchenproblem von einem Teilchen mit der Masse $\mu$. Wir nennen $\mu$ die *reduzierte Masse*.

**Reduzierte Masse**

Gegeben ist ein abgeschlossenes System mit zwei Teilchen an den Positionen $\boldsymbol{r}_1$ und $\boldsymbol{r}_2$ und der Kraft $\boldsymbol{F}_{12}$ auf das erste Teilchen (ausgeübt vom zweiten Teilchen). Ein solches System lässt sich mithilfe der *Relativkoordinate* $\boldsymbol{r}_{12} = \boldsymbol{r}_1 - \boldsymbol{r}_2$ und der *reduzierten Masse*

$$\mu = \frac{m_1 \cdot m_2}{m_1 + m_2} \tag{3.55}$$

auf ein effektives Einteilchenproblem mit der Bewegungsgleichung

$$\boldsymbol{F}_{12} = \mu \cdot \ddot{\boldsymbol{r}}_{12} \tag{3.56}$$

reduzieren.

Die reduzierte Masse kann in verschiedenen Fällen ein qualitatives Bild zur Dynamik geben. Betrachten wir beispielsweise ein System mit zwei gleichen Massen $m_1 = m_2 = m$, so ist die reduzierte Masse einfach $\mu = m/2$. Die Relativbewegung der Teilchen ist dann doppelt so groß wie die jeweiligen Einzelbewegungen. Das liegt daran, dass sich zwei Teilchen mit gleichen Massen gleich stark bewegen und die Relativkoordinate beide Bewegungen erfasst.

Wenn dagegen $m_1 \gg m_2$ ist, wird $\mu \approx m_2$. Dann führt das zweite Teilchen die Bewegung aus, während das erste, schwerere Teilchen nahezu in Ruhe ist. Das beobachten wir beispielsweise bei der Bewegung der Erde um die Sonne, aber auch in Ballsportarten, bei denen der Ball viel leichter ist als der Spieler und sich deshalb viel schneller bewegt.

Tatsächlich sind Lösungen von Systemen mit zwei Teilchen in der Physik häufig die Grenze des Machbaren. Die Bewegungsgleichungen von Dreikörpersystemen sind im Allgemeinen nicht mehr analytisch lösbar. Solche oder noch komplexere Probleme können nur in Spezialfällen exakt berechnet werden. Heutzutage können allerdings oft durch numerische Berechnungen Lösungen ermittelt werden, die die Realität ausreichend genau beschreiben.

### Stöße

Wir haben verstanden, dass in allen Systemen ohne Einflüsse von außen der Gesamtimpuls erhalten ist. Ein typisches, besonders einfaches Beispiel für ein solches System ist der Stoß zweier Teilchen, die sich in einer Dimension bewegen. In Unterabschnitt 3.5.7 werden wir auf solche Systeme erneut zu sprechen kommen, nachdem wir das Konzept der Energie eingeführt haben. Folgendes Beispiel ist jedoch schon jetzt lösbar:

Wir betrachten zwei Waggons, die sich (reibungsfrei) auf Schienen bewegen. Sie haben die Massen $m_1$ und $m_2$, sowie die Geschwindigkeiten $v_1$ und $v_2$. Wenn beide Waggons zusammentreffen, koppeln sie miteinander und rollen zusammen weiter. Die Positionen und Geschwindigkeiten der Waggons seien dabei so gewählt, dass sie kollidieren und sich nicht immer weiter voneinander entfernen. Zu berechnen ist die Geschwindigkeit beider Waggons, nachdem sie aneinandergekoppelt sind.

**Theorieaufgabe 10: Inelastischer Stoß** ••

Zeigen Sie, dass die gemeinsame Geschwindigkeit beider Waggons nach ihrem Stoß durch

$$v' = \frac{m_1 v_1 + m_2 v_2}{m_1 + m_2} \tag{3.57}$$

gegeben ist. Nutzen Sie dafür die Impulserhaltung im System aus.

. . . . . . . . . . . . . . . . . . . . . . . . . . . . . . . . . . . . . . . . . . . . . . . . . . . . . . . . . . . . . . . . . .

. . . . . . . . . . . . . . . . . . . . . . . . . . . . . . . . . . . . . . . . . . . . . . . . . . . . . . . . . . . . . . . . . .

. . . . . . . . . . . . . . . . . . . . . . . . . . . . . . . . . . . . . . . . . . . . . . . . . . . . . . . . . . . . . . . . . .

. . . . . . . . . . . . . . . . . . . . . . . . . . . . . . . . . . . . . . . . . . . . . . . . . . . . . . . . . . . . . . . . . .

. . . . . . . . . . . . . . . . . . . . . . . . . . . . . . . . . . . . . . . . . . . . . . . . . . . . . . . . . . . . . . . . . .

. . . . . . . . . . . . . . . . . . . . . . . . . . . . . . . . . . . . . . . . . . . . . . . . . . . . . . . . . . . . . . . . . .

. . . . . . . . . . . . . . . . . . . . . . . . . . . . . . . . . . . . . . . . . . . . . . . . . . . . . . . . . . . . . . . . . .

. . . . . . . . . . . . . . . . . . . . . . . . . . . . . . . . . . . . . . . . . . . . . . . . . . . . . . . . . . . . . . . . . .

. . . . . . . . . . . . . . . . . . . . . . . . . . . . . . . . . . . . . . . . . . . . . . . . . . . . . . . . . . . . . . . . . .

Man spricht hier von einem sogenannten *inelastischen Stoß*, da hier Bewegungsenergie in Wärme umgewandelt wird. Wir können beispielsweise zwei identische Waggons ($m_1 = m_2$) betrachten, die mit $v_1 = -v_2$ aufeinander zufahren. Nachdem sie aneinandergekoppelt sind, bleiben sie in Ruhe ($v' = 0$).

Wir haben uns in diesem Beispiel auf eine eindimensionale Bewegung beschränkt. Stoßprozesse finden aber auch in mehreren Dimensionen statt. Beispielsweise bewegen sich Billardkugeln in zwei Dimensionen, und Stöße in drei Dimensionen kennen wir von Gasteilchen.

## 3.3 Kreisbewegungen

Im Folgenden werden wir eine Einführung zu Kreisbewegungen geben. Dabei sind unsere Erläuterungen an dieser Stelle auf Massenpunkte beschränkt und deshalb unvollständig. In Kapitel 6 gehen wir auf die Phänomene ein, die bei ausgedehnten Körpern auftreten.

### 3.3.1 Rotationsbewegungen von Massenpunkten

Wir haben bei geradlinigen Bewegungen von Massenpunkten gesehen, dass eine geschickte Wahl des Koordinatensystems die Beschreibung einer physikalischen Situation entscheidend vereinfachen kann. Das Gleiche gilt auch für Kreisbewegungen. Dazu werden wir anstelle von kartesischen Koordinaten die Polarkoordinaten (siehe Unterabschnitt 1.1.4) einführen.

Wir betrachten einen Massenpunkt, der sich mit konstanter Geschwindigkeit auf einem Kreis mit Radius $R$ bewegt. Seine Bewegung hat die *Periodendauer* $T$. Diese ist die Zeit, nach der er sich wieder am gleichen Punkt im Raum befindet. Die *Frequenz* $f$ seiner Bewegung gibt an, wie viele Kreisbewegungen der Massenpunkt innerhalb einer bestimmten Zeiteinheit durchführt. Sie berechnet sich als Kehrwert der Periodendauer: $f = 1/T$. Für uns wird später häufiger die sogenannte *Kreisfrequenz* $\omega = 2\pi f$ von Bedeutung sein. Im Folgenden werden wir die Ortskurve $\boldsymbol{r}(t)$ mithilfe der Polarkoordinaten darstellen.

Frequenzen haben die Dimension einer inversen Zeit. Wir verwenden dafür häufig die Einheit *Hertz*:

$$1\,\text{Hz} = 1\,\frac{1}{\text{s}}. \quad (3.58)$$

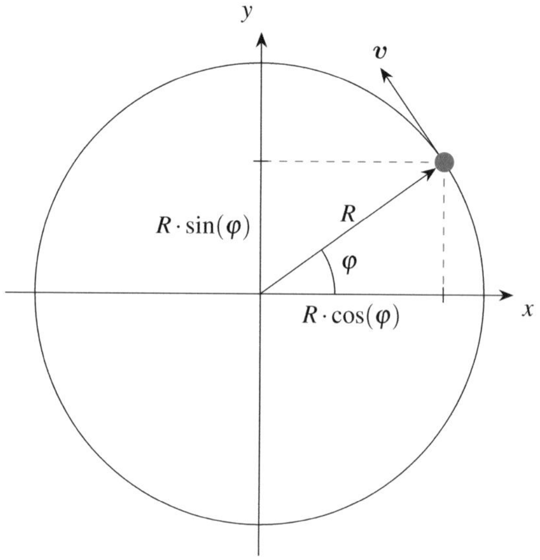


Abb. 3.14: Ein Massenpunkt bewegt sich auf einer Kreisbahn $\boldsymbol{r}(t)$ mit Radius $R$. Der Winkel $\varphi$ wird üblicherweise von der $x$-Achse aus gegen den Uhrzeigersinn gemessen. Aus der Geschwindigkeit $\boldsymbol{v}$ des Massenpunktes lässt sich die Winkelgeschwindigkeit $\omega = \dot{\varphi}$ berechnen.

Jede Kreisbewegung im dreidimensionalen Raum findet in einer Ebene statt. Das bedeutet, dass eine Kreisbewegung eigentlich immer nur eine zweidimensionale Bewegung ist. Wir wählen also zunächst unser kartesisches Koordinatensystem so, dass die Trajektorie des Massenpunktes nur in der $x$-$y$-Ebene liegt. Außerdem legen wir den Koordinatenursprung genau in den Mittelpunkt der Kreisbahn. Jetzt ist die Situation also so, wie in Abbildung 3.14 skizziert.

Bislang haben wir die Position eines Massenpunktes (in zwei Dimensionen) durch seine kartesischen Koordinaten $x$ und $y$ angegeben. Für Kreisbewegungen werden wir die Position des Punktes mithilfe des Radius $R$ und des Winkels $\varphi$ beschreiben. Wir können die Polarkoordinaten über die trigonometrischen Sätze leicht durch

$$x = R \cdot \cos(\varphi) \tag{3.59a}$$

$$y = R \cdot \sin(\varphi) \tag{3.59b}$$

in kartesische Koordinaten umrechnen beziehungsweise andersherum den Radius und Winkel bestimmen:

$$R = \sqrt{x^2 + y^2} \tag{3.60a}$$

$$\varphi = \arctan\left(\frac{y}{x}\right). \tag{3.60b}$$

Jetzt sind wir in der Lage, die zeitabhängige Position $\boldsymbol{r}(t)$ eines rotierenden Massenpunktes in der $x$-$y$-Ebene zu beschreiben. Wir können demnach auch seine Geschwindigkeit berechnen. Es ist

$$\boldsymbol{v}(t) = \dot{\boldsymbol{r}}(t) = \frac{\mathrm{d}}{\mathrm{d}t}\begin{pmatrix} R \cdot \cos(\varphi(t)) \\ R \cdot \sin(\varphi(t)) \end{pmatrix} \tag{3.61a}$$

$$= R \cdot \dot{\varphi}(t) \cdot \begin{pmatrix} -\sin(\varphi(t)) \\ \cos(\varphi(t)) \end{pmatrix}. \tag{3.61b}$$

Im Allgemeinen muss bei dieser Rechnung auch der Radius $R$ nach der Zeit abgeleitet werden. Bei Kreisbewegungen ist allerdings der Radius konstant und demnach $\dot{R} = 0$. Deshalb wird hier nur der Winkel $\varphi$ abgeleitet. Wir nennen $\dot{\varphi} \equiv \omega$ die *Winkelgeschwindigkeit* oder auch die *Kreisfrequenz*.

> **▸ Tipp:**
> Wir haben die Kreisfrequenz sowohl durch die Frequenz $\omega = 2\pi f$ als auch als Ableitung des Winkels $\omega = \dot{\varphi}$ eingeführt. Bei Betrachtung einer Kreisbewegung mit konstanter Geschwindigkeit (konstanter Winkelgeschwindigkeit $\omega$) lässt sich leicht zeigen, dass beide Terme identisch sind.

Es ist wichtig, sich an dieser Stelle klarzumachen, dass der Geschwindigkeitsvektor immer tangential auf der Kreisbahn steht. Prinzipiell gilt das für jede stetig differenzierbare Bahnkurve; in diesem Fall bedeutet das aber, dass der Ortsvektor immer orthogonal auf dem Geschwindigkeitsvektor steht (siehe Abbildung 3.8).

## Theorieaufgabe 11: Zusammenhang von Geschwindigkeit und Winkelgeschwindigkeit ••

Berechnen Sie den Betrag der Geschwindigkeit $v = |\boldsymbol{v}|$. Wie hängt die Geschwindigkeit mit der Winkelgeschwindigkeit bei einer Kreisbewegung zusammen?

Ähnlich wie die Geschwindigkeit lässt sich auch die Beschleunigung des Massenpunktes berechnen. Es ist

$$a(t) = \dot{v}(t) = \frac{\mathrm{d}}{\mathrm{d}t}\left[R \cdot \omega(t) \cdot \begin{pmatrix} -\sin(\varphi(t)) \\ \cos(\varphi(t)) \end{pmatrix}\right] \quad (3.62a)$$

$$= R \cdot \dot{\omega}(t) \cdot \begin{pmatrix} -\sin(\varphi(t)) \\ \cos(\varphi(t)) \end{pmatrix} + R \cdot \omega^2(t) \cdot \begin{pmatrix} -\cos(\varphi(t)) \\ -\sin(\varphi(t)) \end{pmatrix} \quad (3.62b)$$

$$= \underbrace{\dot{\omega}(t)\frac{v(t)}{\omega(t)}}_{a_t} \underbrace{-\omega^2(t) \cdot r(t)}_{a_Z}. \quad (3.62c)$$

Für die Rechnung haben wir einfach die Produktregel angewendet. Wir sehen jetzt, dass sich die Beschleunigung $a(t)$ aus zwei orthogonalen Komponenten zusammensetzt. Dieses Ergebnis, welches wir auf rein mathematischem Wege erhalten haben, können wir physikalisch sehr gut interpretieren:

Im ersten Term steht die Komponente, welche genau in Richtung des Geschwindigkeitsvektors zeigt. Durch diese Beschleunigung ändert sich also der Betrag der Geschwindigkeit. Wir sprechen deshalb von der *Tangentialbeschleunigung* $a_t$. Sie hängt direkt mit der sogenannten *Winkelbeschleunigung* $\dot{\omega} \equiv \alpha$ zusammen. Das bedeutet, dass mit einer Änderung der Winkelgeschwindigkeit des Massenpunktes auch eine Änderung seiner Geschwindigkeit einhergeht. Obwohl Gleichung (3.62c) das suggeriert, hängt der Betrag der Tangentialbeschleunigung nicht vom Betrag der Geschwindigkeit $v$ oder von der Winkelgeschwindigkeit $\omega$ ab. Um das zu erkennen, verwenden wir den normierten Einheitsvektor der Geschwindigkeit

$$\hat{v} = v/R\omega \quad (3.63)$$

und schreiben

$$a_t = \dot{\omega}\frac{v}{\omega} = R \cdot \dot{\omega} \cdot \hat{v}. \quad (3.64)$$

Tatsächlich hängt der Betrag der Tangentialbeschleunigung also nur von der Winkelbeschleunigung und dem Radius $R$ ab. Der nun normierte Einheitsvektor $\hat{v}$ gibt der Tangentialbeschleunigung nur ihre Richtung.

Im zweiten Term der Beschleunigung finden wir den Anteil, der immer in Richtung des Kreismittelpunktes zeigt. Er steht demnach orthogonal zur Geschwindigkeit und ändert deshalb nur deren Richtung und nicht ihren Betrag. Es handelt sich also um genau diejenige Komponente des Beschleunigungsvektors, die den Geschwindigkeitsvektor immer weiter dreht, sodass sich der Massenpunkt überhaupt auf einer Kreisbahn bewegt. Wir haben in Unterabschnitt 3.2.4 bereits die Zentripetalkraft eingeführt, die rotierende Massenpunkte auf ihren Kreisbahnen hält. Hier haben wir sie nun hergeleitet. Wir nennen den zweiten Term der Beschleunigung die *Zentripetalbeschleunigung*

$$a_Z = -\omega^2 \cdot r. \quad (3.65)$$

Damit gilt für die Zentripetalkraft $F_Z = m \cdot a_Z$. Die Gesamtbeschleunigung ist also einfach die Summe aus Tangential- und Zentripetalbeschleunigung:

$$a = a_t + a_Z = R \cdot \dot{\omega} \cdot \hat{v} - \omega^2 \cdot r. \quad (3.66)$$

Nun haben wir Bahnkurve, Geschwindigkeit und Beschleunigung von Massenpunkten, die sich auf Kreisbahnen bewegen, in Polarkoordinaten ausgedrückt. Wir sehen, dass sich die Angabe der Position auf die Angabe des Winkels $\varphi$ reduziert. Außerdem können wir, anstatt die Geschwindigkeit zu beschreiben, einfach nur die Winkelgeschwindigkeit $\omega$ betrachten. Damit haben wir eine zweidimensionale Bewegung auf ein eindimensionales Problem beschränkt. Die Beschleunigung setzt sich zusammen aus einem Anteil, der mit der Änderung der Winkelgeschwindigkeit $\dot{\omega}$ zusammenhängt (Tangentialbeschleunigung), sowie aus einem zweiten Anteil, der den Massenpunkt auf seiner Kreisbahn hält (Zentripetalbeschleunigung). Die Tangentialbeschleunigung verschwindet, wenn die Winkelgeschwindigkeit konstant ist ($\dot{\omega} = 0$). Dann bewegt sich der Massenpunkt mit konstanter Geschwindigkeit im Kreis. Die Zentripetalbeschleunigung wird nur dann Null, wenn $\omega = 0$ ist, also wenn der Massenpunkt auf seiner Kreisbahn stehen bleibt.

## Kreisbewegung

Kreisbewegungen lassen sich in Polarkoordinaten beschreiben. Dabei wird die Position eines Teilchens durch seinen Radius $R$ und seinen Winkel $\varphi(t)$ angegeben. Wir nennen $\omega = \dot{\varphi}(t)$ die *Winkelgeschwindigkeit* oder *Kreisfrequenz* und $\alpha = \dot{\omega}$ die *Winkelbeschleunigung*.

Für Kreisbewegungen mit konstanter Geschwindigkeit können wir die Periodendauer $T$ als die Zeit definieren, nach der sich der Massenpunkt einmal im Kreis bewegt hat. Wir nennen dann $f = 1/T$ die Frequenz und es gilt für die Kreisfrequenz $\omega = 2\pi f$.

Im Allgemeinen beschreiben wir die Teilchenbewegung auf der Kreisbahn folgendermaßen:

- Der Ort des Teilchens berechnet sich durch

$$r(t) = R \cdot \begin{pmatrix} \cos(\varphi(t)) \\ \sin(\varphi(t)) \end{pmatrix}. \quad (3.67)$$

- Die Geschwindigkeit wird durch

$$v(t) = \dot{r}(t) = R \cdot \dot{\varphi}(t) \cdot \begin{pmatrix} -\sin(\varphi(t)) \\ \cos(\varphi(t)) \end{pmatrix} \quad (3.68)$$

berechnet.

- Die Beschleunigung berechnet sich durch

$$a(t) = \dot{v}(t) = \dot{\omega}(t)\frac{v(t)}{\omega(t)} - \omega^2(t) \cdot r(t) \quad (3.69)$$

$$= a_t + a_Z \quad (3.70)$$

und setzt sich aus der *Tangentialbeschleunigung*

$$a_t = R \cdot \dot{\omega} \cdot \hat{v} \quad (3.71)$$

und der *Zentripetalbeschleunigung*

$$a_Z = -\omega^2 \cdot r \tag{3.72}$$

zusammen.

Nachdem wir die Kreisbewegungen von Massenpunkten mathematisch beschreiben und verstehen können, widmen wir uns nun der Physik von Drehbewegungen. Wir haben bis jetzt Drehbewegungen in nur zwei Dimensionen behandelt. Diese Beschreibung funktioniert auch in vielen realen Situationen. Wir werden jedoch Schwierigkeiten bekommen, wenn wir beispielsweise Systeme mit zwei Teilchen betrachten, die sich auf verschiedenen Bahnen bewegen. Wenn ihre Kreisbahnen in unterschiedlichen Ebenen liegen, können wir die Situation nicht mehr in zwei Dimensionen behandeln.

### Drehimpuls und Drehmoment

Wir gehen hier nicht genauer auf Kreisbahnen in drei Dimensionen ein. Stattdessen erweitern wir die *Kreisfrequenz* $\omega$ zu einem Vektor $\boldsymbol{\omega}$. Die Länge dieses Vektors ist einfach die altbekannte Kreisfrequenz. Die Richtung $\hat{\boldsymbol{\omega}}$ gibt die Ebene an, in der die Kreisbewegung stattfindet. Der Vektor steht also wie in Abbildung 3.15 gezeigt senkrecht auf der Kreisebene und ist entsprechend der *Rechte-Faust-Regel* orientiert. Wenn die Finger Ihrer rechten Hand der Kreisbewegung des Massenpunktes folgen, dann zeigt der ausgestreckte Daumen in die gleiche Richtung, wie $\boldsymbol{\omega}$.

**►Tipp:**

Besonders in mündlichen Prüfungen sollten Sie beachten, dass Sie eine Kreisbewegung ab jetzt niemals beschreiben, indem Sie die Kreisbewegungen mit Händen und Füßen imitieren. Stattdessen nutzen Sie die Rechte-Faust-Regel und geben die Richtung an, in die der Vektor $\boldsymbol{\omega}$ zeigt. Daraus ergibt sich automatisch die Orientierung der Kreisbewegung.

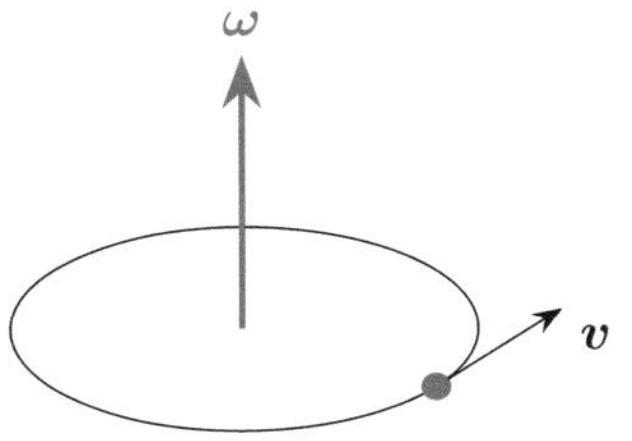


Abb. 3.15: Der Vektor $\boldsymbol{\omega}$ beschreibt eine Kreisbewegung in drei Dimensionen. Seine Länge ist genau die Kreisfrequenz $\omega$. Außerdem steht er senkrecht auf der Ebene, in der die Kreisbahn liegt. Er ist dabei entsprechend der Rechte-Faust-Regel orientiert.

Wir können beispielsweise die Zentripetalkraft durch

$$\boldsymbol{F}_Z = m\boldsymbol{\omega} \times (\boldsymbol{\omega} \times \boldsymbol{r}) \tag{3.73}$$

ausdrücken.

Wir haben mit den Newton'schen Axiomen den Impuls als wichtige physikalische Größe definiert. Für die Beschreibung der Kreisbewegungen führen wir hier den *Drehimpuls*

$$\boldsymbol{L} = \boldsymbol{r} \times \boldsymbol{p} = m\boldsymbol{r} \times \boldsymbol{v} \tag{3.74}$$

ein. Anschaulich gesagt beschreibt der Drehimpuls den Schwung, der in einer Drehbewegung steckt, und ersetzt an dieser Stelle den Impuls für die Beschreibung von Rotationen.

Sowie die Kraft $\boldsymbol{F}$ die zeitliche Änderung des Impulses $\boldsymbol{p}$ beschreibt, führen wir die Ableitung des Drehimpulses, $\dot{\boldsymbol{L}} = \boldsymbol{M}$ das *Drehmoment* ein. Entsprechend Gleichung (3.74) ist

$$\boldsymbol{M} = \frac{\mathrm{d}}{\mathrm{d}t}(\boldsymbol{r} \times \boldsymbol{p}) = \underbrace{\boldsymbol{v} \times \boldsymbol{p}}_{=0} + \boldsymbol{r} \times \boldsymbol{F} = \boldsymbol{r} \times \boldsymbol{F}. \tag{3.75}$$

Damit ist der wichtige Zusammenhang zwischen Kraft und Drehmoment hergestellt.

**►Tipp:**

Die *Rechte-Hand-Regel* kann helfen, Ort, Kraft und Drehmoment zu visualisieren. Dafür strecken Sie Daumen und Zeigefinger Ihrer rechten Hand so aus, dass sie im rechten Winkel zueinander stehen. Der Daumen soll in Richtung des Ortsvektors $\boldsymbol{r}$ zeigen und der Zeigefinger in Richtung der Kraft $\boldsymbol{F}$. Nun strecken Sie auch noch den Mittelfinger aus, sodass er senkrecht auf der von den beiden anderen Fingern ausgestreckten Ebene steht. Er zeigt dann in die Richtung, in die das Drehmoment $\boldsymbol{M}$ zeigt.

**Drehimpuls und Drehmoment**

Der *Drehimpuls* eines Massenpunktes auf einer Kreisbahn ist durch

$$\boldsymbol{L} = \boldsymbol{r} \times \boldsymbol{p} \tag{3.76}$$

definiert. Die zeitliche Änderung des Drehimpulses ist das *Drehmoment*

$$\boldsymbol{M} = \dot{\boldsymbol{L}} = \boldsymbol{r} \times \boldsymbol{F}. \tag{3.77}$$

## 3.3.2 Systeme mit Drehimpulserhaltung

In Unterabschnitt 3.2.5 haben wir uns bereits mit Systemen beschäftigt, in denen keine äußeren Kräfte wirken. In solchen Systemen ist der Gesamtimpuls erhalten. Jetzt betrachten wir Systeme ohne äußere Drehmomente.

## Theorieaufgabe 12: Drehimpulserhaltung in Systemen

●●●

Betrachten Sie ein System mit zwei Massenpunkten. Bezüglich eines bestimmten Raumpunktes (beispielsweise dem Koordinatenursprung) soll nun auf keinen der Massenpunkte ein äußeres Drehmoment wirken. Zeigen Sie, dass dann der Gesamtdrehimpuls um diesen Punkt konstant ist. Beachten Sie dabei mögliche Wechselwirkungen zwischen den Teilchen. (Wechselwirkungskräfte zwischen zwei Teilchen wirken immer abstoßend oder anziehend.)

Diese Rechnung lässt sich auch auf Systeme mit mehr als zwei Teilchen erweitern. Wir haben damit gezeigt, dass in bestimmten Systemen ohne äußeres Drehmoment der Gesamtdrehimpuls eine Erhaltungsgröße ist.

**Drehimpulserhaltung**

In abgeschlossenen Systemen ohne äußere Kräfte ist der Drehimpuls immer zeitlich konstant, das heißt erhalten. Wenn in einem System Kräfte von außen wirken, dann ist der Drehimpuls bezüglich eines bestimmten Punktes nur dann erhalten, wenn die Kräfte immer in Richtung dieses Punktes (oder davon weg) zeigen. Man spricht dann von *Zentralkräften.*

Wir kennen Zentralkräfte beispielsweise von der Bewegung von Planeten. Die Sonne steht näherungsweise unbewegt im Zentrum des Sonnensystems und zieht alle Planeten an. Alle Kräfte, die von der Sonne ausgehen, wirken also auf Linien, die auf die Sonne im Zentrum des Sonnensystems zulaufen. Deshalb ist der Gesamtdrehimpuls aller Planeten um dieses Zentrum eine Erhaltungsgröße.

Die Drehimpulserhaltung ist uns aus dem Alltag in verschiedenen Situationen bekannt. Ein bekanntes Beispiel sind Eiskunstläufer, die bei Drehungen ihre Arme an den Körper anlegen. Der Drehimpuls ist proportional zum Abstand von der Drehachse. Wenn Eiskunstläufer also ihren Körper so nah wie möglich an die Drehachse bringen, nimmt dabei ihre Rotationsgeschwindigkeit zu, sodass der gesamte Drehimpuls konstant bleibt.

Auch beim Fahrradfahren machen wir von der Erhaltung des Drehimpulses Gebrauch. Dabei ist es wichtig, den Drehimpuls nicht einfach als einen Wert, sondern als einen Vektor zu betrachten. Bei hohem Tempo hat jedes Rad des Fahrrads einen großen Drehimpulsvektor. Würde das Fahrrad nun kippen, so würde sich die Rotationsebene der Räder ändern und die Drehimpulsvektoren der Räder würden sich drehen. Die Erhaltung des Drehimpulses wirkt dem entgegen. Deshalb kippt ein schnelles Fahrrad nicht um, was wir uns besonders beim freihändigen Fahren zunutze machen.

**►Tipp:**

Für uns stellt die Erhaltung des Drehimpulses in geschlossenen Systemen hauptsächlich eine Strategie zum Lösen von Aufgaben dar. Wir werden das in den Übungsaufgaben lernen.

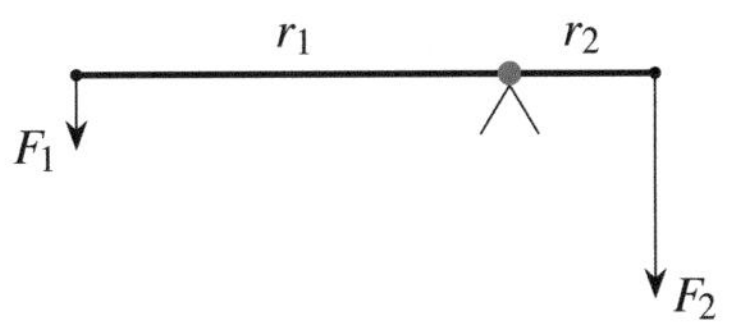


Abb. 3.16: Wippe zur Veranschaulichung des Hebelprinzips. Damit sich die Wippe nicht dreht, muss das Gesamtdrehmoment verschwinden.

### 3.3.3 Hebel

Um ein intuitives Bild vom Drehmoment zu gewinnen, besprechen wir an dieser Stelle ein prominentes Beispiel. Wir verwenden *Hebel* überall im Alltag. Ihr Wirkungsprinzip lässt sich mithilfe des Drehmoments erklären. Stellen Sie sich dafür eine Wippe mit unterschiedlich langen Hebelarmen vor, wie in Abbildung 3.16 gezeigt. Die Wippe lässt sich um den Lagerpunkt frei drehen und die Kräfte $F_1$ und $F_2$ wirken immer senkrecht zum Hebelarm. Betrachten wir nun den Fall, dass sich die Wippe nicht bewegt. Sie hat dann keinen Drehimpuls. Das bleibt auch so, solange $\dot{L} = 0$ ist, also kein Drehmoment wirkt. Das Drehmoment kann dabei als Summe von Kräften berechnet werden:

$$M = F_1 r_1 + F_2 r_2 = 0. \tag{3.78}$$

Weil wir hier einen rechten Winkel zwischen dem Hebelarm und der angreifenden Kraft haben, können wir das Kreuzprodukt $\boldsymbol{M} = \boldsymbol{r} \times \boldsymbol{F}$ so vereinfacht betrachten. Neben der reinen Kraft $F$, die auf einen Hebel wirkt, ist auch der Abstand $r$ vom Drehpunkt wichtig, in dem die Kraft am Hebel angreift. Wie in Abbildung 3.16 gezeigt, genügt deshalb eine kleine Kraft $F_1$, um das von der Kraft $F_2$ ausgeübte Drehmoment auszugleichen. Für den Hebel ist daher immer das Drehmoment, beziehungsweise das Produkt aus der Länge des Hebelarms und der Kraft relevant. Deshalb haben auch die Hebel im Alltag meistens einen langen und einen kurzen Hebelarm, sodass nur eine geringe Kraft benötigt wird, um auf der anderen Seite eine große Kraft zu erzeugen.

Das gleiche Prinzip gilt prinzipiell auch bei einer Balkenwaage, bei der die beiden Hebelarme bewusst gleich lang gefertigt sind.

**►Tipp:**

Wir haben hier ein System mit nur zwei Drehmomenten betrachtet, wie es auch in der Realität häufig vorkommt. Im Allgemeinen kann es natürlich auch $N$ Drehmomente geben und es gilt

$$\boldsymbol{0} = \sum_{i=1}^{N} \boldsymbol{M}_i = \sum_{i=1}^{N} \boldsymbol{r}_i \times \boldsymbol{F}_i.$$

3

### 3.3.4 Trägheitsmoment

Die Masse eines Körpers wirkt der Änderung seiner Bewegung entgegen. Das haben wir schon in Unterabschnitt 3.2.1 verstanden. Wir suchen nun eine Größe $J$, welche beschreibt, wie sich ein Körper gegen die Änderung seiner Kreisbewegung wehrt. Analog zur Gleichung

$$\boldsymbol{F} = m \cdot \boldsymbol{a}, \tag{3.79}$$

die wir von Translationsbewegungen kennen, soll gelten

$$\boldsymbol{M} = J \cdot \dot{\boldsymbol{\omega}}. \tag{3.80}$$

Wir nennen dann $J$ das *Trägheitsmoment*.

**Theorieaufgabe 13:**
**Trägheitsmoment von Massenpunkten** ••

3

Betrachten Sie einen Massenpunkt der Masse $m$, welcher sich auf einer Kreisbahn mit Radius $r$ befindet. Leiten Sie sein Trägheitsmoment $J$ her. Beginnen Sie dafür mit dem zweiten Newton'schen Axiom. Anschließend soll die Gleichung auf die Form von Gleichung (3.80) gebracht werden. (Hinweis: Die Situation kann einfacher mit Skalaren anstelle von Vektoren beschrieben werden.)

So, wie sich der Impuls $\boldsymbol{p} = m\boldsymbol{v}$ durch die Masse ausdrücken lässt, können wir den *Drehimpuls* durch das Trägheitsmoment beschreiben. Es gilt

$$\boldsymbol{L} = J\boldsymbol{\omega}. \tag{3.81}$$

Dieser Zusammenhang lässt sich leicht nachrechnen.

**► Tipp:**

Wir haben uns hier auf den Fall beschränkt, in dem der Koordinatenursprung im Mittelpunkt der Kreisbahn des Teilchens liegt. So zeigen die Vektoren $\boldsymbol{L}$ und $\boldsymbol{\omega}$ in die gleiche Richtung. Deshalb können wir überhaupt $\boldsymbol{L} = J\boldsymbol{\omega}$ schreiben. Wir verallgemeinern das in Unterabschnitt 3.3.5.

**Trägheitsmoment**

Das *Trägheitsmoment*

$$J = m \cdot r^2 \tag{3.82}$$

eines Massenpunktes beschreibt seine Fähigkeit, einer Änderung seiner Kreisbewegung entgegenzuwirken.

Für das *Drehmoment* gilt

$$\boldsymbol{M} = J\dot{\boldsymbol{\omega}}. \tag{3.83}$$

Der Drehimpuls kann durch

$$\boldsymbol{L} = J\boldsymbol{\omega} \tag{3.84}$$

berechnet werden.

## Theorieaufgabe 14: Trägheitsmomente besonderer Körper ••

Einige besondere Trägheitsmomente bestimmter Formen lassen sich durch einfache Überlegungen bereits an dieser Stelle berechnen.

a) Wie lässt sich das Trägheitsmoment eines Kreisringes mit Radius $r$ und Masse $m$ berechnen? Der Kreisring rotiere um seine Symmetrieachse.

b) Wie kann das Trägheitsmoment eines Hohlzylinders mit Radius $r$, Masse $m$ und Höhe $h$ berechnet werden? Der Zylinder rotiere um seine Symmetrieachse.

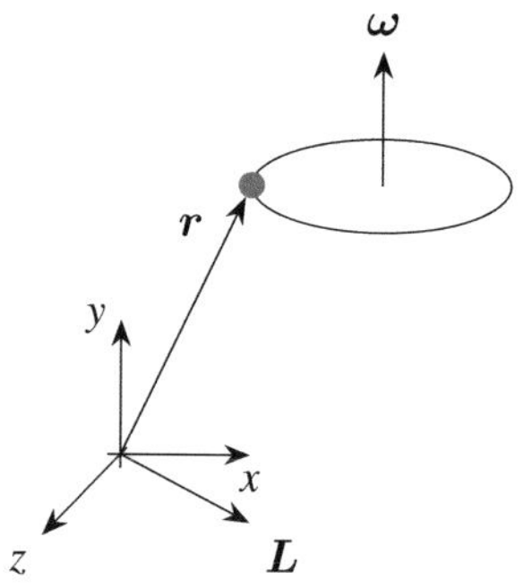


Abb. 3.17: Der Drehimpulsvektor $\boldsymbol{L}$ hängt von der Wahl des Koordinatenursprungs ab. Er steht nach Gleichung (3.76) orthogonal auf dem Geschwindigkeitsvektor $\boldsymbol{v}$ (der hier nicht eingezeichnet ist, aber aus der Zeichenebene herauszeigt) und dem Ortsvektor $\boldsymbol{r}$.

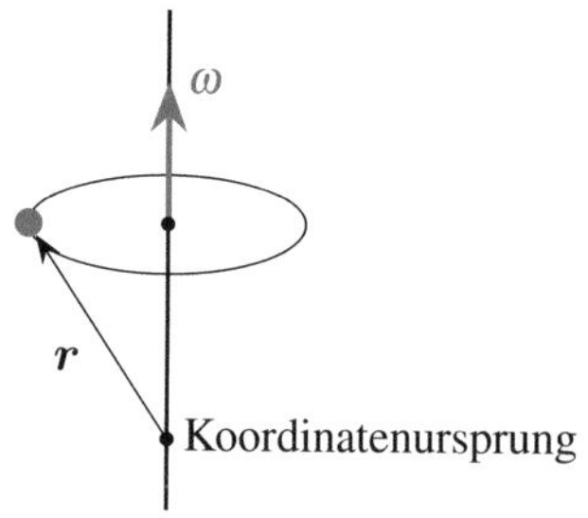


Abb. 3.18: Ein Massenpunkt bewegt sich auf einer Kreisbahn. Wir wählen den Koordinatenursprung so, dass er auf der Rotationsachse liegt.

### 3.3.5 Trägheitstensor

Wir haben in Gleichung (3.84) ($\boldsymbol{L} = J\boldsymbol{\omega}$) das Trägheitsmoment genutzt, um eine Verbindung zwischen dem Vektor $\omega$ und dem Drehimpuls $\boldsymbol{L}$ herzustellen. Allerdings wissen wir auch, dass der Drehimpuls allgemein durch die Gleichung

$$\boldsymbol{L} = m\boldsymbol{r} \times \boldsymbol{v} \tag{3.85}$$

gegeben ist (siehe Gleichung (3.76)). Hier ist $\boldsymbol{r}$ der Ortsvektor, der vom Koordinatenursprung zum Teilchen zeigt. Der Drehimpuls hängt damit offensichtlich von der Wahl des Ursprungs ab.

Bislang haben wir für die Berechnung von Drehimpulsen bei Kreisbewegungen von Massenpunkten den Kreismittelpunkt als Ausgangspunkt gewählt (so haben wir auch Gleichung (3.84) erhalten). Wenn wir aber beispielsweise Massen betrachten, die sich gar nicht auf Kreisbahnen bewegen, können wie den Koordinatenursprung nicht so wählen. Trotzdem ist der Drehimpuls entsprechend Gleichung (3.85) definiert. Dann verändern sich aber unsere Berechnungen.

Wenn ein beliebiger Koordinatenursprung gewählt wird, dann hat das die Folge, dass der Drehimpulsvektor $\boldsymbol{L}$ nicht parallel zum Vektor $\boldsymbol{\omega}$ ist. Wir haben eine solche Situation in Abbildung 3.17 skizziert. Während sich das Teilchen auf der Kreisbahn bewegt, verändert sich sein Drehimpuls bezüglich des Ursprungs stetig, wobei die Winkelgeschwindigkeit $\boldsymbol{\omega}$ gleich bleibt.

Wir möchten uns hier auf den speziellen Fall konzentrieren, in dem der Koordinatenursprung nicht im Kreismittelpunkt, aber auf der Rotationsachse liegt. Diese Betrachtungsweise werden wir später bei der Beschreibung von Rotationsbewegungen ausgedehnter Körper benötigen (siehe Abschnitt 6.2). Eine solche Situation ist in Abbildung 3.18 gezeigt.

**►Tipp:**
Wir können einen Körper als Summe vieler Massenpunkte betrachten. Wenn ein Körper rotiert, dann bewegen sich all diese Massenpunkt auf eigenen Kreisbahnen um die gleiche Rotationsachse. Wollen wir nun eine solche Bewegung beschreiben, so wählen wir am besten den Koordinatenursprung auf dieser Rotationsachse. Dabei beschreiben wir dann aber auch Massenpunkte, deren Kreisebene ober- oder unterhalb des Ursprungs liegt, wie in Abbildung 3.18 gezeigt.

Wie auch bei der in Abbildung 3.17 skizzierten Situation, zeigt dabei der Drehimpulsvektor eines einzelnen Massenpunktes nicht in Richtung der Rotationsachse.

Unser Ziel ist es zunächst, den Vektor $\boldsymbol{L}$ für die in Abbildung 3.18 skizzierte Situation in Abhängigkeit von $\boldsymbol{\omega}$ und $\boldsymbol{r}$ auszudrücken.

Zuerst schreiben wir den Geschwindigkeitsvektor um:

$$\boldsymbol{v} = \boldsymbol{\omega} \times \boldsymbol{r}. \tag{3.86}$$

**►Tipp:**
Wir beweisen den Zusammenhang $\boldsymbol{v} = \boldsymbol{\omega} \times \boldsymbol{r}$ an dieser Stelle nicht. Die Idee ist hier, dass das Kreuzprodukt den Anteil von $\boldsymbol{r}$ herausfiltert, der orthogonal auf $\omega$ steht. Motivierte Leser seien ermutigt, sich (mithilfe der Drei-Finger-Regel) bewusst zu machen, dass für unsere Wahl des Ursprungs auf der Rotationsachse tatsächlich $\boldsymbol{v} = \boldsymbol{\omega} \times \boldsymbol{r}$ ist sowie dass dieser Zusammenhang in Einklang mit der Identität $v = R \cdot \omega$ ist, die wir in Aufgabe 11 gefunden haben.

Durch diesen Ausdruck für die Geschwindigkeit erhalten wir

$$\boldsymbol{L} = m\boldsymbol{r} \times \boldsymbol{v} = m\boldsymbol{r} \times (\boldsymbol{\omega} \times \boldsymbol{r}). \tag{3.87}$$

Mithilfe der Identität

$$\boldsymbol{a} \times (\boldsymbol{b} \times \boldsymbol{c}) = \boldsymbol{b}(\boldsymbol{a} \cdot \boldsymbol{c}) - \boldsymbol{c}(\boldsymbol{a} \cdot \boldsymbol{b}) \tag{3.88}$$

schreiben wir diesen Term nun zu

$$\boldsymbol{L} = m\left[\boldsymbol{r}^2 \boldsymbol{\omega} - \boldsymbol{r}(\boldsymbol{r} \cdot \boldsymbol{\omega})\right] \tag{3.89}$$

um. Der erste Term zeigt in die Richtung von $\boldsymbol{\omega}$ und ist damit parallel zur Rotationsachse. Der zweite Term ist dagegen parallel zu $\boldsymbol{r}$ und nicht zur Rotationsachse des Massenpunktes. Hätten wir den Koordinatenursprung in der Ebene der Kreisbahn gewählt, dann wäre $\boldsymbol{r} \cdot \boldsymbol{\omega} = 0$ und nur der vordere Term des Drehimpulses bliebe übrig.

Es ist nun klar, dass der Zusammenhang

$$\boldsymbol{L} = J\boldsymbol{\omega} \tag{3.90}$$

hier nicht mehr gelten kann, da der Drehimpuls $\boldsymbol{L}$ und die Winkelgeschwindigkeit $\boldsymbol{\omega}$ nicht in die gleiche Richtung zeigen. Hier kommt nun der Trägheitstensor $\boldsymbol{J}$ ins Spiel. Dabei handelt es sich um eine $3 \times 3$-Matrix, deren Komponenten

$$\boldsymbol{J} = \begin{pmatrix} J_{xx} & J_{xy} & J_{xz} \\ J_{yx} & J_{yy} & J_{yz} \\ J_{zx} & J_{zy} & J_{zz} \end{pmatrix} \tag{3.91}$$

so gewählt sind, dass sie die Gleichung

$$\boldsymbol{L} = \boldsymbol{J}\boldsymbol{\omega} \tag{3.92}$$

erfüllen. Wir verstehen den Trägheitstensor als Erweiterung und Verallgemeinerung des skalaren Trägheitsmoments.

**►Tipp:**

Wir benötigen an dieser Stelle zum ersten Mal Matrizen. Zum Verständnis dieses Abschnittes sollten sie verstehen, was Matrizen sind und wie sie mit Vektoren multipliziert werden. Alle nötigen Infos finden sie dazu in Unterabschnitt 1.1.5.

3

## Theorieaufgabe 15: Trägheitstensor ••

Zeigen Sie, dass die Komponenten des Trägheitstensors folgendermaßen berechnet werden müssen:

$$J_{xx} = m\left(y^2 + z^2\right) \tag{3.93a}$$
$$J_{yy} = m\left(x^2 + z^2\right) \tag{3.93b}$$
$$J_{zz} = m\left(x^2 + y^2\right) \tag{3.93c}$$
$$J_{xy} = J_{yx} = -mxy \tag{3.93d}$$
$$J_{xz} = J_{zx} = -mxz \tag{3.93e}$$
$$J_{yz} = J_{zy} = -myz. \tag{3.93f}$$

Dabei sind $x$, $y$ und $z$ die Komponenten des Ortsvektors $\boldsymbol{r}$.

3

Damit haben wir nun den Trägheitstensor zu

$$\boldsymbol{J} = m \begin{pmatrix} (y^2+z^2) & -xy & -xz \\ -xy & (x^2+z^2) & -yz \\ -xz & -yz & (x^2+y^2) \end{pmatrix} \quad (3.94)$$

bestimmt. Die Komponenten abseits der Diagonalen der Matrix sind dafür verantwortlich, dass $\boldsymbol{\omega}$ und $\boldsymbol{L}$ nicht in die gleiche Richtung zeigen.

**Trägheitstensor**

Wir betrachten ein Teilchen mit Masse $m$ auf einer Kreisbahn mit Winkelgeschwindigkeit $\boldsymbol{\omega}$. Wir wählen den Koordinatenursprung auf der Rotationsachse. Der Vektor $\boldsymbol{r}$ mit den Komponenten $x$, $y$ und $z$ gebe den Ort des Teilchens an.

Der Drehimpuls $\boldsymbol{L} = m\boldsymbol{r} \times \boldsymbol{v}$ des Teilchens bezüglich des Koordinatenursprungs kann dann mithilfe des *Trägheitstensors*

$$\boldsymbol{J} = m \begin{pmatrix} (y^2+z^2) & -xy & -xz \\ -xy & (x^2+z^2) & -yz \\ -xz & -yz & (x^2+y^2) \end{pmatrix} \quad (3.95)$$

berechnet werden. Dann ist $\boldsymbol{L} = \boldsymbol{J}\boldsymbol{\omega}$.

Wir haben den Trägheitstensor hauptsächlich eingeführt, weil wir an späterer Stelle darauf zurückkommen werden (siehe Abschnitt 6.2). Wenngleich diese Matrix im Moment sehr abstrakt erscheinen mag, werden wir sie dann vertiefen und besser verstehen können.

| Translation | Rotation |
|---|---|
| Ort $x$ | Winkel $\varphi$ |
| Geschwindigkeit $v = \dot{x}$ | Winkelgeschw. $\omega = \dot{\varphi}$ |
| Beschleunigung $a = \dot{v}$ | Winkelbeschl. $\alpha = \dot{\omega}$ |
| Masse $m$ | Trägheitsmoment $J$ |
| Impuls $p = mv$ | Drehimpuls $\boldsymbol{L} = m\boldsymbol{r} \times \boldsymbol{v}$, $\boldsymbol{L} = J\boldsymbol{\omega}$ |
| Kraft $F = ma$ | Drehmoment $\boldsymbol{M} = \boldsymbol{r} \times \boldsymbol{F}$, $\boldsymbol{M} = J\dot{\boldsymbol{\omega}} = J\boldsymbol{\alpha}$ |

Tab. 3.1: Gegenüberstellung der wichtigsten Größen zur Beschreibung von Translations- und Rotationsbewegungen.

### 3.3.6 Vergleich von Translation und Rotation

Wir haben nun verschiedene Größen eingeführt, mit denen sich Kreisbewegungen von Massenpunkten besonders gut beschreiben lassen. Natürlich können wir beispielsweise auch eine Rotationsbewegung in kartesischen Koordinaten beschreiben, das ist aber meist umständlicher. Deshalb benutzen wir für Drehbewegungen andere Größen als für Translationsbewegungen (geradlinige Bewegungen). Um hierbei den Überblick zu behalten, stellen wir in Tabelle 3.1 die Größen zur effizienten Beschreibung von Translationsbewegungen den Größen gegenüber, mit denen wir üblicherweise Rotationsbewegungen beschreiben.

## 3.4 Mechanik in bewegten Bezugssystemen – Scheinkräfte

Wir haben uns nun ausführlich mit Kräften beschäftigt. Dabei haben uns die Newton'schen Axiome die Bedeutung von Inertialsystemen gezeigt und auf diese haben wir unsere bisherigen Betrachtungen beschränkt. Jetzt wollen wir die Mechanik von Massenpunkten behandeln, welche sich in Bezugssystemen befinden, die keine Inertialsysteme sind. Dabei stoßen wir auf sogenannte Scheinkräfte. Es handelt sich dabei um Kräfte, deren Ursprung nicht in einer physikalischen Wechselwirkung, sondern im Bezugssystem selbst liegt.

**Inertialsystem**

*Inertialsysteme* sind Systeme, in denen keine *Scheinkräfte* auftreten.

Die allgemeine mathematische Herleitung der Scheinkräfte ist jedoch recht kompliziert und übersteigt an dieser Stelle unsere Fähigkeiten. Deshalb wollen wir ein intuitives Bild der verschiedenen Scheinkräfte vermitteln. Auch so können wir ihren Ursprung verstehen. Interessierte Leser, die auch die komplette mathematische Herleitung der Scheinkräfte durchblicken möchten, seien auf Literatur zur theoretischen klassischen Mechanik verwiesen.

### 3.4.1 Trägheitskraft

Die Trägheitskraft ist eine Scheinkraft, die in geradlinig beschleunigten oder abgebremsten Bezugssystemen auftritt.

#### Phänomenologische Betrachtung

Das folgende Beispiel haben wir bereits im Rahmen des ersten Newton'schen Axioms in Unterabschnitt 3.2.1 verwendet.

Alice sitzt in einem Zug, der beschleunigt. Wenn sie einen Ball auf den Boden legt, beobachtet sie, dass dieser im Zug nach hinten beschleunigt wird. Während Alice selbst in Ruhe ist, scheint also auf den Ball eine Kraft zu wirken. Alice selbst meint aber auch, eine Kraft zu spüren, die sie in den Sitz drückt.

Um dieses System zu verstehen, müssen wir den Blickwinkel ändern. Bob steht am Bahnsteig und beobachtet, wie Alice beschleunigt wird. Der Ball jedoch bleibt vom Bahnsteig aus gesehen fast in Ruhe, während sich der Zug nach vorne bewegt. Damit wird klar, dass auf den Ball nur in Alice's Bezugssystem eine Kraft nach hinten zu wirken scheint und das nur, weil ihr Bezugssystem beschleunigt ist. Wir nennen die Kraft, die den Ball nach hinten bewegt, die *Trägheitskraft*. Sie tritt nur in beschleunigten Bezugssystemen auf und nicht in Inertialsystemen. Darum nennen wir sie eine *Scheinkraft*.

Die Kraft, mit der Alice in den Sitz gedrückt wird, ist genau genommen die Kraft, mit der der Sitz gegen Alice drückt und sie nach vorne beschleunigt (actio = reactio).

#### Mathematischer Hintergrund

Eine Gleichung für die Trägheitskraft zu finden ist sehr einfach. Anstelle eines Balls, der rollt, betrachten wir einen Körper, der reibungsfrei im Zug gleitet. So umgehen wir die komplizierte Beschreibung der Rollbewegung. Wenn der Zug also am Bahnsteig beschleunigt, bleibt der Körper stationär im Bahnsteigsystem und bewegt sich im Zugsystem nach hinten. Er bewegt sich allerdings im Zugsystem mit genau der Beschleunigung nach hinten, mit der der Zug nach vorne beschleunigt. Damit kennen wir die Trägheitsbeschleunigung

$$\boldsymbol{a}_{\mathrm{T}} = -\boldsymbol{a}_{\mathrm{S}}, \qquad (3.96)$$

welche einfach die umgekehrte Beschleunigung des Bezugssystems $\boldsymbol{a}_{\mathrm{S}}$ ist. Die Trägheitskraft ist dann diese Beschleunigung multipliziert mit der beschleunigten Masse $m$:

$$\boldsymbol{F}_{\mathrm{T}} = -m\boldsymbol{a}_{\mathrm{S}}. \qquad (3.97)$$

**►Tipp:**

Beachten Sie, dass es hier völlig irrelevant ist, ob das Bezugssystem beschleunigt oder abgebremst wird. Auch die Geschwindigkeit des Bezugssystems spielt keine Rolle. Wichtig ist nur die Beschleunigung des Systems, also der Anteil seiner Bewegung, durch den es sich von einem Inertialsystem unterscheidet.

### 3.4.2 Zentrifugalkraft

Die Zentrifugalkraft tritt in Bezugssystemen auf, die sich drehen.

#### Phänomenologische Betrachtung

Das folgende Beispiel ist in Abbildung 3.19 skizziert. Alice sitzt in einem fahrenden Karussell. Dabei spürt sie, wie sie nach außen gedrückt wird. Legt sie im Karussell einen Ball auf den Boden, so beobachtet sie, wie sich dieser Ball immer weiter von der Drehachse weg nach außen bewegt. Es scheint so, als wirke auf den Ball eine Kraft nach außen, während Alice selbst bezüglich ihres rotierenden Bezugssystems in Ruhe ist.

Bob steht neben dem Karussell. Er sieht, dass Alice sich im Kreis bewegt. Die Kraft, mit der Alice glaubt, nach außen gedrückt zu werden, ist die Kraft, mit der ihr Sitz sie nach innen drückt. Diese Kraft ist die Zentripetalkraft, die sie auf ihrer Kreisbahn hält (actio = reactio). Nachdem Alice den Ball loslässt, beobachtet Bob, dass sich dieser geradlinig weiterbewegt.

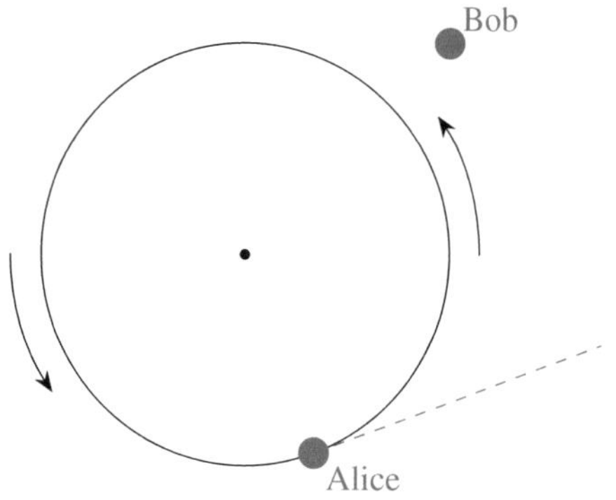


Abb. 3.19: Alice lässt in einem Karussell einen Ball rollen und beobachtet, wie sich dieser nach außen von ihrer Kreisbahn wegbewegt. Von außen betrachtet wird Bob klar, dass sich der Ball tatsächlich geradlinig (entlang der gestrichelten Linie) bewegt.

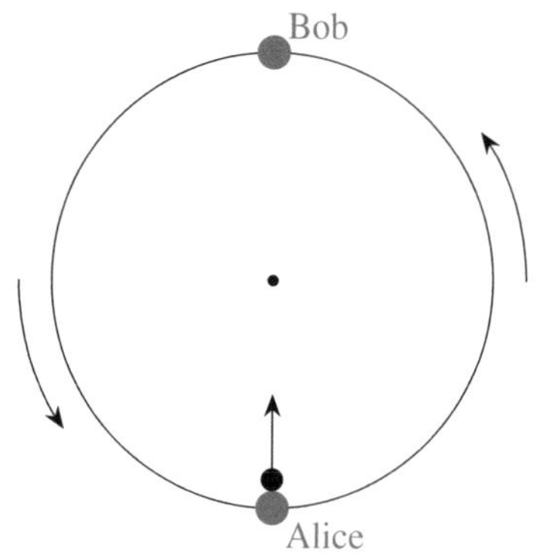


Abb. 3.20: Alice und Bob stehen sich auf einem Karussell gegenüber und Alice versucht einen Ball zu Bob zu werfen. Dabei beobachten beide, wie dieser auf seiner Bahn abgelenkt wird. Von außen betrachtet ist jedoch klar, dass der Ball geradlinig fliegt, aber Alice und Bob sich im Kreis bewegen.

Auf den Ball wirkt keine Zentripetalkraft mehr und er ist unbeschleunigt. Alice sieht die Beschleunigung des Balls nur, weil sie sich selbst in einem rotierenden Bezugssystem befindet. Die Kraft auf den Ball, die Alice in ihrem System beobachtet, ist die Zentrifugalkraft.

### Mathematischer Hintergrund

Auch für die Zentrifugalkraft lässt sich eine Gleichung finden. Damit der Ball im Bezugssystem von Alice in Ruhe wäre, müsste auf ihn die Zentripetalkraft

$$\boldsymbol{F}_{\mathrm{Zp}} = m\boldsymbol{\omega} \times (\boldsymbol{\omega} \times \boldsymbol{r}) \tag{3.98}$$

wirken. Dabei ist $\boldsymbol{\omega}$ die Kreisfrequenz des Karussells, also die Kreisfrequenz, mit der sich Alice's Bezugssystem verglichen mit einem Inertialsystem dreht. $\boldsymbol{r}$ ist der Abstandsvektor von der Drehachse des Systems. Würde diese Zentripetalkraft auf den Ball wirken, dann hätte also Alice den Eindruck, dass keine Kraft auf ihn wirkt (weil sie selbst auch unter dem Einfluss der Zentripetalkraft steht). Allerdings sieht Bob, der sich in einem Inertialsystem befindet, dass tatsächlich keine Kraft auf den Ball wirkt, es ist also die Gesamtkraft

$$\boldsymbol{F} = \boldsymbol{0} = \boldsymbol{F}_{\mathrm{Zp}} + \boldsymbol{F}_{\mathrm{Zf}}. \tag{3.99}$$

Diese Herangehensweise ist ungewohnt, aber solange hier $\boldsymbol{F}_{\mathrm{Zf}} = -\boldsymbol{F}_{\mathrm{Zp}}$ ist, haben wir keinen Fehler gemacht. Da aber Alice selber von der Zentripetalkraft beschleunigt wird, sieht sie am Ball nur die Kraft

$$\boldsymbol{F}_{\mathrm{Zf}} = -m\boldsymbol{\omega} \times (\boldsymbol{\omega} \times \boldsymbol{r}), \tag{3.100}$$

welche wir *Zentrifugalkraft* nennen. Im rotierenden Bezugssystem bewegen sich Körper genau dann nicht, wenn auf sie die Zentripetalkraft wirkt. Die Zentrifugalkraft tritt dann auf, wenn Körper eigentlich kräftefrei sind, und gleicht gewissermaßen die fehlende Zentripetalkraft aus.

## 3.4.3 Corioliskraft

Die Corioliskraft tritt in rotierenden Bezugssystemen auf. Sie ist uns im Alltag weniger bekannt als die Trägheits- und die Zentrifugalkraft, weil sie meist deutlich schwächer ist. Sie ist beispielsweise dafür verantwortlich, dass sich Hoch- und Tiefdruckgebiete auf der Nordhalbkugel andersherum drehen als auf der Südhalbkugel. Bereits im 17. Jahrhundert war bekannt, dass Kanonen (auf der Nordhalbkugel) rechts am Ziel vorbeischießen.

> Die Corioliskraft ist übrigens *nicht* für die Drehrichtung des ablaufenden Wassers im Spülbecken verantwortlich. Die hierbei auftretende Corioliskraft ist schlichtweg vernachlässigbar klein gegenüber allen anderen Effekten, die die Drehrichtung beeinflussen können.

### Phänomenologische Betrachtung

Nun stehen sich Alice und Bob auf dem Karussell (welches sich gegen den Uhrzeigersinn dreht) gegenüber, wie in Abbildung 3.20 gezeigt ist. In ihrem gemeinsamen Bezugssystem sind sie also beide in Ruhe. Alice wirft Bob einen Ball zu. Dabei beobachtet sie jedoch, dass der Ball anscheinend eine Rechtskurve macht und Bob verfehlt.

Von außen betrachtet ist die Situation völlig klar. Wenn Alice den Ball genau in Bobs Richtung wirft, hat er schon zu Beginn eine *ungewollte* Geschwindigkeitskomponente in Alice's Bewegungsrichtung. Schließlich bewegt sich auch Alice. Nehmen wir also an, dass Alice den Ball so wirft, dass er sich beim Verlassen ihrer Hand genau auf Bob zubewegt. Während der Ball fliegt, entfernt sich Bob jedoch von seiner ursprünglichen Position, da er sich auf einer Kreisbahn befindet.

Der Ball bewegt sich von außen betrachtet geradlinig, aber Alice und Bob befinden sich auf einer Kreisbahn gegen den Uhrzeigersinn. In ihrem Bezugssystem sind sie beide in Ruhe, dafür bewegt sich der Ball auf einer Kurve im Uhrzeigersinn. Es scheint also auch hier eine Kraft auf den Ball einzuwirken, die nur im rotierenden Bezugssystem auftreten kann. Wir nennen sie die *Corioliskraft*. Würden Alice und Bob auf dem Karussell umhergehen, würden auch sie diesen Effekt spüren.

### Mathematischer Hintergrund

Die Herleitung der Corioliskraft ist etwas schwieriger als die der Zentrifugalkraft. Aus diesem Grund verzichten wir an dieser Stelle darauf und verweisen auf weiterführende Literatur. Die Corioliskraft ist

$$\boldsymbol{F}_{\mathrm{C}} = -2m(\boldsymbol{\omega} \times \boldsymbol{v}) \qquad (3.101)$$

mit der Kreisfrequenz des rotierenden Bezugssystems $\boldsymbol{\omega}$. $\boldsymbol{v}$ ist die Geschwindigkeit des betrachteten Körpers bezüglich dieses Bezugssystems.

Die Corioliskraft hängt also von der Geschwindigkeit des jeweiligen Körpers ab. Hier können wir für das Kreuzprodukt wieder die Rechte-Hand-Regel anwenden. Machen Sie sich klar, dass die Corioliskraft auf der Nordhalbkugel der Erde immer nach rechts bezüglich der Bewegungsrichtung und auf der Südhalbkugel nach links wirkt. Dafür betrachten Sie am besten den Nordpol und den Südpol als Kreisel, die sich mit entgegengesetzter Richtung drehen.

### Theorieaufgabe 16: Horizontale Corioliskraft auf der Erde ●●●

Da die Erde kein flaches Karussell, sondern eine Kugel ist, hat die Corioliskraft hier eine horizontale und eine vertikale Komponente. Relevant ist allerdings in den meisten Fällen nur der horizontale Anteil. Betrachten sie eine horizontale Bewegung und berechnen sie die horizontale Komponente der Corioliskraft in Abhängigkeit vom Breitengrad. (Hinweis: Kugelkoordinaten können helfen, dieses System zu beschreiben.)

3

## 3.4.4 Zusammenfassung

Scheinkräfte sind Kräfte, die keinen physikalischen Ursprung haben, sondern nur in beschleunigten Bezugssystemen auftreten. Wir können dabei zwischen drei verschiedenen Kräften unterscheiden.

**Scheinkraft**

*Scheinkräfte* sind Kräfte, die nur in Bezugssystemen auftreten, die keine Inertialsysteme sind.

- Die *Trägheitskraft* tritt in beschleunigten Bezugssystemen auf. Hat das Bezugssystem verglichen mit einem Inertialsystem die Beschleunigung $\boldsymbol{a}_\text{S}$, so beträgt die auftretende Trägheitskraft

$$\boldsymbol{F}_\text{T} = -m\boldsymbol{a}_\text{S}. \tag{3.102}$$

- Die *Zentrifugalkraft* tritt in rotierenden Bezugssystemen auf. Dreht sich ein Bezugssystem mit Kreisfrequenz $\boldsymbol{\omega}$ um seinen Koordinatenursprung, so beträgt die Zentrifugalkraft

$$\boldsymbol{F}_\text{Zf} = -m\boldsymbol{\omega} \times (\boldsymbol{\omega} \times \boldsymbol{r}). \tag{3.103}$$

- Auch die *Corioliskraft* tritt in rotierenden Bezugssystemen auf. Dreht sich ein Bezugssystem mit Kreisfrequenz $\boldsymbol{\omega}$ um seinen Koordinatenursprung, so beträgt die Corioliskraft

$$\boldsymbol{F}_\text{C} = -2m(\boldsymbol{\omega} \times \boldsymbol{v}). \tag{3.104}$$

Sie hängt von der Geschwindigkeit $\boldsymbol{v}$ des beobachteten Körpers in diesem Bezugssystem ab.

Die horizontale Komponente der Corioliskraft ergibt sich auf der Erde für horizontale Bewegungen in Abhängigkeit vom Breitengrad $B$ durch

$$F_\text{C, hor} = 2mv\omega \sin(B). \tag{3.105}$$

Dabei ist für die Erde $\omega = \frac{2\pi}{24\,\text{h}}$.

## 3.5 Energie und Arbeit

Nachdem wir die Bewegungen von Massenpunkten unter Einfluss von Kräften verstanden haben, wenden wir uns den Begriffen Energie und Arbeit zu. Andere Lehrbücher tun dies schon deutlich früher, allerdings besteht erst an dieser Stelle die Notwendigkeit dazu.

Wir werden den Begriffen Energie und Arbeit im Folgenden physikalische Größen zuordnen, zunächst ohne dafür eine Begründung zu geben. Erst danach wird klar werden, dass unsere Definitionen auch sinnvoll sind und uns helfen können, die Realität zu verstehen.

### 3.5.1 Was ist Energie und was ist Arbeit?

Wir betrachten einen Massenpunkt, auf den eine Kraft $\boldsymbol{F}$ wirkt. Der Massenpunkt wird dadurch beschleunigt, abgebremst oder ändert seine Bewegungsrichtung. Allerdings wissen wir aus dem Alltag, dass das Ausüben von Kraft einen Preis hat. Wenn wir beispielsweise eine gespannte Feder nutzen, um einen Massenpunkt zu beschleunigen, dann ist die Feder anschließend entspannt und kann keinen weiteren Massenpunkt mehr beschleunigen. Wir sagen deshalb, dass die Feder am Massenpunkt eine *Arbeit W* geleistet hat. Die Fähigkeit, Arbeit zu leisten, nennen wir *Energie E*. Damit ist die Energie eine gedachte Größe, die wir Körpern zuordnen. Zu Beginn ist die gespannte Feder in der Lage, Arbeit zu leisten, also steckt in ihr eine bestimmte Energie. Nachdem die Feder entspannt ist, fehlt ihr diese Fähigkeit. Die Energie steckt jetzt im Massenpunkt, der von der Feder beschleunigt wurde. Mit seiner Geschwindigkeit kann er nun theoretisch auf die Feder fliegen und diese wieder in den gespannten Zustand bringen. Dabei leistet dann der Massenpunkt eine Arbeit an der Feder und die Energie wird wieder zurückübertragen. Wir können an dieser Stelle schon rein qualitativ erahnen, dass die Energie eine Größe ist, die zwischen Körpern übertragen werden kann, aber niemals vernichtet wird. Wir werden darauf an späterer Stelle eingehen (siehe Unterabschnitt 3.5.6).

Dass eine Kraft auf einen Massenpunkt wirkt, bedeutet nicht automatisch, dass Arbeit geleistet wird. Die tatsächliche Arbeit wird erst dann geleistet, wenn der Massenpunkt durch die Kraft auch bewegt wird. Wir definieren deshalb

$$dW = \boldsymbol{F} \cdot d\boldsymbol{s}. \tag{3.106}$$

Dabei ist $d\boldsymbol{s}$ ein kleines Wegelement, das der Massenpunkt zurücklegt, und $\boldsymbol{F}$ die (auf kurzen Strecken annähernd konstante) Kraft, die dabei auf ihn wirkt. Es ergeben sich drei Möglichkeiten:

1. Es ist $dW > 0$, wenn die Kraft $\boldsymbol{F}$ einen Anteil hat, der parallel zur Bewegungsrichtung des Teilchens ist. Diese Richtung wird durch den Abschnitt der Bahnkurve $d\boldsymbol{s}$ angegeben. Die Arbeit hat also einen positiven Wert, wenn der Massenpunkt beschleunigt wird. Wir sagen, dass Arbeit am Teilchen geleistet wird. Dabei nimmt dann seine Energie genau um den Wert $dW$ zu.

2. Wenn die Kraft $\boldsymbol{F}$ orthogonal auf der Trajektorie und damit auf $d\boldsymbol{s}$ steht, dann ist das Skalarprodukt $\boldsymbol{F} \cdot d\boldsymbol{s} = 0$ und damit $dW = 0$. In diesem Fall ändert die wirkende Kraft die Bewegungsrichtung des Teilchens, aber nicht den Betrag seiner Geschwindigkeit. Wir kennen diese Situation beispielsweise von gleichförmigen Kreisbewegungen, bei denen nur die Zentripetalkraft wirkt.

3. Hat die Kraft $\boldsymbol{F}$ einen Anteil, der antiparallel zum Wegelement $d\boldsymbol{s}$ ist, so wird $dW < 0$ und der Massenpunkt verliert Energie. In diesem Fall wird er abgebremst. Wir sagen dann, dass der Massenpunkt Arbeit leistet.

Die gesamte Arbeit, die entlang eines Weges (vom Punkt $A$ zum Punkt $B$) an einem Massenpunkt geleistet wird, erhalten wir über die Integration von Gleichung (3.106):

$$W = \int_A^B \boldsymbol{F}(\boldsymbol{s}) \cdot d\boldsymbol{s}. \tag{3.107}$$

Im Allgemeinen ist dabei die Kraft nicht konstant, sondern ändert sich mit dem Ort $\boldsymbol{s}$, an dem sich der Massenpunkt befindet. Der in Abbildung 3.21 gezeigt Pfad ist nur einer von vielen Pfaden, die die Punkte $A$ und $B$ verbinden. Je nach Wahl des Pfades ändert sich auch die Arbeit.

**►Tipp:**

Die Arbeit kann durch ein Kurvenintegral berechnet werden. In einigen Fällen lohnt es sich jedoch, bestimmte Eigenschaften des betrachteten Systems auszunutzen, um dieses Kurvenintegral drastisch zu vereinfachen. Beispielsweise ist die Kraft bei geradlinigen Bewegungen parallel zur Trajektorie und aus dem dreidimensionalen Integral wird ein eindimensionales Integral.

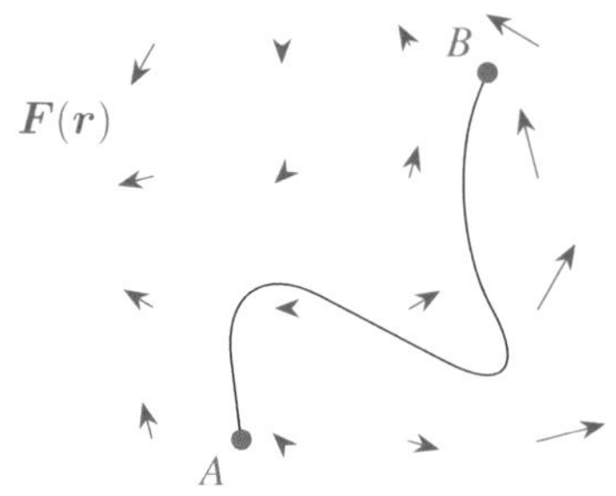


Abb. 3.21: Ein Teilchen bewegt sich entlang eines Pfads vom Punkt $A$ zum Punkt $B$ durch das Vektorfeld $\boldsymbol{F}(\boldsymbol{r})$. Die dabei geleistete Arbeit wird nach Gleichung (3.107) berechnet.

Es sei hier erwähnt, dass Arbeit auch durch die Übertragung von Wärme geleistet werden kann. Das gehört jedoch ins Gebiet der Thermodynamik und ist für uns an dieser Stelle weitestgehend irrelevant.

Wir haben jetzt gelernt, dass Energie durch Arbeit von einem Körper auf einen anderen Körper übertragen wird. Das bedeutet, dass die Energie eines Körpers zunehmen oder abnehmen kann. Es ergibt jedoch keinen Sinn, der Energie einen absoluten Wert zuzuordnen. Physikalisch sind nur Energiedifferenzen wichtig. Wenn Systemen bestimmte Energiewerte zugeordnet werden, dann liegt dahinter immer eine bestimmte Konvention, aber keine physikalische Notwendigkeit.

Energie und Arbeit haben die Dimension einer Kraft, die mit einer Länge multipliziert wird. Die Standardeinheit ist das Joule:

$$1\,\mathrm{J} = 1\,\mathrm{N} \cdot \mathrm{m} = 1\,\frac{\mathrm{kg} \cdot \mathrm{m}^2}{\mathrm{s}^2}. \tag{3.108}$$

**Energie und Arbeit**

Wenn eine Kraft $\boldsymbol{F}$ entlang eines kurzen Weges $d\boldsymbol{s}$ auf einen Massenpunkt wirkt, dann wird dabei die *Arbeit* $dW = \boldsymbol{F} \cdot d\boldsymbol{s}$ geleistet. Über einen langen Weg mit ortsabhängiger Kraft gilt

$$W = \int_A^B \boldsymbol{F}(\boldsymbol{s}) \cdot d\boldsymbol{s}. \tag{3.109}$$

*Energie* ist die Fähigkeit, Arbeit zu leisten. Wenn am Massenpunkt Arbeit geleistet wird, verändert sich seine Energie.

Die Energie hat die Dimension einer Kraft multipliziert mit einer Länge. Wir verwenden häufig die Einheit *Joule*:

$$1\,\mathrm{J} = 1\,\mathrm{N} \cdot \mathrm{m}. \tag{3.110}$$

### Leistung

Der Vollständigkeit halber führen wir noch die Leistung

$$P = \frac{\mathrm{d}W}{\mathrm{d}t} \tag{3.111}$$

ein. Sie gibt an, wie viel Arbeit pro Zeit geleistet wird, und hat die Einheit Watt ($1\,\mathrm{W} = 1\,\mathrm{J/s} = 1\,\mathrm{kg{\cdot}m^2/s^3}$).

Es ist anschaulich, dass die Leistung eines elektrischen Geräts angibt, wie schnell Energie verbraucht wird. Damit kann beispielsweise abgeschätzt werden, wie lange es dauert, bis ein Akku entladen ist. Außer in der Elektrotechnik ist die Leistung auch in der Thermodynamik eine wichtige Größe, mit der zum Beispiel Wärmekraftmaschinen charakterisiert werden können.

Für Bewegungen von Massenpunkten benutzen wir die Leistung üblicherweise nicht, da sie hier nur selten hilfreich ist. Jedoch können wir sie folgendermaßen berechnen:

$$\begin{aligned} P &= \frac{\mathrm{d}}{\mathrm{d}t} W && (3.112a)\\ &= \frac{\mathrm{d}}{\mathrm{d}t} \int \boldsymbol{F}(\boldsymbol{s}(t'),t') \cdot \mathrm{d}\boldsymbol{s} && (3.112b)\\ &= \frac{\mathrm{d}}{\mathrm{d}t} \int \boldsymbol{F}(\boldsymbol{s}(t'),t') \cdot \left(\frac{\mathrm{d}}{\mathrm{d}t'}\boldsymbol{s}(t')\right) \mathrm{d}t' && (3.112c)\\ &= \boldsymbol{F}(\boldsymbol{s}(t),t) \cdot \dot{\boldsymbol{s}}(t) = \boldsymbol{F} \cdot \boldsymbol{v}. && (3.112d) \end{aligned}$$

**Leistung**

Die *Leistung*

$$P = \frac{\mathrm{d}W}{\mathrm{d}t} \tag{3.113}$$

gibt die Arbeit an, die pro Zeiteinheit geleistet wird. In mechanischen Systemen kann sie durch

$$P = \boldsymbol{F} \cdot \boldsymbol{v} \tag{3.114}$$

berechnet werden.

Die Leistung hat die Dimension einer Energie dividiert durch eine Zeit. Üblicherweise wird dafür die Einheit *Watt* verwendet:

$$1\,\mathrm{W} = 1\,\frac{\mathrm{J}}{\mathrm{s}}. \tag{3.115}$$

## 3.5.2 Potentiale und konservative Kraftfelder

Auf einen Massenpunkt wirkt an jedem Ort im Raum $\boldsymbol{r}$ eine Kraft $\boldsymbol{F}(\boldsymbol{r})$. Damit haben wir die Kraft als dreidimensionales Vektorfeld definiert und sprechen von einem *Kraftfeld*. Jetzt bewegt sich unser Teilchen in diesem Kraftfeld entlang einer bestimmten Kurve, die wir $\mathscr{C}$ nennen. Die dabei geleistete Arbeit ist

$$W = \int_{\mathscr{C}} \boldsymbol{F}(\boldsymbol{s}) \cdot \mathrm{d}\boldsymbol{s}. \tag{3.116}$$

Diese Betrachtung haben wir bereits bei der Definition der Arbeit gemacht. Nun betrachten wir aber einen Spezialfall. Was passiert, wenn der Massenpunkt entlang eines Pfades bewegt wird, dessen Anfangspunkt auch der Endpunkt ist? Dann wird aus dem Arbeitsintegral ein geschlossenes Linienintegral

$$W = \oint_{\mathscr{C}} \boldsymbol{F}(\boldsymbol{s}) \cdot \mathrm{d}\boldsymbol{s}. \tag{3.117}$$

Hier befindet sich das Teilchen zwar am Ende des Pfades am gleichen Ort wie zu Beginn, aber es hat die Energie $W$ dazubekommen und ist daher jetzt in der Lage, diese Arbeit zu leisten.

Nicht ohne Grund widerspricht das jeder physikalischen Intuition. Deshalb definieren wir eine bestimmte Klasse von Kraftfeldern, die wir *konservative Kraftfelder* nennen. Wenn ein Kraftfeld konservativ ist, dann ist das geschlossene Linienintegral für jeden beliebigen Pfad $\mathscr{C}$

$$W = \oint_{\mathscr{C}} \boldsymbol{F}(\boldsymbol{s}) \cdot \mathrm{d}\boldsymbol{s} = 0. \tag{3.118}$$

Nur diese Kraftfelder scheinen wirklich Sinn zu ergeben. In der Realität beobachten wir, dass alle fundamentalen Kräfte konservativ sind und diese Bedingung erfüllen.

## Theorieaufgabe 17: Konservative Kraftfelder •

Zeigen Sie, dass jedes Kraftfeld, für das $\text{rot}(\boldsymbol{F}(\boldsymbol{r})) = \boldsymbol{0}$ gilt, ein konservatives Kraftfeld ist. Nutzen Sie dafür den Satz von Stokes (siehe Unterabschnitt 1.4.8).

## Theorieaufgabe 18: Nichtgeschlossene Pfade in konservativen Kraftfeldern ••

Ein Massenpunkt bewegt sich vom Punkt $A$ zum Punkt $B$ in einem konservativen Kraftfeld. Zeigen Sie, dass die dabei geleistete Arbeit nicht vom gewählten Pfad abhängt.

**Konservatives Kraftfeld**

Für *konservative Kraftfelder* $\boldsymbol{F}(\boldsymbol{r})$ verschwindet die Rotation:

$$\operatorname{rot}(\boldsymbol{F}(\boldsymbol{r})) = \boldsymbol{0}. \tag{3.119}$$

In einem solchen Feld ist die an einem Massenpunkt geleistete Arbeit wegunabhängig. Entlang eines geschlossenen Weges wird also keine Arbeit geleistet.

Wir können uns jetzt die folgende Situation vorstellen: Ein Massenpunkt befindet sich am Ort $\boldsymbol{r}_0$ in einem konservativen Kraftfeld $\boldsymbol{F}(\boldsymbol{r})$. Wird der Massenpunkt an einen anderen Ort $\boldsymbol{r}$ bewegt, ist die dabei geleistete Arbeit bzw. gewonnene Energie nicht vom gewählten Pfad abhängig. Deshalb führen wir ein Skalarfeld $V(\boldsymbol{r})$ ein, das die Arbeit angibt, die geleistet werden muss, um den Massenpunkt zum Ort $\boldsymbol{r}$ zu bewegen. Wir nennen dieses Skalarfeld das *Potential*

$$V(\boldsymbol{r}) = -\int_{\boldsymbol{r}_0}^{\boldsymbol{r}} \boldsymbol{F}(\boldsymbol{s}) \cdot \mathrm{d}\boldsymbol{s}. \tag{3.120}$$

Das Potential gibt uns an, wie groß die gewonnene Energie des Teilchens an jedem Ort $\boldsymbol{r}$ ist. Das negative Vorzeichen ist hier eine Konvention. Das Teilchen gewinnt also potentielle Energie, wenn es von einer Kraft abgebremst wird, und verliert Energie, wenn es beschleunigt wird.

**►Tipp:**

Das Potential hängt in dieser Definition von der Wahl des Anfangsorts $\boldsymbol{r}_0$ ab. Wird hier jedoch ein anderer Ort gewählt, so ändert sich das Potential nur um einen konstanten Wert. Wie wir aber bereits erkannt haben, sind keine absoluten Werte, sondern nur Energiedifferenzen physikalisch relevant. Darum spielt die Wahl von $\boldsymbol{r}_0$ keine Rolle. In manchen Fällen gibt es jedoch Konventionen.

**Potential**

In konservativen Kraftfeldern können wir das *Potential* $V(\boldsymbol{r})$ definieren:

$$V(\boldsymbol{r}) = -\int_{\boldsymbol{r}_0}^{\boldsymbol{r}} \boldsymbol{F}(\boldsymbol{s}) \cdot \mathrm{d}\boldsymbol{s}. \tag{3.121}$$

Dieses Skalarfeld gibt eine Energie an jedem Ort an. So lässt sich die geleistete Arbeit entlang eines jeden Weges einfach durch die Energiedifferenzen der Endpunkte berechnen.

Zu jedem Potential kann eine beliebige konstante Energie addiert werden.

**►Tipp:**

Falls das Kraftfeld nicht zeitlich konstant ist $(\boldsymbol{F}(\boldsymbol{r},t))$, ist auch das Potential zeitabhängig $(V(\boldsymbol{r},t))$. Dann berechnen wir das Potential für jeden Zeitpunkt einzeln.

#### Kräfte ohne Potential

Für bestimmte Kräfte kann kein Potential definiert werden. Dazu gehören zunächst alle Kraftfelder, die nicht konservativ sind. Ein Beispiel wäre hier das Kraftfeld

$$\boldsymbol{F}(\boldsymbol{r}) = F\hat{\boldsymbol{e}}_\varphi \tag{3.122}$$

in Zylinderkoordinaten. Dessen Rotation lässt sich leicht berechnen und beträgt

$$\operatorname{rot}(\boldsymbol{F}(\boldsymbol{r})) = \frac{1}{r}\frac{\partial}{\partial r}(rF)\,\hat{e}_z = \frac{F}{r}\hat{e}_z \neq \boldsymbol{0}. \tag{3.123}$$

Dass für ein solches Kraftfeld kein Potential definiert werden kann, wird auch klar, wenn wir als Pfad einen Kreis um den Koordinatenursprung in der $x$-$y$-Ebene betrachten. Entlang dieses Pfades ist die Kraft immer parallel (oder antiparallel) zur Bewegungsrichtung und demnach verschwindet das Arbeitsintegral entlang der geschlossenen Bahn nicht.

Es gibt auch Kräfte, die vom Pfad selbst abhängen. Dazu gehören beispielsweise die Reibungskraft und die Dämpfungskraft. Solche Kräfte hängen nicht vom Ort $\boldsymbol{r}$ des Massenpunktes ab, sondern von dessen Geschwindigkeit $\boldsymbol{v}$. Wir können sie also gar nicht als Kraftfelder $\boldsymbol{F}(\boldsymbol{r})$ interpretieren und auch kein Potential definieren. Trotzdem verrichten diese Kräfte Arbeit.

### 3.5.3 Aufzählung verschiedener Energieformen

Im Folgenden leiten wir einige wichtige Potentiale her, die zum Standardrepertoire jeder Prüfung gehören. Bei dieser Gelegenheit üben wir das Berechnen von Potentialen.

#### Gravitationspotential

Ein Massenpunkt mit Masse $M$ befindet sich im Koordinatenursprung. Nach Gleichung (3.38) beträgt die Gravitationskraft, die auf einen zweiten Massenpunkt mit Masse $m$ wirkt,

$$\boldsymbol{F}_\mathrm{G} = -\frac{GMm}{r^2}\hat{e}_r. \tag{3.124}$$

Dabei ist $r$ der Abstand vom Ursprung, in dem sich der zweite Massenpunkt befindet und $\hat{e}_r$ der Einheitsvektor in dieser Richtung. Wir möchten jedem Ort des Teilchens einen Energiewert zuordnen. Dafür berechnen wir das Gravitationspotential $V_\mathrm{G}(\boldsymbol{r})$.

Da die Richtung der Gravitationskraft immer zum Koordinatenursprung zeigt und ihr Betrag nur vom Radius $r$ abhängt, ist sie radialsymmetrisch (kugelsymmetrisch). Daraus können wir folgern, dass auch unser Potential radialsymmetrisch ist und wir schreiben zunächst

$$V_{\mathrm{G}}(\boldsymbol{r}) = V_{\mathrm{G}}(r) . \tag{3.125}$$

Damit haben wir das Problem auf eine Dimension reduziert. Durch ein einfaches Gedankenexperiment können wir die radiale Symmetrie noch besser verstehen. Betrachten wir einen beliebigen Pfad des Teilchens, der auf einer Kugeloberfläche liegt. Das Teilchen habe also auf seinem Pfad immer den gleichen Abstand zum Ursprung. Dann steht der Vektor der Gravitationskraft an jeder Stelle orthogonal auf dem Pfad des Teilchens. Daher sehen wir, dass am Teilchen keine Arbeit verrichtet wird. Die potentielle Energie ist also an jeder Stelle auf der Kugeloberfläche gleich.

3

Aus diesem Grund denken wir uns eine beliebige gerade Linie, die am Koordinatenursprung beginnt und bis ins Unendliche reicht. Entlang dieser Linie kann sich unser Teilchen nun bewegen. Dabei ist die Gravitationskraft immer parallel zum Pfad.

Um das Gravitationspotential zu berechnen, müssen wir zunächst noch einen Anfangspunkt unseres Teilchens wählen. Der Koordinatenursprung ist der einzige Punkt, der hierbei ausscheidet, da dort die Gravitationskraft nicht definiert ist. Als Konvention wird angenommen, dass das Teilchen beim Radius $r = \infty$ startet, also so weit vom Ursprung entfernt, dass es keine gravitative Wechselwirkung spürt. Damit ist

$$V_{\mathrm{G}}(r) = -\int_{\infty}^{r} F_{\mathrm{G}}(\tilde{r})\,\mathrm{d}\tilde{r} \tag{3.126a}$$

$$= -\int_{\infty}^{r} -\frac{GMm}{\tilde{r}^2}\,\mathrm{d}\tilde{r} \tag{3.126b}$$

$$= -\frac{GMm}{\tilde{r}}\bigg|_{\infty}^{r} \tag{3.126c}$$

$$= -\frac{GMm}{r} . \tag{3.126d}$$

Unsere Wahl des Anfangspunktes hat hier bewirkt, dass die potentielle Energie des Teilchens bei großen Abständen verschwindet.

Manchmal wird das Gravitationspotential auch als $V_{\mathrm{G}}(\boldsymbol{r})/m$ definiert. Damit wird dann die Energie pro Masse angegeben und das Potential ist für verschiedene Teilchen unterschiedlicher Masse $m$ gleich.

### Lageenergie

In alltäglichen Situationen kann die Gravitationskraft entsprechend Gleichung (3.40) durch

$$F_{\mathrm{g}} = -mg \tag{3.127}$$

angenähert werden. Wir können dazu ein Potential definieren, das eine Energie in Abhängigkeit von der Höhe angibt. Wir nennen diese Energie die *Lageenergie* (manchmal auch missverständlich *potentielle Energie*). Dafür wählen wir die Höhe $h$ als Variable. Die Gewichtskraft zeigt in Richtung geringerer Höhe, daher hat sie hier ein negatives Vorzeichen.

**Theorieaufgabe 19:**
**Lageenergie** •

Wie groß ist die Lageenergie eines Teilchens mit Masse $m$, welches sich in einer Höhe $h$ befindet? Hier wählen wir die Konvention, dass ein Teilchen auf Höhe $h = 0$ die Lageenergie $E_{\mathrm{Lage}} = 0$ besitzt.

. . . . . . . . . . . . . . . . . . . . . . . . . . . . . . . . . . . . . . . . . . . . . . . . . . . . . . . . . . . . .

. . . . . . . . . . . . . . . . . . . . . . . . . . . . . . . . . . . . . . . . . . . . . . . . . . . . . . . . . . . . .

. . . . . . . . . . . . . . . . . . . . . . . . . . . . . . . . . . . . . . . . . . . . . . . . . . . . . . . . . . . . .

. . . . . . . . . . . . . . . . . . . . . . . . . . . . . . . . . . . . . . . . . . . . . . . . . . . . . . . . . . . . .

. . . . . . . . . . . . . . . . . . . . . . . . . . . . . . . . . . . . . . . . . . . . . . . . . . . . . . . . . . . . .

. . . . . . . . . . . . . . . . . . . . . . . . . . . . . . . . . . . . . . . . . . . . . . . . . . . . . . . . . . . . .

. . . . . . . . . . . . . . . . . . . . . . . . . . . . . . . . . . . . . . . . . . . . . . . . . . . . . . . . . . . . .

. . . . . . . . . . . . . . . . . . . . . . . . . . . . . . . . . . . . . . . . . . . . . . . . . . . . . . . . . . . . .

. . . . . . . . . . . . . . . . . . . . . . . . . . . . . . . . . . . . . . . . . . . . . . . . . . . . . . . . . . . . .

### Federenergie

Wie wir bereits gesehen haben, ist eine gespannte Feder in der Lage, Arbeit zu leisten. Auch hier können wir ein Potential berechnen. Dafür betrachten wir die Feder in einer Dimension. Die Variable $x$ beschreibt den Abstand zwischen den beiden Enden dieser Feder. Wenn die Feder im entspannten Zustand ist, habe sie die Länge $x_0$. In Gleichung (3.35) haben wir die Federkraft

$$F_F(x) = -D(x - x_0) \tag{3.128}$$

mit Federkonstante $D$ eingeführt.

**Theorieaufgabe 20: Federenergie** •

Berechnen Sie die potentielle Energie $V_F(x)$ der Feder in Abhängigkeit ihrer Länge $x$. Dabei wählen wir $V_F(x_0) = 0$.

### Zusammenfassung

Die folgenden Potentiale sind besonders wichtig:

**Verschiedene Potentiale**

- *Gravitationspotential*:

$$V_G(r) = -\frac{GMm}{r}. \tag{3.129}$$

- *Lageenergie*:

$$V_L(h) = mgh. \tag{3.130}$$

- *Federenergie*:

$$V_F(x) = \frac{D}{2}(x - x_0)^2. \tag{3.131}$$

### 3.5.4 Bewegungen in Potentialen

Wie wir gesehen haben, kann sich die potentielle Energie eines Massenpunktes ändern, wenn dieser bewegt wird. Die Potentialdifferenz ist dabei gleich der Arbeit, die dieser Massenpunkt entlang seines Weges leistet. Damit hängt sie mit der Kraft zusammen, die dabei auf das Teilchen wirkt. Daran können wir erkennen, dass das Potential eng mit der Bewegung des Massenpunktes zusammenhängt.

Wir betrachten ein Teilchen, das sich in einem Potential $V(\boldsymbol{r})$ befindet. Bewegen wir das Teilchen nun um eine infinitesimale Strecke $\mathrm{d}\boldsymbol{r}$, so ändert sich seine potentielle Energie nach Gleichung (3.106) um

$$\mathrm{d}V(\boldsymbol{r}) = -\boldsymbol{F}(\boldsymbol{r}) \cdot \mathrm{d}\boldsymbol{r}. \tag{3.132}$$

Dafür haben wir Gleichung (3.120) verwendet, nach welcher die Änderung des Potentials genau der geleisteten Arbeit mit umgekehrtem Vorzeichen entspricht.

Leider können wir Gleichung (3.132) nicht einfach nach der Kraft auflösen, weil wir dafür durch einen Vektor $\mathrm{d}\boldsymbol{r}$ dividieren müssten. Stattdessen stellen wir uns vor, dass sich unser Massenpunkt auf seinem infinitesimalen Weg nur in $x$-Richtung bewegt. Dann ist

$$\mathrm{d}\boldsymbol{r} = \begin{pmatrix} \mathrm{d}x \\ 0 \\ 0 \end{pmatrix} \tag{3.133}$$

und die Änderung des Potentials ist

$$\mathrm{d}V(\boldsymbol{r}) = -F_x(\boldsymbol{r}) \cdot \mathrm{d}x. \tag{3.134}$$

Hier können wir jetzt nach der Kraft auflösen und erhalten:

$$F_x(\boldsymbol{r}) = -\frac{\partial}{\partial x} V(\boldsymbol{r}) \tag{3.135a}$$

$$F_y(\boldsymbol{r}) = -\frac{\partial}{\partial y} V(\boldsymbol{r}) \tag{3.135b}$$

$$F_z(\boldsymbol{r}) = -\frac{\partial}{\partial z} V(\boldsymbol{r}) . \tag{3.135c}$$

Die anderen Komponenten ergeben sich analog.

Wir müssen hier formell partielle Ableitungen schreiben, weil das Potential $V(\boldsymbol{r})$ von allen Raumrichtungen $x$, $y$ und $z$ abhängt, wir aber jeweils nur entlang einer dieser Richtungen ableiten.

Wir haben jetzt alle Komponenten der Kraft hergeleitet und können diese wieder als Vektor schreiben:

$$\boldsymbol{F}(\boldsymbol{r}) = -\begin{pmatrix} \frac{\partial}{\partial x} V(\boldsymbol{r}) \\ \frac{\partial}{\partial y} V(\boldsymbol{r}) \\ \frac{\partial}{\partial z} V(\boldsymbol{r}) \end{pmatrix} = -\begin{pmatrix} \frac{\partial}{\partial x} \\ \frac{\partial}{\partial y} \\ \frac{\partial}{\partial z} \end{pmatrix} V(\boldsymbol{r}) \tag{3.136a}$$

$$= -\operatorname{grad}(V(\boldsymbol{r})) \tag{3.136b}$$

$$= -\boldsymbol{\nabla} V(\boldsymbol{r}) . \tag{3.136c}$$

Wir können uns diesen Zusammenhang zwischen Potential und Kraft auch gut vorstellen: Der Gradient eines Skalarfeldes ist ein Vektor, der immer in die Richtung zeigt, in der das Feld einen größeren Wert annimmt. Die Situation ist vergleichbar mit einer Landkarte, bei der das Skalarfeld das Höhenprofil ist. Der Gradient dieses Höhenprofils ist ein Vektorfeld, das an jeder Stelle der Landkarte bergauf zeigt. Die Länge des Vektors entspricht dabei der Steigung der Berge. Der Gradient des Potentials zeigt also immer in Richtung höherer potentieller Energie.

In Gleichung (3.136c) haben wir jedoch noch ein negatives Vorzeichen. Deshalb wirken Kräfte im Allgemeinen immer in Richtung niedriger potentieller Energie. Wir kennen das von jedem Ball, der einen Berg immer herunterrollen will, oder einer Feder, die versucht, in den entspannten Zustand zu kommen.

**Kraft aus Potential**

Aus einem Potential $V(\boldsymbol{r})$ kann die Kraft $\boldsymbol{F}(\boldsymbol{r})$ berechnet werden durch

$$\boldsymbol{F}(\boldsymbol{r}) = -\operatorname{grad}(V(\boldsymbol{r})) . \tag{3.137}$$

### 3.5.5 Kinetische Energie

Energie kann in verschiedenen Formen auftreten. Wir haben bereits verschiedene Formen potentieller Energie behandelt. Ein Massenpunkt mit Geschwindigkeit ist aber auch in der Lage, Arbeit zu leisten, und scheint also auch eine bestimmte Energie zu haben. Beispielsweise kann ein Ball einen Berg hinaufrollen. Dabei gewinnt er an Lageenergie, aber seine Geschwindigkeit nimmt ab. Im Folgenden beschäftigen wir uns mit der Energie, die in der Bewegung von Massenpunkten steckt. Wir nennen sie die *Bewegungsenergie* oder die *kinetische Energie*.

Wir betrachten ein freies Teilchen, auf welches keine Kraft wirkt. Wenn das Teilchen in Ruhe ist, definieren wir seine kinetische Energie als $E_{\text{kin}} = 0$. Je größer die Geschwindigkeit des Teilchens ist, desto größer ist seine Energie. Dabei ist einleuchtend, dass die Bewegungsrichtung keinen Einfluss haben soll.

## Theorieaufgabe 21: Kinetische Energie ••

Betrachten Sie ein Teilchen mit Masse $m$, welches zunächst in Ruhe ist. Durch eine konstante Kraft $F$ wird das Teilchen nun geradlinig beschleunigt. Dabei wird Arbeit geleistet und das Teilchen gewinnt an kinetischer Energie. Berechnen Sie die kinetische Energie in Abhängigkeit von der Geschwindigkeit des Teilchens.

### Kinetische Energie

Die *kinetische Energie* eines Körpers hängt von dessen Masse $m$ und Geschwindigkeit $v$ ab. Sie berechnet sich durch

$$E_{\text{kin}} = \frac{1}{2}mv^2. \tag{3.138}$$

Die kinetische Energie hängt von der Geschwindigkeit des Massenpunktes ab. Demnach ist sie wie auch der Impuls vom gewählten Bezugssystem abhängig. Im Ruhesystem des Massenpunktes verschwinden sowohl die Geschwindigkeit als auch die kinetische Energie.

### Quadratisches Verhalten der kinetischen Energie

Auf den ersten Blick kann es ungewohnt erscheinen, dass die kinetische Energie quadratisch von der Geschwindigkeit abhängt und nicht linear wie der Impuls. Wir können das jedoch intuitiv verstehen. Dafür verwenden wir die Lageenergie. Ein Teilchen, das im Schwerefeld der Erde fallen gelassen wird, gewinnt dabei an Geschwindigkeit und somit an kinetischer Energie. Diese Energie war davor in der Höhe des Teilchens gespeichert.

Betrachten Sie einen Ball, der von einem Turm der Höhe $h$ fallen gelassen wird. Dabei wird an ihm die Arbeit $mgh$ geleistet. Kurz vor dem Boden hat der Ball also die kinetische Energie $E_{\text{kin}} = mgh$.

Verdoppeln wir nun die Höhe des Turms, so verdoppelt sich auch die kinetische Energie. Allerdings verdoppelt sich dabei nicht die Geschwindigkeit $v = g \cdot t$, da die Fallzeit $t$ des Balls für die doppelte Turmhöhe offensichtlich nicht doppelt so lang ist. Schließlich erreicht der Ball eine größere Geschwindigkeit und legt die zweite Hälfte der Fallstrecke viel schneller zurück als die erste. Das bedeutet, dass sich die kinetische Energie bei zweifacher Fallhöhe zwar verdoppelt, nicht aber die Geschwindigkeit. Um das auszugleichen, ist die kinetische Energie quadratisch in der Geschwindigkeit.

3

### Rotationsenergie

Teilchen, die sich auf Kreisbewegungen befinden, haben auch kinetische Energie, die auch als *Rotationsenergie* bezeichnet wird. Mit dem Zusammenhang $v = r\omega$ erhalten wir:

$$E_{\text{rot}} = \frac{1}{2}mv^2 \tag{3.139a}$$

$$= \frac{1}{2}mr^2\omega^2 \tag{3.139b}$$

$$= \frac{1}{2}J\omega^2. \tag{3.139c}$$

Die Rotationsenergie lässt sich also mithilfe des Trägheitsmoments $J = mr^2$ ausdrücken. Diese Gleichung steht in direkter Analogie zur kinetischen Energie $1/2mv^2$ bei Translationsbewegungen.

**Rotationsenergie**

Die *Rotationsenergie* eines Teilchens auf einer Kreisbahn lässt sich über die Winkelgeschwindigkeit $\omega$ und das Trägheitsmoment $J$ ausdrücken:

$$E_{\text{rot}} = \frac{1}{2}J\omega^2. \tag{3.140}$$

## 3.5.6 Erhaltung der Energie

Wir haben gesehen, dass ein Massenpunkt potentielle und kinetische Energie haben kann. Außerdem haben wir erkannt, dass potentielle Energie in kinetische Energie umgewandelt werden kann und umgekehrt. Durch eine einfache Rechnung zeigen wir, dass unter bestimmten Bedingungen die Summe aus potentieller und kinetischer Energie

$$E = E_{\text{kin}} + E_{\text{pot}} \tag{3.141}$$

konstant bleibt.

Wir betrachten einen Massenpunkt mit konstanter Masse $m$, der sich auf einem beliebigen Pfad von einem Punkt $A$ zu einem Punkt $B$ in einem konservativen Kraftfeld bewegt. Auf diesem Pfad ändert sich seine potentielle Energie um $\Delta E_{\text{pot}} = E_{\text{pot},B} - E_{\text{pot},A} = V(B) - V(A)$. Seine kinetische Energie ändert sich um $\Delta E_{\text{kin}} = E_{\text{kin},B} - E_{\text{kin},A}$.

Das Arbeitsintegral ist

$$W = \int_A^B \boldsymbol{F} \cdot \mathrm{d}\boldsymbol{r}. \tag{3.142}$$

Die Arbeit $W$ entspricht gerade der umgekehrten Änderung der potentiellen Energie $W = -\Delta E_{\text{pot}}$. Das erkennen wir anhand der Definition des Potentials aus Gleichung (3.120). Die Wahl des Anfangspunktes $r_0$ ist dabei irrelevant, da wir nur eine Potentialdifferenz betrachten. Das kann auch bewiesen werden:

$$W = \underbrace{-\int_{r_0}^A \boldsymbol{F} \cdot \mathrm{d}\boldsymbol{r} + \int_{r_0}^A \boldsymbol{F} \cdot \mathrm{d}\boldsymbol{r}}_{=0} + \int_A^B \boldsymbol{F} \cdot \mathrm{d}\boldsymbol{r} \tag{3.143a}$$

$$= V(A) + \underbrace{\int_{r_0}^A \boldsymbol{F} \cdot \mathrm{d}\boldsymbol{r} + \int_A^B \boldsymbol{F} \cdot \mathrm{d}\boldsymbol{r}}_{=\int_{r_0}^B \boldsymbol{F} \cdot \mathrm{d}\boldsymbol{r}} \tag{3.143b}$$

$$= V(A) - V(B) \tag{3.143c}$$

$$= -\Delta E_{\text{pot}}. \tag{3.143d}$$

Das Arbeitsintegral kann aber auch mit der kinetischen Energie in Zusammenhang gebracht werden. Dafür nutzen wir das zweite Newton'sche Axiom und schreiben $\boldsymbol{F} = m\dot{\boldsymbol{v}}$. So erhalten wir:

$$W = \int_A^B m\dot{\boldsymbol{v}} \cdot \mathrm{d}\boldsymbol{r} \tag{3.144a}$$

$$= m \int_A^B \dot{\boldsymbol{v}} \cdot \mathrm{d}\boldsymbol{r} \underbrace{\frac{\mathrm{d}t}{\mathrm{d}t}}_{=1} \tag{3.144b}$$

$$= m \int_A^B \dot{\boldsymbol{v}} \cdot \frac{\mathrm{d}\boldsymbol{r}}{\mathrm{d}t} \,\mathrm{d}t \tag{3.144c}$$

$$= m \int_A^B \dot{\boldsymbol{v}} \cdot \boldsymbol{v} \,\mathrm{d}t \tag{3.144d}$$

$$= m \int_A^B \left( \frac{\mathrm{d}}{\mathrm{d}t} \frac{1}{2} \boldsymbol{v}^2 \right) \mathrm{d}t \tag{3.144e}$$

$$= \frac{m}{2} v^2 \Big|_A^B \tag{3.144f}$$

$$= E_{\text{kin},B} - E_{\text{kin},A} \tag{3.144g}$$

$$= \Delta E_{\text{kin}}. \tag{3.144h}$$

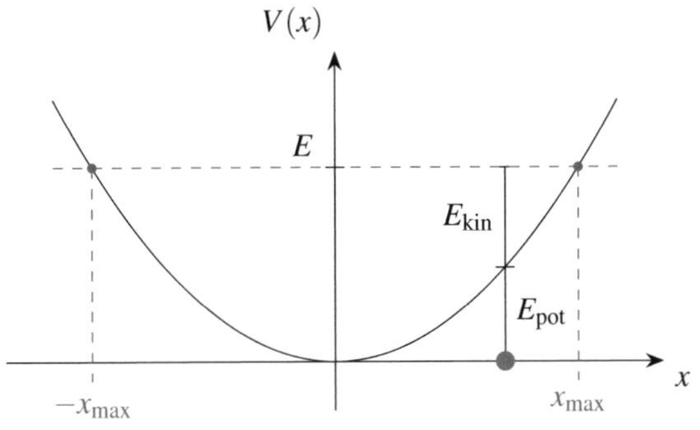


Abb. 3.22: Potential eines harmonischen Oszillators. Die potentielle Energie $E_{\text{pot}}$ und die kinetische Energie $E_{\text{kin}}$ addieren sich zur Gesamtenergie $E$.

Damit ist jetzt insgesamt $\Delta E_{\text{kin}} = -\Delta E_{\text{pot}}$ oder nach einer kleinen Umformung

$$E_{\text{kin},A} + E_{\text{pot},A} = E_{\text{kin},B} + E_{\text{pot},B}. \tag{3.145}$$

Diese Relation gilt unabhängig von der Wahl der Punkte $A$ und $B$. Auf beiden Seiten steht hier die Summe aus kinetischer und potentieller Energie, die wir *Gesamtenergie* nennen. Das Gleichheitszeichen zeigt uns, dass die Gesamtenergie immer konstant bleibt und deshalb eine Erhaltungsgröße sein muss.

In Abbildung 3.22 ist dieser Zusammenhang für einen harmonischen Oszillator veranschaulicht. Einen solchen Potentialverlauf kennen wir beispielsweise von Federn. Da die kinetische Energie nicht negativ werden kann, sind die Umkehrpunkte $x_{\max}$ und $-x_{\max}$ des Oszillators durch die Schnittpunkte der Energie $E$ mit der Potentialkurve $V(x)$ gegeben.

**►Tipp:**

Es gibt Energieformen, die wir hier noch nicht behandelt haben, zum Beispiel die Wärmeenergie. Im Allgemeinen setzt sich die Gesamtenergie aus *allen* beteiligten Energien zusammen.

**Energieerhaltung**

Die *Gesamtenergie* ist in abgeschlossenen Systemen immer konstant. In unserem Fall stellen wir uns unter einem abgeschlossenen System ein System mit konservativem Kraftfeld vor. Die Gesamtenergie ist dann die Summe aus potentieller und kinetischer Energie.

#### Erhaltung der Energie in nichtkonservativen Kraftfeldern

Unsere Rechnung zur Energieerhaltung beruhte auf der Annahme, dass sich der Massenpunkt in einem konservativen Kraftfeld befindet. Schon in alltäglichen Situationen gibt es jedoch beispielsweise Reibungskräfte, die sich nicht durch solche konservativen Kraftfelder darstellen lassen. In diesen Systemen würde also nach unserer Rechnung die Energie nicht unbedingt erhalten bleiben.

Als Beispiel betrachten wir ein Auto, das gegen einen Baum rollt. Die potentielle Energie des Autos spielt dabei gar keine Rolle, da wir hier eine konstante Lageenergie haben. Die kinetische Energie nimmt jedoch schlagartig ab, wenn das Auto auf den Baum trifft, wobei beide unweigerlich verformt werden. Diese Verformung sorgt dafür, dass sich beide minimal aufwärmen. Die kinetische Energie des Autos hat sich also hier in Wärmeenergie umgewandelt. Sobald wir die Gesamtenergie um die Wärme erweitern, ist sie wieder erhalten.

**►Tipp:**

Es wird unterschieden zwischen elastischen und plastischen Verformungen. Eine Feder verformt sich elastisch. Sie findet also von selbst wieder in ihre ursprüngliche Form zurück. Das Auto verformt sich plastisch und bleibt danach verformt. Die Energie des Autos wird dabei in Wärme umgewandelt.

### 3.5.7 Systeme mit Energieerhaltung

Es ist für uns wichtig zu erkennen, in welchen Systemen die Energie erhalten ist und in welchen nicht. Aus diesem Grund werden wir einige Beispiele betrachten, um die Intuition dafür zu stärken. Wir fokussieren uns dabei besonders auf Systeme, in welchen die Energie nicht nur konstant bleibt, sondern in denen die Energieerhaltung auch zur Lösung von Aufgaben benötigt wird.

#### Stöße

In Unterabschnitt 3.2.5 haben wir uns bereits mit bestimmten Stößen beschäftigt. Dabei haben wir zwei Massenpunkte betrachtet, die zusammenstoßen, aneinanderhaften und sich gemeinsam weiterbewegen. Wir nennen diese Art von Stößen *inelastisch*. Der Gesamtimpuls ist dabei erhalten, aber nicht die Gesamtenergie. Damit die Massen aneinanderhaften können, müssen nämlich bestimmte Reibungskräfte im Kopplungsmechanismus wirken. Dabei entsteht Wärme.

Wir können uns zwei kleine Wagen vorstellen, die wie in Abbildung 3.23 zusammenstoßen. Der erste Wagen stößt mit einem kleinen, klebrigen Knetball, der an seiner Stoßstange befestigt ist, gegen den zweiten Wagen. Dabei verformt sich die Knete und wird warm. Auch ein Auto, welches gegen einen Baum fährt, ist ein Beispiel für einen inelastischen Stoß.

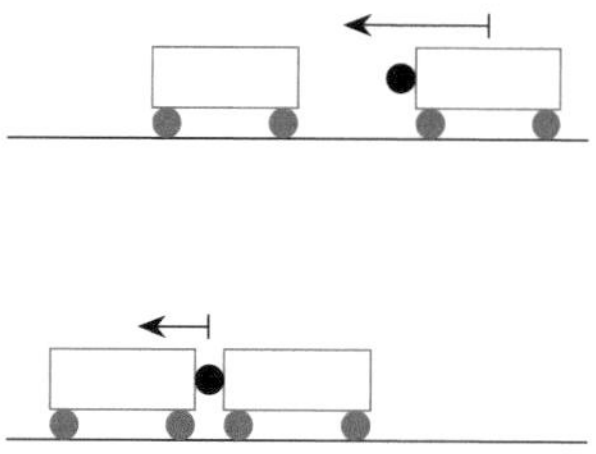

Abb. 3.23: Ein Wagen stößt mit einem Knetball gegen einen zweiten Wagen. Nach dem inelastischen Stoß bewegen sich beide Wagen zusammen weiter.

Ersetzen wir unseren Knetball durch einen elastischen Flummi, so ändert sich alles. Nach dem Zusammenstoß der Wagen haften beide nicht mehr aneinander, weil ein elastischer Gummiball genauso wirkt wie eine Feder. Er wird zusammengedrückt und dehnt sich danach wieder aus. Dabei wird im Idealfall keine Wärmeenergie produziert. Vergleichbar verhalten sich beispielsweise stoßende Billardkugeln.

Wir sprechen bei Stößen ohne Wärmeverlust von *elastischen Stößen*. Da beide Massenpunkte nach dem Stoß verschiedene Geschwindigkeiten haben können, genügt die Impulserhaltung hier nicht, um solche Systeme vollständig zu berechnen. Allerdings können wir die Gesamtenergie nutzen, um beide Endgeschwindigkeiten zu berechnen. Damit haben wir dann zwei Bedingungen für zwei Unbekannte.

3

## Theorieaufgabe 22: Elastischer Stoß ●●●

Zwei Wagen mit den Massen $m_1$ und $m_2$ bewegen sich in einer Dimension mit den Geschwindigkeiten $v_1$ und $v_2$. Nachdem beide Wagen elastisch zusammengestoßen sind, bewegen sich beide mit den Geschwindigkeiten $v_1'$ und $v_2'$ weiter.

a) Stellen Sie die Gleichungen für die Impuls- und die Energieerhaltung auf. Anschließend formen Sie beide Gleichungen nach $m_1(v_1 - v_1')$ um.

b) Zeigen Sie, dass $(v_1 + v_1') = (v_2 + v_2')$ ist.

c) Berechnen Sie die Endgeschwindigkeiten $v_1'$ und $v_2'$.

Beim elastischen Stoß zweier Massen in einer Dimension betragen die Endgeschwindigkeiten der Massen also

$$v_1' = 2\frac{m_1 v_1 + m_2 v_2}{m_1 + m_2} - v_1 \qquad (3.146a)$$

$$v_2' = 2\frac{m_1 v_1 + m_2 v_2}{m_1 + m_2} - v_2. \qquad (3.146b)$$

### Senkrechter Wurf

Ein Ball wird senkrecht nach oben geworfen. Dabei sei $v_0$ seine Anfangsgeschwindigkeit. Wie hoch fliegt der Ball? Der Luftwiderstand wird dabei vernachlässigt.

Wir könnten diese Aufgabe lösen, indem wir die Bewegungsgleichung des Balls aufstellen. Die Energieerhaltung im System gibt uns aber die Möglichkeit, deutlich einfacher zum Ergebnis zu kommen.

Wir betrachten dafür die Gesamtenergie

$$E = E_{\text{kin}} + E_{\text{pot}} = \frac{m}{2}v^2 + mgh. \qquad (3.147)$$

Zu Beginn ist $v = v_0$ und $h = 0$. Dementsprechend hat der Ball am Anfang nur kinetische Energie, während die potentielle Energie verschwindet. Am höchsten Punkt seiner Bahn ist der Ball jedoch in Ruhe und damit $E_{\text{kin}} = 0$. Deshalb muss dann die gesamte kinetische Energie vom Beginn in der Lageenergie des Balls stecken:

$$\frac{m}{2}v_0^2 = mgh. \qquad (3.148)$$

So berechnen wir die maximale Höhe

$$h = \frac{v_0^2}{2g}. \qquad (3.149)$$

### Fluchtgeschwindigkeit

Die Fluchtgeschwindigkeit $v_F$ ist die Geschwindigkeit, die ein Körper benötigt, um einem Gravitationsfeld ganz zu entkommen. Sie bezeichnet genau die Geschwindigkeit, bei der ein senkrecht nach oben geworfener Ball nie mehr umkehrt, sondern sich immer weiter von der Erde (oder von einem anderen Himmelskörper) entfernt.

## Theorieaufgabe 23: Fluchtgeschwindigkeit ••

a) Die Erde hat die Masse $m_E$ und den Radius $R_E$. Berechnen Sie die Fluchtgeschwindigkeit, die ein Körper haben muss, um ihrem Gravitationsfeld zu entkommen. Vernachlässigen Sie Reibungseinflüsse.

b) Es ist $m_E = 5{,}972 \cdot 10^{24}\,\text{kg}$ und $R_E = 6371\,\text{km}$. Wie groß ist die Fluchtgeschwindigkeit der Erde? ($G = 6{,}674 \cdot 10^{-11}\,\text{m}^3/\text{kg}\cdot\text{s}^2$)

## 3.6 Gravitation

Wir haben nun die grundlegenden Konzepte der klassischen Mechanik eingeführt. Die meisten Inhalte dieses Buches beruhen auf den Beobachtungen, die wir bezüglich der Bewegungen von Massenpunkten machen können. Wir haben damit also das Fundament für die nachfolgenden Themen gelegt. Aus diesem Grund waren wir in den vorangegangenen Abschnitten besonders ausführlich. Bevor wir jedoch zum nächsten Themenblock übergehen, beschäftigen wir uns noch genauer mit der Gravitationskraft und im Besonderen mit der Bewegung von Himmelskörpern.

Himmelsbeobachtungen als Vorläufer unserer heutigen Astronomie gab es bereits in der Steinzeit. Besonders die Anfänge der klassischen Physik sind eng damit verbunden. So stellte beispielsweise Nikolaus Kopernikus im 16. Jahrhundert sein heliozentrisches Weltbild auf, in dem sich nicht die Sterne und die Sonne um die Erde drehen. Nach Kopernikus bewegt sich die Erde stattdessen um die Sonne. Durch immer bessere Beobachtungsgeräte, beispielsweise das von Galileo Galilei entwickelte Fernrohr, wurde es möglich, die Bewegungen von Himmelskörpern immer genauer zu vermessen und Gesetzmäßigkeiten zu finden.

Tycho Brahe war ein dänischer Astronom, der im 16. Jahrhundert den Nachthimmel präzise kartografierte und im Besonderen auch die Bewegungen der Planeten aufzeichnete. Er arbeitete mit dem jüngeren Johannes Kepler zusammen, der Brahes Aufzeichnungen nutzte, um Gesetzmäßigkeiten der Planetenbewegungen zu erforschen, die er 1609 in seinem Werk *Astronomia Nova* veröffentlichte. Diese Gesetze sind uns heute als die ersten beiden *Kepler'schen Gesetze* bekannt. In seinem Werk *Harmonices mundi* veröffentlichte Kepler außerdem im Jahre 1619 ein weiteres Gesetz, das wir heute als das dritte Kepler'sche Gesetz kennen.

Im Jahr 1572 beobachtete Tycho Brahe einen neuen Stern am Himmel, den er *Nova* nannte. Diese Beobachtung stand in direktem Widerspruch zum damals herrschenden Weltbild, nach dem der Fixsternhimmel ewig und unveränderlich war. Obwohl im Universum sehr wohl regelmäßig neue Sterne entstehen, wissen wir heute, dass Tycho Brahe keinen neuen Stern, sondern einen sterbenden, massereichen Stern beobachtete, der in einer riesigen, sehr hellen Explosion das Zeitliche segnete und dadurch am Nachthimmel erst sichtbar wurde. Solche Explosionen nennen wir heute, inspiriert von Brahes Namensgebung, *Supernovae* (Singular: Supernova).

Isaac Newton gelang es Ende des 17. Jahrhunderts, die Kepler'schen Gesetze aus seinem Gravitationsgesetz theoretisch herzuleiten. In diesem Abschnitt möchten wir der zentralen Rolle der Astronomie für die Entwicklung der Physik Rechnung tragen und die Kepler'schen Gesetze behandeln. Wir überspringen dabei die Herleitungen weitestgehend, weil diese an manchen Stellen zu kompliziert sind.

### 3.6.1 Gravitationskraft

Während Kepler seine Gesetzmäßigkeiten zu den Planetenbewegungen noch direkt aus Beobachtungen ableiten musste, kennen wir seit Newton die Ursache für diese Bewegungen – die Gravitationskraft. Das Newton'sche Gravitationsgesetz beinhaltet gewissermaßen die Kepler'schen Gesetze.

Wir wiederholen an dieser Stelle kurz, was wir bereits zur Gravitation gelernt haben. Die Gravitationskraft ist die Kraft, mit der sich Massen gegenseitig anziehen. Sie kann für zwei Massenpunkte $m_1$ und $m_2$ an den Orten $\boldsymbol{r}_1$ und $\boldsymbol{r}_2$ durch die vektorielle Gleichung

$$\boldsymbol{F}_{G,1} = \frac{G m_1 m_2}{|\boldsymbol{r}_2 - \boldsymbol{r}_1|^3} \cdot (\boldsymbol{r}_2 - \boldsymbol{r}_1) \qquad (3.150)$$

berechnet werden. Hier haben wir diejenige Kraft aufgeschrieben, die auf die erste Punktmasse wirkt. Die Kraft auf den zweiten Massenpunkt unterscheidet sich nur im Vorzeichen ($\boldsymbol{F}_{G,2} = -\boldsymbol{F}_{G,1}$). Die Gravitationskraft nimmt also mit dem inversen Quadrat des Abstands beider Massen ab. Als eine der Grundkräfte des Universums ist die Gravitationskraft auch konservativ, weshalb wir für sie ein Gravitationspotential

$$V_G = -\frac{Gm_1m_2}{r} \tag{3.151}$$

definieren können.

Die Gravitationskraft wirkt immer in Richtung der Masse, von der sie ausgeübt wird. Objekte ziehen sich durch die Gravitation also ausschließlich an und stoßen sich niemals gegenseitig ab (wie wir es beispielsweise von Ladungen oder Magneten kennen). Das liegt daran, dass die Massen in Gleichung (3.150) immer positiv sind. Negative Massen kennen wir nicht. Das hat zur Folge, dass wir die Gravitationskraft niemals abschirmen können. Damit unterscheidet sie sich fundamental von den anderen uns bekannten Kräften. Als Gegenbeispiel kennen wir beispielsweise den Faraday'schen Käfig, dessen Inneres von elektrischen Feldern, also von elektrostatischen Kräften abgeschirmt ist. Wir können keinen vergleichbaren Käfig bauen, der vor Gravitationskräften schützt.

Neben der Tatsache, dass wir die Gravitationskraft nicht abschirmen können, sticht außerdem hervor, dass sie extrem schwach ist. Diese Eigenschaft finden wir in der Gravitationskonstante $G$ (siehe Gleichung (3.37)) wieder, die so klein ist, dass wir in alltäglichen Situationen ausschließlich die Gravitation der riesigen Erde bemerken. Zwei Äpfel ziehen sich dagegen gegenseitig viel zu schwach an, sodass wir hier gar keine Gravitation beobachten können.

Die Tatsache, dass die Gravitation so schwach ist, ist für die beobachtende Physik ein Problem. Es ist kaum möglich, Präzisionsmessungen zu machen. Deshalb kennen wir die Gravitationskonstante nur auf drei Nachkommastellen genau. Die aussagekräftigere relative Unsicherheit beträgt $2{,}2 \cdot 10^{-5}$. Zum Vergleich können wir beispielsweise die Konstanten des Elektromagnetismus betrachten. Wir kennen die elektrische Feldkonstante mit einer relativen Genauigkeit von $1{,}5 \cdot 10^{-10}$. Das ist etwa 100 000-mal genauer.

Im 20. Jahrhundert wurde die Gravitationstheorie durch die allgemeine Relativitätstheorie verfeinert. Obwohl diese Theorie seit über einhundert Jahren sehr gut bestätigt ist, bereitet sie Physikern heute großes Kopfzerbrechen, weil sie nicht zum Standardmodell der Teilchenphysik passt. Deshalb steht auf der Suche nach einer vereinheitlichten Weltformel die Gravitation im Weg.

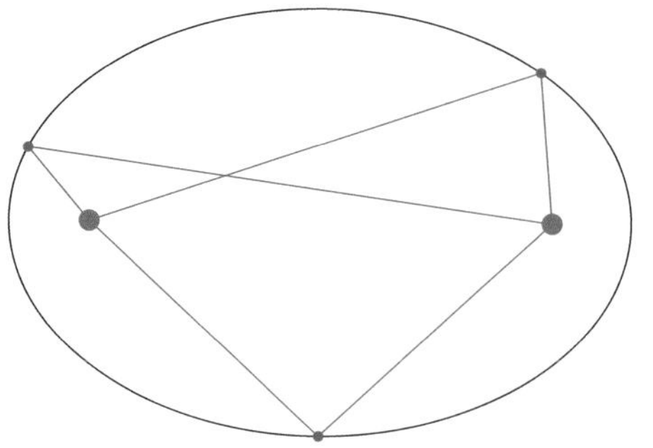

Abb. 3.24: Eine Ellipse wird konstruiert, indem ein Faden mit je einem Ende an den rot markierten Brennpunkten befestigt wird. Die Strecke vom ersten Brennpunkt zum Rand der Ellipse und wieder zum zweiten Brennpunkt ist immer gleich lang ($2a$). Planeten bewegen sich auf Ellipsenbahnen und in einem ihrer Brennpunkte befindet sich die Sonne.

## 3.6.2 Bewegungen im Gravitationsfeld – Kepler'sche Gesetze

Kepler fand die Gesetzmäßigkeiten der Planetenbewegungen durch Beobachtungen des Himmels, insbesondere durch die Beobachtungen von Tycho Brahe. Die Newton'sche Mechanik erlaubte es später, diese Gesetze auch rechnerisch herzuleiten unter Annahme, dass die Massen der Planeten verglichen mit der Masse der Sonne vernachlässigbar klein sind. Außerdem wird angenommen, dass Planeten untereinander nicht wechselwirken und sich also nicht gegenseitig anziehen.

### Erstes Kepler'sches Gesetz

> Die Planeten bewegen sich auf elliptischen Bahnen. In einem ihrer Brennpunkte steht die Sonne.

Dieses Gesetz herzuleiten ist Aufgabe der theoretischen Physik und für uns hier noch zu schwierig. Interessierte Leser möchten wir deshalb auf Literatur zur theoretischen klassischen Mechanik verweisen.

Um das erste Kepler'sche Gesetz zu verstehen, müssen wir erst definieren, was eine Ellipse ist. Dafür nehmen wir zunächst wie in Abbildung 3.24 gezeigt zwei feste Punkte. Betrachten wir einen beliebigen dritten Punkt, so hat dieser einen Abstand zum ersten und zum zweiten Punkt. Die Summe dieser beiden Abstände nennen wir $2a$ (diese Bezeichnung wird sich später als sinnvoll erweisen). Eine Ellipse ist die Menge aller Punkten, die den gleichen Wert $2a$ teilen. Die beiden Punkte, die wir zu Beginn gewählt haben, liegen im Inneren der Ellipse und heißen *Brennpunkte*.

Man kann eine Ellipse zeichnen, indem man die beiden Enden eines Fadens mit Länge $2a$ an den beiden Brennpunkten befestigt und nun einen Stift so in den Faden einhakt, dass er ganz gespannt ist. Bewegt man den Stift so, dass der Faden immer gespannt bleibt, so zeichnet man dabei eine perfekte Ellipse.

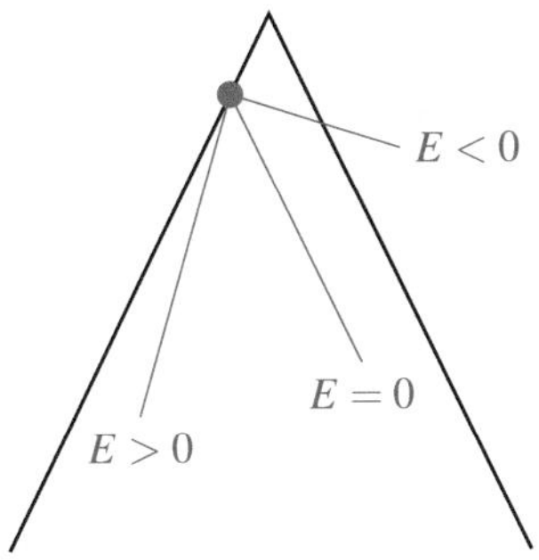


Abb. 3.25: Skizze der verschiedenen Kegelschnitte zur Veranschaulichung der Bahnen von Himmelskörpern im zentralen Gravitationskraftfeld. Am roten Punkt wird das Messer angesetzt und die grauen Linien zeigen die Richtungen an, in die geschnitten wird. Prinzipiell muss der Kegel unendlich hoch und natürlich dreidimensional sein.

Keplers Gesetz sagt uns, dass die Bahnen von Planeten Ellipsen sind und dass sich die Sonne nicht im Zentrum der Ellipsen befindet, sondern in einem der beiden Brennpunkte. Daraus erkennen wir auch direkt, dass sich die Geschwindigkeit von Planeten auf ihrer Umlaufbahn ändert. Je näher sie der Sonne kommen, desto schneller werden sie, weil sie in Sonnennähe eine geringere potentielle Energie haben, die Gesamtenergie aber erhalten sein muss. Viele Planeten bewegen sich allerdings auf nahezu kreisförmigen Bahnen, wodurch diese Abweichungen der Geschwindigkeit relativ klein sind.

Das erste Kepler'sche Gesetz kann hergeleitet werden, indem wir annehmen, dass die Masse des Planeten vernachlässigbar klein ist verglichen mit der Sonne und sich diese deshalb nicht bewegt. Damit bewegen sich die Planeten in einem zentralen Kraftfeld. Dabei wird allerdings ignoriert, dass die Sonne auch von den Planeten angezogen wird und sich deshalb auch bewegt. Außerdem lassen wir die Anziehungskräfte zwischen den Planeten außer Acht.

> Die alten Teleskope erlaubten es Kepler, die Bahnen der damals bekannten Planeten unseres Sonnensystems ausreichend genau zu beobachten. Heute wissen wir, dass auch andere Sterne Planetensysteme haben, in denen Keplers Gesetz selbstverständlich genauso gilt.

### Bahnen anderer Körper

Tatsächlich bewegen sich kleine Himmelskörper um Sterne nicht immer auf Ellipsenbahnen. Die tatsächliche Form ihrer Bahn hängt von ihrer Gesamtenergie ab. Besonders schnelle Objekte mit Gesamtenergie $E > 0$ im Gravitationspotential können sich beispielsweise unendlich weit vom Stern entfernen und kommen nie wieder zurück.

Alle Bahnen können sehr anschaulich durch Kegelschnitte beschrieben werden. Für die folgenden Erläuterungen betrachten Sie Abbildung 3.25 als Referenzansicht.

- Himmelskörper mit Energie $E < 0$ sind im Gravitationspotential ihres Sterns gefangen und bewegen sich deshalb auf einer periodischen Bahn. Wenn Sie einen Kegel auf den Boden stellen und ihm die Spitze abschneiden, dann ist die Schnittfläche ein Kreis oder – wenn Sie etwas schief schneiden – eine Ellipse. Je schiefer Sie schneiden, desto exzentrischer wird diese Ellipse. Während sich Planeten häufig auf eher kreisförmigen Bahnen befinden, bewegen sich Kometen meist sehr elliptisch und besuchen uns immer nur kurz im inneren Sonnensystem.
- Himmelskörper mit Energie $E = 0$ haben immer genau die Fluchtgeschwindigkeit für ihre Position im Gravitationspotential. Sie bewegen sich also unendlich weit vom Stern weg. Betrachten wir wieder unseren Kegel auf dem Boden und schneiden diesmal so schräg, dass wir unser Messer in dem Winkel nach unten führen, in dem auch die Kegelfläche geneigt ist (wir setzen aber neben der Spitze an). Die Schnittfläche ist dann eine Parabel. Auf solchen Bahnen bewegen sich diese Himmelskörper theoretisch. Allerdings wird kein Objekt exakt die Energie $E = 0$ haben.
- Es gibt aber auch Objekte mit Energien $E > 0$, deren Geschwindigkeit größer ist als die Fluchtgeschwindigkeit. Dafür setzen wir das Messer wieder an der gleichen Stelle am Kegel an und schneiden dieses Mal in einem Winkel, der gewissermaßen noch weiter in den Kegel hinein zeigt. Dabei erhalten wir als Schnittfläche eine Hyperbel. Himmelskörper mit so großen Geschwindigkeiten bewegen sich auf hyperbelförmigen Bahnen.

> **Erstes Kepler'sches Gesetz**
>
> Planeten bewegen sich auf elliptischen Bahnen. In einem der Brennpunkte der Ellipse befindet sich die Sonne.
>
> Allgemeiner können wir sagen, dass sich Himmelskörper, die sich im Gravitationsfeld eines Sterns befinden, auf Bahnen bewegen, die durch Kegelschnitte beschrieben werden. In Abhängigkeit von ihrer Energie bewegen sie sich auf Ellipsen, Parabeln oder Hyperbeln.

### Zweites Kepler'sches Gesetz

Ein von der Sonne zum Planeten gezogener Fahrstrahl überstreicht in gleichen Zeiten gleich große Flächen.

Wir haben bereits erwähnt, dass die Geschwindigkeit eines Planeten auf seiner Ellipsenbahn variiert und größer wird, je näher der Planet dem Stern kommt. Keplers zweites Gesetz handelt genau von diesem Phänomen.

Der Fahrstrahl ist die gedachte Linie von der Sonne zum Planeten. Während der Planet sich bewegt, überstreicht dieser Strahl eine bestimmte Fläche, wie in Abbildung 3.26 angedeutet. Betrachten wir also ein Zeitintervall $\Delta t$, so überstreicht der Fahrstrahl in diesem Intervall immer die gleiche Fläche, egal von wann bis wann die Zeit gestoppt wird. Während des Intervalls kann sich der Planet weit von der Sonne am sonnenfernsten Punkt (Aphel) bewegen oder er kann am innersten Punkt seiner Ellipsenbahn (Perihel) an der Sonne vorbeifliegen. Damit die Flächen dabei gleich bleiben, ist klar, dass die Geschwindigkeit des Planeten am Perihel größer sein muss, als am Aphel.

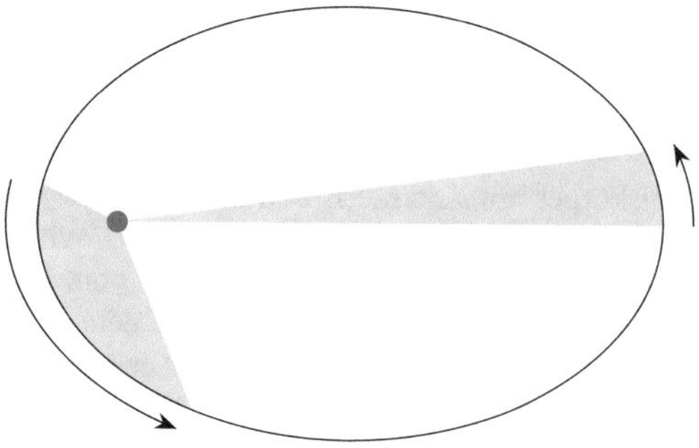

Abb. 3.26: Skizze zur Veranschaulichung der vom Fahrstrahl überzogenen Fläche im zweiten Kepler'schen Gesetz. Die hier gezeichneten Flächen sind nicht unbedingt gleich groß und entsprechen demnach zwei verschiedenen Laufzeiten eines Planeten.

Wir können verstehen, was hinter dem zweiten Kepler'schen Gesetzt steckt, indem wir zunächst ein infinitesimales Zeitintervall $[t,t+\mathrm{d}t]$ betrachten. In einer so kurzen Zeit bewegt sich der Planet annähernd geradlinig um die Strecke $\mathrm{d}\boldsymbol{s}$. Die überstrichene Fläche ist also ein Dreieck, dessen Fläche $F$ wir mithilfe des Vektorprodukts berechnen können:

$$F_{[t,t+\mathrm{d}t]} = \frac{1}{2}\left|\boldsymbol{r} \times \mathrm{d}\boldsymbol{s}\right| . \tag{3.152}$$

Dabei ist $\boldsymbol{r}$ der Abstand von der Sonne. Außerdem wissen wir, dass die Kraft auf den Planeten immer in Richtung der Sonne am Brennpunkt der Ellipsenbahn wirkt. Bezüglich dieses Punktes wirkt also kein Drehmoment auf den Planeten und sein Drehimpuls bleibt konstant.

## Theorieaufgabe 24: Zweites Kepler'sches Gesetz und Drehimpulserhaltung ••

Zeigen Sie, dass das zweite Kepler'sche Gesetz immer gilt, wenn der Drehimpuls $L$ erhalten ist.

. . . . . . . . . . . . . . . . . . . . . . . . . . . . . . . . . . . . . . . . . . . . . . . . . . . . . . . . . . . .

. . . . . . . . . . . . . . . . . . . . . . . . . . . . . . . . . . . . . . . . . . . . . . . . . . . . . . . . . . . .

. . . . . . . . . . . . . . . . . . . . . . . . . . . . . . . . . . . . . . . . . . . . . . . . . . . . . . . . . . . .

. . . . . . . . . . . . . . . . . . . . . . . . . . . . . . . . . . . . . . . . . . . . . . . . . . . . . . . . . . . .

. . . . . . . . . . . . . . . . . . . . . . . . . . . . . . . . . . . . . . . . . . . . . . . . . . . . . . . . . . . .

. . . . . . . . . . . . . . . . . . . . . . . . . . . . . . . . . . . . . . . . . . . . . . . . . . . . . . . . . . . .

. . . . . . . . . . . . . . . . . . . . . . . . . . . . . . . . . . . . . . . . . . . . . . . . . . . . . . . . . . . .

---

**Zweites Kepler'sches Gesetz**

Ein von der Sonne zum Planeten gezogener Fahrstrahl überstreicht in gleichen Zeiten gleich große Flächen. Das ist eine Konsequenz, die sich aus der Drehimpulserhaltung im System ergibt.

### Drittes Kepler'sches Gesetz

Die Quadrate der Umlaufzeiten zweier Planeten verhalten sich wie die Kuben der großen Halbachse der Ellipsenbahnen.

Die Halbachsen einer Ellipse sind in Abbildung 3.27 skizziert. Keplers drittes Gesetz betrachtet also zwei verschiedene Planeten, die sich um den gleichen Stern bewegen und die Umlaufzeiten $T_1$ und $T_2$ haben. Ihre elliptischen Bahnen haben die großen Halbachsen $a_1$ und $a_2$. Es gilt also

$$\left(\frac{T_1}{T_2}\right)^2 = \left(\frac{a_1}{a_2}\right)^3. \tag{3.153}$$

In einer alternativen Formulierung des Gesetzes ist das Verhältnis

$$\frac{T^2}{a^3} = C \tag{3.154}$$

immer konstant (für alle Planeten, die sich um den gleichen Stern bewegen) und wir nennen $C$ die Kepler-Konstante.

Eine Herleitung des dritten Kepler'schen Gesetzes ist an dieser Stelle zu aufwändig. Es ergibt sich dabei die Kepler-Konstante

$$C = \frac{T^2}{a^3} = \frac{4\pi^2}{GM} \tag{3.155}$$

mit der Masse $M$ des umkreisten Sterns und der Gravitationskonstante $G$. Auch für diese Rechnung wurde angenommen, dass die Masse der Planeten vernachlässigbar ist.

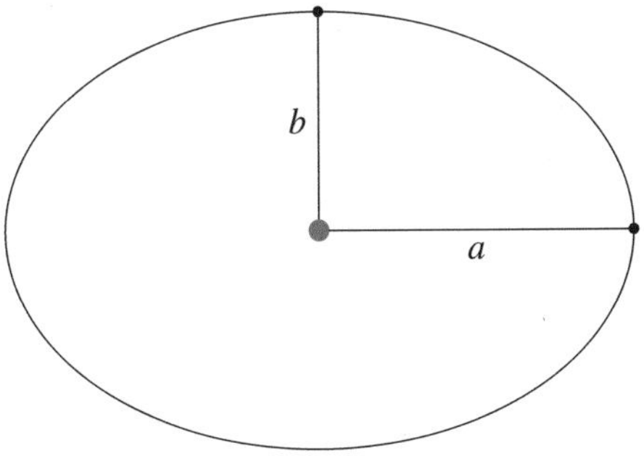


Abb. 3.27: Die Halbachsen sind die kürzeste und die längste Strecke vom Mittelpunkt einer Ellipse zu ihrem Rand. Wir nennen $a$ die große Halbachse und $b$ die kleine Halbachse.

**Drittes Kepler'sches Gesetz**

Die Quadrate der Umlaufzeiten zweier Planeten ($T_1$ und $T_2$) verhalten sich wie die Kuben der großen Halbachsen ($a_1$ und $a_2$) ihrer Ellipsenbahnen. Es gilt also

$$\left(\frac{T_1}{T_2}\right)^2 = \left(\frac{a_1}{a_2}\right)^3 \tag{3.156}$$

oder

$$\frac{T^2}{a^3} = C = const. \tag{3.157}$$

Wir nennen $C$ die Kepler-Konstante. Sie lässt sich aus der Masse $M$ des jeweiligen Sterns und der Gravitationskonstanten $G$ berechnen:

$$C = \frac{4\pi^2}{GM} \tag{3.158}$$

## 3.7 Alles auf einen Blick

### Massenpunkte und deren Bewegungen

Die Bahnkurve $\boldsymbol{r}(t)$ eines Massenpunktes wird Trajektorie genannt.

**Geschwindigkeit und Beschleunigung**

Die Geschwindigkeit ist die zeitliche Ableitung der Bahnkurve:

$$\dot{\boldsymbol{r}} = \boldsymbol{v}. \tag{3.5}$$

Die Beschleunigung ist die zeitliche Ableitung der Geschwindigkeit oder die zweite zeitliche Ableitung der Bahnkurve:

$$\ddot{\boldsymbol{r}} = \dot{\boldsymbol{v}} = \boldsymbol{a}. \tag{3.6}$$

Ist für eine Situation die Bahnkurve eines Massenpunktes bekannt, so können wir durch die Ableitung erst die Geschwindigkeit und danach die Beschleunigung des Teilchens zu jedem Zeitpunkt berechnen.

Geradlinige Bewegungen können in nur einer Dimension beschrieben werden. Wir ersetzen die Trajektorie $\boldsymbol{r}$ durch die eindimensionale zurückgelegte Strecke $s$.

**Geradlinige Bewegungen**

Folgende Zusammenhänge lassen sich für die speziellen geradlinigen Bewegungen finden:

- Im Falle einer konstanten Geschwindigkeit $v$ wird folgende Strecke zurückgelegt:

$$s = v \cdot t + s_0. \tag{3.10}$$

- Bei einer konstanten Beschleunigung $a$ gilt für die Geschwindigkeit

$$v = a \cdot t + v_0 \tag{3.11}$$

und für die Strecke

$$s = \frac{1}{2}at^2 + v_0 t + s_0. \tag{3.12}$$

Mithilfe der Galilei-Transformation können wir zwischen zwei Bezugssystemen wechseln.

**Galilei-Transformation**

In einem Bezugssystem $\mathscr{K}$ wird ein Ereignis durch die Koordinaten $\boldsymbol{r}$ und $t$ beschrieben. Ein zweites Bezugssystem $\mathscr{K}'$, welches sich im Vergleich zum ersten System mit konstanter Geschwindigkeit $\boldsymbol{v}$ bewegt, hat die Koordinaten $\boldsymbol{r}'$ und $t'$. Dann ist nach der Galilei-Transformation

$$\boldsymbol{r}' = \boldsymbol{r} - \boldsymbol{v} \cdot t \tag{3.14a}$$

$$t' = t. \tag{3.14b}$$

Dabei wird angenommen, dass die Zeit in beiden Systemen synchronisiert ist und dass beide Koordinatensysteme zur Zeit $t = 0$ identisch sind. Im allgemeineren Fall wäre $t' = t + t_0$ mit einer beliebigen Zeitverschiebung $t_0$.

### Kräfte

Die Newton'schen Axiome bilden die Grundlage der klassischen Mechanik, wie wir sie kennen. Sie definieren das Inertialsystem, die Kraft und die Gegenkraft.

**Erstes Newton'sches Axiom – Inertialsystem**

Ein Inertialsystem ist ein unbeschleunigtes Bezugssystem, in dem sich die Bewegung kräftefreier Teilchen nicht ändert.

**Zweites Newton'sches Axiom – Kraft**

Die Kraft

$$\boldsymbol{F} = \dot{\boldsymbol{p}} \tag{3.23}$$

ist definiert als zeitliche Änderung des Impulses

$$\boldsymbol{p} = m \cdot \boldsymbol{v}. \tag{3.24}$$

**Drittes Newton'sches Axiom – Gegenkraft**

Zu jeder Kraft (actio) gibt es auch eine genauso große Gegenkraft (reactio) mit umgekehrter Richtung. Daraus folgt, dass der Gesamtimpuls in abgeschlossenen Systemen erhalten bleibt.

**Masse**

Die Masse ist die Eigenschaft eines Körpers, die der Veränderung seiner Bewegung entgegenwirkt. Je größer die Masse ist, desto größer muss die Kraft sein, um eine bestimmte Beschleunigung zu erreichen.

Die Masse ist eine skalare, additive und stets positive Größe (es gibt keine negativen Massen). Das bedeutet, dass sich zwei Objekte mit verschiedenen Massen $m_1$ und $m_2$ zu einem kombinierten Objekt mit Masse $m = m_1 + m_2$ zusammenfassen lassen.

**Superposition von Kräften**

Wenn an einem Punkt $N$ Kräfte $\boldsymbol{F}_i$ mit $i \in \{1, \cdots, N\}$ wirken, dann berechnet sich die resultierende Gesamtkraft durch die Summe

$$\boldsymbol{F}_{\text{res}} = \sum_{i=1}^{N} \boldsymbol{F}_i. \tag{3.28}$$

Eine Bewegungsgleichung ist üblicherweise eine Differentialgleichung, die die Bewegung von einem oder mehreren Teilchen vorgibt. Die Lösung der Bewegungsgleichung ist die Trajektorie.

**Bewegungsgleichung**

Für ein Teilchen mit konstanter Masse $m$ ist die klassische Bewegungsgleichung gegeben durch

$$\frac{\mathrm{d}^2}{\mathrm{d}t^2}\boldsymbol{r}(t) = \frac{1}{m}\sum_{i=1}^{N} \boldsymbol{F}_i(t), \tag{3.31}$$

wobei $\boldsymbol{F}_i$ die Kräfte sind, die auf das Teilchen wirken. Das ist eine Differentialgleichung zweiter Ordnung, deren Lösungen nur durch zwei verschiedene Randbedingungen festgelegt sind: 1. den Ort und 2. die Geschwindigkeit zu einem Zeitpunkt. Das bedeutet, dass die gesamte Dynamik jedes klassischen physikalischen Systems durch die Angabe aller Anfangsorte und aller Anfangsgeschwindigkeiten festgelegt ist. Man nennt das Determinismus.

**Zentripetalkraft**

Ein Teilchen der Masse $m$ bewegt sich mit Geschwindigkeit $v$ auf einer Kreisbahn mit Radius $r$. Dann zeigt die Zentripetalkraft nach innen und hat den Betrag

$$F_{\text{Z}} = \frac{mv^2}{r}. \tag{3.33}$$

Mit der Winkelgeschwindigkeit $\omega = {}^{v}/_{r}$ gilt

$$F_{\text{Z}} = m\omega^2 r. \tag{3.34}$$

**Federkraft**

Gegeben ist eine Feder mit Ruhelänge $x_0$ und Federkonstante $D$. Wenn die Feder auf die Länge $x$ gebracht wird, dann kann die Federkraft durch

$$F_{\text{F}} = -D \cdot (x - x_0) \tag{3.35}$$

berechnet werden. Diesen Zusammenhang nennt man auch das Hooke'sche Gesetz.

**Gravitationskraft**

Gegeben sind zwei Massenpunkte mit den Massen $m_1$ und $m_2$ im Abstand $r$. Die Gravitationskraft, mit welcher sich die Massen gegenseitig anziehen, ist gegeben durch

$$F_{\text{G}} = \frac{G \cdot m_1 m_2}{r^2}. \tag{3.36}$$

Dabei ist

$$G = 6{,}674\,30 \cdot 10^{-11}\,\frac{\text{m}^3}{\text{kg} \cdot \text{s}^2} \tag{3.37}$$

die Gravitationskonstante (manchmal auch $\gamma$).

Die Gravitationskraft lässt sich auch vektoriell ausdrücken. Dafür befindet sich die erste Punktmasse am Ort $\boldsymbol{r}_1$ und die zweite am Ort $\boldsymbol{r}_2$. Die Kraft auf die erste Masse ist gegeben durch

$$\boldsymbol{F}_1 = G \cdot m_1 m_2 \cdot \frac{(\boldsymbol{r}_2 - \boldsymbol{r}_1)}{|\boldsymbol{r}_2 - \boldsymbol{r}_1|^3}. \tag{3.36}$$

Die Kraft auf den zweiten Massenpunkt ist $\boldsymbol{F}_2 = -\boldsymbol{F}_1$.

**Gravitationskraft kugelförmiger Massen**

Die Gravitationskraft außerhalb einer sphärisch symmetrischen (kugelförmigen) Massenverteilung ist genau gleich der Gravitationskraft eines Massenpunktes mit gleicher Masse an ihrem Mittelpunkt.

Eine ähnliche Regel findet sich auch innerhalb einer sphärisch symmetrischen Massenverteilung. Wenn wir die Gravitationskraft im Abstand $r$ vom Zentrum berechnen möchten, dann denken wir uns eine Kugel mit Radius $r$. Die Masse innerhalb dieser Kugel ist $m(r)$. Die Gravitationskraft auf eine kleine Testmasse $m_{\text{T}}$ ist nun genauso groß wie die Kraft, die von einer Punktmasse $m(r)$ am Zentrum hervorgerufen würde:

$$F = \frac{Gm(r)\,m_{\text{T}}}{r^2}. \tag{3.39}$$

3

**Gewichtskraft**

Die Gewichtskraft, die Objekte auf der Erde nach unten beschleunigt, ist gegeben durch

$$F_g = m \cdot g \tag{3.40}$$

mit der Masse $m$ des Objekts und der Gravitationsbeschleunigung $g$. Auf der Erdoberfläche beträgt letztere ungefähr

$$g = 9{,}81\,\frac{\mathrm{m}}{\mathrm{s}^2}. \tag{3.41}$$

Es handelt sich hierbei um eine Näherung des Newton'schen Gravitationsgesetzes.

**Reibungskraft**

Ein fester Körper liegt auf einer Oberfläche. Es gelten folgende Zusammenhänge für die verschiedenen Reibungsarten:

- Gleitreibung:
$$F_{\text{Gleit}} = \mu_G \cdot F_N \tag{3.45}$$
- Haftreibung:
$$F_{\text{Haft}} = \mu_H \cdot F_N \tag{3.46}$$
- Rollreibung:
$$F_{\text{Roll}} = \mu_R \cdot F_N. \tag{3.47}$$

Dabei ist $F_N$ die Kraft, mit welcher der Körper gegen die Oberfläche drückt. Die unterschiedlichen Reibungskoeffizienten hängen von den Kontaktflächen zwischen Körper und Oberfläche ab.

Üblicherweise gilt für einen Körper auf einer Oberfläche

$$\mu_H > \mu_G\ (> \mu_R). \tag{3.48}$$

Letzteres gilt nur, wenn der Körper ausreichend rund ist, sodass er auch rollen kann. Reibungskräfte wirken immer entgegen der Bewegungsrichtung.

**Dämpfungskraft**

Die Dämpfungskraft $\boldsymbol{F}_D$ ist von der Geschwindigkeit $\boldsymbol{v}$ eines Körpers abhängig. Es ist

$$\boldsymbol{F}_D = -\gamma \cdot \boldsymbol{v} \tag{3.49}$$

mit der Dämpfungskonstante $\gamma$.

Wenn sich in einem System zwei Teilchen befinden, dann können wir das Problem mithilfe der reduzierten Masse auf ein Einteilchensystem zurückführen.

**Reduzierte Masse**

Gegeben ist ein abgeschlossenes System mit zwei Teilchen an den Positionen $\boldsymbol{r}_1$ und $\boldsymbol{r}_2$ und der Kraft $\boldsymbol{F}_{12}$ auf das erste Teilchen (ausgeübt vom zweiten Teilchen). Ein solches System lässt sich mithilfe der Relativkoordinate $\boldsymbol{r}_{12} = \boldsymbol{r}_1 - \boldsymbol{r}_2$ und der reduzierten Masse

$$\mu = \frac{m_1 \cdot m_2}{m_1 + m_2} \tag{3.55}$$

auf ein effektives Einteilchenproblem mit der Bewegungsgleichung

$$\boldsymbol{F}_{12} = \mu \cdot \ddot{\boldsymbol{r}}_{12} \tag{3.56}$$

reduzieren.

Wenn zwei Massen $m_1$ und $m_2$ mit Geschwindigkeit $v_1$ und $v_2$ zusammenstoßen und aneinanderhaften, sprechen wir von einem inelastischen Stoß. Dabei ist der Gesamtimpuls eine Erhaltungsgröße. Die gemeinsame Endgeschwindigkeit der Massen ist dann

$$v' = \frac{m_1 v_1 + m_2 v_2}{m_1 + m_2}. \tag{3.57}$$

## Kreisbewegungen

**Kreisbewegung**

Kreisbewegungen lassen sich in Polarkoordinaten beschreiben. Dabei wird die Position eines Teilchens durch seinen Radius $R$ und seinen Winkel $\varphi(t)$ angegeben. Wir nennen $\omega = \dot{\varphi}(t)$ die Winkelgeschwindigkeit oder Kreisfrequenz und $\alpha = \dot{\omega}$ die Winkelbeschleunigung.

Für Kreisbewegungen mit konstanter Geschwindigkeit können wir die Periodendauer $T$ als die Zeit definieren, nach der sich der Massenpunkt einmal im Kreis bewegt hat. Wir nennen dann $f = 1/T$ die Frequenz und es gilt für die Kreisfrequenz $\omega = 2\pi f$.

Im Allgemeinen beschreiben wir die Teilchenbewegung auf der Kreisbahn folgendermaßen:

- Der Ort des Teilchens berechnet sich durch
$$\boldsymbol{r}(t) = R \cdot \begin{pmatrix} \cos(\varphi(t)) \\ \sin(\varphi(t)) \end{pmatrix}. \tag{3.67}$$
- Die Geschwindigkeit wird durch
$$\boldsymbol{v}(t) = \dot{\boldsymbol{r}}(t) = R \cdot \dot{\varphi}(t) \cdot \begin{pmatrix} -\sin(\varphi(t)) \\ \cos(\varphi(t)) \end{pmatrix} \tag{3.68}$$
berechnet.

- Die Beschleunigung berechnet sich durch

$$a(t) = \dot{v}(t) = \dot{\omega}(t)\frac{v(t)}{\omega(t)} - \omega^2(t)\cdot r(t) \quad (3.69)$$

$$= a_t + a_Z \quad (3.70)$$

und setzt sich aus der Tangentialbeschleunigung

$$a_t = R\cdot\dot{\omega}\cdot\hat{v} \quad (3.71)$$

und der Zentripetalbeschleunigung

$$a_Z = -\omega^2\cdot r \quad (3.72)$$

zusammen.

**Drehimpuls und Drehmoment**

Der Drehimpuls eines Massenpunktes auf einer Kreisbahn ist durch

$$L = r\times p \quad (3.76)$$

definiert. Die zeitliche Änderung des Drehimpulses ist das Drehmoment

$$M = \dot{L} = r\times F. \quad (3.77)$$

**Drehimpulserhaltung**

In abgeschlossenen Systemen ohne äußere Kräfte ist der Drehimpuls immer zeitlich konstant, das heißt erhalten. Wenn in einem System Kräfte von außen wirken, dann ist der Drehimpuls bezüglich eines bestimmten Punktes nur dann erhalten, wenn die Kräfte immer in Richtung dieses Punktes (oder davon weg) zeigen. Man spricht dann von Zentralkräften.

**Trägheitsmoment**

Das Trägheitsmoment

$$J = m\cdot r^2 \quad (3.82)$$

eines Massenpunktes beschreibt seine Fähigkeit, einer Änderung seiner Kreisbewegung entgegenzuwirken.

Für das Drehmoment gilt

$$M = J\dot{\omega}. \quad (3.83)$$

Der Drehimpuls kann durch

$$L = J\omega \quad (3.84)$$

berechnet werden.

**Trägheitstensor**

Wir betrachten ein Teilchen mit Masse $m$ auf einer Kreisbahn mit Winkelgeschwindigkeit $\omega$. Wir wählen den Koordinatenursprung auf der Rotationsachse. Der Vektor $r$ mit den Komponenten $x$, $y$ und $z$ gebe den Ort des Teilchens an.

Der Drehimpuls $L = mr\times v$ des Teilchens bezüglich des Koordinatenursprungs kann dann mithilfe des Trägheitstensors

$$J = m\begin{pmatrix} (y^2+z^2) & -xy & -xz \\ -xy & (x^2+z^2) & -yz \\ -xz & -yz & (x^2+y^2) \end{pmatrix} \quad (3.95)$$

berechnet werden. Dann ist $L = J\omega$.

## Mechanik in bewegten Bezugssystemen – Scheinkräfte

**Inertialsystem**

Inertialsysteme sind Systeme, in denen keine Scheinkräfte auftreten.

**Scheinkraft**

Scheinkräfte sind Kräfte, die nur in Bezugssystemen auftreten, die keine Inertialsysteme sind.

- Die Trägheitskraft tritt in beschleunigten Bezugssystemen auf. Hat das Bezugssystem verglichen mit einem Inertialsystem die Beschleunigung $a_S$, so beträgt die auftretende Trägheitskraft

$$F_T = -ma_S. \quad (3.102)$$

- Die Zentrifugalkraft tritt in rotierenden Bezugssystemen auf. Dreht sich ein Bezugssystem mit Kreisfrequenz $\omega$ um seinen Koordinatenursprung, so beträgt die Zentrifugalkraft

$$F_{Zf} = -m\omega\times(\omega\times r). \quad (3.103)$$

- Auch die Corioliskraft tritt in rotierenden Bezugssystemen auf. Dreht sich ein Bezugssystem mit Kreisfrequenz $\omega$ um seinen Koordinatenursprung, so beträgt die Corioliskraft

$$F_C = -2m(\omega\times v). \quad (3.104)$$

Sie hängt von der Geschwindigkeit $v$ des beobachteten Körpers in diesem Bezugssystem ab.

3

Die horizontale Komponente der Corioliskraft ergibt sich auf der Erde für horizontale Bewegungen in Abhängigkeit vom Breitengrad $B$ durch

$$F_{\mathrm{C,\,hor}} = 2mv\omega\sin(B)\,. \tag{3.105}$$

Dabei ist für die Erde $\omega = \frac{2\pi}{24\,\mathrm{h}}$.

## Energie und Arbeit

### Energie und Arbeit

Wenn eine Kraft $\boldsymbol{F}$ entlang eines kurzen Weges $\mathrm{d}\boldsymbol{s}$ auf einen Massenpunkt wirkt, dann wird dabei die Arbeit $\mathrm{d}W = \boldsymbol{F}\cdot\mathrm{d}\boldsymbol{s}$ geleistet. Über einen langen Weg mit ortsabhängiger Kraft gilt

$$W = \int_A^B \boldsymbol{F}(\boldsymbol{s})\cdot\mathrm{d}\boldsymbol{s}. \tag{3.109}$$

Energie ist die Fähigkeit, Arbeit zu leisten. Wenn am Massenpunkt Arbeit geleistet wird, verändert sich seine Energie.

### Leistung

Die Leistung

$$P = \frac{\mathrm{d}W}{\mathrm{d}t} \tag{3.113}$$

gibt die Arbeit an, die pro Zeiteinheit geleistet wird. In mechanischen Systemen kann sie durch

$$P = \boldsymbol{F}\cdot\boldsymbol{v} \tag{3.114}$$

berechnet werden.

### Konservatives Kraftfeld

Für konservative Kraftfelder $\boldsymbol{F}(\boldsymbol{r})$ verschwindet die Rotation

$$\mathrm{rot}(\boldsymbol{F}(\boldsymbol{r})) = \boldsymbol{0}. \tag{3.119}$$

In einem solchen Feld ist die an einem Massenpunkt geleistete Arbeit wegunabhängig. Entlang eines geschlossenen Weges wird keine Arbeit geleistet.

### Potential

In konservativen Kraftfeldern können wir das Potential $V(\boldsymbol{r})$ definieren:

$$V(\boldsymbol{r}) = -\int_{\boldsymbol{r}_0}^{\boldsymbol{r}} \boldsymbol{F}(\boldsymbol{s})\cdot\mathrm{d}\boldsymbol{s}. \tag{3.121}$$

Dieses Skalarfeld gibt eine Energie an jedem Ort an. So lässt sich die geleistete Arbeit entlang jedes Weges einfach durch die Energiedifferenzen der Endpunkte des Weges berechnen.

Zu jedem Potential kann eine beliebige konstante Energie addiert werden.

### Verschiedene Potentiale

- Gravitationspotential:

$$V_{\mathrm{G}}(r) = -\frac{GMm}{r}. \tag{3.129}$$

- Lageenergie:

$$V_{\mathrm{L}}(h) = mgh. \tag{3.130}$$

- Federenergie:

$$V_{\mathrm{F}}(x) = \frac{D}{2}(x-x_0)^2\,. \tag{3.131}$$

### Kraft aus Potential

Aus einem Potential $V(\boldsymbol{r})$ kann die Kraft $\boldsymbol{F}(\boldsymbol{r})$ berechnet werden durch

$$\boldsymbol{F}(\boldsymbol{r}) = -\,\mathrm{grad}(V(\boldsymbol{r}))\,. \tag{3.137}$$

### Kinetische Energie

Die kinetische Energie eines Körpers hängt von dessen Masse $m$ und Geschwindigkeit $v$ ab. Sie berechnet sich durch

$$E_{\mathrm{kin}} = \frac{1}{2}mv^2. \tag{3.138}$$

**Rotationsenergie**

Die Rotationsenergie eines Teilchens auf einer Kreisbahn lässt sich über die Winkelgeschwindigkeit $\omega$ und das Trägheitsmoment $J$ ausdrücken:

$$E_{\text{rot}} = \frac{1}{2} J\omega^2. \tag{3.140}$$

**Energieerhaltung**

Die Gesamtenergie ist in abgeschlossenen Systemen immer konstant. In unserem Fall stellen wir uns unter einem abgeschlossenen System ein System mit konservativem Kraftfeld vor. Die Gesamtenergie ist dann die Summe aus potentieller und kinetischer Energie.

## Gravitation

Die Kepler'schen Gesetze beschreiben die Bewegungen von Planeten um einen Stern. Sie beruhen nicht nur auf empirischen Beobachtungen, sondern lassen sich auch mithilfe der Newton'schen Mechanik und des Gravitationsgesetzes herleiten.

**Erstes Kepler'sches Gesetz**

Planeten bewegen sich auf elliptischen Bahnen. In einem der Brennpunkte der Ellipse befindet sich die Sonne.

Allgemeiner können wir sagen, dass sich Himmelskörper, die sich im Gravitationsfeld eines Sterns befinden, auf Bahnen bewegen, die durch Kegelschnitte beschrieben werden. In Abhängigkeit von ihrer Energie bewegen sie sich auf Ellipsen, Parabeln oder Hyperbeln.

Wenn zwei Massen $m_1$ und $m_2$ mit den Geschwindigkeiten $v_1$ und $v_2$ in einer Dimension elastisch zusammenstoßen, dann bleiben der Gesamtimpuls und die Gesamtenergie erhalten. Die Endgeschwindigkeiten der Massen sind

$$v_1' = 2\frac{m_1 v_1 + m_2 v_2}{m_1 + m_2} - v_1 \tag{3.146a}$$

$$v_2' = 2\frac{m_1 v_1 + m_2 v_2}{m_1 + m_2} - v_2. \tag{3.146b}$$

**Zweites Kepler'sches Gesetz**

Ein von der Sonne zum Planeten gezogener Fahrstrahl überstreicht in gleichen Zeiten gleich große Flächen. Das ist eine Konsequenz, die sich aus der Drehimpulserhaltung im System ergibt.

**Drittes Kepler'sches Gesetz**

Die Quadrate der Umlaufzeiten zweier Planeten ($T_1$ und $T_2$) verhalten sich wie die Kuben der großen Halbachsen ($a_1$ und $a_2$) ihrer Ellipsenbahnen. Es gilt also

$$\left(\frac{T_1}{T_2}\right)^2 = \left(\frac{a_1}{a_2}\right)^3 \tag{3.156}$$

oder

$$\frac{T^2}{a^3} = C = const. \tag{3.157}$$

Wir nennen $C$ die Kepler-Konstante. Sie lässt sich aus der Masse $M$ des jeweiligen Sterns und der Gravitationskonstanten $G$ berechnen:

$$C = \frac{4\pi^2}{GM} \tag{3.158}$$

## 3.8 Übungsaufgaben

### Einführungsaufgabe 1

**Bewegung mit konstanter Geschwindigkeit** □

Ein Massenpunkt bewegt sich geradlinig mit einer Geschwindigkeit von 5 m/s.

a) Welche Strecke legt er in einer Zeit von 7 s zurück?

b) Welche Strecke legt er in einer Zeit von 7 min zurück?

c) Welche Strecke legt er in einer Zeit von 7 h zurück?

3

### Einführungsaufgabe 2

**Bewegung mit konstanter Geschwindigkeit** □

Ein Massenpunkt bewegt sich geradlinig und legt in einer Zeit $\Delta t$ eine Strecke $\Delta s$ zurück.

a) Nehmen Sie an, der Massenpunkt habe eine konstante Geschwindigkeit. Wie groß ist diese?

b) Wie groß ist die Durchschnittsgeschwindigkeit des Massenpunktes auf besagter Strecke, falls seine Geschwindigkeit nicht konstant ist?

c) Berechnen Sie die oberen Werte für $\Delta t = 20\,\mathrm{s}$ und $\Delta s = 100\,\mathrm{m}$.

### Einführungsaufgabe 3

**Bewegung mit konstanter Beschleunigung** □

Ein Massenpunkt bewegt sich geradlinig. Zu Beginn sei er in Ruhe und werde dann mit einer konstanten Beschleunigung von $3\,\mathrm{m/s^2}$ beschleunigt.

a) Welche Geschwindigkeit hat der Massenpunkt nach 5 s?

b) Welche Strecke hat der Massenpunkt nach 5 s zurückgelegt?

c) In einem anderen Experiment habe der Massenpunkt zu Beginn bereits eine Geschwindigkeit von 4 m/s. Was sind jetzt seine Geschwindigkeit und zurückgelegte Strecke nach 5 s?

### Einführungsaufgabe 4

**Zusammengesetzte Bewegungen** □

Ein Massenpunkt bewegt sich zunächst 3 s mit einer Geschwindigkeit von 6 m/s. Anschließend bewegt er sich für eine Dauer von 4 s mit einer Geschwindigkeit von 3 m/s und bremst dann 5 s lang gleichförmig bis zum Stillstand.

a) Zeichnen sie das $v$-$t$-Diagramm der Bewegung.

b) Wie groß ist die Beschleunigung des Massenpunktes im dritten Abschnitt?

c) Welche Strecke legt der Massenpunkt jeweils in den drei Abschnitten zurück? Wie groß ist die zurückgelegte Gesamtstrecke?

### Einführungsaufgabe 5

**Bewegungen mit gegebenem Streckenverlauf** □

Ein Massenpunkt bewegt sich in einer Dimension.

a) Seine Bahnkurve sei gegeben durch

$$s(t) = c_1 t^5 + c_2 \sin(c_3 t)$$

mit den Konstanten $c_1$, $c_2$ und $c_3$. Was ist die Geschwindigkeit des Punktes in Abhängigkeit von der Zeit $t$? Wie groß ist seine Beschleunigung in Abhängigkeit von der Zeit $t$?

b) Seine Bahnkurve sei gegeben durch

$$s(t) = c_1 \cos(\sin(c_2 t)) + c_3 e^{c_4 t}$$

mit den Konstanten $c_1$, $c_2$, $c_3$ und $c_4$. Was ist die Geschwindigkeit des Punktes in Abhängigkeit von der Zeit $t$? Wie groß ist seine Beschleunigung in Abhängigkeit von der Zeit $t$?

### Einführungsaufgabe 6

**Bewegungen mit gegebener Geschwindigkeit** □

Ein Massenpunkt bewegt sich in einer Dimension und startet seine Bewegung zum Zeitpunkt $t = 0\,\mathrm{s}$.

a) Sein Geschwindigkeitsverlauf sei gegeben durch

$$v(t > 0) = A \cdot t^2.$$

Dabei sei $A$ eine Konstante mit der Dimension $\mathrm{Länge}/\mathrm{Zeit}^3$. Was ist die Beschleunigung des Punktes in Abhängigkeit von der Zeit $t$? Wie groß ist seine zurückgelegte Strecke in Abhängigkeit von der Zeit $t$?

b) Sein Geschwindigkeitsverlauf sei gegeben durch

$$v(t > 0) = A \cdot \sin(\omega \cdot t)$$

mit einer Konstante $A$. $\omega$ sei eine beliebige Frequenz mit Dimension $1/\mathrm{Zeit}$. Was ist die Beschleunigung des Punktes in Abhängigkeit von der Zeit $t$? Wie groß ist seine zurückgelegte Strecke in Abhängigkeit von der Zeit $t$?

### Einführungsaufgabe 7

**Bewegungen mit gegebener Beschleunigung** □

Ein Massenpunkt bewegt sich in einer Dimension und starte seine Bewegung zum Zeitpunkt $t = 0\,\mathrm{s}$ in Ruhe.

a) Sein Beschleunigungsverlauf sei gegeben durch

$$a(t > 0) = B \cdot t - C$$

mit den Konstanten $B$ und $C$. Was ist die Geschwindigkeit des Punktes in Abhängigkeit von der Zeit $t$? Wie groß ist seine zurückgelegte Strecke in Abhängigkeit von der Zeit $t$?

b) Sein Beschleunigungsverlauf sei gegeben durch

$$a(t > 0) = D \cdot \sin^2(Et) .$$

Was ist die Geschwindigkeit des Punktes in Abhängigkeit von der Zeit $t$? Wie groß ist seine zurückgelegte Strecke in Abhängigkeit von der Zeit $t$?

## Einführungsaufgabe 8

**Bewegungen in mehreren Dimensionen** ☐

Ein Massenpunkt bewegt sich in drei Dimensionen mit der Geschwindigkeit

$$\boldsymbol{v}(t) = v_0 \cdot \begin{pmatrix} t/\tau \\ \cos(\omega \cdot t) \\ \exp(-\gamma \cdot t) \end{pmatrix} .$$

Die Konstanten $\omega$ und $\gamma$ haben die Dimension einer Frequenz. Die Konstante $\tau$ hat die Dimension einer Zeit.

a) Berechnen Sie die Beschleunigung des Massenpunktes in Abhängigkeit von der Zeit.

b) Der Massenpunkt starte zum Zeitpunkt $t = 0\,\mathrm{s}$ am Ort

$$\boldsymbol{r}(0\,\mathrm{s}) = \begin{pmatrix} x_0 \\ y_0 \\ z_0 \end{pmatrix} .$$

An welchem Ort befindet er sich zu einem beliebigen Zeitpunkt $t > 0\,\mathrm{s}$?

c) Berechnen Sie die Werte aus den vorangegangenen Teilaufgaben für die folgenden Konstanten: $v_0 = 3\,\mathrm{m/s}$, $\tau = 1\,\mathrm{s}$, $\omega = 2\pi/\mathrm{s}$, $\gamma = 2/\mathrm{s}$, $x_0 = 1\,\mathrm{m}$, $y_0 = 2\,\mathrm{m}$, $z_0 = -3\,\mathrm{m}$.

## Einführungsaufgabe 9

**Galilei-Transformation** ☐

Ein Zug bewegt sich mit $100\,\mathrm{km/h}$ an einem Bahnsteig vorbei. Im Zug rollt ein Ball mit $3\,\mathrm{m/s}$ nach vorne. Wie schnell bewegt sich der Ball im Ruhesystem des Bahnhofs?

## Einführungsaufgabe 10

**Kraft und Beschleunigung** ☐

Auf einen Massenpunkt mit Masse $m = 5\,\mathrm{kg}$ wirkt die Kraft

$$\boldsymbol{F} = \begin{pmatrix} 2\,\mathrm{N} \\ 30\,\mathrm{mN} \\ 4\,\mathrm{MN} \end{pmatrix} .$$

a) Berechnen Sie die Beschleunigung $\boldsymbol{a}$, die auf den Massenpunkt wirkt.

b) Zum Zeitpunkt $t = 0\,\mathrm{s}$ sei der Massenpunkt in Ruhe. Welche Geschwindigkeit $\boldsymbol{v}$ erreicht er zum Zeitpunkt $t = 5\,\mathrm{s}$?

c) Welche Strecke $\boldsymbol{s}$ hat er in dieser Zeit zurückgelegt?

## Einführungsaufgabe 11

**Masse** ☐

Auf einen Massenpunkt wirkt eine Kraft von $3\,\mathrm{N}$. Dadurch wird er aus der Ruhe beschleunigt und erreicht nach $5\,\mathrm{s}$ eine Geschwindigkeit von $10\,\mathrm{m/s}$.

a) Wie groß ist die Masse des Massenpunktes?

b) Ein anderer Massenpunkt wird von der gleichen Kraft aus der Ruhe beschleunigt und legt innerhalb von $10\,\mathrm{s}$ eine Strecke von $30\,\mathrm{m}$ zurück. Wie groß ist seine Masse?

## Einführungsaufgabe 12

**Federkraft** ☐

a) Eine Feder mit Federkonstante $D = 3\,\mathrm{N/m}$ wird um $20\,\mathrm{cm}$ gestreckt. Wie groß ist die dafür nötige Kraft?

b) Eine andere Feder wird durch eine Kraft von $3\,\mathrm{N}$ um eine Länge von $4\,\mathrm{cm}$ gestaucht. Wie groß ist die Federkonstante?

c) An einer Feder mit Federkonstante $D = 1\,\mathrm{N/m}$ hängt eine Masse, wodurch die Feder um $7\,\mathrm{cm}$ aus der Ruhelage gestreckt wird. Wie groß ist die Masse? Wie stark würde die Feder gestreckt, wenn das Experiment nicht auf der Erde, sondern auf dem Mond (Jupiter) durchgeführt wird? (Gravitationsbeschleunigung: $g_{\mathrm{Mond}} = 1{,}62\,\mathrm{m/s^2}$, $g_{\mathrm{Jupiter}} = 24{,}79\,\mathrm{m/s^2}$)

## Einführungsaufgabe 13

**Schwerpunkt** ☐

Drei Massenpunkte $m_1 = 2\,\mathrm{kg}$, $m_2 = 3\,\mathrm{kg}$ und $m_3 = 4\,\mathrm{kg}$ befinden sich an den Orten

$$\boldsymbol{r}_1 = \begin{pmatrix} 1\,\mathrm{m} \\ 2\,\mathrm{m} \\ 3\,\mathrm{m} \end{pmatrix}, \quad \boldsymbol{r}_2 = \begin{pmatrix} 1\,\mathrm{m} \\ -5\,\mathrm{m} \\ -7\,\mathrm{m} \end{pmatrix}, \quad \boldsymbol{r}_3 = \begin{pmatrix} 0\,\mathrm{m} \\ 2\,\mathrm{m} \\ 4\,\mathrm{m} \end{pmatrix} .$$

a) Wo befindet sich der Massenschwerpunkt des Systems?

b) Die Massenpunkte haben die Geschwindigkeiten

$$\boldsymbol{v}_1 = \begin{pmatrix} 0\,\frac{\mathrm{m}}{\mathrm{s}} \\ 1\,\frac{\mathrm{m}}{\mathrm{s}} \\ 4\,\frac{\mathrm{m}}{\mathrm{s}} \end{pmatrix}, \quad \boldsymbol{v}_2 = \begin{pmatrix} -6\,\frac{\mathrm{m}}{\mathrm{s}} \\ -5\,\frac{\mathrm{m}}{\mathrm{s}} \\ 3\,\frac{\mathrm{m}}{\mathrm{s}} \end{pmatrix}, \quad \boldsymbol{v}_3 = \begin{pmatrix} 0\,\frac{\mathrm{m}}{\mathrm{s}} \\ 0\,\frac{\mathrm{m}}{\mathrm{s}} \\ 0\,\frac{\mathrm{m}}{\mathrm{s}} \end{pmatrix} .$$

Geben Sie die Geschwindigkeit des Schwerpunktes an.

## Einführungsaufgabe 14

**Zentripetalkraft** ☐

Ein Massenpunkt mit Masse $1\,\mathrm{kg}$ bewegt sich auf einer Kreisbahn (Radius $0{,}5\,\mathrm{m}$). Seine Geschwindigkeit beträgt $1\,\mathrm{m/s}$.

a) Wie groß ist die Zentripetalkraft, die den Massenpunkt auf seiner Kreisbahn hält?

b) Wie ändert sich die Zentripetalkraft, wenn sich der Massenpunkt mit der doppelten Geschwindigkeit bewegt?

3

### Einführungsaufgabe 15

**Konstante Winkelgeschwindigkeit** □

Ein Massenpunkt bewegt sich auf einer Kreisbahn mit konstanter Winkelgeschwindigkeit $\omega = 3\,\mathrm{rad/s}$.

a) Wie groß ist der Winkel, den der Massenpunkt nach $4\,\mathrm{s}$ zurückgelegt hat?

b) Nach welcher Zeit hat der Massenpunkt eine ganze Umdrehung gemacht?

c) Der Massenpunkt befindet sich zur Zeit $t = 0\,\mathrm{s}$ bei einem Winkel von $35°$. Bei welchem Winkel befindet er sich zur Zeit $t = 3\,\mathrm{min}$?

### Einführungsaufgabe 16

**Polarkoordinaten und kartesische Koordinaten** □

Ein Massenpunkt bewegt sich auf einer Kreisbahn um den Koordinatenursprung. Zur Zeit $t = 0$ befindet er sich an der Position

$$\boldsymbol{r}(t_0) = \begin{pmatrix} 1 \\ 0 \end{pmatrix} \mathrm{m}$$

und hat die Geschwindigkeit

$$\boldsymbol{v}(t_0) = \begin{pmatrix} 0 \\ -2 \end{pmatrix} \frac{\mathrm{m}}{\mathrm{s}}.$$

a) Berechnen Sie die Winkelgeschwindigkeit $\omega(t_0)$.

b) Der Massenpunkt erfährt nun die konstante Winkelbeschleunigung $\alpha = 1\,\mathrm{rad/s}$. Zu welchem Zeitpunkt ist er in Ruhe?

c) An welcher Stelle befindet sich der Massenpunkt dann? Geben Sie das Ergebnis auch in kartesischen Koordinaten an.

### Einführungsaufgabe 17

**Zentripetalbeschleunigung** □

Ein Massenpunkt bewegt sich mit Geschwindigkeit $v$ auf einer Kreisbahn mit Radius $r$.

a) Wie groß ist seine Winkelgeschwindigkeit?

b) Wie groß ist die wirkende Zentripetalbeschleunigung?

c) Es sei $v = 4\,\mathrm{m/s}$ und der Radius $r = 2\,\mathrm{m}$. Der Massenpunkt habe die Masse $m = 3\,\mathrm{kg}$. Wie groß sind die Winkelgeschwindigkeit und die Zentripetalbeschleunigung? Wie groß ist die wirkende Zentripetalkraft?

### Einführungsaufgabe 18

**Drehimpuls** □

Ein Massenpunkt mit Masse $m = 1\,\mathrm{kg}$ bewegt sich auf einer Kreisbahn mit Geschwindigkeit $v = 2\,\mathrm{m/s}$ und Radius $r = 3\,\mathrm{m}$. Wie groß ist der Drehimpuls bezüglich des Kreismittelpunktes?

### Einführungsaufgabe 19

**Drehmoment** □

Ein Massenpunkt mit Masse $m = 7\,\mathrm{kg}$ bewegt sich auf einer Kreisbahn mit Winkelgeschwindigkeit $\omega = -4\,\mathrm{rad/s}$. Der Radius der Bahn sei $r = 1\,\mathrm{m}$ und es wirkt das Drehmoment $M = 2\,\mathrm{Nm}$ um den Mittelpunkt.

a) Wie groß ist die Winkelgeschwindigkeit nach $5\,\mathrm{s}$?

b) Welchen Winkel hat der Massenpunkt nach $3\,\mathrm{s}$ zurückgelegt?

c) Welche Strecke hat der Massenpunkt nach $13\,\mathrm{s}$ zurückgelegt? (Beachten Sie hier nicht den Weg, den sich der Massenpunkt hin und wieder zurück bewegt. Ganze Umdrehungen der Kreisbahn werden aber mitgezählt.)

### Einführungsaufgabe 20

**Drehbewegungen in drei Dimensionen** □

Ein Massenpunkt der Masse $m = 3\,\mathrm{kg}$ führt in drei Dimensionen eine Kreisbewegung mit Radius $r = 4\,\mathrm{m}$ aus. Es ist

$$\boldsymbol{\omega}(0\,\mathrm{s}) = \begin{pmatrix} 3 \\ 1 \\ -7 \end{pmatrix} \frac{\mathrm{rad}}{\mathrm{s}}.$$

a) Es wirkt ein Drehmoment um den Mittelpunkt von

$$\boldsymbol{M} = \begin{pmatrix} -1{,}5 \\ -0{,}5 \\ 3{,}5 \end{pmatrix} \mathrm{Nm}.$$

Beschreiben Sie die Änderung der Kreisbewegung. Berechnen Sie die Funktion des Drehimpulses $\boldsymbol{L}(t)$ für Zeiten $t > 0$. Gibt es einen Zeitpunkt, zu dem der Massenpunkt in Ruhe ist?

b) In einem anderen Experiment wirkt ein Drehmoment um den Mittelpunkt von

$$\boldsymbol{M} = \begin{pmatrix} 1 \\ 2 \\ 3 \end{pmatrix} \mathrm{Nm}.$$

Beschreiben Sie die Änderung der Kreisbewegung. Berechnen Sie die Funktion des Drehimpulses $\boldsymbol{L}(t)$ für Zeiten $t > 0$. Gibt es einen Zeitpunkt, zu dem der Massenpunkt in Ruhe ist?

## Einführungsaufgabe 21

**Trägheitstensor** ☐

Ein Teilchen mit Masse 5 kg befindet sich am Ort

$$\boldsymbol{r} = \begin{pmatrix} 3 \\ -1 \\ 5 \end{pmatrix} \text{m}.$$

a) Berechnen Sie den Trägheitstensor des Teilchens bezüglich des Ursprungs.

b) Berechnen Sie den Trägheitstensor des Teilchens bezüglich des Punktes

$$\boldsymbol{r}_0 = \begin{pmatrix} 1 \\ 2 \\ 3 \end{pmatrix} \text{m}.$$

## Einführungsaufgabe 22

**Trägheitskraft** ☐

In einem Aufzug mit Kabinenhöhe 250 cm ist an der Decke ein kleines Gewicht befestigt.

a) Der Aufzug bewegt sich mit konstanter Geschwindigkeit $v$ nach oben. Das Gewicht wird fallen gelassen. Wie lange benötigt es, bis es am Boden des Aufzugs aufkommt?

b) Nun beschleunigt der Aufzug mit $a = 3\,\text{m/s}^2$ nach unten. Wie lange benötigt das Gewicht jetzt, bis es auf dem Boden des Aufzugs aufkommt?

c) Ein anderer Aufzug bewegt sich nicht vertikal, sondern horizontal und wird mit $a = 1\,\text{m/s}^2$ beschleunigt. Wie weit ist der Punkt, an dem das Gewicht den Boden trifft, entfernt von dem Punkt, der sich direkt unterhalb der Aufhängung befindet?

## Einführungsaufgabe 23

**Zentrifugalbeschleunigung** ☐

Eine Zentrifuge dreht sich mit 700 Umdrehungen pro Minute. Wie groß ist die Zentripetalbeschleunigung im Abstand $r = 5\,\text{cm}$ von der Drehachse?

## Einführungsaufgabe 24

**Zentrifugalkraft** ☐

Ein Koordinatensystem rotiert mit

$$\boldsymbol{w} = \begin{pmatrix} 3 \\ 4 \\ -5 \end{pmatrix} \frac{1}{\text{s}}$$

um seinen Ursprung.

a) Wie groß ist die Zentrifugalkraft auf ein Teilchen der Masse $m = 2\,\text{kg}$, welches sich am Ort

$$\boldsymbol{r} = \begin{pmatrix} 0 \\ 2 \\ -1 \end{pmatrix} \text{m}$$

befindet?

b) Wie groß ist die Zentrifugalkraft auf das Teilchen, wenn sich das Koordinatensystem nicht um den Ursprung, sondern um den Punkt

$$\boldsymbol{R} = \begin{pmatrix} -3 \\ -1 \\ 5 \end{pmatrix} \text{m}$$

dreht?

## Einführungsaufgabe 25

**Corioliskraft** ☐

Ein Koordinatensystem dreht sich mit

$$\boldsymbol{\omega} = \begin{pmatrix} 1 \\ 1 \\ -2 \end{pmatrix} \frac{1}{\text{s}}$$

um seinen Ursprung. Wie groß ist die Corioliskraft, die auf ein Teilchen mit Masse $m = 1\,\text{kg}$ wirkt, welches sich mit der Geschwindigkeit

$$\boldsymbol{v} = \begin{pmatrix} 1 \\ 2 \\ 3 \end{pmatrix} \frac{\text{m}}{\text{s}}$$

bewegt?

## Einführungsaufgabe 26

**Corioliskraft auf der Erdoberfläche** ☐

Ein Zug wiegt 670 t und bewegt sich mit einer Geschwindigkeit von $300\,\text{km/h}$. Berechnen Sie die horizontale Komponente der Corioliskraft, die auf den Zug wirkt, wenn er

a) an Stuttgart vorbeifährt (Breitengrad: 49°).

b) an Reykjavik vorbeifährt (Breitengrad: 64°).

c) an Singapur vorbeifährt (Breitengrad: 1°).

d) In welche Richtung wirkt die Corioliskraft hier jeweils?

## Einführungsaufgabe 27

**Wegintegral** □

Ein Teilchen befindet sich im Kraftfeld

$$\boldsymbol{F}(\boldsymbol{r}) = F \cdot \begin{pmatrix} y \\ x \\ Cyz \end{pmatrix}$$

mit den Konstanten $F$ und $C$.

a) Handelt es sich bei dem Kraftfeld um ein konservatives Feld?

b) Das Teilchen bewegt sich geradlinig vom Ursprung zum Punkt

$$\boldsymbol{r}_1 = A \cdot \begin{pmatrix} 1 \\ 1 \\ 1 \end{pmatrix}.$$

Berechnen Sie die Arbeit $W$, die dabei am Massenpunkt geleistet wird.

c) Welche Arbeit leistet das Teilchen, wenn es sich auf dem Pfad

$$\boldsymbol{r}(\lambda \in [0,1]) = A \cdot \begin{pmatrix} \sin\left(\frac{\lambda \cdot \pi}{2}\right) \\ U\lambda^2 \\ V\lambda \end{pmatrix}$$

bewegt?

## Einführungsaufgabe 28

**Geschlossene Pfade** □

Ein Kraftfeld ist gegeben durch

$$\boldsymbol{F}(\boldsymbol{r}) = F \cdot \begin{pmatrix} x \\ y \\ z \end{pmatrix}.$$

Berechnen Sie das Arbeitsintegral für ein Teilchen auf dem Pfad

$$\boldsymbol{r}(\lambda \in [0,1]) = \begin{pmatrix} \sin(28\pi\lambda) \\ \cos^2(\pi\lambda) \\ \left(\lambda - \frac{1}{2}\right)^8 \end{pmatrix}.$$

## Einführungsaufgabe 29

**Konservative Kraftfelder** □

Welche der folgenden Kraftfelder sind konservativ?

a)

$$\boldsymbol{F}(\boldsymbol{r}) = F \begin{pmatrix} y \\ x \\ -z \end{pmatrix}$$

b)

$$\boldsymbol{F}(\boldsymbol{r}) = F \begin{pmatrix} ax \\ by^2 \\ c \cdot \sin(d \cdot z) \end{pmatrix}$$

c)

$$\boldsymbol{F}(\boldsymbol{r}) = F \begin{pmatrix} a \cdot \sin(cy) \\ a \cdot \cos(dx) \\ z \end{pmatrix}$$

## Einführungsaufgabe 30

**Coulomb-Potential** □

Zwei Massenpunkte mit den Ladungen $q_1$ und $q_2$ ziehen sich mit der Coulomb-Kraft

$$F_\text{C} = \frac{q_1 q_2}{4\pi\varepsilon_0} \frac{1}{r^2}$$

gegenseitig an. Dabei ist $r$ der Abstand zwischen den Teilchen und $\varepsilon_0$ die elektrische Feldkonstante. Berechnen Sie das Potential zu dieser Kraft.

## Einführungsaufgabe 31

**Kreisförmige Planetenbahn** □

Ein Planet befindet sich auf einer perfekten kreisförmigen Bahn. Berechnen Sie das Verhältnis von seiner kinetischen zur potentiellen Energie.

## Einführungsaufgabe 32

**Umlaufzeit des Pluto** □

Nehmen Sie an, dass sich die Erde auf einer annähernd kreisförmigen Umlaufbahn um die Sonne befindet, deren Radius $r_\text{E} = 150 \cdot 10^6\,\text{km}$ beträgt. Der Zwergplanet Pluto dagegen befindet sich auf einer Bahn, die deutlich elliptischer ist. Seine große Bahnhalbachse beträgt etwa $a_\text{P} = 5\,900 \cdot 10^6\,\text{km}$. Wie lange benötigt Pluto für eine Umrundung der Sonne?

## Verständnisaufgabe 33

**Fall und Luftwiderstand** □

Ein großer Elefant und eine kleine Feder werden gleichzeitig aus gleicher Höhe fallen gelassen.

a) Angenommen, das Experiment findet im Vakuum statt. Wer trifft zuerst auf dem Boden auf?

b) Das Experiment wird in Luft wiederholt. Wer trifft jetzt zuerst auf dem Boden auf?

c) Auf wen wirkt der größere Luftwiderstand?

## Verständnisaufgabe 34

**Tauziehen** ☐

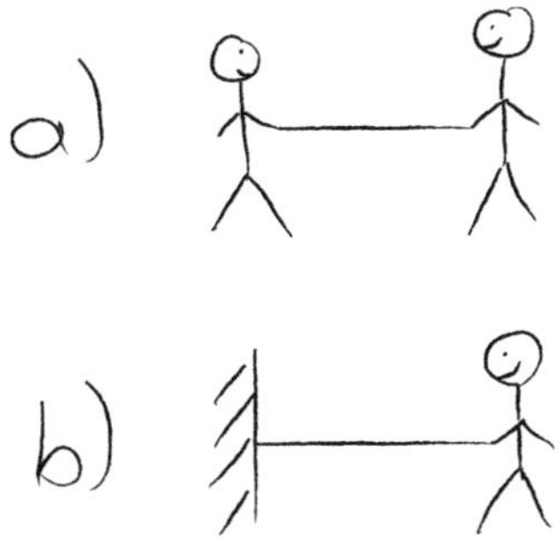


Angenommen, Sie möchten ein Seil zerreißen. Wie stehen ihre Chancen dafür am besten?

a) Sie und eine andere Person ziehen je an einem Ende des Seils.

b) Ein Ende des Seils ist an einer Wand befestigt und Sie ziehen am anderen Ende.

Vergleichen Sie die Situation mit einem Autounfall. In welchem Fall ist der Schaden an einem Auto größer?

a) Ein Auto stößt frontal mit einem zweiten identischen Auto mit gleicher Geschwindigkeit zusammen.

b) Das Auto fährt gegen eine nicht deformierbare Wand.

## Verständnisaufgabe 35

**Glas mit Fliege** ☐

Ein Einmachglas, in dem eine Fliege sitzt, wird gewogen. Wie ändert sich sein Gewicht, wenn die Fliege im Glas fliegt, anstatt auf dessen Boden zu sitzen?

## Verständnisaufgabe 36

**Mehrere Kräfte** ☐

Beantworten Sie die folgenden Verständnisfragen und begründen Sie Ihre Antworten ausführlich.

a) Ein Gewichtheber hält ein 100 kg schweres Gewicht still über dem Kopf. Wie groß ist die Gesamtkraft auf das Gewicht?

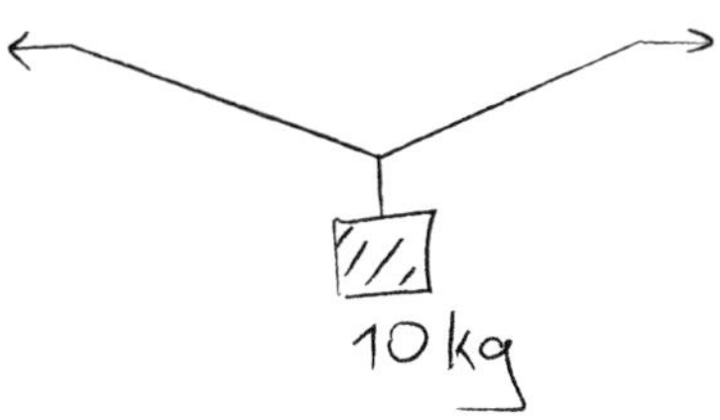


b) Ein Seil wird waagrecht gehalten. In seiner Mitte befindet sich ein Gewicht von 10 kg. Wie stark muss man an beiden Enden des Seils ziehen, damit es völlig gerade ist?

c) Ihr Kaktus (1 kg) fällt vom Balkon aus einer Höhe von 4 m auf den Kopf Ihres Nachbarn Herr Krause. Welche Kraft übt der Kaktus dabei auf seinen Kopf aus?

## Verständnisaufgabe 37

**Pferdekutsche** ☐

Nach unserer alltäglichen Erfahrung kann ein Pferd eine Kutsche ziehen. Nach dem dritten Newton'schen Axiom zieht aber die Kutsche mit der gleichen Kraft am Pferd wie das Pferd an der Kutsche. Erläutern Sie, warum sich beide trotzdem in eine Richtung bewegen.

## Verständnisaufgabe 38

**Drehimpulserhaltung** ☐

a) Ein Korken bewegt sich, an einer Schnur gehalten, auf einer Kreisbahn. Die Schnur wird nun langsam verkürzt, sodass der Radius der Kreisbewegung kleiner wird. Wie verändert sich dabei qualitativ die Geschwindigkeit des Korkens? Reibungsverluste seien vernachlässigt.

b) In einem anderen Experiment bewegt sich ein Zug reibungsfrei auf Schienen im Kreis. Genau wie beim Korken werden jetzt die Schienen in einer Spirale gelegt, sodass der Radius der Bahn des Zugs immer kleiner wird. Wie verändert sich die Geschwindigkeit des Zugs?

## Verständnisaufgabe 39

**Trägheitsmoment** ☐

Ein Vollzylinder und ein Hohlzylinder von gleicher Masse und gleichem Radius rollen gleichzeitig eine Rampe hinab. Welcher Zylinder erreicht zuerst das Ende der Rampe? Begründen Sie Ihre Antwort.

## Verständnisaufgabe 40

**Ideallinie** ☐

Wenn Rennfahrer durch Kurven fahren, schneiden sie diese üblicherweise. Dabei wird am Kurveneingang und am Kurvenausgang weit ausgeholt. Es handelt sich hier jedoch nicht um die kürzeste Strecke. Erklären Sie, warum diese Linie dennoch die Ideallinie ist, mit der die Kurve in der kürzesten Zeit durchfahren werden kann. Nutzen Sie dafür Ihr Wissen über Kreisbewegungen.



## Verständnisaufgabe 41

**Satellitenbahn** ☐

Ein Satellit bewegt sich auf einer gegebenen Umlaufbahn um die Erde. Wie hängt seine Geschwindigkeit von seiner Masse ab?

## Verständnisaufgabe 42

**Inertialsysteme** ☐

Sind die folgenden Systeme Inertialsysteme? Begründen Sie Ihre Antwort.

a) Ein System, welches auf der Erdoberfläche ruht.

b) Ein kleines System, welches sich auf einer Umlaufbahn um die Sonne befindet. (Das System dreht sich nicht um sich selbst und es werden keine langen Zeitabschnitte betrachtet.)

c) Ein großes System, welches sich auf einer Umlaufbahn um den Mond befindet. (Das System dreht sich nicht um sich selbst.)

d) Das Ruhesystem einer Rakete, die im Weltall beschleunigt.

## Verständnisaufgabe 43

**Fahrstrahl** ☐

Wie würde sich das zweite Kepler'sche Gesetz verändern, wenn die Gravitationskraft nicht $\propto 1/r^2$, sondern $\propto 1/r$ wäre? Welche Konsequenzen würden sich für die Fluchtgeschwindigkeit ergeben?

## Aufgabe 44

**Brunnen** ☐

Ein Stein wird in einen Brunnen fallen gelassen. Nach einer Zeit von 5 s ist der Aufprall des Steins auf die Wasseroberfläche zu hören. Wie tief ist der Brunnen? Schall breitet sich in Luft mit einer Geschwindigkeit von etwa $340\,\mathrm{m/s}$ aus.

## Aufgabe 45

**Relativbewegungen von Autos** ☐

Innerorts gilt im Straßenverkehr meist eine Tempobeschränkung von $50\,\mathrm{km/h}$. Für die Schwere von Autounfällen sind allerdings Relativgeschwindigkeiten relevant.

a) Wie groß ist die maximale Relativgeschwindigkeit, mit der ein Auto und ein Baum zusammenstoßen können?

b) Wie groß ist die maximale Relativgeschwindigkeit, mit der zwei Autos aufeinandertreffen können?

c) Zur Verbesserung der Sicherheit von Autos werden Crashtests mit Geschwindigkeiten von maximal $64\,\mathrm{km/h}$ durchgeführt. Welche der beiden obigen Situationen ist damit abgedeckt?

## Aufgabe 46

**Hase und Igel** ☐

Ein Hase und ein Igel veranstalten ein Wettrennen. Da der Hase fünfmal so schnell ist wie der Igel, bekommt letzterer einen Vorsprung von 1 min. Danach eilt ihm der Hase mit einer Geschwindigkeit von $20\,\mathrm{km/h}$ hinterher.

a) In welcher Entfernung vom Startpunkt holt der Hase den Igel ein?

b) Wie lange nach seinem Start kann der Igel seine Führung behalten?

c) In einer anderen Situation laufen sich Hase und Igel entgegen. Beide starten gleichzeitig, wobei ihre Entfernung 600 m beträgt. Wie weit läuft der Igel, bevor sich beide treffen? Wie weit läuft der Hase?

## Aufgabe 47

**Autobeschleunigung** ☐

Ein Auto beschleunigt gleichmäßig aus dem Stand mit $5\,\mathrm{m/s^2}$.

a) Welche Strecke legt das Auto während der ersten 5 s zurück?

b) Wie lange benötigt das Auto für eine Strecke von 100 m? Wie schnell wird es dabei?

## Aufgabe 48

**Fahrradfahrer** □

Ein wagemutiger Fahrradfahrer mit Fallschirm fährt mit einer Geschwindigkeit von 8 m/s von einer 100 m hohen Klippe. Im Flug öffnet er seinen Schirm, während das Fahrrad weiter fällt.

a) Wie lange dauert es, bis das Fahrrad auf dem Boden auftrifft?

b) In welcher Entfernung von der Klippenkante kommt es auf dem Boden auf?

c) Der Anfahrtsweg zur Klippe sei nun unter einem Winkel von $10°$ ansteigend. Wo kommt das Fahrrad jetzt auf dem Boden auf?

## Aufgabe 49

**Siebenmeter** □

Beim Siebenmeter im Handball steht der Schütze in einer Entfernung von 7 m vor dem gegnerischen Tor, welches eine Höhe von 2 m hat. Nehmen Sie an, dass der Torwart in einem Abstand von 4 m vor dem Tor steht und Bälle bis zu einer Höhe von 2,5 m abwehren kann. Der Ball verlasse die Hand des Schützen in einer Höhe von 1,7 m.

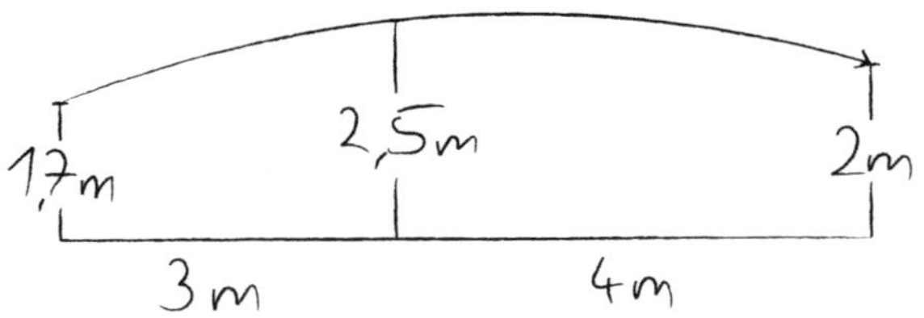


a) Angenommen, der Spieler will den Ball über den Kopf des Torwarts hinwegwerfen, mit welcher maximalen Geschwindigkeit und in welchem Winkel zum Boden muss der Ball dann seine Hand verlassen? (Ignorieren Sie die Ausdehnung des Balls.)

b) Was könnte der Torhüter tun, um zu verhindern, dass der Ball über seinen Kopf hinwegfliegt? Warum gehen Torhüter dennoch häufig dieses Risiko ein?

## Aufgabe 50

**Bremsweg** □

Ein Auto bewege sich mit einer Geschwindigkeit von 50 km/h. Bei einer Vollbremsung beträgt der Bremsweg 15 m. Nehmen Sie eine konstante Verzögerung an.

a) Wie groß ist die Bremsverzögerung?

b) Wie ändert sich der Bremsweg, wenn die Anfangsgeschwindigkeit doppelt [halb] so groß ist?

c) Das Auto fahre jetzt mit einer Geschwindigkeit von 100 km/h auf einen Baum zu und ein Ausweichen ist undenkbar. Die Entfernung zum Baum beträgt 100 m und die Reaktionszeit des Fahrers 1 s. Ist ein Zusammenstoß zu verhindern?

## Aufgabe 51

**Schiefe Ebene mit Reibung** □

Auf einer schiefen Ebene mit Anstellwinkel $\alpha$ befindet sich ein Klotz der Masse $m$. Es wirkt die Gewichtskraft $F_g = m \cdot g$.

a) Der Klotz gleite reibungsfrei. Wie groß ist seine Beschleunigung auf der Ebene in Abhängigkeit vom Winkel $\alpha$? Was ergibt sich in den Spezialfällen $\alpha = 0°$ und $\alpha = 90°$?

b) Der Klotz sei in Ruhe und habe nun auf der Ebene den Haftreibungskoeffizienten $\mu_H$. Bei welchem Anstellwinkel der Ebene gerät er ins Rutschen? Welcher Winkel ergibt sich für $\mu_H = 0{,}9$?

c) Der Klotz kommt nun beim selben Anstellwinkel der Ebene ins Gleiten und hat den Gleitreibungskoeffizienten $\mu_G$. Wie groß ist seine Beschleunigung? Welcher Wert ergibt sich für $\mu_G = 0{,}5$?

## Aufgabe 52

**Fadenpendel** □

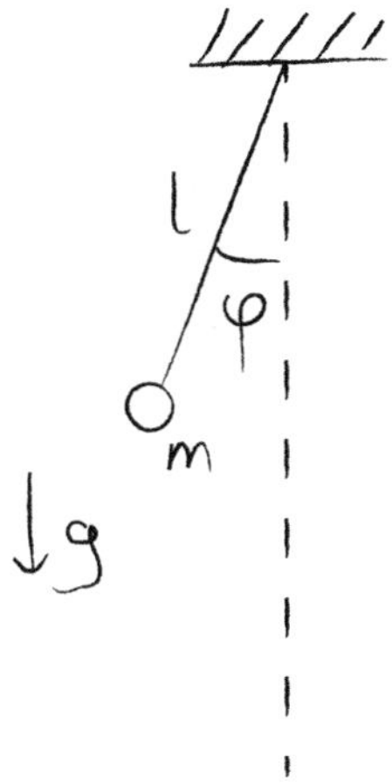


Ein Massepunkt mit Masse $m$ hängt an einem masselosen Faden mit fester Länge $l$. Es wirkt die Gravitationsbeschleunigung $g$. In der Ruhelage hängt das Pendel senkrecht nach unten. Wir definieren hier den Winkel $\varphi = 0°$.

a) Machen Sie sich klar, dass sich der Massenpunkt nur auf einer Kreisbahn mit Radius $l$ bewegen kann. Fertigen Sie eine Skizze des Systems mit Auslenkung $\varphi \neq 0°$ an. Zerlegen Sie die Gewichtskraft in zwei orthogonale Komponenten, sodass eine Komponente tangential zur Kreisbewegung des Teilchens zeigt und die andere radial.

b) Wie groß ist die tangentiale Komponente der Gewichtskraft $F_t$ in Abhängigkeit vom Winkel $\varphi$? Stellen Sie eine Bewegungsgleichung für das Teilchen am Faden auf.

c) Nehmen Sie an, dass der Massenpunkt nur um kleine Winkel $\varphi$ ausgelenkt wird. In diesem Fall gilt die sogenannte Kleinwinkelnäherung $\sin(\varphi) \approx \varphi$. Zeigen Sie, dass die Bewegungsgleichung nun von der Schwingungsfunktion

$$\varphi(t) = A \cdot \sin(\omega t)$$

mit der Amplitude $A$ und der Kreisfrequenz $\omega$ gelöst wird. Welchen Wert hat $\omega$?

## Aufgabe 53

**Satellitenbahn** □

Ein Satellit bewegt sich in einer Höhe von $h = 20\,000\,\text{km}$ auf einer Kreisbahn um die Erde. (Erdradius: $R_E = 6371\,\text{km}$, Erdmasse: $M_E = 5{,}97 \cdot 10^{24}\,\text{kg}$)

a) Wie schnell ist der Satellit?

b) Wie lange brauch der Satellit für eine Erdumrundung?

c) Geostationäre Satelliten stehen immer an derselben Stelle über der Erdoberfläche. In welcher Höhe müssen sie sich dafür befinden?

d) Kann man mithilfe eines geostationären Satelliten theoretisch den Nord- oder Südpol der Erde betrachten? Begründen Sie Ihre Antwort.

## Aufgabe 54

**Fallendes Seil** □

Ein Seil hat die Länge $l$ und die Masse $m$. Es wird über eine kleine, reibungsfreie Rolle gelegt, sodass das Seil auf einer Seite der Rolle länger ist. Berechnen und lösen Sie die Bewegungsgleichung des Seils. Welche Trajektorie ergibt sich für die Anfangsbedingungen $x(0) = C$, $\dot{x}(0) = 0$?

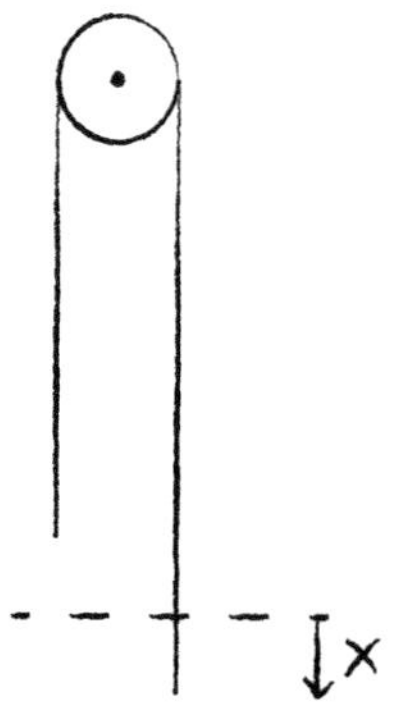


## Aufgabe 55

**Bewegungsgleichungen** □

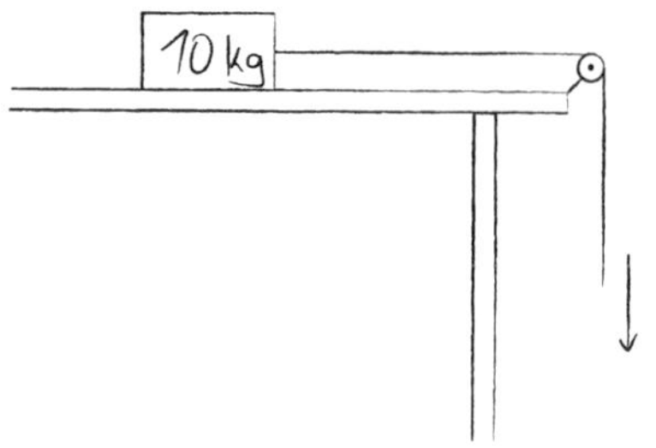


Ein Gewicht mit Masse $10\,\text{kg}$ gleitet reibungsfrei auf einem Tisch. An einem Seil wird, wie in der Skizze gezeigt, mit einer Kraft von $98{,}1\,\text{N}$ gezogen.

a) Stellen Sie die Bewegungsgleichung des Gewichts auf.

b) In einem anderen Versuchsaufbau hängt am anderen Ende des Seils ein weiteres Gewicht mit Masse $10\,\text{kg}$. Ändert sich dadurch die Bewegung des ersten Gewichts im Vergleich zum vorherigen Experiment? Wie lautet die Bewegungsgleichung in diesem Fall? (Die Gravitationsbeschleunigung beträgt $9{,}81\,\text{m/s}^2$.)

## Aufgabe 56

**Gebremste Bewegung** □

Ein Zug der Masse $m = 500\,\text{t}$ bewegt sich zunächst mit einer Geschwindigkeit von $v_0 = 300\,\text{km/h}$. Nun bremst der Zug ab. Die Bremskraft ist proportional zur Geschwindigkeit $v(t)$ und beträgt

$$F = -15\,\frac{\text{kN} \cdot \text{s}}{\text{m}} \cdot v.$$

a) Wie lange dauert es, bis der Zug stillsteht?

b) Wie weit fährt der Zug noch?

c) Wie lange dauert es, bis sich die Geschwindigkeit des Zugs halbiert hat? Wie weit ist der Zug bis dahin gefahren?

## Aufgabe 57

**Regentropfen** ☐

Ein kleiner Regentropfen formt sich in der Atmosphäre und beginnt zu fallen. Dabei wirkt auf ihn die Gravitationskraft $F_G = mg$. Außerdem wirke eine massenunabhängige Reibungskraft $F_R = -\gamma v^2$ proportional zum Quadrat der Fallgeschwindigkeit $v$. Während der Regentropfen fällt, nimmt er weiteres Wasser auf. Seine Masse hängt deshalb davon ab, wie weit er schon gefallen ist:

$$m = c \cdot s(t)\,.$$

Dabei ist $c$ eine Konstante und $s$ die gefallene Strecke.

a) Stellen Sie die Bewegungsgleichung des Regentropfens auf.

b) Lösen Sie die Bewegungsgleichung mithilfe des Ansatzes

$$s(t) = at^b\,.$$

## Aufgabe 58

**Federkraft und reduzierte Masse** ☐

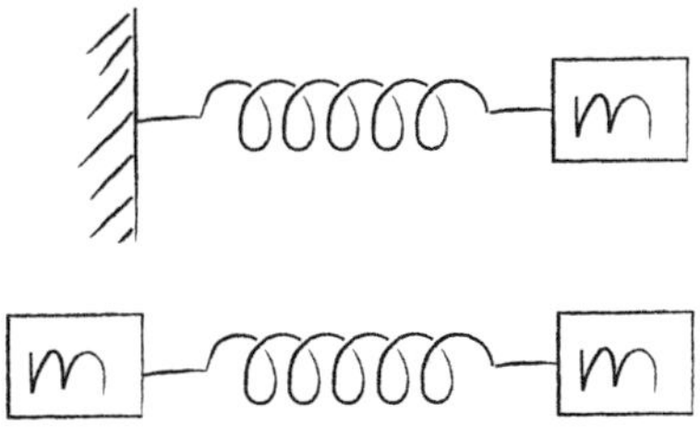


Ein Gewicht der Masse $m$ ist mit einer Feder (Federkonstante $D$) an einer Wand befestigt. Das Gewicht kann sich nur nach rechts und links bewegen.

a) Stellen Sie die Bewegungsgleichung des Gewichts auf.

b) Zeigen Sie, dass die Bewegungsgleichung des Gewichts durch die Schwingungsgleichung $x(t) = x_0 \sin(\omega t)$ gelöst wird und berechnen Sie die Kreisfrequenz $\omega$.

c) Wie ändert sich die Bewegung des Pendels, wenn die Masse nach unten hängt und zusätzlich zur Federkraft die Gewichtskraft wirkt? In diesem Fall bewegt sich das Gewicht ausschließlich nach oben und unten.

d) In einem anderen Experiment verbindet die Feder das Gewicht mit einem zweiten identischen Gewicht. Wie ändert sich dadurch die Frequenz der Schwingungsbewegung?

## Aufgabe 59

**Raketengleichung** ☐

Raketen bedienen sich des Rückstoßprinzips. Auf einer Seite der Rakete wird Gas mit hoher Geschwindigkeit ausgestoßen. Damit der Gesamtimpuls erhalten bleibt, muss sich die Rakete deshalb in die entgegengesetzte Richtung bewegen.

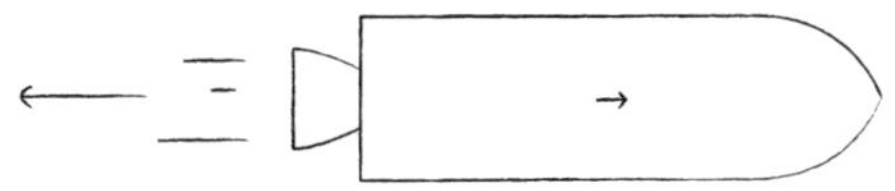

Wir ignorieren hier die Gravitationskraft. Eine Rakete habe zu Beginn die Masse

$$m(t) = m_R + m_T(t)\,.$$

Sie setzt sich aus der Masse der Rakete $m_R$ und der Masse des Treibstoffes $m_T$ zusammen. Der Treibstoff wird mit der (zeitabhängigen) Rate $\dot{m}_T$ und der Geschwindigkeit $v_T$ ausgestoßen. Diese Relativgeschwindigkeit von Rakete und Treibstoff bleibt konstant. Berechnen Sie die Geschwindigkeit der Rakete in Abhängigkeit von der Zeit. Leiten Sie dafür den Gesamtimpuls des Systems nach der Zeit ab.

## Aufgabe 60

**Schiff mit zwei Schleppern** ☐

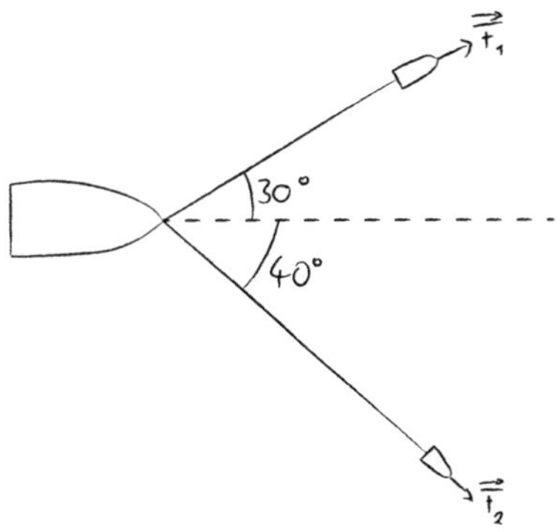


Ein großes Schiff wird von zwei Schleppern aus einem Hafen gezogen. Die Situation ist dabei wie in der Skizze gezeigt. Die Schlepper üben die Kräfte $|\boldsymbol{F}_1| = 200\,\text{kN}$ und $|\boldsymbol{F}_2| = 100\,\text{kN}$ aus. Wie groß ist die Kraft, die auf das Schiff wirkt? In welche Richtung wirkt die Kraft?

## Aufgabe 61

**Foucault'sches Pendel** ☐

Ein langes Pendel wird so präpariert, dass es nahezu frei schwingen kann und erst nach mehreren Tagen ausschwingt. Nachdem das Pendel in eine kleine Schwingung gebracht wurde, beobachten Sie, dass sich die Schwingungsrichtung sehr langsam dreht.

a) Wie kann die Drehung der Schwingungsrichtung erklärt werden?

b) Wovon hängen die Richtung und die Geschwindigkeit der Drehung des Pendels ab?

c) Was ist die kürzeste Zeit, in der sich die Schwingungsrichtung des Pendels einmal komplett um 180° gedreht hat? An welchem Ort passiert das?

## Aufgabe 62

**Vertikale Komponente der Corioliskraft** □

Ein Flugzeug bewegt sich bei konstanter Höhe mit Geschwindigkeit $v$ am Breitengrad $B$.

a) Wie groß ist die vertikale Kraft auf das Flugzeug in Abhängigkeit des Breitengrads? Zerlegen Sie die Geschwindigkeit des Flugzeugs in eine Nord-Süd-Komponente $v_\vartheta$ und eine West-Ost-Komponente $v_\varphi$.

b) Wie hängt die Richtung der vertikalen Kraft von der Bewegungsrichtung des Flugzeugs ab?

c) Wie schnell und in welche Richtung müsste sich ein Flugzeug am Äquator bewegen, damit seine Gewichtskraft durch die Corioliskraft um 1 % geringer würde?

## Aufgabe 63

**Waage am Breitengrad** □

Ein Gewicht wird am Nordpol auf eine Waage gelegt. Sie misst die Kraft, die vom Gewicht auf sie ausgeübt wird und gibt eine Masse von $m = 10\,\text{kg}$ an. Wir nehmen an, dass die Erde eine perfekte Kugel ist.

a) Welche Masse würde die Waage angeben, wenn das gleiche Experiment am Äquator durchgeführt würde?

b) Welche Masse zeigt die Waage an einem beliebigen Breitengrad $B$ an? Beachten Sie, dass die Waage immer flach auf dem Boden liegt und nur die Kraft misst, die senkrecht zur Oberfläche vom Gewicht auf sie ausgeübt wird.

Hinweis: Der Radius der Erde beträgt $R_\text{E} = 6\,371\,\text{km}$. Ihre Masse beträgt $M_\text{E} = 5{,}9723 \cdot 10^{24}\,\text{kg}$. Die Gravitationskonstante ist $G = 6{,}674 \cdot 10^{-11}\,\text{m}^3/(\text{kg}\cdot\text{s}^2)$.

## Aufgabe 64

**Rampe** □

Ein Motorrad der Masse $m = 200\,\text{kg}$ soll auf einen Transporter geladen werden. Die Ladefläche hat eine Höhe von 1 m.

a) Wie groß ist die Kraft, die ein Mensch aufbringen muss, um das Motorrad auf die Ladefläche zu heben?

b) Wie groß ist die Arbeit, die geleistet werden muss, um das Motorrad auf die Ladefläche zu heben?

c) Um das Beladen zu erleichtern wird eine Rampe verwendet, die 3 m lang ist. Wie groß ist nun die Kraft, die benötigt wird, um das Motorrad auf die Ladefläche zu rollen?

## Aufgabe 65

**Zahnräder** □

Ein Zahnrad dreht sich mit der Winkelgeschwindigkeit $\omega$ um sich selbst und hat dabei das Trägheitsmoment $J$. Es wird in Kontakt mit einem zweiten identischen Zahnrad gebracht, welches sich in Ruhe befindet. Mit welcher Winkelgeschwindigkeit drehen sich die Räder, nachdem sie in Kontakt sind?

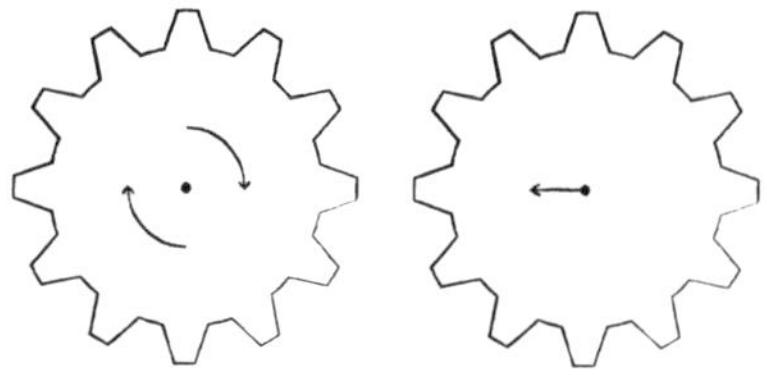

## Aufgabe 66

**Bremsleistung** □

Wenn ein Auto abbremst, dann wird seine kinetische Energie in Wärmeenergie umgewandelt. Ein Fahrzeug der Masse $m = 1\,000\,\text{kg}$ bremst mit einer konstanten Verzögerung von $a = 10\,\text{m}/\text{s}^2$ ab. Seine Anfangsgeschwindigkeit beträgt $v_0 = 100\,\text{km}/\text{h}$.

a) Welche Entfernung legt das Auto bis zum Stillstand zurück?

b) Wie lange braucht das Auto bis zum Stillstand?

c) Wie groß ist die Leistung, mit der Wärmeenergie erzeugt wird, in Abhängigkeit von der Zeit?

d) Wir groß ist die gesamte erzeugte Wärmeenergie? Berechnen Sie die Energie aus der Leistung und vergleichen Sie Ihr Ergebnis anschließend mit der anfänglichen kinetischen Energie des Autos.

## Aufgabe 67

**Pendelstoß** □

Eine Billardkugel mit Masse $m$ bewegt sich mit der Geschwindigkeit $v_1$. Eine zweite Billardkugel mit Masse $m_2$ ist an einem Faden mit Länge $l$ so aufgehängt, dass sie gerade den Boden berührt. Die erste Kugel trifft nun die zweite frontal, sodass diese als Pendel schwingt. Berechnen Sie den Winkel der maximalen Auslenkung für dieses Pendel.

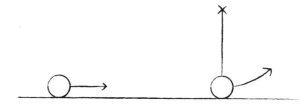

## Aufgabe 68

**Jo-Jo** □

Ein Jo-Jo der Masse $m$ hängt an einer Schur der Länge $l$. Es dreht sich mit der Winkelgeschwindigkeit $\omega$ und hat das Trägheitsmoment $J$.

a) Wie groß muss $\omega$ mindestens sein, damit das Jo-Jo die ganze Schnur nach oben wandern kann?

b) Angenommen, das Jo-Jo erreicht das obere Ende der Schnur gerade so, bei welcher Höhe beträgt dann seine Winkelgeschwindigkeit $\omega/2$?

Vernachlässigen Sie die Masse der Schnur.

## Aufgabe 69

**Effektives Potential** □

Wir betrachten ein Teilchen in einem Zentralpotential $V(r)$.

a) Wie berechnet sich die Kraft, die auf das Teilchen wirkt? In welche Richtung zeigt sie?

b) Aus welchen Anteilen setzt sich die Gesamtenergie des Teilchens zusammen?

c) Warum kann das System in zwei Dimensionen betrachtet werden?

d) Drücken Sie die Gesamtenergie des Teilchens in Polarkoordinaten aus.

e) Interpretieren Sie die Energie des Teilchens neu, sodass sie sich aus einer Bewegungsenergie in radialer Richtung und einem effektiven Potential zusammensetzt. Drücken Sie das effektive Potential durch den Drehimpuls $L$ aus.

f) Interpretieren Sie das effektive Potential. Wie haben wir das Problem auf ein effektives eindimensionales Problem reduziert?

g) Wie sieht das effektive Potential aus, wenn $V(r)$ ein Gravitationspotential ist? Was bedeutet das für Planetenbahnen?

# Spezielle Relativitätstheorie 4

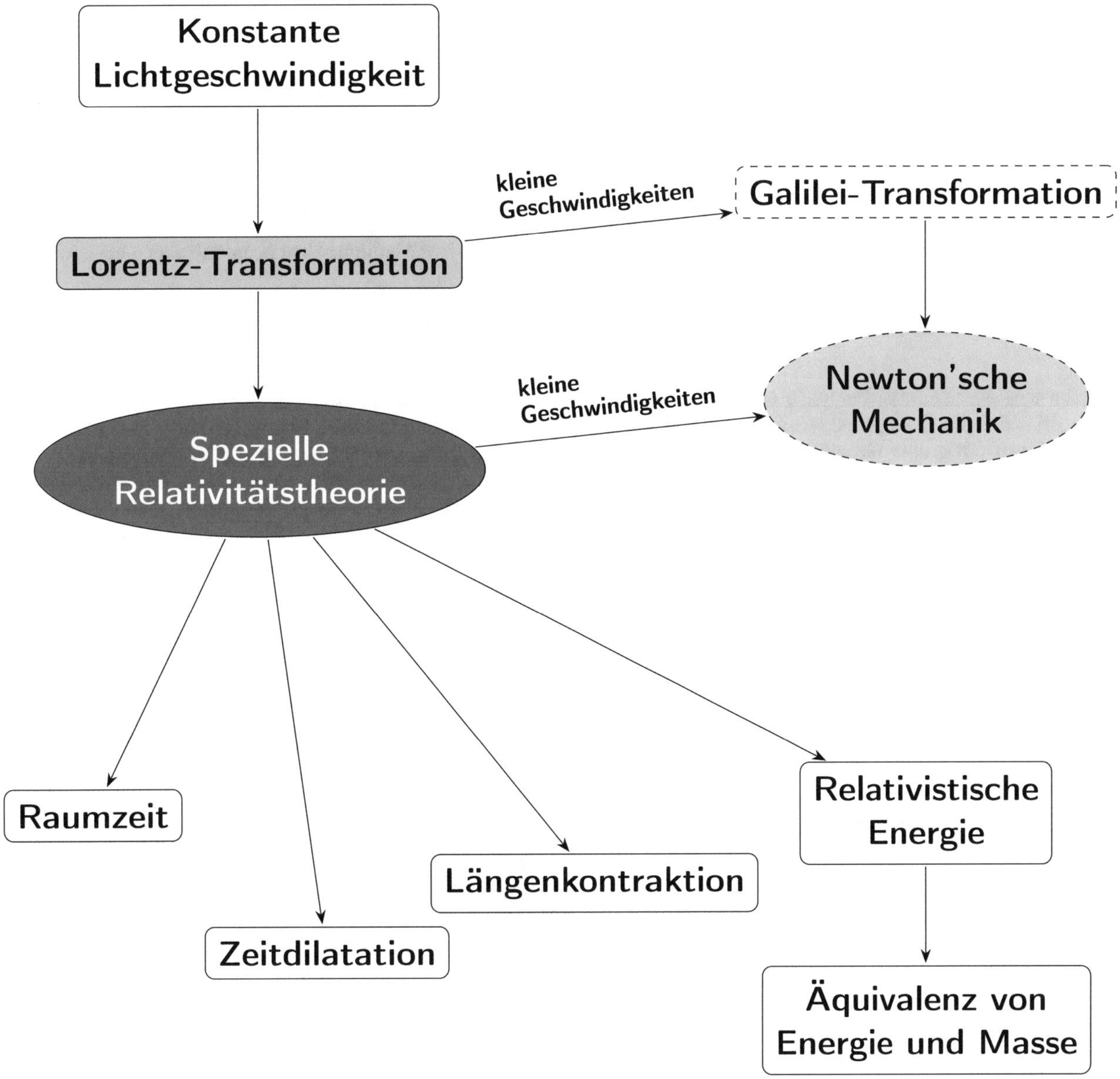



H. Kumrić und F. Roser, *Experimentalphysik: Mechanik*,
https://doi.org/10.1007/978-3-662-61855-4_4

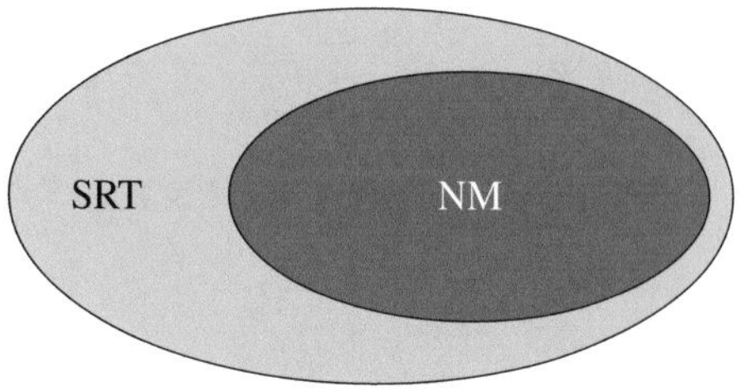


Abb. 4.1: Die spezielle Relativitätstheorie (SRT) erweitert die Newton'sche Mechanik (NM). Damit kann sie alle Phänomene erklären, die auch von der Newton'schen Mechanik erklärt werden. Es gibt aber auch Beobachtungen, die nur von der speziellen Relativitätstheorie beschrieben werden und nicht von der Newton'schen Mechanik.

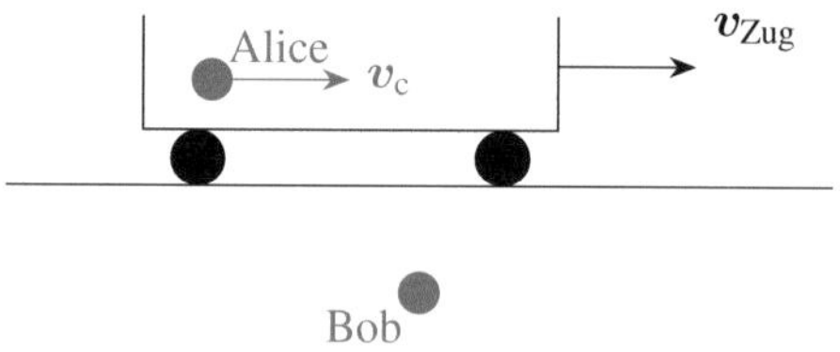


Abb. 4.2: Alice steht mit einer Taschenlampe im Zug und misst die Geschwindigkeit des Lichts. Sie erhält das Ergebnis $v_c = c$. Bob steht am Bahnsteig und misst ebenfalls die Geschwindigkeit des Lichts. Er misst jedoch nicht $v_c' = c + v_{Zug}$, wie es nach der Galilei-Transformation zu erwarten wäre, sondern auch $v_c' = c$.

In Kapitel 3 haben wir uns mit der Newton'schen Mechanik beschäftigt. Auf dem dabei Gelernten wollen wir an späterer Stelle weiter aufbauen. Dieses Kapitel nutzen wir jedoch als Einschub, um die Grundlagen der *speziellen Relativitätstheorie* zu erläutern. Diese Theorie geht auf Albert Einstein und das Jahr 1905 zurück.

Die Newton'sche Mechanik ist bis heute eine äußerst erfolgreiche Theorie, die die Bewegungen von Körpern in alltäglichen Situationen mit großer Genauigkeit beschreibt. Im 19. Jahrhundert wurden jedoch verschiedene Experimente durchgeführt, die mit der Newton'schen Mechanik im Widerspruch zu stehen schienen. Wir werden zeigen, dass die spezielle Relativitätstheorie diese Probleme löst und gleichzeitig die gesamte Theorie der Newton'schen Mechanik beinhaltet (siehe Abbildung 4.1). Sie ist also als eine Erweiterung der Newton'schen Theorie zu verstehen.

## 4.1 Lorentz-Transformation

### 4.1.1 Messung der Lichtgeschwindigkeit

Anhand von Interferenzexperimenten hatte man im 19. Jahrhundert erkannt, dass Licht eine Welle ist. Wasserwellen und Schallwellen kannte man damals bereits und hatte verstanden, wie sie sich im Wasser oder in der Luft ausbreiten. Alle bekannten Wellen benötigten ein Trägermedium. Schließlich kann sich Schall nicht im Vakuum ausbreiten. Licht dagegen gelangt ohne Probleme von der Sonne bis zur Erde durch den scheinbar völlig leeren Raum. Darum etablierte sich im 19. Jahrhundert die Theorie eines *Äthers*. Dabei sollte es sich um ein Medium handeln, welches den gesamten Raum und auch das Vakuum des Weltalls ausfüllt. Dieses Medium sei das Trägermedium für Lichtwellen.

So galt es also, der Natur des mysteriösen Äthers auf die Spur zu kommen. Hierfür wurde die folgende Überlegung angestellt: Wenn sich Schall durch Luft bewegt, dann hängt seine Geschwindigkeit von der Geschwindigkeit der Luft ab. Wind trägt also Schall mit sich. Beobachtungen legen demnach nahe, dass sich jede Welle in ihrem Medium mit konstanter Geschwindigkeit bewegt. Das Medium selbst kann sich aber auch bewegen.

Alice sitzt in einem Zug. Von der Mitte des Zugs breitet sich eine Schallwelle aus. Alice beobachtet, dass sich die Welle in alle Richtungen gleich schnell bewegt und die beiden Enden des Zugs gleichzeitig erreicht. Der Zug fährt nun an einem Bahnsteig vorbei, an dem Bob steht. Er sieht, dass sich die Schallwelle in Fahrtrichtung schneller bewegt als entgegen der Fahrtrichtung. Das liegt daran, dass die Luft im Zug unbewegt ist, sich aber im Bezug auf den Bahnsteig bewegt. Die Geschwindigkeiten müssen also mit einer Galilei-Transformation umgerechnet werden. Messungen der Schallgeschwindigkeit ermöglichen Aussagen darüber, wie sich das Trägermedium des Schalls (in diesem Beispiel die Luft) bewegt.

Analog wurde nun die Lichtgeschwindigkeit in unterschiedlichen bewegten Systemen und in verschiedenen Raumrichtungen gemessen. So sollte mehr über die Natur des Äthers und seine Bewegungen herausgefunden werden. Wir gehen hier nicht auf die Details der verschiedenen Experimente ein. Die Ergebnisse der Messungen möchten wir jedoch etwas genauer behandeln.

Ein recht bekanntes und anschauliches Experiment zur Messung der Lichtgeschwindigkeit ist das Michelson-Morley-Experiment.

Betrachten wir wieder unser Gedankenexperiment mit Schallwellen im fahrenden Zug. Dieses Mal tauschen wir jedoch die Schallwellen durch Lichtwellen aus. Das neue Experiment ist in Abbildung 4.2 skizziert. Alice und Bob befinden sich beide in verschiedenen Inertialsystemen. Beide messen aber entgegen jeder Erwartung die gleiche Lichtgeschwindigkeit $c$.

Dieses Ergebnis steht nicht nur im Widerspruch zu allen Äthertheorien, sondern passt auch nicht zur Galilei-Transformation. Bis heute zeigen alle durchgeführten Experimente mit großer Genauigkeit, dass die Lichtgeschwindigkeit in allen Inertialsystemen gleich ist. Dabei betrachten wir allerdings genau genommen immer die Lichtgeschwindigkeit im Vakuum. In Luft oder anderen Medien bewegt sich das Licht im Allgemeinen langsamer.

Die Äthertheorie musste an dieser Stelle vollkommen verworfen werden. Licht besteht aus elektromagnetischen Wellen, die auch ohne ein Medium existieren können.

**Konstanz der Lichtgeschwindigkeit**

Experimente zeigen, dass die Lichtgeschwindigkeit $c$ im Vakuum in allen Inertialsystemen immer gleich ist. Das macht sie zu einer fundamentalen physikalischen Konstante. Die Lichtgeschwindigkeit hat den Wert

$$c = 299\,792\,458\,\frac{\mathrm{m}}{\mathrm{s}}. \tag{4.1}$$

Wir kennen diesen Wert exakt, weil wir einen Meter als die Strecke definiert haben, die das Licht im Vakuum in einer Zeit

$$\frac{1}{299\,792\,458}\,\mathrm{s} \tag{4.2}$$

zurücklegt (siehe Kapitel 2).

### 4.1.2 Lorentz-Transformation

Die Galilei-Transformation lässt sich für Lichtstrahlen also nicht verwenden. Darum suchen wir eine Alternative, die zu den Messergebnissen aller Experimente passt. Dafür betrachten wir ein beliebiges Inertialsystem. Ein Lichtstrahl bewegt sich um eine Strecke, die wir durch den Vektor

$$\boldsymbol{r} = \begin{pmatrix} x \\ y \\ z \end{pmatrix} \tag{4.3}$$

angeben. Die Länge dieses Weges ist also $\sqrt{x^2+y^2+z^2}$. Der Lichtstrahl hat dabei die Geschwindigkeit $c$ und benötigt für seinen Weg die Zeit $t$. Damit gilt

$$\sqrt{x^2+y^2+z^2} = ct \tag{4.4}$$

oder

$$x^2+y^2+z^2-c^2t^2 = 0. \tag{4.5}$$

Jetzt betrachten wir den gleichen Lichtstrahl in einem anderen Inertialsystem. Hier legt er die Strecke $\sqrt{x'^2+y'^2+y'^2}$ zurück und benötigt dafür die Zeit $t'$. Experimente zeigen uns jedoch, dass der Lichtstrahl dabei die gleiche Geschwindigkeit $c$ hat. Es gilt also auch

$$\sqrt{x'^2+y'^2+y'^2} = ct' \tag{4.6}$$

beziehungsweise

$$x'^2+y'^2+y'^2-c^2t'^2 = 0. \tag{4.7}$$

Durch Gleichsetzen erhalten wir nun für unsere neue Transformation die Bedingung

$$x^2+y^2+z^2-c^2t^2 = x'^2+y'^2+y'^2-c^2t'^2. \tag{4.8}$$

Der Einfachheit halber betrachten wir ein zweites Koordinatensystem $\mathscr{K}'$, welches sich bezüglich des ersten Inertialsystems $\mathscr{K}$ nur in $x$-Richtung mit der Geschwindigkeit $v$ bewegt. Wir betrachten nun die folgende Transformation:

$$x' = \frac{1}{\sqrt{1-\frac{v^2}{c^2}}}(x-vt) \tag{4.9a}$$

$$y' = y \tag{4.9b}$$

$$z' = z \tag{4.9c}$$

$$t' = \frac{1}{\sqrt{1-\frac{v^2}{c^2}}}\left(t-\frac{xv}{c^2}\right). \tag{4.9d}$$

Diese Transformation wird *Lorentz-Transformation* genannt.

## Theorieaufgabe 25: Lorentz-Transformation ••

Zeigen Sie, dass die Lorentz-Transformation den Wert $s^2 = x^2 + y^2 + z^2 - c^2t^2$ unverändert lässt.

Wir haben also gesehen, dass die Lorentz-Transformation die Ausbreitung von Licht korrekt beschreibt. Die Galilei-Transformation kann das nicht.

**►Tipp:**

Um unsere Rechnungen möglichst einfach zu halten, betrachten wir die Lorentz-Transformation nur für Geschwindigkeiten $v$ in $x$-Richtung. Bewegen sich die Inertialsysteme in beliebiger Richtung zueinander, so können wir den Raum jedoch in Gedanken rotieren, sodass wir wieder eine Bewegung in $x$-Richtung betrachten. Dafür werden Rotationsmatrizen verwendet.

### 4.1.3 Die Lorentz-Transformation für Inertialsysteme

Schon zu Einsteins Zeit war genau genommen bekannt, dass die Lorentz-Transformation für die Ausbreitung von Licht angewendet werden muss. Elektromagnetische Wellen werden schließlich von den Maxwell-Gleichungen beschrieben, die unter der Lorentz-Transformation und nicht unter der Galilei-Transformation invariant sind.

Wir haben einerseits die Galilei-Transformation, die wir verwenden können, um die Mechanik von Körpern zu beschreiben, und die Lorentz-Transformation, die beschreibt, wie sich elektrische und magnetische Felder und insbesondere Licht verhalten. In seinem 1905 veröffentlichten Artikel *Zur Elektrodynamik bewegter Körper* schlug Albert Einstein nun einen neuen Ansatz vor. Er vermutete, dass es kein Inertialsystem gibt, welches anderen Inertialsystemen vorzuziehen ist. Ein Körper kann also nur verglichen mit einem bestimmten Inertialsystem in Ruhe sein. Absolute Ruhe gibt es nicht. In allen Inertialsystemen sind also die Gesetze der Mechanik dieselben. Die gescheiterte Suche nach einem Äther als Lichtmedium veranlasste Einstein nun dazu anzunehmen, dass auch die Maxwell-Gleichungen in allen Inertialsystemen die gleiche Form haben.

Die experimentell gut gestützten Maxwell-Gleichungen bleiben nur unter der Lorentz-Transformation invariant. Um zwischen Inertialsystemen zu wechseln, wurde allerdings in der Mechanik die Galilei-Transformation angewendet, da die Newton'schen Bewegungsgleichungen unter dieser Transformation invariant sind. So kam Einstein zu seiner Vermutung, dass der Fehler hier in der Galilei-Transformation liegt.

Die so entstandene *spezielle Relativitätstheorie* beruht auf der Annahme, dass der Wechsel zwischen zwei verschiedenen Inertialsystemen immer mithilfe der Lorentz-Transformation erfolgen muss. Damit wird dann die Lorentz-Transformation nicht nur auf elektromagnetische, sondern auch auf mechanische Problemstellungen angewendet.

**Lorentz-Transformation**

Zwei Inertialsysteme haben die Relativgeschwindigkeit $v$ in $x$-Richtung. Im Koordinatensystem $\mathscr{K}$ hat also das System $\mathscr{K}'$ die Geschwindigkeit $v$. Der Wechsel zwischen beiden Inertialsystemen erfolgt nach der speziellen Relativitätstheorie nicht über die Galilei-Transformation, sondern über die Lorentz-Transformation:

$$x' = \frac{1}{\sqrt{1-\frac{v^2}{c^2}}}(x - vt) \tag{4.10a}$$

$$y' = y \tag{4.10b}$$

$$z' = z \tag{4.10c}$$

$$t' = \frac{1}{\sqrt{1-\frac{v^2}{c^2}}}\left(t - \frac{xv}{c^2}\right). \tag{4.10d}$$

Die Rücktransformation ist durch

$$x = \frac{1}{\sqrt{1-\frac{v^2}{c^2}}}(x' + vt') \tag{4.11a}$$

$$y = y' \tag{4.11b}$$

$$z = z' \tag{4.11c}$$

$$t = \frac{1}{\sqrt{1-\frac{v^2}{c^2}}}\left(t' + \frac{x'v}{c^2}\right) \tag{4.11d}$$

gegeben.

Die Größe $s^2 = x^2 + y^2 + z^2 - c^2t^2$ bleibt unter dieser Transformation invariant. Wir nennen sie deshalb einen *Lorentz-Skalar*.

**Theorieaufgabe 26:**
**Lorentz-Transformation bei kleinen Geschwindigkeiten** ••

Zeigen Sie, dass die Lorentz-Transformation bei kleinen Geschwindigkeiten $v \ll c$ zur Galilei-Transformation wird. Entwickeln sie dafür die Wurzel $\sqrt{1-\frac{v^2}{c^2}}$ in erster Ordnung für kleine Werte von $v/c$.

Bei kleinen Geschwindigkeiten, wie wir sie aus dem Alltag kennen, sind also die Lorentz- und die Galilei-Transformation identisch. Das erklärt, warum die Galilei-Transformation so erfolgreich ist. Erst bei Geschwindigkeiten, die mit der Lichtgeschwindigkeit vergleichbar werden (ab etwa $v = \frac{c}{10}$), beginnt die Lorentz-Transformation, sich von der Galilei-Transformation zu unterscheiden.

Aus diesem Grund beschreibt die Newton'sche Mechanik die Bewegungen langsamer Objekte sehr gut. Nur bei hohen Geschwindigkeiten benötigen wir die spezielle Relativitätstheorie. Sie widerlegt also die Newton'sche Theorie nicht, sondern erweitert sie so, dass auch große Geschwindigkeiten betrachtet werden können.

### 4.1.4 Interpretation der Lorentz-Transformation – Lichtgeschwindigkeit als Obergrenze

Durch unsere Erfahrungen im Alltag können wir uns unter der Galilei-Transformation recht viel vorstellen. Schließlich erleben wir nur Bewegungen, die verglichen mit der Lichtgeschwindigkeit sehr klein sind. Es ist deutlich schwieriger, eine Intuition für die Lorentz-Transformation zu entwickeln. Wir werden später auf einige Beobachtungen im Zusammenhang mit dieser Transformation genauer eingehen. Zunächst stellen wir aber ihre wohl bekannteste Eigenschaft heraus:

Wir betrachten ein Teilchen, das sich im Inertialsystem eines Beobachters entlang der $x$-Achse mit konstanter Geschwindigkeit $v$ bewegt. Die Lorentz-Transformation in das Ruhesystem des Teilchens erfolgt dann über

$$x' = \frac{1}{\sqrt{1-\frac{v^2}{c^2}}}(x - vt) \tag{4.12}$$

$$t' = \frac{1}{\sqrt{1-\frac{v^2}{c^2}}}\left(t - \frac{xv}{c^2}\right). \tag{4.13}$$

Die Komponenten $y$ und $z$ sind an dieser Stelle nicht wichtig, da wir wie zuvor nur Bewegungen in $x$-Richtung betrachten.

Wir sehen, dass der Ort $x'$ im System des Teilchens auch von der Zeit $t$ im ursprünglichen System abhängt. Das ist nicht weiter ungewöhnlich und gilt auch für die Galilei-Transformation, wo $x' = x - vt$ ist. Betrachten wir jedoch die Zeit $t'$, so stellen wir fest, dass diese nicht gleich der Zeit $t$ im ursprünglichen System ist. Das bedeutet, dass die Zeit für das bewegte Teilchen anders vergeht als für den Beobachter. Diese Beobachtung ist für uns sehr schwer vorstellbar und nicht intuitiv. Wir werden an späterer Stelle im Detail auf die sogenannte Zeitdilatation eingehen. Hier möchten wir zunächst unser Augenmerk auf die Abhängigkeit der Zeit $t'$ von dem Ort $x$ im Beobachtersystem legen. Die Lorentz-Transformation zeichnet sich gegenüber der Galilei-Transformation dadurch aus, dass sie Ort und Zeit miteinander untrennbar verknüpft. Die Zeit ist hier nicht mehr eine unabhängige vierte Koordinate, sondern hängt eng mit dem dreidimensionalen Raum selbst zusammen. Darum sprechen wir ab jetzt von der vierdimensionalen *Raumzeit*.

Ein weiteres, äußerst wichtiges Detail zur Lorentz-Transformation finden wir im Faktor

$$\gamma = \frac{1}{\sqrt{1-\frac{v^2}{c^2}}}, \tag{4.14}$$

den wir auch *Lorentz-Faktor* nennen. Grob gesagt gibt uns dieser an, wie weit sich die Lorentz-Transformation bei verschiedenen Geschwindigkeiten von der Galilei-Transformation unterscheidet. Je weiter $\gamma$ vom Wert 1 abweicht, desto größer werden die Unterschiede. In Abbildung 4.3 sehen wir, dass $\gamma$ für kleine Geschwindigkeiten $\approx 1$ ist. Das deckt sich damit, dass die Lorentz-Transformation bei kleinen Geschwindigkeiten zur Galilei-Transformation wird. Erst bei großen Geschwindigkeiten wird $\gamma$ deutlich größer.

Allerdings wird der Wert unter der Wurzel für $v > c$ negativ. Dann können wir die Wurzel gar nicht mehr ziehen. Das ist eine der wichtigsten physikalischen Beobachtungen überhaupt, denn sie verbietet Geschwindigkeiten, die größer als die Lichtgeschwindigkeit sind. Im Folgenden möchten wir diese Aussage noch verfeinern.

Stellen wir uns vor, wir leuchten mit einem Laserpointer gegen eine Wand. Wenn wir den Pointer bewegen, dann bewegt sich auch der Lichtpunkt an der Wand. Nun bewegen wir uns weiter von der Wand weg und stellen fest, dass sich der Punkt schneller bewegt. Wenn wir den Pointer um einen Winkel von $1°$ drehen, dann muss der Punkt in der gleichen Zeit an der Wand

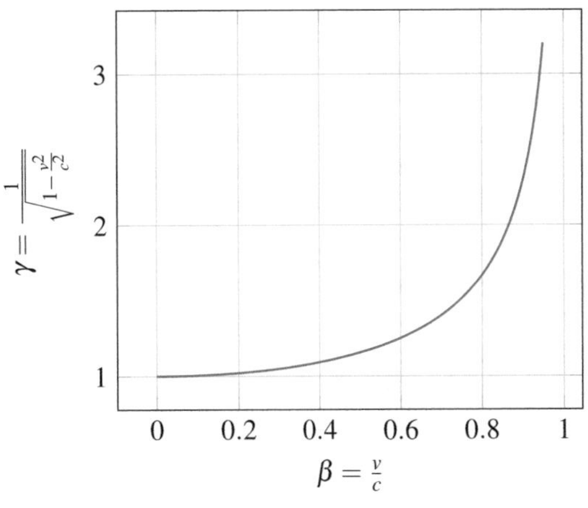


Abb. 4.3: Der Faktor $\gamma$ wird bei großen Geschwindigkeiten immer größer. Bei $v = c$ hat $\gamma$ eine Singularität. Geschwindigkeiten $v > c$ sind gar nicht erlaubt.

eine größere Strecke zurücklegen. Jetzt leuchten wir mit dem Pointer auf den Mond. Es ist nun leicht, den Laserpointer so zu bewegen, dass sich der Punkt auf dem Mond mit Überlichtgeschwindigkeit bewegt. Deshalb müssen wir unsere Regel für die Lichtgeschwindigkeit als höchste erlaubte Geschwindigkeit etwas präziser formulieren:

**Lichtgeschwindigkeit als Obergrenze**

Die Lichtgeschwindigkeit $c$ im Vakuum stellt eine Geschwindigkeitsobergrenze für die Ausbreitung von Information im Universum dar. Somit dürfen sich auch Massen und Energie nicht schneller bewegen. Dass die Lichtgeschwindigkeit nicht überschritten werden kann, ist eine der grundlegendsten Regeln, die im Universum gelten.

Das ist die allgemeinste Formulierung, die sich hier finden lässt. Betrachten wir also eine beliebige Bewegung, so müssen wir zunächst herausfinden, ob mit dieser Bewegung Information übertragen wird oder nicht. Wir machen an dieser Stelle einen kurzen Abstecher in die Informationstheorie:

Wenn Alice Bob einen Ball zuwirft, so erfährt dieser das spätestens, wenn der Ball bei ihm ankommt. Der fliegende Ball überträgt also diese Information. Demnach darf sich ein Ball nicht schneller bewegen, als Licht im Vakuum. Den gleichen Gedankengang können wir für alle massereichen Objekte durchführen. Bewegte Massen übertragen also auch eine Information. Dabei ist es irrelevant, ob diese Information genutzt oder überhaupt ausgelesen wird. Relevant ist nur, dass sie existiert.

Vielleicht sieht Bob auch, wie Alice den Ball geworfen hat. In diesem Fall wurde die Information mithilfe von Lichtstrahlen übertragen. Die Zeitdifferenz mag hier winzig sein, aber Bob erfährt erst später vom fliegenden Ball als Alice. Genau betrachtet wurde die Information in diesem Fall nicht über eine bewegte

Masse, sondern über die Übertragung von Energie durch Lichtwellen (elektromagnetische Wellen) erreicht. Wenn Energie bewegt oder übertragen wird, trägt sie die Information über ihren Ursprung mit sich. Deshalb kann auch Energie nicht schneller als das Licht bewegt werden. Licht selbst ist hier natürlich ein Beispiel, da Lichtwellen keine Masse haben, aber eine Energie.

Kehren wir zurück zu unserem Laserpunkt auf dem Mond. Dieser Punkt trägt zum Beispiel die Information, in welche Richtung der Laserpointer zeigt. Wird der Pointer jedoch bewegt, dann muss sich das Licht erst bis zum Mond ausbreiten, bis sich der Punkt dort auf der Oberfläche bewegt. Hier wird also die Geschwindigkeitsgrenze eingehalten. Der Punkt auf dem Mond ist aber nichts weiter als eine Projektion. In welche Richtung wir projizieren/Information übertragen, können wir uns selbst aussuchen. Bewegen wir also den Punkt auf dem Mond, so wird dabei nur eine Projektion bewegt, aber der Punkt selbst bewegt auf der Mondoberfläche keine Information. Stehen wir beispielsweise auf dem Mond und sehen den Laserpunkt an uns vorbeirauschen, so erkennen wir daraus überhaupt nicht, wo er herkam. Deshalb gilt hier nicht die Lichtgeschwindigkeit als Obergrenze.

Es lassen sich auch andere Systeme finden, in denen die Lichtgeschwindigkeit überschritten wird. Bestimmte Materialien lassen es beispielsweise zu, dass sich ein Lichtpuls in ihnen mit Überlichtgeschwindigkeit ausbreitet. Das ist allerdings immer mit einer Absorption von Licht im Material kombiniert, welche wiederum die Ausbreitung von Information mit Überlichtgeschwindigkeit verbietet.



## 4.2 Konsequenzen der Lorentz-Transformation

Die gesamte spezielle Relativitätstheorie basiert auf der Annahme, dass die Lorentz-Transformation den Wechsel zwischen Inertialsystemen korrekt beschreibt. Wie bereits angemerkt, ist diese Annahme experimentell sehr gut gestützt. Jetzt, da wir die Lorentz-Transformation etabliert haben, können wir uns die Frage stellen, welche physikalischen Konsequenzen sich daraus ergeben. Im Folgenden werden wir die wichtigsten Auswirkungen der speziellen Relativitätstheorie herleiten und diskutieren. Dabei werden wir versuchen, den mathematischen Formalismus so einfach wie möglich zu halten. Dennoch führen wir zunächst einige Größen ein, die uns dabei helfen, verschiedene Effekte möglichst effizient zu beschreiben.

### 4.2.1 Mathematischer Formalismus

Im Folgenden geben wir eine sehr kurze Einführung in den mathematischen Formalismus der speziellen Relativitätstheorie. Wir versuchen hier, nur die notwendigsten Elemente einzuführen, und werden nicht weit ins Detail gehen.

Wir fassen Zeit und Ort in einem einzigen Vektor $x^\mu$ zusammen, den wir *Vierervektor* nennen. Dafür schreiben wir

$$x^0 = ct \tag{4.15a}$$

$$x^1 = x \tag{4.15b}$$

$$x^2 = y \tag{4.15c}$$

$$x^3 = z \tag{4.15d}$$

oder kurz

$$x^\mu = \begin{pmatrix} ct \\ x \\ y \\ z \end{pmatrix} = \begin{pmatrix} ct \\ \boldsymbol{r} \end{pmatrix}. \tag{4.16}$$

Solche Vierervektoren werden von normalen dreidimensionalen Vektoren im Raum unterschieden, indem wir ihnen hochgestellte Indizes geben. In der nullten Komponente haben wir die Zeit mit der Lichtgeschwindigkeit multipliziert. So haben alle Komponenten die Dimension einer Länge.

Wenn wir $x^\mu$ schreiben, dann ist $\mu \in \{0,1,2,3\}$ dabei der Index des Vektors. Streng genommen wäre also $x^\mu$ nicht der Vierervektor, sondern nur eine Komponente desselben. Trotzdem schreiben wir konventionell

$$x^\mu = \begin{pmatrix} ct \\ x \\ y \\ z \end{pmatrix}. \tag{4.17}$$

#### Lorentz-Transformation für Vierervektoren

Zunächst führen wir die folgenden Abkürzungen ein:

$$\beta = \frac{v}{c} \tag{4.18}$$

$$\gamma = \frac{1}{\sqrt{1-\frac{v^2}{c^2}}} = \frac{1}{\sqrt{1-\beta^2}}. \tag{4.19}$$

Die nun einheitenlose Größe $\beta$ beschreibt im Prinzip einfach die Geschwindigkeit. Wir haben sie so skaliert, dass $0 \le |\beta| \le 1$ gilt. Der Faktor $\gamma$ ist der *Lorentz-Faktor*. Wir haben ihn bereits in Abbildung 4.3 behandelt.

So vereinfacht sich nun die Lorentz-Transformation zu

$$x^{0\prime} = \gamma\left(x^0 - \beta x^1\right) \tag{4.20a}$$

$$x^{1\prime} = \gamma\left(x^1 - \beta x^0\right) \tag{4.20b}$$

$$x^{2\prime} = x^2 \tag{4.20c}$$

$$x^{3\prime} = x^3. \tag{4.20d}$$

Dabei ist $\beta$ ein Skalar, da wir nur eine eindimensionale Bewegung in $x^1$-Richtung betrachten. Wir können alternativ auch

$$\begin{pmatrix} x^{0\prime} \\ x^{1\prime} \\ x^{2\prime} \\ x^{3\prime} \end{pmatrix} = \begin{pmatrix} \gamma & -\beta\gamma & 0 & 0 \\ -\beta\gamma & \gamma & 0 & 0 \\ 0 & 0 & 1 & 0 \\ 0 & 0 & 0 & 1 \end{pmatrix} \begin{pmatrix} x^0 \\ x^1 \\ x^2 \\ x^3 \end{pmatrix} \tag{4.21}$$

schreiben.

## Skalarprodukt für Vierervektoren

Die Vierervektoren, die wir hier verwenden, unterscheiden sich von den gewohnten dreidimensionalen Vektoren. Das hängt damit zusammen, dass sich die Zeit von normalen Raumrichtungen unterscheidet. Deshalb ist die vierdimensionale Raumzeit nicht einfach ein gewohnter euklidischer Raum, sondern ein pseudo-euklidischer Raum. Wir wollen aber hier nicht zu tief in mathematische Details abdriften. Interessierte Leser verweisen wir darum auf weiterführende Literatur zur Relativitätstheorie, insbesondere auf den *Minkowski-Raum.*

Am leichtesten sehen wir den Unterschied zwischen Vierervektoren und normalen Vektoren im dreidimensionalen Raum am Skalarprodukt.

**Vierervektor**

Für zwei Vierervektoren

$$a^\mu = \begin{pmatrix} a^0 \\ a^1 \\ a^2 \\ a^3 \end{pmatrix} \tag{4.22}$$

und

$$b^\mu = \begin{pmatrix} b^0 \\ b^1 \\ b^2 \\ b^3 \end{pmatrix} \tag{4.23}$$

schreiben wir das Skalarprodukt

$$a^\mu \cdot b^\mu = a_\mu b^\mu = -a^0 b^0 + a^1 b^1 + a^2 b^2 + a^3 b^3. \tag{4.24}$$

Der tiefgestellte Index $a_\mu$ kennzeichnet den Vektor als ein Element des dualen Vektorraums. Auch das behandeln wir hier nur als Schreibweise und gehen nicht zu sehr auf die mathematischen Hintergründe ein.

Das Minuszeichen vor der Zeitkoordinate ist hier sehr wichtig. Es unterscheidet die Zeit vom Ort. Wir werden im Folgenden zeigen, dass diese besondere Definition des Skalarproduktes tatsächlich sinnvoll ist.

**► Tipp:**

Manchmal finden wir in der Literatur auch das Skalarprodukt durch

$$a^\mu \cdot b^\mu = a_\mu b^\mu = a^0 b^0 - a^1 b^1 - a^2 b^2 - a^3 b^3 \tag{4.25}$$

definiert. Das ist prinzipiell mathematisch genauso möglich und ändert in späteren Rechnungen nur die Vorzeichen.

## Kausalität

Wenn wir die Vektornorm wie gewohnt durch

$$\|x^\mu\| = \sqrt{x_\mu x^\mu} \tag{4.26a}$$
$$= \sqrt{-(x^0)^2 + (x^1)^2 + (x^2)^2 + (x^3)^2} \tag{4.26b}$$
$$= \sqrt{-c^2 t^2 + x^2 + y^2 + z^2} \tag{4.26c}$$

berechnen, dann stoßen wir auf ein Problem. Schließlich kann das Skalarprodukt $x_\mu x^\mu$ auch negative Werte annehmen. Da die Norm von Vektoren immer reell und $\geq 0$ sein muss, bleibt die Vektornorm von Vierervektoren für uns also undefiniert. Dennoch hat die Größe

$$s^2 = x_\mu x^\mu = -c^2 t^2 + x^2 + y^2 + z^2 \tag{4.27}$$

eine große physikalische Bedeutung. Wir haben diesen Wert bereits in Unterabschnitt 4.1.2 behandelt. Dabei haben wir gezeigt, dass sich $s^2$ unter Lorentz-Transformationen nicht ändert.

**Lorentz-Skalar**

Größen, die sich unter beliebigen Lorentz-Transformationen nicht ändern, werden als *Lorentz-Skalare* bezeichnet. Neben der Größe $s^2$ ist beispielsweise auch die Masse $m$ ein Lorentz-Skalar.

Wie können wir $s^2$ interpretieren? Betrachten wir zwei Ereignisse $A$ und $B$, die zu verschiedenen Zeiten an verschiedenen Orten stattfinden. Sie befinden sich also an verschiedenen Punkten in der vierdimensionalen Raumzeit. Der Vektor $x^\mu$ zeige nun vom Punkt $A$ zum Punkt $B$. Es ergeben sich drei verschiedene Möglichkeiten:

1. Wenn $s^2 < 0$ ist, dann nennen wir den Vektor $x^\mu$ *zeitartig*. In diesem Fall liegen die beiden Ereignisse zeitlich so weit auseinander, dass ein Lichtstrahl, der vom Ereignis $A$ abgesendet wird, den Ort von Ereignis $B$ erreicht, bevor das Ereignis $B$ selbst eintritt. Wir können uns also zwischen beiden Ereignissen mit Geschwindigkeiten bewegen, die kleiner als die Lichtgeschwindigkeit sind. Das bedeutet, dass auch Information zwischen beiden Ereignissen ausgetauscht werden kann. Kurz gesagt kann das erste Ereignis die Ursache für das zweite Ereignis sein. Wir nennen den Zusammenhang zwischen Ursache und Wirkung *Kausalität*. Die Ereignisse können kausal zusammenhängen.

4

2. Für $s^2 = 0$ nennen wir $x^\mu$ *lichtartig*. In diesem Fall liegen die beiden Ereignisse genau so weit auseinander, dass ein Lichtstrahl vom ersten zum zweiten Ereignis reisen kann.

3. Wenn $s^2 > 0$ ist, dann ist $x^\mu$ *raumartig*. Die beiden Ereignisse geschehen so weit voneinander entfernt, oder mit einer so kurzen zeitlichen Differenz, dass ein Lichtstrahl von einem Ereignis nicht zum Ort des zweiten Ereignisses reisen kann, bevor dieses geschehen ist. Es ist also prinzipiell gar kein Informationsaustausch zwischen $A$ und $B$ möglich. Beide Ereignisse können nicht kausal verbunden sein, es kann also nicht ein Ereignis die Ursache für das zweite Ereignis sein.

Ob zwei Ereignisse kausal zusammenhängen oder nicht, macht einen fundamentalen Unterschied. Beispielsweise darf eine Lampe niemals aufleuchten, bevor Sie den Schalter gedrückt haben. Zwei Ereignisse, die kausal zusammenhängen, müssen also in jedem Inertialsystem zusammenhängen. Das ist hier aber bereits gegeben, da $s^2$ ein Lorentz-Skalar ist. Diese Größe ändert sich bei Wechseln in beliebige Inertialsysteme nicht, und demnach ändert sich auch die Einstufung eines Vektors in die Kategorien zeitartig, lichtartig und raumartig nicht.

**► Tipp:**

Die Reihenfolge, in der zwei zeitartige Ereignisse eintreten, ist in jedem Bezugssystem gleich. Es kann jedoch gezeigt werden, dass zwei raumartige Ereignisse durch geschickte Wahl des Inertialsystems in jede beliebige Reihenfolge gebracht werden können. Da alle Inertialsysteme gleichwertig sind, hat es also gar keinen Sinn, für raumartige Ereignisse eine allgemeine Reihenfolge zu definieren.

### 4.2.2 Verlust der Gleichzeitigkeit

Wir befinden uns in einem Koordinatensystem $\mathscr{K}$ und beobachten zwei Ereignisse $A$ und $B$ mit den Koordinaten

$$x_A^\mu = \begin{pmatrix} ct_A \\ \boldsymbol{r}_A \end{pmatrix} \tag{4.28}$$

und

$$x_B^\mu = \begin{pmatrix} ct_B \\ \boldsymbol{r}_B \end{pmatrix}. \tag{4.29}$$

Nun geschehen beide Ereignisse gleichzeitig, das heißt, es gilt $t_A = t_B$.

**Theorieaufgabe 27: Gleichzeitigkeit** •

Transformieren Sie beide Ereignisse in ein beliebiges anderes Inertialsystem. Finden beide Ereignisse immer noch gleichzeitig statt?

. . . . . . . . . . . . . . . . . . . . . . . . . . . . . . . . . . . . . . . . . . . . . . . .

. . . . . . . . . . . . . . . . . . . . . . . . . . . . . . . . . . . . . . . . . . . . . . . .

. . . . . . . . . . . . . . . . . . . . . . . . . . . . . . . . . . . . . . . . . . . . . . . .

. . . . . . . . . . . . . . . . . . . . . . . . . . . . . . . . . . . . . . . . . . . . . . . .

. . . . . . . . . . . . . . . . . . . . . . . . . . . . . . . . . . . . . . . . . . . . . . . .

. . . . . . . . . . . . . . . . . . . . . . . . . . . . . . . . . . . . . . . . . . . . . . . .

. . . . . . . . . . . . . . . . . . . . . . . . . . . . . . . . . . . . . . . . . . . . . . . .

. . . . . . . . . . . . . . . . . . . . . . . . . . . . . . . . . . . . . . . . . . . . . . . .

. . . . . . . . . . . . . . . . . . . . . . . . . . . . . . . . . . . . . . . . . . . . . . . .

. . . . . . . . . . . . . . . . . . . . . . . . . . . . . . . . . . . . . . . . . . . . . . . .

. . . . . . . . . . . . . . . . . . . . . . . . . . . . . . . . . . . . . . . . . . . . . . . .

. . . . . . . . . . . . . . . . . . . . . . . . . . . . . . . . . . . . . . . . . . . . . . . . . . . . . . . . . . . . . . .

. . . . . . . . . . . . . . . . . . . . . . . . . . . . . . . . . . . . . . . . . . . . . . . . . . . . . . . . . . . . . . .

. . . . . . . . . . . . . . . . . . . . . . . . . . . . . . . . . . . . . . . . . . . . . . . . . . . . . . . . . . . . . . .

. . . . . . . . . . . . . . . . . . . . . . . . . . . . . . . . . . . . . . . . . . . . . . . . . . . . . . . . . . . . . . .

. . . . . . . . . . . . . . . . . . . . . . . . . . . . . . . . . . . . . . . . . . . . . . . . . . . . . . . . . . . . . . .

. . . . . . . . . . . . . . . . . . . . . . . . . . . . . . . . . . . . . . . . . . . . . . . . . . . . . . . . . . . . . . .

**Verlust der Gleichzeitigkeit**

Das Konzept von gleichzeitigen Ereignissen an verschiedenen Orten funktioniert in der speziellen Relativitätstheorie nicht mehr. Zwei Uhren können miteinander synchronisiert werden, wenn sie sich an demselben Ort befinden. Sobald sie sich auseinanderbewegen, kann keine Aussage mehr darüber getroffen werden, ob sie synchron sind.

Wir können hier noch eine allgemeinere Aussage machen: Durch geschickte Wahl des Inertialsystems können zwei raumartige Ereignisse immer in jede beliebige Reihenfolge gebracht werden. Zeitartige Ereignisse dagegen können kausal miteinander verbunden sein. Es kann gezeigt werden, dass es kein Inertialsystem gibt, in welchem die Reihenfolge zweier zeitartiger Ereignisse vertauscht wird. So bleibt die Beziehung zwischen Ursache und Wirkung immer erhalten.

### 4.2.3 Zeitdilatation

Wir haben bereits erkannt, dass die Zeit von der Lorentz-Transformation – anders als bei der Galilei-Transformation – nicht unangetastet bleibt. Nun wollen wir genauer betrachten, was genau mit der Zeitkoordinate in bewegten Bezugssystemen passiert.

**Theorieaufgabe 28: Zeitdilatation** ••

Ein Zug bewegt sich mit Geschwindigkeit $v$ an Ihnen vorbei. Im Zug befindet sich eine Uhr. Was beobachten Sie, wenn Sie die Uhr mit der Bahnsteiguhr vergleichen? Was beobachtet ein Mitfahrender im Zug? Unterstützen Sie Ihre Argumentation mit Berechnungen.

. . . . . . . . . . . . . . . . . . . . . . . . . . . . . . . . . . . . . . . . . . . . . . . . . . . . . . . . . . . . . . .

. . . . . . . . . . . . . . . . . . . . . . . . . . . . . . . . . . . . . . . . . . . . . . . . . . . . . . . . . . . . . . .

. . . . . . . . . . . . . . . . . . . . . . . . . . . . . . . . . . . . . . . . . . . . . . . . . . . . . . . . . . . . . . .

. . . . . . . . . . . . . . . . . . . . . . . . . . . . . . . . . . . . . . . . . . . . . . . . . . . . . . . . . . . . . . .

. . . . . . . . . . . . . . . . . . . . . . . . . . . . . . . . . . . . . . . . . . . . . . . . . . . . . . . . . . . . . . .

. . . . . . . . . . . . . . . . . . . . . . . . . . . . . . . . . . . . . . . . . . . . . . . . . . . . . . . . . . . . . . .

. . . . . . . . . . . . . . . . . . . . . . . . . . . . . . . . . . . . . . . . . . . . . . . . . . . . . . . . . . . . . . .

. . . . . . . . . . . . . . . . . . . . . . . . . . . . . . . . . . . . . . . . . . . . . . . . . . . . . . . . . . . . . . .

. . . . . . . . . . . . . . . . . . . . . . . . . . . . . . . . . . . . . . . . . . . . . . . . . . . . . . . . . . . . . . .

. . . . . . . . . . . . . . . . . . . . . . . . . . . . . . . . . . . . . . . . . . . . . . . . . . . . . . . . . . . . . . .

4

## Zeitdilatation

In bewegten Systemen vergeht die Zeit um den Faktor $1/\gamma$ langsamer. Wir sprechen von einer Zeitdilatation.

Üblicherweise ist an dieser Stelle immer von Uhren die Rede. Es ist jedoch wichtig zu verstehen, dass die Zeitdilatation überhaupt nicht von der Uhr selbst abhängt. In bewegten Systemen vergeht die Zeit selbst langsamer.

Beispielsweise können zwei Atomuhren synchronisiert werden. Eine Uhr bleibt an Ort und Stelle, während die zweite Uhr in einem Flugzeug um die Welt geschickt wird. Wenn beide Uhren dann wieder zum Vergleich an denselben Ort gebracht werden, ist die ruhende Uhr weitergelaufen. Das liegt aber nicht an den Uhren, sondern daran, dass im Flugzeug tatsächlich weniger Zeit vergangen ist. Der Effekt gehört zu den berühmtesten im Zusammenhang mit der speziellen Relativitätstheorie. Er scheint jeder Intuition aus dem Alltag zu widersprechen, kann aber heutzutage sehr gut in Experimenten nachgewiesen werden. Im Folgenden wollen wir die Zeitdilatation in einem Gedankenexperiment auf die Spitze treiben.

### Zwillingsparadoxon

Wir betrachten Zwillingsbrüder im Alter von 20 Jahren. Ein Bruder lebt auf der Erde, während sich der zweite Bruder dazu entscheidet, in einem Raumschiff das Universum zu erkunden. Er reist mit 95 % der Lichtgeschwindigkeit durch die Galaxie und kehrt nach zwanzig Jahren wieder auf die Erde zurück. Nun ist er 40 Jahre alt und trifft seinen Bruder, der die ganze Zeit auf der Erde in Ruhe war. Für diesen ist jedoch die Zeit $\gamma \cdot 20\,\text{Jahre} \approx 64\,\text{Jahre}$ vergangen und er ist nun mit 84 Jahren mehr als doppelt so alt.

Was geschieht jedoch, wenn wir das gleiche Gedankenexperiment aus der Perspektive des raumfahrenden Zwillingsbruders betrachten? In seinem Ruhesystem bewegt sich schließlich die Erde, während er selbst in Ruhe ist. Müsste dann nicht der auf der Erde zurückgebliebene Bruder langsamer altern? Hier scheint sich ein Paradoxon zu finden. Schließlich sind nach der speziellen Relativitätstheorie alle Inertialsysteme gleichwertig. Genau da liegt aber auch der Denkfehler. Der Zwillingsbruder auf der Erde ist annähernd in Ruhe und damit ist sein Ruhesystem ein Inertialsystem. Das Ruhesystem des reisenden Bruders kann aber kein Inertialsystem sein. Schließlich muss er beschleunigt werden, wenn er erst von der Erde wegfliegen und später zurückkehren soll. Darin unterscheiden sich beide Systeme und das Paradoxon ist gelöst.

Was wäre, wenn beide Brüder unbeschleunigt wären? Während der erste Bruder auf der Erde in Ruhe ist, fliegt der zweite Bruder in seiner Rakete an ihm vorbei und beide vergleichen ihr Alter. Nun sind beide in einem Inertialsystem in Ruhe und wir können keine Aussage darüber treffen, wer von beiden schneller altert. Beide Brüder werden sich aber auch nie wieder treffen, solange sie sich geradlinig weiterbewegen. Da wir Uhren nur miteinander vergleichen können, wenn sie sich am gleichen Ort befinden, können wir also das Alter beider Brüder gar nicht miteinander vergleichen.

### Lichtuhr

Die Lichtuhr ist eine andere Möglichkeit, die Zeitdilatation besonders gut zu visualisieren. Wir denken uns dafür eine Laserquelle und einen Spiegel, wie in Abbildung 4.4 gezeigt. Ein Laserpuls wird vom Spiegel reflektiert und dann von einem Detektor registriert, der sich am gleichen Ort befindet, wie der Laser. Zwischen Aussenden und Empfangen des Laserpulses vergeht nun immer die gleiche Zeit.

Abb. 4.4: Skizze einer Lichtuhr in Ruhe.

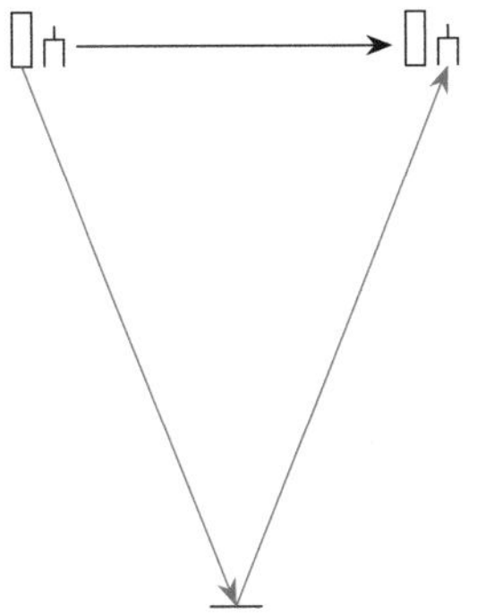

Abb. 4.5: Skizze einer gleichförmig bewegten Lichtuhr. Während der Lichtpuls unterwegs ist, haben sich Laser und Detektor, sowie auch der Spiegel weiterbewegt. Der Laserpuls muss also eine größere Strecke zurücklegen. Dennoch ist die Lichtgeschwindigkeit immer konstant $c$. Deshalb läuft die bewegte Lichtuhr langsamer.

Was geschieht jedoch, wenn die Lichtuhr in Bewegung ist? Von außen betrachtet muss dann der Lichtstrahl eine größere Strecke zurücklegen, wie in Abbildung 4.5 gezeigt. Allerdings wissen wir, dass die Lichtgeschwindigkeit immer konstant ist. Von außen betrachtet benötigt der Laserpuls also länger, um wieder zum Detektor zu gelangen. Die Lichtuhr läuft also langsamer.

In diesem Beispiel wird sehr deutlich, wie wir ausschließlich aus der Konstanz der Lichtgeschwindigkeit folgern konnten, dass die Zeit selbst in bewegten Bezugssystemen langsamer vergeht. Wir erkennen aber auch, dass die Zeit im Ruhesystem der Lichtuhr immer gleich vergeht. Ist die Lichtuhr in Ruhe, so tickt sie tatsächlich am schnellsten. Diese besondere Zeit nennen wir die *Eigenzeit*.

## Eigenzeit

Betrachten wir einen infinitesimalen Abstand $\mathrm{d}s$ in der vierdimensionalen Raumzeit. Hier gilt wie gewohnt

$$\mathrm{d}s^2 = -c^2\mathrm{d}t^2 + \mathrm{d}x^2 + \mathrm{d}y^2 + \mathrm{d}z^2. \tag{4.30}$$

Wir nennen nun $\tau$ mit

$$\mathrm{d}\tau^2 = -\frac{\mathrm{d}s^2}{c^2} \tag{4.31}$$

die *Eigenzeit*. Wir sehen hier direkt, dass die Eigenzeit die Zeit ist, die in einem Ruhesystem vergeht. Dann ist nämlich $\mathrm{d}x = \mathrm{d}y = \mathrm{d}z = 0$ und damit $\mathrm{d}t = \mathrm{d}\tau$.

So können wir jetzt aber auch verstehen, was die Eigenzeit tatsächlich bedeutet. Obwohl sich ein beliebiger Beobachter im Allgemeinen nicht in einem Inertialsystem befindet, können wir dennoch annehmen, dass sein Ruhesystem während einer infinitesimalen Zeit $\mathrm{d}t$ ein Inertialsystem ist. Die Eigenzeit ist also nichts anderes als die Zeit, die jeder Beobachter selbst erfährt oder messen würde. Zeitdilatation können wir niemals an uns selbst messen. Sie tritt erst auf, wenn wir zwei Systeme miteinander vergleichen.

Wir können die Eigenzeit auch nutzen, um die Zeitdilatation zu berechnen.

## Theorieaufgabe 29: Zeitdilatation und Eigenzeit

●●●

Zeigen Sie, dass für das Differential der Eigenzeit

$$d\tau = dt\sqrt{1-\frac{v^2}{c^2}} = \frac{1}{\gamma}dt \tag{4.32}$$

gilt. Nutzen Sie dafür Gleichung (4.30).

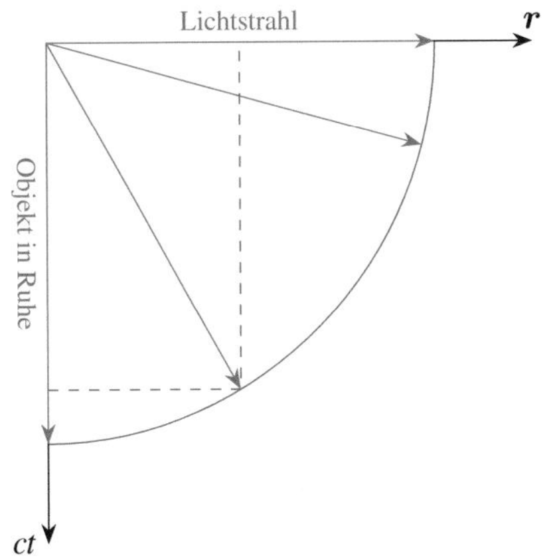


Abb. 4.6: In einer gleichbleibenden Einheit der Eigenzeit $\tau$ bewegen sich alle Objekte gleich weit durch die vierdimensionale Raumzeit. Objekte, die sich im Raum bewegen, kommen deshalb in einer Eigenzeiteinheit weniger weit durch die Zeit $t$. Die Zeitdilatation kann hier durch den Satz des Pythagoras berechnet werden.

Hier sehen wir, dass $\mathrm{d}\tau \leq \mathrm{d}t$ ist. Ein bewegter Beobachter mit Eigenzeit $\tau$, der seine Zeit mit einer ruhenden Uhr ($t$) vergleicht, stellt also fest, dass die ruhende Uhr schneller geht. Seine Eigenzeit ist also verzögert. Den Faktor $1/\gamma$ haben wir bereits bei unseren ersten Rechnungen zur Zeitdilatation erhalten.

Wir müssen die Eigenzeit nicht immer als Differential betrachten. Durch eine einfache Integration erhalten wir

$$\tau = \int \frac{1}{\gamma}\,\mathrm{d}t. \tag{4.33}$$

**Eigenzeit**

Die *Eigenzeit* $\tau$ ist durch

$$\mathrm{d}\tau = \frac{1}{\gamma}\,\mathrm{d}t \tag{4.34}$$

definiert.

Wir können nun die Zeitdilatation auch anders interpretieren. Betrachten wir die Raumzeit mit $\boldsymbol{r}$ als Raum- und $ct$ als Zeitkoordinate. Wir haben diese Achsen in Abbildung 4.6 skizziert. Wir bewegen uns immer mit Lichtgeschwindigkeit durch die Raumzeit. Befinden wir uns in Ruhe, so bewegen wir uns nicht im Ort, aber mit voller Geschwindigkeit in der Zeit. Objekte, die sich im dreidimensionalen Raum bewegen, bewegen sich dafür langsamer in der Zeit. Könnten wir einen Lichtstrahl beobachten, der mit Geschwindigkeit $c$ an uns vorbeifliegt, so würden wir beobachten, dass für ihn die Zeit stillsteht. Licht bewegt sich also nur im Raum und nicht in der Zeit.



### 4.2.4 Längenkontraktion

Wir haben nun gezeigt, dass in der speziellen Relativitätstheorie Raum und Zeit eng miteinander verbunden sind. Es ist deshalb zu erwarten, dass neben der Zeitdilatation in bewegten Bezugssystemen auch veränderte Längen zu beobachten sein müssen.

Abb. 4.7: Skizze eines Maßstabs. Der Abstand der beiden Endpunkte $A$ und $B$ erscheint in verschiedenen Bezugssystemen unterschiedlich groß.

**Theorieaufgabe 30: Längenkontraktion** •••

Wir betrachten einen Maßstab wie in Abbildung 4.7 gezeigt. Der Maßstab sei zunächst in Ruhe. Die beiden Endpunkte haben die Koordinaten $x_A$ und $x_B$. Damit hat der Stab die Länge $l = |x_B - x_A|$.

Betrachten Sie den Maßstab nun in Bewegung mit Geschwindigkeit $v$. Wie transformieren sich seine Koordinaten in das Inertialsystem des Beobachters? Wie ändert sich die Länge des Stabs? Beachten Sie, dass der Beobachter bei der Messung der Länge des Stabs die Positionen beider Enden *gleichzeitig* misst.

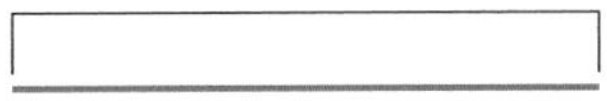

Abb. 4.8: Schematische Skizze von Stab und Rahmen in Ruhe. Beide sind gleich lang, sodass der Stab genau in den Rahmen passt.

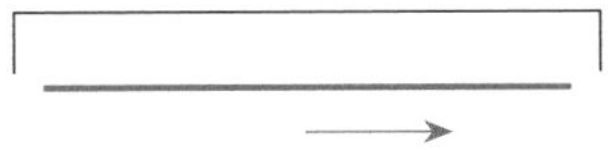

Abb. 4.9: Wenn sich der Stab im Ruhesystem des Rahmens bewegt, dann erfährt er eine Längenkontraktion. Dabei befindet er sich für einen Moment ganz im Rahmen, ohne dass die Enden des Stabs den Rahmens berühren.

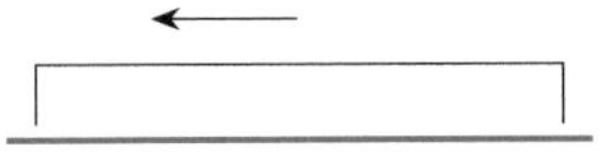

Abb. 4.10: Im Ruhesystem des Stabs bewegt sich der Rahmen, und erfährt so eine Längenkontraktion. Nun passt der Stab gar nicht mehr in den Rahmen hinein.

Wir haben nun berechnet, dass Längen in bewegten Bezugssystemen um den Faktor $1/\gamma$ verkürzt werden. Dieses Phänomen wird *Längenkontraktion* genannt.

**Längenkontraktion**

In bewegten Bezugssystemen erscheinen Maßstäbe um einen Faktor $1/\gamma$ kürzer. Wir sprechen von einer Längenkontraktion.

### Paradoxon der Längenkontraktion

In der Literatur finden sich verschiedene Versionen des folgenden Paradoxons. Betrachten wir noch einmal einen Stab und dazu einen Rahmen. Wie in Abbildung 4.8 gezeigt, sind beide gleich lang. Der Stab passt also exakt in den Rahmen hinein.

Nun stellen wir uns vor, dass sich der Stab von links nach rechts bewegt, während der Rahmen in Ruhe ist. Im Ruhesystem des Rahmens bewegt sich der Stab also und erfährt demnach eine Längenkontraktion. Der Stab ist nun kürzer als der Rahmen. Wie in Abbildung 4.9 skizziert, passt der Stab jetzt ganz in den Rahmen hinein, während er sich durch ihn hindurchbewegt.

Jetzt betrachten wir die gleiche Situation aus dem Ruhesystem des Stabs heraus. Hier bewegt sich nun der Rahmen nach links und erfährt demzufolge eine Längenkontraktion. Wie in Abbildung 4.10 gezeigt, gibt es also nun einen Moment, in dem der Stab an beiden Enden aus dem Rahmen herausragt. Jetzt passt der Stab also gar nicht mehr in den Rahmen hinein.

Passt der Stab nun in den Rahmen oder nicht? Die Lösung dieses Paradoxons liegt in der Definition des Wortes *hineinpassen*. Wenn wir messen möchten, ob der Stab in den Rahmen passt, dann vergleichen wir zwei Ereignisse miteinander. $A$ sei das Ereignis, in dem das rechte Ende des Stabs am gleichen Ort ist wie das rechte Ende des Rahmens. Beim Ereignis $B$ liegen die linken Enden von Stab und Rahmen aufeinander. Die Reihenfolge, in der nun beide Ereignisse auftreten, bestimmt, ob der Stab in den Rahmen passt, oder nicht.

Der springende Punkt ist nun aber, dass die beiden Ereignisse $A$ und $B$ raumartig sind, also nicht kausal zusammenhängen können. Das erkennen wir bereits daran, dass es ein Inertialsystem gibt, welches sich mit halber Geschwindigkeit bewegt, sodass die Längenkontraktion von Stab und Rahmen gleich sind. In diesem System treten $A$ und $B$ gleichzeitig ein, obwohl sie an verschiedenen Orten stattfinden. Mit den Ruhesystemen von Stab und Rahmen haben wir nun zwei Bezugssysteme gefunden, in denen die Ereignisse $A$ und $B$ in umgekehrter Reihenfolge eintreten. Das ist aber allgemein erlaubt. Vielmehr ist es nach der speziellen Relativitätstheorie gar nicht sinnvoll, eine Reihenfolge für diese zwei Ereignisse zu definieren. Bei der Überprüfung, ob der Stab in den Rahmen passt, vergleichen wir also zwei Ereignisse miteinander, die gar nicht kausal voneinander abhängen können. Weil wir nichts Sinnvolles messen, können wir also jedes beliebige Ergebnis erhalten. Das Paradoxon der Längenkontraktion widerspricht zwar unserer Intuition, ist aber tatsächlich gar kein Paradoxon.

## 4.2.5 Relativistischer Impuls

In den vorangegangenen Abschnitten haben wir die Grundidee der speziellen Relativitätstheorie sowie einige der bekanntesten Phänomene behandelt, die aus ihr folgen. Zum Schluss werden wir jetzt die Grundlagen für das Lösen von physikalischen Problemstellungen im Rahmen der Relativitätstheorie legen. Dabei werden wir behandeln, wie mit Vierervektoren umzugehen ist und wie sich Größen der Mechanik verhalten.

### Vierergeschwindigkeit

So, wie wir die Geschwindigkeit in der Newton'schen Mechanik berechnen, indem wir den Ort nach der Zeit ableiten, berechnen wir nun die *Vierergeschwindigkeit* $u^\mu$, indem wir einen Ort $x^\mu$ in der vierdimensionalen Raumzeit nach der Eigenzeit $\tau$ ableiten. So erhalten wir

$$u^\mu = \frac{\mathrm{d}x^\mu}{\mathrm{d}\tau}. \tag{4.35}$$

Wir können die Vierergeschwindigkeit auch durch die Zeit $t$ eines Beobachters ausdrücken. Wir kennen bereits das Differential der Eigenzeit

$$\mathrm{d}\tau = \frac{\mathrm{d}t}{\gamma}. \tag{4.36}$$

So erhalten wir

$$u^\mu = \gamma \frac{\mathrm{d}x^\mu}{\mathrm{d}t} \tag{4.37a}$$

$$= \gamma \begin{pmatrix} c\frac{\mathrm{d}t}{\mathrm{d}t} \\ \frac{\mathrm{d}\boldsymbol{r}}{\mathrm{d}t} \end{pmatrix} \tag{4.37b}$$

$$= \gamma \begin{pmatrix} c \\ \dot{\boldsymbol{r}} \end{pmatrix}. \tag{4.37c}$$

Dabei ist $\dot{\boldsymbol{r}} = \boldsymbol{v}$ die klassische Geschwindigkeit in drei Dimensionen, die wir aus der Newton'schen Mechanik kennen.

**Theorieaufgabe 31: Vierergeschwindigkeit** •

Zeigen Sie, dass der Wert $u_\mu u^\mu$ ein Lorentz-Skalar ist, also dass er sich nicht unter einer Lorentz-Transformation ändert.

. . . . . . . . . . . . . . . . . . . . . . . . . . . . . . . . . . . . . . . . . . . . . . . . . . . . . . .

. . . . . . . . . . . . . . . . . . . . . . . . . . . . . . . . . . . . . . . . . . . . . . . . . . . . . . .

. . . . . . . . . . . . . . . . . . . . . . . . . . . . . . . . . . . . . . . . . . . . . . . . . . . . . . .

. . . . . . . . . . . . . . . . . . . . . . . . . . . . . . . . . . . . . . . . . . . . . . . . . . . . . . .

. . . . . . . . . . . . . . . . . . . . . . . . . . . . . . . . . . . . . . . . . . . . . . . . . . . . . . .

. . . . . . . . . . . . . . . . . . . . . . . . . . . . . . . . . . . . . . . . . . . . . . . . . . . . . . .

. . . . . . . . . . . . . . . . . . . . . . . . . . . . . . . . . . . . . . . . . . . . . . . . . . . . . . .

. . . . . . . . . . . . . . . . . . . . . . . . . . . . . . . . . . . . . . . . . . . . . . . . . . . . . . .

. . . . . . . . . . . . . . . . . . . . . . . . . . . . . . . . . . . . . . . . . . . . . . . . . . . . . . .

. . . . . . . . . . . . . . . . . . . . . . . . . . . . . . . . . . . . . . . . . . . . . . . . . . . . . . .

An dieser Stelle finden wir unsere Interpretation der Zeitdilatation aus Abbildung 4.6 wieder. Hier erkennen wir nämlich, dass die Geschwindigkeit in vier Dimensionen immer die Lichtgeschwindigkeit ist. Je schneller wir uns also im dreidimensionalen Raum bewegen, desto langsamer bewegen wir uns durch die Zeit.

### Viererimpuls

Der Viererimpuls ist analog zum Impuls in der Newton'schen Mechanik definiert. Für konstante Massen haben wir also

$$p^\mu = m u^\mu = m\gamma \begin{pmatrix} c \\ \boldsymbol{v} \end{pmatrix}. \tag{4.38}$$

### Relativistische Massenzunahme

Häufig ist im Zusammenhang mit der speziellen Relativitätstheorie von der sogenannten *relativistischen Massenzunahme* die Rede. Dieser Begriff folgt aus der Rechnung zum Viererimpuls. Wenn wir nämlich annehmen, dass die Masse geschwindigkeitsabhängig ist und

$$m(\gamma) = m \cdot \gamma \tag{4.39}$$

gilt, dann vereinfacht sich der Viererimpuls zu

$$p^\mu = m(\gamma) \begin{pmatrix} c \\ \boldsymbol{v} \end{pmatrix}. \tag{4.40}$$

Dieser Ausdruck entspricht dem, den wir aus der Newton'schen Mechanik kennen. Der Viererimpuls verhält sich also so wie der Impuls nach Newton, nur dass sich die Masse mit der Geschwindigkeit ändert. Dabei wird $m(\gamma)$ nahe der Lichtgeschwindigkeit unendlich groß. In diesem Zusammenhang nennen wir dann $m$ die Ruhemasse.

Allerdings wissen wir aus unserer Rechnung in Gleichung (4.38), dass der Faktor $\gamma$ eigentlich nicht zur Masse, sondern zur Vierergeschwindigkeit $u^\mu$ gehört. Auch wenn wir also den relativistischen Impuls durch eine Massenzunahme erklären können, ist die Masse $m$ eigentlich ein Lorentz-Skalar und damit immer konstant. Die Massenzunahme ist nur ein Ersatzbild, das zum gleichen physikalischen Ergebnis führt, dabei aber die Newton'sche Formel zum Impuls erhält.

### Viererbeschleunigung

Analog zur Vierergeschwindigkeit können wir auch die Viererbeschleunigung $b^\mu$ einfach durch die Ableitung nach der Eigenzeit berechnen:

$$b^\mu = \frac{\mathrm{d}u^\mu}{\mathrm{d}\tau} = \gamma \frac{\mathrm{d}u^\mu}{\mathrm{d}t}. \tag{4.41}$$

Wir verwenden nun Gleichung (4.37c) und erhalten

$$b^\mu = \gamma \frac{\mathrm{d}}{\mathrm{d}t}\left(\gamma \begin{pmatrix} c \\ \dot{\boldsymbol{r}} \end{pmatrix}\right) = \gamma\dot{\gamma}u^\mu + \gamma^2 \begin{pmatrix} 0 \\ \ddot{\boldsymbol{r}} \end{pmatrix}. \tag{4.42}$$

## Theorieaufgabe 32: Viererbeschleunigung ••

Zeigen Sie, dass die Viererbeschleunigung auch durch

$$b^\mu = c\gamma^4 \begin{pmatrix} \boldsymbol{\beta} \cdot \dot{\boldsymbol{\beta}} \\ \frac{\dot{\boldsymbol{\beta}}}{\gamma^2} + (\boldsymbol{\beta} \cdot \dot{\boldsymbol{\beta}})\, \boldsymbol{\beta} \end{pmatrix} \tag{4.43}$$

ausgedrückt werden kann.

**Geschwindigkeit, Impuls und Beschleunigung**

Die folgenden Größen können verwendet werden, um Bewegungen in der speziellen Relativitätstheorie zu beschreiben:

- Die Vierergeschwindigkeit berechnet sich durch

$$u^\mu = \frac{dx^\mu}{d\tau} = \gamma \begin{pmatrix} c \\ \boldsymbol{v} \end{pmatrix} \quad (4.44)$$

  mit der Geschwindigkeit

$$\boldsymbol{v} = \dot{\boldsymbol{r}} = \frac{d\boldsymbol{r}}{dt}, \quad (4.45)$$

  die wir aus der Newton'schen Mechanik kennen.
- Der Viererimpuls wird durch

$$p^\mu = mu^\mu \quad (4.46)$$

  berechnet.
- Die Viererbeschleunigung ergibt sich durch

$$b^\mu = \frac{du^\mu}{d\tau} = c\gamma^4 \begin{pmatrix} \boldsymbol{\beta}\cdot\dot{\boldsymbol{\beta}} \\ \frac{\dot{\boldsymbol{\beta}}}{\gamma^2} + (\boldsymbol{\beta}\cdot\dot{\boldsymbol{\beta}})\boldsymbol{\beta} \end{pmatrix}. \quad (4.47)$$

## 4.2.6 Relativistische Energie

Wie wir zuvor bereits gesehen haben, ist die Energie eine der wichtigsten Größen der klassischen Mechanik. Um sie auch im Rahmen der speziellen Relativitätstheorie zu definieren, benötigen wir zunächst die Kraft. Daraus können wir dann die Arbeit berechnen.

### Viererkraft

Nach Newton ist die Kraft $\boldsymbol{F}$ die zeitliche Änderung des Impulses $\boldsymbol{F} = \dot{\boldsymbol{p}}$. Den gleichen Ansatz verfolgen wir auch in der speziellen Relativitätstheorie. Hier soll

$$F^\mu = \frac{dp^\mu}{d\tau} \quad (4.48)$$

sein. Für konstante Massen $m$ finden wir analog zur Newton'schen Mechanik den Zusammenhang

$$F^\mu = mb^\mu. \quad (4.49)$$

Indem wir die Viererbeschleunigung aus Gleichung (4.47) einsetzen, können wir die Viererkraft zu

$$F^\mu = mc\gamma^4 \begin{pmatrix} \boldsymbol{\beta}\cdot\dot{\boldsymbol{\beta}} \\ \frac{\dot{\boldsymbol{\beta}}}{\gamma^2} + (\boldsymbol{\beta}\cdot\dot{\boldsymbol{\beta}})\boldsymbol{\beta} \end{pmatrix} \quad (4.50)$$

umschreiben. Wir wollen jetzt, dass immer noch die Newton'sche Gleichung

$$\frac{d}{dt}\boldsymbol{p} = \boldsymbol{F} \quad (4.51)$$

mit der Kraft $\boldsymbol{F}$ nach Newton gilt. Durch die Eigenzeit ausgedrückt erhalten wir

$$\frac{d}{d\tau}\boldsymbol{p} = \gamma\boldsymbol{F}. \quad (4.52)$$

Nun ist aber wichtig, dass wir in der speziellen Relativitätstheorie nicht einfach den Newton'schen Impuls $\boldsymbol{p}$ verwenden können. Stattdessen haben wir in den Raumkomponenten von Gleichung (4.38) gesehen, dass der tatsächliche Impuls $\gamma\boldsymbol{p}$ ist. Unsere Bedingung für die Viererkraft lautet demnach

$$F^\mu = \frac{d}{d\tau}\begin{pmatrix} m\gamma c \\ \gamma\boldsymbol{p} \end{pmatrix} = \begin{pmatrix} F^0 \\ \gamma\boldsymbol{F} \end{pmatrix}. \quad (4.53)$$

So haben wir nun die Newton'sche Gleichung $\dot{\boldsymbol{p}} = \boldsymbol{F}$ in die spezielle Relativitätstheorie übersetzt. Der einzige Unterschied ist, dass wir anstelle des Newton'schen Impulses $\boldsymbol{p}$ den relativistischen Impuls $\gamma\boldsymbol{p}$ verwenden. $\boldsymbol{F}$ ist damit nun streng genommen nicht mehr die Newton'sche Kraft. Sie wird aber durch die Analogie zur Newton'schen Bewegungsgleichung erhalten. Darum werden wir sie dennoch so bezeichnen. Die nullte Komponente $F^0$ von Gleichung (4.53) ist hier zunächst offengelassen.

Durch einen Koeffizientenvergleich mit Gleichung (4.50) erhalten wir die Newton'sche Kraft

$$\boldsymbol{F} = mc\gamma\dot{\boldsymbol{\beta}} + mc\gamma^3\left(\boldsymbol{\beta}\cdot\dot{\boldsymbol{\beta}}\right)\boldsymbol{\beta}. \quad (4.54)$$

## Theorieaufgabe 33: Viererkraft ••

Zeigen Sie, dass die nullte Komponente der Viererkraft durch $F^0 = \gamma\boldsymbol{\beta} \cdot \boldsymbol{F}$ ausgedrückt werden kann.

Nun wissen wir, dass wir die Viererkraft auch als

$$F^\mu = \gamma \begin{pmatrix} \boldsymbol{\beta} \cdot \boldsymbol{F} \\ \boldsymbol{F} \end{pmatrix} \tag{4.55}$$

schreiben können.

**Viererkraft**

Die Viererkraft wird durch die Ableitung des Viererimpulses nach der Eigenzeit

$$F^\mu = \frac{\mathrm{d}p^\mu}{\mathrm{d}\tau} \tag{4.56}$$

berechnet. Analog zur Newton'schen Mechanik ergibt sich die Bewegungsgleichung

$$F^\mu = mb^\mu \tag{4.57}$$

bei konstanten Massen $m$. Mit der Newton'schen Kraft $\boldsymbol{F} = m\dot{\boldsymbol{v}}$ ergibt sich

$$F^\mu = \gamma \begin{pmatrix} \boldsymbol{\beta} \cdot \boldsymbol{F} \\ \boldsymbol{F} \end{pmatrix}. \tag{4.58}$$

### Relativistische Energie

Wir betrachten nun die Viererkraft genauer. Die nullte Komponente $F^0 = \gamma\boldsymbol{\beta} \cdot \boldsymbol{F}$ mag auf den ersten Blick nicht besonders auffallen, aber sie hängt direkt mit der Arbeit zusammen, die wir schon aus der Newton'schen Theorie (siehe Abschnitt 3.5) kennen. Dort war

$$\mathrm{d}W = \boldsymbol{F} \cdot \mathrm{d}\boldsymbol{x}. \tag{4.59}$$

So können wir nun erkennen, dass

$$F^0 = \gamma\boldsymbol{\beta} \cdot \boldsymbol{F} = \frac{\gamma}{c}\boldsymbol{v} \cdot \boldsymbol{F} = \frac{\gamma}{c}\boldsymbol{F} \cdot \frac{\mathrm{d}\boldsymbol{x}}{\mathrm{d}t} = \frac{\gamma}{c}\frac{\mathrm{d}W}{\mathrm{d}t} \tag{4.60}$$

ist. Die nullte Komponente der Kraft beinhaltet also die Leistung. Außerdem war

$$F^\mu = \gamma\frac{\mathrm{d}}{\mathrm{d}t}p^\mu = \gamma\frac{\mathrm{d}}{\mathrm{d}t}\begin{pmatrix} m\gamma c \\ m\gamma\boldsymbol{v} \end{pmatrix}. \tag{4.61}$$

Die nullte Komponente liefert also hier

$$F^0 = \gamma\frac{\mathrm{d}}{\mathrm{d}t}(m\gamma c). \tag{4.62}$$

Setzen wir nun Gleichung (4.60) und Gleichung (4.62) gleich, so finden wir den Zusammenhang

$$\frac{\gamma}{c}\frac{\mathrm{d}W}{\mathrm{d}t} = \gamma\frac{\mathrm{d}}{\mathrm{d}t}(m\gamma c) \tag{4.63}$$

oder

$$\frac{\mathrm{d}W}{\mathrm{d}t} = \frac{\mathrm{d}}{\mathrm{d}t}\left(m\gamma c^2\right). \tag{4.64}$$

Wenn wir jetzt auf beiden Seiten über die Zeit $t$ integrieren, dann erhalten wir die Energie

$$E = \int \mathrm{d}W = m\gamma c^2. \tag{4.65}$$

Dabei haben wie auf beiden Seiten die Integrationskonstante Null gewählt.

**Relativistische Energie**

Die Energie eines freien Teilchens mit Masse $m$, welches sich nicht in einem äußeren Potential befindet, kann nach der speziellen Relativitätstheorie durch

$$E = m\gamma c^2 \tag{4.66}$$

berechnet werden.

Dieses Ergebnis ist bis heute einer der populärsten Zusammenhänge der Physik. Nehmen wir nämlich ein ruhendes Teilchen an, so wird $\gamma = 1$ und wir erhalten die berühmte Gleichung

$$E = mc^2. \tag{4.67}$$

Bevor wir auf diesen Spezialfall näher eingehen, betrachten wir zunächst die relativistische Energie für Teilchen mit Geschwindigkeiten $0 \le \beta < 1$. Die Masse $m$ und die Lichtgeschwindigkeit $c$ sind konstant. Deshalb ist $E \propto \gamma$. Diese Kurve haben wir in Abbildung 4.3 bereits gezeichnet. Hier erkennen wir nun einen anderen Grund, aus dem Teilchen mit Masse $m \neq 0$ nicht auf Lichtgeschwindigkeit beschleunigt werden können: Je schneller das Teilchen wird, desto mehr Energie wird benötigt, um es weiter zu beschleunigen. Die Energie, um ein Teilchen auf Lichtgeschwindigkeit zu bringen, wäre unendlich groß – egal, wie klein und leicht das Teilchen ist. Die einzige Ausnahme bilden Teilchen, die masselos ($m = 0$) sind. Lichtquanten (Photonen) haben diese Eigenschaft und bewegen sich deshalb mit Lichtgeschwindigkeit.

Die relativistische Energie hat zwei Anteile. Einen Anteil bildet die kinetische Energie. Diese soll jedoch verschwinden, wenn auch die Geschwindigkeit verschwindet. Deshalb wählen wir

$$E = \underbrace{mc^2}_{\text{Ruheenergie}} + \underbrace{mc^2(\gamma - 1)}_{\text{kinetische Energie}}. \tag{4.68}$$

Der kinetische Anteil der Energie $E_{\text{kin}}$ ist nun das relativistische Pendant zur kinetischen Energie $p^2/2m$ nach Newton.

In Abbildung 4.11 haben wir diese beiden kinetischen Energien für verschiedene Geschwindigkeiten skizziert. Zunächst wird deutlich, dass die kinetische Energie in der speziellen Relativitätstheorie unendlich groß wird, wenn sich die Geschwindigkeit der Lichtgeschwindigkeit annähert. Die Newton'sche kinetische Energie ist dagegen einfach eine Parabel und bleibt für alle Geschwindigkeiten endlich. Deshalb sind in der Newton'schen Mechanik Überlichtgeschwindigkeiten möglich und in der Relativitätstheorie nicht.

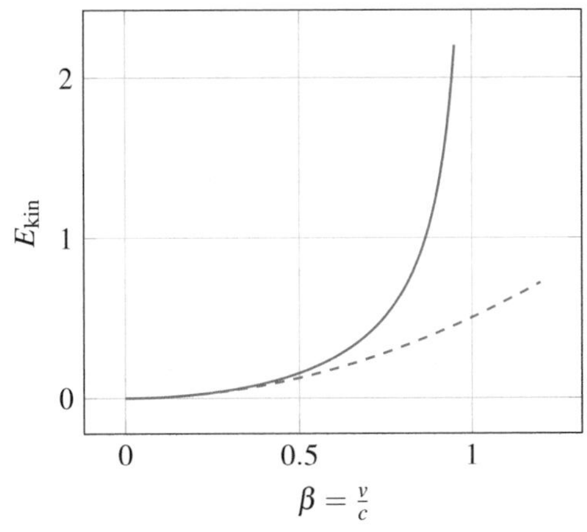


Abb. 4.11: In dieser Skizze ist die relativistische kinetische Energie (durchgezogene Linie) mit Singularität bei $\beta = 1$ der Newton'schen kinetischen Energie (gestrichelte Linie) $p^2/2m$ gegenübergestellt. Zur Vereinfachung wurden hier die Konstanten $m = c = 1$ gewählt.

Genauso wichtig ist es aber auch, kleine Geschwindigkeiten zu betrachten. Hier werden beide Kurven annähernd identisch. Bei kleinen Geschwindigkeiten liefert die spezielle Relativitätstheorie deshalb die gleichen Ergebnisse wie die Newton'sche Mechanik.

Das ist kein Zufall! Für kleine Geschwindigkeiten ist die Newton'sche Mechanik experimentell gut bestätigt. Eine andere Theorie, wie beispielsweise die spezielle Relativitätstheorie, muss also in diesen Bereichen die gleichen Ergebnisse liefern. Jede neue Theorie muss nicht nur unerklärte Phänomene (zum Beispiel die Konstanz der Lichtgeschwindigkeit) beschreiben können, sondern muss auch alte, bereits verstandene Effekte replizieren können.

## Ruheenergie

Nun versuchen wir, die Ruheenergie

$$E = mc^2 \tag{4.69}$$

zu verstehen. Jedes Teilchen mit Masse $m$ scheint diese Energie zu haben. Damit begreifen wir aber noch lange nicht die Tiefe dieser Formel. Die spezielle Relativitätstheorie zeigt uns hier, dass Masse und Energie äquivalent sind. Beide sind gar nicht voneinander zu trennen. Das bedeutet tatsächlich, dass ein System schwerer wird, wenn es mehr Energie speichert. Genauso kann aber auch Masse in Energie umgewandelt werden. Darauf beruht das Funktionsprinzip von Kernkraftwerken und Atombomben. Nach dem Zerfall eines Uranatoms wiegen die Produkte der Reaktion etwas weniger als das ursprüngliche Uranatom. Die Massendifferenz wird dabei in Energie umgewandelt.

Die Äquivalenz von Masse und Energie widerspricht jeder Intuition aus dem Alltag. Schließlich zerfällt Materie üblicherweise nicht einfach und wird zu Energie. Es kommt jedoch regelmäßig vor, dass wir Energie in Systemen abspeichern. Beispielsweise können wir Akkus aufladen, wobei im Akku eine potentielle Energie größer wird. Warum wird der Akku dabei nicht schwerer? Genau genommen werden Akkus schwerer, wenn sie aufgeladen werden. Der Proportionalitätsfaktor $c^2$, der die Energie $E$ mit der Masse $m$ verbindet, ist jedoch so groß, dass die Massenzunahme beim Aufladen von Akkus sowie in allen anderen alltäglichen Situationen verschwindend gering ist. Im Labor kann die Gleichung $E = mc^2$ aber heutzutage experimentell sehr genau nachgemessen werden. Die Resultate stimmen dabei äußerst gut mit der Theorie überein.

**Äquivalenz von Masse und Energie**

Masse und Energie sind verschiedene Erscheinungsformen der gleichen Größe. Beide sind äquivalent und durch den Proportionalitätsfaktor $c^2$ miteinander verbunden. Ein ruhendes Teilchen mit Masse $m$ hat damit die Ruheenergie

$$E = mc^2. \tag{4.70}$$

Wird in einem System Energie gespeichert, so nimmt seine Masse dabei zu. Eine gespannte Feder wiegt damit prinzipiell minimal mehr als eine identische Feder im entspannten Zustand.

## Energie-Impuls-Beziehung

Aus der Newton'schen Mechanik kennen wir die Energie-Impuls-Beziehung

$$E = \frac{p^2}{2m}, \tag{4.71}$$

die für Teilchen gilt, die sich nicht in einem Potential befinden. Eine analoge Beziehung können wir auch in der speziellen Relativitätstheorie finden.

Aus Gleichung (4.65) wissen wir, dass

$$E = \gamma mc^2 \tag{4.72}$$

ist. Außerdem wissen wir aus Gleichung (4.38), dass die nullte Komponente des Viererimpulses

$$p^0 = \gamma mc \tag{4.73}$$

ist. Daraus lernen wir, dass auch diese Komponente des Viererimpulses eine physikalische Bedeutung hat. Es ist

$$p^\mu = \begin{pmatrix} \frac{E}{c} \\ \gamma m\boldsymbol{v} \end{pmatrix}. \tag{4.74}$$

Die Raumkomponenten beschreiben einfach den Impuls $\boldsymbol{p}$ mit der relativistischen Korrektur $\gamma$. Die zeitliche Komponente des Viererimpulses ist die Energie. Mit $\boldsymbol{p} = \gamma m\boldsymbol{v}$ erhalten wir also

$$p^\mu = \begin{pmatrix} \frac{E}{c} \\ \boldsymbol{p} \end{pmatrix}. \tag{4.75}$$

Dabei haben wir hier den relativistischen Impuls definiert, der nicht mit dem Newton'schen Impuls $mv$ zu verwechseln ist.

**►Tipp:**

Dies ist eine der ersten Stellen, an denen erkennbar wird, wie praktisch die Notation in Vierervektoren tatsächlich ist. Aus der Newton'schen Mechanik kennen wir die Energie- und die Impulserhaltung. Die Erhaltung des Viererimpulses beinhaltet hier beides.

Wir haben bereits gelernt, dass das Quadrat der Vierergeschwindigkeit $u^\mu$ ein Lorentz-Skalar ist ($u_\mu u^\mu = -c^2$). Dementsprechend gilt das Gleiche auch für den Viererimpuls und wir erhalten aufgrund von $p^\mu = mu^\mu$

$$p_\mu p^\mu = -m^2c^2. \tag{4.76}$$

Das ist auch ein Lorentz-Skalar. Gleichzeitig gilt aber auch nach Gleichung (4.75)

$$p_\mu p^\mu = -\frac{E^2}{c^2} + \boldsymbol{p}^2. \tag{4.77}$$

Kombiniert erhalten wir den Zusammenhang

$$-m^2c^2 = -\frac{E^2}{c^2} + \boldsymbol{p}^2. \tag{4.78}$$

Wir formen diesen Zusammenhang zur *Energie-Impuls-Beziehung* der speziellen Relativitätstheorie

$$E^2 = m^2c^4 + \boldsymbol{p}^2c^2 \tag{4.79}$$

um.

**►Tipp:**

Nach dieser Gleichung scheint die Energie nicht unendlich groß zu werden, wenn sich die Geschwindigkeit der Lichtgeschwindigkeit annähert. Deshalb müssen wir im Kopf behalten, dass wir hier den relativistischen Impuls $\boldsymbol{p} = \gamma m\boldsymbol{v}$ verwenden und nicht den Impuls aus der Newton'schen Theorie. Der Faktor $\gamma$ verhindert hier Überlichtgeschwindigkeiten.

Es ist offensichtlich, dass Gleichung (4.79) zwei Lösungen für die Energie bietet:

$$E = \pm\sqrt{m^2c^4 + \boldsymbol{p}^2c^2}. \tag{4.80}$$

Wir erwarten jedoch eine positive kinetische Energie. Deshalb kommt physikalisch nur die positive Lösung

$$E = \sqrt{m^2c^4 + \boldsymbol{p}^2c^2} \tag{4.81}$$

infrage.

In fortgeschritteneren Bereichen der Physik wird die negative Energielösung tatsächlich relevant. Es lassen sich dabei Zusammenhänge zu Antiteilchen finden.

**Energie-Impuls-Beziehung**

Die Energie-Impuls-Beziehung der speziellen Relativitätstheorie ist durch

$$E = \sqrt{m^2c^4 + \boldsymbol{p}^2c^2} \tag{4.82}$$

gegeben. Dabei ist $\boldsymbol{p}$ der Raum-Anteil des relativistischen Viererimpulses $\boldsymbol{p} = \gamma m\boldsymbol{v}$ und nicht zu verwechseln mit dem Newton'schen Impuls $m\boldsymbol{v}$.

4

## Theorieaufgabe 34: Relativistische Energie-Impuls-Beziehung ••

a) Für kleine Geschwindigkeiten wird $\gamma \approx 1$ und der relativistische Impuls wird $\boldsymbol{p} \approx m\boldsymbol{v}$, wie wir es aus der Newton'schen Mechanik kennen. Entwickeln Sie Gleichung (4.81) in zweiter Ordnung für kleine Impulse und vergleichen Sie das Ergebnis mit der kinetischen Energie aus der Newton'schen Mechanik.

b) Vergleichen Sie das Verhalten der relativistischen Energie bei großen Impulsen mit dem der Newton'schen kinetischen Energie.

## 4.3 Alles auf einen Blick

Die spezielle Relativitätstheorie geht auf Albert Einstein und das Jahr 1905 zurück. Sie erweitert die Newton'sche Mechanik für große Geschwindigkeiten.

### Lorentz-Transformation

**Konstanz der Lichtgeschwindigkeit**

Experimente zeigen, dass die Lichtgeschwindigkeit $c$ im Vakuum in allen Inertialsystemen immer gleich ist. Das macht sie zu einer fundamentalen physikalischen Konstante. Die Lichtgeschwindigkeit hat den Wert

$$c = 299\,792\,458\,\frac{\mathrm{m}}{\mathrm{s}}. \tag{4.1}$$

Die Lorentz-Transformation ersetzt in der speziellen Relativitätstheorie die Galilei-Transformation. So können wir zwischen Inertialsystemen wechseln. Im Gegensatz zur Galilei-Transformation bleibt bei der Lorentz-Transformation die Lichtgeschwindigkeit konstant. Dabei wird auch die Zeit als vierte Raumkoordinate transformiert.

4

**Lorentz-Transformation**

Zwei Inertialsysteme haben die Relativgeschwindigkeit $v$ in $x$-Richtung. Im Koordinatensystem $\mathscr{K}$ hat also das System $\mathscr{K}'$ die Geschwindigkeit $v$. Der Wechsel zwischen beiden Inertialsystemen erfolgt nach der speziellen Relativitätstheorie nicht über die Galilei-Transformation, sondern über die Lorentz-Transformation:

$$x' = \frac{1}{\sqrt{1-\frac{v^2}{c^2}}}(x - vt) \tag{4.10a}$$

$$y' = y \tag{4.10b}$$

$$z' = z \tag{4.10c}$$

$$t' = \frac{1}{\sqrt{1-\frac{v^2}{c^2}}}\left(t - \frac{xv}{c^2}\right). \tag{4.10d}$$

Die Rücktransformation ist durch

$$x = \frac{1}{\sqrt{1-\frac{v^2}{c^2}}}(x' + vt') \tag{4.11a}$$

$$y = y' \tag{4.11b}$$

$$z = z' \tag{4.11c}$$

$$t = \frac{1}{\sqrt{1-\frac{v^2}{c^2}}}\left(t' + \frac{x'v}{c^2}\right). \tag{4.11d}$$

gegeben.

Die Größe $s^2 = x^2 + y^2 + z^2 - c^2t^2$ bleibt unter dieser Transformation invariant. Wir nennen sie deshalb einen Lorentz-Skalar.

**Lichtgeschwindigkeit als Obergrenze**

Die Lichtgeschwindigkeit $c$ im Vakuum stellt eine Geschwindigkeitsobergrenze für die Ausbreitung von Information im Universum dar. Somit dürfen sich auch Massen und Energie nicht schneller bewegen. Dass die Lichtgeschwindigkeit nicht überschritten werden kann, ist eine der grundlegendsten Regeln, die im Universum gelten.

### Konsequenzen der Lorentz-Transformation

In der Relativitätstheorie wird häufig mit Vierervektoren gerechnet. Diese haben zusätzlich zu den drei Raumkoordinaten $x$, $y$ und $z$ auch noch eine nullte Komponente $ct$ für die Zeit. Es ist

$$x^\mu = \begin{pmatrix} ct \\ x \\ y \\ z \end{pmatrix} = \begin{pmatrix} ct \\ \boldsymbol{r} \end{pmatrix}. \tag{4.16}$$

**Vierervektor**

Für zwei Vierervektoren

$$a^\mu = \begin{pmatrix} a^0 \\ a^1 \\ a^2 \\ a^3 \end{pmatrix} \tag{4.22}$$

und

$$b^\mu = \begin{pmatrix} b^0 \\ b^1 \\ b^2 \\ b^3 \end{pmatrix} \tag{4.23}$$

schreiben wir das Skalarprodukt

$$a^\mu \cdot b^\mu = a_\mu b^\mu = -a^0b^0 + a^1b^1 + a^2b^2 + a^3b^3. \tag{4.24}$$

Zwei Ereignisse $A$ und $B$ haben den Abstand $x^\mu = x^\mu_B - x^\mu_A$. Die Größe

$$s^2 = x_\mu x^\mu = -c^2t^2 + x^2 + y^2 + z^2 \tag{4.27}$$

gibt gewissermaßen den Abstand beider Ereignisse in der Raumzeit an.

**Lorentz-Skalar**

Größen, die sich unter beliebigen Lorentz-Transformationen nicht ändern, werden als Lorentz-Skalare bezeichnet. Neben der Größe $s^2$ ist beispielsweise auch die Masse $m$ ein Lorentz-Skalar.

Es ist $s^2 = x_\mu x^\mu$ und $x^\mu$ verbindet die Ereignisse $A$ und $B$. Wenn $s^2 < 0$ ist, dann sind die Ereignisse zeitartig. Sie können kausal zusammenhängen. Ist dagegen $s^2 = 0$, dann nennen wir die Ereignisse lichtartig. Wenn $s^2 > 0$ ist, dann sind die Ereignisse raumartig. Sie können nicht kausal zusammenhängen.

In der speziellen Relativitätstheorie werden häufig die Faktoren

$$\beta = \frac{\boldsymbol{v}}{c} \tag{4.18}$$

$$\gamma = \frac{1}{\sqrt{1-\frac{v^2}{c^2}}} = \frac{1}{\sqrt{1-\beta^2}}. \tag{4.19}$$

verwendet. Wir nennen $\gamma$ den Lorentz-Faktor.

**Verlust der Gleichzeitigkeit**

Das Konzept von gleichzeitigen Ereignissen an verschiedenen Orten funktioniert in der speziellen Relativitätstheorie nicht mehr. Zwei Uhren können miteinander synchronisiert werden, wenn sie sich an demselben Ort befinden. Sobald sie sich auseinanderbewegen, kann keine Aussage mehr darüber getroffen werden, ob sie synchron sind.

**Zeitdilatation**

In bewegten Systemen vergeht die Zeit um den Faktor $1/\gamma$ langsamer. Wir sprechen von einer Zeitdilatation.

Die Eigenzeit $\tau$ ist die Zeit, die in einem Ruhesystem vergeht. Sie kann sich von der Zeit $t$ im Inertialsystem eines Beobachters unterscheiden.

**Eigenzeit**

Die Eigenzeit $\tau$ ist durch

$$\mathrm{d}\tau = \frac{1}{\gamma}\,\mathrm{d}t \tag{4.34}$$

definiert.

**Längenkontraktion**

In bewegten Bezugssystemen erscheinen Maßstäbe um einen Faktor $1/\gamma$ kürzer. Wir sprechen von einer Längenkontraktion.

Die kinematischen Größen, die aus der Newton'schen Mechanik bekannt sind, unterscheiden sich von denen, die wir in der speziellen Relativitätstheorie verwenden.

**Geschwindigkeit, Impuls und Beschleunigung**

Die folgenden Größen können verwendet werden, um Bewegungen in der speziellen Relativitätstheorie zu beschreiben:

- Die Vierergeschwindigkeit berechnet sich durch

  $$u^\mu = \frac{\mathrm{d}x^\mu}{\mathrm{d}\tau} = \gamma\begin{pmatrix} c \\ \boldsymbol{v} \end{pmatrix} \tag{4.44}$$

  mit der Geschwindigkeit

  $$\boldsymbol{v} = \dot{\boldsymbol{r}} = \frac{\mathrm{d}\boldsymbol{r}}{\mathrm{d}t}, \tag{4.45}$$

  die wir aus der Newton'schen Mechanik kennen.
- Der Viererimpuls wird durch

  $$p^\mu = m u^\mu \tag{4.46}$$

  berechnet.
- Die Viererbeschleunigung ergibt sich durch

  $$b^\mu = \frac{\mathrm{d}u^\mu}{\mathrm{d}\tau} = c\gamma^4\begin{pmatrix} \boldsymbol{\beta}\cdot\dot{\boldsymbol{\beta}} \\ \frac{\dot{\boldsymbol{\beta}}}{\gamma^2} + (\boldsymbol{\beta}\cdot\dot{\boldsymbol{\beta}})\,\boldsymbol{\beta} \end{pmatrix}. \tag{4.47}$$

**Viererkraft**

Die Viererkraft wird durch die Ableitung des Viererimpulses nach der Eigenzeit

$$F^\mu = \frac{\mathrm{d}p^\mu}{\mathrm{d}\tau} \tag{4.56}$$

berechnet. Analog zur Newton'schen Mechanik ergibt sich die Bewegungsgleichung

$$F^\mu = m b^\mu \tag{4.57}$$

bei konstanten Massen $m$. Mit der Newton'schen Kraft $\boldsymbol{F} = m\dot{\boldsymbol{v}}$ ergibt sich

$$F^\mu = \gamma\begin{pmatrix} \boldsymbol{\beta}\cdot\boldsymbol{F} \\ \boldsymbol{F} \end{pmatrix}. \tag{4.58}$$

**Relativistische Energie**

Die Energie eines freien Teilchens mit Masse $m$, welches sich nicht in einem äußeren Potential befindet, kann nach der speziellen Relativitätstheorie durch

$$E = m\gamma c^2 \tag{4.66}$$

berechnet werden.

**Äquivalenz von Masse und Energie**

Masse und Energie sind verschiedene Erscheinungsformen der gleichen Größe. Beide sind äquivalent und durch den Proportionalitätsfaktor $c^2$ miteinander verbunden. Ein ruhendes Teilchen mit Masse $m$ hat damit die Ruheenergie

$$E = mc^2. \tag{4.70}$$

Wird in einem System Energie gespeichert, so nimmt seine Masse dabei zu. Eine gespannte Feder wiegt damit prinzipiell minimal mehr als eine identische Feder im entspannten Zustand.



**Energie-Impuls-Beziehung**

Die Energie-Impuls-Beziehung der speziellen Relativitätstheorie ist durch

$$E = \sqrt{m^2c^4 + \boldsymbol{p}^2c^2} \tag{4.82}$$

gegeben. Dabei ist $\boldsymbol{p}$ der Raum-Anteil des relativistischen Viererimpulses $\boldsymbol{p} = \gamma m\boldsymbol{v}$ und nicht zu verwechseln mit dem Newton'schen Impuls $m\boldsymbol{v}$.

## 4.4 Übungsaufgaben

### Einführungsaufgabe 70

**Lorentz-Transformation** □

Ein Teilchen befindet sich im Koordinatensystem $\mathscr{K}$ an der Position

$$\boldsymbol{r} = \begin{pmatrix} 2 \\ 3 \\ -5 \end{pmatrix} \mathrm{m}$$

in Ruhe.

Nun betrachten wir ein zweites Koordinatensystem $\mathscr{K}'$. Zum Zeitpunkt $t = 0$ seien beide Koordinatensysteme $\mathscr{K}$ und $\mathscr{K}'$ identisch (auch in der Zeit). Im System $\mathscr{K}$ bewegt sich das System $\mathscr{K}'$ mit der Geschwindigkeit

$$\boldsymbol{v} = \begin{pmatrix} 0 \\ 3 \cdot 10^7 \\ 0 \end{pmatrix} \frac{\mathrm{m}}{\mathrm{s}}.$$

a) Rechnen Sie die Koordinaten des Teilchens zum Zeitpunkt $t = 7\,\mathrm{s}$ ins System $\mathscr{K}'$ um. Was ist die entsprechende Zeit $t'$ im System $\mathscr{K}'$?

b) Welches Ergebnis würde sich mit der Galilei-Transformation ergeben?

(Die Lichtgeschwindigkeit beträgt $c = 299\,792\,458\,\mathrm{m/s}$.)

### Einführungsaufgabe 71

**Kausalität** □

Können die Ereignisse $A$ und $B$ an den Stellen $a^\mu$ und $b^\mu$ in der Raumzeit kausal miteinander zusammenhängen?

a)

$$a^\mu = \begin{pmatrix} 2 \\ 3 \\ 4 \\ 5 \end{pmatrix} \mathrm{m}, \quad b^\mu = \begin{pmatrix} 6 \\ 7 \\ 8 \\ 9 \end{pmatrix} \mathrm{m}$$

b)

$$a^\mu = \begin{pmatrix} 7 \\ 3 \cdot 10^6 \\ 4 \cdot 10^{-5} \\ 7 \end{pmatrix} \mathrm{m}, \quad b^\mu = \begin{pmatrix} 7 \\ 4 \cdot 10^5 \\ \pi \\ e^5 \end{pmatrix} \mathrm{m}$$

c)

$$a^\mu = \begin{pmatrix} -4 \\ -5 \\ 6 \\ 23 \end{pmatrix} \mathrm{m}, \quad b^\mu = \begin{pmatrix} 1 \\ -6 \\ 4 \\ 26 \end{pmatrix} \mathrm{m}$$

d)

$$a^\mu = \begin{pmatrix} 7 \\ 1 \\ 3 \\ -8 \end{pmatrix} \mathrm{m}, \quad b^\mu = \begin{pmatrix} 8 \\ 1 \\ 3 \\ -8 \end{pmatrix} \mathrm{m}$$

### Einführungsaufgabe 72

**Relativistische Energie** □

Ein Teilchen der Masse $m = 1\,\mathrm{kg}$ bewegt sich mit der Geschwindigkeit

a) $v = 0.1 \cdot c$,

b) $v = 0.2 \cdot c$,

c) $v = 0.5 \cdot c$,

d) $v = 0.9 \cdot c$.

Berechnen Sie die kinetische Energie des Teilchens. Vergleichen Sie auch jeweils mit der kinetischen Energie nach der Newton'schen Mechanik. Die Lichtgeschwindigkeit beträgt $c = 299\,792\,458\,\mathrm{m/s}$.

### Verständnisaufgabe 73

**Relativitätsprinzip** □

Alice sitzt in einer Box, die völlig abgeschlossen ist. Die Box fliegt schwerelos durchs Weltall. Anhand welcher Experimente kann Alice feststellen, ob die Box in Ruhe ist, oder sich gleichförmig bewegt?

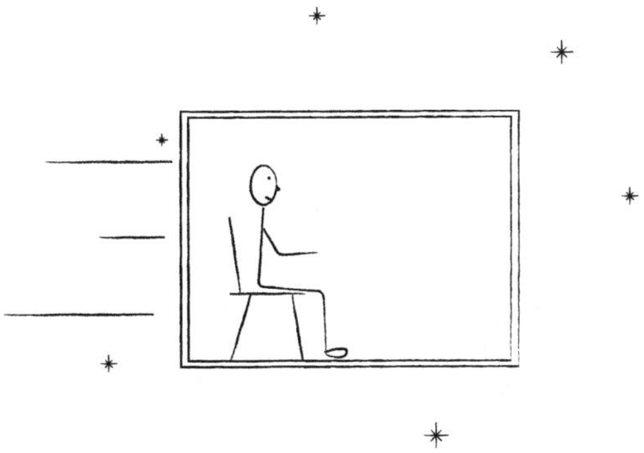

### Verständnisaufgabe 74

**Raketenbeschleunigung** □

Major Tom sitzt in einer Rakete und beschleunigt. Kann er immer weiter beschleunigen? Kann er die Lichtgeschwindigkeit überschreiten?

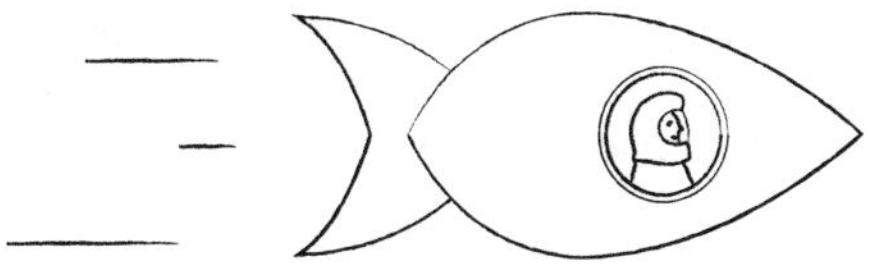

## Verständnisaufgabe 75

**Tachyonen** □

Erlaubt die Relativitätstheorie die Existenz von massereichen Teilchen, die sich mit Überlichtgeschwindigkeit bewegen?

## Verständnisaufgabe 76

**Reisezeit** □

Die Andromedagalaxie ist 2,5 Millionen Lichtjahre von uns entfernt. Gibt es ein fundamentales Gesetz, welches es uns verbietet, sie in unserer Lebenszeit zu besuchen?

## Aufgabe 77

**Relativistische Elektronen** □

Atome können bekanntlich nicht klassisch, sondern nur mithilfe der Quantenmechanik beschrieben werden. Nehmen Sie dennoch an, dass ein Wasserstoffatom durch die Newton'sche Mechanik beschrieben würde.

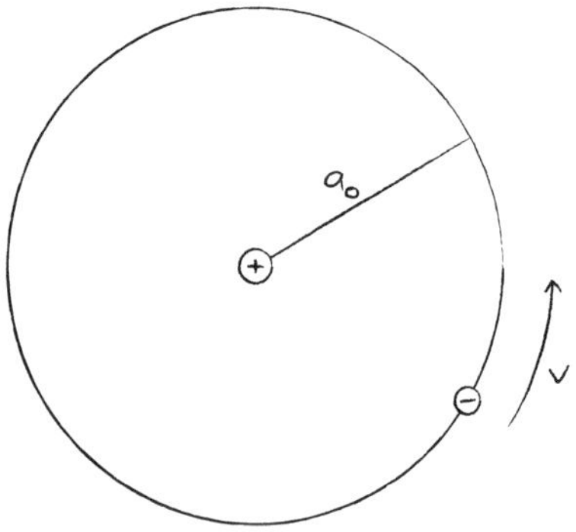


Das Elektron bewege sich auf einer Kreisbahn um den Atomkern und würde mit der Coulomb-Kraft

$$F_C = \frac{e^2}{4\pi\varepsilon_0 r^2}$$

angezogen. Dabei ist $e = 1{,}602 \cdot 10^{-19}\,\mathrm{C}$ und $\varepsilon_0 = 8{,}854 \cdot 10^{-12}\,\mathrm{C^2/Nm^2}$ die Dielektrizitätskonstante. Der Abstand $r$ des Elektrons vom Atomkern sei der Bohr'sche Radius $r = a_0 = 0{,}529 \cdot 10^{-10}\,\mathrm{m}$. Wie groß wäre nach der Newton'schen Mechanik die Geschwindigkeit des Elektrons? Vergleichen Sie sie mit der Lichtgeschwindigkeit. Welche Konsequenzen ergeben sich? (Die Elektronenmasse beträgt $m = 9{,}109 \cdot 10^{-31}\,\mathrm{kg}$.)

## Aufgabe 78

**Relativgeschwindigkeit** □

Von einem ruhenden Punkt aus bewegt sich ein Teilchen mit der Geschwindigkeit $0{,}8c$ nach links. Ein zweites Teilchen bewegt sich mit der Geschwindigkeit $0{,}7c$ nach rechts. Berechnen Sie die Relativgeschwindigkeit beider Teilchen. (Hinweis: Sie können diese Aufgabe lösen, indem Sie zwei Lorentz-Transformationen hintereinander durchführen.)

## Aufgabe 79

**Eigenzeit** □

Eine Uhr bewegt sich in einer Dimension mit der Geschwindigkeit

$$v = A \cdot t.$$

Zum Zeitpunkt $t = 0$ im System des Beobachters zeige auch die Uhr die Zeit $t' = 0$ an. Welche Zeit zeigt die Uhr zum Zeitpunkt $t = t_0$ an? (Die Konstanten sind so gewählt, dass $|v| < c$ ist.)

## Aufgabe 80

**Kontrahierter Zug** □

Ein Zug der Länge 200 m fährt durch einen Tunnel der Länge 190 m. Wie schnell müsste der Zug mindestens fahren, damit er für einen ruhenden Betrachter ganz im Tunnel verschwindet? (Die Lichtgeschwindigkeit beträgt $c = 299\,792\,458\,\mathrm{m/s}$.)

## Aufgabe 81

**Flug zur Andromedagalaxie** □

Ein Raumschiff fliegt zur Andromedagalaxie. Dabei beschleunigt es über die halbe Strecke mit $g$ und bremst dann wieder mit $-g$ ab. (Die Andromedagalaxie ist $2{,}5 \cdot 10^6$ Lichtjahre entfernt.)

a) Wie viel Zeit vergeht für das Raumschiff, bis es ankommt? (Hinweis: Nutzen Sie Integraltabellen zur Lösung der Integrale.)

b) Wie viel Zeit würde für das Raumschiff nach der Newton'schen Mechanik vergehen?

## Aufgabe 82

**Gespannte Feder** □

Eine Feder mit Federkonstante $D$ und Masse $m$ wird um die Länge $l$ gespannt. Welche Masse hat die Feder jetzt?

## Aufgabe 83

**Äquivalenz von Masse und Energie** □

Der Energieverbrauch von Österreich im Jahr 2018 betrug insgesamt etwa 1 126 PJ.

Stellen Sie sich vor, Sie könnten die Masse eines Objektes komplett in Energie umwandeln. Wie viel Masse müssten Sie umwandeln, um den jährlichen Energieverbrauch von 2018 zu decken? (Die Lichtgeschwindigkeit beträgt $299\,792\,458\,\mathrm{m/s}$.)

4

# 5 Schwingungen und Wellen

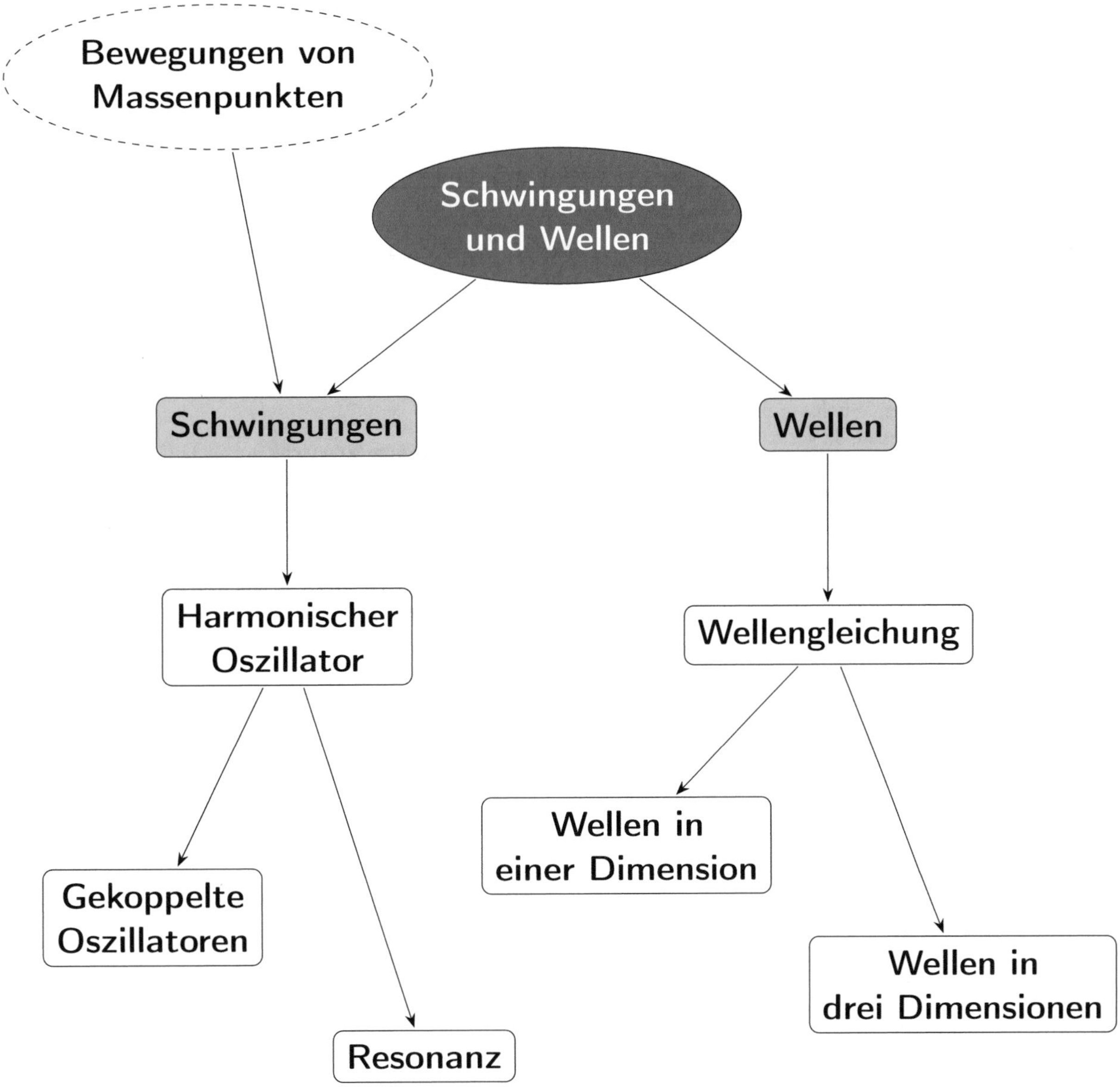


© Springer-Verlag GmbH Deutschland, ein Teil von Springer Nature 2020
H. Kumrić und F. Roser, *Experimentalphysik: Mechanik*,
https://doi.org/10.1007/978-3-662-61855-4_5

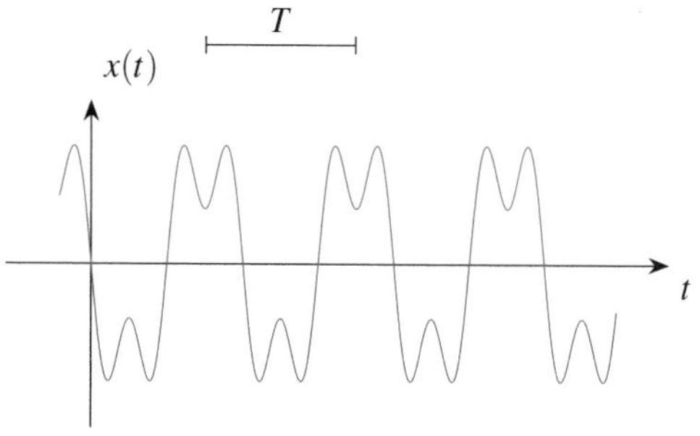


Abb. 5.1: Eine beliebige physikalische Größe $x$ schwingt ungedämpft in der Zeit $t$ und hat dabei die Periodendauer $T$.

Wir haben in Kapitel 3 gelernt, wie Bewegungsgleichungen von Massenpunkten aufgestellt und gelöst werden können, um Bewegungen in der klassischen Mechanik zu beschreiben. In diesem Kapitel widmen wir uns größtenteils der Bewegungsgleichung des harmonischen Oszillators, die in der Physik besonders wichtig ist.

Wir werden außerdem Wellen besprechen. Diese werden häufig in Lehrveranstaltungen zur klassischen Mechanik behandelt. Allerdings können wir in diesem Buch nur auf einer sehr abstrakten Ebene auf Wellen eingehen, da wir kaum konkrete Beispiele angeben können. Typische Wellenphänomene sind besonders aus der Elektrodynamik und der Quantenmechanik bekannt. Beide Themenfelder gehen weit über unseren derzeitigen Kenntnisstand hinaus.

5

## 5.1 Schwingungen

Eine Schwingung oder Oszillation ist die regelmäßige zeitliche Änderung einer physikalischen Größe. Wir kennen Schwingungen beispielsweise von Pendeln und Musikinstrumenten. Bei der Beschreibung von Schwingungen werden wir immer wieder die gleichen Größen verwenden, die wir auch bereits zur Beschreibung von Kreisbewegungen in Abschnitt 3.3 verwendet haben.

Wir betrachten eine beliebige physikalische Größe $x$ (beispielsweise die Auslenkung eines Pendels), die schwingt. Das bedeutet, dass die Funktionswerte der Funktion $x(t)$ schwanken und dass sich diese Schwankung in regelmäßigen Abständen wiederholt. Eine beispielhafte Oszillation haben wir in Abbildung 5.1 skizziert. Hier betrachten wir zunächst eine ungedämpfte und periodische Schwingung. Die Periodendauer $T$ ist die kleinste Zeit, nach der sich die Bewegung von $x$ wiederholt und $x(t) = x(t+T)$ gilt. Darüber hinaus nennen wir die maximale Auslenkung einer schwingenden Größe $x$ ihre Amplitude $\hat{x}$. Bei ungedämpften Schwingungen bleibt diese Amplitude konstant.

Wie wir bereits bei den Kreisbewegungen gelernt haben, ist mit der Periodendauer $T$ auch eine Frequenz $f = 1/T$ verknüpft, die angibt, wie viele Schwingungen pro Zeiteinheit von der Größe $x$ absolviert werden.

Gedämpfte Schwingungen treten auf, wenn im schwingenden physikalischen System Reibungskräfte wirken. Dann nimmt die Schwingungsamplitude mit der Zeit ab. Wir werden diese Schwingungstypen sowie auch gekoppelte und erzwungene Schwingungen ausführlich behandeln. Zuvor konzentrieren wir uns aber auf die ungedämpfte periodische Schwingung des sogenannten harmonischen Oszillators. Da dieses Konzept an verschiedenen Stellen in der Physik zum Einsatz kommt, werden wir eine allgemeine mathematische Herangehensweise wählen, die sich in verschiedenen Problemstellungen wiederfinden lässt. Später wenden wir unsere Erkenntnisse auf konkrete physikalische Beispiele an.

### 5.1.1 Harmonischer Oszillator

Wir betrachten die folgende eindimensionale Bewegungsgleichung:

$$\ddot{x} = -\omega^2 x. \tag{5.1}$$

Es handelt sich um die Bewegungsgleichung des sogenannten *harmonischen Oszillators*. Die Kreisfrequenz $\omega$ ist eine reelle Größe.

Da es sich hier um eine homogene lineare Differentialgleichung zweiter Ordnung handelt, können wir recht einfach eine Lösung finden. Die zweite Ordnung zeigt uns dabei an, dass die allgemeine Lösung eine Linearkombination aus zwei linear unabhängigen Lösungen ist. Deshalb werden wir auch zwei verschiedene Randbedingungen/Anfangsbedingungen benötigen, um eine einzelne Lösung zu definieren. Üblicherweise werden dafür die Größen $x(t_0)$ und $\dot{x}(t_0)$ zu einem bestimmten Zeitpunkt $t_0$ gewählt.

## Theorieaufgabe 35: Harmonischer Oszillator ••

a) Lösen Sie die Bewegungsgleichung des harmonischen Oszillators. Nutzen Sie dafür den Ansatz

$$x(t) = A \cdot e^{\lambda t} \tag{5.2}$$

mit der Amplitude $A \in \mathbb{C}$ und der Konstante $\lambda \in \mathbb{C}$. Beachten Sie dabei, dass sich zwei linear unabhängige Lösungen ergeben.

b) Schreiben Sie $x(t)$ als Summe von Sinus und Kosinus. Nutzen Sie hierfür die Euler'sche Formel

$$e^{ix} = \cos(x) + i\sin(x)\,. \tag{5.3}$$

c) Nehmen Sie an, dass die Anfangsbedingungen $x(0) \in \mathbb{R}$ und $\dot{x}(0) \in \mathbb{R}$ sind. Zeigen Sie, dass dann für alle Zeiten $t$ gilt: $x(t) \in \mathbb{R}$.

. . . . . . . . . . . . . . . . . . . . . . . . . . . . . . . . . . . . . . . . . . . . . . . . . . . . . . . . . . . . . . . . . . . . . . . . . . .

. . . . . . . . . . . . . . . . . . . . . . . . . . . . . . . . . . . . . . . . . . . . . . . . . . . . . . . . . . . . . . . . . . . . . . . . . . .

. . . . . . . . . . . . . . . . . . . . . . . . . . . . . . . . . . . . . . . . . . . . . . . . . . . . . . . . . . . . . . . . . . . . . . . . . . .

. . . . . . . . . . . . . . . . . . . . . . . . . . . . . . . . . . . . . . . . . . . . . . . . . . . . . . . . . . . . . . . . . . . . . . . . . . .

. . . . . . . . . . . . . . . . . . . . . . . . . . . . . . . . . . . . . . . . . . . . . . . . . . . . . . . . . . . . . . . . . . . . . . . . . . .

. . . . . . . . . . . . . . . . . . . . . . . . . . . . . . . . . . . . . . . . . . . . . . . . . . . . . . . . . . . . . . . . . . . . . . . . . . .

. . . . . . . . . . . . . . . . . . . . . . . . . . . . . . . . . . . . . . . . . . . . . . . . . . . . . . . . . . . . . . . . . . . . . . . . . . .

. . . . . . . . . . . . . . . . . . . . . . . . . . . . . . . . . . . . . . . . . . . . . . . . . . . . . . . . . . . . . . . . . . . . . . . . . . .

. . . . . . . . . . . . . . . . . . . . . . . . . . . . . . . . . . . . . . . . . . . . . . . . . . . . . . . . . . . . . . . . . . . . . . . . . . .

. . . . . . . . . . . . . . . . . . . . . . . . . . . . . . . . . . . . . . . . . . . . . . . . . . . . . . . . . . . . . . . . . . . . . . . . . . .

. . . . . . . . . . . . . . . . . . . . . . . . . . . . . . . . . . . . . . . . . . . . . . . . . . . . . . . . . . . . . . . . . . . . . . . . . . .

. . . . . . . . . . . . . . . . . . . . . . . . . . . . . . . . . . . . . . . . . . . . . . . . . . . . . . . . . . . . . . . . . . . . . . . . . . .

. . . . . . . . . . . . . . . . . . . . . . . . . . . . . . . . . . . . . . . . . . . . . . . . . . . . . . . . . . . . . . . . . . . . . . . . . . .

---

Die Lösungen der Bewegungsgleichung nennen wir *harmonische Schwingungen*. Physikalische Größen $x$ in realen Systemen sind immer reell. Daher müssen wir reelle Randbedingungen annehmen und können harmonische Schwingungen durch

$$x(t) = C_1 \cos(\omega t) + C_2 \sin(\omega t) \tag{5.4}$$

mit reellen Konstanten $C_1$ und $C_2$ darstellen. Um diese Darstellung noch weiter zu vereinfachen, führen wir die folgende Umformung durch:

$$\begin{aligned}
x(t) &= C_1 \cos(\omega t) + C_2 \sin(\omega t) && (5.5a)\\
&= \frac{C_1}{2i}\left(e^{i\omega t} - e^{-i\omega t}\right) + \frac{C_2}{2}\left(e^{i\omega t} + e^{-i\omega t}\right) && (5.5b)\\
&= \frac{1}{2i}\left[e^{i\omega t}\left(C_1 + iC_2\right) - e^{-i\omega t}\left(C_1 - iC_2\right)\right] && (5.5c)\\
&= \frac{\sqrt{C_1^2 + C_2^2}}{2i}\left[e^{i\omega t} e^{i\arctan\left(\frac{C_2}{C_1}\right)} - e^{-i\omega t} e^{-i\arctan\left(\frac{C_2}{C_1}\right)}\right] && (5.5d)\\
&= \sqrt{C_1^2 + C_2^2}\,\sin\left(\omega t + \arctan\left(\frac{C_2}{C_1}\right)\right). && (5.5e)
\end{aligned}$$

Wir nennen jetzt die Amplitude

$$\hat{x} = \sqrt{C_1^2 + C_2^2} \tag{5.6}$$

und die Phase

$$\varphi = \arctan\left(\frac{C_2}{C_1}\right) \tag{5.7}$$

und erhalten so die vereinfachte Darstellung

$$x(t) = \hat{x} \cdot \sin(\omega t + \varphi)\,. \tag{5.8}$$

Hierfür haben wir nur angenommen, dass die Randbedingungen für die Bewegungsgleichung des harmonischen Oszillators reell sind. Damit werden alle Schwingungen von physikalischen harmonischen Oszillatoren durch Gleichung (5.8) beschrieben.

**► Tipp:**

Die Wahl des Sinus ist hier willkürlich. Mithilfe der Relation $\sin(x) = \cos(x - \pi/2)$ können harmonische Schwingungen auch durch eine Kosinus-Funktion dargestellt werden.

Nun können wir Gleichung (5.8) interpretieren. Der Funktionswert der Sinus-Funktion bewegt sich mit fortschreitender Zeit $t$ zwischen den Werten 1 und $-1$ hin und her. Die Konstante $\omega$ gibt an, wie schnell die Größe $x$ in der Zeit oszilliert. Sie hängt mit der Periodendauer $T$ über

$$T = \frac{2\pi}{\omega} \tag{5.9}$$

zusammen und wird Kreisfrequenz genannt. Da der Oszillator ohne äußere Einflüsse immer mit dieser Kreisfrequenz schwingt, sprechen wir auch von der *Eigenfrequenz*. Die Frequenz $f = \omega/2\pi = 1/T$ gibt an, wie viele Schwingungen pro Zeiteinheit ausgeführt werden. Die Sinus-Funktion wird mit der Amplitude $\hat{x}$ multipliziert, die angibt, zwischen welchen Maximalwerten $\pm\hat{x}$ die Größe $x(t)$ oszilliert. Die Phase $\varphi$ verschiebt die Sinus-Funktion in der Zeit. Das erkennen wir, indem wir das Argument der Sinus-Funktion zu $\omega \cdot (t + \varphi/\omega)$ umschreiben. In Abbildung 5.2 ist eine harmonische Schwingung für den Fall $\varphi = 0$ skizziert.

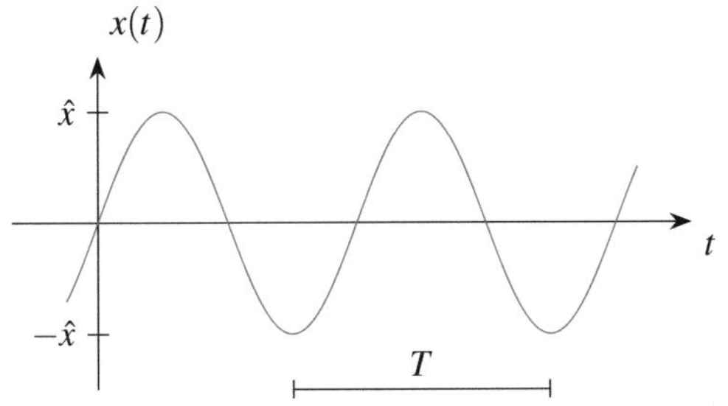


Abb. 5.2: Skizze einer harmonischen Schwingung mit Amplitude $\hat{x}$ und Periodendauer $T = 2\pi/\omega$.

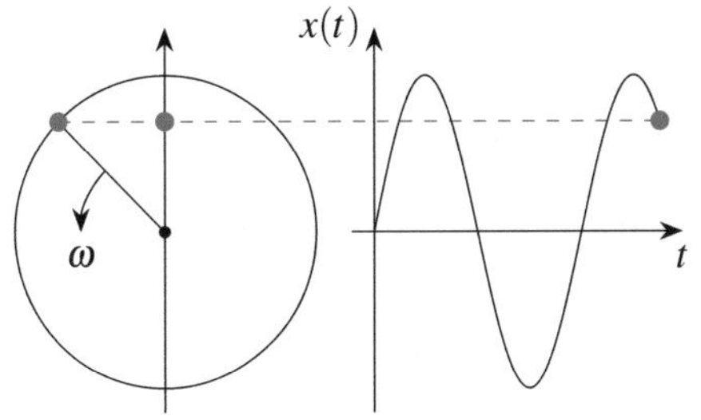


Abb. 5.3: Ein Teilchen bewegt sich mit konstanter Winkelgeschwindigkeit $\omega$ auf einer Kreisbahn mit Radius $\hat{x}$. Die Projektion dieser Kreisbahn auf eine beliebige Achse (hier auf die eingezeichnete senkrechte) führt eine harmonische Schwingung mit Kreisfrequenz $\omega$ und Amplitude $\hat{x}$ aus.

**Harmonischer Oszillator**

*Harmonische Oszillatoren* haben Bewegungsgleichungen der Form

$$\ddot{x} = -\omega^2 x \qquad (5.10)$$

mit Kreisfrequenz $\omega$. Sie werden durch Funktionen der Form

$$x(t) = A_1 \cdot e^{+i\omega t} + A_2 \cdot e^{-i\omega t} \qquad (5.11)$$

gelöst. In der Physik gehen wir immer von reellen Randbedingungen aus. Daher kann die Lösung hier immer auf die Form

$$x(t) = \hat{x} \cdot \sin(\omega t + \varphi) \qquad (5.12)$$

gebracht werden.

Die Größen, mithilfe derer wir harmonische Schwingungen beschreiben, sind uns bereits von Kreisbewegungen (siehe Abschnitt 3.3) bekannt. Das ist kein Zufall und wir können sehr einfach einen Zusammenhang herstellen. Wir betrachten ein Teilchen, das sich mit konstanter Geschwindigkeit auf einer Kreisbahn befindet, wie in Abbildung 5.3 gezeigt. Die Winkelgeschwindigkeit der Kreisbewegung sei $\omega$ und der Radius $\hat{x}$. Wir können jetzt die Position des Teilchens zu einem beliebigen Zeitpunkt $t$ auf die $y$-Achse (oder jede andere gedachte Achse) projizieren. Diese Projektion führt dann auf der Achse eine perfekte harmonische Schwingung aus, wobei die Amplitude der Schwingung $\hat{x}$ und die Kreisfrequenz $\omega$ ist.

Wir weisen an dieser Stelle darauf hin, dass die Periodendauer eines harmonischen Oszillators unabhängig von der Amplitude der Schwingung ist. Das gilt für andere Oszillatoren im Allgemeinen nicht.

## Federpendel

Wir haben den harmonischen Oszillator nun auf rein mathematischer Ebene eingeführt. Wenn uns jetzt ein reales System begegnet, dessen Bewegungsgleichung die Form von Gleichung (5.1) hat, kennen wir bereits die Lösung für dieses System.

Besonders üblich sind Oszillatoren, bei denen sich Teilchen im Ort bewegen. Die bislang abstrakte physikalische Größe $x$ gibt dann eine Position im Raum an. Als Beispiel betrachten wir hier die Punktmasse an einer Feder, wie wir sie bereits in Abbildung 3.9 behandelt haben. Die Kraft $F$, die dabei auf die Feder wirkt, ist entsprechend Gleichung (3.35)

$$F = -D \cdot (x - x_0)\,. \qquad (5.13)$$

Dabei nennen wir $D$ die Federkonstante und $x_0$ die Ruhelänge der Feder. Nach den Axiomen der Newton'schen Mechanik ist aber auch die Kraft $F$ gleich der Beschleunigung $\ddot{x}$ multipliziert mit der Masse $m$:

$$F = m\ddot{x}. \qquad (5.14)$$

Somit erhalten wir die Bewegungsgleichung

$$m\ddot{x} = -D \cdot (x - x_0)\,. \qquad (5.15)$$

Wir wählen nun ein neues, verschobenes Koordinatensystem $y = x - x_0$. Damit vereinfacht sich die Bewegungsgleichung zu

$$m\ddot{y} = -Dy \qquad (5.16)$$

oder

$$\ddot{y} = -\frac{D}{m}y. \qquad (5.17)$$

Wir erkennen, dass es sich bei der Bewegungsgleichung des Systems um die eines harmonischen Oszillators handelt. Damit kennen wir bereits die Lösungen der Differentialgleichung, welche die möglichen Trajektorien für die Punktmasse an der Feder darstellen. Die Punktmasse führt also harmonische Schwingungen durch.

Wir können außerdem direkt aus Gleichung (5.17) die Kreisfrequenz

$$\omega = \sqrt{\frac{D}{m}} \qquad (5.18)$$

für das Federpendel ablesen. Das bedeutet, dass das Pendel umso schneller schwingt, je größer die Federkonstante $D$ ist. Wenn wir die Masse $m$ vergrößern, wird das System träger und die Frequenz nimmt ab. Wie bei allen harmonischen Oszillatoren hängt die Frequenz nicht von der Amplitude der Schwingung ab.

5

### Ruhelage

Wir erhalten eine besondere Lösung von Gleichung (5.1), wenn wir als Anfangsbedingung $x(0) = 0$ und $\dot{x}(0) = 0$ wählen. In diesem Fall ist die Bewegung des harmonischen Oszillators durch $x(t) = 0$ gegeben. Der Oszillator ist also in Ruhe.

Es kann leicht gezeigt werden, dass ein harmonischer Oszillator für *keine* andere Anfangsbedingung in Ruhe ist. Die Position $x = 0$ nennen wir deshalb die *Ruhelage*. Ein Oszillator in Ruhelage, der sich nicht bewegt, bleibt für immer in dieser Ruhelage.

Vergleichbare Ruhelagen finden sich auch in anderen Oszillatoren. Sie zeichnen sich immer dadurch aus, dass die Kraft an dieser Stelle verschwindet. Kleine Auslenkungen aus der Ruhelage führen zu einer *Rückstellkraft*, die immer in Richtung Ruhelage zeigt. Gleichermaßen befindet sich die Ruhelage eines Oszillators immer an einem Minimum des Potentials im System.

Manche (nichtharmonische) Oszillatoren haben mehr als eine Ruhelage. Dazu kommt es, wenn das Potential des jeweiligen Systems mehrere Mulden (lokale Minima) hat.

## 5.1.2 Energie im harmonischen Oszillator

Bevor wir mit verschiedenen Variationen des harmonischen Oszillators fortfahren, betrachten wir noch die Energie im harmonischen Oszillator für den Fall, dass $x$ die Ortskoordinate einer Punktmasse $m$ ist.

Die Trajektorie des Massenpunktes ist

$$x(t) = \hat{x} \cdot \sin(\omega t + \varphi) . \tag{5.19}$$

So ergeben sich die Geschwindigkeit zu

$$\dot{x}(t) = \hat{x}\omega \cdot \cos(\omega t + \varphi) \tag{5.20}$$

und die kinetische Energie zu

$$E_{\text{kin}} = \frac{m}{2}\hat{x}^2\omega^2\cos^2(\omega t + \varphi) \tag{5.21}$$

in Abhängigkeit von der Zeit $t$.

### Theorieaufgabe 36: Potential des harmonischen Oszillators ••

a) Berechnen Sie die potentielle Energie $V(x)$ im harmonischen Oszillator in Abhängigkeit vom Ort $x$.

b) Zeigen Sie unter Zuhilfenahme der kinetischen Energie, dass die Gesamtenergie immer konstant bleibt.

Wir haben das Potential des harmonischen Oszillators und den Zusammenhang zur kinetischen Energie bereits in Abbildung 3.22 angesprochen. Grundsätzlich zeichnen sich Schwingungen dadurch aus, dass potentielle Energie und kinetische Energie ineinander umgewandelt werden. Bei maximaler Auslenkung des Oszillators $x = \pm\hat{x}$ ist die potentielle Energie $m\omega^2\hat{x}^2/2$ und die kinetische Energie verschwindet. Beim Durchgang durch die Ruhelage des Oszillators ist dagegen die Geschwindigkeit maximal, während die potentielle Energie verschwindet. Die kinetische Energie ist dann $m\omega^2\hat{x}^2/2$. So wird die Gesamtenergie im Oszillator immer zwischen dem potentiellen und dem kinetischen Anteil hin- und hergeschoben. Dieses Verhalten ist charakteristisch für alle Oszillatoren.

**Harmonischer Oszillator – Potential**

Das Potential eines harmonischen Oszillators ist immer eine Parabel:

$$V(x) = \frac{m\omega^2}{2} x^2. \tag{5.22}$$

### 5.1.3 Gedämpfter harmonischer Oszillator

Der gedämpfte harmonische Oszillator ist eine Abwandlung des harmonischen Oszillators. Wir betrachten hier eine lineare Dämpfung. Dabei wird Gleichung (5.1) um einen Dämpfungsterm $2\gamma\dot{x}$ ergänzt:

$$\ddot{x} = -\omega^2 x - 2\gamma\dot{x}. \tag{5.23}$$

Wir nennen $\gamma > 0$ die Dämpfungskonstante. Die Lösung dieser Differentialgleichung ist deutlich komplizierter als die des ungedämpften harmonischen Oszillators, weshalb wir sie hier nicht als Aufgabe formulieren. Motivierte Leser seien jedoch ermutigt, selbst nach Lösungen von Gleichung (5.23) zu suchen.

Wie schon beim ungedämpften harmonischen Oszillator lösen wir Gleichung (5.23), indem wir den Ansatz

$$x(t) = A \cdot e^{\lambda t} \tag{5.24}$$

wählen. Durch das Einsetzen dieses Ansatzes in die Differentialgleichung erhalten wir die Bedingung

$$\lambda^2 = -\omega^2 - 2\gamma\lambda. \tag{5.25}$$

Die Nullstellen dieser Gleichung befinden sich bei

$$\lambda_{1,2} = \frac{-2\gamma \pm \sqrt{4\gamma^2 - 4\omega^2}}{2} = -\gamma \pm \sqrt{\gamma^2 - \omega^2}. \tag{5.26}$$

An dieser Stelle müssen wir eine Fallunterscheidung durchführen:

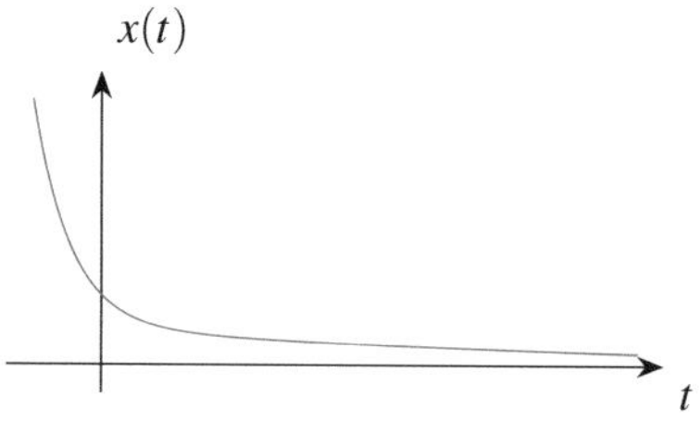


Abb. 5.4: Kriechfall einer gedämpften Schwingung. Die Dämpfung ist so groß, dass das System nicht ins Schwingen kommt, sondern nur in die Ruhelage zurückkehrt.

- Wenn $\gamma^2 - \omega^2 > 0$ ist, erhalten wir als Lösung der Bewegungsgleichung die Linearkombination

$$x(t) = \left(A_1 \cdot e^{\sqrt{\gamma^2-\omega^2}t} + A_2 \cdot e^{-\sqrt{\gamma^2-\omega^2}t}\right) \cdot e^{-\gamma t}. \quad (5.27)$$

Für reelle Konstanten $A_1$ und $A_2$ ist die physikalische Größe $x(t)$ reell. Wir beachten, dass immer $\gamma > \sqrt{\gamma^2 - \omega^2}$ ist, weshalb im Allgemeinen

$$\lim_{t\to\infty} x(t) = 0 \quad (5.28)$$

ist. Abbildung 5.4 zeigt eine gedämpfte Schwingung für diesen Fall, den wir auch den *Kriechfall* nennen. Wir sehen, dass das System nicht ins Schwingen kommt. Je nach Wahl der Anfangsbedingungen kann die Ruhelage einmal durchquert werden, bevor das System zur Ruhe kommt.

- Im Fall $\gamma^2 - \omega^2 = 0$ sind die beiden Lösungen $\lambda_{1,2} = -\gamma \pm \sqrt{\gamma^2 - \omega^2}$ identisch und die linear unabhängigen Terme $A_i e^{\lambda_i t}$ werden linear abhängig. Wir wissen also schon, dass die Gleichung

$$x(t) = A_1 \cdot e^{-\gamma t} \quad (5.29)$$

die Bewegungsgleichung löst. Nichtsdestotrotz arbeiten wir mit einer homogenen linearen Differentialgleichung zweiter Ordnung. Daher wissen wir, dass es noch eine zweite linear unabhängige Lösung geben muss. Diese ist

$$x(t) = A_2 t \cdot e^{-\gamma t}. \quad (5.30)$$

Im Allgemeinen wird die Differentialgleichung nun durch eine Linearkombination beider linear unabhängiger Lösungen gelöst. So ergibt sich

$$x(t) = A_1 \cdot e^{-\gamma t} + A_2 t \cdot e^{-\gamma t} \quad (5.31a)$$
$$= (A_1 + A_2 t) \cdot e^{-\gamma t}. \quad (5.31b)$$

Die Lösung wird reell, wenn wir die Konstanten $A_1$ und $A_2$ reell wählen.

Wir nennen diesen Fall den *aperiodischen Grenzfall*. Im Gegensatz zum Kriechfall wird hier die Ruhelage *immer* einmal durchquert. Das erkennen wir daran, dass es immer eine Zeit $t$ gibt, für die $(A_1 + A_2 t) = 0$ ist. In Abbildung 5.5 ist dieses Verhalten illustriert. Das System ist gerade so stark gedämpft, dass es gewissermaßen eine halbe Schwingung ausführt und dann zur Ruhe kommt.

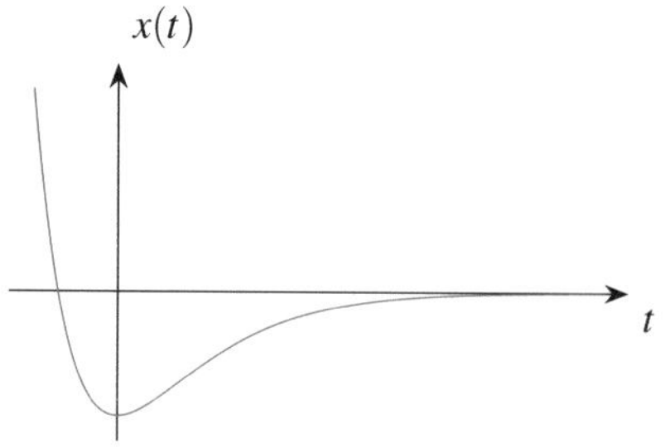


Abb. 5.5: Aperiodischer Grenzfall einer gedämpften Schwingung. In diesem Fall sind die Kreisfrequenz und die Dämpfungskonstante gleich ($\omega = \gamma$). Das System kann dann genau einmal durch die Ruhelage schwingen.

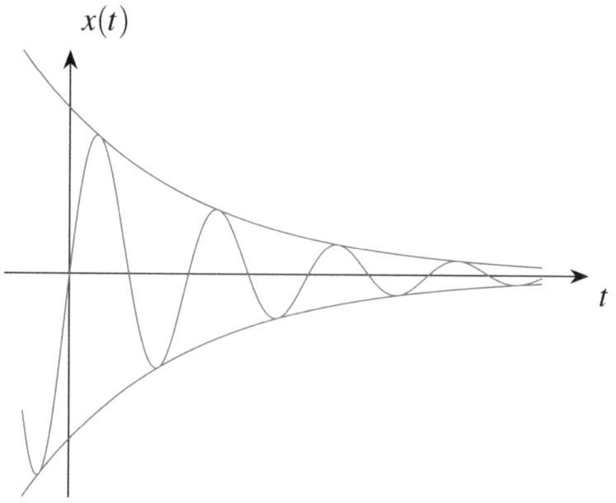


Abb. 5.6: Schwingfall einer gedämpften Schwingung. Die Dämpfung ist so klein, dass das System schwingen kann, während sich die Schwingungsamplitude verkleinert. Durch die Dämpfung verlangsamt sich außerdem die Frequenz der Schwingung $\Omega < \omega$. Die Einhüllende der Schwingung ist durch die Exponentialfunktion $\hat{x} \cdot e^{-\gamma t}$ gegeben und hier auch eingezeichnet.

- Wenn $\gamma^2 - \omega^2 < 0$ ist, dann ist die Wurzel $\pm\sqrt{\gamma^2 - \omega^2}$ komplex und wir schreiben stattdessen $\pm i\sqrt{\omega^2 - \gamma^2}$. So erhalten wir die Lösung der Bewegungsgleichung

$$x(t) = \left(A_1 \cdot e^{i\sqrt{\omega^2-\gamma^2}t} + A_2 \cdot e^{-i\sqrt{\omega^2-\gamma^2}t}\right) \cdot e^{-\gamma t}. \quad (5.32)$$

Im direkten Vergleich mit Gleichung (5.11) erkennen wir, dass es sich hierbei um eine Schwingung handelt, deren Kreisfrequenz $\Omega = \sqrt{\omega^2 - \gamma^2}$ ist. Die Schwingung wird mit einer abfallenden Exponentialfunktion multipliziert, welche durch die Dämpfung zustande kommt.

Wie schon beim ungedämpften harmonischen Oszillator, können wir eine reelle Lösung durch

$$x(t) = \hat{x} \cdot \sin(\Omega t + \varphi) \cdot e^{-\gamma t} \quad (5.33)$$

darstellen. Wir haben eine beispielhafte Schwingung in Abbildung 5.6 skizziert. Die Dämpfung ist ausreichend klein, sodass die Schwingfähigkeit des Systems überwiegt. Deshalb wird dieser Fall *Schwingfall* genannt.

## Theorieaufgabe 37: Gedämpfte harmonische Oszillatoren •

Wir haben zuvor die Bewegungsgleichung des gedämpften harmonischen Oszillators

$$\ddot{x} = -\omega^2 x - 2\gamma\dot{x} \tag{5.34}$$

ausführlich gelöst und drei verschiedene Fälle herausgearbeitet. Überprüfen Sie die Lösungen, indem Sie sie wieder in die Differentialgleichung einsetzen. Betrachten Sie alle drei Fälle:

a) Kriechfall ($\gamma^2 > \omega^2$):

$$x(t) = \left(A_1 \cdot e^{\sqrt{\gamma^2-\omega^2}t} + A_2 \cdot e^{-\sqrt{\gamma^2-\omega^2}t}\right) \cdot e^{-\gamma t}. \tag{5.35}$$

b) Aperiodischer Grenzfall ($\gamma^2 = \omega^2$):

$$x(t) = (A_1 + A_2 t) \cdot e^{-\gamma t}. \tag{5.36}$$

c) Schwingfall ($\gamma^2 < \omega^2$):

$$x(t) = \hat{x} \cdot \sin(\Omega t + \varphi) \cdot e^{-\gamma t} \tag{5.37}$$

mit $\Omega = \sqrt{\omega^2 - \gamma^2}$.

## Gedämpfter harmonischer Oszillator

Ein harmonischer Oszillator mit linearer Dämpfung hat die Bewegungsgleichung

$$\ddot{x} = -\omega^2 x - 2\gamma\dot{x}. \tag{5.38}$$

Die Lösungen dieser Differentialgleichungen sind

- im *Kriechfall* für $\gamma^2 - \omega^2 < 0$:

$$x(t) = \left(A_1 \cdot e^{\sqrt{\gamma^2-\omega^2}t} + A_2 \cdot e^{-\sqrt{\gamma^2-\omega^2}t}\right) \cdot e^{-\gamma t}. \tag{5.39}$$

- im *aperiodischen Grenzfall* für $\gamma^2 - \omega^2 = 0$:

$$x(t) = (A_1 + A_2 t) \cdot e^{-\gamma t}. \tag{5.40}$$

- im *Schwingfall* für $\gamma^2 < \omega^2$:

$$x(t) = \hat{x} \cdot \sin(\Omega t + \varphi) \cdot e^{-\gamma t} \tag{5.41}$$

  mit der veränderten Kreisfrequenz $\Omega = \sqrt{\omega^2 - \gamma^2}$.

Die Koeffizienten $A_1$, $A_2$, $\hat{x}$ und $\varphi$ sind für reale Systeme reell zu wählen. Sie folgen aus den Randbedingungen.

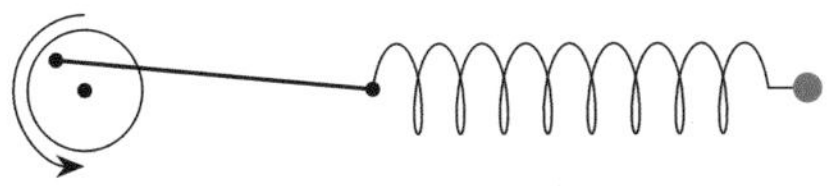

Abb. 5.7: Ein Teilchen ist an einer Feder befestigt. Im Gegensatz zu Abbildung 3.9 ist das andere Ende der Feder nicht fest, sondern wird durch einen Motor angetrieben. So wird der harmonische Oszillator stetig zum Schwingen gebracht.

### 5.1.4 Erzwungene Schwingung

Bislang haben wir berechnet, wie ein harmonischer Oszillator oszilliert, nachdem er einmalig in Schwingung versetzt wurde. Nun wollen wir herausfinden, wie sich harmonische Oszillatoren verhalten, die stetig angetrieben werden. Wir können uns beispielsweise einen Motor vorstellen, der wie in Abbildung 5.7 ein Teilchen an einer Feder antreibt.

Ein Oszillator wird angetrieben, wenn auf ihn eine zusätzliche Kraft $F(t)$ wirkt. Die Bewegungsgleichung eines getriebenen harmonischen Oszillators wird dann um diesen Term ergänzt:

$$\ddot{x} = -\omega^2 x - 2\gamma\dot{x} + \frac{F(t)}{m}. \tag{5.42}$$

Hier müssen wir durch die Masse dividieren. Wir nennen von nun an $K(t) = F(t)/m$ und rechnen mit dieser Größe weiter. So erhalten wir die Bewegungsgleichung eines getriebenen gedämpften harmonischen Oszillators:

$$\ddot{x} + 2\gamma\dot{x} + \omega^2 x = K(t)\,. \tag{5.43}$$

Es handelt sich dabei um eine inhomogene lineare Differentialgleichung zweiter Ordnung.

Ein Oszillator kann prinzipiell auf unterschiedliche Arten angetrieben werden. Wir behandeln hier den üblichsten Fall

$$K(t) = \hat{K} \cdot \sin(\omega t)\,. \tag{5.44}$$

Wir treiben den Oszillator also mit einer harmonischen Schwingung bei Frequenz $\omega$ an. Diese Frequenz muss nicht unbedingt die Eigenfrequenz des Oszillators sein. Darum nennen wir diese von nun an $\omega_0$. So erhalten wir die Bewegungsgleichung

$$\ddot{x} + 2\gamma\dot{x} + \omega_0^2 x = \hat{K}\sin(\omega t)\,. \tag{5.45}$$

Diese Bewegungsgleichung möchten wir im Folgenden lösen. Dabei betrachten wir nur den Schwingfall $\omega_0^2 - \gamma^2 > 0$.

Die Lösung $x(t)$ einer inhomogenen Differentialgleichung setzt sich aus der Lösung der zugehörigen homogenen Differentialgleichung (siehe Gleichung (5.38)) $x_\mathrm{h}(t)$ und einer Partikulärlösung $x_\mathrm{p}(t)$ der inhomogenen Gleichung zusammen:

$$x(t) = x_\mathrm{h}(t) + x_\mathrm{p}(t)\,. \tag{5.46}$$

Die Lösung der homogenen Differentialgleichung kennen wir bereits aus Gleichung (5.41). Darum müssen wir nur noch eine Partikulärlösung finden. Dafür wählen wir den Ansatz

$$x_\mathrm{p}(t) = \hat{x}_\mathrm{s} \cdot \sin(\omega t + \varphi_\mathrm{s})\,. \tag{5.47}$$

**►Tipp:**

Der Ansatz, der zur Lösung einer inhomogenen Differentialgleichung gewählt wird, hängt von der Inhomogenität der Gleichung ab. In diesem Fall erwarten wir, dass die Lösung genau wie die Kraft eine harmonische Schwingung ist. Ein falscher Ansatz würde sich beim Einsetzen in die Differentialgleichung zeigen.

Um den Ansatz in die Differentialgleichung einzusetzen, leiten wir zunächst ab:

$$\dot{x}_\mathrm{p}(t) = \hat{x}_\mathrm{s}\omega \cdot \cos(\omega t + \varphi_\mathrm{s}) \tag{5.48}$$

$$\ddot{x}_\mathrm{p}(t) = -\hat{x}_\mathrm{s}\omega^2 \cdot \sin(\omega t + \varphi_\mathrm{s})\,. \tag{5.49}$$

Nun können wir diese Terme in Gleichung (5.45) einsetzen und erhalten

$$\begin{aligned} &-\hat{x}_\mathrm{s}\omega^2 \cdot \sin(\omega t + \varphi_\mathrm{s}) \\ &+2\gamma\hat{x}_\mathrm{s}\omega \cdot \cos(\omega t + \varphi_\mathrm{s}) \\ &+\omega_0^2\hat{x}_\mathrm{s} \cdot \sin(\omega t + \varphi_\mathrm{s}) \\ &= \hat{K}\sin(\omega t)\,. \end{aligned}$$

Wir erhalten die Partikulärlösung, indem wir diese Gleichung für die Amplitude $\hat{x}_\mathrm{s}$ und die Phase $\varphi_\mathrm{s}$ lösen.

## Theorieaufgabe 38: Getriebener harmonischer Oszillator ●●●

Betrachten Sie die Gleichung

$$\begin{aligned} &-\hat{x}_\mathrm{s}\omega^2 \cdot \sin(\omega t + \varphi_\mathrm{s}) \\ &+2\gamma\hat{x}_\mathrm{s}\omega \cdot \cos(\omega t + \varphi_\mathrm{s}) \\ &+\omega_0^2\hat{x}_\mathrm{s} \cdot \sin(\omega t + \varphi_\mathrm{s}) \\ &= \hat{K}\sin(\omega t)\,. \end{aligned}$$

a) Nutzen Sie die trigonometrischen Beziehungen

$$\sin(a+b) = \sin(a)\cos(b) + \cos(a)\sin(b) \tag{5.50}$$

$$\cos(a+b) = \cos(a)\cos(b) - \sin(a)\sin(b) \tag{5.51}$$

und führen Sie einen Koeffizientenvergleich durch, um zu zeigen, dass

$$-\hat{x}_\mathrm{s}\omega^2\cos(\varphi_\mathrm{s}) - 2\gamma\hat{x}_\mathrm{s}\omega\sin(\varphi_\mathrm{s}) + \omega_0^2\hat{x}_\mathrm{s}\cos(\varphi_\mathrm{s}) = \hat{K} \tag{5.52}$$

$$-\hat{x}_\mathrm{s}\omega^2\sin(\varphi_\mathrm{s}) + 2\gamma\hat{x}_\mathrm{s}\omega\cos(\varphi_\mathrm{s}) + \omega_0^2\hat{x}_\mathrm{s}\sin(\varphi_\mathrm{s}) = 0 \tag{5.53}$$

gilt.

b) Lösen Sie nach der Phase $\varphi_\mathrm{s}$ auf.

5

Die Phase $\varphi_s$ berechnet sich also durch

$$\varphi_s = \arctan\left(\frac{2\gamma\omega}{\omega^2-\omega_0^2}\right). \tag{5.54}$$

Wir können auch nach der Amplitude auflösen. Dafür betrachten wir die Gleichung

$$-\hat{x}_s\omega^2\cos(\varphi_s) - 2\gamma\hat{x}_s\omega\sin(\varphi_s) + \omega_0^2\hat{x}_s\cos(\varphi_s) = \hat{K}. \tag{5.55}$$

Wir wissen aus den vorangegangenen Rechnungen, dass

$$\tan(\varphi_s) = \frac{\sin(\varphi_s)}{\cos(\varphi_s)} = \frac{2\gamma\omega}{\omega^2-\omega_0^2} \tag{5.56}$$

ist. So können wir die Gleichung zu

$$\begin{aligned} &-\hat{x}_s\omega^2\cos(\varphi_s) \\ &-2\gamma\hat{x}_s\omega\cos(\varphi_s)\frac{2\gamma\omega}{\omega^2-\omega_0^2} \\ &+\omega_0^2\hat{x}_s\cos(\varphi_s) = \hat{K} \end{aligned} \tag{5.57}$$

umformen und erhalten

$$\hat{x}_s\cos(\varphi_s) = \frac{\hat{K}}{-\omega^2 - \frac{(2\gamma\omega)^2}{\omega^2-\omega_0^2} + \omega_0^2} \tag{5.58a}$$

$$= \frac{\hat{K}\left(\omega_0^2-\omega^2\right)}{\left(\omega_0^2-\omega^2\right)^2 + (2\gamma\omega)^2}. \tag{5.58b}$$

Analog können wir Gleichung (5.55) mithilfe von Gleichung (5.56) umformen, sodass nur Sinus-Funktionen vorkommen:

$$\begin{aligned} &-\hat{x}_s\omega^2\sin(\varphi_s)\frac{\omega^2-\omega_0^2}{2\gamma\omega} \\ &-2\gamma\hat{x}_s\omega\sin(\varphi_s) \\ &+\omega_0^2\hat{x}_s\sin(\varphi_s)\frac{\omega^2-\omega_0^2}{2\gamma\omega} = \hat{K}. \end{aligned} \tag{5.59}$$

Das können wir nun vereinfachen zu

$$\hat{x}_s\sin(\varphi_s) = \frac{\hat{K}}{-\omega^2\frac{\omega^2-\omega_0^2}{2\gamma\omega} - 2\gamma\omega + \omega_0^2\frac{\omega^2-\omega_0^2}{2\gamma\omega}} \tag{5.60a}$$

$$= -\frac{\hat{K}2\gamma\omega}{\left(\omega_0^2-\omega^2\right)^2 + (2\gamma\omega)^2}. \tag{5.60b}$$

Mithilfe der Beziehung

$$\sin^2(x) + \cos^2(x) = 1 \tag{5.61}$$

können wir nun nach der Amplitude $\hat{x}_s$ auflösen. Dafür quadrieren wir Gleichung (5.58b) und Gleichung (5.60b) und addieren beide Gleichungen:

$$\hat{x}_s^2 = \frac{\hat{K}^2\left[(2\gamma\omega)^2 + \left(\omega_0^2-\omega^2\right)^2\right]}{\left[\left(\omega_0^2-\omega^2\right)^2 + (2\gamma\omega)^2\right]^2} \tag{5.62a}$$

$$= \frac{\hat{K}^2}{\left(\omega_0^2-\omega^2\right)^2 + (2\gamma\omega)^2}. \tag{5.62b}$$

Wir ziehen die Wurzel und erhalten die Amplitude

$$\hat{x}_s = \frac{\hat{K}}{\sqrt{\left(\omega_0^2-\omega^2\right)^2 + (2\gamma\omega)^2}}. \tag{5.63}$$

Nun haben wir die Bewegungsgleichung

$$\ddot{x} + 2\gamma\dot{x} + \omega_0^2 x = \hat{K}\sin(\omega t) \tag{5.64}$$

vollständig gelöst. Die Lösung hat die Form

$$x(t) = \hat{x}\cdot\sin(\Omega t + \varphi)\cdot e^{-\gamma t} + \hat{x}_s\cdot\sin(\omega t + \varphi_s) \tag{5.65}$$

mit den frei wählbaren Konstanten $\hat{x}$, $\varphi$. Dabei haben wir die Abkürzungen

$$\Omega = \sqrt{\omega_0^2-\gamma^2} \tag{5.66}$$

$$\hat{x}_s = \frac{\hat{K}}{\sqrt{\left(\omega_0^2-\omega^2\right)^2 + (2\gamma\omega)^2}} \tag{5.67}$$

$$\varphi_s = \arctan\left(\frac{2\gamma\omega}{\omega^2-\omega_0^2}\right) \tag{5.68}$$

verwendet.

**Getriebener harmonischer Oszillator**

Ein *getriebener harmonischer Oszillator* hat die Bewegungsgleichung

$$\ddot{x} + 2\gamma\dot{x} + \omega_0^2 x = K(t) \tag{5.69}$$

mit der Kraft $F(t) = K(t)\cdot m$.

Ein gedämpfter harmonischer Oszillator im Schwingfall ($\omega^2-\gamma^2>0$) mit harmonischer Anregung $K(t) = \hat{K}\sin(\omega t)$ wird durch die Funktion

$$x(t) = \hat{x}\cdot\sin(\Omega t + \varphi)\cdot e^{-\gamma t} + \hat{x}_s\cdot\sin(\omega t + \varphi_s) \tag{5.70}$$

gelöst mit

$$\Omega = \sqrt{\omega_0^2-\gamma^2} \tag{5.71}$$

$$\hat{x}_s = \frac{\hat{K}}{\sqrt{\left(\omega_0^2-\omega^2\right)^2 + (2\gamma\omega)^2}} \tag{5.72}$$

$$\varphi_s = \arctan\left(\frac{2\gamma\omega}{\omega^2-\omega_0^2}\right). \tag{5.73}$$

Dabei sind die Konstanten $\hat{x}$ und $\varphi$ durch die Randbedingungen bestimmt.

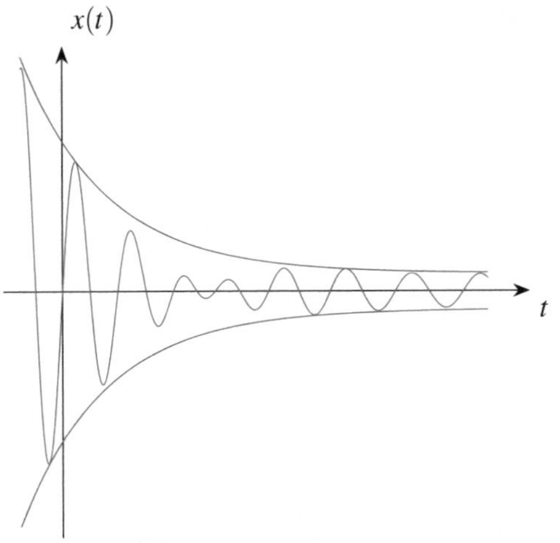


Abb. 5.8: Skizze der Bewegung eines getriebenen gedämpften harmonischen Oszillators. Die Schwingung setzt sich aus einem frei schwingenden Anteil zusammen, der durch die Dämpfung abklingt, und einem statischen Anteil, der immer erhalten bleibt. Beide Anteile haben im Allgemeinen verschiedene Kreisfrequenzen ($\Omega \neq \omega$). Durch diese verschiedenen Frequenzen kann die Amplitude der Gesamtschwingungen variieren. Das geschieht aber nur, solange die freie Schwingung noch nicht abgeklungen ist. Die Einhüllende der Schwingung ist $\hat{x}e^{-\gamma t} + \hat{x}_s$.

### 5.1.5 Stationäre erzwungene Schwingung und Resonanz

Wir interpretieren nun die Lösung des getriebenen harmonischen Oszillators

$$x(t) = \hat{x} \cdot \sin(\Omega t + \varphi) \cdot e^{-\gamma t} + \hat{x}_s \cdot \sin(\omega t + \varphi_s). \tag{5.74}$$

Diese Trajektorie setzt sich aus einem frei schwingenden Anteil und einem stationären Anteil zusammen. Der frei schwingende Anteil $\hat{x} \cdot \sin(\Omega t + \varphi) \cdot e^{-\gamma t}$ klingt mit der Zeit exponentiell ab und verschwindet. Der stationäre Anteil

$$x_s(t) = \hat{x}_s \cdot \sin(\omega t + \varphi_s) \tag{5.75}$$

dagegen schwingt immer mit gleicher Amplitude. Eine beispielhafte Funktion $x(t)$ ist in Abbildung 5.8 skizziert.

Wir sehen, dass die Schwingung nie verschwindet, weil der Oszillator immer weiter angetrieben wird. Im Folgenden wollen wir den statischen Anteil in Gleichung (5.75) genauer betrachten.

Wir beginnen mit der Phase $\varphi_s$. Beim Betrachten der Gleichung

$$\varphi_s = \arctan\left(\frac{2\gamma\omega}{\omega^2 - \omega_0^2}\right) \tag{5.76}$$

fällt jedoch auf, dass nach unserer Berechnung mehrere Phasen erlaubt sind. Schließlich wird diese Gleichung nicht nur von $\varphi_s$ gelöst, sondern auch von $\varphi_s + n\pi$ mit einer ganzen Zahl $n \in \mathbb{Z}$.

Diese Freiheit in der Wahl der Phase $\varphi_s$ kommt unerwartet, denn schließlich scheinen hier zwei verschiedene Trajektorien erlaubt zu sein:

$$\begin{aligned}\hat{x}_s \sin(\omega t + \varphi_s) &= \hat{x}_s \sin(\omega t + \varphi_s + 2n\pi) \\ &\neq \hat{x}_s \sin(\omega t + \varphi_s + (2n-1)\,\pi).\end{aligned}$$

Der Sinus ist identisch, wenn wir $2\pi$ oder ganzzahlige Vielfache davon zu seinem Argument addieren. Allerdings ist $\sin(\omega t + \varphi_s + 2n\pi) = -\sin(\omega t + \varphi_s + (2n-1)\,\pi)$. Wie können wir das erklären?

Tatsächlich haben wir an einer weiteren Stelle in unserer Rechnung einen Fehler gemacht. Als wir in Gleichung (5.63) die Amplitude $\hat{x}_s$ berechnet haben, indem wir eine Wurzel gezogen haben, hätten wir eigentlich nicht annehmen dürfen, dass die Amplitude immer positiv ist. Korrekter wäre nach unserer Rechnung das Ergebnis

$$\hat{x}_s = \pm\frac{\hat{K}}{\sqrt{\left(\omega_0^2 - \omega^2\right)^2 + (2\gamma\omega)^2}} \tag{5.77}$$

gewesen.

Beide Freiheiten hängen miteinander zusammen. Wenn wir $\pi$ zu unserer Phase addieren, erreichen wir das gleiche Ergebnis wie wenn wir das Vorzeichen der Amplitude anders gewählt hätten. Wir wählen hier die Konvention, dass die Amplitude immer positiv ist ($\hat{x}_s > 0$). Dafür müssen wir jetzt bei der Wahl der Phase vorsichtig sein. Dabei hilft uns Gleichung (5.60b). Für $\hat{K} \leq 0$ und $\omega \geq 0$ ist die rechte Seite dieser Gleichung *immer* negativ. Wenn aber auch $\hat{x}_s \geq 0$ sein soll, dann muss

$$\sin(\varphi_s) \leq 0 \tag{5.78}$$

sein. Damit erhalten wir die zusätzliche Bedingung

$$\varphi_s \in [-\pi, 0] + 2n\pi. \tag{5.79}$$

Auf diesem Weg haben wir nun unsere Freiheit für die Wahl von $\varphi_s$ verloren. Wir wählen die Konvention

$$\varphi_s \in [-\pi, 0] \tag{5.80}$$

und erhalten so die in Abbildung 5.9 skizzierte Kurve.

**►Tipp:**

Wenn Sie versuchen, Gleichung (5.73) zu plotten, werden Sie mit hoher Wahrscheinlichkeit ein anderes Ergebnis erhalten als in Abbildung 5.9. Dieser Unterschied kommt gerade durch die oben genannte Freiheit $+n\pi$ zustande, die wir durch die Wahl der Amplituden $\hat{x}_s$ und $\hat{K}$ als positive Zahlen festlegen. Deshalb muss die Kurve wie in Abbildung 5.9 aussehen, oder um $2n\pi$ verschoben.

Wir sehen, dass die Phase $\varphi_s$ für kleine Frequenzen $\omega$ klein ist. Das bedeutet, dass der Oszillator bei besonders kleinen Frequenzen mit der Anregung in Phase schwingt. Bei großen Frequenzen wird dagegen $\varphi_s \approx -\pi$. Dann schwingt der Oszillator

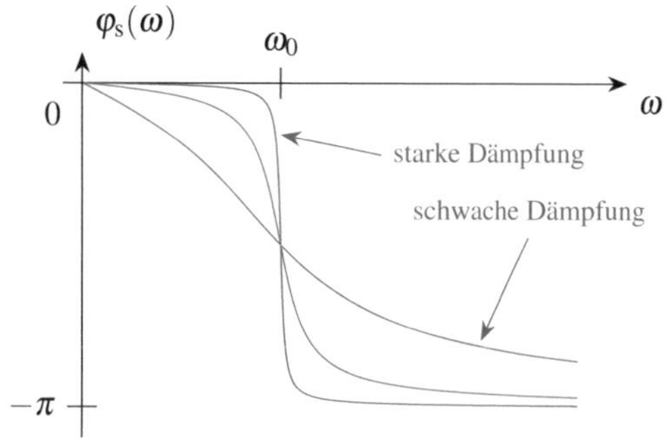


Abb. 5.9: Skizze der Phasenverschiebung $\varphi_s$ einer erzwungenen Schwingung verglichen mit der antreibenden Schwingung. Bei kleinen Frequenzen ist $\varphi_s \approx 0$ und bei großen Frequenzen wird $\varphi_s \approx -\pi$. Die grauen Kurven zeigen verschiedene Übergänge für verschiedene Werte der Dämpfung $\gamma$. Der Übergang wird schärfer, je kleiner die Dämpfung $\gamma$ ist.

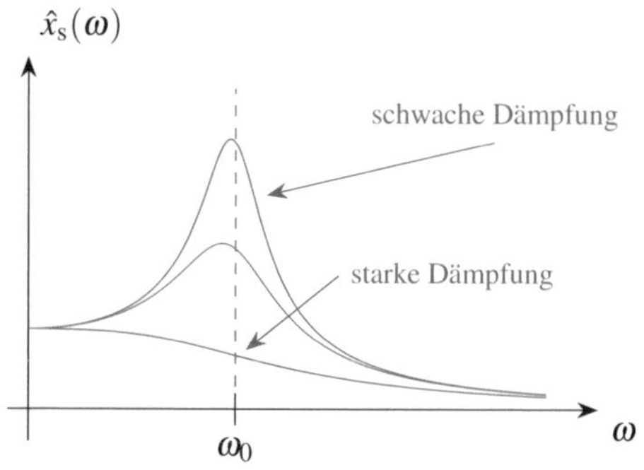


Abb. 5.10: Skizze der Amplitude der Schwingung eines harmonischen Oszillators für verschiedene antreibende Frequenzen. Wir können erkennen, dass die Amplitude bei schwachen Dämpfungen $\gamma$ größer ist als bei starken Dämpfungen. Darüber hinaus hat die Amplitude ein Maximum (sofern die Dämpfung nicht zu stark ist). Dabei handelt es sich um die Resonanz des harmonischen Oszillators.

gegenphasig zur Anregung. Die Tatsache, dass sich die Phase immer zwischen diesen beiden Werten bewegt, zeigt uns, dass die Schwingung immer verzögert ist bezüglich der Anregung.

Wenn die Anregungsfrequenz mit der Eigenfrequenz des Oszillators übereinstimmt ($\omega = \omega_0$), wird $\varphi_s = -\pi/2$. Wird ein Oszillator bei dieser Frequenz angetrieben, so hinkt seine Schwingung der Anregung um eine Viertelperiode hinterher.

5

### Getriebener Oszillator – Phase

Wird ein harmonischer Oszillator zum Schwingen angeregt, so ist seine Bewegung stets verzögert im Vergleich zur Anregung. Dabei ist die Verzögerung umso größer, je höher die Anregungsfrequenz ist. Die Phasendifferenz wird durch

$$\varphi_s = \arctan\left(\frac{2\gamma\omega}{\omega^2 - \omega_0^2}\right) \tag{5.81}$$

berechnet und muss so gewählt werden, dass $\varphi_s \in [-\pi, 0]$ liegt. (Eine Verschiebung des Intervalls um $\pm 2\pi$ würde keinen Unterschied ergeben.) Das genaue Verhalten der Phasendifferenz ist in Abbildung 5.9 zu sehen.

Mithilfe eines Gummibandes (nicht zu kurz) und eines Gewichts (nicht zu leicht) können Sie die Phasenverschiebung $\varphi_s$ für verschiedene Frequenzen beobachten. Befestigen Sie dafür das Gewicht am Ende des Gummis und halten sie das andere Ende in der Hand. Nun bewegen Sie ihre Hand in verschiedenen Geschwindigkeiten auf und ab. Wenn Sie Ihre Hand sehr langsam bewegen, dann bewegt sich das Gewicht gleichzeitig, also in Phase, auf und ab. Bewegen Sie die Hand sehr schnell, so werden sie beobachten, dass das Gewicht Ihrer Bewegung nicht mehr folgen kann und sich gegenphasig bewegt. Die Frequenz $\omega_0$ können Sie nicht nur an der Phasenverschiebung um eine Viertelperiode erkennen, sondern auch intuitiv erfühlen. Sie ist die Frequenz, bei der Ihr selbstgebasteltes Federpendel ins Schwingen kommt. Sie werden erkennen, dass die Amplitude der Schwingung bei der Frequenz $\omega_0$ deutlich größer ist als bei langsameren oder schnelleren Schwingungen. Damit wollen wir uns nun beschäftigen.

Die Amplitudenfunktion aus Gleichung (5.72) ist in Abbildung 5.10 skizziert. Wir sehen, dass die Kurve bei kleinen Dämpfungen $\gamma$ ein Maximum zeigt, welches knapp links von der Frequenz $\omega_0$ liegt. An dieser Stelle wird der Oszillator genau so angetrieben, dass er selbst ins Schwingen kommt. Wir sprechen von einer *Resonanz*. Die Frequenz, bei der die Funktion $\hat{x}_s(\omega)$ ihr Maximum zeigt, nennen wir *Resonanzfrequenz*. Je schwächer die Dämpfung ist, desto größer wird die Amplitude bei Resonanz und desto schmaler wird der Peak der Kurve. Ein schwach gedämpfter Oszillator zeigt also bei zwei ähnlichen Frequenzen, von denen eine die Resonanzfrequenz ist, stark unterschiedliche Amplituden. Das geht mit dem schnellen Wechsel der Phase in Abbildung 5.9 einher.

Resonanzen sind uns aus dem Alltag bekannt. Jedes Kind nutzt die Resonanzfrequenz einer Schaukel, um besonders hoch schwingen zu können. Auf der anderen Seite besitzen alle mechanischen Bauteile eine oder sogar mehrere Resonanzfrequenzen. Waschmaschinen werden beispielsweise so gebaut, dass sich ihre Resonanzfrequenz stark von der Schleuderfrequenz unterscheidet. Sonst könnte die Waschmaschine ins Schwingen geraten und im schlimmsten Fall beim ersten Schleudergang kaputtgehen.

Wenn ein Oszillator nicht stark genug gedämpft ist und bei seiner Resonanzfrequenz angetrieben wird, kommt es zu einer sogenannten *Resonanzkatastrophe*. Dabei wird die Amplitude des Oszillators so groß, dass es zu seiner Zerstörung kommt. Dieses Phänomen ist besonders bei Brücken bekannt, die bei Stürmen ins Schwingen geraten und zerstört werden. Aus demselben Grund ist es auch verboten, im Gleichschritt über Brücken zu gehen. Aus dem Alltag wissen wir auch, dass Weingläser schwingen können und dass ihre Resonanzfrequenz im Stimmbereich von Frauen liegt. Durch besonders lautes Singen des richtigen Tons können deshalb manche Gläser zerstört werden. Auch dabei handelt es sich um eine Resonanzkatastrophe.

## Theorieaufgabe 39: Resonanzfrequenz ••

Berechnen Sie die Resonanzfrequenz eines gedämpften harmonischen Oszillators, indem Sie das Maximum der Funktion

$$\hat{x}_s(\omega) = \frac{\hat{K}}{\sqrt{\left(\omega_0^2 - \omega^2\right)^2 + (2\gamma\omega)^2}} \tag{5.82}$$

finden. Wie groß ist die Amplitude $\hat{x}_s$ bei Resonanz?

Die Resonanzfrequenz eines getriebenen gedämpften harmonischen Oszillators ist also

$$\omega_{\text{res}} = \sqrt{\omega_0^2 - 2\gamma^2}. \tag{5.83}$$

Wir sehen, dass für kleine Dämpfungen $\gamma \ll \omega_0$

$$\omega_{\text{res}} \approx \omega_0 \tag{5.84}$$

wird. Andererseits gibt es keine Resonanz mehr für $\gamma \geq \omega_0/\sqrt{2}$.

Die Stärke der Resonanz wird durch das Verhältnis der Amplitude bei Resonanz $\hat{x}_s(\omega_{\text{res}})$ und der Amplitude der Anregung $\hat{K}$ beschrieben:

$$\frac{\hat{x}_s(\omega_{\text{res}})}{\hat{K}} = \frac{1}{2\gamma\Omega} = \frac{1}{2\gamma\sqrt{\omega_0^2 - \gamma^2}}. \tag{5.85}$$

Diese Funktion divergiert für kleine Dämpfungen $\gamma \to 0$. Darum ist es wichtig, Resonanzkatastrophen zu vermeiden, indem bei schwingfähigen Systemen auf eine gute Dämpfung geachtet wird. Dazu gehören Dämpfer in Brückenkonstruktionen sowie Stoßdämpfer in Autos.

**Getriebener Oszillator – Resonanz**

Die Amplitude der stationären erzwungenen Schwingung eines gedämpften harmonischen Oszillators mit harmonischer Anregung zeigt im Fall $\gamma < \omega/\sqrt{2}$ eine Resonanz. Das bedeutet, dass es eine *Resonanzfrequenz*

$$\omega_{\text{res}} = \sqrt{\omega_0^2 - 2\gamma^2} \tag{5.86}$$

gibt, bei der die Schwingungsamplitude $\hat{x}_s(\omega_{\text{res}})$ verglichen mit der Anregungsstärke $\hat{K}$ maximal wird:

$$\frac{\hat{x}_s(\omega_{\text{res}})}{\hat{K}} = \frac{1}{2\gamma\Omega} = \frac{1}{2\gamma\sqrt{\omega_0^2 - \gamma^2}}. \tag{5.87}$$

Bei schwachen Dämpfungen kann die Amplitude der Schwingung sehr groß werden. Dann sprechen wir von einer *Resonanzkatastrophe*.

### 5.1.6 Gekoppelte harmonische Oszillatoren

Wir haben den harmonischen Oszillator nun recht ausführlich beschrieben und verschiedene Effekte verstanden. Wir schließen das Thema mit einer Betrachtung von gekoppelten harmonischen Oszillatoren ab.

Grundsätzlich können die verschiedensten harmonischen Oszillatoren miteinander gekoppelt werden. Auch die Art der Kopplung ist hier nicht festgelegt. Dennoch werden gewöhnlicherweise ähnliche Phänomene beobachtet. Darum betrachten wir hier nur ein Beispiel, das die zugrunde liegenden Prinzipien sowie die zugrunde liegende Mathematik möglichst klar machen soll.

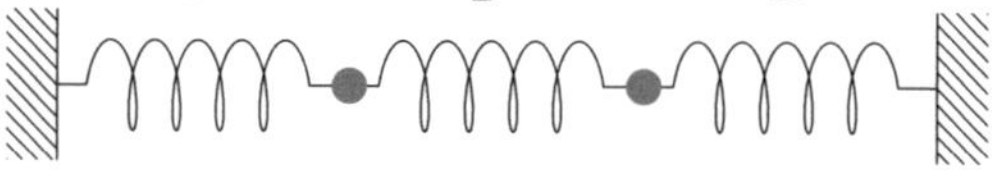


Abb. 5.11: Wenn zwei harmonische Oszillatoren miteinander gekoppelt werden (hier durch die Feder $D'$), dann sind auch ihre Schwingungen gekoppelt.

Wir betrachten wieder unsere Masse, die mit einer Feder (Federkonstante $D$) an einer Wand befestigt ist. Wie in Abbildung 5.11 gezeigt, koppeln wir nun zwei solche Oszillatoren mithilfe einer weiteren Feder (Federkonstante $D'$) aneinander. Für gewöhnlich wird eine recht schwache Kopplungsstärke gewählt ($D' \ll D$), sodass die jeweilige Schwingung der separaten Oszillatoren erhalten bleibt. Unsere Rechnung funktioniert aber für alle Werte von $D$ und $D'$.

Wir stellen nun die Bewegungsgleichung des Problems auf. Der Einfachheit halber betrachten wir zwei identische Massen $m$. Wir brauchen zunächst Koordinaten $x_1$, $x_2$ für die Positionen der beiden Teilchen. Wir wählen diese so, dass in der Ruhelage des Gesamtsystems $x_1 = x_2 = 0$ ist. Die Kraft auf beide Teilchen verschwindet an dieser Stelle. Die Kraft auf das erste Teilchen beträgt dann

$$F_1 = -D \cdot x_1 + D' \cdot (x_2 - x_1). \tag{5.88}$$

Analog ergibt sich für das zweite Teilchen

$$F_2 = -D \cdot x_2 - D' \cdot (x_2 - x_1). \tag{5.89}$$

Mit $F_i = m x_i$ erhalten wir

$$m\ddot{x}_1 = -D \cdot x_1 + D' \cdot (x_2 - x_1) \tag{5.90}$$

$$m\ddot{x}_2 = -D \cdot x_2 - D' \cdot (x_2 - x_1). \tag{5.91}$$

Wir betrachten hier ein System mit zwei Freiheitsgraden ($x_1$ und $x_2$) und erhalten deshalb zwei Bewegungsgleichungen. Durch die Kopplung $D'$ werden beide Gleichungen miteinander verbunden. Solche Systeme von gekoppelten Differentialgleichungen treten in der Physik häufig auf. Ihre Lösung ist oft recht schwierig, aber in unserem Beispiel noch machbar.

Wenn $D' = 0$ ist, entkoppeln sich beide Gleichungen. Dann erhalten wir zwei getrennte harmonische Oszillatoren. Die Lösung dafür kennen wir bereits. Wir betrachten hier den Fall $D' > 0$. Um die einzelnen Bewegungsgleichungen zu lösen, müssen wir sie entkoppeln. Dafür suchen wir neue Koordinaten.

## Theorieaufgabe 40: Gekoppelte Pendel ••

Betrachten Sie die gekoppelten Differentialgleichungen

$$m\ddot{x}_1 = -D \cdot x_1 + D' \cdot (x_2 - x_1) \tag{5.92}$$

$$m\ddot{x}_2 = -D \cdot x_2 - D' \cdot (x_2 - x_1)\,. \tag{5.93}$$

a) Zeigen Sie, dass die Gleichungen mithilfe der Koordinaten $u = x_1 + x_2$, $v = x_1 - x_2$ entkoppelt werden können.

b) Lösen Sie das Gleichungssystem für $x_1$ und $x_2$.

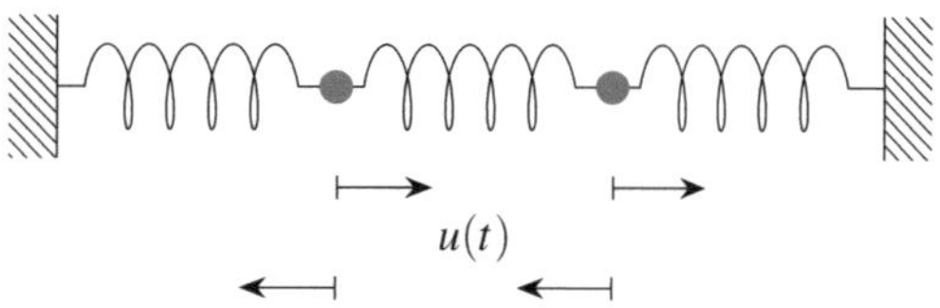


Abb. 5.12: Die Normalkoordinate $u$ führt Normalschwingungen aus. Dabei bewegen sich beide Massen zusammen, sodass ihr Abstand immer gleich bleibt.

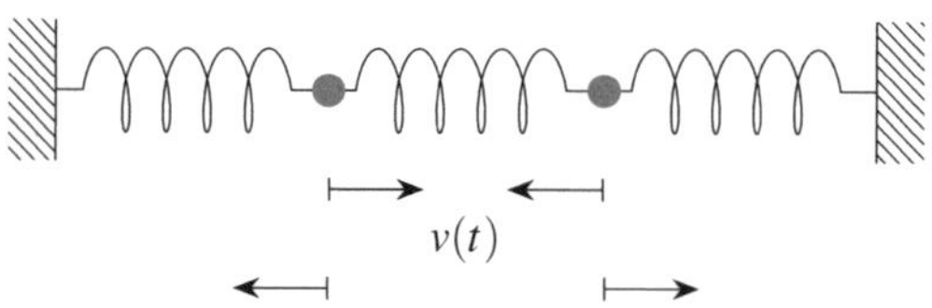


Abb. 5.13: Die Normalschwingung der Normalkoordinate $v$ ist nur eine Relativbewegung beider Massen. Ihr gemeinsamer Schwerpunkt bleibt immer am gleichen Ort.

Die Bewegungsgleichungen werden entkoppelt, wenn wir die Koordinaten $u = x_1 + x_2$, $v = x_1 - x_2$ verwenden. Wir nennen diese Koordinaten deshalb auch *Normalkoordinaten*. Die Trajektorien $u(t)$ und $v(t)$ sind harmonische Schwingungen, die wir auch als *Normalschwingungen* bezeichnen. Wie müssen wir diese Normalschwingungen interpretieren?

Betrachten wir zunächst die Schwingung $u(t)$. Diese Schwingung kann auftreten, während $v(t) = 0$ ist, das heißt, während sich der Abstand beider Massen nicht ändert. Die erste Normalschwingung ist also die synchrone Bewegung beider Massen, die in Abbildung 5.12 gezeigt ist. Bei dieser Bewegung bleibt der Abstand beider Teilchen immer konstant, während ihr Schwerpunkt oszilliert.

Bei der Bewegung $v(t)$ steht dagegen der Schwerpunkt des Systems still. Hier bewegen sich die Massen also immer in entgegengesetzter Richtung, wie in Abbildung 5.13 gezeigt.

Die beiden Normalschwingungen sind voneinander unabhängig und können sich nun überlagern. Wie wir bereits berechnet haben, ist die Lösung der gekoppelten Bewegungsgleichungen

$$x_1(t) = \frac{\hat{x}_+}{2} \cdot \sin(\omega_+ t + \varphi_+) + \frac{\hat{x}_-}{2} \cdot \sin(\omega_- t + \varphi_-) \tag{5.94a}$$

$$x_2(t) = \frac{\hat{x}_+}{2} \cdot \sin(\omega_+ t + \varphi_+) - \frac{\hat{x}_-}{2} \cdot \sin(\omega_- t + \varphi_-) \tag{5.94b}$$

mit den frei wählbaren Amplituden $\hat{x}_\pm$ und den Phasen $\varphi_\pm$. Die Kreisfrequenzen sind

$$\omega_+ = \sqrt{\frac{D}{m}} \tag{5.95a}$$

$$\omega_- = \sqrt{\frac{D + 2D'}{m}}. \tag{5.95b}$$

Wir können dieses Ergebnis besonders gut vereinfachen, wenn $\hat{x}_+ = \hat{x}_- \equiv \hat{x}$ ist. Das ist der Fall, wenn zu Beginn der Schwingung nur eine Masse ausgelenkt wird. Dann verwenden wir die Identitäten

$$\sin(a) + \sin(b) = 2\sin\left(\frac{a+b}{2}\right)\cos\left(\frac{a-b}{2}\right) \tag{5.96a}$$

$$\sin(a) - \sin(b) = 2\cos\left(\frac{a+b}{2}\right)\sin\left(\frac{a-b}{2}\right) \tag{5.96b}$$

und erhalten

$$x_1(t) = \hat{x}\sin\left(\frac{\omega_+ + \omega_-}{2}t\right)\cos\left(\frac{\omega_+ - \omega_-}{2}t\right) \tag{5.97a}$$

$$x_2(t) = \hat{x}\cos\left(\frac{\omega_+ + \omega_-}{2}t\right)\sin\left(\frac{\omega_+ - \omega_-}{2}t\right). \tag{5.97b}$$

Um die Rechnung übersichtlicher zu machen, ignorieren wir die Phasen $\varphi_\pm$, die die resultierenden Funktionen nur verschieben würden.

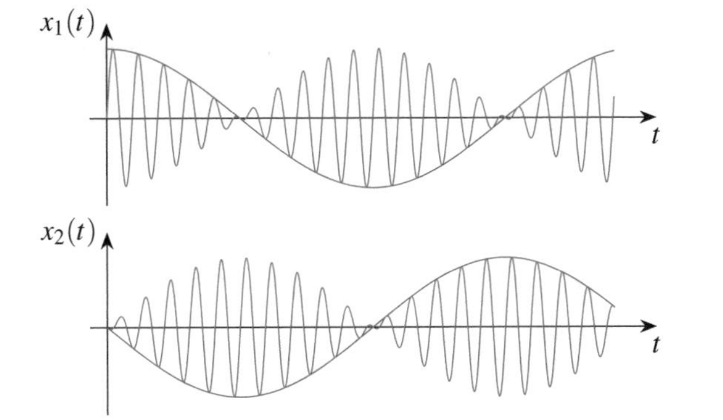


Abb. 5.14: Wenn zwei harmonische Oszillatoren schwach gekoppelt sind, kommt es zu einer Schwebung. Dabei bewegt sich die Energie zwischen beiden Oszillatoren hin und her.

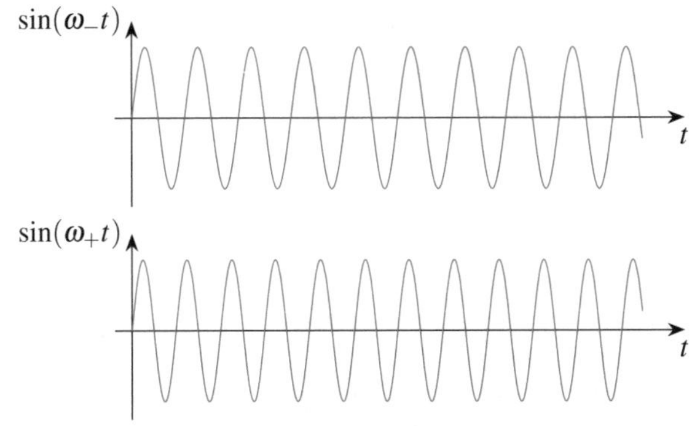


Abb. 5.15: Werden zwei Schwingungen ähnlicher Frequenzen überlagert, so löschen sie sich an manchen Zeitpunkten gegenseitig aus. An anderen Stellen verstärken sie sich gegenseitig. So entstehen die Schwebungen, die in Abbildung 5.14 zu sehen sind.

Wie wir bereits erwähnt haben, ist häufig $D' \ll D$. Das bedeutet, dass

$$\frac{\omega_+ + \omega_-}{2} \gg \frac{\omega_+ - \omega_-}{2} \tag{5.98}$$

ist. Wir multiplizieren hier also eine schnelle und eine langsame Schwingung miteinander. In Abbildung 5.14 sind diese Funktionen skizziert.

Wir sehen, dass sich die beiden Massen beim Schwingen abwechseln. Die Schwingungsenergie wird dabei zwischen beiden Oszillatoren hin- und hergeschoben. Wir sprechen dabei von einer *Schwebung*.

Schwebungen treten immer auf, wenn sich zwei Schwingungen mit ähnlichen Frequenzen überlagern. In diesem Fall sind das die Frequenzen $\omega_+$ und $\omega_-$ (siehe Gleichung (5.94a) und Gleichung (5.94b)). In Abbildung 5.15 sind zwei Schwingungen mit ähnlichen Frequenzen skizziert. Wir sehen, dass die beiden Funktionen an manchen Stellen in Phase sind (Berge und Täler liegen genau übereinander). An anderen Stellen sind die Schwingungen genau gegenphasig (Berge liegen Tälern gegenüber). Da beide Funktionen addiert werden, verstärken sich die Schwingungen an manchen Stellen, während sie sich zu anderen Zeitpunkten auslöschen.

**►Tipp:**

Die gegenseitige Auslöschung von Schwingungen funktioniert nur dann perfekt, wenn ihre Amplituden gleich groß sind. Wenn die gekoppelten Oszillatoren mit anderen Anfangsbedingungen starten, sind die Schwebungen deshalb oft schwächer ausgeprägt.

Wir haben hier nun ein spezielles Beispiel einer gekoppelten Schwingung betrachtet. Gekoppelte Oszillatoren finden wir aber an den verschiedensten Stellen in der Realität. Dabei finden wir dann auch im Detail andere Bewegungsgleichungen. Trotzdem verhalten sie sich qualitativ vergleichbar mit dem hier betrachteten System.

**Gekoppelte Oszillatoren**

Bei der Beschreibung mehrerer harmonischer, aneinandergekoppelter Oszillatoren, erhalten wir ein System gekoppelter Differentialgleichungen. Diese können mithilfe bestimmter neuer Koordinaten entkoppelt und gelöst werden.

Wenn zwei Oszillatoren schwach gekoppelt sind, lassen sich *Schwebungen* beobachten. Dabei wird die Schwingungsenergie zwischen beiden Oszillatoren hin- und hergeschoben (siehe Abbildung 5.14).

5

## 5.2 Wellen

Eine Welle ist eine zeitliche *und* räumliche Schwingung. Anstelle von Größen der Form $x(t)$ betrachten wir jetzt also physikalische Größen $\xi(\boldsymbol{r},t)$, die vom Ort $\boldsymbol{r}$ und der Zeit $t$ abhängen. Zeitliche Änderungen von $\xi$ breiten sich im Raum aus.

In der Realität kann eine Größe $\xi$ die Temperatur, der Luftdruck oder auch das elektrische oder magnetische Feld im Raum sein. All diese Größen können von der Zeit und vom Ort abhängen. Betrachten wir beispielsweise Wasserwellen, dann ist $\xi$ die Höhe der Wasseroberfläche.

Wir haben hier nicht festgelegt, in wie vielen Dimensionen wir den Ort $\boldsymbol{r}$ betrachten. Seilwellen werden durch nur eine Ortskoordinate beschrieben. Dagegen breiten sich Wasserwellen auf zweidimensionalen Wasseroberflächen und Schallwellen im dreidimensionalen Raum aus.

Im Folgenden werden wir Wellen in nur einer Dimension betrachten. Dabei können wir bereits einige ihrer wichtigsten Eigenschaften verstehen. Später werden wir dann unsere Betrachtungen auf mehrdimensionale Systeme erweitern.

## 5.2.1 Wellen in einer Dimension

In Gleichung (5.1) haben wir die Bewegungsgleichung des harmonischen Oszillators eingeführt. Sie lässt sich verwenden, um viele verschiedene schwingfähige Systeme zu beschreiben. Die *Wellengleichung* in einer Dimension

$$\ddot{\xi} = c^2 \frac{\partial^2}{\partial x^2} \xi \tag{5.99}$$

mit der reellen Konstante $c \in \mathbb{R}$ und der Ortskoordinate $x$ hat einen ähnlichen Stellenwert für Systeme, in denen Wellen auftreten. Deshalb möchten wir sie und ihre Lösungen hier genauer betrachten.

Wir werden in diesem Kapitel viele qualitative Aussagen machen, die für Wellen im Allgemeinen gelten und nicht nur aus der Wellengleichung folgen. Dennoch hilft Letztere uns, viele Phänomene zu verstehen, die dann auf andere Systeme übertragen werden können.

Wir weisen darauf hin, dass die Wellengleichung, die wir hier betrachten, nicht die einzig mögliche Wellengleichung ist, so wie die Bewegungsgleichung des harmonischen Oszillators nur *eine* Schwingungsgleichung ist.

Ein Beispiel dafür ist die *Schrödingergleichung* (die wir in diesem Buch nicht behandeln). Sie ist eine Wellengleichung, die unserer Wellengleichung (Gleichung (5.99)) sehr ähnlich sieht. Allerdings zeichnet sie sich durch eine erste Ableitung in der Zeit aus.

### Lösung der eindimensionalen Wellengleichung

Die eindimensionale Wellengleichung ist eine partielle lineare homogene Differentialgleichung zweiter Ordnung. Da sie nur zweite Ableitungen von $\xi$ beinhaltet, löst trivialerweise jede Funktion der Form

$$\xi(x,t) = a_1 x + a_2 t + a_3 xt + a_4 \tag{5.100}$$

mit Konstanten $a_1$, $a_2$, $a_3$ und $a_4$ die Wellengleichung. Solche Lösungen sind für uns aber nicht interessant. Wir suchen nur nach Lösungen, deren zweite Ableitungen nicht verschwinden.

5

### Theorieaufgabe 41: Lösung der eindimensionalen Wellengleichung •

Betrachten Sie eine zweimal differenzierbare Funktion der Form

$$\xi(x \pm ct)\,. \tag{5.101}$$

Zeigen Sie, dass diese Funktion Gleichung (5.99) löst.

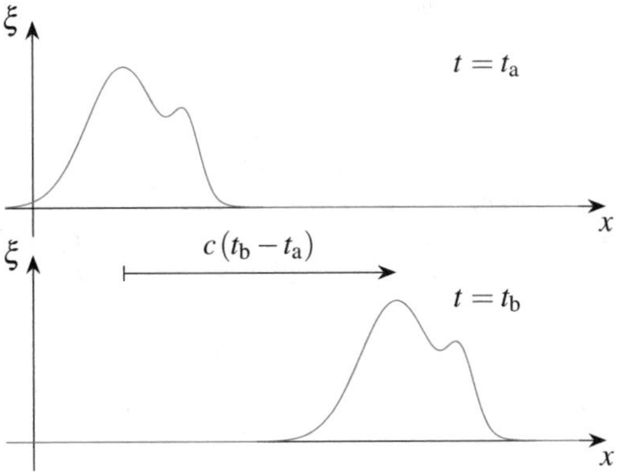


Abb. 5.16: Jede Funktion $\xi(x \pm ct)$ löst die eindimensionale Wellengleichung. Diese Lösungen sind Funktionen, deren Form immer gleich bleibt, während sie sich mit der Zeit verschieben. Sie verschieben sich mit der Geschwindigkeit $c$.

Jede zweimal differenzierbare Funktion der Form $\xi(x \pm ct)$ löst also die eindimensionale Wellengleichung. Da es sich um eine Differentialgleichung zweiter Ordnung handelt, benötigen wir zwei Randbedingungen, um die genaue Lösung festzulegen. Das sind die Funktionen $\xi(x,t_0)$ und $\dot{\xi}(x,t_0)$ zum Zeitpunkt $t_0$. Dieses Ergebnis können wir nun interpretieren. Dafür betrachten wir die Verschiebung von Funktionen.

Wenn wir eine Funktion $f(x)$ um $x_0$ verschieben wollen, dann schreiben wir $f(x - x_0)$. Das ist auch die Idee hinter der Funktion $\xi(x \pm ct)$. Die Größe $\xi$ ist eine Funktion im Ort, die sich mit der Geschwindigkeit $c$ verschiebt. Die Richtung der Verschiebung im Koordinatensystem hängt dabei vom Vorzeichen im Argument der Funktion ab.

In Abbildung 5.16 haben wir eine Wellenfunktion $\xi$ skizziert, die sich in der Zeit nach rechts bewegt. Die Form der Funktion ändert sich dabei nicht. Sie verschiebt sich nur mit der Geschwindigkeit $c$. Die Form des Wellenbergs ist hier völlig frei wählbar.

Wir beobachten dieses Phänomen beispielsweise bei Wasserwellen am Meer, die sich parallel auf den Strand zubewegen. Wenn wir diese Wellen zu zwei Zeitpunkten fotografieren, dann stellen wir fest, dass sie sich dazwischen nur auf den Strand zubewegt, nicht aber ihre Form verändert haben.

Einzelne Wellenberge kann jeder mithilfe eines Seils realisieren. Halten Sie dafür ein Ende des Seils in der Hand und führen Sie eine plötzliche große Auf- und Abbewegung durch. Sie werden erkennen, dass sich die Anregung durch das Seil von Ihnen wegbewegt. Dabei werden Sie allerdings beobachten, dass sich die Form des Wellenbergs verändert, während er sich bewegt. Das liegt daran, dass das Seil nicht genau durch unsere Wellengleichung beschrieben werden kann, weil beispielsweise Reibungseffekte auftreten.

Wir haben jetzt die Wellenfunktion $\xi(x,t)$ gedanklich zu bestimmten Zeitpunkten fotografiert und als Ortsfunktion $\xi(x)$ betrachtet. Wir können den Gedankengang aber auch umkehren und einen bestimmten Ort $x_0$ über die Zeit hinweg betrachten. Wir beschäftigen uns also mit der zeitabhängigen Funktion $\xi(x_0,t)$. Bewegt sich ein Wellenberg durch das System, so beobachten wir an unserer gewählten Stelle eine Auslenkung der Größe $\xi$, wenn der Berg sich vorbeibewegt. Danach kehrt $\xi$ wieder in die Ruhelage zurück. Daran erkennen wir, dass eine Welle eine Schwingung im Ort und in der Zeit ist.

Wir haben bis jetzt der Einfachheit halber nur einzelne Wellenberge betrachtet, die räumlich begrenzt sind. Grundsätzlich kann die Funktion $\xi(x,t)$ aber im Ort unendlich weit ausgedehnt sein. So ist es beispielsweise bei harmonischen Wellen, die wir später behandeln werden.

**Wellengleichung in einer Dimension**

Die *Wellengleichung* in einer Dimension ist

$$\ddot{\xi} = c^2 \frac{\partial^2}{\partial x^2} \xi \tag{5.102}$$

mit der Geschwindigkeit $c$. Sie wird von zweifach differenzierbaren Funktionen der Form

$$\xi(x \pm ct) \tag{5.103}$$

gelöst.

5

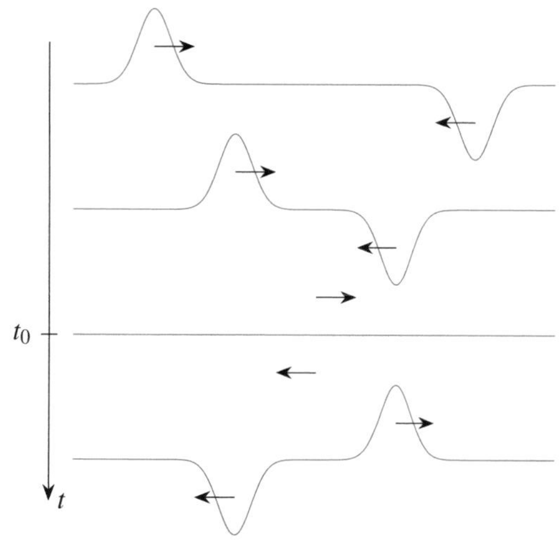


Abb. 5.17: Zwei Wellen bewegen sich aufeinander zu. Wenn sie sich treffen, überlagern sie sich. Dabei können sie sich im Extremfall sogar gegenseitig auslöschen (destruktive Interferenz). Zu diesem Zeitpunkt $t_0$ ist dann an allen Orten $\xi(x,t_0)$ konstant. Allerdings gibt es dann immer Orte, an denen die zeitliche Ableitung $\dot{\xi}(x,t_0) \neq 0$ ist.

## Superposition und Interferenz

Da die Wellengleichung linear ist, sind auch die Überlagerungen von Wellenfunktionen wieder Lösungen der Wellengleichung. Betrachten wir also zwei Funktionen $\xi_1(x,t)$ und $\xi_2(x,t)$, die beide Gleichung (5.99) erfüllen, so löst auch die Summe

$$\xi(x,t) = \xi_1(x,t) + \xi_2(x,t) \tag{5.104}$$

die Wellengleichung. Wir nennen das das *Superpositionsprinzip* (Überlagerungsprinzip). Die Überlagerung zweier gleicher physikalischer Größen wird *Superposition* genannt. Im Fall von Wellen sprechen wir von *Interferenz*. Die Geschwindigkeit $c$ ist dabei für alle Anteile $\xi_i$ gleich, aber die Bewegungsrichtung ist vom System nicht vorgegeben. Es können sich also auch Wellenberge aufeinander zubewegen.

Wenn zwei Personen die verschiedenen Enden eines Seils halten und auslenken, dann bewegen sich die Anregungen aufeinander zu und treffen sich in der Mitte des Seils. Dort überlagern sie sich, aber beeinflussen sich nicht gegenseitig, sondern bewegen sich einfach weiter zum jeweils anderen Ende des Seils.

Im Extremfall können sich zwei Wellen so überlagern, dass sie sich zu einem Zeitpunkt $t_0$ gegenseitig auslöschen. Diesen Fall haben wir in Abbildung 5.17 skizziert. Überlagern sich zwei identische Wellenberge, deren Auslenkungen umgekehrte Vorzeichen haben, so löschen sie sich gegenseitig aus, sodass $\xi(x,t_0)$ konstant wird. Zu diesem Zeitpunkt scheint die Welle also verschwunden zu sein. Allerdings hat das System dann immer eine zeitliche Ableitung $\dot{\xi}(x,t_0) \neq 0$. In mechanischen Systemen bedeutet das, dass zum Zeitpunkt der gegenseitigen Auslöschung beider Wellen die Wellenenergie rein kinetischer Natur ist.

Wenn sich zwei Wellen gegenseitig auslöschen, dann sprechen wir von einer *destruktiven Interferenz*. Wenn allerdings in Abbildung 5.17 beide Wellenberge das gleiche Vorzeichen hätten, dann würden sie sich zur Zeit $t_0$ gegenseitig verstärken. Dann ist von einer *konstruktiven Interferenz* die Rede.

**Superposition und Interferenz**

Wenn die Funktionen $\xi_1$ und $\xi_2$ die Wellengleichungen lösen, dann löst auch die Summe $\xi = \xi_1 + \xi_2$ die Wellenfunktion. Wir sprechen dabei vom *Superpositionsprinzip*.

Überlagern sich zwei Wellen so, dass sie sich verstärken, wird das *konstruktive Interferenz* genannt. Löschen sich zwei Wellen dagegen gegenseitig aus, so sprechen wir von *destruktiver Interferenz*.

Besonders in der Optik wird häufig von Interferenzeffekten Gebrauch gemacht. Beispielsweise werden beim Michelson-Interferometer mehrere Laserstrahlen so überlagert, dass anhand ihrer konstruktiven und destruktiven Interferenzen hochpräzise Längenmessungen durchgeführt werden können. Das gleiche Prinzip wird in verfeinerter Form für die Detektion von Gravitationswellen genutzt.

## Harmonische Wellen

Hier besprechen wir eine bestimmte Lösung der eindimensionalen Wellengleichung

$$\xi(x,t) = \xi(x \pm ct) = \hat{\xi} \cdot \sin(k(x \pm ct) + \varphi), \tag{5.105}$$

die wir *harmonische Welle* nennen. Bevor wir jedoch näher auf die Details dieser Lösung eingehen, wollen wir begründen, warum wir sie überhaupt betrachten.

Zunächst sind harmonische Wellen besonders leicht beschreibbare periodische Wellen. Andere periodische Wellen kennen wir aus der Natur, zum Beispiel von Wasser- und Schallwellen. Wir betrachten harmonische Wellen als anschauliches Exempel, um auch andere periodische Wellen verstehen zu können.

Außerdem lassen sich durch Superpositionen mehrerer harmonischer Wellen auch andere Wellenformen realisieren. (Diese können sogar nicht-periodisch sein.) Die mathematische Grundlage, die hinter diesem Prinzip liegt, wird *Fourier-Transformation* genannt. Sie geht allerdings an dieser Stelle noch über unsere mathematischen Fähigkeiten hinaus und ist deshalb nicht Bestandteil dieses Buches.

In Abbildung 5.18 ist eine harmonische Welle skizziert. Im Ort $x$ vollzieht die Welle eine Schwingung mit Kreisfrequenz $k$, die wir *Kreiswellenzahl* nennen. Sie hat die Einheit einer inversen Länge. Analog zum Verhältnis von Kreisfrequenz $\omega$ und Frequenz $f$ gibt es auch die *Wellenzahl* $\nu = k/2\pi$. Sie gibt an, wie viele Wiederholungen die Welle auf einer bestimmten Länge durchführt.

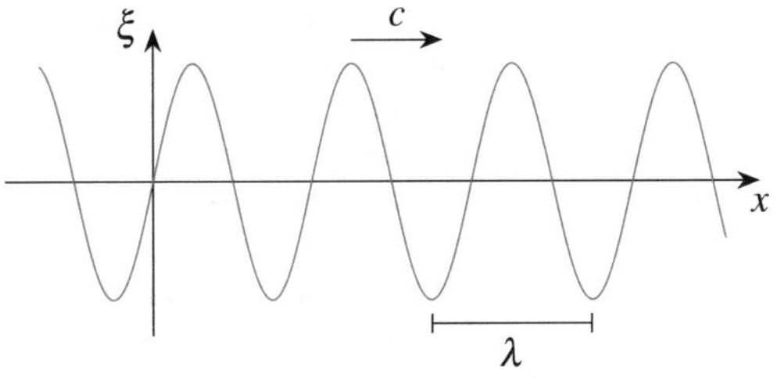


Abb. 5.18: Skizze einer harmonischen Welle (siehe Gleichung (5.105)). Die Welle führt im Ort eine Schwingung mit Wellenlänge $\lambda$ aus. In der Zeit bewegt sie sich nach rechts (sofern in Gleichung (5.105) das negative Vorzeichen gewählt wird).

**►Tipp:**
Die Kreisfrequenz $\omega$ wird oft inkonsequenterweise nur Frequenz genannt. Genauso nennen wir manchmal die Kreiswellenzahl $k$ einfach nur Wellenzahl. Aus dem Kontext ist jedoch gewöhnlicherweise klar ersichtlich, was gemeint ist.

Zur Frequenz im Ort gehört auch eine Periodendauer im Ort, die wir *Wellenlänge* $\lambda$ nennen. So wie die Periodendauer die kleinste Zeit ist, nach der sich eine Schwingung wiederholt, ist die Wellenlänge die kleinste Strecke, nach der sich die Welle wiederholt, sodass $\xi(x+\lambda,t)=\xi(x,t)$ gilt. Analog zum Zusammenhang von Periodendauer und Frequenz $T={}^{1}/_{f}$ gilt für die Wellenlänge

$$\lambda=\frac{1}{\nu}=\frac{2\pi}{k}. \tag{5.106}$$

Wir haben jetzt die Zeit festgehalten und die harmonische Welle im Ort betrachtet. Das entspricht einem Foto der Welle. Nun wollen wir einen einzelnen Ort $x$ über die Zeit $t$ hinweg betrachten. Dafür schreiben wir Gleichung (5.105) zu

$$\xi(x,t)=\hat{\xi}\cdot\sin(kx\pm kct+\varphi) \tag{5.107a}$$
$$=\hat{\xi}\cdot\sin(\pm\omega t+(kx+\varphi)) \tag{5.107b}$$

um. $kx$ ist hier einfach nur eine konstante Phase, so wie $\varphi$. Damit handelt es sich hier um eine Schwingung in der Zeit mit Kreisfrequenz

$$\omega=kc. \tag{5.108}$$

Dazu gehören auch eine Frequenz $f={}^{\omega}/_{2\pi}$ und eine Periodendauer $T={}^{1}/_{f}$. Hier sehen wir nun, dass harmonische Wellen einfach Kombinationen aus harmonischen Schwingungen im Ort und in der Zeit sind.

**►Tipp:**
Die Unbestimmtheit im Vorzeichen müssen wir hier immer mitnehmen, damit wir der Welle erlauben, nach rechts oder links zu propagieren. Wenn wir später in mehreren Dimensionen arbeiten, wird sich das vereinfachen.

Wie entsteht eine harmonische Welle? Hier finden wir wieder einen Zusammenhang zwischen Schwingungen und Wellen. Bislang haben wir die eindimensionale Wellengleichung

$$\ddot{\xi}=c^2\frac{\partial^2}{\partial x^2}\xi \tag{5.109}$$

ohne Randbedingungen behandelt und haben auch keine äußeren Kräfte betrachtet. Nun stellen wir uns ein System vor, welches einen Rand bei $x=0$ hat. Damit beschränken wir unseren Wertebereich auf $x\geq 0$. Für Zeiten $t<0$ sei das System in Ruhe mit $\xi(x,t<0)=0$. Zum Zeitpunkt $t=0$ beginnt nun das Ende des Systems, eine harmonische Schwingung auszuführen:

$$\xi(x=0,t\geq 0)=\hat{\xi}\cdot\sin(\omega t)\,. \tag{5.110}$$

Somit geben wir dem System nun Randbedingungen.

Wir können das mit einem Seil vergleichen, dessen eines Ende wir in der Hand halten. Indem wir die Hand hin- und herbewegen, führen wir mit dem Ende des Seils eine Schwingung aus. Über die Wellengleichung ist nun der Rand ($x=0$) mit dem Rest ($x>0$) des Systems verbunden.

Wir wissen bereits, dass die Lösung der Wellengleichung die Form $\xi(x\pm ct)$ haben muss. Das bedeutet, dass sich die harmonische Schwingung mit Geschwindigkeit $c$ durch das System ausbreiten muss. Die Wellenfunktion hat die Form

$$\xi(x\geq 0,t)=\begin{cases}\hat{\xi}\cdot\sin(-kx+\omega t) & x\leq ct\\ 0 & x>ct\end{cases}. \tag{5.111}$$

Durch die Fallunterscheidung beachten wir hier, dass die Welle sich nur mit der Geschwindigkeit $c$ durch das System bewegt und deshalb Orte $x>ct$ noch nicht erreicht hat. Es lässt sich leicht zeigen, dass diese Lösung nicht nur die Wellengleichung löst, sondern auch die Randbedingung aus Gleichung (5.110) erfüllt und die Welle sich in positiver Richtung durch das System bewegt.

**Harmonische Welle**

*Harmonische Wellen* haben die Form

$$\xi(x,t)=\hat{\xi}\cdot\sin(kx\pm\omega t+\varphi)\,. \tag{5.112}$$

Dabei nennen wir $k$ die Kreiswellenzahl und $\omega$ die Kreisfrequenz. Sie repräsentieren die Kreisfrequenzen der Welle in Raum und Zeit. $\varphi$ ist eine konstante Phase, die die Position der Welle zu Beginn bestimmt. Die Wellenlänge einer harmonischen Welle ist

$$\lambda=\frac{2\pi}{k}. \tag{5.113}$$

Genauso ergibt sich die Periodendauer

$$T=\frac{2\pi}{\omega}. \tag{5.114}$$

Für harmonische Wellen, die durch die Wellengleichung beschrieben werden, gilt der Zusammenhang $\omega=ck$.

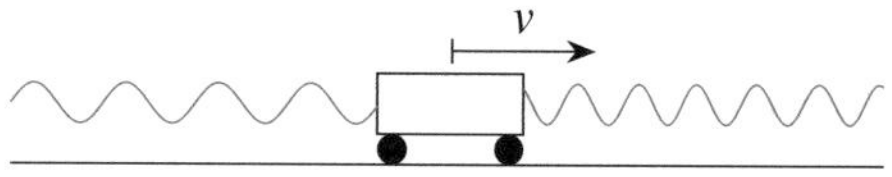


Abb. 5.19: Ein Auto mit Sirene sendet Schallwellen aus, die sich durch die ruhende Luft bewegen. Fährt das Auto mit der Geschwindigkeit $v$, so wird die Welle davor gestaucht und die Frequenz erhöht. Hinter dem Auto wird die Welle auseinandergezogen und die Frequenz an einem festen Ort wird kleiner. Beachten Sie, dass sich die Wellen auf beiden Seiten immer vom Auto wegbewegen.

## Doppler-Effekt

Der *Doppler-Effekt* gehört zu den bekanntesten Wellenphänomenen aus dem Alltag. Die Wellengeschwindigkeit $c$ wird meist bezüglich des Ruhesystems gemessen, in dem sich das Wellenmedium befindet. Schallwellen bewegen sich beispielsweise durch Luft. Die Schallgeschwindigkeit ist dabei konstant bezüglich zur Luft, in der sich die Welle bewegt. Weht also ein Wind in die Ausbreitungsrichtung der Welle, so wird diese noch schneller im Vergleich mit einem ruhenden Beobachter, der sich nicht mit dem Wind bewegt.

> Wir nutzen hier Schallwellen nur als Beispiel. Die Physik zur Beschreibung von Schall erläutern wir hier nicht. Außerdem ist die Anwesenheit eines Mediums nicht unbedingt notwendig (siehe Lichtwellen). In diesem Fall ist dann die Relativgeschwindigkeit von Quelle und Empfänger relevant.
>
> Schallwellen breiten sich im Medium (Luft) aus. Deshalb ist hier die Relativbewegung zum Medium relevant.

Andersherum kann sich aber auch die Quelle einer Welle im Wellenmedium bewegen. Das klassische Beispiel ist ein fahrendes Feuerwehrauto mit Sirene. Am Auto werden Schallwellen angeregt, während sich das Auto durch die (annähernd) ruhende Luft bewegt. Nun stellen wir uns vor, dass die Luft am Feuerwehrauto mit einer festen Frequenz $f$ bewegt wird und schwingt. Dabei befindet sich das Auto am Ende einer Periode jedoch an einem anderen Ort als zu Beginn. Das hat drastische Konsequenzen für die Welle, die sich ausbreitet. An einem festen Ort $x$ messen wir nämlich nicht die Frequenz $f$. Stattdessen schiebt das Feuerwehrauto die Wellen vor sich her und verkleinert deren Wellenlänge, während die Wellenlängen hinter dem Auto in die Länge gezogen werden. Gerade bei Rettungsfahrzeugen mit Sirenen können wir die Verschiebung der Wellenlänge durch die Bewegung der Quelle deutlich hören. In Abbildung 5.19 ist der Doppler-Effekt für ein bewegtes Fahrzeug gezeigt.

> Je größer die Geschwindigkeit der Quelle ist, desto größer ist der Doppler-Effekt. Wenn beispielsweise ein Auto mit Schallgeschwindigkeit $c$ fahren würde, dann würden alle Wellenberge vor dem Auto auf einen einzigen Punkt zusammenschrumpfen (siehe Abbildung 5.19). So entsteht eine einzelne Wellenfront vor dem Fahrzeug, die bildlich als Schallmauer bezeichnet wird. Wir kennen das hauptsächlich von Flugzeugen, aber auch von Peitschen. Der Überschallknall findet seinen Ursprung auch in der Schallmauer.

5

### Theorieaufgabe 42: Doppler-Effekt ••

Eine Quelle bewegt sich durch ein Wellenmedium mit Geschwindigkeit $v$ und schwingt dabei mit der Frequenz $f$. Das Medium habe die Wellengeschwindigkeit $c$. Berechnen Sie die verschobene Frequenz $f'$, die ein ruhender Beobachter wahrnimmt, wenn sich die Quelle auf ihn zu- oder von ihm wegbewegt.

Durch den Doppler-Effekt verändert sich die Frequenz einer Welle also um

$$f' = \frac{f}{1 - \frac{v}{c}}, \tag{5.115}$$

wenn sich die Quelle mit der Geschwindigkeit $v$ bewegt.

**Doppler-Effekt**

Wenn sich die Quelle einer Welle mit Geschwindigkeit $v$ bewegt, dann verändert sich die wahrgenommene Frequenz der Welle:

$$f' = \frac{f}{1 - \frac{v}{c}}. \tag{5.116}$$

Dabei ist $f$ die Frequenz, mit der die Quelle selbst schwingt. Wir sprechen vom *Doppler-Effekt*.

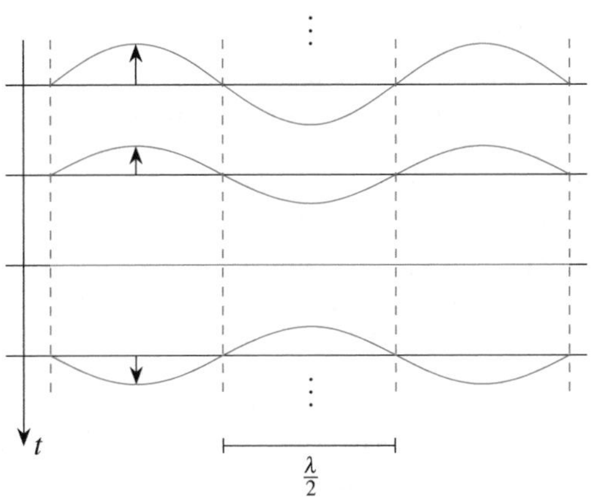


Abb. 5.20: Skizze einer stehenden Welle für verschiedene Zeiten $t$. Die Knoten sind durch die gestrichelten Linien gekennzeichnet. Dazwischen befinden sich die Bäuche der stehenden Welle.

## Stehende Wellen

Wir betrachten nun eine besondere Form der Überlagerung zweier harmonischer Wellen. Wenn sich zwei Wellen mit gleicher Wellenlänge und Amplitude in entgegengesetzte Richtungen ausbreiten und überlagern, dann lässt sich die gesamte Wellenfunktion mithilfe der Identität

$$\sin(a) + \sin(b) = 2\sin\left(\frac{a+b}{2}\right)\cos\left(\frac{a-b}{2}\right) \tag{5.117}$$

folgendermaßen umformen:

$$\xi(x,t) = \hat{\xi} \cdot \sin(kx - \omega t) + \hat{\xi} \cdot \sin(kx + \omega t) \tag{5.118a}$$

$$= 2\hat{\xi}\sin(kx)\cos(\omega t). \tag{5.118b}$$

Da einer der Faktoren dieser Welle $\sin(kx)$ an manchen Stellen $x$ verschwindet, ist die ganze Welle an diesen Stellen immer in Ruhe. Wir sprechen deshalb von einer sogenannten *stehenden Welle*. Stellen, an denen die Welle verschwindet, treten immer in Abständen von $\lambda/2$ auf und werden *Knoten* genannt. Dort kommt es zu einer destruktiven Interferenz. Zwischen den Knoten befinden sich *Bäuche*, an denen die Welle mit Kreisfrequenz $\omega$ schwingt. Dort kommt es zur konstruktiven Interferenz. In Abbildung 5.20 ist eine solche stehende Welle gezeigt.

Stehende Wellen treten in der Realität sehr häufig auf, wenn Wellen reflektiert werden. Trifft beispielsweise eine Schallwelle auf eine Wand, so wird sie reflektiert. Dabei überlagern sich die reflektierte Welle und die einfallende Welle. So entstehen stehende Wellen.

Beim Bau von Konzertsälen muss das berücksichtigt werden, damit kein Zuhörer am Knoten einer stehenden Welle sitzt. Andere stehende Wellen befinden sich beispielsweise im Inneren von Lasern oder bei Saiteninstrumenten.

**Stehende Welle**

Überlagern sich zwei gegenläufige harmonische Wellen mit gleicher Frequenz und Amplitude, so entsteht eine *stehende Welle*. Diese hat Knoten in Abständen von $\lambda/2$, an denen die Schwingungsamplitude verschwindet. Zwischen den Knoten befinden sich Bäuche, an denen das System schwingt. Stehende Wellen sind statisch und bewegen sich nicht durch das System.

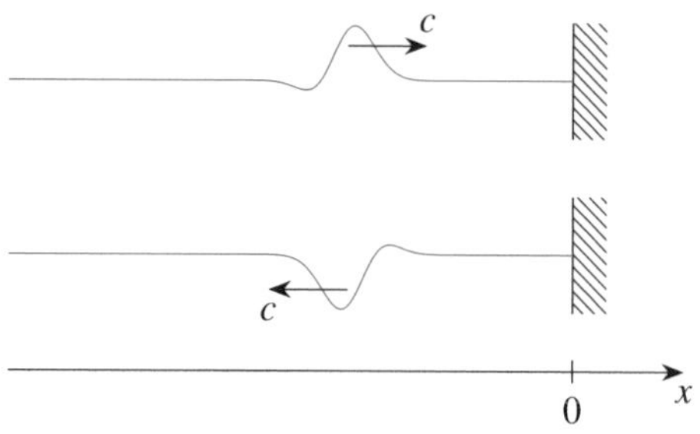


Abb. 5.21: An einem festen Ende werden Wellen reflektiert und umgekehrt.

## Reflexion von Wellen

Wir haben erwähnt, dass Wellen reflektiert werden können. Um das besser zu verstehen, betrachten wir nun Wellen in begrenzten Systemen. Wir denken dafür zunächst an einen einzelnen Wellenberg, der sich durch das System bewegt, bis er an das Ende des Systems gelangt.

Wir nehmen an, dass das System an der Stelle $x = 0$ endet. Grundsätzlich unterscheiden wir zwei Fälle:

- Hat das System ein festes Ende, so gilt die Randbedingung $\xi(x=0,t) = 0$. Beispielsweise können wir einen Wellenberg betrachten, der sich entlang eines Seils bewegt, dessen Ende an einem festen Punkt verankert ist. Dieser letzte Punkt des Seils kann sich dann nicht bewegen.

  Mithilfe des Superpositionsprinzips können wir leicht verstehen, was passiert, wenn der Wellenberg ein festes Ende erreicht. Die gesamte Wellenfunktion $\xi$ muss die Wellengleichung erfüllen und außerdem die Randbedingung $\xi(x=0,t) = 0$ erhalten. Allerdings ist die Summe zweier erlaubter Wellenfunktionen wieder eine Wellenfunktion. Wir teilen deshalb $\xi = \xi_1 + \xi_2$ auf, wobei die einzelnen Funktionen $\xi_1$ und $\xi_2$ nicht die Randbedingung erfüllen müssen. Nun sei $\xi_1$ die Wellenfunktion des Wellenbergs, der sich durch das System bewegt. Dabei stellen wir uns vor, dass das System unbegrenzt ist. $\xi_1$ ist also einfach ein Wellenberg, der sich bis zum Punkt $x = 0$ bewegt und dabei die Randbedingung nicht erfüllt.

  Nun müssen wir eine Funktion $\xi_2$ finden, die $\xi_1$ am Rand $x = 0$ genau so ausgleicht, dass die Randbedingung für $\xi$ wieder erfüllt ist. Die Lösung dafür ist leicht zu finden: $\xi_2$ muss eine gespiegelte Version des ursprünglichen Wellenbergs sein, wobei das Vorzeichen umgekehrt ist. Die gespiegelte Welle bewegt sich vom Ende des Systems zurück. Formal gilt die Bedingung

  $$\xi_1(x=0,t) = -\xi_2(x=0,t)\,. \tag{5.119}$$

  Die Lösung ist

  $$\xi_2(x,t) = -\xi_1(-x,t)\,. \tag{5.120}$$

  Für die Wellenfunktion $\xi$ bedeutet das, dass sich ein Wellenberg durch das System bis zum Ende bewegt und dann ein umgekehrter Wellenberg reflektiert wird. In Abbildung 5.21 ist eine solche Situation skizziert. Betrachten wir nicht einzelne Wellenberge, sondern harmonische Wellen, so entsteht auf diesem Weg eine stehende Welle im System. Da die Wellenfunktion am Ende des Systems verschwinden muss, befindet sich dort immer ein Knoten der stehenden Welle.

- Von einem freien Ende sprechen wir, wenn sich das Ende des Systems $\xi(x=0,t)$ frei bewegen kann. Dann geschieht genau das Gegenteil wie beim festen Ende. Ein Wellenberg wird am Ende des Systems reflektiert, ohne dass sich sein Vorzeichen umkehrt (siehe Abbildung 5.22).

  Da eine Welle immer Energie mit sich trägt, muss sie am Rand des Systems reflektiert werden, sodass die Energie im System bleibt. Das letzte Teilchen der Welle ist bei einem freien Ende nur auf einer Seite mit dem System verbunden und nicht wie alle anderen Teilchen auf beiden Seiten. Deshalb schwingt das Ende der Welle doppelt so hoch. Wir schreiben wieder $\xi = \xi_1 + \xi_2$ mit der einlaufenden Welle $\xi_1$ und der reflektierten Welle $\xi_2$. So erhalten wir die Randbedingung

  $$\xi(x=0,t) = 2\cdot\xi_1(x=0,t)\,. \tag{5.121}$$

  Sie sorgt dafür, dass das System am Ende doppelt so hoch schwingt. Das führt aber direkt auf die Bedingung

  $$\xi_1(x=0,t) = \xi_2(x=0,t)\,. \tag{5.122}$$

  Die rücklaufende Welle ist also am Rand des Systems gleich der einlaufenden Welle. Die Lösung ist nun offensichtlich für alle Orte $x$

  $$\xi_2(x,t) = \xi_1(-x,t)\,. \tag{5.123}$$

  Es kann leicht gezeigt werden, dass die so entstandene Wellenfunktion $\xi$ die Wellengleichung für die Randbedingung löst.

  In Abbildung 5.22 haben wir einen Wellenberg skizziert, der an einem freien Ende reflektiert wird und zurückkehrt.

  Natürlich muss die einlaufende Welle kein einzelner Wellenberg sein. Wenn wir stattdessen eine harmonische Welle betrachten, dann wird auch diese reflektiert und es entsteht wie beim festen Ende eine stehende Welle. In diesem Fall befindet sich allerdings am Ende des Systems ein Bauch der stehenden Welle.

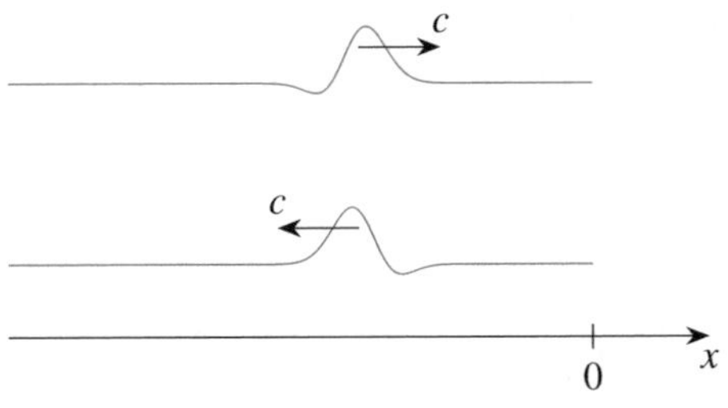


Abb. 5.22: An einem freien Ende werden Wellen reflektiert.

### Reflexion von Wellen

Wenn sich eine Welle in einem System ausbreitet, das beschränkt ist, dann wird sie an dessen Ende reflektiert. Wir unterscheiden zwei Ränder:

- Bei einem festen Ende kann der Rand des Systems nicht mitschwingen. Einlaufende Wellen werden hier reflektiert und bekommen dabei ein negatives Vorzeichen. Wenn harmonische Wellen an einem festen Ende reflektiert werden, entspricht das umgekehrte Vorzeichen einer Phasenverschiebung (Phasenshift) um $\pi$.
- Bei einem freien Ende kann sich der Rand des Systems frei bewegen. Eine einlaufende Welle wird hier unverändert reflektiert. Es gibt keinen Phasenshift.

Von Saiteninstrumenten kennen wir Wellen mit festen Enden aus dem Alltag. Auf einer Saite kann sich eine Welle ausbreiten, aber beide Enden der Saite sind fixiert. Wenn sich eine harmonische Welle auf einer Saite ausbreitet, wird sie reflektiert, sodass sich eine stehende Welle bildet. Diese muss aber nun Knoten an beiden Enden der Saiten haben. Das hat Konsequenzen für die Wellenlänge. Auf einer fest eingespannten Saite der Länge $L$ können sich nämlich nur Wellen mit Wellenlänge $\lambda = {}^{2L}/_{n}$ und $n \in \mathbb{N}$ ausbreiten. Alle anderen Wellenlängen bilden stehende Wellen, die an den Enden der Saite keine Knoten hätten. Verschiedene stehende Wellen mit verschiedenen Werten $n$ sind in Abbildung 5.23 skizziert.

Aus der Wellenlänge können wir auch die Kreiswellenzahl für eine Saitenschwingung berechnen:

$$k = \frac{2\pi}{\lambda} = \frac{\pi n}{L}. \tag{5.124}$$

Die Schwingungsfrequenz ist nun

$$\omega = ck = \frac{c\pi n}{L}. \tag{5.125}$$

Die Saitenschwingung im Fall $n = 1$ nennen wir *Grundschwingung*. Sie hat die Grundfrequenz $\omega = {}^{c\pi}/_{L}$. Schwingungen mit $n > 1$ sind *Oberschwingungen*. Ihre Frequenzen sind ganzzahlige Vielfache der Grundfrequenz.

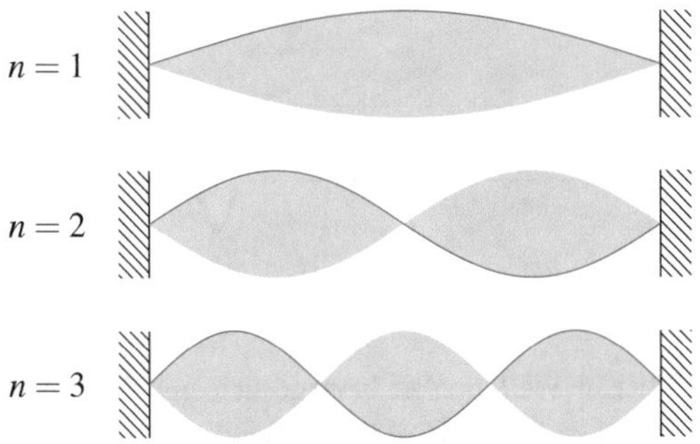


Abb. 5.23: Saiten sind an beiden Enden fest eingespannt. Deshalb können auf ihnen nur bestimmte stehende Wellen entstehen, die an beiden Enden der Saite einen Knoten haben. Die oberste Schwingung wird Grundschwingung genannt. Die anderen Schwingungen mit kleinerer Wellenlänge sind Oberschwingungen.

Aus den Frequenzen der Oberschwingungen ergibt sich so die aus der Musiktheorie bekannte Obertonreihe. In der Realität wird auf der Saite eines Saiteninstrumentes nicht nur eine stehende Welle schwingen, sondern auch eine Überlagerung der verschiedenen Oberschwingungen (siehe Superpositionsprinzip). So besteht der entstehende Ton aus verschiedenen Frequenzen der Obertonreihe. Die verschiedenen Oberschwingungen haben dabei unterschiedliche Amplituden und bestimmen so den Klang des Instrumentes.

### Saitenschwingung

Auf schwingenden Saiten können sich nur stehende Wellen mit bestimmten Wellenlängen bilden. Für die Saitenlänge $L$ sind diese

$$\lambda = \frac{2L}{n} \tag{5.126}$$

mit einer natürlichen Zahl $n \in \mathbb{N}$. Die damit erlaubten Schwingungsfrequenzen sind

$$\omega = \frac{c\pi}{L} \cdot n \tag{5.127}$$

und bilden die Obertonreihe.

Wir nennen die Schwingung für $n = 0$ die Grundschwingung. Schwingungen für höhere Werte $n > 1$ werden als Oberschwingungen bezeichnet.

In der Quantenmechanik werden Teilchen durch Wellenfunktionen beschrieben. Wenn sich ein Teilchen nicht frei bewegen kann (beispielsweise ein Elektron, das an einen Atomkern gebunden ist), dann ist die Wellenfunktion beschränkt. Wie bei den Saitenschwingungen sind dann nur bestimmte Wellen erlaubt. So kommt es zur Quantisierung in der Quantenmechanik.

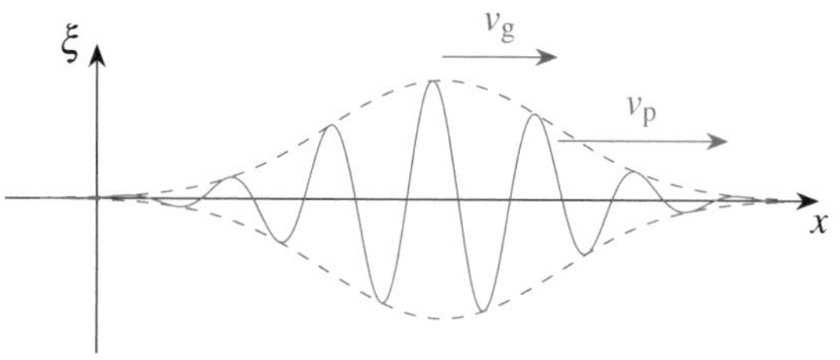


Abb. 5.24: Ein Wellenpaket bewegt sich mit der Gruppengeschwindigkeit $v_g$. Dabei bewegen sich die einzelnen Wellenberge und -täler mit der Phasengeschwindigkeit $v_p$. Wenn $v_g \neq v_p$ ist, dann verändert sich die Form des Pakets, während es sich bewegt.

### Gruppengeschwindigkeit und Phasengeschwindigkeit

Wir haben bei unseren Betrachtungen der harmonischen Wellen den Zusammenhang

$$\omega(k) = kc \tag{5.128}$$

gefunden. Die Funktion $\omega(k)$ wird *Dispersionsrelation* genannt. Sie gibt an, wie die Frequenz $\omega$ von der Wellenzahl $k$ abhängt. In unserem Fall mit der Wellengleichung

$$\ddot{\xi} = c^2 \frac{\partial^2}{\partial x^2} \xi \tag{5.129}$$

ist dieser Zusammenhang sehr einfach, aber in anderen Systemen mit anderen Wellengleichungen (beispielsweise bei der Schrödingergleichung oder wenn sich Licht durch bestimmte Medien bewegt) ergeben sich andere Dispersionsrelationen $\omega(k)$. Die Details hierzu gehen über das Lernziel dieses Buches hinaus. Dennoch möchten wir eine Konsequenz der Dispersionsrelation erläutern:

Das Verhältnis von Frequenz und Wellenzahl

$$v_p = \frac{\omega}{k} \tag{5.130}$$

nennen wir die *Phasengeschwindigkeit* $v_p$. Sie bezeichnet die Geschwindigkeit, mit der sich ein Wellenberg in der Welle bewegt. Die Ableitung

$$v_g = \frac{\partial \omega}{\partial k} \tag{5.131}$$

nennen wir dagegen die *Gruppengeschwindigkeit*. Sie gibt an, wie schnell sich die Einhüllende der Welle bewegt. Betrachten wir beispielsweise Wellenpakete, so gibt die Gruppengeschwindigkeit an, wie schnell sich ein Paket bewegt.

Nun betrachten wir ein Wellenpaket, also eine periodische Welle mit einer nicht-periodischen Einhüllenden, die die Welle im Ort beschränkt. In Abbildung 5.24 ist eine solche Wellenfunktion gezeigt. Mit Gleichung (5.99) würde sich dieses Paket einfach entlang der $x$-Achse bewegen und dabei nicht verformen, da hier $v_g = v_p = c$ ist. Im Allgemeinen können sich Phasen- und Gruppengeschwindigkeit jedoch voneinander unterscheiden. Dann bewegt sich die Einhüllende des Wellenpakets mit der Gruppengeschwindigkeit, während sich die einzelnen Wellenberge mit der Phasengeschwindigkeit bewegen. Dabei verändert das gesamte Wellenpaket ständig seine Form, während es sich bewegt.

Die Dispersionsrelation wird nicht nur verwendet, um die Phasen- und Gruppengeschwindigkeiten von Wellen zu berechnen. Tatsächlich ist sie in der Lage, noch viel grundlegendere Aussagen zu ermöglichen. In der Quantenmechanik gibt sie beispielsweise die Energie-Impuls-Beziehung von Teilchen an.

**Gruppen- und Phasengeschwindigkeit**

Die Dispersionsrelation $\omega(k)$ gibt den Zusammenhang zwischen Kreiswellenzahl und Kreisfrequenz an. Eine Welle hat eine *Gruppengeschwindigkeit*

$$v_g = \frac{\partial \omega}{\partial k}, \tag{5.132}$$

mit der sich ihre Einhüllende bewegt.

Die einzelnen Wellenberge einer Welle bewegen sich mit der *Phasengeschwindigkeit*

$$v_p = \frac{\omega}{k}. \tag{5.133}$$

## 5.2.2 Wellen in mehreren Dimensionen

Wir haben Wellen zunächst in einer Dimension beschrieben, um ihre Eigenschaften gut verstehen zu können. In der Realität breiten sich Wellen aber häufig in zwei oder drei Dimensionen aus. Mit den zusätzlichen Dimensionen ergeben sich auch andere Arten der Wellenausbreitung, die wir hier besprechen werden.

### Wellengleichung in mehreren Dimensionen

Wie bereits bei eindimensionalen Systemen (siehe Unterabschnitt 5.2.1) nutzen wir in mehrdimensionalen Systemen die Wellengleichung, um Aussagen über Wellen treffen zu können. Es gibt Systeme mit anderen Bewegungsgleichungen, in denen sich Wellen ausbreiten. Die Wellengleichung nutzen wir lediglich als leicht verständliches, idealisiertes Bild, um auch andere Systeme zu verstehen.

Zunächst übersetzen wir Gleichung (5.99) in $d$ Dimensionen. Dafür ersetzen wir die Ableitung im Ort durch

$$\frac{\partial^2}{\partial x^2} \mapsto \sum_{i=1}^{d} \frac{\partial^2}{\partial r_i^2} = \boldsymbol{\nabla}^2 = \Delta. \tag{5.134}$$

Das ist das Quadrat des Nabla-Operators oder der Laplace-Operator. Dabei ist $r_i$ die $i$-te Komponente des Ortsvektors $\boldsymbol{r}$. So erhalten wir die Wellengleichung in mehreren Dimensionen

$$\ddot{\xi} = c^2 \Delta \xi \tag{5.135}$$

für die Größe $\xi(\boldsymbol{r},t)$.

## Theorieaufgabe 43: Lösung der Wellengleichung in mehreren Dimensionen •

Betrachten Sie die zweimal in Ort und Zeit differenzierbare Funktion der Form

$$\xi(\boldsymbol{k} \cdot \boldsymbol{r} - \omega t) \tag{5.136}$$

mit dem Vektor $\boldsymbol{k}$ und der Konstanten $\omega$. Zeigen Sie, dass diese Funktion die Wellengleichung (Gleichung (5.135)) löst. Welche Bedingung ergibt sich dabei für $\boldsymbol{k}$ und $\omega$?

Jede zweimal differenzierbare Funktion der Form

$$\xi(\boldsymbol{k}\cdot\boldsymbol{r}-\omega t) \tag{5.137}$$

löst die mehrdimensionale Wellengleichung. Das ist die mehrdimensionale Erweiterung der eindimensionalen Variante aus Gleichung (5.101). Der Vektor $\boldsymbol{k}$ gibt nun die Ausbreitungsrichtung an, solange wir $\omega$ positiv wählen (für negative Werte $\omega$ dreht sich die Ausbreitungsrichtung um). Darüber hinaus erkennen wir aus der Bedingung

$$\omega^2 = c^2\boldsymbol{k}^2, \tag{5.138}$$

dass der Betrag $|\boldsymbol{k}| = k$ genau die Kreiswellenzahl ist, die wir in Gleichung (5.106) eingeführt haben (vergleiche Gleichung (5.108)). Wir nennen $\boldsymbol{k}$ den *Wellenvektor*. Er hat die Dimension einer inversen Länge. Wenn wir periodische Wellen betrachten, dann gibt der Betrag von $\boldsymbol{k}$ an, wie viele Wellenberge pro Längeneinheit zu finden sind (multipliziert mit $2\pi$, da wir hier von der Kreiswellenzahl sprechen). In diesem Fall ist dann auch $\omega$ die Kreisfrequenz der Welle.

Wie auch in einer Dimension ist durch die mehrdimensionale Wellengleichung die Form der Wellenfunktion nicht vorgegeben. Sie gibt uns nur die Dynamik der Funktion an. Die Anfangsfunktion $\xi(\boldsymbol{r},t_0)$ zum Zeitpunkt $t_0$ und ihre erste zeitliche Ableitung $\partial_t\xi(\boldsymbol{r},t=t_0)$ können wir frei wählen.

**Wellenvektor**

Der *Wellenvektor* $\boldsymbol{k}$ gibt in mehreren Dimensionen die Ausbreitungsrichtung einer Welle an. Sein Betrag $|\boldsymbol{k}| = k$ ist die Kreiswellenzahl.

Im Folgenden besprechen wir zwei der wichtigsten (und einfachsten) Wellenformen, die so auch in der Realität beobachtet werden können.

## Ebene Wellen

*Ebene Wellen* sind Wellen mit räumlich konstanter Ausbreitungsrichtung $\boldsymbol{k}$. Sie haben immer die Form von Gleichung (5.137). Zur Veranschaulichung betrachten wir ebene harmonische Wellen. Sie sind die mehrdimensionale Erweiterung der harmonischen Wellen, die wir in Gleichung (5.105) eingeführt haben. Wir schreiben hier einfach

$$\xi(\boldsymbol{r},t) = \hat{\xi}\cdot\sin(\boldsymbol{k}\cdot\boldsymbol{r}-\omega t+\varphi)\,. \tag{5.139}$$

Eine solche ebene Welle besteht aus parallelen Wellenfronten (mit Abstand $\lambda$ zueinander), die sich durch den Raum bewegen. In Abbildung 5.25 haben wir eine ebene Welle in zwei Dimensionen skizziert, indem wir die Wellenberge durch Linien gekennzeichnet haben.

Wie in Abbildung 5.25 skizziert, ist ein Wellenberg in zwei Dimensionen eine Linie (und in drei Dimensionen eine Fläche). Anhand von Gleichung (5.139) können wir das erklären. Wir halten dafür die Zeit $t$ gedanklich fest und betrachten ein Maximum der Sinusfunktion. Wir ignorieren die Verschiebung der Funktion um $\omega t-\varphi$ und betrachten nur das Argument $\boldsymbol{k}\cdot\boldsymbol{r}$. Entlang eines Maximums muss $\boldsymbol{k}\cdot\boldsymbol{r}$ konstant sein. Wir suchen also nach Punkten im Raum, für die $\boldsymbol{k}\cdot\boldsymbol{r}$ konstant ist.

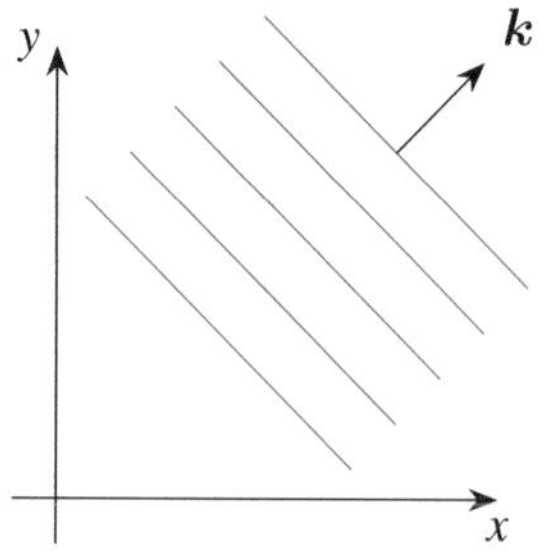


Abb. 5.25: Skizze einer ebenen Welle in zwei Dimensionen. Die Wellenfronten verlaufen immer parallel und in regelmäßigen Abständen zueinander. Die Ausbreitungsrichtung der Welle steht orthogonal auf den Wellenfronten.

Das Skalarprodukt gibt uns die Projektion verschiedener Vektoren $\boldsymbol{r}$ auf den konstanten Vektor $\boldsymbol{k}$ an, multipliziert mit dessen Länge. Wenn beide Vektoren parallel zueinander verlaufen ($\boldsymbol{r}\parallel\boldsymbol{k}$), dann ist $\boldsymbol{k}\cdot\boldsymbol{r} = \pm|\boldsymbol{r}|\cdot|\boldsymbol{k}|$. Addieren wir jetzt zu $\boldsymbol{r}$ eine Komponente, die orthogonal auf $\boldsymbol{k}$ steht, so hat das keinen Einfluss auf das Skalarprodukt. Deshalb verlaufen alle Wellenfronten einer ebenen Welle orthogonal zu $\boldsymbol{k}$ (siehe Abbildung 5.25).

**Ebene Welle**

*Ebene Wellen* haben einen räumlich konstanten Wellenvektor $\boldsymbol{k}$. Sie zeichnen sich durch parallel verlaufende, gerade Wellenfronten aus.

Wir haben bislang immer angenommen, dass Wellen reell sind. Grundsätzlich kann die Funktion $\xi$ aber auch komplexwertig sein. So werden beispielsweise häufig elektromagnetische Wellen beschrieben. Auch Wellen in der Quantenmechanik sind komplex. Eine komplexe ebene Welle hat die Form

$$\xi(\boldsymbol{r},t) = \hat{\xi}\cdot e^{i(\boldsymbol{k}\cdot\boldsymbol{r}-\omega t)}\,. \tag{5.140}$$

Diese Welle schwingt nicht wie ein Sinus hin und her, sondern dreht sich in der komplexen Ebene im Kreis. Wir werden uns hier nicht weiter mit komplexen ebenen Wellen beschäftigen, aber sie sind in der Literatur häufig zu finden.

Verschiedene reale Wellen können als ebene Wellen beschrieben werden. Dazu gehören beispielsweise Wellen am Strand, die parallel zueinander auf das Ufer zulaufen. Wir nutzen ebene Wellen auch zur vereinfachten Beschreibung von Laserlicht. In der Quantenmechanik werden freie Teilchen durch ebene Wellen beschrieben.

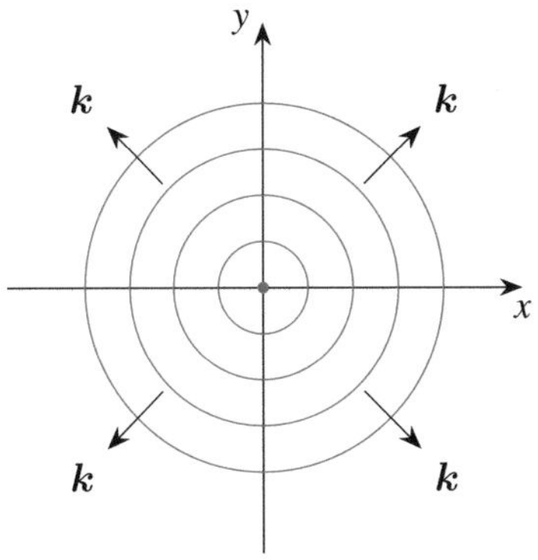


Abb. 5.26: Kugelwellen breiten sich kreisförmig um eine Quelle herum aus. Dabei nimmt die Amplitude nach außen hin ab. Der Wellenvektor $\boldsymbol{k}$ zeigt immer nach außen und ist damit ortsabhängig.

### Kugelwellen

Es gibt auch Wellen, die nicht die Form $\xi(\boldsymbol{k}\cdot\boldsymbol{r}-\omega t)$ haben. Hier behandeln wir ein solches Beispiel.

Wellen, die von einem einzelnen Punkt ausgehen, sind keine ebenen Wellen. Wenn wir beispielsweise einen Stein ins Wasser werfen, sehen wir, dass sich die Wellen kreisförmig ausbreiten. Wenn sich Wellen in drei Dimensionen ausbreiten, dann entstehen Kugelwellen. Vergleichbar breiten sich Schallwellen um einen Lautsprecher herum aus.

Alle Kugelwellen in beliebig vielen Dimensionen $d > 1$ haben gemeinsam, dass sie nach außen hin kleiner werden. Das liegt daran, dass die Energie, die die Welle im Zentrum hat, nach außen auf eine größere Fläche verteilt wird. Werfen wir beispielsweise einen Stein ins Wasser, so breiten sich kreisförmige Wellen aus, die nach außen hin immer kleiner werden. Das liegt nicht nur an Reibungseffekten, sondern auch daran, dass sich die kinetische und potentielle Energie des Wassers im Zentrum der kreisförmigen Welle nach außen hin ausbreitet. In drei Dimensionen wissen wir beispielsweise, dass der Klang eines Lautsprechers mit größerem Abstand leiser zu werden scheint. Genauso werden Objekte von Lampen umso stärker beleuchtet, je geringer der Abstand zwischen Lampe und Objekt ist. Die Ausnahme bilden hier gerichtete Lichtstrahlen, beispielsweise Laserstrahlen oder Scheinwerfer. Ihr Licht streut auf kurze Distanzen kaum und verliert deshalb weniger an Intensität.

Wir betrachten nun dreidimensionale Wellen. Zur Beschreibung kugelförmiger Wellen bieten sich Kugelkoordinaten an. Da die Wellen eine perfekte sphärische Symmetrie haben, hängen sie nur noch von der Radialkomponente $r$ ab. Wir betrachten wieder eine harmonische Anregung im Zentrum beim Radius $r = 0$.

In drei Dimensionen verteilt sich die Energie der Welle nach außen hin auf eine Kugeloberfläche. Deshalb hat die Wellenfunktion die Form

$$\xi(r,t) = \frac{\hat{\xi}}{r}\cdot\sin(kr-\omega t) \tag{5.141}$$

und fällt mit $^1/_r$ nach außen hin ab.
Wir haben in Abbildung 5.26 eine Kugelwelle skizziert, die sich vom Koordinatenursprung aus ausbreitet. Die Wellenfronten sind kreisförmig (beziehungsweise kugelförmig in drei Dimensionen). Der Wellenvektor zeigt immer nach außen und ist deshalb ortsabhängig. Das unterscheidet Kugelwellen von ebenen Wellen.

Wir sehen in Gleichung (5.141), dass die Amplitude am Zentrum für $r \to 0$ divergiert. Das ist allerdings in der Realität kein Problem, da eine Welle nie an einem einzelnen Punkt angetrieben wird. Alle Quellen haben eine endliche Ausdehnung. Die Welle selbst schwingt um die Quelle herum, also nur bei Radien $r > 0$.

5

### Theorieaufgabe 44: Kugelwellen ••

Zeigen Sie, dass die Kugelwelle

$$\xi(r,t) = \frac{\hat{\xi}}{r}\cdot\sin(kr-\omega t) \tag{5.142}$$

die Wellengleichung in drei Dimensionen löst. Was ist die Bedingung für die Konstanten $k$ und $\omega$? Nutzen Sie dafür ein geeignetes Koordinatensystem und drücken Sie den Laplace-Operator durch die entsprechenden Koordinaten aus.

5

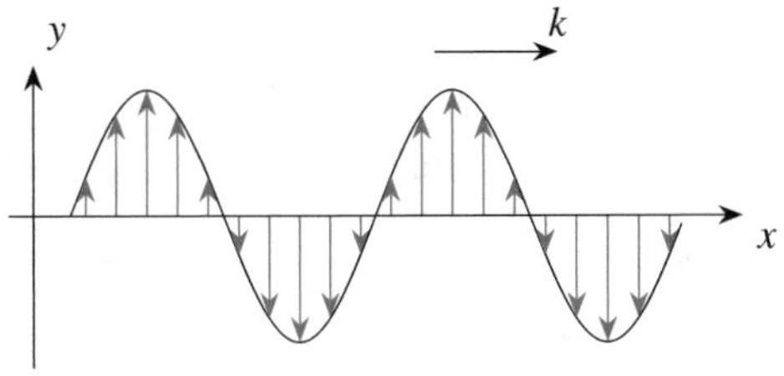


Abb. 5.27: Eine Transversalwelle schwingt in orthogonaler Richtung zur Ausbreitungsrichtung.

**Kugelwelle**

Eine *Kugelwelle* in drei Dimensionen hat die Form

$$\xi(r,t) = \frac{\hat{\xi}}{r} \cdot \sin(kr - \omega t)\,. \tag{5.143}$$

Sie ist sphärisch symmetrisch und hat keinen räumlich konstanten Wellenvektor $\boldsymbol{k}$.

## 5.2.3 Reale Wellen

Zum Schluss dieses Kapitels beschreiben wir noch einige Wellen, die uns aus der Realität bekannt sind. Zunächst weisen wir darauf hin, dass wir die Größe $\xi$ bislang immer als skalare Größe behandelt haben. Allerdings kann $\boldsymbol{\xi}$ auch ein Vektor sein. Die Wellengleichung hätte dann einfach drei Komponenten, die nicht miteinander zusammenhängen.

### Transversalwellen

Wellen, deren Schwingungsrichtung orthogonal zu ihrer Ausbreitungsrichtung steht, werden *Transversalwellen* genannt. Wasserwellen haben beispielsweise eine Auslenkung nach oben und unten, während sie sich in waagrechter Richtung bewegen. Neben Wasserwellen gehören auch Saitenschwingungen und elektromagnetische Wellen (Licht) im Vakuum zur Gruppe der Transversalwellen. Bei letzteren schwingen elektrische und magnetische Felder senkrecht zueinander.

In Abbildung 5.27 zeigen wir eine harmonische Transversalwelle. In drei Dimensionen wird dabei klar, dass die Welle in zwei verschiedene Richtungen schwingen kann. Breitet sich eine Welle beispielsweise in $z$-Richtung aus ($\boldsymbol{k} \parallel \hat{\boldsymbol{e}}_z$), so kann sie in $x$- und in $y$-Richtung schwingen (oder in eine Überlagerung beider Richtungen). Dann müssen wir $\boldsymbol{\xi}$ tatsächlich als vektorwertige Größe behandeln. Beispielsweise bei Licht kommt das tatsächlich vor. Man spricht dabei von der Polarisation des Lichts.

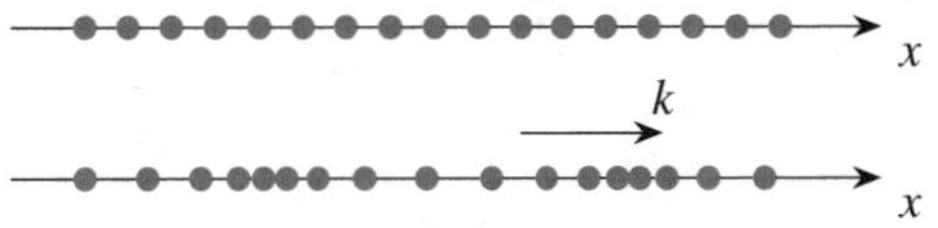


Abb. 5.28: Longitudinalwellen schwingen in ihrer Ausbreitungsrichtung. Hier zeigen wir ursprünglich äquidistante Teilchen (oben), die longitudinal schwingen (unten). So entstehen Dichteschwankungen im Ort, wie sie beispielsweise von Schallwellen bekannt sind.

**Transversalwelle**

*Transversalwellen* schwingen senkrecht zur Ausbreitungsrichtung.

### Longitudinalwellen

Wenn eine Welle in der gleichen Richtung schwingt, in der sie sich ausbreitet, dann sprechen wir von einer *Longitudinalwelle*. Bei Schallwellen bewegen sich Luftmoleküle vor und zurück und generieren so Druckschwankungen, die sich im Raum ausbreiten. Eine vereinfachte Skizze davon ist in Abbildung 5.28 gezeigt. Vergleichbare Wellen können sich beispielsweise auch als Dichteschwankungen von Ladungsträgern in Festkörpern ausbreiten. Wir sprechen dabei von Plasmonen.

**Longitudinalwelle**

*Longitudinalwellen* schwingen parallel zur Ausbreitungsrichtung.

5

## 5.3 Alles auf einen Blick

### Schwingungen

Unter einer Schwingung (oder Oszillation) verstehen wir die regelmäßige zeitliche Änderung einer physikalischen Größe $x$. Die Periodendauer $T$ ist die kleinste Zeiteinheit, nach der sich die Veränderung der Größe $x$ wiederholt. Die Frequenz ist $f = 1/T$.

Schwingungen treten in verschiedenen Systemen auf. Der harmonische Oszillator ist ein einfaches und lehrreiches Beispiel.

**Harmonischer Oszillator**

Harmonische Oszillatoren haben Bewegungsgleichungen der Form

$$\ddot{x} = -\omega^2 x \tag{5.10}$$

mit Kreisfrequenz $\omega$. Sie werden durch Funktionen der Form

$$x(t) = A_1 \cdot e^{+i\omega t} + A_2 \cdot e^{-i\omega t} \tag{5.11}$$

gelöst. In der Physik gehen wir immer von reellen Randbedingungen aus. Daher kann die Lösung hier immer auf die Form

$$x(t) = \hat{x} \cdot \sin(\omega t + \varphi) \tag{5.12}$$

gebracht werden.

**Harmonischer Oszillator – Potential**

Das Potential eines harmonischen Oszillators ist immer eine Parabel:

$$V(x) = \frac{m\omega^2}{2} x^2. \tag{5.22}$$

**Gedämpfter harmonischer Oszillator**

Ein harmonischer Oszillator mit linearer Dämpfung hat die Bewegungsgleichung

$$\ddot{x} = -\omega^2 x - 2\gamma\dot{x}. \tag{5.38}$$

Die Lösungen dieser Differentialgleichungen sind

- im Kriechfall für $\gamma^2 - \omega^2 < 0$:

$$x(t) = \left(A_1 \cdot e^{\sqrt{\gamma^2-\omega^2}t} + A_2 \cdot e^{-\sqrt{\gamma^2-\omega^2}t}\right) \cdot e^{-\gamma t}. \tag{5.39}$$

- im aperiodischen Grenzfall für $\gamma^2 - \omega^2 = 0$:

$$x(t) = (A_1 + A_2 t) \cdot e^{-\gamma t}. \tag{5.40}$$

- im Schwingfall für $\gamma^2 < \omega^2$:

$$x(t) = \hat{x} \cdot \sin(\Omega t + \varphi) \cdot e^{-\gamma t} \tag{5.41}$$

mit der veränderten Kreisfrequenz $\Omega = \sqrt{\omega^2 - \gamma^2}$.

Die Koeffizienten $A_1$, $A_2$, $\hat{x}$ und $\varphi$ sind für reale Systeme reell zu wählen. Sie folgen aus den Randbedingungen.

Harmonische Oszillatoren können auch von außen angetrieben werden. Dabei fallen die Schwingungen des Oszillators je nach Frequenz der Anregung unterschiedlich aus.

**Getriebener harmonischer Oszillator**

Ein getriebener harmonischer Oszillator hat die Bewegungsgleichung

$$\ddot{x} + 2\gamma\dot{x} + \omega_0^2 x = K(t) \tag{5.69}$$

mit der Kraft $F(t) = K(t) \cdot m$.

Ein gedämpfter harmonischer Oszillator im Schwingfall ($\omega^2 - \gamma^2 > 0$) mit harmonischer Anregung $K(t) = \hat{K}\sin(\omega t)$ wird durch die Funktion

$$x(t) = \hat{x} \cdot \sin(\Omega t + \varphi) \cdot e^{-\gamma t} + \hat{x}_s \cdot \sin(\omega t + \varphi_s) \tag{5.70}$$

gelöst mit

$$\Omega = \sqrt{\omega_0^2 - \gamma^2} \tag{5.71}$$

$$\hat{x}_s = \frac{\hat{K}}{\sqrt{\left(\omega_0^2 - \omega^2\right)^2 + (2\gamma\omega)^2}} \tag{5.72}$$

$$\varphi_s = \arctan\left(\frac{2\gamma\omega}{\omega^2 - \omega_0^2}\right). \tag{5.73}$$

Dabei sind die Konstanten $\hat{x}$ und $\varphi$ durch die Randbedingungen bestimmt.

**Getriebener Oszillator – Phase**

Wird ein harmonischer Oszillator zum Schwingen angeregt, so ist seine Bewegung stets verzögert im Vergleich zur Anregung. Dabei ist die Verzögerung umso größer, je höher die Anregungsfrequenz ist. Die Phasendifferenz wird durch

$$\varphi_s = \arctan\left(\frac{2\gamma\omega}{\omega^2 - \omega_0^2}\right) \tag{5.81}$$

berechnet und muss so gewählt werden, dass $\varphi_s \in [-\pi, 0]$ liegt. (Eine Verschiebung des Intervalls um $\pm 2\pi$ würde keinen Unterschied ergeben.) Das genaue Verhalten der Phasendifferenz ist in Abbildung 5.9 zu sehen.

**Getriebener Oszillator – Resonanz**

Die Amplitude der stationären erzwungenen Schwingung eines gedämpften harmonischen Oszillators mit harmonischer Anregung zeigt im Fall $\gamma < \omega/\sqrt{2}$ eine Resonanz. Das bedeutet, dass es eine Resonanzfrequenz

$$\omega_{\text{res}} = \sqrt{\omega_0^2 - 2\gamma^2} \tag{5.86}$$

gibt, bei der die Schwingungsamplitude $\hat{x}_s(\omega_{\text{res}})$ verglichen mit der Anregungsstärke $\hat{K}$ maximal wird:

$$\frac{\hat{x}_s(\omega_{\text{res}})}{\hat{K}} = \frac{1}{2\gamma\Omega} = \frac{1}{2\gamma\sqrt{\omega_0^2 - \gamma^2}}. \tag{5.87}$$

Bei schwachen Dämpfungen kann die Amplitude der Schwingung sehr groß werden. Dann sprechen wir von einer Resonanzkatastrophe.

**Gekoppelte Oszillatoren**

Bei der Beschreibung mehrerer harmonischer, aneinandergekoppelter Oszillatoren, erhalten wir ein System gekoppelter Differentialgleichungen. Diese können mithilfe bestimmter neuer Koordinaten entkoppelt und gelöst werden.

Wenn zwei Oszillatoren schwach gekoppelt sind, lassen sich Schwebungen beobachten. Dabei wird die Schwingungsenergie zwischen beiden Oszillatoren hin- und hergeschoben (siehe Abbildung 5.14).

## Wellen

Eine Welle ist die Schwingung einer physikalischen Größe $\xi$ in Zeit und Raum. Wie bei den Schwingungen gibt es verschiedene Systeme, in denen Wellen auftreten. Die Wellengleichung ist wie der harmonische Oszillator ein Rechenmodell, welches auch in der Realität Anwendung findet.

**Wellengleichung in einer Dimension**

Die Wellengleichung in einer Dimension ist

$$\ddot{\xi} = c^2 \frac{\partial^2}{\partial x^2} \xi \tag{5.102}$$

mit der Geschwindigkeit $c$. Sie wird von zweifach differenzierbaren Funktionen der Form

$$\xi(x \pm ct) \tag{5.103}$$

gelöst.

**Superposition und Interferenz**

Wenn die Funktionen $\xi_1$ und $\xi_2$ die Wellengleichungen lösen, dann löst auch die Summe $\xi = \xi_1 + \xi_2$ die Wellenfunktion. Wir sprechen dabei vom Superpositionsprinzip.

Überlagern sich zwei Wellen so, dass sie sich verstärken, wird das konstruktive Interferenz genannt. Löschen sich zwei Wellen dagegen gegenseitig aus, so sprechen wir von destruktiver Interferenz.

**Harmonische Welle**

Harmonische Wellen haben die Form

$$\xi(x,t) = \hat{\xi} \cdot \sin(kx \pm \omega t + \varphi). \tag{5.112}$$

Dabei nennen wir $k$ die Kreiswellenzahl und $\omega$ die Kreisfrequenz. Sie repräsentieren die Kreisfrequenzen der Welle in Raum und Zeit. $\varphi$ ist eine konstante Phase, die die Position der Welle zu Beginn bestimmt. Die Wellenlänge einer harmonischen Welle ist

$$\lambda = \frac{2\pi}{k}. \tag{5.113}$$

Genauso ergibt sich die Periodendauer

$$T = \frac{2\pi}{\omega}. \tag{5.114}$$

Für harmonische Wellen, die durch die Wellengleichung beschrieben werden, gilt der Zusammenhang $\omega = ck$.

Wenn sich die Quellen oder Empfänger von Wellen bewegen, dann verändert sich die wahrgenommene Frequenz. Wir sprechen dabei vom Doppler-Effekt.

**Doppler-Effekt**

Wenn sich die Quelle einer Welle mit Geschwindigkeit $v$ bewegt, dann verändert sich die wahrgenommene Frequenz der Welle:

$$f' = \frac{f}{1 - \frac{v}{c}}. \tag{5.116}$$

Dabei ist $f$ die Frequenz, mit der die Quelle selbst schwingt. Wir sprechen vom Doppler-Effekt.

**Stehende Welle**

Überlagern sich zwei gegenläufige harmonische Wellen mit gleicher Frequenz und Amplitude, so entsteht eine stehende Welle. Diese hat Knoten in Abständen von $\lambda/2$,

5

an denen die Schwingungsamplitude verschwindet. Zwischen den Knoten befinden sich Bäuche, an denen das System schwingt. Stehende Wellen sind statisch und bewegen sich nicht durch das System.

**Reflexion von Wellen**

Wenn sich eine Welle in einem System ausbreitet, das beschränkt ist, dann wird sie an dessen Ende reflektiert. Wir unterscheiden zwei Ränder:

- Bei einem festen Ende kann der Rand des Systems nicht mitschwingen. Einlaufende Wellen werden hier reflektiert und bekommen dabei ein negatives Vorzeichen. Wenn harmonische Wellen an einem festen Ende reflektiert werden, entspricht das umgekehrte Vorzeichen einer Phasenverschiebung (Phasenshift) um $\pi$.
- Bei einem freien Ende kann sich der Rand des Systems frei bewegen. Eine einlaufende Welle wird hier unverändert reflektiert. Es gibt keinen Phasenshift.

**Saitenschwingung**

Auf schwingenden Saiten können sich nur stehende Wellen mit bestimmten Wellenlängen bilden. Für die Saitenlänge $L$ sind diese

$$\lambda = \frac{2L}{n} \tag{5.126}$$

mit einer natürlichen Zahl $n \in \mathbb{N}$. Die damit erlaubten Schwingungsfrequenzen sind

$$\omega = \frac{c\pi}{L} \cdot n \tag{5.127}$$

und bilden die Obertonreihe.

Wir nennen die Schwingung für $n = 0$ die Grundschwingung. Schwingungen für höhere Werte $n > 1$ werden als Oberschwingungen bezeichnet.

In realen Anwendungen sagt die Dispersionsrelation viel über das Verhalten von Systemen mit Wellen aus. Aus ihr lassen sich unter anderem die Gruppen- und die Phasengeschwindigkeit einer Welle berechnen. Für Systeme, die durch Gleichung (5.102) beschrieben werden, sind diese Geschwindigkeiten gleich groß.

**Gruppen- und Phasengeschwindigkeit**

Die Dispersionsrelation $\omega(k)$ gibt den Zusammenhang zwischen Kreiswellenzahl und Kreisfrequenz an. Eine Welle hat eine Gruppengeschwindigkeit

$$v_\mathrm{g} = \frac{\partial\omega}{\partial k}, \tag{5.132}$$

mit der sich ihre Einhüllende bewegt.

Die einzelnen Wellenberge einer Welle bewegen sich mit der Phasengeschwindigkeit

$$v_\mathrm{p} = \frac{\omega}{k}. \tag{5.133}$$

Wellen können sich auch in mehreren Dimensionen ausbreiten. Das kennen wir beispielsweise von Schallwellen oder auch Lichtwellen.

**Wellenvektor**

Der Wellenvektor $\boldsymbol{k}$ gibt in mehreren Dimensionen die Ausbreitungsrichtung einer Welle an. Sein Betrag $|\boldsymbol{k}| = k$ ist die Kreiswellenzahl.

**Ebene Welle**

Ebene Wellen haben einen räumlich konstanten Wellenvektor $\boldsymbol{k}$. Sie zeichnen sich durch parallel verlaufende, gerade Wellenfronten aus.

**Kugelwelle**

Eine Kugelwelle in drei Dimensionen hat die Form

$$\xi(r,t) = \frac{\hat{\xi}}{r} \cdot \sin(kr - \omega t)\,. \tag{5.143}$$

Sie ist sphärisch symmetrisch und hat keinen räumlich konstanten Wellenvektor $\boldsymbol{k}$.

**Transversalwelle**

Transversalwellen schwingen senkrecht zur Ausbreitungsrichtung.

**Longitudinalwelle**

Longitudinalwellen schwingen parallel zur Ausbreitungsrichtung.

## 5.4 Übungsaufgaben

### Einführungsaufgabe 84

**Energie des harmonischen Oszillators** □

Eine Masse $m = 3\,\text{kg}$ schwingt in einem harmonischen Oszillator mit Gesamtenergie $E = 90\,\text{J}$. Die Amplitude der Schwingung beträgt $\hat{x} = 1\,\text{m}$. Wie groß ist die Frequenz der Schwingung?

### Einführungsaufgabe 85

**Gedämpfte Schwingung** □

Ein Oszillator wird ausgelenkt und führt danach schwach gedämpfte Schwingungen aus. Nach 25 Schwingungsperioden hat sich die Schwingungsamplitude halbiert. Die ungedämpfte Kreisfrequenz des Oszillators beträgt $\omega = 1\,\text{Hz}$. Berechnen Sie die Dämpfung $\gamma$.

### Einführungsaufgabe 86

**Harmonische Welle** □

Eine harmonische Welle breitet sich aus. Sie schwingt mit der Frequenz $f = 3\,\text{Hz}$ und hat eine Ausbreitungsgeschwindigkeit von $c = 7\,\text{m/s}$. Berechnen Sie die Wellenlänge der Welle.

### Einführungsaufgabe 87

**Doppler-Effekt** □

Eine Schallquelle sendet einen Ton mit der Frequenz $f = 443\,\text{Hz}$ aus.

- Die Schallquelle bewegt sich mit der Geschwindigkeit $v = 30\,\text{m/s}$ auf einen Empfänger zu. Welche Frequenz wird empfangen?
- Wie schnell müsste sich die Schallquelle bewegen, damit der Empfänger den ausgesendeten Ton eine Oktave höher ($f' = 2 \cdot f$) empfängt?

Die Schallgeschwindigkeit beträgt $c = 343\,\text{m/s}$.

### Verständnisaufgabe 88

**Doppler-Effekt bei bewegtem Empfänger** □

Eine Quelle erzeugt Schallwellen, die bei einem Empfänger registriert werden. Gibt es einen Unterschied zwischen den folgenden beiden Situationen?

- Die Quelle bewegt sich vom Empfänger weg.
- Der Empfänger bewegt sich von der Quelle weg.

### Aufgabe 89

**Feder und Masse** □

Ein Gewicht mit Masse $m = 3\,\text{kg}$ hängt an einer Feder. Die Feder wird mit einer Kraft $F = 3\,\text{N}$ um eine Länge von 1 m ausgelenkt und schwingt nun. Berechnen sie die Schwingungsfrequenz des Systems.

### Aufgabe 90

**Fadenpendel** □

Eine Masse $m$ hängt an einem Faden mit Länge $l$ im homogenen Schwerefeld mit Gravitationsbeschleunigung $g$.

a) Leiten Sie die Bewegungsgleichung des Pendels her. Handelt es sich hier um einen harmonischen Oszillator?

b) Lösen Sie die Bewegungsgleichung für kleine Auslenkungswinkel $\varphi$ des Pendels.

c) Mit welcher Frequenz schwingt das Pendel?

d) Zum Zeitpunkt $t = 0$ wird das Pendel um eine kleine Strecke $A$ ausgelenkt und dann fallen gelassen. Was ist die Funktion $\varphi(t)$?

### Aufgabe 91

**Getriebenes Federpendel** □

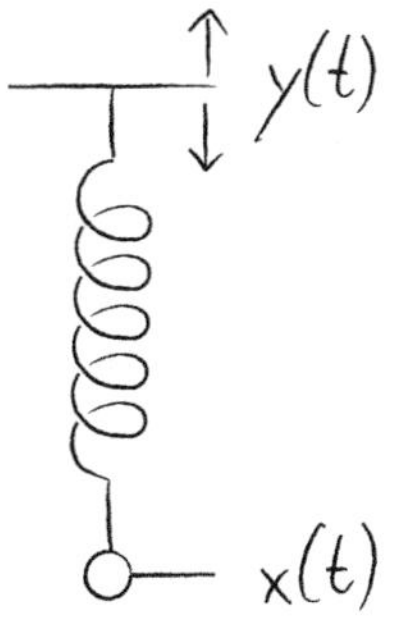


Eine Masse $m$ hängt an einer Feder mit Federkonstante $D$. Das obere Ende der Feder wird nun mit der Trajektorie $y(t)$ bewegt. Berechnen Sie die Lösungen der Bewegungsgleichung für die Masse.

a)
$$y(t) = At$$

b)
$$y(t) = Ae^{-Bt}$$

### Aufgabe 92

**Molekülschwingungen** □

Wir betrachten ein zweiatomiges Molekül, wie beispielsweise das Wasserstoff- oder das Sauerstoffmolekül. In einem solchen Molekül werden zwei Atome durch elektromagnetische Kräfte aneinandergebunden. Die Bindungsenergie wird häufig durch das sogenannte *Morse-Potential* angenähert:

$$V(R) = D_\text{e} \cdot \left(1 - e^{-a(R-R_\text{e})}\right)^2 - D_\text{e}.$$

Dabei sind $D_\text{e}$, $R_\text{e}$ und $a$ Konstanten und $R$ ist der Abstand zwischen den Atomkernen.

5

a) Skizzieren Sie das Morse-Potential. Beschreiben Sie die Schwingungen, die ein Molekül durchführen kann. Was geschieht für Schwingungsenergien $\geq D_e$?

b) Zeigen Sie, dass das Molekül für kleine Schwingungen harmonisch schwingt. Wie groß ist die Schwingungsfrequenz in diesem Fall?

## Aufgabe 93

**Normalschwingungen** ☐

Die Abbildung zeigt drei durch Federn gekoppelte identische Massen $m$.

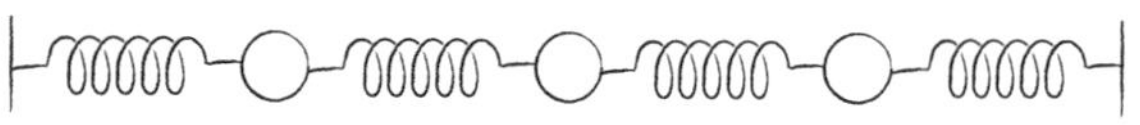

Die Federn sind identisch und haben die Federkonstante $D$. Die Massen können sich nur horizontal in einer Dimension bewegen.

a) Stellen Sie die Bewegungsgleichung der Massen auf. Ignorieren Sie die Ruhelängen der Federn.

b) Betrachten Sie die Positionen der Massen $x_1$, $x_2$ und $x_3$ als Vektor

$$\boldsymbol{x} = \begin{pmatrix} x_1 \\ x_2 \\ x_3 \end{pmatrix}$$

und bringen Sie die Bewegungsgleichungen in die Form

$$m\ddot{\boldsymbol{x}} = -\boldsymbol{D}\boldsymbol{x}.$$

Was ist die Matrix $\boldsymbol{D}$?

c) Was sind die Eigenwerte und Eigenvektoren der Matrix $\boldsymbol{D}$?

d) Lösen Sie die gekoppelten Bewegungsgleichungen des Systems.

e) Interpretieren Sie die Bedeutung der Eigenvektoren und Eigenwerte von $\boldsymbol{D}$.

## Aufgabe 94

**Doppler-Effekt einer bewegten Quelle** ☐

Eine Schallquelle sendet einen Ton mit Frequenz $f_0$ aus. Dabei bewegt sie sich auf einer Kreisbahn mit Radius $R$ und Geschwindigkeit $v_0$.

Außerhalb der Kreisbahn (im Abstand $d > R$ vom Kreismittelpunkt) befindet sich ein Beobachter. Berechnen Sie die Frequenz des Tons, die der Beobachter misst, in Abhängigkeit von der Zeit. Welches Ergebnis ergibt sich für einen großen Abstand $d \gg R$?

Bonus: Wie hängt diese Rechnung mit der Suche von Astronomen nach Planeten bei entfernten Sternen zusammen?

## Aufgabe 95

**Schwingender Stab** ☐

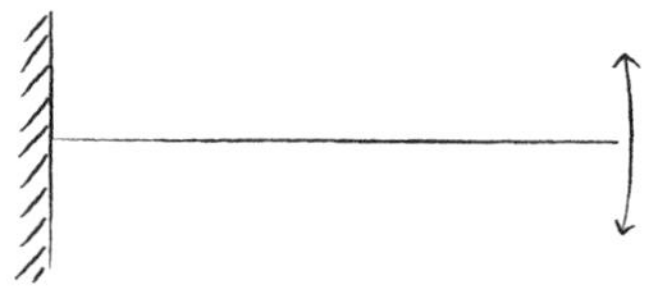

Ein Stab der Länge $l$ ist an einem Ende fest eingespannt. Nun schwingt der Stab auf und ab, sodass sich eine Welle ausbreitet. Welche Wellenlängen sind erlaubt?

## Aufgabe 96

**Dispersionsrelation** ☐

Betrachten Sie die folgende Wellenfunktion:

$$\psi(x,t) = C \cdot \sin\left(\frac{\hbar k^2}{2m}t - kx\right).$$

Dabei ist $C$ eine Konstante und $\hbar$ das sogenannte reduzierte Plank'sche Wirkungsquantum. $k$ ist die Wellenzahl der Welle.

a) Was ist die Dispersionsrelation der Welle?

b) Berechnen Sie die Phasengeschwindigkeit der Welle.

c) Berechnen Sie die Gruppengeschwindigkeit der Welle.

d) Berechnen Sie das Verhältnis von Phasen- und Gruppengeschwindigkeit.

## Aufgabe 97

**Interferenz von Schallwellen** ☐

Zwei Lautsprecher mit Abstand $d$ voneinander senden Schallwellen aus. Diese breiten sich als harmonische Kugelwellen im Raum aus.

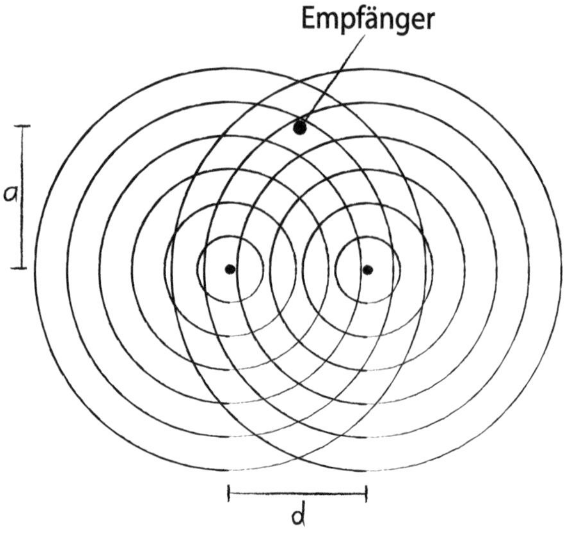

Im Abstand $a$ von der Verbindungslinie zwischen den Lautsprechern befindet sich wie eingezeichnet ein Empfänger. Nehmen Sie an, dass in Luft die Wellengleichung gilt.

a) Nehmen Sie an, dass die Lautsprecher das identische Signal ausgeben. Berechnen Sie das Signal, welches am Empfänger ankommt.

b) Wie hängt die Amplitude des empfangenen Signals vom Abstand $a$ ab? Was ergibt sich für $a \ll d$? Was beobachten Sie für $a \gg d$? Betrachten Sie jeweils nur die erste Ordnung.

c) Welches Signal empfangen Sie, wenn die Schwingungen der Lautsprecher eine Phasendifferenz von $\pi$ haben?

# 6 Mechanik ausgedehnter Körper

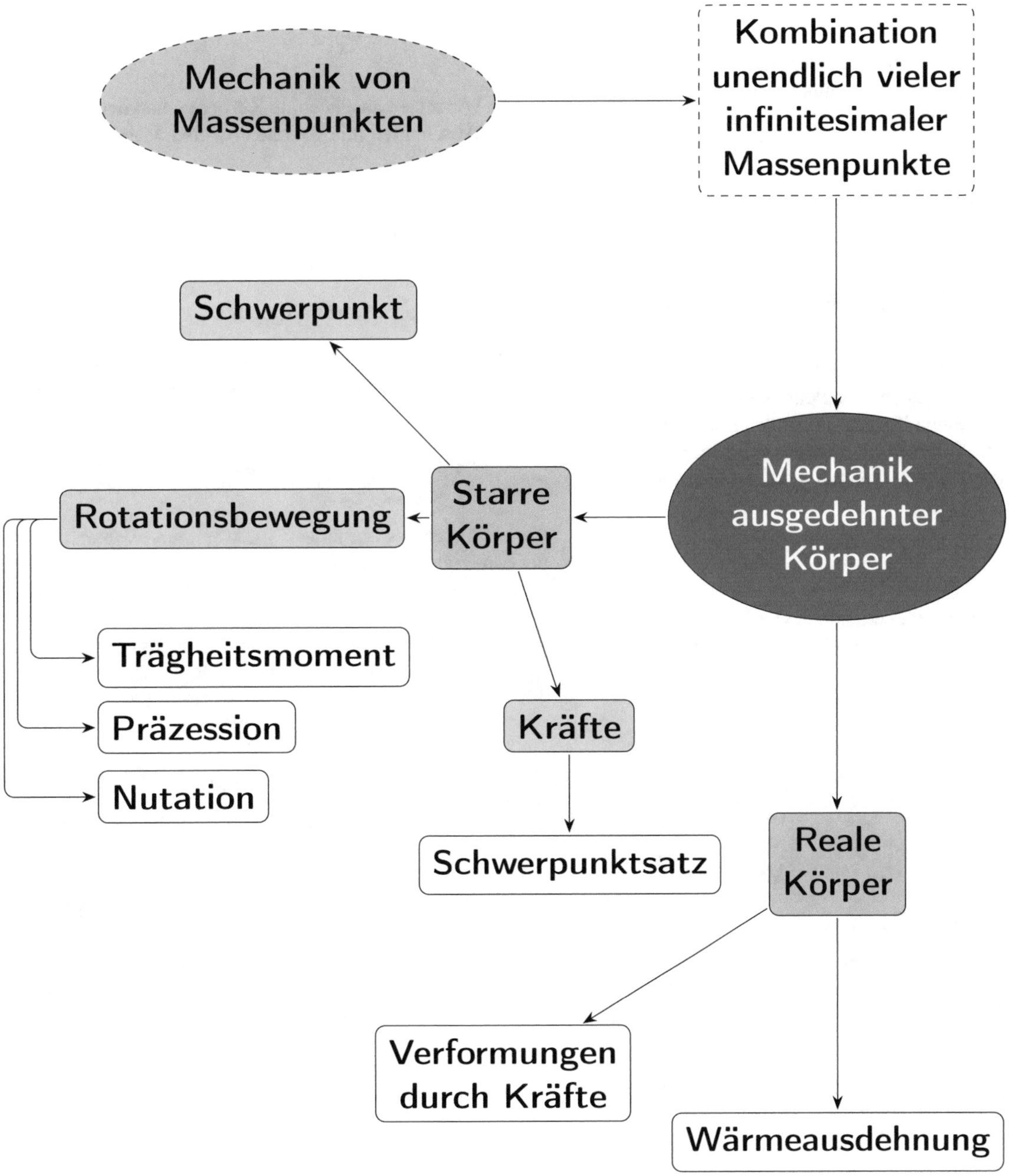



H. Kumrić und F. Roser, *Experimentalphysik: Mechanik*,
https://doi.org/10.1007/978-3-662-61855-4_6

Alle Aspekte der Newton'schen Mechanik, die wir bis jetzt behandelt haben, sowie unsere Ausführungen zur speziellen Relativitätstheorie lassen sich anhand von Massenpunkten verstehen. In diesem Kapitel werden wir nun unsere bisherigen Betrachtungen auf ausgedehnte Körper erweitern.

## 6.1 Starre Körper

Alle Körper sind elastisch. Manche Materialien sind leicht verformbar, während sich andere nur minimal verbiegen lassen. Grundsätzlich ist aber kein realer Körper völlig starr. Nichtsdestotrotz betrachten wir zunächst perfekt starre Körper. Diese Vereinfachung ist für viele Anwendungen absolut ausreichend. Erst später werden wir auch verformbare Körper betrachten.

### 6.1.1 Massenschwerpunkt

Wenn wir ausgedehnte Körper behandeln, wollen wir unsere Erkenntnisse aus den Betrachtungen von Punktmassen verwenden. Darum unterteilen wir einen Körper gedanklich in infinitesimal kleine Abschnitte mit Volumen $\mathrm{d}V$ (siehe Abbildung 6.1). Das gesamte Volumen des Körpers erhalten wir dann über die Integration

$$V = \int_{\text{Körper}} \mathrm{d}V. \tag{6.1}$$

Das ist einfach die Summe über unendlich viele, unendlich kleine Volumenelemente, die zusammen den Körper ergeben.

**►Tipp:**
Das Integral

$$\int_{\text{Körper}} \mathrm{d}V \tag{6.2}$$

ist ein Volumenintegral und wird in drei Dimensionen gelöst. In kartesischen Koordinaten ist beispielsweise $\mathrm{d}V = \mathrm{d}x \cdot \mathrm{d}y \cdot \mathrm{d}z$ und das Integral wird zu dem Dreifachintegral

$$\iiint_{\text{Körper}} \mathrm{d}x\,\mathrm{d}y\,\mathrm{d}z. \tag{6.3}$$

Die Integralgrenzen sind durch die Form des Körpers gegeben, sodass nur über die Raumbereiche integriert wird, die im Inneren des Körpers liegen.

Wenn wir die Abschnitte $\mathrm{d}V$ unendlich klein machen, dann können wir sie als Punktteilchen betrachten. Das bedeutet, dass ein Abschnitt so klein ist, dass wir ihm einen einzelnen Ort $\boldsymbol{r}$ zuordnen können. Jedes dieser Teilchen hat eine infinitesimal kleine Masse $\mathrm{d}m$.

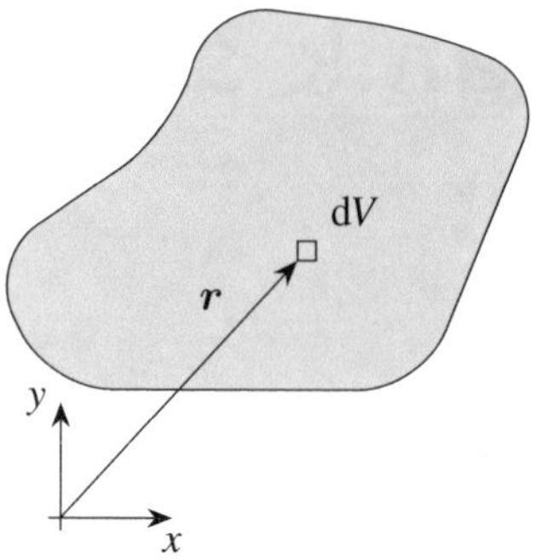


Abb. 6.1: Wir setzen ausgedehnte Körper gedanklich aus infinitesimalen Abschnitten mit Volumen $\mathrm{d}V$ und Masse $\mathrm{d}m$ zusammen.

Die *Dichte* $\rho$ ist eine Größe, die die Masse und das Volumen eines Körpers miteinander verbindet:

$$\mathrm{d}m = \rho(\boldsymbol{r})\,\mathrm{d}V. \tag{6.4}$$

Die Dichte gibt also an, wie groß die Masse eines Objekts verglichen mit seinem Volumen ist. Dabei ist sie im Allgemeinen ortsabhängig.

**Dichte**

Die *Dichte* ist das Verhältnis von Masse und Volumen eines Materials

$$\rho = \frac{m}{V}. \tag{6.5}$$

Im Allgemeinen ist die Dichte nicht an jedem Ort gleich. Dann muss sie als ortsabhängige Größe

$$\mathrm{d}m = \rho(\boldsymbol{r})\,\mathrm{d}V \tag{6.6}$$

betrachtet werden. Sie gibt damit die Masse $\mathrm{d}m$ eines Volumenelements $\mathrm{d}V$ an.

Die Dichte ist uns aus dem Alltag bekannt. Schließlich wissen wir, dass ein Objekt aus Styropor leichter ist als das gleiche Objekt aus Stahl. Der Unterschied liegt hier einfach in der Dichte.

Wie auch das Volumen erhalten wir die Masse $m$ eines Körpers durch eine Integration

$$m = \int_{\text{Körper}} \rho(\boldsymbol{r})\,\mathrm{d}V. \tag{6.7}$$

Wir haben in Unterabschnitt 3.2.5 bereits den *Massenschwerpunkt* angesprochen. Dabei haben wir $N$ Massenpunkte an den Orten $\boldsymbol{r}_i$ mit Masse $m_i$ betrachtet. Der Schwerpunkt $\boldsymbol{R}$ ist der

Mittelwert aller Positionen aller Teilchen, gewichtet mit deren Massen:

$$\boldsymbol{R} = \frac{\sum_{i=1}^{N} m_i \boldsymbol{r}_i}{\sum_{j=1}^{N} m_j}. \tag{6.8}$$

Da wir kontinuierliche Körper gedanklich aus unendlich vielen Massenpunkten zusammensetzen, müssen wir die Summe nur zu einem Integral erweitern, um den Schwerpunkt eines ausgedehnten Körpers zu berechnen:

$$\boldsymbol{R} = \frac{\int_{\text{Körper}} \rho(\boldsymbol{r})\, \boldsymbol{r}\, \mathrm{d}V}{\int_{\text{Körper}} \rho(\boldsymbol{r})\, \mathrm{d}V} = \frac{1}{m} \int\limits_{\text{Körper}} \rho(\boldsymbol{r})\, \boldsymbol{r}\, \mathrm{d}V. \tag{6.9}$$

**Massenschwerpunkt**

Der *Massenschwerpunkt* $\boldsymbol{R}$ eines ausgedehnten Körpers wird über das Integral

$$\boldsymbol{R} = \frac{1}{m} \int\limits_{\text{Körper}} \rho(\boldsymbol{r})\, \boldsymbol{r}\, \mathrm{d}V \tag{6.10}$$

berechnet. Dabei ist $m$ die Gesamtmasse des Körpers.

Der Schwerpunkt ist ein Maß für die Massenverteilung innerhalb eines Körpers.

Im Folgenden werden wir näher auf die Bedeutung des Schwerpunktes eingehen, die wir bereits bei der Betrachtung von Vielteilchensystemen angeschnitten haben.

Wir betrachten einen beliebigen Körper, auf den keine äußeren Kräfte wirken. Von Vielteilchensystemen wissen wir bereits, dass ihr Schwerpunkt unbeschleunigt bleibt, wenn keine äußeren Kräfte wirken. Den Körper können wir jetzt als Vielteilchensystem aus den Massenelementen d$m$ betrachten. Demnach bleibt der Massenschwerpunkt des Körpers unbeschleunigt. Das bedeutet jedoch nicht, dass der Körper unbeschleunigt ist. Schließlich kann sich ein Körper um sich selbst drehen (was für einzelne Massenpunkte nicht möglich ist). So dreht sich beispielsweise auch die Erde um sich selbst. Dabei gibt es eine *Rotationsachse*, um die sich der Körper dreht. Alle Volumenelemente, die sich auf der Rotationsachse befinden, sind unbeschleunigt. Bei der Erdkugel sind das alle Punkte auf der Erdachse, also auf der Verbindungslinie zwischen Nord- und Südpol. Alle anderen Punkte bewegen sich auf Kreisbahnen um die Rotationsachse herum. Da der Schwerpunkt eines Körpers unbeschleunigt sein muss, muss die Rotationsachse immer durch den Schwerpunkt hindurchgehen.

## Bestimmung des Schwerpunktes

Wir möchten den Schwerpunkt eines beliebigen Körpers bestimmen. Dafür verwenden wir eine Schnur und hängen den Körper im Schwerefeld der Erde auf. Dabei ist es wichtig, dass sich der Körper am Aufhängepunkt frei bewegen kann. Wenn der Körper ausgependelt ist, dann hängt sein Schwerpunkt genau unter dem Aufhängepunkt, wie in Abbildung 6.2 gezeigt.

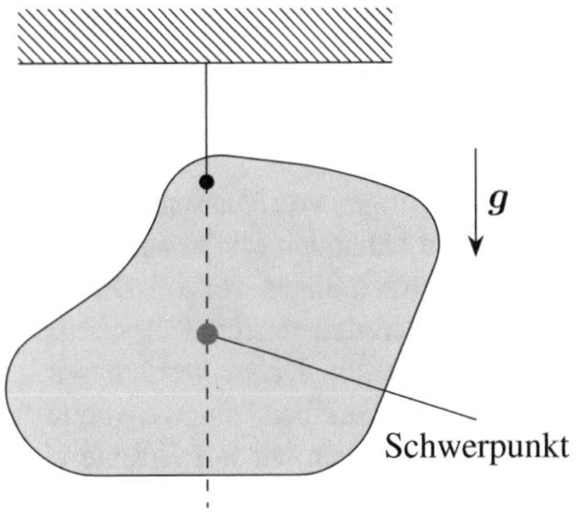


Abb. 6.2: Wenn ein ausgedehnter Körper im (annähernd homogenen) Schwerefeld der Erde beweglich aufgehängt wird, dann wird in der Ruhelage sein Schwerpunkt genau unter dem Aufhängepunkt hängen.

Indem wir das Experiment mit zwei verschiedenen Aufhängepunkten durchführen, können wir den Schwerpunkt bestimmen, der sich in beiden Fällen unter dem Aufhängepunkt befindet.

Dass dieses Experiment funktioniert, können wir verstehen, wenn wir das Drehmoment um den Aufhängepunkt betrachten. In der Ruheposition verschwindet das Drehmoment um diesen Punkt (sonst würde sich der Körper drehen). Auf jedes Volumenelement d$V$ mit Masse d$m$ wirkt eine Gewichtskraft $\mathrm{d}\boldsymbol{F} = \boldsymbol{g} \cdot \mathrm{d}m$. Aus dieser Kraft lässt sich ein Drehmoment um den Aufhängepunkt berechnen.

Wir betrachten einen zweidimensionalen Körper. Alle Massenpunkte, die sich links vom Lot unter dem Aufhängepunkt befinden (siehe Abbildung 6.2), führen zu einem Drehmoment, welches aus der Zeichenebene herauszeigt. Dagegen zeigt das Drehmoment aller Massenpunkte rechts vom Lot in die Zeichenebene hinein. Mithilfe der Rechte-Hand-Regel können Sie sich das einfach klar machen.

Entscheidend ist nun für einen Massenpunkt, wie weit er vom Lot entfernt ist. Das Drehmoment des Massenpunktes um den Aufhängepunkt ist nämlich proportional zum Abstand der Masse d$m$ von der gedachten Verlängerung der Aufhängeschnur. Wenn das gesamte Drehmoment verschwinden soll, dann müssen sich also gleich viele Massenpunkte links wie rechts vom Lot (gewichtet mit ihrem Abstand vom Lot) befinden. Genauso ist auch der Schwerpunkt definiert. Er bildet gewissermaßen den Mittelwert der Positionen aller Massenpunkte. Deshalb verschwindet das Drehmoment gerade dann, wenn das Lot unter dem Aufhängepunkt durch den Schwerpunkt geht.

6

## 6.2 Rotationsbewegungen von starren Körpern

Wir haben Kreisbewegungen von Massenpunkten bereits in Abschnitt 3.3 ausführlich behandelt (siehe auch Tabelle 3.1). Nun werden wir unsere Betrachtungen vervollständigen, indem wir Rotationen von ausgedehnten starren Körpern behandeln. Wir sprechen auch von *Kreiseln*. Dabei werden wir zunächst die gleichen Phänomene beschreiben, die wir schon von Massenpunkten kennen. Später gehen wir auf Effekte ein, die nur bei ausgedehnten Körpern auftreten.

Das Wort Kreisel benutzen wir für alle rotierenden Körper, unabhängig von ihrer Form. Die Spielzeugkreisel, die Sie aus Ihrer Kindheit kennen, sind auch Kreisel, aber nicht alle Kreisel sind Spielzeugkreisel.

Wie auch bei Massenpunkten wird die Rotation eines Körpers durch den Vektor $\boldsymbol{\omega}$ angegeben, dessen Betrag $\omega = |\boldsymbol{\omega}|$ die Winkelgeschwindigkeit ist. Der Vektor gibt außerdem die Drehrichtung des Körpers an und damit seine Rotationsachse.

Die Rotationsachse kann sich innerhalb oder außerhalb des Kreisels befinden. Wie wir zuvor bereits erwähnt haben, geht die Rotationsachse für Körper ohne äußere Kräfte immer durch deren Schwerpunkt. Wir kennen beide Fälle von der Erde. Diese dreht sich um ihren Schwerpunkt und erzeugt so den Wechsel von Tag und Nacht. Die Rotationsbewegung der Erde um sich selbst ist aber überlagert mit der Kreisbewegung der Erde um die Sonne. Die Rotationsachse dieser Bewegung ist (annähernd) der gemeinsame Schwerpunkt von Erde und Sonne, der sich weit von der Erde entfernt befindet.

Größen wie den Drehimpuls $\boldsymbol{L}$ und das Drehmoment $\boldsymbol{M}$ gibt es für ausgedehnte Körper genauso wie auch für Massenpunkte.

### 6.2.1 Trägheitsmoment

Wir haben bereits gelernt, dass das Trägheitsmoment eines Teilchens angibt, wie sehr es sich gegen eine Änderung seiner Drehbewegung wehrt. Das steht in Analogie zur Masse bei Translationsbewegungen. Das Trägheitsmoment eines Massenpunktes mit Masse $m$ ist durch

$$J = mr^2 \tag{6.11}$$

gegeben. Dabei ist $r$ der Abstand des Teilchens zur Rotationsachse.

Wie schon zuvor setzen wir ausgedehnte Körper gedanklich aus infinitesimal kleinen Volumenelementen $\mathrm{d}V$ zusammen. Jedes Volumenelement hat die Masse $\mathrm{d}m = \rho\,\mathrm{d}V$ mit der ortsabhängigen Dichte $\rho$. Jede der Punktmassen hat nun das Trägheitsmoment $\mathrm{d}J = r_\perp^2\,\mathrm{d}m$ mit dem Abstand $r_\perp$ von der Rotationsachse (siehe Abbildung 6.3). Das Trägheitsmoment des Körpers ist

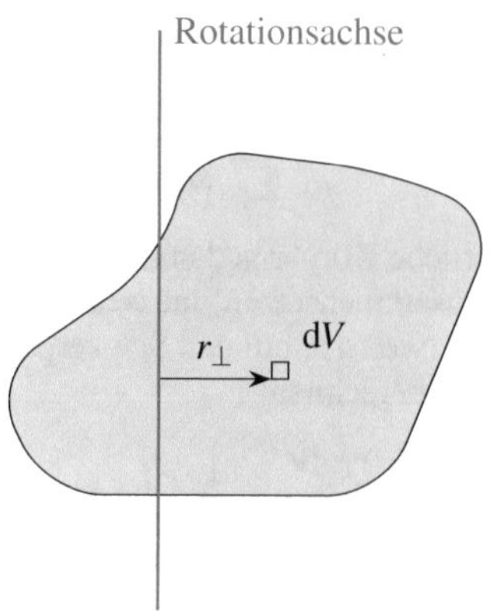


Abb. 6.3: Um das Trägheitsmoment eines ausgedehnten Körpers zu berechnen, integrieren wir über die einzelnen Trägheitsmomente aller Volumenelemente $\mathrm{d}V$. Die Größe $r_\perp$ gibt den Abstand des jeweiligen Volumenelements (welches wir als Punktteilchen betrachten) von der Rotationsachse an.

nun einfach die Summe aller Trägheitsmomente $\mathrm{d}J$, also das Integral

$$J = \int \mathrm{d}J = \int r_\perp^2\,\mathrm{d}m. \tag{6.12}$$

Mithilfe der Dichte $\rho$ können wir diesen Ausdruck in ein Volumenintegral umschreiben, welches für uns lösbar ist:

$$J = \int\limits_{\text{Körper}} r_\perp^2 \rho\,\mathrm{d}V. \tag{6.13}$$

Wenn wir also die Begrenzungen eines Körpers (die Grenzen des Volumenintegrals) und seine Dichteverteilung kennen, dann können wir auch sein Trägheitsmoment für eine gegebene Rotationsachse berechnen.

**Trägheitsmoment**

Gegeben seien ein Körper mit Dichteverteilung $\rho(\boldsymbol{r})$ und eine Rotationsachse. Das Trägheitsmoment des Körpers um die gegebene Achse lässt sich mithilfe des Integrals

$$J = \int\limits_{\text{Körper}} r_\perp^2 \rho\,\mathrm{d}V \tag{6.14}$$

berechnen. Dabei gibt $r_\perp$ den Abstand des Volumenelements $\mathrm{d}V$ von der Rotationsachse an.

## Theorieaufgabe 45: Trägheitsmoment eines Vollzylinders ••

Gegeben sei ein Vollzylinder mit Höhe $h$ und Radius $R$. Er hat die homogene Dichteverteilung $\rho$ und rotiert um seine Symmetrieachse. Berechnen Sie das Trägheitsmoment $J$ des Zylinders in Abhängigkeit von seiner Masse $M$.

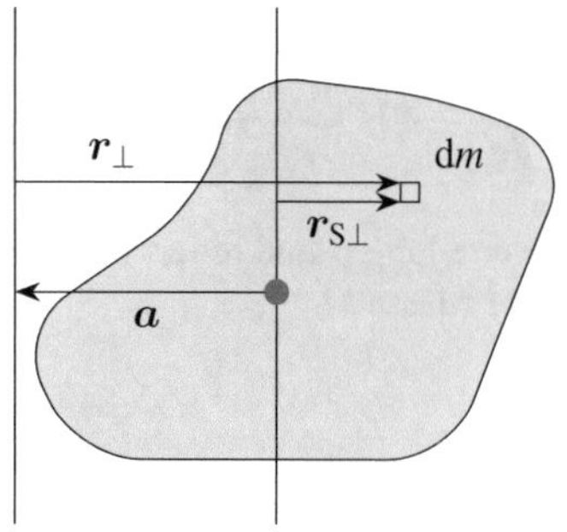


Abb. 6.4: Ein Körper rotiert um eine Achse, die durch seinen Schwerpunkt (rot markiert) verläuft. Wird die Rotationsachse um eine Länge $a$ verschoben, so kann das neue Trägheitsmoment mithilfe des Steiner'schen Satzes berechnet werden.

## 6.2.2 Steiner'scher Satz

Wir betrachten einen Körper mit Masse $M$, der um seinen Schwerpunkt rotiert. Das bedeutet, dass die Rotationsachse durch seinen Schwerpunkt verläuft. Dabei habe er das Trägheitsmoment $J_S$.

Jetzt stellen wir uns eine zweite Rotationsachse vor (siehe Abbildung 6.4), die im Abstand $a$ parallel zur ersten Achse liegt. Wir groß ist das Trägheitsmoment $J$ um diese Achse?

Dieses Trägheitsmoment wird standardmäßig durch das Integral

$$J = \int_{\text{Körper}} r_\perp^2 \, \mathrm{d}m \tag{6.15}$$

berechnet. Dabei ist $r_\perp$ der Abstand des jeweiligen Massenelements d$m$ von der verschobenen Achse. Diesen Abstand möchten wir nun in Abhängigkeit von der Verschiebung $a$ und dem Abstand zur ursprünglichen Rotationsachse $r_{S\perp}$ ausdrücken. Das ist genaugenommen so nicht möglich, aber wir können die Vektoren $\boldsymbol{a}$ und $\boldsymbol{r}_{S\perp}$ verwenden. Dabei ist $\boldsymbol{a}$ der Vektor mit dem Betrag $|\boldsymbol{a}| = a$, um den die Rotationsachse verschoben wird. $\boldsymbol{r}_{S\perp}$ ist der Vektor von der ursprünglichen Rotationsachse zum Massenelement ($|\boldsymbol{r}_{S\perp}| = r_{S\perp}$). Beide Vektoren stehen senkrecht auf den Rotationsachsen und können nun verwendet werden, um das Quadrat $r_\perp^2$ auszudrücken ($\boldsymbol{r}_\perp = \boldsymbol{r}_{S\perp} - \boldsymbol{a}$):

$$r_\perp^2 = (\boldsymbol{r}_{S\perp} - \boldsymbol{a})^2 . \tag{6.16}$$

Wir setzen diesen Term in das Integral ein und erhalten

$$J = \int_{\text{Körper}} (\boldsymbol{r}_{S\perp} - \boldsymbol{a})^2 \, \mathrm{d}m \tag{6.17a}$$

$$= \int_{\text{Körper}} r_{S\perp}^2 \, \mathrm{d}m - 2\boldsymbol{a} \cdot \int_{\text{Körper}} \boldsymbol{r}_{S\perp} \, \mathrm{d}m + a^2 \int_{\text{Körper}} \mathrm{d}m \tag{6.17b}$$

$$= J_S - 2\boldsymbol{a} \cdot \int_{\text{Körper}} \boldsymbol{r}_{S\perp} \, \mathrm{d}m + a^2 M . \tag{6.17c}$$

Dafür haben wir die zweite binomische Formel verwendet und das Integral in drei einzelne Integrale zerlegt. Dabei können wir das Trägheitsmoment $J_S$ um den Schwerpunkt sowie die Masse $M$ des Körpers finden. Das mittlere Integral muss jedoch noch berechnet werden.

Das Integral

$$\int_{\text{Körper}} \boldsymbol{r}_{S\perp} \, \mathrm{d}m \tag{6.18}$$

summiert über die Abstandsvektoren aller Massenelemente von der Rotationsachse durch den Schwerpunkt, gewichtet mit deren Masse d$m$. Um unsere Betrachtungen leichter verständlich zu machen, nehmen wir ohne Beschränkung der Allgemeinheit an, dass die Rotationsachsen in $z$-Richtung zeigen. Dann befinden sich die Vektoren $\boldsymbol{r}_{S\perp}$ und $\boldsymbol{a}$ in der $x$-$y$-Ebene. Außerdem wählen wir das Koordinatensystem so, dass der Schwerpunkt des Körpers im Ursprung liegt. Der Schwerpunkt ist außerdem durch

$$\boldsymbol{r}_S = \frac{1}{M} \int_{\text{Körper}} \boldsymbol{r} \, \mathrm{d}m \tag{6.19}$$

definiert. Der Ortsvektor $\boldsymbol{r}$, über den wir hier integrieren, ist aber in den ersten beiden Komponenten mit dem Vektor $\boldsymbol{r}_{S\perp}$ identisch. Die dritte Komponente von $\boldsymbol{r}_{S\perp}$ ist immer Null, weil wir die Rotationsachse in $z$-Richtung gewählt haben. Da der Schwerpunkt $\boldsymbol{r}_S$ am Koordinatenursprung liegt, wissen wir damit, dass

$$\int_{\text{Körper}} \boldsymbol{r}_{S\perp} \, \mathrm{d}m = \boldsymbol{0} \tag{6.20}$$

ist.

Setzen wir dieses Ergebnis nun für das Trägheitsmoment $J$ mit verschobener Rotationsachse ein, so erhalten wir

$$J = J_S + a^2 M . \tag{6.21}$$

Kennen wir also das Trägheitsmoment eines Körpers, der sich um seinen Schwerpunkt dreht, so können wir sein Trägheitsmoment um eine parallel verschobene Rotationsachse leicht berechnen. Dieser Zusammenhang wird als *Steiner'scher Satz* bezeichnet.

**Steiner'scher Satz**

Gegeben sei ein Körper mit Masse $M$, der sich um seinen Schwerpunkt dreht. Die Rotationsachse gibt dabei die Drehrichtung an. Der Körper habe das Trägheitsmoment $J_S$.

Nun werde die Rotationsachse parallel um die Länge $a$ verschoben, sodass sich der Körper nicht mehr um seinen Schwerpunkt dreht. Mithilfe des *Steiner'schen Satzes* kann dann das neue Trägheitsmoment berechnet werden:

$$J = J_S + a^2 M . \tag{6.22}$$

6

## 6.2.3 Trägheitstensor

In Unterabschnitt 3.3.5 haben wir den Trägheitstensor

$$\boldsymbol{J} = \begin{pmatrix} J_{xx} & J_{xy} & J_{xz} \\ J_{yx} & J_{yy} & J_{yz} \\ J_{zx} & J_{zy} & J_{zz} \end{pmatrix} \tag{6.23a}$$

$$= m \begin{pmatrix} (y^2+z^2) & -xy & -xz \\ -xy & (x^2+z^2) & -yz \\ -xz & -yz & (x^2+y^2) \end{pmatrix} \tag{6.23b}$$

für Massenpunkte eingeführt. Er ist so definiert, dass die Gleichung $\boldsymbol{L} = \boldsymbol{J}\boldsymbol{\omega}$ erfüllt ist. Der Trägheitstensor findet seine Anwendung hauptsächlich bei ausgedehnten Körpern. Hier möchten wir dieses Konzept vertiefen.

Wir betrachten einen Körper, der sich mit der Winkelgeschwindigkeit $\boldsymbol{\omega}$ um seinen Schwerpunkt dreht. Wie zuvor zerlegen wir den Körper gedanklich in infinitesimal kleine Massenpunkte d$m$. Diese bewegen sich alle auf eigenen Kreisbahnen um dieselbe Achse. Für den Trägheitstensor integrieren wir dann einfach über alle Trägheitstensoren sämtlicher Massenpunkte. So erhalten wir die Komponenten

$$J_{xx} = \int_{\text{Körper}} \mathrm{d}m\,(y^2+z^2) \tag{6.24a}$$

$$J_{yy} = \int_{\text{Körper}} \mathrm{d}m\,(x^2+z^2) \tag{6.24b}$$

$$J_{zz} = \int_{\text{Körper}} \mathrm{d}m\,(x^2+y^2) \tag{6.24c}$$

$$J_{xy} = J_{yx} = -\int_{\text{Körper}} \mathrm{d}m\,xy \tag{6.24d}$$

$$J_{xz} = J_{zx} = -\int_{\text{Körper}} \mathrm{d}m\,xz \tag{6.24e}$$

$$J_{yz} = J_{zy} = -\int_{\text{Körper}} \mathrm{d}m\,yz. \tag{6.24f}$$

Üblicherweise wird dabei der Schwerpunkt als Koordinatenursprung gewählt. Mithilfe des *Kronecker-Deltas*

$$\delta_{ij} = \begin{cases} 1 & \text{falls } i = j \\ 0 & \text{sonst} \end{cases} \tag{6.25}$$

lassen sich alle Komponenten $J_{ij}$ des Trägheitstensors noch deutlich kompakter ausdrücken:

$$J_{ij} = \int_{\text{Körper}} \mathrm{d}m\,\left[\delta_{ij}\boldsymbol{r}^2 - r_i r_j\right]. \tag{6.26}$$

So gilt nun wieder der Zusammenhang

$$\boldsymbol{L} = \boldsymbol{J}\boldsymbol{\omega}. \tag{6.27}$$

Die Komponenten des Trägheitstensors, die nicht auf der Diagonalen liegen, sorgen hier dafür, dass $\boldsymbol{L}$ und $\boldsymbol{\omega}$ nicht parallel sind. Wenn wir die Rotationsachse (also $\boldsymbol{\omega}$) festhalten, dann bewegt sich der Drehimpulsvektor um die Achse herum. Das bedeutet, dass sich der Drehimpuls stetig ändert und durch die fixierte Rotationsachse fortwährend ein Drehmoment auf den Körper einwirkt. Es kommt also zu Lagerkräften, die in technischen Anwendungen meist vermieden werden sollen. An neuen Autoreifen werden beispielsweise häufig kleine Gewichte befestigt, die diese Lagerkräfte minimieren sollen.

Ist die Rotationsachse eines rotierenden Körpers nicht fixiert, so kommt es zu einer Taumelbewegung des Kreisels, die auch *Nutation* genannt wird. Eine solche Beobachtung können Sie selbst leicht mithilfe eines Spielzeugkreisels durchführen. Wenn Sie ihn auf einem Tisch kreiseln lassen, dann ist seine Rotationsachse stabil. Drehmoment und Winkelgeschwindigkeit sind parallel zueinander ($\boldsymbol{L} \parallel \boldsymbol{\omega}$). Geben Sie dem Kreisel aber nun einen Stoß, so verschieben Sie die Drehimpulsachse gegenüber der Rotationsachse und der Kreisel beginnt zu taumeln.

Die *Rotationsenergie* eines Kreisels kann analog zu Gleichung (3.140) durch

$$E_{\text{rot}} = \frac{1}{2}\boldsymbol{\omega}^{\mathrm{T}}\boldsymbol{J}\boldsymbol{\omega} \tag{6.28}$$

berechnet werden. Dabei ist $\boldsymbol{\omega}^{\mathrm{T}}$ der transponierte Vektor der Winkelgeschwindigkeit und damit ein Zeilenvektor. Die Herleitung dieses Zusammenhangs ist für uns nicht besonders wichtig, weshalb wir sie an dieser Stelle auslassen.

**Trägheitstensor**

Der Trägheitstensor ausgedehnter Körper hat die Komponenten

$$J_{ij} = \int_{\text{Körper}} \mathrm{d}m\,\left[\delta_{ij}\boldsymbol{r}^2 - r_i r_j\right]. \tag{6.29}$$

So gilt für den Drehimpuls eines rotierenden Körpers $\boldsymbol{L} = \boldsymbol{J}\boldsymbol{\omega}$. Die Rotationsenergie berechnet sich durch

$$E_{\text{rot}} = \frac{1}{2}\boldsymbol{\omega}^{\mathrm{T}}\boldsymbol{J}\boldsymbol{\omega} \tag{6.30}$$

mit der transponierten Winkelgeschwindigkeit $\boldsymbol{\omega}$.

## 6.2.4 Hauptträgheitsmomente

**►Tipp:**
Im Folgenden gehen wir näher auf die Eigenschaften des Trägheitstensors ein. Dafür sollten Sie das Konzept von Eigenvektoren und Basistransformationen sowie die Diagonalisierung von Matrizen verstanden haben.

Der Trägheitstensor $\boldsymbol{J}$ ist eine $3 \times 3$-Matrix. Die Eigenvektoren $\boldsymbol{\omega}$ dieser Matrix werden auf sich selbst abgebildet und sind deshalb durch die Bedingung

$$\boldsymbol{J}\boldsymbol{\omega} = J\boldsymbol{\omega} \tag{6.31}$$

bestimmt. Dabei ist $J$ ein Skalar, der auch als Eigenwert der Matrix $\boldsymbol{J}$ bezeichnet wird. Da wir hier in drei Dimensionen arbeiten, hat der Trägheitstensor drei linear unabhängige Eigenvektoren $\boldsymbol{\omega}_1$, $\boldsymbol{\omega}_2$ und $\boldsymbol{\omega}_3$ mit den Eigenwerten $J_1$, $J_2$ und $J_3$, die so gewählt werden können, dass sie ein orthogonales Dreibein bilden.

Wir sehen, dass das mathematische Konzept von Eigenvektoren hier eine physikalische Relevanz hat. Wählen wir nämlich einen Eigenvektor von $\boldsymbol{J}$ als Winkelgeschwindigkeit $\boldsymbol{\omega}$, so ist der Drehimpuls

$$\boldsymbol{L} = \boldsymbol{J}\boldsymbol{\omega} = J\boldsymbol{\omega} \tag{6.32}$$

parallel zur Rotationsachse ($\boldsymbol{L} \parallel \boldsymbol{\omega}$). In diesem Fall dreht sich der Kreisel dann, ohne Taumelbewegungen durchzuführen.

Jeder Körper hat einen Trägheitstensor und zu jedem Trägheitstensor gibt es drei zueinander orthogonale Eigenvektoren $\boldsymbol{\omega}_1$, $\boldsymbol{\omega}_2$ und $\boldsymbol{\omega}_3$. Diese Vektoren geben die drei *Hauptträgheitsachsen* an, um die sich der Körper frei drehen kann, ohne Taumelbewegungen durchzuführen. Die Eigenwerte $J_1$, $J_2$ und $J_3$ zu diesen drei Eigenvektoren nennen wir *Hauptträgheitsmomente*.

**Hauptträgheitsachse**

Jeder Kreisel besitzt drei (paarweise orthogonale) *Hauptträgheitsachsen*. Dreht sich der Kreisel entlang einer dieser Achsen, so ist der Drehimpuls parallel zur Winkelgeschwindigkeit ($\boldsymbol{L} \parallel \boldsymbol{\omega}$) und der Kreisel taumelt nicht bei seiner Rotationsbewegung. Die Hauptträgheitsachsen sind Eigenvektoren des Trägheitstensors. Die zugehörigen Eigenwerte nennen wir *Hauptträgheitsmomente*.

Bei besonders einfachen Körpern können wir die Hauptträgheitsachsen durch einfache Überlegungen erraten. Die Hauptträgheitsachsen eines homogenen Quaders sind in Abbildung 6.5 skizziert. Dreht sich der Quader um eine dieser Achsen, dann ist jeder Massenpunkt im Quader mit einem zweiten Massenpunkt gepaart, der ihm gegenüber die gleiche Kreisbahn durchläuft. So sind alle Unwuchten in der Rotation ausgeglichen und der Quader rotiert ohne jegliche Taumelbewegungen.

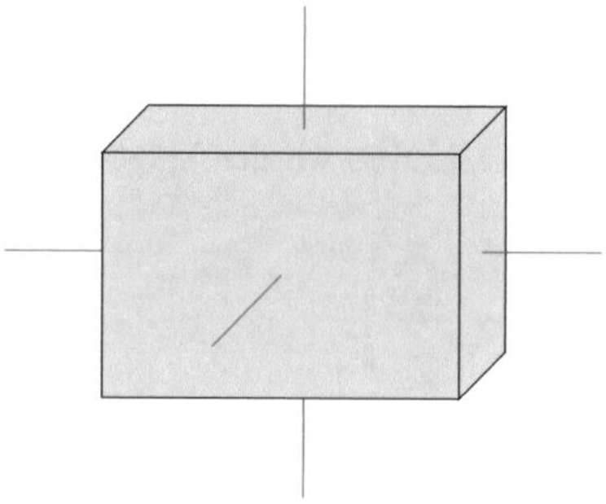

Abb. 6.5: Die Hauptträgheitsachsen eines Quaders gehen jeweils senkrecht durch die Mittelpunkte der Quaderflächen. Sie treffen sich im Schwerpunkt des Quaders.

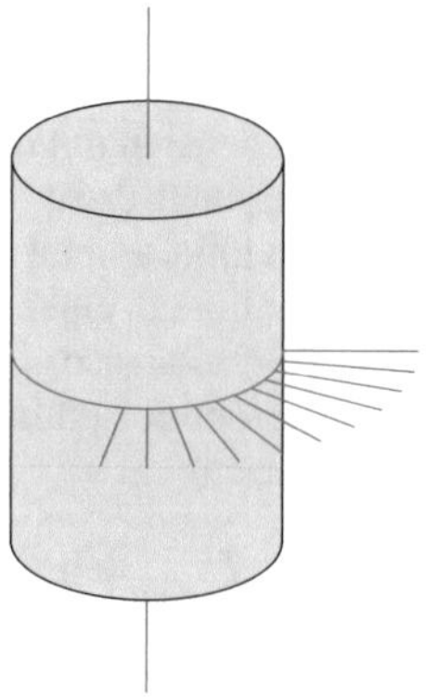

Abb. 6.6: Ein Zylinder hat zwei identische Hauptträgheitsmomente. Die zugehörigen Hauptträgheitsachsen spannen deshalb eine ganze Ebene von Hauptträgheitsachsen auf.

Ein Quader könnte auch um eine Achse rotieren, die durch zwei einander diagonal gegenüberliegende Eckpunkte geht. Auch eine solche Rotationsachse geht durch den Schwerpunkt des Quaders. Allerdings wird der Quader bei dieser Kreiselbewegung taumeln.

Körper mit besonderen Symmetrien haben nicht nur drei, sondern unendlich viele Hauptträgheitsachsen. Wenn zwei Hauptträgheitsmomente identisch sind, dann spannen die zugehörigen Rotationsachsen eine ganze Ebene auf. Dazu kommt es beispielsweise bei Zylindern. Diese haben eine Hauptträgheitsachse, die auch die Symmetrieachse des Zylinders ist. Darüber hinaus sind aber auch alle Rotationsbewegungen mit Achsen, die orthogonal zur Symmetrieachse durch den Schwerpunkt des Zylinders gehen, Hauptträgheitsachsen. Wir haben diese in Abbildung 6.6 skizziert.

Manche Körper haben sogar drei identische Hauptträgheitsmomente. Dann sind alle Rotationsachsen durch den Schwerpunkt Hauptträgheitsachsen. Das einfachste Beispiel hierfür sind Kugeln, deren Symmetrie die Existenz besonderer Achsen verbietet. Auch Würfel haben nur Hauptträgheitsachsen.

### Bestimmung von Hauptträgheitsachsen

Gegeben sei ein Körper mit Trägheitstensor $\boldsymbol{J}$, der rotiert. Die Hauptträgheitsachsen sind durch die Eigenvektoren des Trägheitstensors bestimmt. Diese Eigenvektoren können wir einfach berechnen.

Wenn wir den Trägheitstensor diagonalisieren, dann wählen wir damit ein neues Koordinatensystem, dessen Achsen $x'$, $y'$ und $z'$ genau die Hauptträgheitsachsen des Körpers sind. Der diagonalisierte Trägheitstensor

$$\boldsymbol{J}^{\mathrm{D}} = \begin{pmatrix} J_{x'} & 0 & 0 \\ 0 & J_{y'} & 0 \\ 0 & 0 & J_{z'} \end{pmatrix} \tag{6.33}$$

hat die Hauptträgheitsmomente als Diagonaleinträge.

## 6.2.5 Präzession

In Abschnitt 3.3 haben wir Kreisbewegungen von Massenpunkten behandelt und sind dabei auch auf den Zusammenhang von Drehimpuls $\boldsymbol{L}$ und Drehmoment $\boldsymbol{M}$

$$\dot{\boldsymbol{L}} = \boldsymbol{M} \tag{6.34}$$

eingegangen. Nun behandeln wir die Konsequenzen dieses Zusammenhangs in der Realität bei ausgedehnten Körpern. Zur Erinnerung: Das Drehmoment wird über die Gleichung

$$\boldsymbol{M} = \boldsymbol{r} \times \boldsymbol{F} \tag{6.35}$$

aus der Kraft $\boldsymbol{F}$ berechnet. Der Vektor $\boldsymbol{r}$ gibt den Ort an, an dem die Kraft wirkt. Als Koordinatenursprung wird häufig der Schwerpunkt eines Körpers gewählt.

> **►Tipp:**
> Sowohl der Drehimpuls als auch das Drehmoment hängen von der Wahl des Koordinatenursprungs ab. Wichtig ist hier, dass wir für beide Größen den gleichen Ursprung wählen.

Das Drehmoment ist die zeitliche Änderung des Drehimpulses. Wenn wir also einen ruhenden Kreisel betrachten, auf den ein Drehmoment wirkt, so beginnt der Kreisel, sich zu drehen. Genauso können wir Rotationen auch mithilfe von Drehmomenten abbremsen. In diesen Fällen muss das Drehmoment entlang der gleichen Achse ausgerichtet sein wie auch der Drehimpuls.

Bewegungen dieser Art kennen wir von Fahrrädern oder Autos. Die Räder werden immer entlang der gleichen Achse angetrieben und abgebremst, sodass Drehmoment und Drehimpuls parallel (zum Beschleunigen) oder antiparallel (zum Abbremsen) sind.

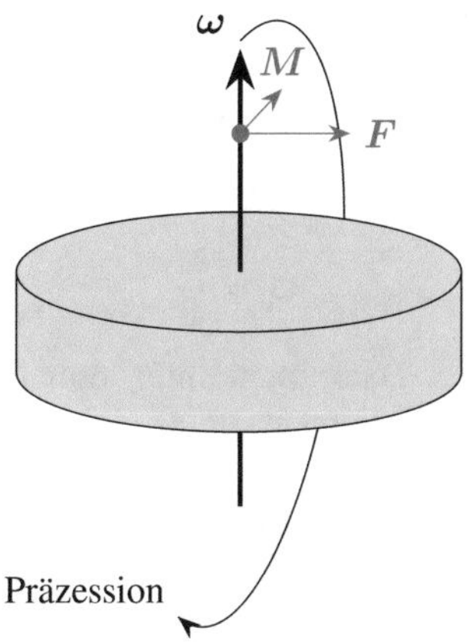


Abb. 6.7: Ein Kreisel dreht sich entlang einer Rotationsachse. An dieser Achse greift nun eine Kraft $\boldsymbol{F}$ orthogonal zur Drehrichtung $\boldsymbol{\omega}$ an. Das Drehmoment $\boldsymbol{M}$ steht orthogonal auf $\boldsymbol{F}$ und $\boldsymbol{\omega}$. Der Kreisel führt eine Präzessionsbewegung aus. (Wir betrachten hier das Drehmoment $\boldsymbol{M}$ um den Schwerpunkt. Deshalb müsste dieser Vektor eigentlich am Schwerpunkt eingezeichnet werden.)

Nun betrachten wir den Fall, dass Drehimpuls und Drehmoment nicht parallel zueinander sind. Dafür sehen wir uns den in Abbildung 6.7 gezeichneten Kreisel an. Dieser dreht sich um eine Rotationsachse, die durch den Vektor $\boldsymbol{\omega}$ gegeben ist. Eine Kraft greift vom Schwerpunkt entfernt ($\boldsymbol{r} \neq \boldsymbol{0}$) an der Achse orthogonal zur Drehrichtung an. Damit ist $\boldsymbol{\omega} \perp \boldsymbol{F}$. Außerdem ist in diesem Fall auch der Vektor $\boldsymbol{r}$ (vom Schwerpunkt zum Angriffspunkt der Kraft) parallel zur Drehrichtung $\boldsymbol{r} \parallel \boldsymbol{\omega} \perp \boldsymbol{F}$.

Das Drehmoment $\boldsymbol{M}$, das durch die Kraft $\boldsymbol{F}$ wirkt, ist nach $\boldsymbol{M} = \boldsymbol{r} \times \boldsymbol{F}$ orthogonal zur Kraft. Die Kreiselachse dreht sich in Richtung des Drehmoments und *nicht* in die Richtung, in die die Kraft wirkt. Diese Bewegung nennen wir *Präzession*.

> Sie können Präzessionsbewegungen selbst beobachten, wenn Sie ein angeschlossenes Festplattenlaufwerk (HDD) in die Hand nehmen. Darin befinden sich rotierende Scheiben. Wenn Sie das Laufwerk in der Hand (vorsichtig) hin und her kippen, dann können Sie die Ausweichbewegung der Präzession spüren, nach der sich die Festplatte orthogonal zur Handbewegung bewegen will.

Bei konstanter Kraft $\boldsymbol{F}$ führt der Drehimpuls jetzt eine Kreisbewegung (wie in Abbildung 6.7 gezeigt) aus. Nach einer bestimmten Zeit hat sich der rotierende Kreisel mit seiner Rotationsachse dann einmal ganz im Kreis gedreht.

Da das Drehmoment $\boldsymbol{M}$ senkrecht auf dem Drehimpuls $\boldsymbol{L}$ steht, können wir es als

$$\boldsymbol{M} = \dot{\boldsymbol{L}} = \boldsymbol{\omega}_{\mathrm{p}} \times \boldsymbol{L} \tag{6.36}$$

schreiben. Einen solchen Zusammenhang kennen wir beispielsweise schon aus Gleichung (3.86):

$$\boldsymbol{v} = \dot{\boldsymbol{r}} = \boldsymbol{\omega} \times \boldsymbol{r}. \tag{6.37}$$

Die Größe $\boldsymbol{\omega}_\mathrm{p}$ in Gleichung (6.36) ist also die Winkelgeschwindigkeit, mit der sich der Drehimpulsvektor im Kreis dreht. Wir sprechen auch von der *Präzessionsfrequenz*.

Betragsmäßig kann die Präzessionsfrequenz $\omega_\mathrm{p}$ aus dem Verhältnis

$$\omega_\mathrm{p} = \frac{M}{L} \tag{6.38}$$

berechnet werden. Dafür ist wichtig, dass das Drehmoment senkrecht auf dem Drehimpuls steht.

**Präzession**

Wenn Kräfte auf Kreisel wirken, so führen diese mitunter *Präzessionsbewegungen* aus. Dabei bewegen sie sich nicht in Richtung der wirkenden Kraft, sondern weichen orthogonal dazu aus. Es gilt das Drehmoment $\boldsymbol{M} = \boldsymbol{r} \times \boldsymbol{F}$, durch welches sich der Drehimpulsvektor dreht ($\dot{\boldsymbol{L}} = \boldsymbol{M}$).

Wenn das Drehmoment senkrecht auf dem Drehimpulsvektor steht, dann kann die *Präzessionsfrequenz* durch

$$\omega_\mathrm{p} = \frac{M}{L} \tag{6.39}$$

berechnet werden.

## Intuitive Erklärung der Präzession

Präzessionsbewegungen intuitiv zu verstehen, ist allgemein recht schwierig. Hier versuchen wir uns an einer alternativen Beschreibung der Präzession.

Wir betrachten ein Schwungrad, welches sich um seine Symmetrieachse im Kreis dreht. Der Drehimpulsvektor zeige dabei nach rechts. Jedes Masseelement des Rads bewegt sich also auf einer Kreisbahn nach oben und unten sowie aus der Zeichenebene heraus und in die Zeichenebene hinein.

Wir vereinfachen die Situation, indem wir nun diese Kreisbahn zu einem Quadrat verformen (siehe Abbildung 6.8). Ein Teilchen bewegt sich zuerst nach unten, dann vom Betrachter weg, nach oben und wieder zum Betrachter hin.

Nun möchten wir die Rotationsebene des Schwungrads drehen. Dafür legen wir Kräfte an, wie sie in Abbildung 6.8 als schwarze Pfeile skizziert sind. Das resultierende Drehmoment zeigt nach oben. Intuitiv führen die angelegten Kräfte dazu, dass sich das Schwungrad um die gestrichelte Achse dreht (vorne nach rechts und hinten nach links). Das Drehmoment wirkt aber nach oben, was bedeutet, dass sich der Drehimpulsvektor nach oben drehen wird. Das Schwungrad führt eine Präzessionsbewegung aus und dreht sich oben nach links und unten nach rechts.

Wir wollen das besser verstehen, indem wir die einzelnen Seiten des Quadrats in Abbildung 6.8 betrachten. Entlang jeder dieser Seiten bewegen sich Teilchen (die Massenelemente des Schwungrads). Wenn keine Kräfte am Schwungrad wirken, bewegen sich diese Teilchen alle geradlinig an einer Kante entlang. Anders verhält es sich, wenn Kräfte am Schwungrad wirken. Die Teilchenbahnen dafür sind in Abbildung 6.9 mit roten Pfeilen eingezeichnet.

Während sich ein Teilchen auf seiner Kante bewegt, will sich auch die Kante selbst bewegen. Dafür sorgen die angelegten Kräfte. Bei der oberen Kante hat das aber die Konsequenz, dass sich die Teilchen auf einer Linkskurve bewegen müssten. Genauso müssten auch die Teilchen auf der unteren Kante eine Kurvenbahn ausführen. Die Teilchen wollen sich jedoch alle ge-

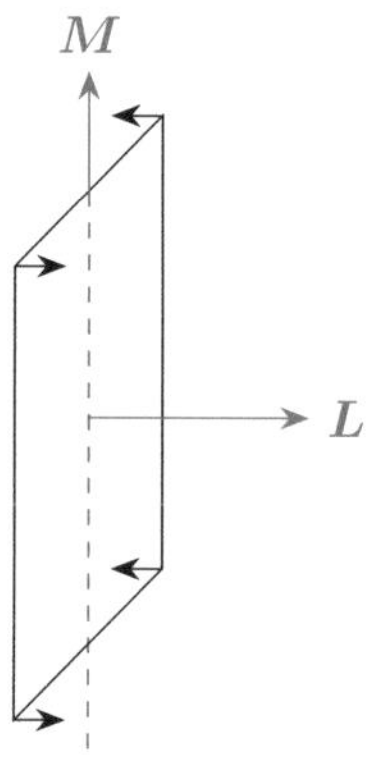


Abb. 6.8: Wir vereinfachen die Bewegung eines Schwungrads zu einer Bewegung im Quadrat. Die Massenteilchen des Rads bewegen sich also hier entlang der eingezeichneten schwarzen Linien. Der Drehimpulsvektor des Schwungrads zeigt nach rechts. Es wirken Kräfte am Schwungrad, die die vordere Kante nach rechts und die hintere Kante nach links drehen. Damit liegt also ein Drehmoment nach oben an.

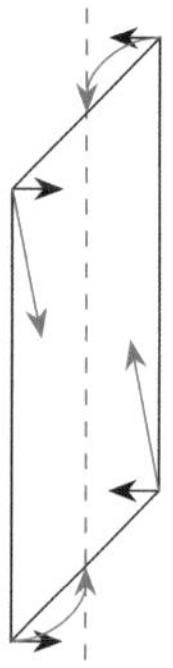

Abb. 6.9: Wenn das Schwungrad gedreht wird, dann bewegen sich die Teilchen auf den geraden Abschnitten des Quadrats nicht mehr geradeaus. Die Bahnen, auf denen sich die Teilchen tatsächlich bewegen, während sich das Rad um die gestrichelte Achse dreht, sind durch die roten Pfeile skizziert. Auf der oberen und unteren Kante des Quadrats bewegen sie sich auf Kurven. Das entspricht einer Beschleunigung nach rechts (oben) beziehungsweise nach links (unten). Tatsächlich wollen sich die Teilchen aber geradlinig bewegen. Deshalb kippt das Schwungrad oben nach links und unten nach rechts. So lässt sich die Präzessionsbewegung erklären.

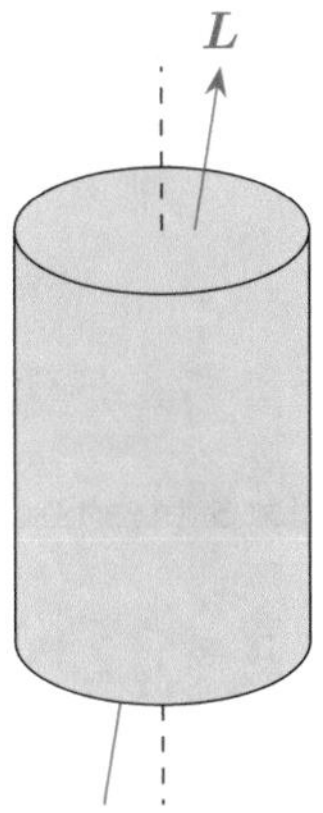


Abb. 6.10: Wenn der Drehimpuls (rot) eines Kreisels gegen seine Symmetrieachse leicht gedreht ist, dann führt er eine Nutationsbewegung durch. Dabei scheint er zu taumeln, obwohl der Drehimpuls konstant bleibt.

radlinig bewegen. Um die Kurve zu verhindern, kippt also das Schwungrad oben nach links und unten nach rechts. So kommt es zur Präzessionsbewegung.

### 6.2.6 Nutation

Präzessionsbewegungen treten auf, wenn Drehmomente an Kreiseln wirken. Jetzt sprechen wir über die sogenannte *Nutation*. Diese tritt bei kräftefreien Kreiseln auf.

Wenn sich ein Kreisel ohne äußeres Drehmoment dreht, dann bleibt sein Drehimpuls konstant ($\boldsymbol{M} = \dot{\boldsymbol{L}} = \boldsymbol{0}$). Wenn er sich allerdings nicht um eine seiner Hauptträgheitsachsen dreht, dann ist der Drehimpuls $\boldsymbol{L}$ nicht mehr parallel zur Winkelgeschwindigkeit $\boldsymbol{\omega}$ (siehe Gleichung (6.27)).

In einer solchen Situation führt der Winkelgeschwindigkeitsvektor eine Kreisbewegung um $\boldsymbol{L}$ aus und der Kreisel scheint zu taumeln. Besonders auffällig ist das bei symmetrischen Körpern wie einem Zylinder (siehe Abbildung 6.10).

Die Symmetrie des Zylinders hilft uns dabei, seine Rotationsbewegung visuell zu verfolgen. Wenn der Drehimpulsvektor nicht ganz mit der Symmetrieachse übereinstimmt, dann wird sich die Symmetrieachse um den (konstanten) Drehimpulsvektor herum drehen.

Achtung, in diesem Beispiel drehen sich sowohl die Symmetrieachse als auch die Winkelgeschwindigkeit $\boldsymbol{\omega}$ des Zylinders um den Drehimpulsvektor $\boldsymbol{L}$. Der Winkelgeschwindigkeitsvektor $\boldsymbol{\omega}$ liegt aber nicht auf der Symmetrieachse.

Nutationsbewegungen können erzeugt werden, indem ein um seine Hauptträgheitsachse rotierender Kreisel angestoßen wird.

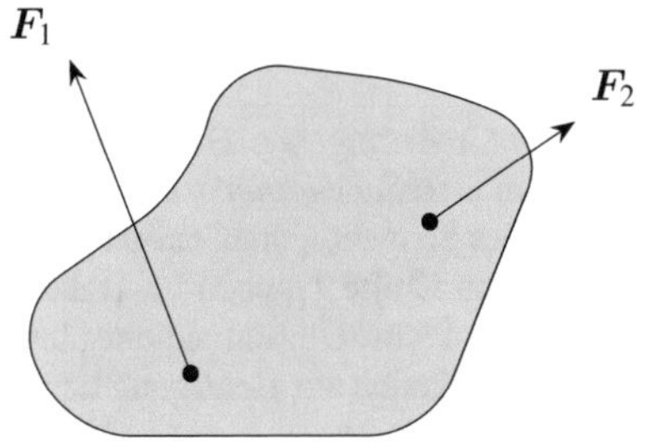


Abb. 6.11: Wenn mehrere Kräfte an verschiedenen Punkten angreifen, dann können sie nicht einfach addiert werden.

Gibt man beispielsweise einem Spielzeugkreisel einen kleinen Stoß an der Spitze, so wird seine Symmetrieachse verschoben. Bei einem kurzen Stoß ändert sich der Drehimpulsvektor aber kaum. Deshalb stimmen beide nach dem Stoß nicht mehr überein und der Kreisel führt Nutationsbewegungen durch.

**Nutation**

Wenn der Drehimpulsvektor $\boldsymbol{L}$ und die Winkelgeschwindigkeit $\boldsymbol{\omega}$ nicht parallel zueinander sind, dann führt ein Kreisel Taumelbewegungen aus, die wir auch als *Nutation* bezeichnen.

## 6.3 Kräfte und ausgedehnte Körper

Wir haben bereits darüber gesprochen, dass zu jeder Kraft auch ein Angriffspunkt gehört. Dieser Aspekt war bei der Behandlung von Massenpunkten bislang irrelevant gewesen. Allerdings haben wir in Unterabschnitt 3.3.3 bereits über Hebel geredet, die ein gutes Beispiel für die Wichtigkeit des Angriffspunktes von Kräften sind.

Wir werden in diesem Buch *nicht* näher auf Techniken zum Rechnen mit mehreren Kräften an ausgedehnten Körpern eingehen (Freischneiden, ...). Solche Aspekte werden besonders in Ingenieursstudiengängen detaillierter behandelt. Wir beschränken uns hier auf einige allgemeine Anmerkungen.

Wenn Kräfte am gleichen Punkt angreifen, dann können sie nach dem Superpositionsprinzip addiert werden (siehe Abbildung 3.5). Das funktioniert allerdings nicht mit Kräften, die an verschiedenen Punkten angreifen (siehe Abbildung 6.11).

### 6.3.1 Schwerpunktsatz

Zur Vorbereitung auf nachfolgende Betrachtungen leiten wir zunächst den sogenannten *Schwerpunktsatz* her. Dieser besagt, dass die Bewegung des Schwerpunktes eines Systems durch die Summe aller wirkenden Kräfte gegeben ist. Dabei sind die Angriffspunkte der Kräfte nicht relevant, sie entscheiden nur darüber, ob der Körper zusätzlich zur Bewegung des Schwerpunktes noch um selbigen rotiert.

Wir betrachten ein System aus Massenpunkten $m_i$ an den Orten $\boldsymbol{r}_i$. Auf jeden Massenpunkt wirken externe Kräfte $\boldsymbol{F}_i^{\text{ext}}$, die von außerhalb des Systems kommen, sowie interne Kräfte $F_{ij}^{\text{int}}$, die zwischen den Massenpunkten $i$ und $j$ wirken (Wechselwirkungskräfte). Die Gesamtkraft auf einen einzelnen Massenpunkt $i$ ist damit

$$\boldsymbol{F}_i = \boldsymbol{F}_i^{\text{ext}} + \sum_j \boldsymbol{F}_{ij}^{\text{int}}. \tag{6.40}$$

Die Beschleunigung $\boldsymbol{a}_i$ des Massenpunktes wird dann wie gewohnt über das zweite Newton'sche Axiom berechnet:

$$\boldsymbol{F}_i = m_i \boldsymbol{a}_i. \tag{6.41}$$

Nun betrachten wir das Gesamtsystem aus allen Massenpunkten mit Gesamtmasse

$$M = \sum_i m_i \tag{6.42}$$

und Schwerpunkt

$$\boldsymbol{R} = \frac{1}{M} \sum_i m_i \boldsymbol{r}_i. \tag{6.43}$$

Für die Beschleunigung des Schwerpunktes gilt nun also

$$\boldsymbol{A} = \ddot{\boldsymbol{R}} = \frac{1}{M} \sum_i m_i \boldsymbol{a}_i. \tag{6.44}$$

Damit erhalten wir den Zusammenhang

$$M\boldsymbol{A} = \sum_i m_i \boldsymbol{a}_i. \tag{6.45}$$

Nun können wir berechnen, wie sich der Schwerpunk durch alle wirkenden Kräfte bewegt.

**Theorieaufgabe 46: Schwerpunktsatz** ••

Leiten Sie aus den Kräften, die auf die einzelnen Massenpunkte wirken, eine Bewegungsgleichung für den Massenschwerpunkt her.

Der Schwerpunktsatz sagt aus, dass die Bewegung des Massenschwerpunktes durch die resultierende Kraft gegeben ist, die sich aus allen externen Kräften, die auf das System wirken, ergibt. In anderen Worten gilt

$$M\boldsymbol{A} = \sum_i \boldsymbol{F}_i^{\mathrm{ext}}. \tag{6.46}$$

Wie hängt das mit der Betrachtung der ausgedehnten Körper zusammen? Erneut stellen wir uns einen Körper als aus vielen Massenpunkten zusammengesetzt vor. Durch Wechselwirkungskräfte bleiben alle Massenpunkte an Ort und Stelle im Körper.

Dabei handelt es sich nicht um ein Ersatzbild, sondern tatsächlich um die Realität. Alle Körper sind aus Atomen zusammengesetzt, deren Wechselwirkungskräfte die Form des Körpers erhalten.

Wirken auf den Körper nun mehrere externe Kräfte, so gibt uns der Schwerpunktsatz an, wie sich der Massenschwerpunkt des Körpers bewegt. Dabei ist es nicht relevant, an welcher Stelle die Kräfte angreifen.

**Schwerpunktsatz**

Auf einen Körper wirken mehrere Kräfte an verschiedenen Stellen. Nach dem *Schwerpunktsatz* ist die Bewegung des Schwerpunktes durch die resultierende Kraft bestimmt. Dabei handelt es sich um die Summe aller Einzelkräfte.

Die Angriffspunkte der Kräfte haben aber einen Einfluss auf die Rotation des Körpers um seinen Schwerpunkt.

Das Superpositionsprinzip für Kräfte ist also hier nicht ganz außer Kraft gesetzt. Die Bewegung des Körpers ist immer noch von der Summe aller wirkenden Kräfte abhängig. Allerdings entscheiden die Angriffspunkte der Kräfte über die Rotationsbewegung des Körpers um seinen Schwerpunkt. Diesen Aspekt werden wir im Folgenden näher betrachten.

### 6.3.2 Bewegungsänderung durch eine Kraft

Wir betrachten nun einen Körper, auf den eine Kraft $\boldsymbol{F}$ wirkt. Diese Kraft wirkt im Allgemeinen nicht am Schwerpunkt des Körpers. Wie ändert sich dadurch der Bewegungszustand des Körpers?

Um das herauszufinden, zerlegen wir die Bewegung des Körpers in eine Rotation um den Schwerpunkt und in eine Translation des Schwerpunktes. Beide Anteile der Bewegung können sich dann überlagern.

Für alle folgenden Berechnungen wählen wir den Schwerpunkt $S$ als Koordinatenursprung. Die Kraft $\boldsymbol{F}$ greift am Punkt $\boldsymbol{r_F}$

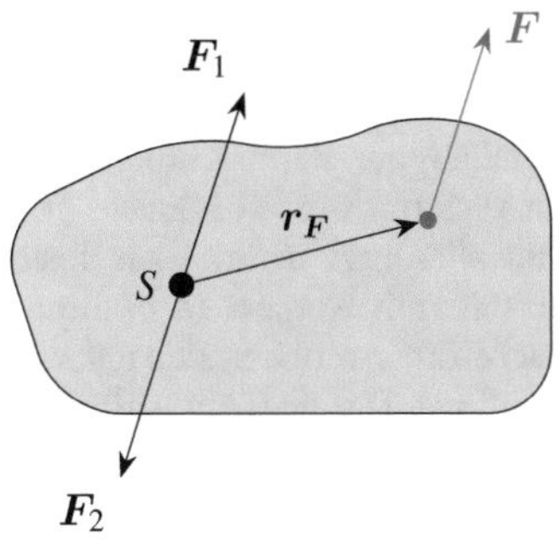


Abb. 6.12: Eine Kraft $\boldsymbol{F}$ greift an einem Körper am Ort $\boldsymbol{r_F}$ an. Dabei wurde der Schwerpunkt $S$ des Körpers als Koordinatenursprung gewählt. Die Kräfte $\boldsymbol{F}_1$ und $F_2$ sind Hilfskräfte, die sich gegenseitig aufheben ($\boldsymbol{F}_1 + \boldsymbol{F}_2 = \boldsymbol{0}$).

an. Eine solche Situation haben wir in Abbildung 6.12 skizziert. Wir können uns vorstellen, dass der gezeichnete Körper durch die Kraft $\boldsymbol{F}$ in Translation *und* in Rotation versetzt wird. Diese beiden Anteile der Bewegung versuchen wir jetzt voneinander zu trennen.

Wir führen die beiden Hilfskräfte $\boldsymbol{F}_1 = \boldsymbol{F}$ und $\boldsymbol{F}_2 = -\boldsymbol{F}_1 = -\boldsymbol{F}$ ein. Beide Kräfte sollen am Schwerpunkt des Körpers angreifen. Da sie beide an demselben Punkt wirken, gilt hier das Superpositionsprinzip und beide Kräfte heben sich gegenseitig auf ($\boldsymbol{F}_1 + \boldsymbol{F}_2 = \boldsymbol{0}$). Deshalb haben diese Kräfte keinen Einfluss auf den Körper und wir dürfen sie nach Belieben einführen.

Jetzt gruppieren wir die Kräfte neu. Die Kraft $\boldsymbol{F}_1$ bewegt den Schwerpunkt, aber durch sie wirkt kein Drehmoment um den Schwerpunkt. Die Kräfte $\boldsymbol{F}_2$ und $\boldsymbol{F}$ bilden ein sogenanntes *Kräftepaar*. So nennen wir zwei Kräfte, die sich zu Null addieren ($\boldsymbol{F}_2 + \boldsymbol{F} = 0$), aber nicht am gleichen Punkt angreifen. Nach dem Schwerpunktsatz wird der Massenschwerpunkt des Körpers durch das Kräftepaar nicht bewegt. Allerdings wirkt durch die Kräfte $\boldsymbol{F}_2$ und $\boldsymbol{F}$ ein Drehmoment um den Schwerpunkt:

$$\boldsymbol{M} = \boldsymbol{r_F} \times \boldsymbol{F}. \tag{6.47}$$

6

**Kräfte und ausgedehnte Körper**

Eine Kraft $\boldsymbol{F}$ wirke auf einen Körper im Abstand $\boldsymbol{r_F}$ von seinem Massenschwerpunkt. Die Kraft kann dann zerlegt werden in

- eine Kraft $\boldsymbol{F_S} = \boldsymbol{F}$, die am Schwerpunkt angreift und den Körper beschleunigt,
- ein Drehmoment $\boldsymbol{M} = \boldsymbol{r_F} \times \boldsymbol{F}$, welches am Schwerpunkt des Körpers wirkt und seine Rotationsbewegung beeinflusst.

Wirken mehrere Kräfte an verschiedenen Stellen auf den Körper, so können sie alle in Translations- und Rotationsanteil zerlegt werden. Dann können die jeweiligen Anteile addiert werden.

## 6.4 Reale Körper

Wir haben uns bislang auf starre Körper beschränkt, also auf Körper, die nicht verformt werden können. Solche Körper gibt es in der Realität allerdings nicht. Viele feste Körper lassen die Näherung des starren Körpers in bestimmten Situationen zwar zu, aber *jeder* Körper verformt sich unter Krafteinwirkung, wenn auch nur minimal. Das liegt am Aufbau der Materie.

Körper sind niemals homogene Massen, sondern aus mikroskopischen Bauteilen zusammengesetzt, die wir Atome nennen. Diese selbst sind wieder aus Bausteinen zusammengesetzt, die im Standardmodell der Teilchenphysik definiert sind.

Wenn wir hier von mikroskopischen Bausteinen sprechen, dann meinen wir damit nicht, dass diese Bausteine mit Mikroskopen beobachtet werden können. Für gewöhnliche Mikroskope sind Atome viel zu klein. Erst mit neuartigen Rastertunnel- oder Rasterkraftmikroskopen oder anderen derartigen Geräten können tatsächlich auch einzelne Atome aufgelöst werden.

Die Atome treten miteinander über elektromagnetische Kräfte in Wechselwirkung. Je nach Art der Atome und abhängig von den äußeren Bedingungen sehen diese Wechselwirkungen dabei verschieden aus. In manchen Fällen bilden sich Moleküle, die dann wieder miteinander wechselwirken. In anderen Fällen entstehen makroskopische Kristallgitter, trotzdem sind es immer die gleichen Kräfte, die wirken.

Die Teilchen, aus denen reale Körper bestehen, berühren sich gegenseitig nicht sondern wechselwirken durch elektromagnetische Kräfte miteinander. Deshalb sind die Atome in Körpern stets beweglich und können um kleine Strecken verschoben werden. Wirkt nun eine Kraft auf einen Körper, so verändern sich die Abstände der Atome voneinander. Durch die leicht veränderte Anordnung der Teilchen entsteht eine Gegenkraft. Diese gibt es aber erst, nachdem der Körper minimal verformt wurde.

6

### 6.4.1 Verformungen von Körpern

Wir werden nun Körper betrachten, auf die Kräfte wirken, sodass sich ihre Form verändert. Dabei wollen wir anhand der wirkenden Kräfte die Verformung vorhersagen können. Das hat in der Realität große Relevanz. Bauteile verformen sich unter Belastung und müssen deshalb immer so konstruiert sein, dass sie auf die jeweilige Belastung gut abgestimmt sind. Dabei geht es nicht nur um mögliches Materialversagen. Teile, die sich unter Belastung zu stark verformen, passen dann möglicherweise gar nicht mehr zusammen.

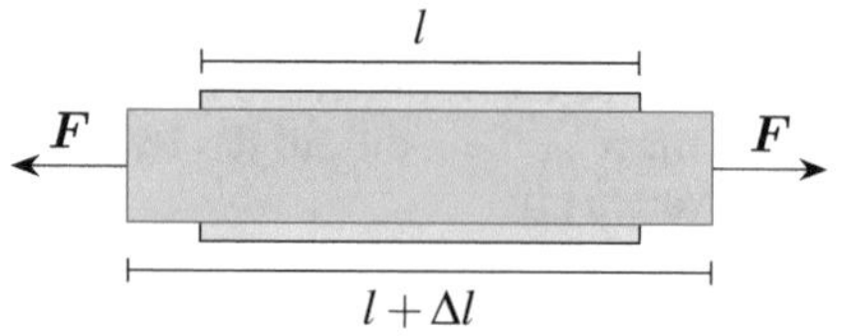


Abb. 6.13: Zwei Kräfte ziehen an den entgegengesetzten Enden eines Körpers der Länge $l$. Dadurch ändert sich seine Länge um $\Delta l$. Es ist nicht unüblich, dass sich dabei der Durchmesser des Objektes verkleinert, wie hier skizziert.

Grundsätzlich unterscheiden wir zwei Arten von Verformungen:

1. *Elastische Verformungen* sind reversibel. Ein Körper verformt sich unter Krafteinwirkung und gelangt danach wieder in seine ursprüngliche Form zurück. Solche Verformungen kennen wir zum Beispiel von Federn.

2. *Plastische Verformungen* sind irreversibel. Der Körper gelangt nach der Verformung nicht in seine ursprüngliche Form zurück. Wir kennen das beispielsweise von Knetmasse.

Die meisten Materialien verhalten sich bei schwacher Krafteinwirkung zunächst elastisch. Bei Überschreitung einer bestimmten Grenze wird die Verformung dann plastisch. Diese Grenze ist stark materialspezifisch. In diesem Buch beschäftigen wir uns hauptsächlich mit elastischen Verformungen.

#### Elastizitätsmodul

Das *Hooke'sche Gesetz* haben wir schon in Unterabschnitt 3.2.4 kennengelernt. Es wird unter anderem verwendet, um Federn zu beschreiben. Hier führen wir es in einer etwas allgemeineren Form ein.

Wir betrachten einen Körper der Länge $l$ mit Querschnittsfläche $A$. Durch zwei Kräfte von Betrag $F$ wird der Körper um eine kleine Strecke $\Delta l$ in die Länge gezogen, wie in Abbildung 6.13 gezeigt.

Aus dem Alltag wissen wir, dass die Längenänderung umso kleiner ist, je größer die Querschnittsfläche $A$ ist. Deshalb lassen sich beispielsweise dicke Gummibänder schwieriger dehnen als dünne. Außerdem ist klar, dass die Längenänderung $\Delta l$ proportional zur ursprünglichen Länge $l$ sein muss. Um das zu verstehen, betrachten wir zwei identische Körper, die beide um die gleiche Länge ausgedehnt werden, und hängen beide Körper hintereinander. Der resultierende Körper ist doppelt so lang und wird auch doppelt so weit gestreckt.

Wir können die Längenänderung des Körpers in Abhängigkeit von der wirkenden Kraft $F$ nun über die Gleichung

$$F = E \cdot A \frac{\Delta l}{l} \qquad (6.48)$$

berechnen. Die Proportionalitätskonstante $E$ wird *Elastizitätsmodul* genannt. Er hat die Dimension einer Kraft pro Fläche (in der Technik häufig in $\mathrm{kN/mm^2}$ gemessen) und gibt gewissermaßen die Dehnbarkeit eines Materials an. Je größer der Elastizitätsmodul, desto schwerer lässt sich ein Körper dehnen.

---

▶**Tipp:**

Anstatt die Längenänderung eines Körpers bei gegebener Krafteinwirkung zu berechnen, kann das Hooke'sche Gesetz auch umgekehrt verwendet werden. Wenn ein Körper um $\Delta l$ verlängert wird, dann versucht er, sich mit der Kraft $F$ wieder zusammenzuziehen. Beide Betrachtungsweisen sind äquivalent.

---

Die *Zugspannung*

$$\sigma = \frac{F}{A} \qquad (6.49)$$

gibt die Kraft an, die auf eine bestimmte Fläche wirkt. Sie eignet sich gut zum Beschreiben dieser Situationen, da die Kraft pro Fläche für die Längenänderung eines Körpers relevant ist. Da außerdem die Längenänderung $\Delta l$ zur Länge $l$ proportional ist, lassen sich mithilfe der *relativen Längenänderung*

$$\varepsilon = \frac{\Delta l}{l} \qquad (6.50)$$

allgemeinere Aussagen für verschiedene Körper des gleichen Materials treffen. Damit lässt sich das Hooke'sche Gesetz einfacher formulieren:

$$\sigma = E \cdot \varepsilon. \qquad (6.51)$$

---

**Zugspannung und Elastizitätsmodul**

Ein Körper wird in die Länge gezogen. Wir nennen

$$\sigma = \frac{F}{A} \qquad (6.52)$$

die *Zugspannung*. Sie gibt die Kraft $F$ an, die dabei auf die Querschnittsfläche $A$ des Körpers wirkt. Die *relative Längenänderung* $\varepsilon = \Delta l / l$ ist ein Maß dafür, wie weit sich ein Körper von bestimmter Länge $l$ ausdehnt.

Für kleine Längenänderungen $\varepsilon$ wird das *Hooke'sche Gesetz*

$$\sigma = E \cdot \varepsilon \qquad (6.53)$$

als Näherung verwendet. Dabei ist die Längenänderung proportional zur anliegenden Kraft. Der *Elastizitätsmodul* $E$ ist eine materialspezifische Konstante, die die Festigkeit eines Körpers gegenüber Dehnung beschreibt.

---

Bei großen Längenänderungen $\varepsilon$ gilt das Hooke'sche Gesetz für gewöhnlich nicht mehr. Es handelt sich hier nur um die lineare Näherung eines komplizierteren, materialabhängigen Zusammenhangs von Kraft und Längenänderung. Gewissermaßen betrachten wir hier nur das erste Glied einer Taylorreihe.

Hingegen sind Spiralfedern so konstruiert, dass der Längenänderungsbereich, in dem das Hooke'sche Gesetz gilt, besonders groß ist. (An Spiralfedern wirken von außen betrachtet zwar Zugkräfte, aber am Draht der Feder selbst wirken genau genommen eher Scherkräfte.)

**Querkontraktion**

Wir haben in Abbildung 6.13 bereits eine Verschmälerung des gestreckten Körpers eingezeichnet. Dabei sprechen wir von einer *Querkontraktion*. In den meisten Fällen gilt: Wenn ein Körper in die Länge gezogen wird, dann verkleinert sich seine Querschnittsfläche. Allerdings bleibt dabei das Volumen nicht konstant.

Als einfaches Beispiel stellen wir uns einen Quader mit quadratischer Querschnittsfläche vor. Er habe die Maße $l \times d \times d$ und die Querschnittsfläche $d^2$. Unter Zugspannung verändern sich die Länge des Quaders um $\Delta l$ und die Kantenlänge des Querschnitts um den (negativen) Wert $\Delta d$. So wie auch die relative Längenänderung, können wir die *relative Querkontraktion* $\Delta d / d$ definieren. Sie ergibt nicht nur für quaderförmige Körper Sinn, sondern gibt allgemein die relative Änderung des Durchmessers einer Querschnittsfläche an.

Für kleine Längenänderungen nähern wir die Querkontraktion als proportional zur Längenänderung an. Es gilt also

$$\mu = -\frac{\left(\frac{\Delta d}{d}\right)}{\left(\frac{\Delta l}{l}\right)} = -\frac{\frac{\Delta d}{d}}{\varepsilon} \qquad (6.54)$$

mit der Proportionalitätskonstante $\mu$, die *Poissonzahl* oder auch *Querkontraktionszahl* genannt wird. Je größer die Poissonzahl ist, desto stärker verkleinert sich der Querschnitt eines gedehnten Körpers.

Mit der Veränderung von Querschnitt und Länge eines Körpers verändert sich auch dessen Volumen. Im Folgenden berechnen wir die relative Volumenänderung $\Delta V / V$ des betrachteten Quaders.

## Theorieaufgabe 47: Volumenänderung durch Querkontraktion ●●

Ein Quader mit Maßen $l \times d \times d$ erfährt die Längenänderung $\Delta l$ und dabei die Querkontraktion $\Delta d$.

a) Berechnen Sie die relative Volumenänderung $\Delta V/V$ des Quaders in Abhängigkeit von $\Delta l$ und $\Delta d$.

b) Nehmen Sie eine kleine Längenänderung $\Delta l$ und $\Delta d$ an. Nähern Sie die relative Volumenänderung in erster Ordnung.

Die relative Volumenänderung beträgt also näherungsweise

$$\frac{\Delta V}{V} = 2\frac{\Delta d}{d} + \frac{\Delta l}{l}. \qquad (6.55)$$

Wir können das auch mithilfe der Poissonzahl $\mu$ und der relativen Längenänderung $\varepsilon$ ausdrücken:

$$\frac{\Delta V}{V} = \varepsilon\,(1 - 2\mu)\,. \qquad (6.56)$$

Mithilfe des Hooke'schen Gesetzes aus Gleichung (6.51) lässt sich nun der Zusammenhang

$$\frac{\Delta V}{V} = \frac{\sigma}{E}(1 - 2\mu) \qquad (6.57)$$

finden.

## Querkontraktion und Poissonzahl

Wird ein Körper unter eine Zugspannung $\sigma$ gebracht, so wird er nicht nur verlängert, sondern es verändert sich dabei auch seine Querschnittsfläche. Wir sprechen dabei von einer *Querkontraktion*. Die Änderung $\Delta d$ des Durchmessers des Querschnitts $d$ ist (für kleine Ausdehnungen) proportional zur relativen Längenänderung:

$$\mu = -\frac{\frac{\Delta d}{d}}{\varepsilon}. \qquad (6.58)$$

Die Konstante $\mu$ wird als *Poissonzahl* bezeichnet.

Die relative Volumenänderung des Körpers beträgt nach dem Hooke'schen Gesetz

$$\frac{\Delta V}{V} = \frac{\sigma}{E}(1 - 2\mu) \qquad (6.59)$$

mit dem Elastizitätsmodul $E$.

### Kompressionsmodul

Wir haben uns bislang nur Körper vorgestellt, die auseinandergezogen werden. Allerdings kann die Zugspannung $\sigma$ auch negativ werden. Dann sprechen wir von einem *Druck* $p = -\sigma$ und der Körper wird gestaucht. Dabei drehen sich die Vorzeichen von $\Delta l$, $\Delta d$ und $\Delta V$ natürlich auch um.

Jetzt betrachten wir einen Körper, der von allen Seiten unter Druck $p$ steht. Dafür stellen wir uns der Einfachheit halber wieder den gleichen Quader mit Kantenlängen $l$ und $d$ vor, der einen quadratischen Querschnitt hat. Wir haben diesen Quader in Abbildung 6.14 skizziert.

**►Tipp:**

Für den Druck verwenden wir üblicherweise die Einheit *Pascal*:

$$1\,\mathrm{Pa} = 1\,\frac{\mathrm{N}}{\mathrm{m}^2} = 1\,\frac{\mathrm{kg}}{\mathrm{m}\cdot\mathrm{s}^2}. \qquad (6.60)$$

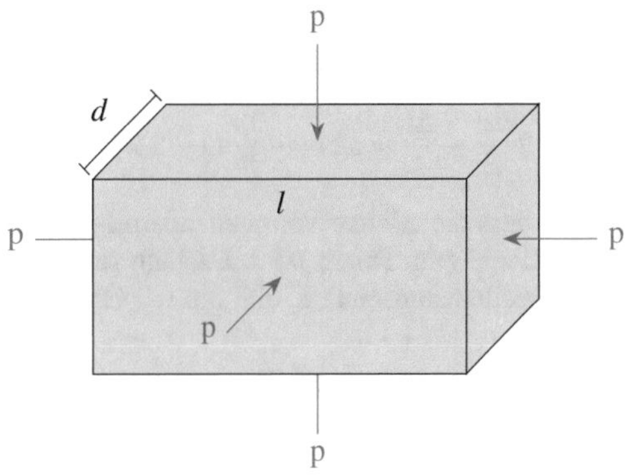


Abb. 6.14: Auf einen Quader mit Kantenlängen $l$, $d$ und $d$ wirkt von allen Seiten ein Druck $p$. Dadurch wird er komprimiert und sein Volumen $V$ verkleinert sich.

Um die Volumenänderung des Quaders zu berechnen, müssen wir zunächst die Längenänderung $\Delta l$ verstehen. Auf diese wirken nämlich nun drei Anteile:

1. Die Länge $l$ wird verkürzt, weil auf die Endflächen des Quaders ein Druck wirkt. Dabei erhalten wir nach dem Hooke'schen Gesetz
$$\varepsilon = -\frac{p}{E}. \qquad (6.61)$$

2. Auf die obere und untere Seitenfläche wirkt auch ein Druck, der zu einer Querkontraktion und Verlängerung der Kantenlänge $l$ führt. Die Längenänderung wird dabei über die Poissonzahl angegeben:
$$\varepsilon = \mu\frac{p}{E}. \qquad (6.62)$$
Dieses Ergebnis erhalten wir, indem wir Gleichung (6.54) verwenden (mit vertauschten Variablen $d$ und $l$). Wir lösen nach $\Delta l$ auf und setzen das Hooke'sche Gesetz für die seitliche Kompression $\Delta d/d = -p/E$ ein.

3. Auch auf die vordere und hintere Seite wirkt der Druck, sodass auch dadurch eine Querkontraktion auf die Kanten $l$ wirkt. Es gilt auch hier der Zusammenhang
$$\varepsilon = \mu\frac{p}{E}. \qquad (6.63)$$

Für die gesamte Längenänderung der Kantenlängen $l$ des Quaders addieren wir jetzt einfach alle drei Anteile und erhalten

$$\varepsilon = \frac{\Delta l}{l} = -\frac{p}{E}(1 - 2\mu)\,. \qquad (6.64)$$

Da wir hier die relative Längenänderung betrachten, gilt diese Gleichung auch für die Kantenlängen $d$ ($\varepsilon = \Delta l/l = \Delta d/d$) und auch für Körper anderer Form.

Nun haben wir alles, was wir brauchen, um die relative Volumenänderung $\Delta V/V$ zu berechnen. Da wir wieder nur kleine Längenänderungen betrachten, können wir für unseren Quader einfach Gleichung (6.55) benutzen, da diese Formel noch keine Annahmen über die Art der Belastung des Quaders macht:

$$\frac{\Delta V}{V} = 2\frac{\Delta d}{d} + \frac{\Delta l}{l} = 3\varepsilon = -\frac{3p}{E}(1-2\mu). \quad (6.65)$$

Wir erkennen, dass die relative Volumenänderung in erster Näherung proportional zum Druck $p$ ist. Deshalb führen wir eine neue Proportionalitätskonstante $K$ ein, die wir den *Kompressionsmodul* nennen:

$$p = -K\frac{\Delta V}{V}. \quad (6.66)$$

Der Kompressionsmodul ist

$$K = \frac{1}{\frac{3}{E}(1-2\mu)}. \quad (6.67)$$

An manchen Stellen wird auch die *Kompressibilität*

$$\kappa = \frac{1}{K} = \frac{3}{E}(1-2\mu) \quad (6.68)$$

verwendet.

Je größer die Kompressibilität eines Materials ist, desto stärker schrumpft sein Volumen bei gegebenem Druck.

**Druck und Kompressionsmodul**

Die *Kompressibilität*

$$\kappa = \frac{3}{E}(1-2\mu) \quad (6.69)$$

gibt an, wie stark sich das Volumen $V$ eines Körpers unter Druck $p$ von allen Seiten verändert. Es gilt der Zusammenhang

$$\frac{\Delta V}{V} = -\kappa p. \quad (6.70)$$

Alternativ wird auch häufig der *Kompressionsmodul* $K = 1/\kappa$ verwendet.

## Schubmodul

Zugspannungen und Drücke kommen durch Kräfte zustande, die senkrecht auf Flächen wirken. In anderen Fällen aber wirken Kräfte tangential an Flächen. Dann sprechen wir von sogenannten *Scherkräften*. Die *Scherspannung* (oder Schubspannung)

$$\boldsymbol{\tau} = \frac{\boldsymbol{F}}{A} \quad (6.71)$$

gibt die Kraft $F$ pro Fläche $A$ an und ist damit die der Zugspannung $\sigma$ analoge Größe. Im Gegensatz zur Scherspannung ist die Richtung einer Zugspannung immer vorgegeben, da sie orthogonal auf der Oberfläche eines Körpers steht. Die Scherspannung dagegen kann tangential an der Oberfläche in verschiedene Richtungen zeigen. Deshalb haben wir sie als Vektor definiert. Dennoch werden wir im Folgenden nur den Betrag $\tau = |\boldsymbol{\tau}|$ benötigen.

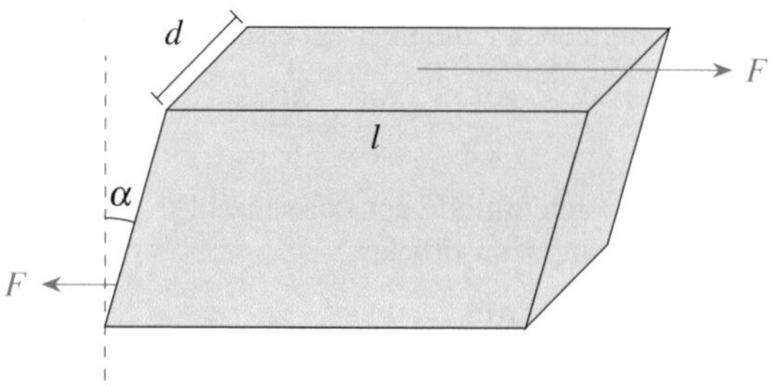


Abb. 6.15: Wenn Scherkräfte an einem Quader wirken, dann entsteht durch die Scherung ein sogenannter Scherwinkel $\alpha$. Dieser kann über den Schubmodul mit der angreifenden Kraft in Zusammenhang gebracht werden.

Wir leiten in diesem Buch die Wirkungen von Scherkräften auf Körper nicht ausführlich her. Stattdessen nennen wir nur die wichtigsten Formeln, da wir den Fokus lieber auf andere Themen legen wollen.

Betrachten wir wieder unseren Quader von zuvor. Wirken Scherkräfte auf einen solchen Quader, dann verschiebt er sich wie in Abbildung 6.15 gezeigt. Dabei wird der Quader (oder auch ein Körper von anderer Form) um einen Winkel $\alpha$ geschert. Wir sprechen dabei auch vom *Scherwinkel*. Dieser Winkel für Scherungen ist vergleichbar mit der relativen Längenänderung $\varepsilon$ bei Zugspannungen. Er ist proportional zur anliegenden Scherspannung $\tau$:

$$\tau = G \cdot \alpha. \quad (6.72)$$

Die Proportionalitätskonstante $G$ ist der *Schubmodul* (oder *Schermodul*).

**►Tipp:**
Genau genommen ist

$$\tau = G \cdot \tan(\alpha). \quad (6.73)$$

Wir betrachten aber nur kleine Scherungen, sodass hier die Kleinwinkelnäherung $\tan(\alpha) \approx \alpha$ gilt. Dabei betrachten wir den Winkel außerdem im Bogenmaß.

Der Schubmodul hängt mit dem Elastizitätsmodul $E$ und der Poissonzahl $\mu$ über die Gleichung

$$G = \frac{E}{2(1+\mu)} \quad (6.74)$$

zusammen. Das leiten wir in diesem Buch aber nicht her.

## Scherung und Schubmodul

*Scherkräfte* wirken tangential an Oberflächen. Die Scherspannung

$$\boldsymbol{\tau} = \frac{\boldsymbol{F}}{A} \tag{6.75}$$

ist das Verhältnis von der anliegenden Kraft $\boldsymbol{F}$ und der Fläche $A$, an der die Kraft wirkt.

Wirken Scherkräfte an einem Körper, so tritt ein Scherwinkel $\alpha$ auf, der über den *Schubmodul* $G$ mit der Scherspannung verbunden ist.

$$\tau = G \cdot \alpha. \tag{6.76}$$

Dieser Zusammenhang ist in Analogie zu Gleichung (6.53) zu betrachten. $\tau = |\boldsymbol{\tau}|$ ist der Betrag der Scherspannung.

### Richtungsabhängigkeiten in realen Körpern

Wie wir bereits erwähnt haben, haben manche Körper Kristallstrukturen oder andere richtungsabhängige Eigenschaften. Dann ist offensichtlich, dass sich das Material nicht zwingend in alle Richtungen gleich gut verformen lässt. Mathematisch können diese Körper durch die Einführung des Elastizitätsmoduls als Tensor $\boldsymbol{E}$ behandelt werden. Dann sprechen wir vom *Elastizitätstensor*. Wir behandeln solche Fälle in diesem Buch jedoch nicht.

## 6.4.2 Wärmeausdehnung

Thermodynamik ist eigentlich kein Bestandteil dieses Buches. Dennoch fügen wir nun einen kurzen Abschnitt zur Wärmeausdehnung ein, da diese hier zum Thema passt und nicht allzu schwer zu verstehen ist.

Die meisten Körper dehnen sich aus, wenn sie aufgewärmt werden. Das lässt sich mit dem atomaren Aufbau von Materialien erklären.

Bei Wärme handelt es sich grob gesagt um ungeordnete Bewegungen von Teilchen. In Festkörpern zittern die Atome umso stärker auf ihren Plätzen, je höher die Temperatur ist. Dabei werden sie durch elektromagnetische Kräfte an Ort und Stelle gehalten. Diese Kräfte werden schwächer, je größer der Abstand zwischen den Teilchen ist. Bei höheren Temperaturen werden die Bewegungen der einzelnen Teilchen stärker. Dabei werden die Teilchen aber schwächer von den Wechselwirkungskräften auf ihren Plätzen im Körper gehalten. So nehmen die Abstände zwischen Teilchen im Mittel zu. Deshalb dehnen sich Körper aus, wenn sie aufgewärmt werden.

Wir merken hier an, dass einige Materialien der Regel widersprechen und sich beim Aufwärmen zusammenziehen. Das prominenteste Beispiel hierfür ist wohl Wassereis.

Die relative Längenausdehnung eines Körpers $\varepsilon = \Delta l/l$ beim Aufwärmen (oder Abkühlen) um eine Temperaturdifferenz $\Delta T$ ist über den *Wärmeausdehnungskoeffizient* $\alpha$ gegeben:

$$\varepsilon = \alpha \Delta T. \tag{6.77}$$

Diese Proportionalität gilt allerdings nur für kleine Temperaturänderungen. Bei größeren Variationen der Temperatur muss beachtet werden, dass der Wärmeausdehnungskoeffizient auch temperaturabhängig ist.

## Wärmeausdehnung

Die meisten Körper dehnen sich aus, wenn sie aufgewärmt werden. Dabei wird von einer *Wärmeausdehnung* oder *thermischen Expansion* gesprochen. Der *Wärmeausdehnungskoeffizient* $\alpha$ gibt den Zusammenhang zwischen relativer Längenänderung $\varepsilon$ und Temperaturdifferenz $\Delta T$ an:

$$\varepsilon = \alpha \Delta T. \tag{6.78}$$

## 6.5 Alles auf einen Blick

### Starre Körper

Um die Mechanik von ausgedehnten Körpern zu verstehen, erinnern wir uns an die Mechanik von Massenpunkten. Wir stellen uns dann vor, dass ein Körper aus unendlich vielen infinitesimal kleinen Masseneelementen d$m$ zusammengesetzt ist.

**Dichte**

Die Dichte ist das Verhältnis von Masse und Volumen eines Materials

$$\rho = \frac{m}{V}. \tag{6.5}$$

Im Allgemeinen ist die Dichte nicht an jedem Ort gleich. Dann muss sie als ortsabhängige Größe

$$\mathrm{d}m = \rho(\boldsymbol{r})\,\mathrm{d}V \tag{6.6}$$

betrachtet werden. Sie gibt damit die Masse d$m$ eines Volumenelements d$V$ an.

**Massenschwerpunkt**

Der Massenschwerpunkt $\boldsymbol{R}$ eines ausgedehnten Körpers wird über das Integral

$$\boldsymbol{R} = \frac{1}{m} \int\limits_{\text{Körper}} \rho(\boldsymbol{r})\,\boldsymbol{r}\,\mathrm{d}V \tag{6.10}$$

berechnet. Dabei ist $m$ die Gesamtmasse des Körpers.

Der Schwerpunkt ist ein Maß für die Massenverteilung innerhalb eines Körpers.

6

### Rotationsbewegungen von starren Körpern

**Trägheitsmoment**

Gegeben seien ein Körper mit Dichteverteilung $\rho(\boldsymbol{r})$ und eine Rotationsachse. Das Trägheitsmoment des Körpers um die gegebene Achse lässt sich mithilfe des Integrals

$$J = \int\limits_{\text{Körper}} r_\perp^2 \rho\,\mathrm{d}V \tag{6.14}$$

berechnen. Dabei gibt $r_\perp$ den Abstand des Volumenelements d$V$ von der Rotationsachse an.

**Steiner'scher Satz**

Gegeben sei ein Körper mit Masse $M$, der sich um seinen Schwerpunkt dreht. Die Rotationsachse gibt dabei die Drehrichtung an. Der Körper habe das Trägheitsmoment $J_\mathrm{S}$.

Nun werde die Rotationsachse parallel um die Länge $a$ verschoben, sodass sich der Körper nicht mehr um seinen Schwerpunkt dreht. Mithilfe des Steiner'schen Satzes kann dann das neue Trägheitsmoment berechnet werden:

$$J = J_\mathrm{S} + a^2 M. \tag{6.22}$$

**Trägheitstensor**

Der Trägheitstensor ausgedehnter Körper hat die Komponenten

$$J_{ij} = \int\limits_{\text{Körper}} \mathrm{d}m \left[\delta_{ij}\boldsymbol{r}^2 - r_i r_j\right]. \tag{6.29}$$

So gilt für den Drehimpuls eines rotierenden Körpers $\boldsymbol{L} = \boldsymbol{J}\boldsymbol{\omega}$. Die Rotationsenergie berechnet sich durch

$$E_\mathrm{rot} = \frac{1}{2}\boldsymbol{\omega}^\mathrm{T}\boldsymbol{J}\boldsymbol{\omega} \tag{6.30}$$

mit der transponierten Winkelgeschwindigkeit $\boldsymbol{\omega}$.

**Hauptträgheitsachse**

Jeder Kreisel besitzt drei (paarweise orthogonale) Hauptträgheitsachsen. Dreht sich der Kreisel entlang einer dieser Achsen, so ist der Drehimpuls parallel zur Winkelgeschwindigkeit ($\boldsymbol{L} \parallel \boldsymbol{\omega}$) und der Kreisel taumelt nicht bei seiner Rotationsbewegung. Die Hauptträgheitsachsen sind Eigenvektoren des Trägheitstensors. Die zugehörigen Eigenwerte nennen wir Hauptträgheitsmomente.

Wenn Kräfte an rotierenden Kreiseln wirken, dann führen diese verschiedene Bewegungen aus. Kräfte, die die Richtung der Drehachse verändern, führen zu Präzessionsbewegungen.

**Präzession**

Wenn Kräfte auf Kreisel wirken, so führen diese mitunter Präzessionsbewegungen aus. Dabei bewegen sie sich nicht in Richtung der wirkenden Kraft, sondern weichen orthogonal dazu aus. Es gilt das Drehmoment $\boldsymbol{M} = \boldsymbol{r} \times \boldsymbol{F}$, durch welches sich der Drehimpulsvektor dreht ($\dot{\boldsymbol{L}} = \boldsymbol{M}$).

Wenn das Drehmoment senkrecht auf dem Drehimpulsvektor steht, dann kann die Präzessionsfrequenz durch

$$\omega_\text{p} = \frac{M}{L} \tag{6.39}$$

berechnet werden.

**Nutation**

Wenn der Drehimpulsvektor $\boldsymbol{L}$ und die Winkelgeschwindigkeit $\boldsymbol{\omega}$ nicht parallel zueinander sind, dann führt ein Kreisel Taumelbewegungen aus, die wir auch als Nutation bezeichnen.

## Kräfte und ausgedehnte Körper

Wenn eine Kraft auf einen ausgedehnten Körper wirkt, dann ist der Angriffspunkt der Kraft entscheidend. Kräfte können Körper nicht nur geradlinig bewegen, sondern auch in Rotation versetzen.

**Schwerpunktsatz**

Auf einen Körper wirken mehrere Kräfte an verschiedenen Stellen. Nach dem Schwerpunktsatz ist die Bewegung des Schwerpunktes durch die resultierende Kraft bestimmt. Dabei handelt es sich um die Summe aller Einzelkräfte.

Die Angriffspunkte der Kräfte haben aber einen Einfluss auf die Rotation des Körpers um seinen Schwerpunkt.

**Kräfte und ausgedehnte Körper**

Eine Kraft $\boldsymbol{F}$ wirke auf einen Körper im Abstand $\boldsymbol{r_F}$ von seinem Massenschwerpunkt. Die Kraft kann dann zerlegt werden in

- eine Kraft $\boldsymbol{F_S} = \boldsymbol{F}$, die am Schwerpunkt angreift und den Körper beschleunigt,
- ein Drehmoment $\boldsymbol{M} = \boldsymbol{r_F} \times \boldsymbol{F}$, welches am Schwerpunkt des Körpers wirkt und seine Rotationsbewegung beeinflusst.

Wirken mehrere Kräfte an verschiedenen Stellen auf den Körper, so können sie alle in Translations- und Rotationsanteil zerlegt werden. Dann können die jeweiligen Anteile addiert werden.

## Reale Körper

In der Realität sind alle Körper elastisch. Wirken Kräfte an Körpern, so verformen sich diese also.

**Zugspannung und Elastizitätsmodul**

Ein Körper wird in die Länge gezogen. Wir nennen

$$\sigma = \frac{F}{A} \tag{6.52}$$

die Zugspannung. Sie gibt die Kraft $F$ an, die dabei auf die Querschnittsfläche $A$ des Körpers wirkt. Die relative Längenänderung $\varepsilon = {}^{\Delta l}/_{l}$ ist ein Maß dafür, wie weit sich ein Körper von bestimmter Länge $l$ ausdehnt.

Für kleine Längenänderungen $\varepsilon$ wird das Hooke'sche Gesetz

$$\sigma = E \cdot \varepsilon \tag{6.53}$$

als Näherung verwendet. Dabei ist die Längenänderung proportional zur anliegenden Kraft. Der Elastizitätsmodul $E$ ist eine materialspezifische Konstante, die die Festigkeit eines Körpers gegenüber Dehnung beschreibt.

**Querkontraktion und Poissonzahl**

Wird ein Körper unter eine Zugspannung $\sigma$ gebracht, so wird er nicht nur verlängert, sondern es verändert sich dabei auch seine Querschnittsfläche. Wir sprechen dabei von einer Querkontraktion. Die Änderung $\Delta d$ des Durchmessers des Querschnitts $d$ ist (für kleine Ausdehnungen) proportional zur relativen Längenänderung:

$$\mu = -\frac{\frac{\Delta d}{d}}{\varepsilon}. \tag{6.58}$$

Die Konstante $\mu$ wird als Poissonzahl bezeichnet.

Die relative Volumenänderung des Körpers beträgt nach dem Hooke'schen Gesetz

$$\frac{\Delta V}{V} = \frac{\sigma}{E}(1 - 2\mu) \tag{6.59}$$

mit dem Elastizitätsmodul $E$.

Wenn die Zugspannung negativ ist und einen Körper nicht in die Länge zieht, sondern komprimiert, dann sprechen wir auch von einem Druck $p = -\sigma$.

**Druck und Kompressionsmodul**

Die Kompressibilität

$$\kappa = \frac{3}{E}(1 - 2\mu) \tag{6.69}$$

gibt an, wie stark sich das Volumen $V$ eines Körpers unter Druck $p$ von allen Seiten verändert. Es gilt der Zusammenhang

$$\frac{\Delta V}{V} = -\kappa p. \tag{6.70}$$

Alternativ wird auch häufig der Kompressionsmodul $K = 1/\kappa$ verwendet.

**Scherung und Schubmodul**

Scherkräfte wirken tangential an Oberflächen. Die Scherspannung

$$\boldsymbol{\tau} = \frac{\boldsymbol{F}}{A} \tag{6.75}$$

ist das Verhältnis von der anliegenden Kraft $\boldsymbol{F}$ und der Fläche $A$, an der die Kraft wirkt.

Wirken Scherkräfte an einem Körper, so tritt ein Scherwinkel $\alpha$ auf, der über den Schubmodul $G$ mit der Scherspannung verbunden ist.

$$\tau = G \cdot \alpha. \tag{6.76}$$

Dieser Zusammenhang ist in Analogie zu Gleichung (6.53) zu betrachten. $\tau = |\boldsymbol{\tau}|$ ist der Betrag der Scherspannung.

6

Körper können sich auch ohne äußere Krafteinwirkung verformen. So verändern Materialien beispielsweise ihr Volumen, wenn sich die Temperatur verändert.

**Wärmeausdehnung**

Die meisten Körper dehnen sich aus, wenn sie aufgewärmt werden. Dabei wird von einer Wärmeausdehnung oder thermischen Expansion gesprochen. Der Wärmeausdehnungskoeffizient $\alpha$ gibt den Zusammenhang zwischen relativer Längenänderung $\varepsilon$ und Temperaturdifferenz $\Delta T$ an:

$$\varepsilon = \alpha \Delta T. \tag{6.78}$$

# 6.6 Übungsaufgaben

### Einführungsaufgabe 98

**Dichte eines Würfels** □

Ein Würfel hat die Kantenlänge 7 cm und die Masse 686 g. Berechnen Sie die mittlere Dichte des Würfels.

### Einführungsaufgabe 99

**Kugelmasse** □

Eine Kugel hat den Radius $R$ und die ortsabhängige Dichte $\rho(\boldsymbol{r})$. Berechnen Sie die Masse $M$ der Kugel für verschiedene Dichteverteilungen. (Der Mittelpunkt der Kugel befindet sich am Koordinatenursprung.)

a) Die Dichte sei konstant $\rho(\boldsymbol{r}) = \rho$.

b) Die Dichte sei sphärisch symmetrisch:

$$\rho(r < R) = ar.$$

c) Die Dichte ist in Kugelkoordinaten

$$\rho(r,\varphi,\vartheta) = ar^2\left(\cos(\varphi)+1\right)\sin(\vartheta)\,.$$

d) Die Dichte ist höhenabhängig:

$$\rho(z) = \rho_0\left(1+\frac{1}{R}\cdot z\right).$$

### Einführungsaufgabe 100

**Schwerpunkt eines Quaders** □

Berechnen Sie den Schwerpunkt $R$ und die Masse $M$ eines Quaders mit den Kantenlängen $a$, $b$ und $c$. Der Quader liegt so im Koordinatensystem, dass seine Kanten auf den Koordinatenachsen liegen:

$$0 \le x \le a$$
$$0 \le y \le b$$
$$0 \le z \le c.$$

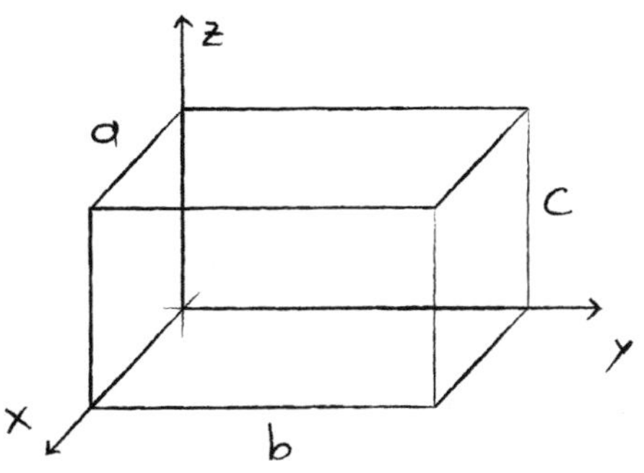


a) Die Dichte sei konstant $\rho(\boldsymbol{r}) = \rho$.

b) Die Dichte sei $\rho(\boldsymbol{r}) = A\cdot(x+y+z)$.

c) Die Dichte sei $\rho(\boldsymbol{r}) = A\cdot xyz$.

### Einführungsaufgabe 101

**Schwerpunkt eines Dreiecks** □

Berechnen Sie den Schwerpunkt des hier gezeigten Dreiecks in zwei Dimensionen (konstante Flächendichte).

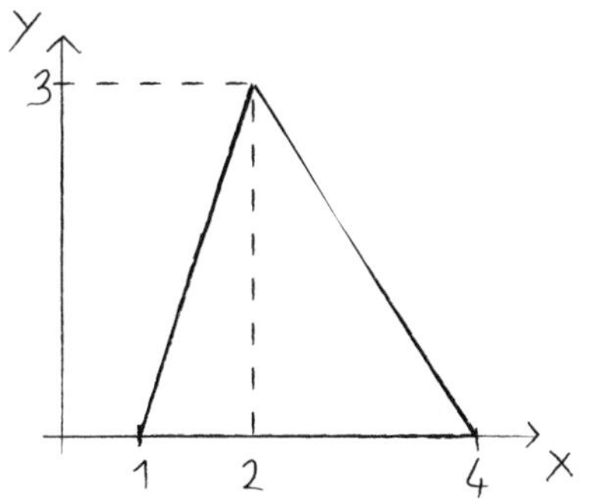


### Einführungsaufgabe 102

**Schwerpunkt eines Kegels** □

Ein homogener Kegel hat die Höhe $h$. Auf welcher Höhe befindet sich sein Schwerpunkt?

### Einführungsaufgabe 103

**Pyramide** □

Eine Pyramide hat eine quadratische Grundfläche mit Kantenlänge $d$ und die Höhe $h$. Berechnen Sie die Masse und den Schwerpunkt. Nehmen Sie dafür eine konstante Dichte $\rho$ an.

### Einführungsaufgabe 104

**Trägheitsmoment einer Kugel** □

Berechnen Sie das Trägheitsmoment einer homogenen Kugel (Radius $R$) bei Rotation um ihren Mittelpunkt.

### Einführungsaufgabe 105

**Trägheitstensor** □

Ein Würfel hat die Kantenlänge $a$ und die konstante Dichte $\rho$. Berechnen Sie seinen Trägheitstensor für Rotationen um den Schwerpunkt. Der Ursprung des Koordinatensystems befindet sich am Schwerpunkt des Würfels und die Koordinatenachsen gehen durch die Zentren der Würfelflächen.

### Einführungsaufgabe 106

**Hauptträgheitsachsen** □

Ein Körper hat den Trägheitstensor $\boldsymbol{J}$. Berechnen Sie die Hauptträgheitsmomente und die Hauptträgheitsachsen.

a)

$$\boldsymbol{J} = \begin{pmatrix} \frac{5}{3} & -\frac{2}{3} & \frac{1}{3} \\ -\frac{2}{3} & \frac{5}{3} & -\frac{1}{3} \\ \frac{1}{3} & -\frac{1}{3} & \frac{8}{3} \end{pmatrix} \mathrm{kg} \cdot \mathrm{m}^2$$

b)

$$\boldsymbol{J} = \begin{pmatrix} \frac{7}{6} & \frac{1}{6} & -\frac{1}{3} \\ \frac{1}{6} & \frac{7}{6} & -\frac{1}{3} \\ -\frac{1}{3} & -\frac{1}{3} & \frac{10}{6} \end{pmatrix} \mathrm{kg} \cdot \mathrm{m}^2$$

c)

$$\boldsymbol{J} = \begin{pmatrix} 1 & 0 & 0 \\ 0 & 3 & -1 \\ 0 & -1 & 3 \end{pmatrix} \mathrm{kg} \cdot \mathrm{m}^2$$

### Einführungsaufgabe 107

**Kompressionsmodul** □

Ein Material hat den Elastizitätsmodul 5 GPa und die Poissonzahl 0,3. Berechnen Sie den Kompressionsmodul.

### Einführungsaufgabe 108

**Schubmodul** □

Ein Körper hat den Schubmodul 10 GPa. Der Körper hat eine Oberfläche von $10\,\mathrm{cm}^2$ an der eine Scherkraft von 70 N angreift. Berechnen Sie den Scherwinkel.

### Einführungsaufgabe 109

**Querkontraktion** □

Ein Stab der Länge $l = 1\,\mathrm{m}$ wird durch eine Kraft von $F = 100\,\mathrm{N}$ um eine Strecke von $\Delta l = 5\,\mathrm{mm}$ gestreckt.

a) Wie groß ist die relative Längenänderung $\varepsilon$?

b) Der Stab hat einen Durchmesser von $d = 1{,}5\,\mathrm{cm}$. Wie verändert sich der Durchmesser unter der Krafteinwirkung, wenn die Poissonzahl $\mu = 0{,}2$ beträgt?

### Einführungsaufgabe 110

**Thermische Expansion** □

Ein Stab der Länge $l = 30\,\mathrm{cm}$ hat den Wärmeausdehnungskoeffizienten $\alpha = 23{,}1 \cdot 10^{-6}\,{}^1\!/\!_\mathrm{K}$. Der Stab wird nun von 20 °C auf 200 °C aufgeheizt. Wie lang ist der Stab jetzt?

### Verständnisaufgabe 111

**Archimedes** □

Vor über 2000 Jahren lebte ein griechischer Gelehrter namens Archimedes. Der Legende nach wurde er beauftragt, zu überprüfen, ob die Krone des Königs aus reinem Gold gefertigt war, oder ob der Schmied billigere Materialien beigefügt hatte. Dabei sollte die Krone natürlich nicht zerstört werden.

Wie konnte Archimedes den Goldgehalt der Krone nur mit einer Waage, einem Goldbarren und einem Wasserbehälter überprüfen?

### Verständnisaufgabe 112

**Mutter und Schraube** □

Eine Mutter steckt auf einer Schraube fest. Können Sie die Mutter besser oder schlechter lösen, wenn Sie sie erwärmen?

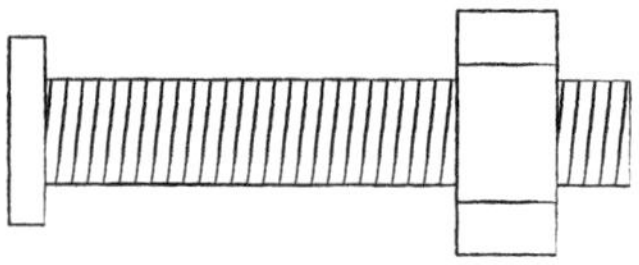

### Verständnisaufgabe 113

**Brückenspalt** □

Wenn Sie asphaltierte Brücken betrachten, dann werden Sie feststellen, dass Sie am Anfang und am Ende jeder Brücke eine kleine Lücke im Asphalt finden. Erklären Sie, warum dieser Spalt nötig ist.

### Aufgabe 114

**Schwingung im U-Rohr** □

In einem U-Rohr mit Querschnittsfläche $A$ befindet sich eine reibungsfreie Flüssigkeit (Dichte $\rho$) mit Gesamtmasse $m$. Die Flüssigkeit ist im Gleichgewicht, wenn ihre Oberfläche auf beiden Seiten des Rohrs gleich hoch ist. Wenn die Flüssigkeitsoberflächen aus der Ruhelage ausgelenkt sind, dann schwingt sie zwischen den Seiten des Rohrs hin und her. Berechnen Sie die Kreisfrequenz der Schwingung.

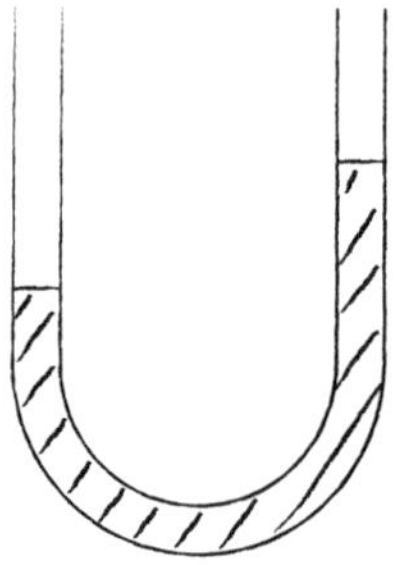

## Aufgabe 115

**Hängender Halbring** ☐

Der in der Abbildung gezeigte halbe Kreisring wird aus einem homogenen Material gefertigt und dann am eingezeichneten Aufhängepunkt frei beweglich aufgehängt.

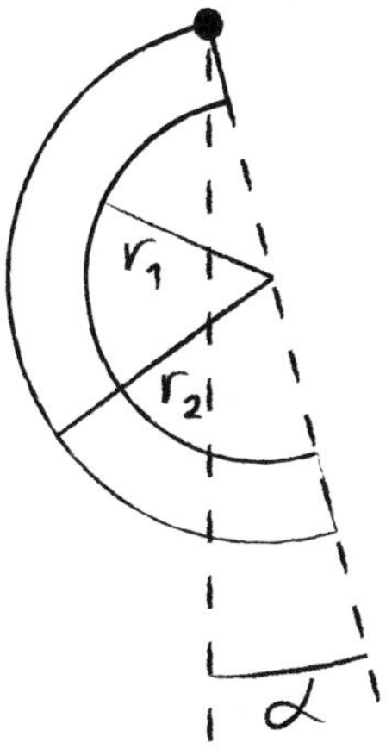


Berechnen Sie den Winkel $\alpha$ gegenüber der Senkrechten. Welches Ergebnis erhalten Sie, wenn Sie anstelle eines Rings einen vollen Halbkreis aufhängen?

## Aufgabe 116

**Gravitationstunnel** ☐

Wir betrachten die Erde als homogene Kugel. Stellen Sie sich vor, Sie hätten einen geraden Tunnel gegraben, der sich vom Nordpol aus durch den Mittelpunkt der Erde bis zum Südpol erstreckt. Nun lassen Sie ein Objekt in den Tunnel fallen. Beschreiben Sie die Bewegung, die das Objekt ausführt. Wie lange benötigt das Objekt, bis es wieder bei Ihnen ankommt?

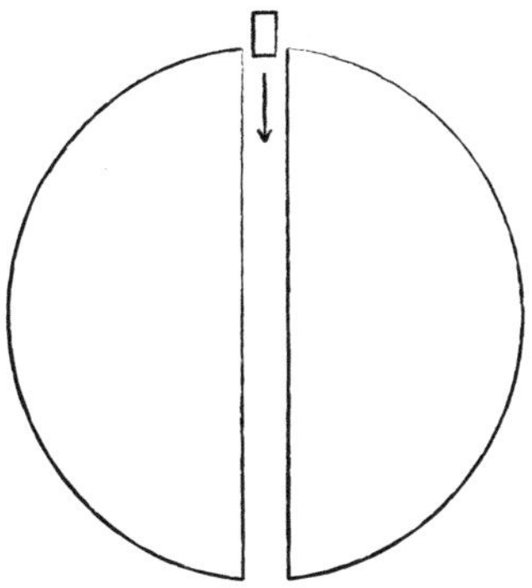

Die Erde hat die Masse $M_E = 5{,}97 \cdot 10^{24}\,\mathrm{kg}$ und den Radius $R_E = 6\,371\,\mathrm{km}$. Die Gravitationskonstante beträgt $G = 6{,}67 \cdot 10^{-11}\,\mathrm{m^3/kg{\cdot}s^2}$.

## Aufgabe 117

**Trägheitsmoment zweier Kugeln** ☐

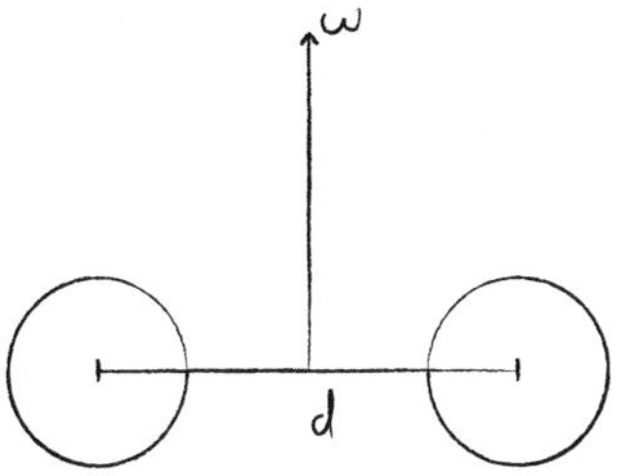


Zwei Vollkugeln mit Masse $m$ befinden sich in Abstand $d$ voneinander und kreisen um ihren gemeinsamen Schwerpunkt. Berechnen Sie das Trägheitsmoment des Systems um die Rotationsachse.

## Aufgabe 118

**Rollende Kugel** ☐

Eine homogene Kugel (Radius $R$) rollt auf einer Oberfläche mit Geschwindigkeit $v$. Wir groß ist die kinetische Energie? Vergleichen Sie sie mit der kinetischen Energie einer Kugel, die sich geradlinig bewegt, ohne zu rollen.

## Aufgabe 119

**Würfelpendel** ☐

Ein homogener Würfel mit Masse $m$ und Kantenlänge $a$ ist an seiner Kante aufgehängt und schwingt im Schwerefeld der Erde. Berechnen Sie die Frequenz der Schwingung für kleine Auslenkungen.

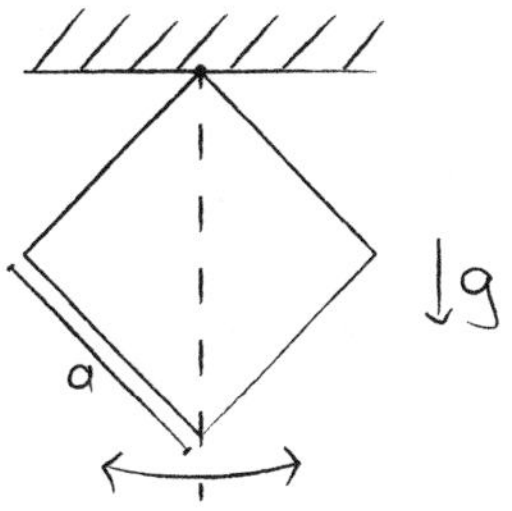


6

## Aufgabe 120

**Würfel mit Kräften** □

An einem (zunächst) ruhenden homogenen Würfel mit Masse $M$ und Kantenlänge $a$ wirken die eingezeichneten Kräfte $F$. Sie gleichen sich im Betrag, aber haben entgegengesetzte Richtungen.

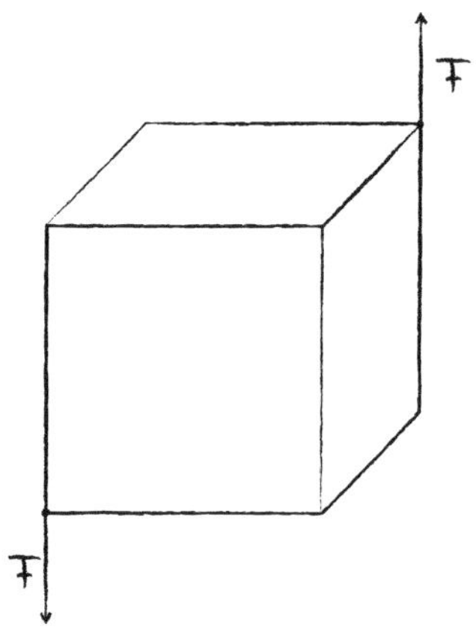


a) Beschreiben Sie die Bewegung des Würfels.

b) Wie groß ist die Winkelbeschleunigung $\alpha = \dot{\omega}$ des Würfels?

## Aufgabe 121

**Kegelstumpf** □

Gegeben sei ein Kegelstumpf mit homogener Dichte und Masse $m$.

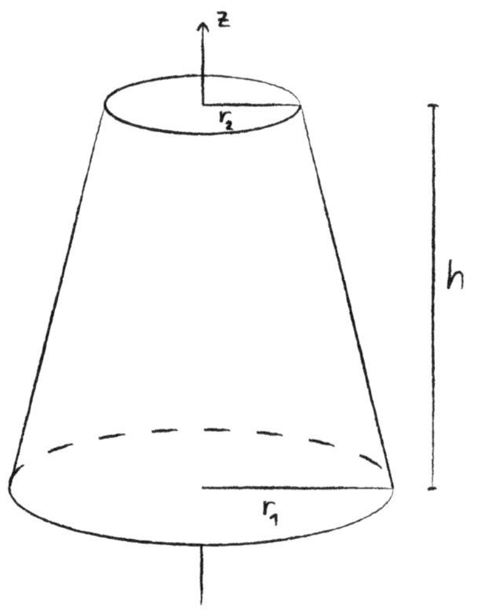


a) Berechnen Sie die Masse des Kegelstumpfes in Abhängigkeit von $r_1$, $r_2$, $h$ und der Dichte $\rho$.

b) Der Kegelstumpf rotiere nun um die $z$-Achse. Zeigen Sie, dass das Trägheitsmoment gegeben ist durch

$$J = \frac{3}{10} m \frac{(r_1^5 - r_2^5)}{r_1^3 - r_2^3}.$$

c) Nun rotiere der Kegelstumpf um eine Achse parallel zur $z$-Achse im Abstand $a$. Berechnen Sie das Trägheitsmoment.

## Aufgabe 122

**Billardkugel** □

Eine Poolbillardkugel habe eine homogene Massenverteilung. Sie wird auf Höhe ihres Schwerpunktes angestoßen, sodass sie mit der Geschwindigkeit $v_0 = 1\,\mathrm{m/s}$ ins Rutschen kommt.

a) Nach einiger Zeit kommt die Kugel ins Rollen. Wie groß ist ihre Geschwindigkeit dann?

b) Der Reibungskoeffizient zwischen Kugel und Billardtisch sei $\mu = 0{,}5$. Wie lange benötigt die Kugel, bis sie ohne zu gleiten rollt?

c) Wie weit rutscht die Kugel, bevor sie rollt?

Die Gravitationsbeschleunigung ist $g = 9{,}81\,\mathrm{m/s^2}$.

## Aufgabe 123

**Fallendes Seil mit Rolle** □

Ein Seil hat die Länge $l$ und die Masse $m$. Es wird über eine reibungsfreie Rolle gelegt, sodass das Seil auf einer Seite der Rolle länger ist. Die Rolle selbst ist zylinderförmig mit Radius $R$ und hat die Masse $m_{\text{Rolle}}$ bei konstanter Dichte. Berechnen und lösen Sie die Bewegungsgleichung des Seils. Welche Trajektorie ergibt sich für die Anfangsbedingungen $x(0) = C > 0$, $\dot{x}(0) = 0$? Wie groß ist in diesem Fall die Winkelgeschwindigkeit der Rolle, nachdem das Seil ganz heruntergefallen ist? (Ignorieren Sie den Teil des Seils, der über der Rolle liegt.)

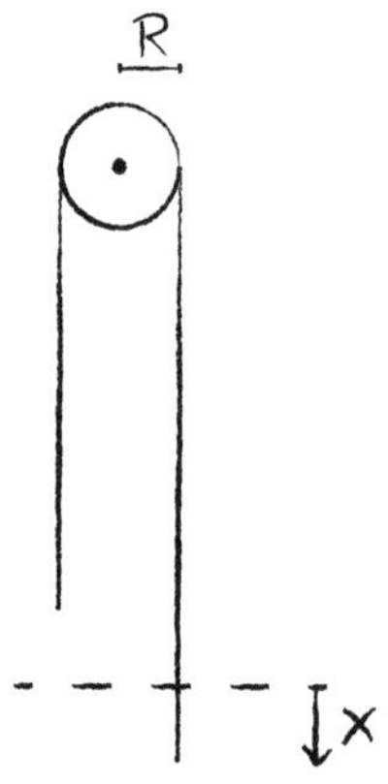

## Aufgabe 124

**Physikalisches Pendel** □

Eine dünne Stange mit Masse $m$ und Länge $l$ wird an ihrem Ende aufgehängt und kann frei schwingen. Mit welcher Frequenz schwingt das Pendel bei kleinen Auslenkungen?

## Aufgabe 125

**Präzession eines Kreisels** □

Ein Kreisel besteht aus einem Vollzylinder mit Masse $m$, Höhe $h$ und Radius $r$, der auf eine dünne Stange mit Länge $l$ gesteckt ist. Der Kreisel rotiert mit der Winkelgeschwindigkeit $\omega$ um seine Symmetrieachse. Dabei ist seine Achse gegenüber der Senkrechten um den Winkel $\alpha$ gekippt.

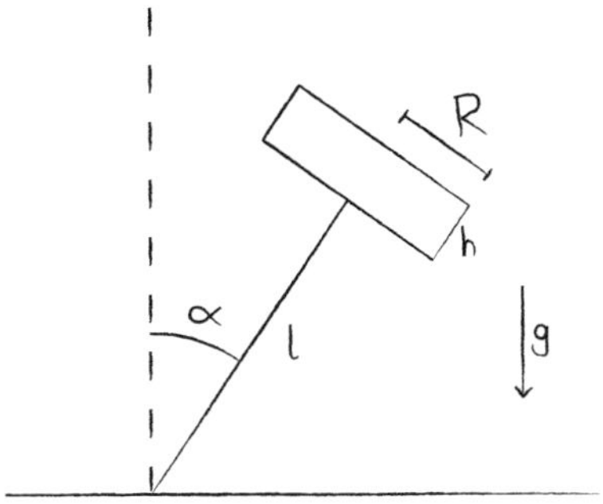


a) Wie groß ist der Drehimpuls des Kreisels? Vernachlässigen Sie dafür die Stange.

b) Unter Einfluss der Gravitationskraft führt der Kreisel Präzessionsbewegungen durch. Beschreiben Sie diese.

c) Berechnen Sie die Präzessionsfrequenz $\omega_\mathrm{P}$.

d) Welches Ergebnis erhalten Sie für den Fall $\alpha = 0°$? Welches Ergebnis erhalten Sie für $\alpha = 90°$?

## Aufgabe 126

**Gravitationskraft kugelsymmetrischer Massenverteilungen** □

Das Gravitationsfeld $F_\mathrm{G}(\boldsymbol{r})$ gibt die Kraft an, die auf ein kleines Testteilchen mit Masse $m_\mathrm{Test}$ am Ort $\boldsymbol{r}$ wirkt. Massen sind die Quelle von Gravitationskräften. Für eine Dichteverteilung $\rho(\boldsymbol{r})$ gilt

$$\nabla \cdot \boldsymbol{F}_\mathrm{G}(\boldsymbol{r}) = -4\pi G m_\mathrm{Test} \rho(\boldsymbol{r}) .$$

a) Die Masse in einem System sei sphärisch symmetrisch verteilt, sodass die Dichte $\rho(r)$ nur vom Radius $r$ abhängt. Berechnen Sie die Gravitationskraft, die auf ein kleines Testteilchen mit Masse $m_\mathrm{Test}$ wirkt.

b) Wie groß ist die Gravitationskraft innerhalb einer Hohlkugel?

c) Wie verhält sich die Gravitationskraft innerhalb einer homogenen Vollkugel?

## Aufgabe 127

**Bremsendes Fahrrad** □

Ein Fahrradfahrer bremst mit dem Vorderrad. Sein Schwerpunkt befindet sich dabei auf einer Höhe von 1 m über dem Boden und horizontal 1 m vom Auflagepunkt des Vorderrads entfernt. Der Fahrradfahrer wiegt mit Fahrrad 100 kg und die Gravitationsbeschleunigung beträgt $g = 9{,}81\,\mathrm{m/s^2}$. Wie groß muss die Bremskraft sein, damit sich das Hinterrad vom Boden hebt?

## Aufgabe 128

**Elastizitätsmodul** □

Ein Aluminiumstab mit kreisrunder Querschnittsfläche und Radius 5 mm hat die Länge 80 cm. Nun wirkt am Stab eine Kraft von 30 N, wodurch dieser um $4{,}37 \cdot 10^{-3}$ mm länger wird.

a) Wie groß ist der Elastizitätsmodul von Aluminium?

b) Welche Kantenlänge müsste der Aluminiumstab haben, wenn er einen quadratischen Querschnitt hätte und von der gleichen Kraft gleich weit gedehnt werden sollte?

## Aufgabe 129

**Stahlseil** □

Eine Stange aus Stahl hat die Länge $l = 100$ m. Wie lang ist die Stange, wenn sie im Schwerefeld der Erde an ihrem Ende aufgehängt wird? (Stahl hat den Elastizitätsmodul $E = 210$ GPa und die Dichte $\rho = 7{,}86\,\mathrm{g/cm^3}$.)

# Mechanik in Fluiden 7

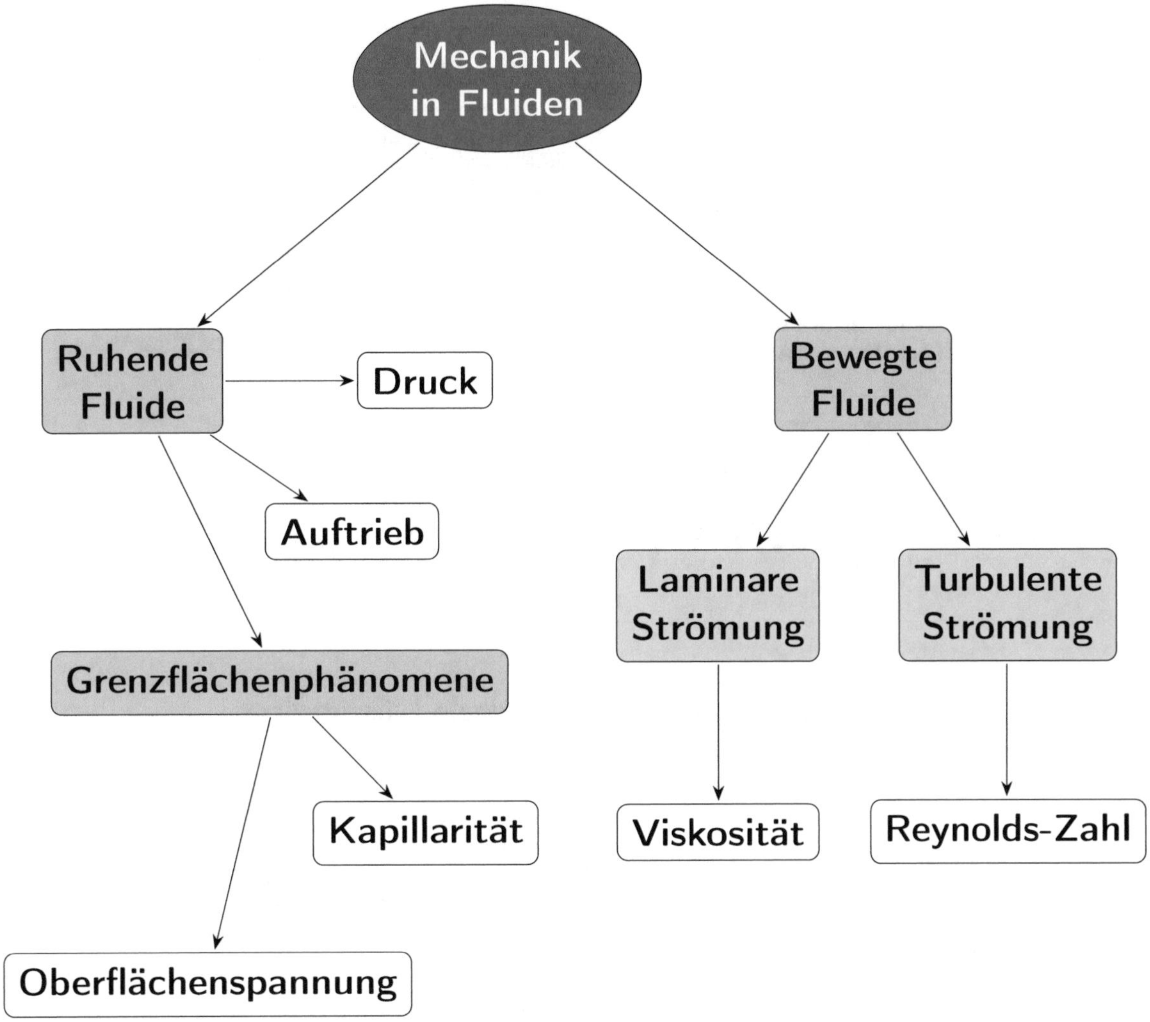



H. Kumrić und F. Roser, *Experimentalphysik: Mechanik*,
https://doi.org/10.1007/978-3-662-61855-4_7

Wir gehen nun von ausgedehnten Festkörpern zu *Fluiden* über. Ein Fluid ist ein Stoff, der selbst keine feste Form hat, sondern sich der Form seiner Umgebung anpasst. Beispielsweise passt sich Wasser in seiner Form einer Tasse an. Flüssigkeiten und Gase sind unter dem Überbegriff der Fluide zusammengefasst.

Flüssigkeiten zeichnen sich gegenüber Gasen durch ihre klar definierte Oberfläche aus. Wir können das verstehen, indem wir beide Aggregatszustände mikroskopisch betrachten.

Wie auch Festkörper bestehen Flüssigkeiten und Gase aus Atomen (die in Molekülform gruppiert sein können). Anders als bei fester Materie haben die Teilchen in Fluiden aber keinen festen Platz, sondern fliegen einfach umher. Dabei spüren sie jedoch durch elektromagnetische Wechselwirkungen die Anwesenheit der Teilchen in ihrer Umgebung. Allgemein gilt in den meisten Fluiden: Wenn sich Teilchen sehr nahekommen, stoßen sich die Valenzelektronen der Atome gegenseitig ab. Bei größeren Abständen ziehen sich die Teilchen in Fluiden aber gegenseitig an. Die Ursache dafür können beispielsweise Dipol-Dipol-Kräfte oder auch Van-der-Waals-Kräfte sein. Erst wenn die Teilchen weit voneinander entfernt sind, spüren sie ihre gegenseitige Existenz nicht mehr.

**►Tipp:**

Manche Fluide sind aus einzelnen Atomen zusammengesetzt. In anderen Fluiden sind die Atome zu Molekülen verbunden. Deshalb sprechen wir einfach von Teilchen. Damit meinen wir die Einheiten, die sich allein im Fluid bewegen können.

Der Zustand eines Fluids hängt stark davon ab, wie groß die Teilchendichte ist (also wie viele Teilchen in einem gegebenen Volumen zu finden sind) und wie schnell sich diese Teilchen durch das Fluid bewegen (Temperatur).

Bei Flüssigkeiten ist die Temperatur so niedrig und die Dichte so groß, dass die Teilchen nah genug beisammen sind, um die gegenseitigen Wechselwirkungen deutlich zu spüren. Außerdem bewegen sie sich so langsam, dass die Wechselwirkungsenergien dominieren. Das bedeutet, dass Teilchen nicht einfach mit hoher Geschwindigkeit aneinander vorbeifliegen, sondern sich spürbar gegenseitig anziehen. Da sich alle Teilchen in der Flüssigkeit gegenseitig anziehen, will die ganze Flüssigkeit immer das kleinstmögliche Volumen einnehmen (im Weltall nehmen frei schwebende Flüssigkeiten immer Kugelform an). So kommt es zur Bildung einer Oberfläche. Auf die Mechanik an Grenzflächen gehen wir in Abschnitt 7.2 noch näher ein.

Gase haben im Vergleich zu Flüssigkeiten einen viel größeren Teilchen-Teilchen-Abstand (geringere Dichte). Auch bewegen sich die Teilchen viel schneller als in Flüssigkeiten, sodass nun die kinetischen Energien dominieren. Teilchen können gelegentlich miteinander kollidieren, aber zwischen zwei Kollisionen bewegen sich Gasteilchen einfach geradlinig.

Deshalb bilden Gase keine klar definierten Oberflächen aus. Wenn auf Gase keine Kräfte und Einschränkungen wirken, dann verflüchtigen sie sich. Platzt also im Weltall ein Luftballon, so werden die Luftmoleküle einfach auseinanderfliegen und nicht an Ort und Stelle bleiben.

Genau genommen benötigt ein Gas keine äußeren Kräfte, um an einem annähernd festen Punkt im Raum zu bleiben. Neben der elektromagnetischen Wechselwirkung gibt es nämlich auch noch Gravitationskräfte, mit denen sich die Teilchen gegenseitig anziehen. Diese Kräfte sind aber sehr, sehr, *sehr* schwach verglichen mit elektromagnetischen Wechselwirkungen. Deshalb muss eine Gaswolke irrsinnig groß und schwer sein, um durch ihre eigene Gravitation zusammenzuhalten. Im Universum sind solche Wolken für die Entstehung von Sternen verantwortlich. Auch Sterne sind genau genommen sehr dichte Gaswolken, die durch ihre Gravitation zusammengehalten werden.

## 7.1 Ruhende Fluide

Wir ignorieren zunächst die Gase und beschäftigen uns nur mit Flüssigkeiten und der Form ihrer Oberflächen unter Krafteinwirkung.

### 7.1.1 Ideale Flüssigkeiten

Die Form, die eine Flüssigkeit annimmt, ist abhängig von den Kräften, die auf sie wirken. So hat beispielsweise Wasser in einem Glas eine flache Oberfläche, weil hier die Gravitationskraft wirkt. Bewegt sich das Wasser aber im Kreis, so steigt die Wasseroberfläche am Rand des Glases an und sinkt in der Mitte ab. Dieses Phänomen kennt jeder, der einmal seinen Kaffee umgerührt hat.

Wir haben gesagt, dass Flüssigkeiten in der Lage sind, sich jeder Form anzupassen. Dabei gibt es aber große Unterschiede. Schließlich reagiert Kaffee anders auf Umrühren als Honig. Der Grund dafür ist, dass im Inneren einer Flüssigkeit Reibungskräfte auftreten, die der Verformung der Flüssigkeit unter Krafteinwirkung entgegenwirken. Je stärker diese inneren Reibungskräfte sind, desto zähflüssiger ist die Flüssigkeit. Wir sprechen dabei auch von der *Viskosität*. Später werden wir noch auf solche Aspekte zu sprechen kommen, hier aber stellen wir uns nur *ideale Flüssigkeiten* vor. Solche Flüssigkeiten sind gewissermaßen perfekt dünnflüssig und leisten gegen verformende Scherkräfte keinerlei Widerstand. In Bezug auf Gleichung (6.76) bedeutet das, dass ideale Flüssigkeiten den Schubmodul $G = 0$ haben.

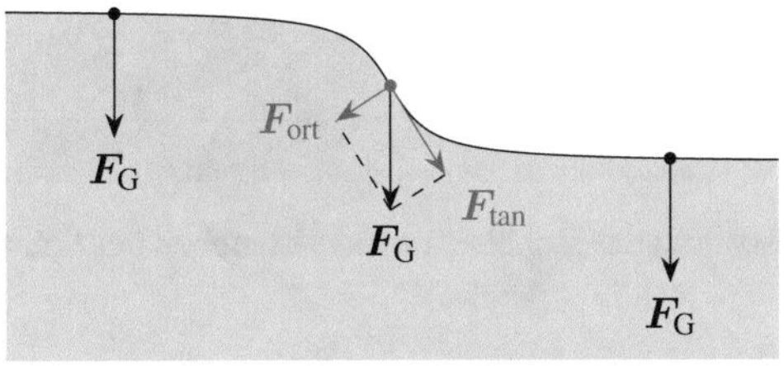


Abb. 7.1: Auf eine Flüssigkeitsoberfläche wirkt die Gravitationskraft $\boldsymbol{F}_G$. Wenn die Oberfläche nicht horizontal verläuft, dann kann die Kraft in tangentiale und orthogonale Komponenten zerlegt werden. Teilchen der Flüssigkeit bewegen sich dann entlang der tangentialen Kraft.

Darüber hinaus nehmen wir für unsere Flüssigkeit an, dass sie *inkompressibel* ist. Das bedeutet, dass ihr Volumen immer konstant bleibt und auch durch Drücke oder Zugspannungen nicht verändert werden kann. Das ist tatsächlich für die meisten Flüssigkeiten eine recht gute Näherung und ein weiterer Punkt, in dem sich Flüssigkeiten von Gasen unterscheiden. Wenn Gase unter Druck gesetzt werden, dann verringert sich ihr Volumen.

Die Bezeichnung der idealen Flüssigkeit impliziert nicht unbedingt, dass die Flüssigkeit auch inkompressibel ist. Oft wird das aber angenommen. Dazu gibt es verschiedene Konventionen.

**Ideale Flüssigkeit**

Flüssigkeiten unterscheiden sich durch ihre Viskosität (Zähflüssigkeit) voneinander. Diese kommt durch innere Reibungskräfte in der jeweiligen Flüssigkeit zustande. Eine *ideale Flüssigkeit* zeichnet sich dadurch aus, dass sie nicht viskos ist und Scherkräften keinen Widerstand leistet. Außerdem betrachten wir ideale Flüssigkeiten als *inkompressibel*.

Wir betrachten ideale Flüssigkeiten, weil sich ihre Oberflächen deutlich einfacher verhalten als die von viskosen Flüssigkeiten.

### 7.1.2 Ruhende Oberflächen

Wie auch bei den Oberflächen von Festkörpern können an Flüssigkeitsoberflächen tangentiale und orthogonale Kräfte angreifen. Da wir inkompressible Flüssigkeiten betrachten, haben orthogonale Kräfte keinen Einfluss auf die Oberfläche. Schließlich kann die Flüssigkeit nicht eingedrückt werden, ohne dass sich das Volumen ändert. Tangentiale Kräfte dagegen verformen die Flüssigkeitsoberfläche.

In Abbildung 7.1 haben wir eine Flüssigkeitsoberfläche skizziert, auf die die Gravitationskraft $\boldsymbol{F}_G$ wirkt. Wenn die Oberfläche nicht horizontal ist, dann kann die Kraft in eine orthogonale ($\boldsymbol{F}_{ort}$) und eine tangentiale ($\boldsymbol{F}_{tan}$) Komponente zerlegt werden. Entlang der tangentialen Komponente bewegt sich die Flüssigkeit.

Wir betrachten hier ideale Flüssigkeiten mit dem Schubmodul $G = 0$. Mathematisch bedeutet das nach Gleichung (6.76), dass sich die Flüssigkeit unendlich weit verformen würde, wenn auch nur eine winzige Scherkraft anläge. Das bedeutet, dass an idealen Flüssigkeiten keine tangentialen Kräfte wirken können. Die Flüssigkeitsoberfläche stellt sich immer so ein, dass die tangentialen Komponenten verschwinden. Wenn eine Gravitationskraft (die nach unten zeigt) anliegt, dann ist die Oberfläche einer idealen Flüssigkeit in Ruhe immer horizontal. So steht die Kraft überall orthogonal auf der Flüssigkeitsoberfläche.

**Flüssigkeitsoberfläche**

An der Oberfläche einer ruhenden idealen Flüssigkeit wirken niemals tangentiale Kräfte. Die Oberfläche ist stets so geformt, dass alle Kräfte orthogonal wirken.

7

## Theorieaufgabe 48: Rotierende Flüssigkeit ••

Eine ideale Flüssigkeit befindet sich in einem rotierenden Behälter. Im Ruhesystem des Behälters wirkt also neben der Schwerkraft $F_G = mg$ auch die Zentrifugalkraft $F_Z = m\omega^2 r$ (in Zylinderkoordinaten).

Aufgrund der Zylindersymmetrie des Problems hängt die Höhe $z$ der Flüssigkeitsoberfläche nur vom Radius $r$ ab. Berechnen Sie die Funktion $z(r)$, die den Verlauf der Flüssigkeitsoberfläche beschreibt. (Hier kann eine Skizze helfen. Versuchen Sie, eine Verbindung zwischen den Kräften und der Ableitung $z'(r)$ zu finden.)

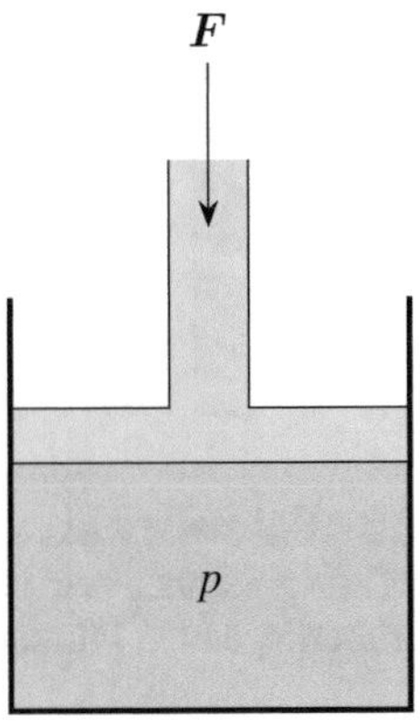


Abb. 7.2: Ein Kolben mit Fläche $A$ drückt mit der Kraft $\boldsymbol{F}$ auf ein Fluid. Dabei wirkt der Druck $p = F/A$ auf die Fluidoberfläche. Dieser Druck herrscht überall im Fluid. In diesem Beispiel wirkt auf das Fluid keine Gravitationskraft.

## 7.1.3 Statischer Druck

Die folgenden Betrachtungen gelten für alle Fluide, also für Flüssigkeiten sowie für Gase.

Nachdem wir uns mit den tangentialen Kräften beschäftigt haben, kommen wir jetzt auf die Kräfte zu sprechen, die senkrecht auf Oberflächen von Fluiden wirken. In Unterabschnitt 6.4.1 haben wir bereits über Drücke gesprochen. Diese kommen auch bei Fluiden vor. Auch hier ist der Druck $p$ der Quotient aus der orthogonalen Kraft $F$ (auf eine Oberfläche) und der Fläche $A$ (auf die die Kraft wirkt):

$$p = \frac{F}{A}. \tag{7.1}$$

Ein Druck auf eine Fluidoberfläche kann auf verschiedene Arten ausgeübt werden. Beispielsweise durch einen Kolben, der gegen das Fluid drückt, das in einem Gefäß eingeschlossen ist (sodass kein Fluid entweichen kann). Wir haben diese Situation in Abbildung 7.2 skizziert, da wir uns an diesem Beispiel einen wichtigen Unterschied zwischen Fluiden und Festkörpern deutlich machen können.

Das System mit Fluid und Kolben ist in Ruhe. Das bedeutet, dass sich alle wirkenden Kräfte gegenseitig aufheben. Demnach wirkt durch die oberste Fluidschicht auch ein Druck auf den Kolben. Damit die oberste Fluidschicht nach oben drücken kann, muss sie selbst von der zweitobersten Fluidschicht gedrückt werden. So wird klar, dass der Druck im ganzen Fluidvolumen herrscht. Das gilt zunächst auch für Festkörper. Wollen wir allerdings auf einen Festkörper Druck ausüben, so benötigen wir neben dem Kolben nur eine Bodenplatte und kein Gefäß. In Fluiden ist der Druck keine gerichtete Größe. Deshalb will das Fluid zur Seite hin ausweichen und muss von den Gefäßwänden gehalten werden. Die seitlichen Wände müssen also einer Kraft standhalten, die dem Druck des Fluids multipliziert mit der Wandfläche entspricht.

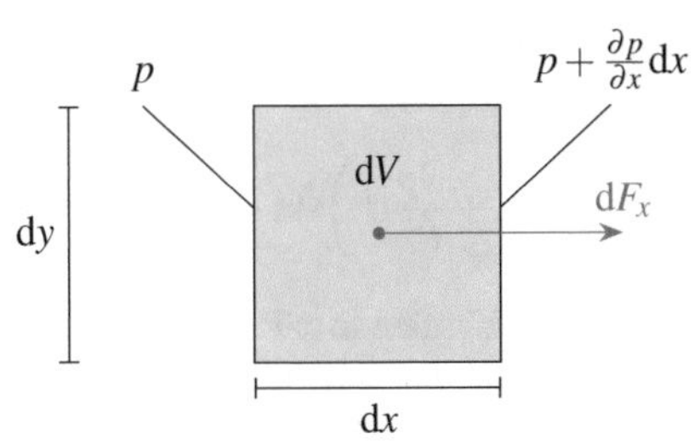


Abb. 7.3: Auf ein infinitesimal kleines Flüssigkeitsvolumen $\mathrm{d}V$ wirkt eine Kraft $\mathrm{d}F_x$ in $x$-Richtung. Dadurch unterscheiden sich die Drücke auf der linken und der rechten Seite des Volumens. In dieser Skizze ist die $z$-Richtung nicht explizit eingezeichnet.

**Druck in Fluiden**

In Fluiden ist der Druck $p$ eine ungerichtete Größe, die überall gleich ist, solange keine Kräfte im Inneren des Fluids wirken (beispielsweise die Gravitationskraft).

Wir können den Druck in Fluiden auch mikroskopisch verstehen. Die Fluidteilchen fliegen durch die thermische Energie andauernd umher. Wenn das Fluid an eine Oberfläche angrenzt, dann stoßen ständig Fluidteilchen gegen die Fläche und werden reflektiert. Dabei erhält die Oberfläche einen Impuls in die entgegengesetzte Richtung. Der Druck, der durch Fluide auf Oberflächen ausgeübt wird, entsteht also einfach durch die Stöße der Teilchen auf die Fläche.

Hier haben wir jetzt eine Situation betrachtet, in der äußere Kräfte nur auf die Fluidoberflächen wirken. Es gibt aber auch Kräfte, die im Inneren des Fluids wirken, beispielsweise die Gravitationskraft. Dann ist der Druck nicht mehr überall gleich.

Um das zu verstehen, betrachten wir ein kleines Volumen $\mathrm{d}V = \mathrm{d}x\,\mathrm{d}y\,\mathrm{d}z$ im Fluid, wie in Abbildung 7.3 skizziert (wir haben die $z$-Richtung im Bild nicht eingezeichnet). Wir nehmen an, dass der Druck $p(\boldsymbol{r})$ ortsabhängig ist und sehen uns die linke und rechte Fläche des skizzierten Würfels an. Diese Oberflächen haben jeweils die Größe $\mathrm{d}A = \mathrm{d}y \cdot \mathrm{d}z$. Auf der linken Seite wirke der Druck $p$ im Fluid. Über das totale Differential

$$\mathrm{d}p = \frac{\partial p}{\partial x}\mathrm{d}x + \frac{\partial p}{\partial y}\mathrm{d}y + \frac{\partial p}{\partial z}\mathrm{d}z \tag{7.2}$$

des Drucks erhalten wir den Druck $p + \partial p/\partial x \cdot \mathrm{d}x$ auf der rechten Seite des Volumens $\mathrm{d}V$ (bewegen wir uns nur von links nach rechts, so ist $\mathrm{d}y = \mathrm{d}z = 0$).

Dass sich die Drücke links und rechts unterscheiden, ist nur erklärbar, wenn dazwischen eine Kraft $\mathrm{d}F_x$ in $x$-Richtung wirkt. Auf die linke Fläche des Volumens wirkt die Kraft $p \cdot \mathrm{d}A$, rechts hingegen wirkt die Kraft $-(p + \partial p/\partial x \cdot \mathrm{d}x)\,\mathrm{d}A$ (in die andere

Richtung). Beide Kräfte heben sich gegenseitig nicht ganz auf. Die resultierende Differenz ist

$$\mathrm{d}F_x = p \cdot \mathrm{d}A - \left(p + \frac{\partial p}{\partial x}\mathrm{d}x\right)\mathrm{d}A = -\frac{\partial p}{\partial x}\mathrm{d}x \cdot \mathrm{d}A. \qquad (7.3)$$

Diese Kraft wirkt im Volumen in $x$-Richtung und sorgt für die Druckdifferenz zwischen der linken und rechten Seite. Da $\mathrm{d}x \cdot \mathrm{d}A = \mathrm{d}V$ ist, können wir auch gleich

$$\mathrm{d}F_x = -\frac{\partial p}{\partial x}\mathrm{d}V \qquad (7.4)$$

schreiben. Den gleichen Zusammenhang finden wir natürlich auch für Kraftkomponenten in $y$- und $z$-Richtung. Für eine vektorielle Kraft $\mathrm{d}\boldsymbol{F}$ erhalten wir dann insgesamt

$$\mathrm{d}\boldsymbol{F} = -\operatorname{grad}(p) \cdot \mathrm{d}V. \qquad (7.5)$$

Wie können wir diesen Zusammenhang interpretieren? Die Kraft $\mathrm{d}\boldsymbol{F}$, die auf ein Volumenelement $\mathrm{d}V$ in einem Fluid wirkt, sorgt für einen Druckgradienten, also eine Änderung des Drucks im Ort. Wir können auf beiden Seiten durch das Volumenelement $\mathrm{d}V$ dividieren. Dann erhalten wir

$$\frac{\mathrm{d}\boldsymbol{F}}{\mathrm{d}V} = -\operatorname{grad}(p). \qquad (7.6)$$

Das Verhältnis $\mathrm{d}\boldsymbol{F}/\mathrm{d}V$ können wir uns wie eine Kraftdichte vorstellen, also die Kraft, die pro Volumen wirkt.

**Druck und Kraft im Fluid**

Wenn auf ein Fluid eine Kraft wirkt, dann ist der Druck ortsabhängig. So erzeugt das Fluid eine Gegenkraft $\boldsymbol{F}$ (reactio), die das Gleichgewicht im System herstellt. Der Gradient des Drucks $p$ hängt über die Gleichung

$$\mathrm{d}\boldsymbol{F} = -\operatorname{grad}(p) \cdot \mathrm{d}V \qquad (7.7)$$

mit der wirkenden Kraft am jeweiligen Ort zusammen. Dabei ist $\mathrm{d}V$ ein Volumenelement im Fluid, in dem der Anteil $\mathrm{d}\boldsymbol{F}$ der Kraft $\boldsymbol{F}$ wirkt.

7

**►Tipp:**

Gehen Sie hier vorsichtig mit den Vorzeichen um. Die von außen wirkende Kraft ist in diesem Zusammenhang $-\boldsymbol{F}$.

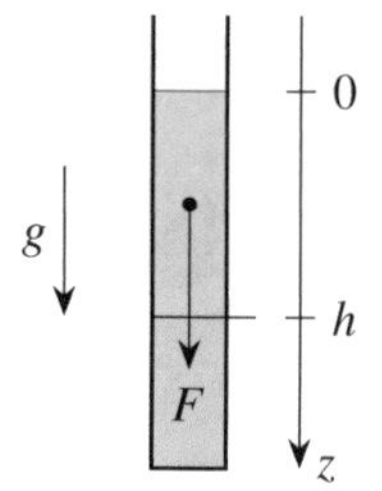


Abb. 7.4: Auf eine Flüssigkeitssäule wirkt die Gravitationskraft. Bei einer beliebigen Tiefe $h$ können wir den Druck durch die Schwerkraft $F$ der darüberliegenden Flüssigkeit berechnen.

### Schweredruck

Die bekannteste äußere Kraft, die in Fluiden wirkt, ist die Gravitationskraft. Anhand von Abbildung 7.4 können wir verstehen, wie sich die Situation im Fluid unter ihrem Einfluss verändert. Wir haben eine Flüssigkeitssäule skizziert, auf die die Gravitationskraft wirkt. Bei einer beliebigen Höhe $h$ machen wir einen gedanklichen Schnitt durch die Säule. Auf die Schnittfläche wirkt die Gewichtskraft $F = mg = \rho V g$ des darüberliegenden Flüssigkeitsvolumens $V$.

Wir könnten die Flüssigkeit über dem Schnitt auch entfernen und durch einen Kolben ersetzen, wie in Abbildung 7.2 skizziert. Wenn der Kolben mit der gleichen Kraft $F$ auf die Flüssigkeit unter dem Schnitt drückt, dann ist dort kein Unterschied feststellbar.

Das bedeutet, dass ein Fluid unter Gravitationskraft einen Druck auf sich selbst ausübt, der *Schweredruck* genannt wird. Dieser Druck hängt vom Ort im Fluid ab, je nachdem, wie schwer der Anteil des Fluids ist, der über dem betrachteten Punkt liegt.

Wir können den Druck in einem Fluid auf zwei verschiedenen Wegen berechnen. Wenn wir Gleichung (7.6) verwenden wollen, können wir direkt die Kraft $\mathrm{d}F_z = -\mathrm{d}mg = -\mathrm{d}V\rho g$ einsetzen. Die Kraft ist eigentlich ein Vektor, hat aber nur eine senkrechte Komponente ($z$-Richtung). Das bedeutet, dass die horizontalen Komponenten des Gradienten von $p$ verschwinden. So wissen wir bereits, dass der Druck an Stellen gleicher Höhe $z$ im Fluid konstant ist.

In $z$-Richtung erhalten wir den Zusammenhang

$$\mathrm{d}F_z = \mathrm{d}V\rho g = -\frac{\partial p}{\partial z}\mathrm{d}V \qquad (7.8)$$

oder

$$\frac{\partial p}{\partial z} = -\rho g. \qquad (7.9)$$

Dabei betrachten wir genau genommen nicht die Gravitationskraft, sondern die Gegenkraft des Fluids, die nach oben zeigt. Wir erhalten den Druck in Abhängigkeit von der Tiefe $h$ im Fluid durch die Integration

$$p(h) = \int_h^0 \frac{\partial p}{\partial z}\mathrm{d}z \qquad (7.10)$$

$$= -g\int_h^0 \rho\,\mathrm{d}z. \qquad (7.11)$$

In inkompressiblen Fluiden ist $\rho$ eine konstante Größe und wir erhalten

$$p(h) = \rho g h. \tag{7.12}$$

Für Flüssigkeiten ist das eine gute Näherung. So kann beispielsweise der Wasserdruck in Abhängigkeit von der Wassertiefe $h$ berechnet werden. Gase können dagegen durch ihren eigenen Schweredruck komprimiert werden. In dem Fall hängt die Dichte $\rho$ von der Höhe ab und die Berechnung des Drucks wird komplizierter.

Alternativ können wir den Schweredruck an einem bestimmten Punkt im Fluid berechnen, indem wir das Gewicht der darüberliegenden Masse berechnen (siehe Abbildung 7.4).

## Theorieaufgabe 49: Schweredruck ••

Berechnen Sie den Schweredruck eines Fluids erneut, indem Sie den Ansatz aus Abbildung 7.4 verwenden. Berechnen Sie die Gewichtskraft des aufliegenden Fluids in Abhängigkeit von der Höhe. Welches Ergebnis ergibt sich für inkompressible Fluide?

Verwenden wir anstelle von Gleichung (7.6) also die Schwere des Fluids, welches auf das darunterliegende Fluid drückt, so erhalten wir das gleiche Ergebnis.

### Pascal'sches Gesetz

Unter dem Einfluss von Gravitation üben Fluide Druck auf sich selbst aus, den wir als *Schweredruck* bezeichnen. Dieser Druck $p(h)$ ist höhenabhängig und nimmt für inkompressible Fluide im homogenen Gravitationsfeld die Form

$$p(h) = \rho g h \tag{7.13}$$

an. Dabei ist $\rho$ die Dichte des Fluids und $g$ die Gravitationsbeschleunigung. $h$ bezeichnet die Tiefe im Fluid (von der Oberfläche aus gemessen).

Zusätzlich kann auf die Oberfläche eines Fluids noch ein Druck $p_0$ wirken. Nach dem *Pascal'schen Gesetz* ergibt sich der Gesamtdruck dann durch die Summe

$$p(h) = \rho g h + p_0. \tag{7.14}$$

Bei Flüssigkeiten in alltäglichen Situationen ist $p_0$ häufig einfach der herrschende Luftdruck.

7

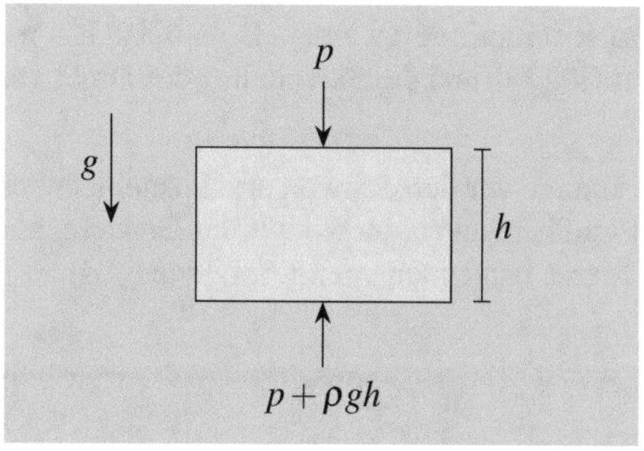


Abb. 7.5: Ein Quader der Höhe $h$ befindet sich in einem Fluid. Aufgrund des Schweredrucks wirkt nun auf die obere Fläche des Quaders ein geringerer Druck als auf die untere Fläche. Die Kraftdifferenz wird Auftriebskraft genannt.

### 7.1.4 Auftrieb

Zuletzt kommen wir noch auf eine wichtige Konsequenz des Schweredrucks zu sprechen. Dafür stellen wir uns einen Quader mit Grundfläche $A$ und Höhe $h$ vor, der sich in einem Fluid befindet. Eine solche Situation haben wir in Abbildung 7.5 skizziert.

Durch die Höhenabhängigkeit des Schweredrucks wirken nun verschiedene Drücke auf die obere und untere Fläche des Quaders. Diese Drücke resultieren in den Kräften $Ap$ oben und $A(p+\rho gh)$ unten. Dabei ist $\rho$ die Dichte des Fluids. Die resultierende Kraft ist

$$F_\mathrm{A} = A(p+\rho gh) - Ap = \rho ghA \tag{7.15}$$

und wirkt nach oben. Mit dem Quadervolumen $V = Ah$ erhalten wir die Kraft

$$F_\mathrm{A} = \rho gV. \tag{7.16}$$

Diese Kraft wirkt auf jeden Körper, der sich in einem Fluid unter Schweredruck befindet, und wird *Auftriebskraft* genannt. Die Auftriebskraft ist genauso groß wie die Gewichtskraft des Fluids gewesen wäre, das verdrängt wurde. Sie wirkt allerdings nach oben. Wir sprechen hier auch vom *Archimedischen Prinzip*.

Zusätzlich zur Auftriebskraft wirkt natürlich auf jeden Körper seine eigene Gewichtskraft $F_\mathrm{G}$. So wirkt auf jeden Körper der Masse $m$ und Dichte $\rho_K$ im Fluid die Gesamtkraft

$$F = F_\mathrm{A} + F_\mathrm{G} = \rho gV - mg = (\rho - \rho_K)gV. \tag{7.17}$$

Es lässt sich leicht zeigen, dass Körper, deren Dichte der des Fluids entspricht, die resultierende Kraft $F = 0$ spüren. Sie schweben im Fluid. Dieses Ergebnis ist nicht sonderlich überraschend, da gewissermaßen auch das Fluid selbst im Fluid schwebt. Bei Körpern mit größeren Dichten ist die Gewichtskraft stärker als die Auftriebskraft und sie sinken. Steine haben eine größere Dichte als Wasser und gehen deshalb unter. Auch wir Menschen haben eine größere Dichte als Luft und schweben nicht davon.

Ist die Dichte eines Körpers geringer als die des Fluids, so überwiegt die Auftriebskraft und der Körper schwimmt. Das bedeutet, dass ein Teil des Körpers über die Oberfläche des Fluids ragt und er dadurch weniger Volumen verdrängt. So wird das Kräftegleichgewicht erreicht und der Körper schwimmt an der Oberfläche in Ruhe.

**Auftriebskraft**

Auf Körper, die sich in Fluiden mit Schweredruck befinden, wirkt eine *Auftriebskraft* nach oben. Diese Kraft ist genauso groß wie die Schwerkraft des verdrängten Fluids gewesen wäre:

$$F_\mathrm{A} = \rho gV. \tag{7.18}$$

Dabei ist $\rho$ die Dichte des Fluids und $V$ das Volumen des Körpers. Wir nennen das das *Archimedische Prinzip*.

Körper, deren Masse größer ist als die Masse des verdrängten Fluids, gehen unter. Ist die Masse gleich groß, so schwebt der Körper im Fluid. Wenn der Körper leichter ist als das verdrängte Fluid, dann schwimmt er nach oben. Kommt er an eine Oberfläche, so verdrängt er weniger Fluid, sodass sich Gewichts- und Auftriebskraft ausgleichen.

## 7.2 Grenzflächenphänomene

Bei unseren bisherigen Betrachtungen von Flüssigkeiten haben wir einige Aspekte außer Acht gelassen, die an Oberflächen eine Rolle spielen. Deshalb betrachten wir diese Oberflächen jetzt noch genauer.

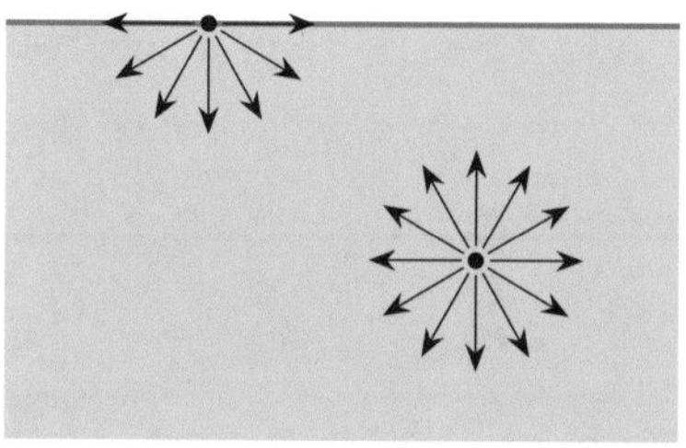

Abb. 7.6: Flüssigkeitsteilchen ziehen sich gegenseitig an. Auf ein Teilchen, das von allen Seiten von Flüssigkeit umgeben ist, wirken deshalb Kräfte in alle Richtungen, die sich gegenseitig aufheben. Flüssigkeitsteilchen, die sich dagegen an der Oberfläche befinden, spüren eine resultierende Kraft in Richtung der Flüssigkeit. So entsteht die Oberflächenspannung von Flüssigkeiten.

### 7.2.1 Oberflächenspannung

Wir haben bereits darüber gesprochen, dass sich Teilchen in Flüssigkeiten gegenseitig anziehen. Auf ein einzelnes Teilchen in der Flüssigkeit wirken also Anziehungskräfte von allen benachbarten Teilchen. Wenn das Teilchen von allen Seiten mit Flüssigkeit umgeben ist, dann wirken auch Anziehungskräfte in alle Richtungen, die sich im Mittel gegenseitig aufheben. Wir haben das in Abbildung 7.6 skizziert. Teilchen an der Flüssigkeitsoberfläche sind aber nicht von allen Seiten von Flüssigkeit umgeben. Deshalb spüren sie eine resultierende Anziehungskraft zum Inneren der Flüssigkeit hin.

> Es mag hier nicht ganz klar sein, warum sich ein Flüssigkeitsteilchen an der Oberfläche durch die resultierende Kraft nicht einfach in die Flüssigkeit hineinbewegt. Wir müssen aber beachten, dass sich die Teilchen auch gegenseitig abstoßen, wenn sie einander zu nahekommen und dass die Teilchen auch kinetische Energien haben und sich bewegen. So haben Flüssigkeiten ein nahezu festes Volumen. Wenn sich die Teilchen an der Oberfläche nach innen bewegen wollen, dann wird dadurch das Flüssigkeitsvolumen minimal komprimiert und es baut sich eine Gegenkraft auf, die die Oberfläche stabilisiert. Kurz gesagt wehrt sich die Flüssigkeit einfach gegen die Kompression.

Teilchen an der Flüssigkeitsoberfläche haben eine größere Energie als Teilchen im Inneren der Flüssigkeit. Wenn wir ein Teilchen aus dem Inneren an die Oberfläche bewegen möchten, müssen wir schließlich gegen die Anziehungskraft arbeiten, die das Teilchen in die Flüssigkeit zurückziehen will.

Wenn wir die Oberfläche einer Flüssigkeit um $\Delta A$ vergrößern möchten, dann müssen wir zusätzliche Teilchen an die Oberfläche bringen und dabei die Arbeit $\Delta W$ aufbringen. Das Verhältnis von Arbeit zu Fläche

$$\varepsilon = \frac{\Delta W}{\Delta A} \tag{7.19}$$

nennen wir die *spezifische Oberflächenenergie*. Sie gibt die Energie an, die in einer Oberfläche steckt, und ist von der jeweiligen Flüssigkeit abhängig.

Die spezifische Oberflächenenergie $\varepsilon$ ist positiv. Das bedeutet, dass die Gesamtenergie der Flüssigkeit umso kleiner ist, je kleiner die Flüssigkeitsoberfläche ist. Um einen Zustand minimaler Energie zu erreichen, ziehen sich Flüssigkeitsoberflächen zusammen. Wir sprechen dabei von der *Oberflächenspannung* $\sigma$.

Wir können die Oberflächenspannung einer Flüssigkeit mithilfe des in Abbildung 7.7 gezeigten Experiments messen. Dafür wird in einer Drahtkonstruktion ein Flüssigkeitsfilm gebildet. Der rechte Draht der Länge $l$ ist frei beweglich und wird vom Film nach links gezogen, sodass die Flüssigkeitsoberfläche verkleinert wird.

Wenn sich der Draht um $\mathrm{d}x$ nach links bewegt, dann verändert sich die gesamte Fläche um $\mathrm{d}A = l \cdot \mathrm{d}x$. Wir müssen allerdings

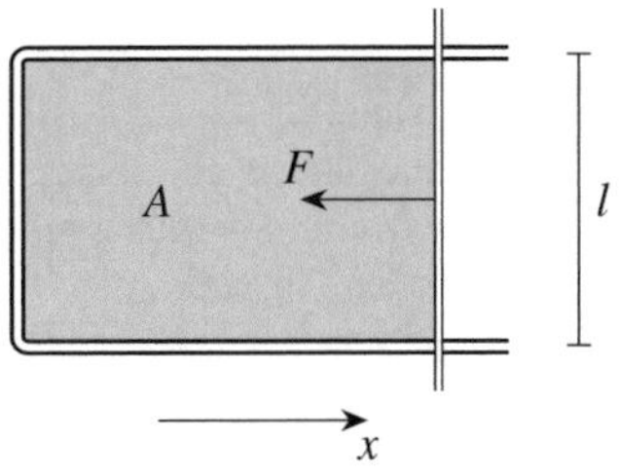


Abb. 7.7: Die Oberflächenspannung kann anhand von Flüssigkeitsfilmen gemessen werden. Die rechte Seite des Films wird durch einen beweglichen Draht begrenzt, der durch die Oberflächenspannung nach links gezogen wird.

beachten, dass der Flüssigkeitsfilm eine Vorder- und eine Rückseite hat und damit zwei Oberflächen. Deshalb ist die tatsächliche Änderung der Flüssigkeitsoberfläche $\mathrm{d}A = 2l \cdot \mathrm{d}x$.

Wenn der Draht durch die Oberflächenspannung mit der Kraft $F$ nach links gezogen wird, dann wird die Arbeit

$$\mathrm{d}W = F\,\mathrm{d}x = \frac{F}{2l}\,\mathrm{d}A \tag{7.20}$$

geleistet. Hier können wir nun die spezifische Oberflächenenergie einsetzen und erhalten

$$\varepsilon = \frac{F}{2l}. \tag{7.21}$$

Auf der anderen Seite wird die Kraft $F$ durch die Oberflächenspannung $\sigma$ erzeugt. Das ist eine Zugspannung, die nicht an einer Oberfläche (wie bei Körpern), sondern an einer Linie (am Draht) angreift und deshalb eine Kraft pro Länge ist:

$$\sigma = \frac{F}{2l}. \tag{7.22}$$

Der Faktor 2 steht hier, weil eine Oberfläche des Films nur für die halbe Kraft $F$ verantwortlich ist.

> Die Spannungen, die wir bis jetzt bei Körpern kennengelernt haben, sind immer der Quotient aus einer Kraft und einer Fläche. Hier betrachten wir jetzt aber nur eine Oberfläche, die sich selbst zusammenzieht, und kein Volumen. Deshalb ist die Oberflächenspannung das Verhältnis aus der Kraft zur Länge, an der die Kraft angreift. Damit hat $\sigma$ auch die Einheit einer Kraft pro Länge.

Wir erhalten den Zusammenhang

$$\sigma = \varepsilon. \tag{7.23}$$

Die spezifische Oberflächenenergie ist also immer gleich der Oberflächenspannung. Das in Abbildung 7.7 gezeigte Experiment kann genutzt werden, um die Oberflächenspannung einer bestimmten Flüssigkeit zu messen. Dafür wird einfach die Kraft $F$ ermittelt, die benötigt wird, um den rechten Draht festzuhalten.

**Oberflächenspannung**

Flüssigkeitsoberflächen wollen sich stets zusammenziehen. Die *spezifische Oberflächenenergie* $\varepsilon$ gibt an, wie viel Arbeit $\Delta W$ geleistet werden muss, um die Oberfläche um $\Delta A$ zu vergrößern:

$$\varepsilon = \frac{\Delta W}{\Delta A}. \tag{7.24}$$

Die Kraft, mit der sich die Oberfläche zusammenzuziehen versucht, wird durch die *Oberflächenspannung* $\sigma$ beschrieben. Sie gibt das Verhältnis zwischen der Kraft $F$ und der Länge $l$ an, entlang der die Kraft wirkt:

$$\sigma = \frac{F}{l}. \tag{7.25}$$

Die spezifische Oberflächenenergie und die Oberflächenspannung sind stets gleich:

$$\varepsilon = \sigma. \tag{7.26}$$

### Druck in einer Seifenblase

Um die Oberflächenspannung weiter zu illustrieren, berechnen wir den Druck im Inneren einer kugelförmigen Seifenblase.

Wir wissen, dass Oberflächen immer möglichst klein sein wollen. Deshalb können wir für Seifenblasen eine Kugelform voraussetzen. Es handelt sich dabei um die Form mit maximalem Volumen und minimaler Oberfläche.

Die Blase habe den Radius $r$ und die Oberfläche $A = 2 \cdot 4\pi r^2$. Der Faktor 2 ist wichtig, da auch die Seifenblase eine innere und eine äußere Oberfläche hat. Wenn sich die Blase um $\mathrm{d}r < 0$ zusammenzieht, dann verändert sich die Oberfläche um $\mathrm{d}A = 2 \cdot 8\pi r\,\mathrm{d}r$ (diese Änderung erhalten wir, indem wir $A$ nach $r$ ableiten). Damit geht die Energieänderung

$$\mathrm{d}W = \varepsilon\,\mathrm{d}A = 16\pi\varepsilon r\,\mathrm{d}r \tag{7.27}$$

einher. Aus dieser Arbeit können wir die Kraft $F$ errechnen, die auf das Innere der Seifenblase wirkt:

$$F = \frac{\mathrm{d}W}{\mathrm{d}r} = 16\pi\varepsilon r. \tag{7.28}$$

Im Inneren der Seifenblase herrscht ein Druck $p$ auf die Fläche $A$. So wirkt nach außen die Kraft

$$F = pA = p \cdot 4\pi r^2. \tag{7.29}$$

Indem wir beide Kräfte gleichsetzen und die Oberflächenspannung $\sigma = \varepsilon$ einsetzen, erhalten wir den Druck

$$p = \frac{4\sigma}{r}. \tag{7.30}$$

Das ist der Druck, der im Inneren einer Seifenblase wirkt, die sich im Vakuum befindet. Herrscht außerhalb der Blase noch ein Luftdruck, so muss dieser addiert werden.

Wir sehen, dass der Druck umso größer wird, je kleiner die Seifenblase ist. In sehr kleinen Seifenblasen können deshalb vergleichsweise hohe Drücke auftreten.

**Seifenblase**

Im Inneren einer Seifenblase mit Radius $r$ herrscht ein um

$$p = \frac{4\sigma}{r} \tag{7.31}$$

erhöhter Druck (gegenüber dem Umgebungsdruck).

## 7.2.2 Grenzflächen

Mit dem Begriff der *Phase* bezeichnen wir hier Bereiche in Stoffen, in denen die Materialeigenschaften gleich sind. In einem Wasserglas bildet die Flüssigkeit eine Phase. Die Luft darüber ist eine andere Phase. Wir benutzen diesen Begriff insbesondere im Zusammenhang mit Grenzflächen zwischen beispielsweise Flüssigkeiten und Gasen.

Jetzt betrachten wir Grenzflächen zwischen verschiedenen Phasen. Flüssigkeitsoberflächen haben eine spezifische Oberflächenenergie $\varepsilon$, die von der Flüssigkeit abhängt. Auch Grenzflächen zwischen zwei verschiedenen Phasen haben eine solche *spezifische Grenzflächenenergie* $\varepsilon_{ij}$. Diese hängt davon ab, welche Materialien $i$ und $j$ aneinandergrenzen. Dabei gibt es verschiedene Kombinationsmöglichkeiten:

- Wenn eine Flüssigkeit an ein Gas angrenzt (beispielsweise Wasser an Luft), dann verhält sich die Grenzfläche ähnlich wie die Oberfläche einer Flüssigkeit an der Grenze zum Vakuum. Die spezifische Grenzflächenenergie $\varepsilon_{ij} > 0$ ist positiv. Ansonsten würden sich die Flüssigkeitsteilchen zum Gas hingezogen fühlen und die Flüssigkeit würde sich gewissermaßen im Gas auflösen (verdampfen).
- Eine Flüssigkeit kann auch an eine andere Flüssigkeit angrenzen. Die spezifische Grenzflächenenergie ist hier im stabilen Fall auch positiv. So bildet beispielsweise Öl in Wasser eine getrennte Phase mit definierter Grenzfläche aus. Andere Flüssigkeitspaare haben eine (theoretisch) negative Grenzflächenenergie und lösen sich ineinander auf (an dieser Stelle kann natürlich schlecht von einer Grenzflächenenergie gesprochen werden).
- Eine Flüssigkeit kann auch an einen Festkörper angrenzen. Hier besteht aufgrund der Natur von Festkörpern tatsächlich die Möglichkeit für die Existenz von positiven und negativen Grenzflächenenergien. Wir kennen das beispielsweise

7

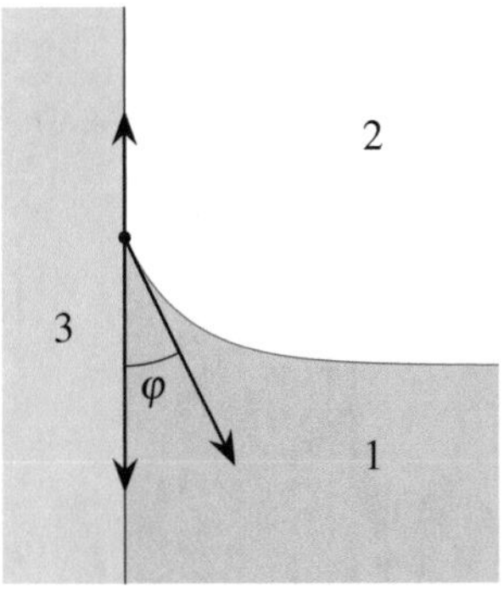


Abb. 7.8: An einem Punkt treffen sich eine Flüssigkeit (1), ein Gas (2) und eine Festkörperoberfläche (3). Die Pfeile repräsentieren die verschiedenen Grenzflächenspannungen. (Sie sind hier nicht maßstabsgerecht skizziert.)

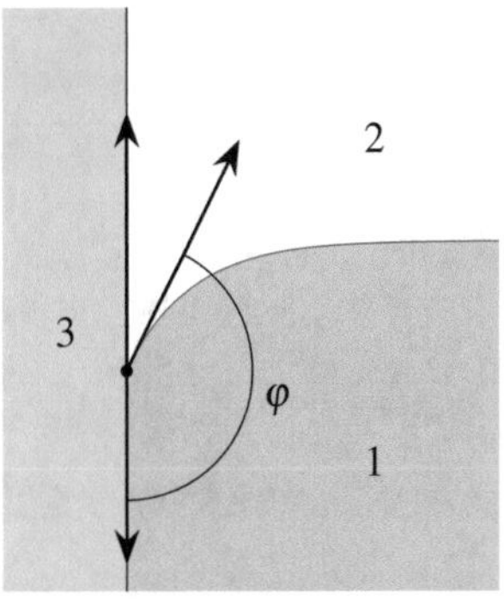


Abb. 7.9: Treffen beispielsweise Quecksilber, Luft und Glas aufeinander, so bildet sich eine Grenzflächenkonfiguration aus, die sich von der in Abbildung 7.8 gezeigten Situation unterscheidet. Wir sprechen von einer konvexen Flüssigkeitsoberfläche. (Die eingezeichneten Pfeile sind nicht maßstabsgetreu.)

von Wassertropfen, die sich auf verschiedenen Oberflächen unterschiedlich verhalten. Von manchen Oberflächen perlen die Tropfen ab, während sie von anderen Flächen regelrecht aufgesaugt werden.

- Zuletzt gibt es natürlich auch Grenzflächen zwischen Festkörpern und Gasen. Auch hier können sich die Gasteilchen zur Körperoberfläche hingezogen oder abgestoßen fühlen.

Die übrigen Kombinationsmöglichkeiten wären Grenzflächen zwischen Festkörpern und Festkörpern (die hier jedoch nicht zum Thema passen) und zwischen verschiedenen Gasen. Allerdings bilden Gase aufgrund ihrer Natur keine Grenzflächen aus.

Zu jeder spezifischen Grenzflächenenergie $\varepsilon_{ij}$ gehört auch eine *Grenzflächenspannung* $\sigma_{ij} = \varepsilon_{ij}$. Sie gibt an, wie stark sich die Grenzfläche zusammenziehen will.

Einzelne Grenzflächen sind für uns hier nicht besonders interessant. Vielmehr betrachten wir nun Punkte, an denen sich ein Gas, ein Festkörper und eine Flüssigkeit treffen. Eine solche Situation finden wir am Rand von jedem Wasserglas. Wer genau hinsieht, der kann sehen, dass die Wasseroberfläche am Rand des Glases nicht unbedingt ganz horizontal verläuft, sondern nach oben gezogen wird. Diese Phänomene betrachten wir im Folgenden.

Wir sehen uns die in Abbildung 7.8 skizzierte Situation an. Hier grenzen eine Flüssigkeit (1), ein Gas (2) und eine Festkörperoberfläche (3) aneinander. Es wirken die Grenzflächenspannungen $\sigma_{12}$, $\sigma_{23}$ und $\sigma_{13}$ tangential entlang der jeweiligen Grenzflächen. Sie sind als Pfeile in der Skizze eingezeichnet.

Wir möchten nun aus den verschiedenen Grenzflächenspannungen berechnen, ob die Flüssigkeit entlang der festen Oberfläche nach oben oder nach unten gezogen wird. Dafür betrachten wir die vertikalen Komponenten der verschiedenen Grenzflächenspannungen. Diese müssen sich zu Null addieren:

$$0 = \sigma_{13} - \sigma_{23} + \sigma_{12}\cos(\varphi)\,. \tag{7.32}$$

Aufgelöst nach dem Kosinus ergibt sich

$$\cos(\varphi) = \frac{\sigma_{23} - \sigma_{13}}{\sigma_{12}}\,. \tag{7.33}$$

Die rechte Seite dieser Gleichung kann nun verschiedene Werte haben:

- Ist $\sigma_{23} > \sigma_{13}$, so ist der Randwinkel $\varphi$ kleiner als $90°$. Die Flüssigkeitsoberfläche sieht dann wie in Abbildung 7.8 gezeigt aus. Wir bezeichnen diese Form auch als *konkav* und sprechen von einer benetzenden Flüssigkeit.
- Wenn dagegen $\sigma_{23} < \sigma_{13}$ ist, dann wird der Winkel $\varphi$ größer als $90°$ und die Flüssigkeitsoberfläche sieht aus wie in Abbildung 7.9 gezeigt. Wir sprechen von einer *konvexen* Oberfläche. Die Flüssigkeit ist nicht benetzend.
- Der Kosinus kann nur Werte zwischen $+1$ und $-1$ annehmen. Wenn allerdings

$$|\sigma_{13} - \sigma_{23}| > \sigma_{12} \tag{7.34}$$

ist, dann ist der Winkel $\varphi$ gar nicht mehr definiert. Dann wird die Flüssigkeit (oder das Gas) ganz an die Festkörperoberfläche gezogen. Entlang der ganzen Fläche bildet sich ein dünner Flüssigkeitsfilm (oder Gasfilm) aus. Die Flüssigkeit (das Gas) ist vollständig benetzend.

7

**►Tipp:**

Üblicherweise ist die Flüssigkeit vollständig benetzend und nicht das Gas. Mathematisch ist hier aber zunächst beides möglich.

**Grenzflächenspannung**

So wie wir bei Flüssigkeitsoberflächen die spezifische Oberflächenenergie kennen, haben auch Grenzflächen zwischen verschiedenen Phasen $i$ und $j$ eine *spezifische Grenzflächenenergie* $\varepsilon_{ij}$. Diese hängt von der Natur der Grenzfläche ab. Es gibt auch hier eine *Grenzflächenspannung* $\sigma_{ij} = \varepsilon_{ij}$, mit der sich die Grenzfläche zusammenziehen will.

Natürlich hat die Grenzflächenspannung $\sigma_{12}$ in Abbildung 7.8 auch eine horizontale Komponente. Die Grenzfläche zwischen der Flüssigkeit und dem Gas zieht gewissermaßen am Festkörper nach rechts. Dabei wird dieser auf mikroskopischer Ebene leicht verformt und es bildet sich eine Gegenkraft, sodass sich das System im Gleichgewicht befindet.

Grundsätzlich müssten wir uns in diesen Berechnungen nicht auf eine Flüssigkeit, ein Gas und einen Festkörper festlegen. Es könnten auch zwei verschiedenen Flüssigkeiten (die sich nicht mischen) an einen Festkörper angrenzen. Die Rechnungen sind identisch.

Wir können auch andere Grenzflächenkonfigurationen konstruieren. Beispielsweise könnten wir Öltropfen auf einer Wasseroberfläche betrachten. Die Berechnungen funktionieren immer nach dem gleichen Prinzip: Alle Grenzflächenspannungen wirken tangential an der jeweiligen Grenzfläche und heben sich gegenseitig auf.

## 7.2.3 Kapillarität

Wenn Sie ein dünnes Rohr in ein Flüssigkeitsreservoir stellen, dann können Sie mitunter beobachten, dass die Flüssigkeit im Röhrchen nach oben wandert. So geschieht es beispielsweise bei Glasröhrchen in Wasser. Dabei sprechen wir vom *Kapillareffekt* oder der *Kapillarität*. Das Röhrchen nennen wir eine *Kapillare*. Der Grund dafür findet sich in den Grenzflächenspannungen, die wir bereits im Zusammenhang mit Abbildung 7.8 behandelt haben.

Es muss nicht unbedingt ein Röhrchen sein. Der Kapillareffekt tritt auch zwischen zwei Platten auf. Wichtig ist nur, dass sich zwei Grenzflächen nahekommen.

Wir betrachten nun das Röhrchen mit Radius $r$, das in einem Flüssigkeitsreservoir steht. Ein solches System haben wir in Abbildung 7.10 skizziert. Im Röhrchen steigt die Flüssigkeit um

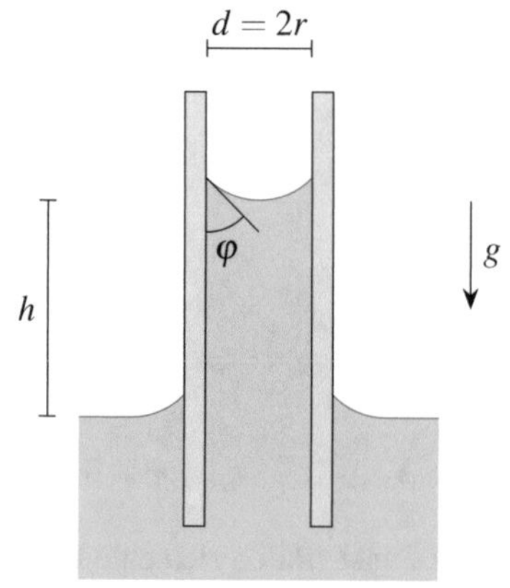


Abb. 7.10: Durch die Kapillarität können Flüssigkeiten zwischen zwei Wänden entgegen der Schwerkraft nach oben wandern. Hier ist der Querschnitt eines kreisrunden Röhrchens mit Radius $r$ gezeichnet.

die Höhe $h$ an. Diese Höhe möchten wir nun anhand der Grenzflächenspannungen aus Abbildung 7.8 und dem Winkel $\varphi$ berechnen.

Wie verändert sich die Energie des Systems, wenn die Flüssigkeit in der Kapillare um d$h$ ansteigt? Hier sind zwei Aspekte zu beachten. Zunächst steigt die Flüssigkeit im Röhrchen nach oben und erhält so die zusätzliche potentielle Energie

$$\mathrm{d}E_\mathrm{G} = mg\,\mathrm{d}h = \rho\pi r^2 hg\,\mathrm{d}h. \tag{7.35}$$

Dafür haben wir das Volumen der Flüssigkeitssäule $V = \pi r^2 h$ verwendet.

**►Tipp:**

Genau betrachtet wird das bestehende Flüssigkeitsvolumen nicht nur angehoben, sondern auch um $\pi r^2 \mathrm{d}h$ vergrößert. Eigentlich ist also die Änderung der potentiellen Energie

$$\mathrm{d}E_\mathrm{G} = (m + \mathrm{d}m)\,g\,\mathrm{d}h \tag{7.36}$$

mit $\mathrm{d}m = \rho\pi r^2 \mathrm{d}h$. Der zusätzliche Term hat die Ordnung $\mathcal{O}(\mathrm{d}h^2)$ hat und kann deshalb vernachlässigt werden.

Neben der potentiellen Energie ändert sich auch die Grenzflächenenergie. Schließlich wird die Grenzfläche zwischen Flüssigkeit und Festkörper ($1 \leftrightarrow 3$) größer, während die Grenzfläche zwischen Gas und Festkörper ($2 \leftrightarrow 3$) schrumpft. Wir benennen hier die Oberflächen wie in Abbildung 7.8.

Bei der Höhenänderung d$h$ ändert sich die Grenzfläche zwischen Flüssigkeit und Röhrchenwand um

$$\mathrm{d}A = 2\pi r\,\mathrm{d}h. \tag{7.37}$$

Dabei ist $2\pi r$ der innere Umfang des Röhrchens. Die Änderung der Grenzflächenenergie ist damit insgesamt

$$\begin{aligned} \mathrm{d}E_\sigma &= 2\pi r\,(\varepsilon_{13} - \varepsilon_{23})\,\mathrm{d}h && (7.38a)\\ &= 2\pi r\,(\sigma_{13} - \sigma_{23})\,\mathrm{d}h && (7.38b)\\ &= -2\pi r\cos(\varphi)\,\sigma_{12}\,\mathrm{d}h. && (7.38c) \end{aligned}$$

Die wirkende Gesamtkraft ist nun die Summe aus Gewichtskraft und Grenzflächenkraft:

$$\begin{aligned} 0 &= F && (7.39a)\\ &= F_\mathrm{G} + F_\sigma && (7.39b)\\ &= -\frac{\mathrm{d}E_\mathrm{G}}{\mathrm{d}h} - \frac{\mathrm{d}E_\sigma}{\mathrm{d}h} && (7.39c)\\ &= -\rho\pi r^2 hg + 2\pi r\cos(\varphi)\,\sigma_{12}. && (7.39d) \end{aligned}$$

Aufgelöst nach der Steighöhe $h$ erhalten wir

$$h = \frac{2\cos(\varphi)\,\sigma_{12}}{\rho r g}. \tag{7.40}$$

Wir sehen, dass der Kapillareffekt umso größer ist, je kleiner der Radius der Kapillare ist. Außerdem steigen Flüssigkeiten höher, je größer die Grenzflächenspannung $\sigma_{12}$ und je kleiner der Winkel $\varphi$ ist.

Für nicht benetzende Flüssigkeiten ist der Kosinus negativ und die Flüssigkeit wird im Rohr nach unten gedrückt. Dazu kommt es, wenn ein Glasröhrchen in Quecksilber gestellt wird. Wir sprechen auch von einer *Kapillardepression*. Ist der Kosinus dagegen positiv (wie bei Wasser und Glas), so wird die Flüssigkeit nach oben gezogen und wir reden von einer *Kapillaraszension*.

Wir haben zuvor schon über vollständig benetzende Flüssigkeiten gesprochen, die Oberflächen vollständig mit einem Film bedecken. In diesem Fall wird der Winkel $\varphi = 0$ und wir erhalten

$$h = \frac{2\sigma_{12}}{\rho r g}. \tag{7.41}$$

## Theorieaufgabe 50: Kapillareffekt zwischen zwei Platten ••

Zwei unendlich große Platten stehen senkrecht in einer Flüssigkeit und haben den Abstand $d$ voneinander. Berechnen Sie (wie oben für das Röhrchen) die Steighöhe $h$ der Flüssigkeit in Abhängigkeit von der Grenzspannung $\sigma$ zwischen Flüssigkeit und Gas und vom Randwinkel $\varphi$.

. . . . . . . . . . . . . . . . . . . . . . . . . . . . . . . . . . . . . . . . . . . . . . . . . . . .

. . . . . . . . . . . . . . . . . . . . . . . . . . . . . . . . . . . . . . . . . . . . . . . . . . . .

. . . . . . . . . . . . . . . . . . . . . . . . . . . . . . . . . . . . . . . . . . . . . . . . . . . .

. . . . . . . . . . . . . . . . . . . . . . . . . . . . . . . . . . . . . . . . . . . . . . . . . . . .

. . . . . . . . . . . . . . . . . . . . . . . . . . . . . . . . . . . . . . . . . . . . . . . . . . . .

. . . . . . . . . . . . . . . . . . . . . . . . . . . . . . . . . . . . . . . . . . . . . . . . . . . .

. . . . . . . . . . . . . . . . . . . . . . . . . . . . . . . . . . . . . . . . . . . . . . . . . . . .

. . . . . . . . . . . . . . . . . . . . . . . . . . . . . . . . . . . . . . . . . . . . . . . . . . . .

**Kapillareffekt**

Durch den *Kapillareffekt* werden Flüssigkeiten in dünnen Röhrchen entgegen der Gravitationskraft nach oben gezogen. Mit der Grenzflächenspannung $\sigma$ zwischen der Flüssigkeit und dem umgebenden Gas sowie dem Randwinkel $\varphi$ der Flüssigkeit an der Röhrchenwand ergibt sich die Steighöhe

$$h = \frac{2\cos(\varphi)\,\sigma}{\rho r g}. \tag{7.42}$$

Dabei ist $\rho$ die Dichte der Flüssigkeit und $r$ der Radius des Röhrchens.

Der gleiche Effekt lässt sich auch zwischen zwei Platten im Abstand $d$ voneinander erzielen. Dabei ergibt sich

$$h = \frac{\cos(\varphi)\,\sigma}{\rho d g}. \tag{7.43}$$

## 7.3 Bewegte Fluide

In allen bisherigen Betrachtungen haben die Fluide keine kinetische Energie, sondern befinden sich im Gleichgewichtszustand (in Ruhe). Zum Schluss dieses Kapitels gehen wir nun auf bewegte Fluide ein. Die Beschreibungen solcher Systeme sind für viele alltägliche Situationen vom durchströmten Gartenschlauch bis zum fliegenden Flugzeug relevant.

Verwechseln Sie die kinetische Energie eines Fluids nicht mit seiner thermischen Energie. Bei endlichen Temperaturen bewegen sich die einzelnen Teilchen ungerichtet und chaotisch umher. Wenn wir von kinetischer Energie des Fluids sprechen, dann meinen wir die kollektive, gerichtete Bewegung der Einzelteilchen.

### 7.3.1 Strömungen

Wenn sich ein Massenpunkt bewegt, dann hat er eine Trajektorie $\boldsymbol{r}(t)$. Fluide, die sich durch ein System bewegen, können so nicht beschrieben werden. Ihre Strömungen sind die kollektiven Bewegungen der einzelnen Teilchen. Eine Ortskurve anzugeben wäre hier gar nicht sinnvoll. Deshalb benötigen wir neue Konzepte, um Strömungen zu verstehen.

Bevor wir näher auf die Strömungsmechanik eingehen, beschreiben wir einige allgemeine Aspekte.

Anders als Körper bewegen sich Fluide unter Veränderung ihrer Form. Wir verstehen das, indem wir gedanklich ein Foto von einem strömenden Fluid machen und einen quaderförmigen Abschnitt markieren. Dann beobachten wir, wohin sich die Teilchen im Inneren des Quaders bewegen. Zu einem späteren Zeitpunkt machen wir wieder ein Foto und betrachten die zuvor markierten Teilchen. Sie haben jetzt für gewöhnlich eine andere Form.

Zur Beschreibung von Strömungen betrachten wir die infinitesimalen Volumenelemente $\mathrm{d}V$ im Fluid als Punktteilchen und geben ihre Geschwindigkeit an:

$$\boldsymbol{u}(\boldsymbol{r},t)\,. \tag{7.44}$$

Volumenelemente an verschiedenen Orten $\boldsymbol{r}$ können unterschiedliche Geschwindigkeiten haben. Die Geschwindigkeitsverteilung im Fluid ist damit ein Vektorfeld, das sich auch mit der Zeit $t$ ändern kann. Die Funktion $\boldsymbol{u}(\boldsymbol{r},t)$ wird für uns eine nützliche Größe bleiben.

Wenn eine Strömung zeitunabhängig ist, dann sprechen wir von einer *stationären Strömung*. Ein stationärer Fluss sieht zu jedem Zeitpunkt gleich aus. Die einzelnen Volumenelemente bewegen sich zwar, ihnen folgen aber andere Volumenelemente, die ihren Platz einnehmen und die sich entlang der gleichen Trajektorie bewegen. Eine stationäre Strömung können wir beispielsweise in einem einfachen, langsam durchströmten Rohr erwarten. Das Fluid im Rohr sieht zu jedem Zeitpunkt gleich aus, obwohl es sich weiterbewegt hat. Die Geschwindigkeitsverteilung $\boldsymbol{u}(\boldsymbol{r},t) = \boldsymbol{u}(\boldsymbol{r})$ einer stationären Strömung ist auch zeitunabhängig.

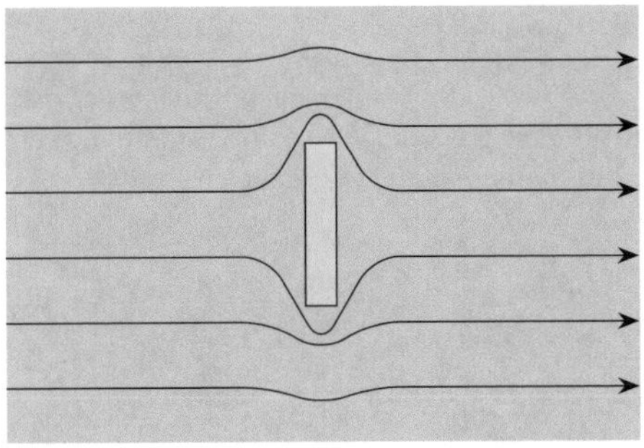

Abb. 7.11: Ein Hindernis wird von einem Fluid laminar umströmt. Die Stromlinien verlaufen glatt und es treten keine Turbulenzen auf.

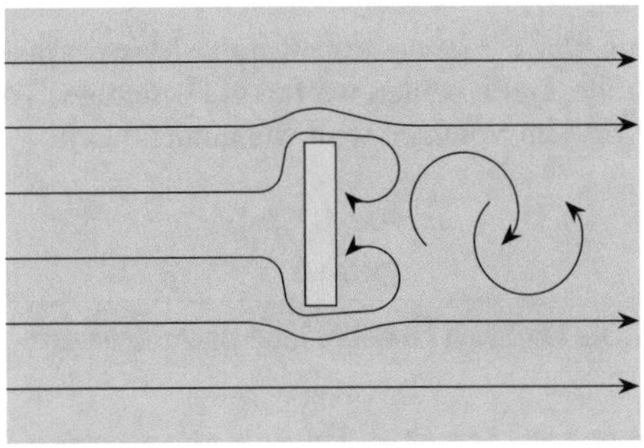

Abb. 7.12: Ein Hindernis wird von einem Fluid turbulent umströmt. Das Fluid verhält sich chaotisch und unvorhersehbar. Es treten viele große und kleine Verwirbelungen auf.

Strömungen können natürlich auch zeitabhängig sein. Beispielsweise kommt es dazu, wenn die Systemparameter verändert werden, also wenn beispielsweise ein Ventil geöffnet wird.

Neben stationär und zeitabhängig können wir Strömungen auch in *laminar* und *turbulent* einteilen. Laminare Strömungen sind geordnet und gewissermaßen vorhersehbar. In Abbildung 7.11 ist die laminare Strömung eines Fluids um ein Hindernis skizziert. Turbulente Strömungen dagegen verhalten sich chaotisch und unvorhersehbar. Es treten häufig kleine und große Verwirbelungen auf, wie in Abbildung 7.12 gezeigt.

Wir werden später auf die verschiedenen Strömungstypen unterschiedlich weit eingehen. Zunächst aber beschäftigen wir uns mit der Geschwindigkeit $u$ im Fluid.

Viele der folgenden Betrachtungen gelten für Flüssigkeiten und Gase. Wenn wir Einschränkungen machen, dann schreiben wir das dazu.

## Euler-Gleichung

Wir möchten mehr über die Geschwindigkeitsverteilung in reibungsfreien Fluiden erfahren. Dafür stellen wir uns ein Volumenelement im Fluid vor. Dieses hat die Geschwindigkeit $\boldsymbol{u}(\boldsymbol{r},t)$. $\boldsymbol{r}$ ist der Ort, an dem sich das Volumenelement befindet, und damit ist $\boldsymbol{r}(t)$ seine Trajektorie.

Wir berechnen jetzt die Zeitableitung der Geschwindigkeit. Dabei ergibt sich formal nach der Kettenregel

$$\frac{\mathrm{d}\boldsymbol{u}}{\mathrm{d}t} = \frac{\partial \boldsymbol{u}}{\partial t} + \frac{\partial \boldsymbol{u}}{\partial \boldsymbol{r}} \cdot \frac{\partial \boldsymbol{r}}{\partial t}. \tag{7.45}$$

Das ist nur ein formales Ergebnis, da hier ein Vektor durch einen anderen Vektor dividiert wird. Wir sehen aber bereits, dass sich die Änderung der Geschwindigkeitsverteilung aus zwei Anteilen zusammensetzt. Der erste Term ist einfach die zeitliche Änderung der Geschwindigkeit an einem einzelnen Ort $\boldsymbol{r}$. Der zweite Term zeigt an, wie sich die Geschwindigkeit des Volumenelements auf seiner Trajektorie verändert $\boldsymbol{r}(t)$. Dabei ist die Ableitung der Trajektorie natürlich wieder die Geschwindigkeit selbst:

$$\frac{\partial \boldsymbol{r}}{\partial t} = \boldsymbol{u}. \tag{7.46}$$

Die Ableitung, die wir hier formal als

$$\frac{\partial \boldsymbol{u}}{\partial \boldsymbol{r}} \cdot \frac{\partial \boldsymbol{r}}{\partial t} \tag{7.47}$$

notiert haben, ist genau genommen die Ableitung nach jeder Komponente von $\boldsymbol{r}$:

$$\frac{\mathrm{d}\boldsymbol{u}}{\mathrm{d}t} = \frac{\partial \boldsymbol{u}}{\partial t} + \frac{\partial \boldsymbol{u}}{\partial x}\frac{\partial x}{\partial t} + \frac{\partial \boldsymbol{u}}{\partial y}\frac{\partial y}{\partial t} + \frac{\partial \boldsymbol{u}}{\partial z}\frac{\partial z}{\partial t}. \tag{7.48}$$

Wir können das auch mithilfe des Nabla-Operators abkürzen:

$$\frac{\mathrm{d}\boldsymbol{u}}{\mathrm{d}t} = \frac{\partial \boldsymbol{u}}{\partial t} + (\boldsymbol{u} \cdot \boldsymbol{\nabla})\boldsymbol{u}. \tag{7.49}$$

Es lässt sich leicht zeigen, dass beide Darstellungen identisch sind. Der Term $(\boldsymbol{u} \cdot \boldsymbol{\nabla})\boldsymbol{u}$ hängt mit der Änderung der Geschwindigkeit im Ort zusammen.

Wir haben jetzt die zeitliche Ableitung der Geschwindigkeit $\boldsymbol{u}$ berechnet. Wodurch könnte eine solche Ableitung zustande kommen? Dafür gibt es zwei Möglichkeiten. Einerseits kann eine Kraft von außen auf das Fluid wirken, zum Beispiel die Gravitation. Andererseits haben wir in Gleichung (7.6) gelernt, dass auch eine Änderung des Drucks $p$ zu einer Kraft führt. Da wir ein reibungsfreies Fluid betrachten, treten keine Reibungskräfte auf (sonst würden wir die Navier-Stokes-Gleichung erhalten, siehe Unterabschnitt 7.3.3). So erhalten wir die *Euler-Gleichung*

$$\frac{\mathrm{d}\boldsymbol{u}}{\mathrm{d}t} = \frac{\partial \boldsymbol{u}}{\partial t} + (\boldsymbol{u} \cdot \boldsymbol{\nabla})\boldsymbol{u} = \boldsymbol{K} - \frac{1}{\rho}\,\mathrm{grad}(p). \tag{7.50}$$

7

Dabei ist

$$\boldsymbol{K} = \frac{\mathrm{d}\boldsymbol{F}}{\mathrm{d}m} = \frac{1}{\rho}\frac{\mathrm{d}\boldsymbol{F}}{\mathrm{d}V} \tag{7.51}$$

gewissermaßen die Kraft pro Masse, die von außen auf das Volumen wirkt. Wenn beispielsweise die Gravitationskraft wirkt, dann ist $\boldsymbol{K} = \boldsymbol{g}$ einfach die Gravitationsbeschleunigung.

**Euler-Gleichung**

Die *Euler-Gleichung* gibt die zeitliche Änderung der Geschwindigkeit $\boldsymbol{u}(\boldsymbol{r},t)$ in einem reibungsfreien Fluid an:

$$\frac{\mathrm{d}\boldsymbol{u}}{\mathrm{d}t} = \frac{\partial \boldsymbol{u}}{\partial t} + (\boldsymbol{u}\cdot\boldsymbol{\nabla})\,\boldsymbol{u} = \boldsymbol{K} - \frac{1}{\rho}\,\mathrm{grad}(p)\,. \tag{7.52}$$

Dabei ist $\boldsymbol{K}$ eine Kraft pro Masse, die von außen auf das Fluid wirkt. $p$ ist der Druck und $\rho$ ist die Dichte.

### Kontinuitätsgleichung

Wenn sich Fluide bewegen, dann bleibt offensichtlich ihre Masse erhalten. Die Kontinuitätsgleichung drückt im Grunde genau das aus.

Wir betrachten ein kleines, gedachtes Flächenelement $\mathrm{d}\boldsymbol{A}$, welches wir irgendwo in einem Fluid platzieren. Der Vektor $\mathrm{d}\boldsymbol{A}$ steht senkrecht auf der Fläche und sein Betrag gibt die Größe der Fläche an. Damit gibt $\mathrm{d}\boldsymbol{A}$ nicht nur den Flächeninhalt des Flächenelements, sondern auch seine Orientierung an. Wie viel Fluid bewegt sich pro Zeiteinheit durch das Flächenelement $\mathrm{d}\boldsymbol{A}$?

Innerhalb der Zeit $\mathrm{d}t$ bewegt sich das Fluid um eine Strecke $\boldsymbol{u}\mathrm{d}t$. Das infinitesimale Fluidvolumen, welches dabei durch die Fläche $\mathrm{d}\boldsymbol{A}$ strömt, ist $\mathrm{d}V = \boldsymbol{u}\,\mathrm{d}t\cdot\mathrm{d}\boldsymbol{A}$. Damit strömt in der Zeit $\mathrm{d}t$ die Masse

$$\mathrm{d}m = \rho\boldsymbol{u}\cdot\mathrm{d}\boldsymbol{A}\,\mathrm{d}t \tag{7.53}$$

durch die Oberfläche $\mathrm{d}\boldsymbol{A}$. Es ist wichtig, dass wir hier das Skalarprodukt $\boldsymbol{u}\cdot\mathrm{d}\boldsymbol{A}$ verwenden, da sich das Fluid ja auch parallel zur Oberfläche bewegen könnte. So filtern wir die Komponente der Geschwindigkeit $\boldsymbol{u}$ heraus, die orthogonal auf der Oberfläche $\mathrm{d}\boldsymbol{A}$ steht.

Die Masse, die pro Zeit fließt, nennen wir den *Massenfluss* $I$:

$$\mathrm{d}I = \frac{\mathrm{d}m}{\mathrm{d}t} = \rho\boldsymbol{u}\cdot\mathrm{d}\boldsymbol{A} = \boldsymbol{j}\cdot\mathrm{d}\boldsymbol{A}. \tag{7.54}$$

Dabei ist $\boldsymbol{j} = \rho\boldsymbol{u}$ die *Massenflussdichte*.

Wir müssen uns jetzt nicht weiter auf eine infinitesimale Fläche $\mathrm{d}\boldsymbol{A}$ beschränken. Wir erhalten den Fluss durch eine beliebige Fläche mithilfe der Flächenintegration

$$I = \int \mathrm{d}I = \int_{\text{Fläche}} \boldsymbol{j}\cdot\mathrm{d}\boldsymbol{A}. \tag{7.55}$$

**Massenfluss und Massenflussdichte**

Der *Massenfluss* gibt die Masse an Fluid an, die pro Zeiteinheit durch eine gegebene Fläche strömt:

$$I = \int_{\text{Fläche}} \boldsymbol{j}\cdot\mathrm{d}\boldsymbol{A}. \tag{7.56}$$

Dabei bezeichnet $\boldsymbol{j}$ die *Massenflussdichte*

$$\boldsymbol{j} = \rho\boldsymbol{u}, \tag{7.57}$$

also den Massenstrom, der pro Fläche fließt.

Nun formulieren wir gewissermaßen das Massenerhaltungsgesetz für Fluide. Dafür stellen wir uns ein beliebiges Volumen $V$ vor. Die Masse im Volumen wird wie immer durch

$$m = \int_{\text{Volumen}} \rho\,\mathrm{d}V \tag{7.58}$$

berechnet. Die Dichte $\rho$ ist dabei im Allgemeinen zeit- und ortsabhängig.

Wie ändert sich die Masse im Volumen nun mit der Zeit? Dafür leiten wir einfach ab:

$$\frac{\mathrm{d}m}{\mathrm{d}t} = \int_{\text{Volumen}} \frac{\partial\rho}{\partial t}\,\mathrm{d}V. \tag{7.59}$$

Andererseits ist der Massenfluss auch genau die Masse, die pro Zeit durch eine Fläche fließt. Wenn sich die Masse im Volumen ändern soll, dann muss sie durch die Oberfläche des Volumens herein- oder herausgeströmt sein. Es ist also auch

$$\frac{\mathrm{d}m}{\mathrm{d}t} = I = \oint_{\text{Oberfläche}} \boldsymbol{j}\cdot\mathrm{d}\boldsymbol{A}. \tag{7.60}$$

Dabei ist die Oberfläche des Volumens natürlich eine geschlossene Fläche, weshalb wir $\oint$ schreiben.

Insgesamt wissen wir nun, dass

$$\int_{\text{Volumen}} \frac{\partial\rho}{\partial t}\,\mathrm{d}V = -\oint_{\text{Oberfläche}} \boldsymbol{j}\cdot\mathrm{d}\boldsymbol{A} \tag{7.61}$$

sein muss. Das Minuszeichen benötigen wir, weil der Vektor $\mathrm{d}\boldsymbol{A}$ auf der Oberfläche immer nach außen und nicht nach innen zeigt. Für geschlossene Oberflächenintegrale haben wir den Satz von Gauß. Dieser erlaubt uns

$$\oint_{\text{Oberfläche}} \boldsymbol{j}\cdot\mathrm{d}\boldsymbol{A} = \int_{\text{Volumen}} \mathrm{div}(\boldsymbol{j})\,\mathrm{d}V \tag{7.62}$$

umzuschreiben. Damit erhalten wir jetzt

$$\int_{\text{Volumen}} \frac{\partial\rho}{\partial t}\,\mathrm{d}V = -\int_{\text{Volumen}} \mathrm{div}(\boldsymbol{j})\,\mathrm{d}V. \tag{7.63}$$

Dieser Zusammenhang muss für jedes beliebige Volumen gelten. Deshalb müssen die Integranden auf beiden Seiten identisch sein. So erhalten wir die *Kontinuitätsgleichung*

$$\frac{\partial \rho}{\partial t} + \mathrm{div}(\boldsymbol{j}) = 0. \tag{7.64}$$

Die Interpretation der Kontinuitätsgleichung fällt nicht besonders schwer. Wo immer die Flussdichte eine Divergenz hat, verändert sich die Dichte. Die Divergenz zeigt Quellen und Senken an, also Punkte, an denen ein Fluss entsteht oder verschwindet. In integraler Form (Gleichung (7.63)) lernen wir aus der Kontinuitätsgleichung: Wenn mehr oder weniger Fluid in ein Volumen hinein- als auch wieder herausfließt, dann muss sich die Masse im Volumen verändern.

Wir haben uns zuvor schon mit inkompressiblen Fluiden beschäftigt. Gerade Flüssigkeiten sind schwer zu komprimieren. In solchen Fällen ist $\partial\rho/\partial t = 0$ und wir erhalten die vereinfachte Kontinuitätsgleichung

$$\mathrm{div}(\boldsymbol{j}) = 0. \tag{7.65}$$

In Worten bedeutet das: Inkompressible Fluide haben keine Quellen oder Senken.

### Kontinuitätsgleichung

Die *Kontinuitätsgleichung* für Fluide ist

$$\frac{\partial \rho}{\partial t} + \mathrm{div}(\boldsymbol{j}) = 0. \tag{7.66}$$

Quellen und Senken im Fluid sind stets mit einer Änderung der Dichte verbunden. So wird die Massenerhaltung im System garantiert.

Inkompressible Fluide haben keine Quellen oder Senken. Hier gilt

$$\mathrm{div}(\boldsymbol{j}) = 0. \tag{7.67}$$

## Durchflossenes Rohr

Wir können die Kontinuitätsgleichung für durchflossene Rohre anwenden. Dafür stellen wir uns beispielsweise ein Rohr mit kreisrunder Querschnittsfläche vor. Wenn sich das Rohr verengt, dann muss das Fluid schneller fließen. Eine solche Situation haben wir in Abbildung 7.13 skizziert. Die Geschwindigkeit in Abhängigkeit vom Rohrradius lässt sich leicht berechnen.

### Theorieaufgabe 51: Fluss in einem Rohr •

Ein inkompressibles Fluid fließt gleichmäßig in einem runden Rohr mit Radius $r_1$. Der Fluss sei $I_1$ und das Fluid bewege sich mit der durchschnittlichen Geschwindigkeit $u_1$.

a) Drücken Sie den Massenfluss $I_1$ durch die mittlere Geschwindigkeit $u_1$ und den Radius $r_1$ aus.

b) Wie groß ist der Fluss $I_2$, wenn sich das Rohr auf den Radius $r_2$ verengt (oder erweitert)? Wie verändert sich die durchschnittliche Fließgeschwindigkeit $u_2$? Berechnen Sie das Verhältnis $u_2/u_1$.

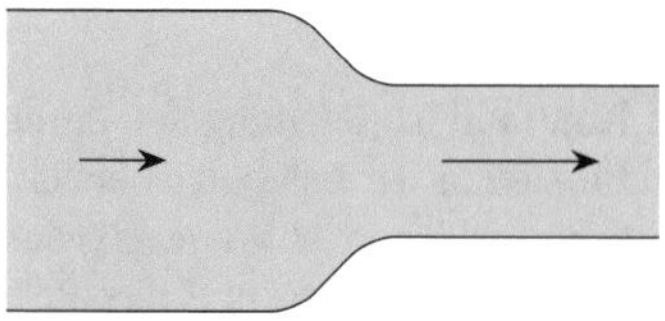

Abb. 7.13: Wenn ein inkompressibles Fluid durch ein Rohr strömt, dann ist seine Geschwindigkeit vom Radius abhängig. Damit der Massenfluss überall im Rohr gleich ist, bewegt sich das Fluid umso schneller, je kleiner der Rohrradius ist.

In dieser Rechnung haben wir die durchschnittliche Geschwindigkeit benutzt, weil reibungsbehaftete Flüssigkeiten in der Mitte des Rohrs schneller fließen als am Rand. Auf das Geschwindigkeitsprofil werden wir später noch genauer eingehen.

### Flussgeschwindigkeit im Rohr

Ein Rohr wird von einem inkompressiblen Fluid ohne Turbulenzen durchflossen. Auch wenn sich der Radius des Rohrs ändert, bleibt der Massenfluss $I$ immer konstant. Die über die Querschnittsfläche gemittelte Geschwindigkeit $u$ ist aber vom Radius abhängig:

$$\frac{u_2}{u_1} = \frac{r_1^2}{r_2^2}. \tag{7.68}$$

## Bernoulli-Gleichung

Wir haben jetzt schon einiges über die Kinetik in reibungsfreien Fluiden gelernt. Nun betrachten wir Energien im Fluid. So können wir Aussagen über den Druck in Strömungen machen.

Wir betrachten eine stationäre Strömung eines reibungsfreien und inkompressiblen Fluids. Eine stationäre Strömung hat den Vorteil, dass wir Trajektorien für Volumenelemente $\mathrm{d}V$ aufzeichnen können. Wir nennen die Linien, entlang derer sich die Volumenelemente im Fluid bewegen, *Stromlinien*.

Wir betrachten nun ein Volumenelement $\mathrm{d}V$, welches sich entlang seiner Stromlinie bewegt. Seine Energie setzt sich aus drei Anteilen zusammen: seiner kinetischen Energie $\mathrm{d}E_{\mathrm{kin}}$, seiner potentiellen Energie $\mathrm{d}E_{\mathrm{pot}}$ und seiner Druckenergie $\mathrm{d}E_{\mathrm{dr}}$. Die Idee ist nun, dass im reibungsfreien Fluid keine Energie verloren gehen kann. Jedes Volumenelement muss also seine Energie auf seinem Weg in der Strömung mitnehmen. Deshalb ist die Energie des Volumenelements $\mathrm{d}V$ konstant.

Da wir aber eine stationäre Strömung betrachten, muss auch klar sein, dass alle Volumenelemente $\mathrm{d}V$, die sich an verschiedenen Stellen auf derselben Stromlinie befinden, die gleiche Energie $\mathrm{d}E$ haben.

Natürlich müssen wir nicht unbedingt eine einzige Stromlinie betrachten. Stattdessen können wir auch mit Stromlinienbündeln arbeiten, wie sie beispielsweise in durchströmten Rohren zu finden sind. Ein Fluidvolumen, das auf einer Seite in ein Rohr eintritt, hat noch die gleiche Gesamtenergie, wenn es auf der anderen Seite wieder herauskommt.

Wir kehren zu unserem Volumenelement $\mathrm{d}V$ zurück. Es gilt nun

$$\mathrm{d}E = \mathrm{d}E_{\mathrm{kin}} + \mathrm{d}E_{\mathrm{pot}} + \mathrm{d}E_{\mathrm{dr}} = const. \tag{7.69}$$

Die einzelnen Energien werden wir jetzt weiter erläutern.

Die kinetische Energie des Volumenelements ist einfach durch

$$\mathrm{d}E_{\mathrm{kin}} = \frac{\rho\,\mathrm{d}V}{2}u^2 \tag{7.70}$$

gegeben. Dabei ist $\rho\,\mathrm{d}V = \mathrm{d}m$ die Masse des Volumenelements.

Die potentielle Energie kann im Allgemeinen verschiedene Formen haben. Wir können sie hier eigentlich gar nicht näher beschreiben, da sie durch beliebige äußere Kräfte zustande kommen kann. Üblicherweise wird hier aber die Energie im Schwerefeld der Erde

$$\mathrm{d}E_{\mathrm{pot}} = \rho\,\mathrm{d}V\,gh \tag{7.71}$$

angenommen. Prinzipiell könnte an dieser Stelle auch eine andere potentielle Energie stehen, aber die Gravitation ist in den meisten Fällen die tatsächlich wirkende Kraft.

Die *Druckenergie* $\mathrm{d}E_{\mathrm{dr}}$ kennen wir bislang noch nicht. Die Idee ist, dass der im Fluid herrschende Druck $p$ Arbeit leisten kann. Wir stellen uns eine Fläche $\mathrm{d}A$ im Fluid vor, auf die durch den Druck $p$ die Kraft $\mathrm{d}F$ wirkt. Diese Kraft kann nun entlang einer infinitesimalen Stecke $\mathrm{d}x$ die Arbeit $\mathrm{d}W = \mathrm{d}F\,\mathrm{d}x$ leisten. Nun definieren wir das betrachtete Volumen $\mathrm{d}V$ genau so, dass es die Grundfläche $\mathrm{d}A$ und die Länge $\mathrm{d}x$ hat. Damit ist $\mathrm{d}V = \mathrm{d}A\,\mathrm{d}x$. Wir dürfen das tun, weil wir zuvor noch keine Aussagen über das betrachtete Volumen gemacht haben, außer dass es klein genug sein muss, um eine einzelne Trajektorie zugeordnet zu bekommen. Im Volumen $\mathrm{d}V$ steckt nun gewissermaßen die Fähigkeit, die Arbeit $\mathrm{d}W = \mathrm{d}F\,\mathrm{d}x = p\,\mathrm{d}V$ zu leisten. Wir nennen das die Druckenergie

$$\mathrm{d}E_{\mathrm{dr}} = p\,\mathrm{d}V. \tag{7.72}$$

Jetzt können wir die verschiedenen Energien in Gleichung (7.69) ersetzen:

$$\frac{\rho\,\mathrm{d}V}{2}u^2 + \rho\,\mathrm{d}V\,gh + p\,\mathrm{d}V = const. \tag{7.73}$$

Anstelle der Energie ist es hier sinnvoll, die Energie pro Volumen, also die *Energiedichte*, zu betrachten. Dafür teilen wir einfach durch $\mathrm{d}V$ und erhalten die *Bernoulli-Gleichung*

$$\frac{\rho}{2}u^2 + \rho gh + p = const = p_0. \tag{7.74}$$

Da alle Terme hier die Dimension eines Drucks haben, ist auch die Konstante auf der rechten Seite ein Druck, der *Totaldruck* $p_0$ genannt wird. Die anderen Terme bezeichnen wir als den *dynamischen Druck* (oder auch *Staudruck*)

$$\frac{\rho}{2}u^2, \tag{7.75}$$

den *Schweredruck*

$$\rho gh \tag{7.76}$$

und den *statischen Druck*

$$p. \tag{7.77}$$

**►Tipp:**

Wenn die Gravitationskraft in einem System wegfällt, dann benötigen wir den Schweredruck in der Bernoulli-Gleichung natürlich nicht.

**Bernoulli-Gleichung**

Wir betrachten eine statische Strömung eines reibungsfreien inkompressiblen Fluids. Ein Volumenelement bewegt sich in einem solchen System entlang einer festen Stromlinie mit konstanter Energie. Das wird durch die *Bernoulli-Gleichung* ausgedrückt:

$$\frac{\rho}{2}u^2 + \rho gh + p = const = p_0. \tag{7.78}$$

Diese gilt entlang jeder Stromlinie im Fluid.

## Hydrodynamisches Paradoxon

Wir ignorieren die Gravitationskraft und erhalten die vereinfachte Bernoulli-Gleichung

$$\frac{\rho}{2}u^2 + p = const. \tag{7.79}$$

Nun sehen wir, dass der Druck im Fluid umso kleiner zu sein scheint, je schneller das Fluid sich bewegt (das gilt natürlich auch mit Gravitation). So ist es zum Beispiel in dem in Abbildung 7.13 gezeigten Rohr. Auf der linken Seite bewegt sich das Fluid langsam und der Druck ist groß. Auf der rechten Seite ist das Rohr verengt, wodurch sich das Fluid schneller bewegen muss. Deshalb ist dort der Druck kleiner. Diese Konsequenz aus der Bernoulli-Gleichung erscheint nicht intuitiv und wird deshalb auch als *hydrodynamisches Paradoxon* bezeichnet.

Das Wort *Paradoxon* ist hier eigentlich nicht günstig gewählt. Schließlich ist das hydrodynamische Paradoxon kein wirklicher Widerspruch, sondern einfach nur eine Regel der Natur, die unserer Intuition widerspricht, die wir aber trotzdem verstehen können.

Die Bernoulli-Gleichung gilt nur für inkompressible, reibungsfreie Fluide. Kein reales Fluid erfüllt diese Bedingungen, aber gerade Gase werden bei kleinen Geschwindigkeiten durch die Bernoulli-Gleichung recht gut genähert.

Flugzeugflügel sind auf ihrer Oberseite gewölbt und unten flach. Wenn Luft am Flügel vorbeiströmt, dann muss die Luft an der Unterseite einen kürzeren Weg zurücklegen als die Luft auf der Oberseite. Deshalb bewegt sich die Luft oben schneller als unten. Nach der Bernoulli-Gleichung ist nun der Druck auf der Flügelunterseite größer als über dem Flügel. So kommt der Auftrieb zustande, durch den Flugzeuge fliegen können.

**►Tipp:**
Wie kann die Bernoulli-Gleichung beim Flugzeugflügel angewendet werden, wo unter und über dem Flügel doch verschiedene Stromlinien betrachtet werden? Bevor sie den Flügel trifft, ist die Luft homogen und jedes Volumenelement hat die gleiche Energiedichte $\mathrm{d}E/\mathrm{d}V$ (die Lageenergie spielt hier keine große Rolle). Deshalb haben alle Stromlinien der Luft von vornherein die gleiche Energiedichte und können mit einer Bernoulli-Gleichung beschrieben werden.

Es finden sich zahlreiche verschiedene Experimente und Beispiele aus dem Alltag, anhand derer sich die Bernoulli-Gleichung illustrieren lässt. Das Prinzip ist aber immer dasselbe. Deshalb belassen wir es bei dem Rohr und dem Flügel und wenden uns den laminaren Strömungen und Fluiden mit innerer Reibung zu.

## 7.3.2 Laminare Strömungen

Eine *laminare Strömung* ist per Definitionem eine Strömung, in der keine Turbulenzen auftreten. Wir erkennen eine laminare Strömung daran, dass sie sich optisch ruhig und vorhersehbar verhält, so wie in Abbildung 7.11 gezeigt. Für uns bedeutet das, dass wir überhaupt eine Chance haben, Systeme zu beschreiben. Turbulente Strömungen sind deutlich schwieriger zu behandeln und erfordern aufwändige Computersimulationen.

### Innere Reibung in Fluiden

Wir werden jetzt Bewegungen in Fluiden beschreiben, die Reibungskräfte aufweisen. Diese Bewegungen sollen alle laminar sein.

Innere Reibungen treten zwischen Fluidschichten auf, die sich mit verschiedenen Geschwindigkeiten bewegen. Je größer die Reibungskräfte sind, desto zähflüssiger ist ein Fluid. Wir versuchen nun, die Zähflüssigkeit zu quantifizieren.

7

Zwischen zwei Platten mit Oberfläche $A$ und Abstand $d$ voneinander befindet sich ein Fluid. Dieses System haben wir in Abbildung 7.14 skizziert. Die obere Platte wird nun mit der Kraft $F$ nach rechts bewegt. Es ist klar, dass sich das Fluid jetzt an verschiedenen Stellen unterschiedlich schnell bewegt. Um das zu verstehen, unterteilen wird das Volumen zwischen den Platten in flache Schichten der Dicke $\mathrm{d}y$.

Wo immer das Fluid mit einer Wand in Berührung kommt, bewegt es sich mit dieser Wand mit. Deshalb ist die unterste Fluidschicht im System in Ruhe und die oberste Schicht bewegt sich mit der oberen Platte. Die Schichten dazwischen haben jeweils verschiedene Geschwindigkeiten.

Wir betrachten zwei aneinandergrenzende Fluidschichten im Abstand $\mathrm{d}y$. Sie haben die Fläche $A$ und werden mit der Kraft $F$

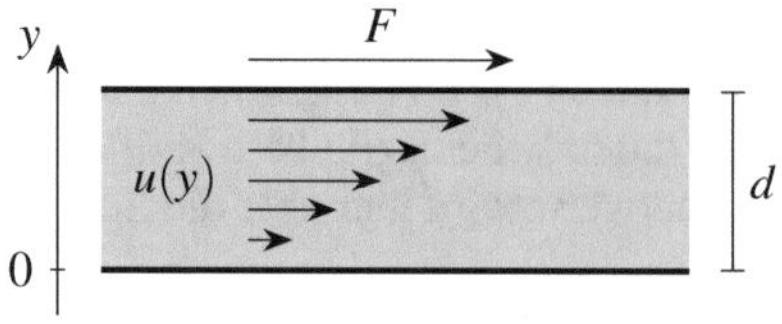


Abb. 7.14: Zwischen zwei Platten mit Abstand $d$ befindet sich ein Fluid mit Reibungskräften. Die obere Platte wird mit der Kraft $F$ bewegt und zieht dabei die oberste Fluidschicht mit sich.

gegeneinander verschoben. Da actio und reactio gleich sind, hat die Reibungskraft zwischen den Schichten auch den Betrag $F$. Der Geschwindigkeitsunterschied zwischen den Platten beträgt $\mathrm{d}u$. Es lässt sich nun empirisch der Zusammenhang

$$\frac{F}{A} = \eta \frac{\mathrm{d}u}{\mathrm{d}y} \tag{7.80}$$

finden. Das bedeutet, dass die Reibungskraft pro Oberfläche umso größer ist, je größer der Geschwindigkeitsunterschied $\mathrm{d}u$ zwischen den Schichten ist. Die Proportionalitätskonstante $\eta$ nennen wir die *dynamische Viskosität*. Sie gibt an, wie zähflüssig ein Fluid ist, und hat die Dimension eines Drucks multipliziert mit einer Zeit.

Das Verhältnis $\tau = F/A$ ist eine Schubspannung, wie wir sie bereits in Gleichung (6.71) definiert haben. Der Quotient $\mathrm{d}u/\mathrm{d}y$ ist die sogenannte *Schergeschwindigkeit*, der wir auch das Formelzeichen $\dot{\gamma}$ geben. So vereinfacht sich Gleichung (7.80) zu

$$\tau = \eta \dot{\gamma}. \tag{7.81}$$

In unserem Beispiel aus Abbildung 7.14 können wir uns das Geschwindigkeitsprofil leicht herleiten. Die Scherkraft $F$ ist überall gleich. Damit gilt

$$\mathrm{d}u = \frac{F}{\eta A} \mathrm{d}y. \tag{7.82}$$

Wir setzen das Koordinatensystem so, dass an der unteren Platte $y = 0$ ist (siehe Abbildung 7.14). Dann erhalten wir die Geschwindigkeit $u(y)$ in Abhängigkeit des Orts über die Integration

$$u(y) = \int_0^y \frac{F}{\eta A} \mathrm{d}\tilde{y} = \frac{Fy}{\eta A}. \tag{7.83}$$

Die obere Platte bewegt sich mit der Geschwindigkeit

$$u(d) = \frac{Fd}{\eta A}. \tag{7.84}$$

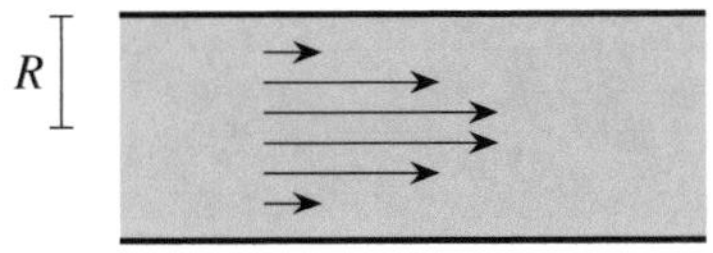


Abb. 7.15: Ein viskoses Fluid bewegt sich durch ein Rohr mit Radius $R$ und Länge $l$. Dabei steht das Fluid am Rand still und bewegt sich im Zentrum des Rohrs am schnellsten.

**Viskosität**

Die *Viskosität* $\eta$ gibt an, wie zähflüssig ein Fluid ist. Sie ist der Proportionalitätsfaktor aus der Schubspannung $\tau = F/A$ und der *Schergeschwindigkeit* $\dot{\gamma} = \mathrm{d}u/\mathrm{d}y$

$$\tau = \eta\dot{\gamma}. \tag{7.85}$$

Die Schergeschwindigkeit gibt die Geschwindigkeitsdifferenz $\mathrm{d}u$ zweier Fluidschichten im Abstand $\mathrm{d}y$ an, während die Schubspannung die Scherkraft $F$ pro Oberfläche $A$ der Fluidschichten angibt.

Fluide, für die Gleichung (7.80) gilt, bezeichnen wir auch als *Newton'sche Fluide*. Viele reale Fluide können näherungsweise als Newton'sche Fluide betrachtet werden. Es gibt aber auch andere Fluide, bei denen die Viskosität nicht konstant, sondern belastungsabhängig ist. Dann sprechen wir von *Nichtnewton'schen Fluiden*. Ketchup ist ein Beispiel hierfür.

### Gesetz von Hagen-Poiseuille

Wir möchten nun herleiten, wie viskose Fluide laminar durch Rohre strömen. Dafür betrachten wir ein inkompressibles Fluid mit Viskosität und ein Rohr mit Radius $R$ und Länge $l$ (siehe Abbildung 7.15). Zwischen den Enden des Rohrs herrscht die Druckdifferenz $\Delta p$. Diese Druckdifferenz schiebt das Fluid gegen die Reibungskraft durch das Rohr. Wie groß ist der Volumenstrom des Fluids?

Da das System zylindersymmetrisch ist, hängt die Strömungsgeschwindigkeit $u(r)$ nur vom Radius ab. Wir betrachten nun einen Fluidzylinder im Rohr mit Radius $r$. Die Mantelfläche dieses Zylinders ist

$$A = 2\pi r l \tag{7.86}$$

und die Grundflächen sind jeweils

$$G = \pi r^2. \tag{7.87}$$

Die Kraft, die durch den Druck $p$ auf die Grundfläche des Zylinders wirkt und ihn durch das Rohr schiebt, ist

$$F = G\Delta p = \pi r^2 \Delta p. \tag{7.88}$$

An seiner Mantelfläche $A$ erfährt der Zylinder eine Reibungskraft mit der außerhalb liegenden Fluidschicht. Diese Reibungskraft entspricht genau der antreibenden Kraft $-F$ mit umgekehrtem Vorzeichen (actio = reactio). Die Schergeschwindigkeit $\mathrm{d}u/\mathrm{d}r$ kann nun mithilfe von Gleichung (7.80) berechnet werden:

$$-\frac{\pi r^2 \Delta p}{2\pi r l} = \eta \frac{\mathrm{d}u}{\mathrm{d}r}. \tag{7.89}$$

Vereinfachen dieser Gleichung ergibt

$$\frac{\mathrm{d}u}{\mathrm{d}r} = -\frac{r\Delta p}{2\eta l}. \tag{7.90}$$

Wir erhalten nun die Geschwindigkeit $u(r)$, indem wir die Stammfunktion bilden:

$$u(r) = -\frac{\Delta p}{4\eta l} r^2 + u_0. \tag{7.91}$$

Die Konstante $u_0$ dürfen wir hier nicht vergessen. Wir benötigen sie, um die Randbedingung $u(R) = 0$ zu erfüllen, denn schließlich ist das Fluid am Rand des Rohrs in Ruhe. Es kann leicht gezeigt werden, dass

$$u_0 = \frac{\Delta p}{4\eta l} R^2 \tag{7.92}$$

sein muss. So erhalten wir den Geschwindigkeitsverlauf einer laminaren viskosen Strömung im Rohr:

$$u(r) = -\frac{\Delta p}{4\eta l} r^2 + \frac{\Delta p}{4\eta l} R^2 = \frac{\Delta p}{4\eta l}\left(R^2 - r^2\right). \tag{7.93}$$

Für technische Anwendungen ist es meist nicht wichtig zu wissen, wie das Strömungsprofil im Rohr aussieht. Viel relevanter ist der Volumenstrom $I_V$, also das Fluidvolumen, das pro Zeiteinheit durch das Rohr strömt, wenn der Druck $\Delta p$ angelegt wird.

Wir haben in Gleichung (7.55) bereits den Massenfluss $I$ eingeführt. Der Volumenstrom $I_V$ ist für inkompressible Fluide nichts anderes als der Massenfluss dividiert durch die konstante Dichte:

$$I_V = \frac{I}{\rho} = \int_{\text{Fläche}} \boldsymbol{u} \cdot \mathrm{d}\boldsymbol{A}. \tag{7.94}$$

## Theorieaufgabe 52: Volumenstrom im Rohr •

Berechnen Sie aus Gleichung (7.93) den Volumenfluss $I_V$ im Rohr.



### Gesetz von Hagen-Poiseuille

Das *Gesetz von Hagen-Poiseuille* gibt den Volumenfluss $I_V$ eines inkompressiblen Fluids mit Viskosität $\eta$ durch ein Rohr mit Radius $R$ und Länge $l$ an. Zwischen beiden Enden des Rohrs herrsche die Druckdifferenz $\Delta p$. Dann gilt für eine laminare Strömung

$$I_V = \frac{\pi R^4 \Delta p}{8\eta l} \tag{7.95}$$

oder, nach dem Druck umgeformt,

$$\Delta p = \frac{8\eta l I_V}{\pi R^4}. \tag{7.96}$$

Die Interpretation des Gesetzes von Hagen-Poiseuille fällt leicht. Der Druck, der benötigt wird, um einen bestimmten Volumenstrom durch ein Rohr zu bewegen, ist proportional zu $1/R^4$. Wenn also ein Rohr mit halbem Radius verwendet wird, muss eine 16-fach größere Druckdifferenz erzeugt werden, um den gleichen Volumenfluss zu erreichen.

### Gesetz von Stokes

Wenn eine Kugel mit Radius $R$ langsam mit Geschwindigkeit $v$ in einem Fluid herabsinkt, dann wird sie von der Flüssigkeit laminar umströmt. Für diesen Fall kann die Reibungskraft durch das Gesetz von Stokes

$$F = 6\pi\eta R v \tag{7.97}$$

berechnet werden. Die Herleitung dieses Zusammenhangs geht hier zu weit, die Gleichung sollten Sie aber beherrschen.

**►Tipp:**

In typischen Aufgaben zum Gesetz von Stokes wird nach der Geschwindigkeit einer im Fluid fallenden Kugel gefragt. Achten Sie dabei darauf, dass auf die Kugel neben der Reibungs- und Gravitationskraft auch noch eine Auftriebskraft wirkt!

**Gesetz von Stokes**

Eine Kugel mit Radius $R$ bewegt sich mit Geschwindigkeit $v$ durch ein Fluid (Viskosität $\eta$) und wird von diesem laminar umströmt. Die Reibungskraft, die dabei auf die Kugel wirkt, wird durch das *Gesetz von Stokes* angegeben:

$$F = 6\pi\eta R v. \tag{7.98}$$

### 7.3.3 Navier-Stokes-Gleichung

Die Navier-Stokes-Gleichung ist eine der wichtigsten Gleichungen zur Beschreibung von viskosen, inkompressiblen Fluiden. Wir erhalten sie gewissermaßen einfach aus dem Newton'schen Zusammenhang $F = ma$.

Wir betrachten zunächst ein quaderförmiges Volumenelement $\mathrm{d}V = \mathrm{d}x\,\mathrm{d}y\,\mathrm{d}z$ in einem Fluid. Dieses Volumenelement hat die Masse $\mathrm{d}m = \rho\,\mathrm{d}V$ und die Geschwindigkeit $\boldsymbol{u}$. Wenn die Kraft $\boldsymbol{F}$ auf das Volumenstück wirkt, dann gilt nach Newton der Zusammenhang

$$\mathrm{d}\boldsymbol{F} = \mathrm{d}m\,\frac{\mathrm{d}\boldsymbol{u}}{\mathrm{d}t} = \rho\,\frac{\mathrm{d}\boldsymbol{u}}{\mathrm{d}t}\,\mathrm{d}V. \tag{7.99}$$

Im Fluid wirken nun drei verschiedene Kräfte: die Reibungskraft $\mathrm{d}\boldsymbol{F}_\eta$, die Druckkraft $\mathrm{d}\boldsymbol{F}_p$ und eine äußere Kraft. Für letztere wird üblicherweise die Schwerkraft $\mathrm{d}\boldsymbol{F}_g$ angesetzt. Zusammen gilt nun der Zusammenhang

$$\mathrm{d}\boldsymbol{F}_\eta + \mathrm{d}\boldsymbol{F}_p + \mathrm{d}\boldsymbol{F}_g = \mathrm{d}m\,\frac{\mathrm{d}\boldsymbol{u}}{\mathrm{d}t} = \rho\,\frac{\mathrm{d}\boldsymbol{u}}{\mathrm{d}t}\,\mathrm{d}V. \tag{7.100}$$

Wir groß sind die Kräfte, die auf das Volumenelement wirken? Die Schwerkraft ist einfach $\mathrm{d}\boldsymbol{F}_g = \mathrm{d}m\,\boldsymbol{g}$ oder

$$\mathrm{d}\boldsymbol{F}_g = \rho\,\boldsymbol{g}\,\mathrm{d}V \tag{7.101}$$

mit der Gravitationsbeschleunigung $\boldsymbol{g}$.

Die Druckkraft haben wir bereits in Gleichung (7.6) hergeleitet:

$$\mathrm{d}\boldsymbol{F}_p = -\operatorname{grad}(p)\,\mathrm{d}V = -\boldsymbol{\nabla}p\,\mathrm{d}V. \tag{7.102}$$

Jetzt benötigen wir noch die Reibungskraft $\mathrm{d}\boldsymbol{F}_\eta$, die auf das Volumenelement $\mathrm{d}V$ wirkt. Zur Vereinfachung stellen wir uns zunächst vor, dass die Geschwindigkeit $u(x)$ im Fluid nur von $x$ abhängt. Die Geschwindigkeit ist ein Skalar, weil wir hier zunächst nur eine Komponente von $\boldsymbol{u}$ (und auch von der Reibungskraft) betrachten. Unser kleiner Quader hat nun zwei gegenüberliegende Seiten mit Fläche $\mathrm{d}A = \mathrm{d}y\,\mathrm{d}z$. Eine dieser Flächen hat die Geschwindigkeit $u(x)$ und die andere Seite hat die Geschwindigkeit $u(x+\mathrm{d}x)$. Diese Geschwindigkeit entwickeln wir nun in einer Taylorreihe für kleine $\mathrm{d}x$ in erster Ordnung:

$$u(x+\mathrm{d}x) = u(x) + \frac{\partial u(x)}{\partial x}\,\mathrm{d}x + \mathcal{O}\big(\mathrm{d}x^2\big). \tag{7.103}$$

An beiden Seiten des Volumenelements wirkt eine Reibungskraft der Form (siehe Gleichung (7.80))

$$\mathrm{d}F(x) = \eta\,\mathrm{d}A\,\frac{\partial u}{\partial x}. \tag{7.104}$$

Die im Volumenelement wirkende Reibungskraft ist die Differenz der Kräfte auf beiden Seiten:

$$\mathrm{d}F_\eta = \mathrm{d}F(x+\mathrm{d}x) - \mathrm{d}F(x) \tag{7.105a}$$

$$= \eta\,\mathrm{d}A\left[\frac{\partial u(x+\mathrm{d}x)}{\partial x} - \frac{\partial u(x)}{\partial x}\right]. \tag{7.105b}$$

Wir setzen hier die Ableitung von Gleichung (7.103) ein und erhalten

$$\mathrm{d}F_\eta = \eta\,\mathrm{d}A\left[\frac{\partial u(x)}{\partial x} + \frac{\partial u^2(x)}{\partial^2 x}\,\mathrm{d}x - \frac{\partial u(x)}{\partial x}\right] \tag{7.106a}$$

$$= \eta\,\mathrm{d}A\,\frac{\partial u^2(x)}{\partial^2 x}\,\mathrm{d}x \tag{7.106b}$$

$$= \eta\,\frac{\partial u^2(x)}{\partial^2 x}\,\mathrm{d}V. \tag{7.106c}$$

Wenn die Geschwindigkeit nicht nur von $x$ abhängt, dann müssen wir nun den Laplace-Operator $\Delta$ anstelle der zweiten Ableitung nach $x$ einsetzen. Außerdem können wir jetzt die Kraft und die Geschwindigkeit auch als Vektoren betrachten:

$$\mathrm{d}\boldsymbol{F}_\eta = \eta\,\Delta\boldsymbol{u}\,\mathrm{d}V. \tag{7.107}$$

Jetzt haben wir alles, was wir benötigen, um die Navier-Stokes-Gleichung herzuleiten. Wir setzen die verschiedenen Kräfte in Gleichung (7.100) ein und ersetzen außerdem die zeitliche Ableitung $\mathrm{d}\boldsymbol{u}/\mathrm{d}t$ durch Gleichung (7.49):

$$\eta\,\Delta\boldsymbol{u}\,\mathrm{d}V - \boldsymbol{\nabla}p\,\mathrm{d}V + \rho\boldsymbol{g}\,\mathrm{d}V = \rho\left[\frac{\partial\boldsymbol{u}}{\partial t} + (\boldsymbol{u}\cdot\boldsymbol{\nabla})\,\boldsymbol{u}\right]\mathrm{d}V. \tag{7.108}$$

Wir kürzen noch das Volumenelement $\mathrm{d}V$ heraus:

$$\rho\left[\frac{\partial}{\partial t} + \boldsymbol{u}\cdot\boldsymbol{\nabla}\right]\boldsymbol{u} = \eta\,\Delta\boldsymbol{u} - \boldsymbol{\nabla}p + \rho\boldsymbol{g}. \tag{7.109}$$

Das ist die *Navier-Stokes-Gleichung*. Diese Differentialgleichung für die Geschwindigkeit $\boldsymbol{u}$ kann verwendet werden, um Strömungen in den verschiedensten Systemen zu ermitteln. Sie wird auch häufig in Simulationen genutzt.

Die Interpretation der Navier-Stokes-Gleichung führt uns hier nicht viel weiter. Es ist zwar möglich, an dieser Stelle tief in die

Fluiddynamik einzutauchen, aber wir akzeptieren die Navier-Stokes-Gleichung einfach als mathematischen Zusammenhang. Wichtig ist aber, dass wir uns erinnern, wo die Terme in der Herleitung herkommen.

**Navier-Stokes-Gleichung**

Gegeben sei ein inkompressibles Fluid im Schwerefeld der Erde (Gravitationsbeschleunigung $\boldsymbol{g}$). Die Strömung des Fluids kann mithilfe der *Navier-Stokes-Gleichung* ermittelt werden:

$$\rho\left[\frac{\partial}{\partial t}+\boldsymbol{u}\cdot\boldsymbol{\nabla}\right]\boldsymbol{u}=\eta\,\Delta\boldsymbol{u}-\boldsymbol{\nabla}p+\rho\boldsymbol{g}. \qquad (7.110)$$

**►Tipp:**

Wenn wir ein reibungsfreies Fluid ($\eta = 0$) betrachten, dann wird aus der Navier-Stokes-Gleichung einfach die Euler-Gleichung (siehe Gleichung (7.52)).

## 7.3.4 Reynolds-Zahl

Wann verhält sich eine Strömung laminar und wann verhält sie sich turbulent? Im Experiment zeigt sich, dass hier eine Abhängigkeit von der Strömungsgeschwindigkeit sowie von der Art der Hindernisse, die der Strömung im Weg sind, besteht. Wir können diese Beobachtung folgendermaßen erklären:

- Bei einer laminaren Strömung ist die kinetische Energie des Fluids klein im Vergleich zu den auftretenden Reibungskräften. Das bedeutet, dass die Zähigkeitskräfte, die durch die Viskosität des Fluids auftreten, stärker sind als die Trägkeitskräfte. Aus diesem Grund treten in laminaren Strömungen keine Verwirbelungen auf (siehe Abbildung 7.11). Die dabei auftretenden Reibungskräfte würden das Fluid einfach stoppen.
- Bei turbulenten Strömungen ist die kinetische Energie des Fluids so groß, dass die auftretenden Trägheitskräfte die Zähigkeitskräfte übertreffen. Bei großen Strömungsgeschwindigkeiten kann die Strömung also gewissermaßen komplizierte Verläufe mit großen Reibungskräften aufweisen, ohne dass die Reibungskräfte das schnelle Fluid stoppen könnten. So kommt es zu Turbulenzen, zum Beispiel Verwirbelungen (siehe Abbildung 7.12).

Die Skizzen in Abbildung 7.11 und Abbildung 7.12 können zwei identische Systeme zeigen, die sich nur in der Fließgeschwindigkeit des Fluids unterscheiden.

Neben der Strömungsgeschwindigkeit $u$ ist auch die Art der Hindernisse relevant, die der Strömung im Weg sind. Allgemein führen größere Hindernisse eher zu turbulenten Strömungen, während kleine Hindernisse eher eine laminare Strömung zulassen. Allerdings spielen natürlich auch Art und Form des Hindernisses eine Rolle. Wenn wir in Abbildung 7.12 das Hindernis um 90° drehen würden, dann wäre die Strömung vermutlich weniger turbulent. Wir verwenden deshalb eine charakteristische Länge $d$, die so gewählt ist, dass sie möglichst gut angibt, wie sehr ein Hindernis dem Fluid im Weg steht.

Wenn wir hier von Hindernissen sprechen, dann meinen wir alles, was die Strömung des Fluids beeinflusst. Dazu gehören ebenso Flugzeugflügel im Wind wie auch Rohre, durch die sich ein Fluid bewegt. Für letztere könnte als charakteristische Länge ihr Durchmesser angenommen werden. Flügel sind speziell so gebaut und im Wind ausgerichtet, dass sie eine kleine charakteristische Länge haben. Würde man einen Flügel quer in den Wind stellen, würden viel eher Turbulenzen auftreten und die charakteristische Länge wäre größer.

Strömungen an verschiedenen Hindernissen können kaum verglichen werden. Was aber, wenn wir ein Modellflugzeug im Windkanal testen wollen? Bei solchen Tests ist es äußerst wichtig, dass das Modell genauso umströmt wird wie auch das große Flugzeug. Beide unterscheiden sich aber in ihrer Größe und damit in ihrer charakteristischen Länge.

Für solche Situationen gibt es die *Reynolds-Zahl*. Sie ist durch

$$\mathrm{Re}=\frac{\rho u d}{\eta} \qquad (7.111)$$

definiert und gibt gewissermaßen das Verhältnis von Trägheitskräften und Reibungskräften im Fluid an. Jedes System hat eine kritische Reynolds-Zahl, unterhalb derer die Strömung laminar verläuft. Überschreitet die Reynolds-Zahl diesen kritischen Wert, so treten Turbulenzen auf. Die kritische Reynolds-Zahl ist im Allgemeinen vom Hindernis abhängig, aber sie ist für ähnliche Hindernisse auch ähnlich. Allgemein sind die Reynolds-Zahlen ähnlicher Hindernisse miteinander vergleichbar. Deshalb kann die Reynolds-Zahl für unser Modellflugzeug im Windkanal verwendet werden. Das Modellflugzeug muss so umströmt werden, dass seine Reynolds-Zahl genauso groß ist wie die des großen Flugzeugs. Wenn das gegeben ist, verhält sich die Strömung im Modell vergleichbar zur Strömung am echten Flugzeug.

**Reynolds-Zahl**

Ein Fluid (Viskosität $\eta$) umströmt mit Geschwindigkeit $u$ ein Hindernis. Die *Reynolds-Zahl*

$$\mathrm{Re}=\frac{\rho u d}{\eta} \qquad (7.112)$$

kann verwendet werden um vorherzusagen, wie turbulent oder laminar eine Strömung ausfällt. Dabei ist $d$ die charakteristische Länge des Hindernisses.

Jedes System hat eine kritische Reynolds-Zahl, oberhalb derer die Strömung turbulent wird. Wenn formähnliche Hindernisse in verschiedenen Systemen die gleiche Reynolds-Zahl haben, dann werden sie ähnlich vom jeweiligen Fluid umströmt.

7

## 7.4 Alles auf einen Blick

Fluide sind Stoffe, die ihre Form ihrer Umgebung anpassen. Dazu gehören Gase und Flüssigkeiten.

### Ruhende Fluide

**Ideale Flüssigkeit**

Flüssigkeiten unterscheiden sich durch ihre Viskosität (Zähflüssigkeit) voneinander. Diese kommt durch innere Reibungskräfte in der jeweiligen Flüssigkeit zustande. Eine ideale Flüssigkeit zeichnet sich dadurch aus, dass sie nicht viskos ist und Scherkräften keinen Widerstand leistet. Außerdem betrachten wir ideale Flüssigkeiten als inkompressibel.

Flüssigkeiten zeichnen sich gegenüber Gasen durch eine klar definierte Oberfläche aus.

**Flüssigkeitsoberfläche**

An der Oberfläche einer ruhenden idealen Flüssigkeit wirken niemals tangentiale Kräfte. Die Oberfläche ist stets so geformt, dass alle Kräfte orthogonal wirken.

Im Inneren von Fluiden herrscht immer ein Druck $p$. Wenn wir im Fluid eine flache Oberfläche $A$ positionieren würden, dann würde auf jede Seite dieser Fläche die Kraft $F = p \cdot A$ wirken.

**Druck in Fluiden**

In Fluiden ist der Druck $p$ eine ungerichtete Größe, die überall gleich ist, solange keine Kräfte im Inneren des Fluids wirken (beispielsweise die Gravitationskraft).

**Druck und Kraft im Fluid**

Wenn auf ein Fluid eine Kraft wirkt, dann ist der Druck ortsabhängig. So erzeugt das Fluid eine Gegenkraft $\boldsymbol{F}$ (reactio), die das Gleichgewicht im System herstellt. Der Gradient des Drucks $p$ hängt über die Gleichung

$$\mathrm{d}\boldsymbol{F} = -\operatorname{grad}(p) \cdot \mathrm{d}V \tag{7.7}$$

mit der wirkenden Kraft am jeweiligen Ort zusammen. Dabei ist $\mathrm{d}V$ ein Volumenelement im Fluid, in dem der Anteil $\mathrm{d}\boldsymbol{F}$ der Kraft $\boldsymbol{F}$ wirkt.

**Pascal'sches Gesetz**

Unter dem Einfluss von Gravitation üben Fluide Druck auf sich selbst aus, den wir als Schweredruck bezeichnen. Dieser Druck $p(h)$ ist höhenabhängig und nimmt für inkompressible Fluide im homogenen Gravitationsfeld die Form

$$p(h) = \rho g h \tag{7.13}$$

an. Dabei ist $\rho$ die Dichte des Fluids und $g$ die Gravitationsbeschleunigung. $h$ bezeichnet die Tiefe im Fluid (von der Oberfläche aus gemessen).

Zusätzlich kann auf die Oberfläche eines Fluids noch ein Druck $p_0$ wirken. Nach dem Pascal'schen Gesetz ergibt sich der Gesamtdruck dann durch die Summe

$$p(h) = \rho g h + p_0. \tag{7.14}$$

Bei Flüssigkeiten in alltäglichen Situationen ist $p_0$ häufig einfach der herrschende Luftdruck.

**Auftriebskraft**

Auf Körper, die sich in Fluiden mit Schweredruck befinden, wirkt eine Auftriebskraft nach oben. Diese Kraft ist genauso groß wie die Schwerkraft des verdrängten Fluids gewesen wäre:

$$F_\mathrm{A} = \rho g V. \tag{7.18}$$

Dabei ist $\rho$ die Dichte des Fluids und $V$ das Volumen des Körpers. Wir nennen das das Archimedische Prinzip.

Körper, deren Masse größer ist als die Masse des verdrängten Fluids, gehen unter. Ist die Masse gleich groß, so schwebt der Körper im Fluid. Wenn der Körper leichter ist als das verdrängte Fluid, dann schwimmt er nach oben. Kommt er an eine Oberfläche, so verdrängt er weniger Fluid, sodass sich Gewichts- und Auftriebskraft ausgleichen.

### Grenzflächenphänomene

**Oberflächenspannung**

Flüssigkeitsoberflächen wollen sich stets zusammenziehen. Die spezifische Oberflächenenergie $\varepsilon$ gibt an, wie viel Arbeit $\Delta W$ geleistet werden muss, um die Oberfläche um $\Delta A$ zu vergrößern:

$$\varepsilon = \frac{\Delta W}{\Delta A}. \tag{7.24}$$

Die Kraft, mit der sich die Oberfläche zusammenzuziehen versucht, wird durch die Oberflächenspannung $\sigma$ beschrieben. Sie gibt das Verhältnis zwischen der Kraft $F$ und der Länge $l$ an, entlang der die Kraft wirkt:

$$\sigma = \frac{F}{l}. \tag{7.25}$$

Die spezifische Oberflächenenergie und die Oberflächenspannung sind stets gleich:

$$\varepsilon = \sigma. \tag{7.26}$$

**Seifenblase**

Im Inneren einer Seifenblase mit Radius $r$ herrscht ein um

$$p = \frac{4\sigma}{r} \tag{7.31}$$

erhöhter Druck (gegenüber dem Umgebungsdruck).

**Grenzflächenspannung**

So wie wir bei Flüssigkeitsoberflächen die spezifische Oberflächenenergie kennen, haben auch Grenzflächen zwischen verschiedenen Phasen $i$ und $j$ eine spezifische Grenzflächenenergie $\varepsilon_{ij}$. Diese hängt von der Natur der Grenzfläche ab. Es gibt auch hier eine Grenzflächenspannung $\sigma_{ij} = \varepsilon_{ij}$, mit der sich die Grenzfläche zusammenziehen will.

Durch Grenzflächenspannungen treten verschiedene Phänomene auf. Beispielsweise wird Wasser am Rand eines Wasserglases nach oben gezogen. Auch der Kapillareffekt hängt damit zusammen.

**Kapillareffekt**

Durch den Kapillareffekt werden Flüssigkeiten in dünnen Röhrchen entgegen der Gravitationskraft nach oben gezogen. Mit der Grenzflächenspannung $\sigma$ zwischen der Flüssigkeit und dem umgebenden Gas sowie dem Randwinkel $\varphi$ der Flüssigkeit an der Röhrchenwand ergibt sich die Steighöhe

$$h = \frac{2\cos(\varphi)\,\sigma}{\rho r g}. \tag{7.42}$$

Dabei ist $\rho$ die Dichte der Flüssigkeit und $r$ der Radius des Röhrchens.

Der gleiche Effekt lässt sich auch zwischen zwei Platten im Abstand $d$ voneinander erzielen. Dabei ergibt sich

$$h = \frac{\cos(\varphi)\,\sigma}{\rho d g}. \tag{7.43}$$

## Bewegte Fluide

Strömungen in Fluiden können verschiedene Charakteristika haben. So unterscheiden wir beispielsweise turbulente Strömungen von laminaren Strömungen. Wir beschreiben die Bewegung im Fluid durch die orts- und zeitabhängige Geschwindigkeit $\boldsymbol{u}(\boldsymbol{r},t)$. Wenn die Geschwindigkeit nicht zeitabhängig ist, sprechen wir von einer stationären Strömung.

**Euler-Gleichung**

Die Euler-Gleichung gibt die zeitliche Änderung der Geschwindigkeit $\boldsymbol{u}(\boldsymbol{r},t)$ in einem reibungsfreien Fluid an:

$$\frac{\mathrm{d}\boldsymbol{u}}{\mathrm{d}t} = \frac{\partial \boldsymbol{u}}{\partial t} + (\boldsymbol{u}\cdot\boldsymbol{\nabla})\,\boldsymbol{u} = \boldsymbol{K} - \frac{1}{\rho}\,\mathrm{grad}(p). \tag{7.52}$$

Dabei ist $\boldsymbol{K}$ eine Kraft pro Masse, die von außen auf das Fluid wirkt. $p$ ist der Druck und $\rho$ ist die Dichte.

**Massenfluss und Massenflussdichte**

Der Massenfluss gibt die Masse an Fluid an, die pro Zeiteinheit durch eine gegebene Fläche strömt:

$$I = \int_{\text{Fläche}} \boldsymbol{j}\cdot\mathrm{d}\boldsymbol{A}. \tag{7.56}$$

Dabei bezeichnet $\boldsymbol{j}$ die Massenflussdichte

$$\boldsymbol{j} = \rho\boldsymbol{u}, \tag{7.57}$$

also den Massenstrom, der pro Fläche fließt.

**Kontinuitätsgleichung**

Die Kontinuitätsgleichung für Fluide ist

$$\frac{\partial \rho}{\partial t} + \mathrm{div}(\boldsymbol{j}) = 0. \tag{7.66}$$

Quellen und Senken im Fluid sind stets mit einer Änderung der Dichte verbunden. So wird die Massenerhaltung im System garantiert.

Inkompressible Fluide haben keine Quellen oder Senken. Hier gilt

$$\mathrm{div}(\boldsymbol{j}) = 0. \tag{7.67}$$

7

**Flussgeschwindigkeit im Rohr**

Ein Rohr wird von einem inkompressiblen Fluid ohne Turbulenzen durchflossen. Auch wenn sich der Radius des Rohrs ändert, bleibt der Massenfluss $I$ immer konstant. Die über die Querschnittsfläche gemittelte Geschwindigkeit $u$ ist aber vom Radius abhängig:

$$\frac{u_2}{u_1} = \frac{r_1^2}{r_2^2}. \tag{7.68}$$

Der Druck in Fluiden ist von der Geschwindigkeit abhängig. Das wird durch die Bernoulli-Gleichung beschrieben.

**Bernoulli-Gleichung**

Wir betrachten eine statische Strömung eines reibungsfreien inkompressiblen Fluids. Ein Volumenelement bewegt sich in einem solchen System entlang einer festen Stromlinie mit konstanter Energie. Das wird durch die Bernoulli-Gleichung ausgedrückt:

$$\frac{\rho}{2}u^2 + \rho g h + p = const = p_0. \tag{7.78}$$

Diese gilt entlang jeder Stromlinie im Fluid.

Abgesehen von sehr speziellen Fällen (Suprafluidität) treten in allen realen Fluiden innere Reibungskräfte auf. Dadurch werden Fluide zähflüssig.

**Viskosität**

Die Viskosität $\eta$ gibt an, wie zähflüssig ein Fluid ist. Sie ist der Proportionalitätsfaktor aus der Schubspannung $\tau = F/A$ und der Schergeschwindigkeit $\dot{\gamma} = \mathrm{d}u/\mathrm{d}y$

$$\tau = \eta\dot{\gamma}. \tag{7.85}$$

Die Schergeschwindigkeit gibt die Geschwindigkeitsdifferenz d$u$ zweier Fluidschichten im Abstand d$y$ an, während die Schubspannung die Scherkraft $F$ pro Oberfläche $A$ der Fluidschichten angibt.

**Gesetz von Hagen-Poiseuille**

Das Gesetz von Hagen-Poiseuille gibt den Volumenfluss $I_V$ eines inkompressiblen Fluids mit Viskosität $\eta$ durch ein Rohr mit Radius $R$ und Länge $l$ an. Zwischen beiden Enden des Rohrs herrsche die Druckdifferenz $\Delta p$. Dann gilt für eine laminare Strömung

$$I_V = \frac{\pi R^4 \Delta p}{8\eta l} \tag{7.95}$$

oder, nach dem Druck umgeformt,

$$\Delta p = \frac{8\eta l I_V}{\pi R^4}. \tag{7.96}$$

**Gesetz von Stokes**

Eine Kugel mit Radius $R$ bewegt sich mit Geschwindigkeit $v$ durch ein Fluid (Viskosität $\eta$) und wird von diesem laminar umströmt. Die Reibungskraft, die dabei auf die Kugel wirkt, wird durch das Gesetz von Stokes angegeben:

$$F = 6\pi\eta R v. \tag{7.98}$$

Die Navier-Stokes-Gleichung beschreibt die Bewegungen von Fluiden mit inneren Reibungskräften.

**Navier-Stokes-Gleichung**

Gegeben sei ein inkompressibles Fluid im Schwerefeld der Erde (Gravitationsbeschleunigung $\boldsymbol{g}$). Die Strömung des Fluids kann mithilfe der Navier-Stokes-Gleichung ermittelt werden:

$$\rho\left[\frac{\partial}{\partial t} + \boldsymbol{u}\cdot\boldsymbol{\nabla}\right]\boldsymbol{u} = \eta\,\Delta\boldsymbol{u} - \boldsymbol{\nabla}p + \rho\boldsymbol{g}. \tag{7.110}$$

**Reynolds-Zahl**

Ein Fluid (Viskosität $\eta$) umströmt mit Geschwindigkeit $u$ ein Hindernis. Die Reynolds-Zahl

$$\mathrm{Re} = \frac{\rho u d}{\eta} \tag{7.112}$$

kann verwendet werden um vorherzusagen, wie turbulent oder laminar eine Strömung ausfällt. Dabei ist $d$ die charakteristische Länge des Hindernisses.

Jedes System hat eine kritische Reynolds-Zahl, oberhalb derer die Strömung turbulent wird. Wenn formähnliche Hindernisse in verschiedenen Systemen die gleiche Reynolds-Zahl haben, dann werden sie ähnlich vom jeweiligen Fluid umströmt.

## 7.5 Übungsaufgaben

### Einführungsaufgabe 130

**Massenfluss** ☐

Ein inkompressibles Fluid mit Dichte $\rho$ hat die ortsabhängige Geschwindigkeit

$$\boldsymbol{u}(\boldsymbol{r}) = \begin{pmatrix} ay \\ -bxy \\ bxz + cx \end{pmatrix}.$$

Ist die Kontinuitätsgleichung erfüllt?

Gegeben sei nun eine Kreisfläche $A$ um den Koordinatenursprung in der $x$-$y$-Ebene mit Radius $R$. Berechnen Sie den Massenfluss durch diese Fläche.

### Einführungsaufgabe 131

**Viskosität** ☐

Zwischen zwei identischen parallelen Platten der Fläche $A = 2\,\mathrm{m}^2$ im Abstand $d = 5\,\mathrm{mm}$ voneinander befindet sich eine Flüssigkeit. Eine der Platten bleibt nun in Ruhe, während die andere Platte mit der Kraft $F = 10\,\mathrm{N}$ parallel bewegt wird. Dabei hat sie die Geschwindigkeit $v = 10\,\mathrm{cm/s}$. Berechnen Sie die Viskosität der Flüssigkeit.

### Verständnisaufgabe 132

**Hydraulische Presse** ☐

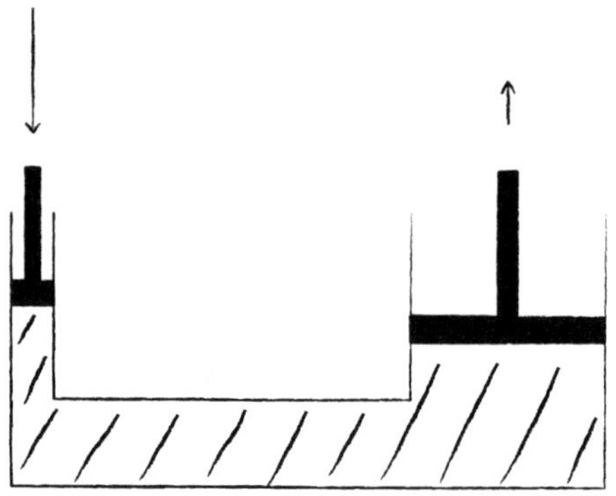

In der Abbildung ist das Grundprinzip einer hydraulischen Presse skizziert. Sie besteht aus einem fluidgefüllten Rohr mit zwei verschieden großen Kolben. Erläutern Sie, wie mit einer hydraulischen Presse große Kräfte erzeugt werden können. Vergleichen Sie das Prinzip, das hier zum Einsatz kommt, mit einem einfachen Hebel.

### Verständnisaufgabe 133

**Schwimmen** ☐

Ein Würfel hat die Kantenlänge $a = 1\,\mathrm{m}$ und die Masse $m = 900\,\mathrm{kg}$. Der Würfel soll nun in einem kleinen Wasserbecken zum Schwimmen gebracht werden. Wie viel Wasser wird mindestens benötigt, damit der Würfel überhaupt schwimmen kann?

### Verständnisaufgabe 134

**Wasserhahn** ☐

Wenn Wasser aus einem Wasserhahn fließt, dann ist der Strahl nicht einfach gerade und zylinderförmig. Stattdessen beobachten wir üblicherweise, dass sich der Strahl nach unten hin verjüngt und dann manchmal sogar Tropfen bildet. Erklären Sie dieses Verhalten.

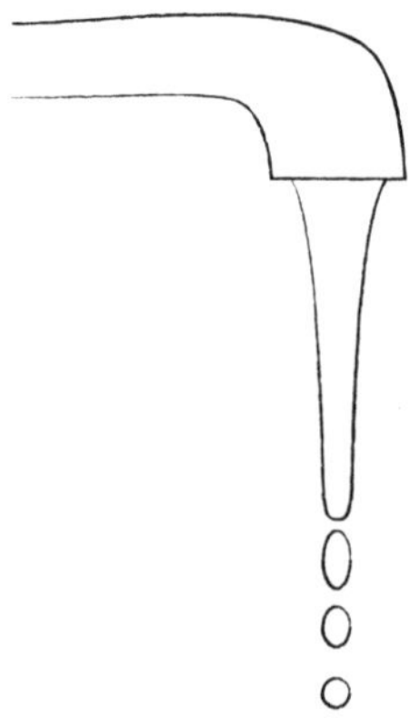

### Verständnisaufgabe 135

**Magnus-Effekt** ☐

Aus verschiedenen Ballsportarten ist der sogenannte *Effet* bekannt. Dabei dreht sich ein Ball auf seiner Flugbahn um seine eigene Achse. Seine Trajektorie beschreibt dann eine Kurve.

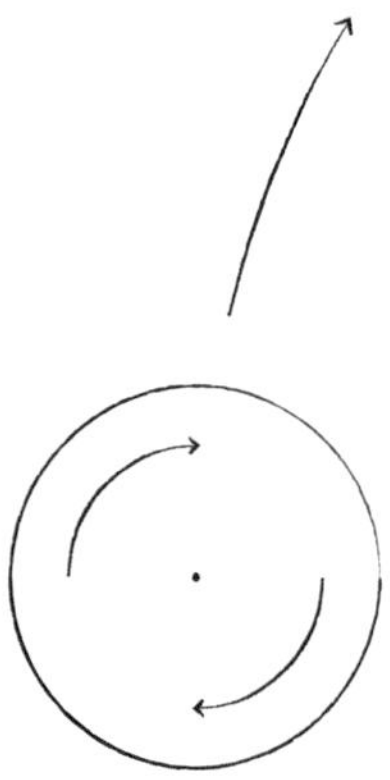

Erklären Sie dieses Verhalten.

## Aufgabe 136

**Ruhende Flüssigkeit** ☐

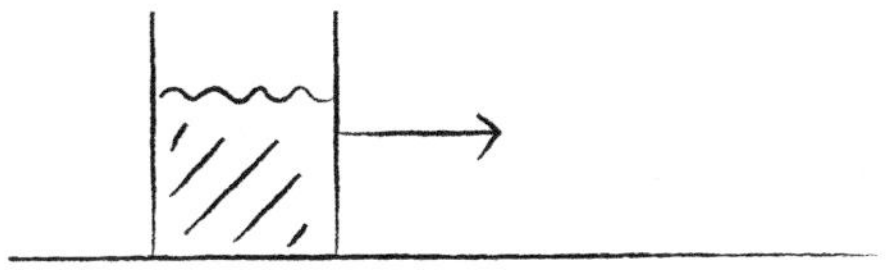

Ein Behälter ist mit einer Flüssigkeit gefüllt. Der Behälter wird mit $3\,\mathrm{m/s^2}$ horizontal beschleunigt. Welche Form nimmt die Flüssigkeit im Gleichgewichtszustand an? Beschreiben Sie die Form auch in Worten.

## Aufgabe 137

**Statischer Druck** ☐

Ein inkompressibles Fluid füllt einen abgeschlossenen Behälter ganz aus. Der Behälter dreht sich mit der Winkelgeschwindigkeit $\boldsymbol{\omega} = \omega \hat{\boldsymbol{e}}_z$ um sich selbst. Außerdem wirkt die Gravitationskraft. Berechnen Sie den Druck im Fluid in Abhängigkeit vom Abstand von der Rotationsachse und in Abhängigkeit von der Höhe.

## Aufgabe 138

**Würfel im Wasser** ☐

Ein homogener Würfel schwimmt im Wasser und ist dabei zur Hälfte seiner Kantenlänge $a$ eingetaucht. Welche Arbeit muss aufgewendet werden, um den Würfel ganz unter Wasser zu drücken? Drücken Sie die Arbeit als Funktion der Würfelmasse $m_{\text{Würfel}}$ und der Kantenlänge $a$ aus. Reibungseffekte seien vernachlässigt.

## Aufgabe 139

**Schwingender Schwimmer** ☐

Ein Zylinder mit Dichte $\rho_Z$ gleitet in eine Flüssigkeit mit der Dichte $\rho_F = 2\rho_Z$. Er schwimmt danach senkrecht in der Flüssigkeit und schwingt dabei reibungsfrei auf und ab. Berechnen Sie die Frequenz der Schwingung.

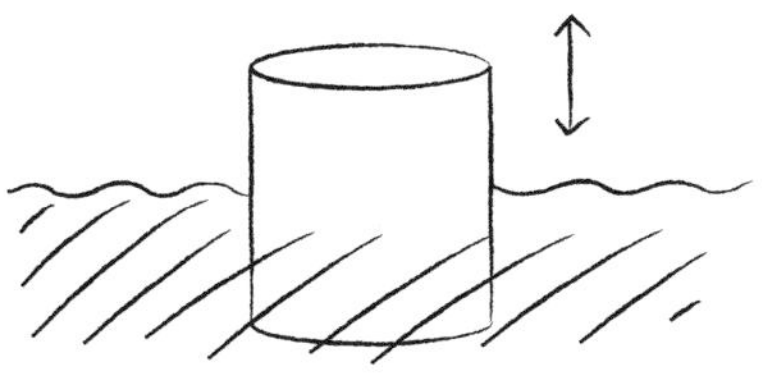

## Aufgabe 140

**Druck in einer Wasserkugel** ☐

Eine Wasserkugel mit dem Radius $R$ befindet sich in der Schwerelosigkeit.

a) Wie groß ist der Druck im Zentrum der Wasserkugel, der durch die Oberflächenspannung $\sigma$ hervorgerufen wird?

b) Wie groß ist der Druck im Zentrum der Wasserkugel, der durch die Gravitation des Wassers auf sich selbst hervorgerufen wird?

c) Wie groß müsste die Wasserkugel sein, damit beide Anteile des Drucks gleich groß sind? Verwenden Sie die Werte

$$G = 6{,}67 \cdot 10^{-11}\,\frac{\mathrm{m}^3}{\mathrm{kg}\cdot\mathrm{s}}$$
$$\sigma = 72{,}75 \cdot 10^{-3}\,\frac{\mathrm{N}}{\mathrm{m}}$$
$$\rho = 998\,\frac{\mathrm{kg}}{\mathrm{m}^3}$$

für die Gravitationskonstante, die Oberflächenspannung und die Dichte von Wasser.

## Aufgabe 141

**Barometrische Höhenformel** ☐

Die barometrische Höhenformel gibt den Druck $p(h)$ in der Erdatmosphäre in Abhängigkeit von der Höhe $h$ über der Erdoberfläche an.

Der Luftdruck in der Höhe $h$ kommt durch den Schweredruck der darüberliegenden Luftschichten zustande. Dabei muss allerdings beachtet werden, dass die Dichte von Luft nicht konstant ist, weil Gase nicht inkompressibel sind. Stattdessen beschreiben wir die Luftdichte über die ideale Gasgleichung

$$\rho = \frac{pM}{RT}$$

mit der molaren Masse $M$, der universellen Gaskonstante $R$ und der Temperatur $T$. Wir nehmen diese Werte als konstant an. Berechnen Sie die barometrische Höhenformel. Wie verhält sich der Druck in Abhängigkeit von der Höhe?

## Aufgabe 142

**Quecksilber-Barometer** ☐

Die Abbildung zeigt ein Quecksilber-Barometer. Dabei wird ein Röhrchen ganz mit Quecksilber gefüllt und senkrecht in ein größeres Gefäß mit Quecksilber gestellt.

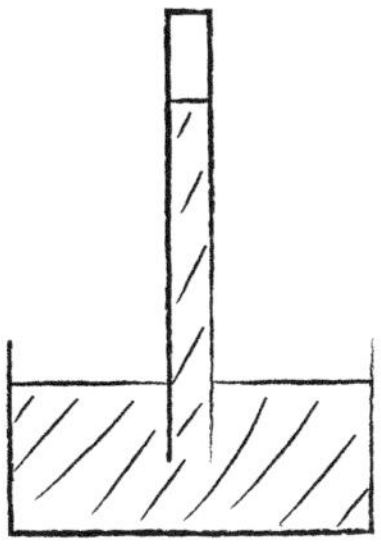

Durch die Schwerkraft entsteht am oberen Ende des Röhrchens eine kleine Vakuumkammer. Berechnen Sie die Steighöhe der Quecksilbersäule bei Normaldruck (1 013 hPa). (Dichte von Quecksilber: $\rho = 13\,546\,\mathrm{kg/m^3}$, Erdbeschleunigung: $g = 9{,}81\,\mathrm{m/s^2}$)

## Aufgabe 143

**Würfel und Behälter** □

Ein Würfel aus Aluminium mit Kantenlänge 10,1 cm soll in einen Stahlbehälter gesteckt werden. Dessen Innenraum ist würfelförmig mit einer Kantenlänge von 10,0 cm. Damit der Würfel in den Behälter passt, werden beide ins Wasser getaucht. Bei welcher Wassertiefe passt der Würfel in den Behälter?

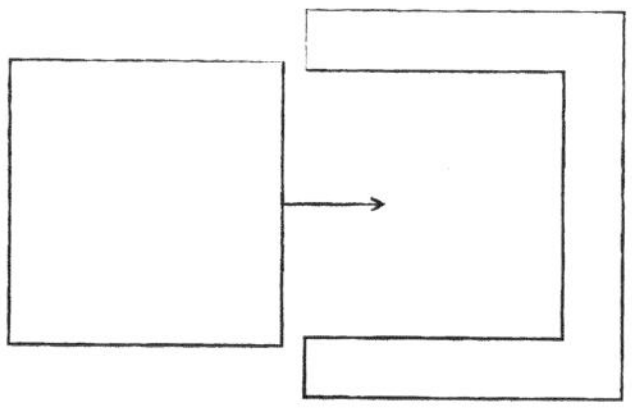

Die Kompressionsmodule sind $K_{\text{Stahl}} = 160\,\text{GPa}$ und $K_{\text{Aluminium}} = 76\,\text{GPa}$. Wasser hat die Dichte $\rho_{\text{Wasser}} = 998\,\text{kg}/\text{m}^3$ und die Gravitationsbeschleunigung beträgt $g = 9{,}81\,\text{m}/\text{s}^2$. Der Behälter hat ein kleines Loch, sodass Wasser entweichen kann.

## Aufgabe 144

**Flüssigkeitstropfen** □

Aus dem Alltag ist bekannt, dass beispielsweise Öl auf einer Wasseroberfläche Flüssigkeitströpfchen bilden kann. Die Abbildung zeigt ein Tröpfchen einer Flüssigkeit 2, die auf einer anderen Flüssigkeit 1 schwimmt. Darüber befindet sich ein weiteres Fluid 3.

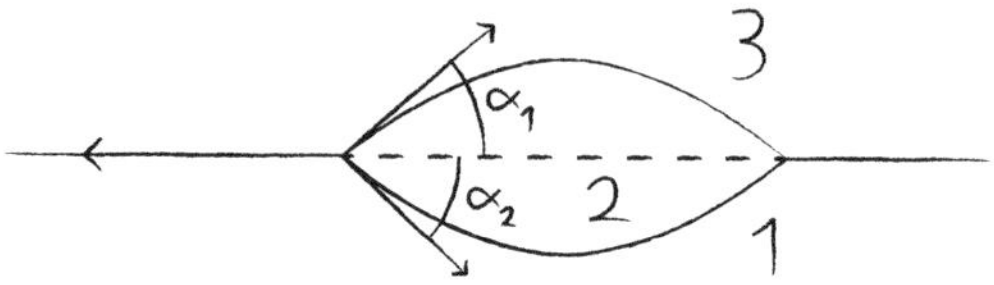


Es wirken die Grenzflächenspannungen $\sigma_{12}$, $\sigma_{23}$ und $\sigma_{13}$. Wie hängen diese Spannungen mit den Winkeln $\alpha_1$ und $\alpha_2$ zusammen? Welche Bedingung muss erfüllt sein, damit sich überhaupt Tröpfchen bilden können?

## Aufgabe 145

**Torricelli-Gleichung** □

Ein Eimer ist bis zur Höhe $h$ mit einer reibungsfreien Flüssigkeit gefüllt. Auf der Seite des Eimers befindet sich in der Höhe $h_L$ ein kleines Loch, aus dem die Flüssigkeit ausfließen kann. Wo trifft die Flüssigkeit auf den Boden?

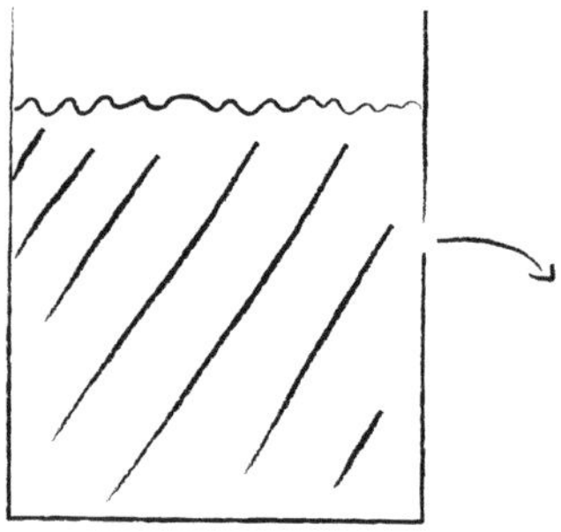

## Aufgabe 146

**Eimer mit Schlauch** □

Ein zylinderförmiger Eimer hat die Höhe $h = 1\,\text{m}$ und den Radius $R = 30\,\text{cm}$. An seinem unteren Ende ist ein Schlauch mit Radius $r = 4\,\text{mm}$ und der Länge $l = 2\,\text{m}$ befestigt.

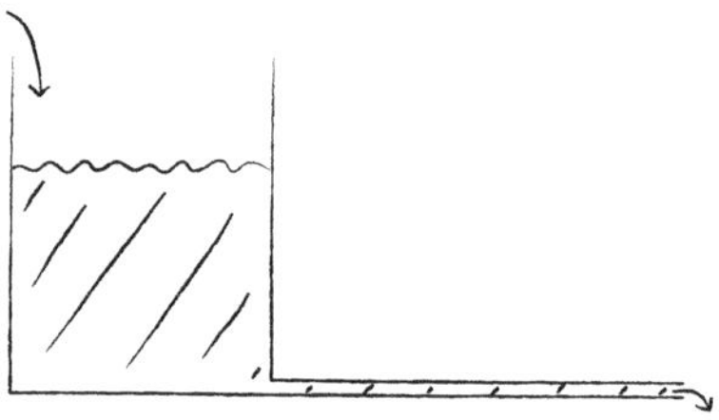

Von oben werden nun pro Sekunde 0,3 l Wasser in den Eimer gefüllt, während das Wasser unten durch den Schlauch ablaufen kann. Wird der Eimer überlaufen? Wie hoch ist der Wasserpegel am Ende, falls der Eimer nicht überläuft? (Wasser hat die Viskosität $\eta = 1{,}0\,\text{mPa}\cdot\text{s}$ und die Dichte $998\,\text{kg}/\text{m}^3$.)

7

## Aufgabe 147

**Venturi-Rohr** □

Ein annähernd reibungsfreies und inkompressibles Gas (Dichte $\rho$) strömt durch das in der Abbildung gezeigte Rohr.

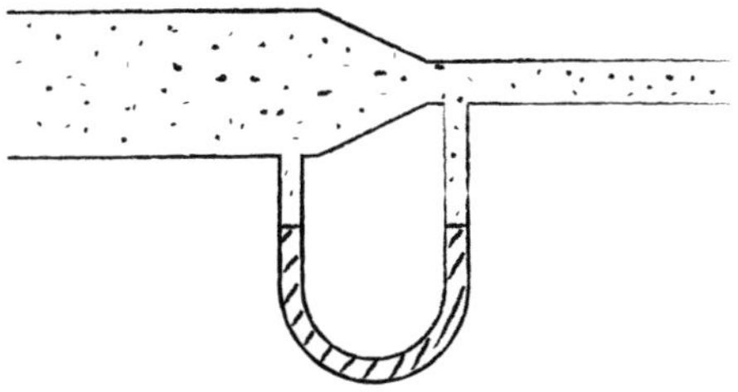

An der dicken Seite hat das Rohr den Radius $R_1$ und an der dünnen Seite $R_2$. In dem U-Rohr befindet sich eine Flüssigkeit mit Dichte $\rho_F$. Wenn das Gas strömt, wird zwischen den Flüssigkeitsoberflächen auf beiden Seiten des U-Rohrs eine Höhendifferenz $\Delta h$ gemessen. Wie groß ist der Massenfluss $I$ des Gases?

## Aufgabe 148

**Stokes'sche Gleichung** □

Eine Stahlkugel mit Dichte $\rho_S = 7\,860\,\mathrm{kg/m^3}$ und Radius $R = 1\,\mathrm{mm}$ sinkt in Wasser (Dichte $\rho_W = 998\,\mathrm{kg/m^3}$, Viskosität $\eta_W = 1{,}0\,\mathrm{mPa\cdot s}$) nach unten. Stellen Sie die Bewegungsgleichung der Kugel auf und lösen Sie diese. Welche Endgeschwindigkeit erreicht die Kugel? (Die Gravitationsbeschleunigung beträgt $g = 9{,}81\,\mathrm{m/s^2}$.)

## Aufgabe 149

**Navier-Stokes-Gleichung** □

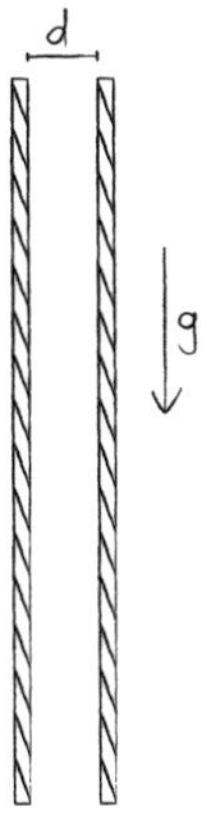


Zwischen zwei großen Platten im Abstand $d$ voneinander befindet sich ein viskoses, inkompressibles Fluid. Auf das Fluid wirkt die Gewichtskraft. Berechnen Sie das laminare Strömungsprofil.

## Aufgabe 150

**Reynolds-Zahl** □

Ein Flugzeug hat eine Flügelspanne von 60 m. Die Luftströmung um das Flugzeug bei einer Fluggeschwindigkeit von $800\,\mathrm{km/h}$ soll simuliert werden. Dafür wird ein Modell des Flugzeugs mit der Flügelspanne 6 m verwendet, das von Wasser umströmt wird. Wie schnell muss das Wasser fließen? Die Dichte von Luft ist $\rho_{\mathrm{Luft}} = 1{,}29\,\mathrm{kg/m^3}$ und die Dichte von Wasser ist $998\,\mathrm{kg/m^3}$. Die Viskositäten sind $\eta_{\mathrm{Luft}} = 18{,}2\,\mu\mathrm{Pa\cdot s}$ und $\eta_{\mathrm{Wasser}} = 1{,}00\,\mathrm{mPa\cdot s}$.

# 8 Lösungen

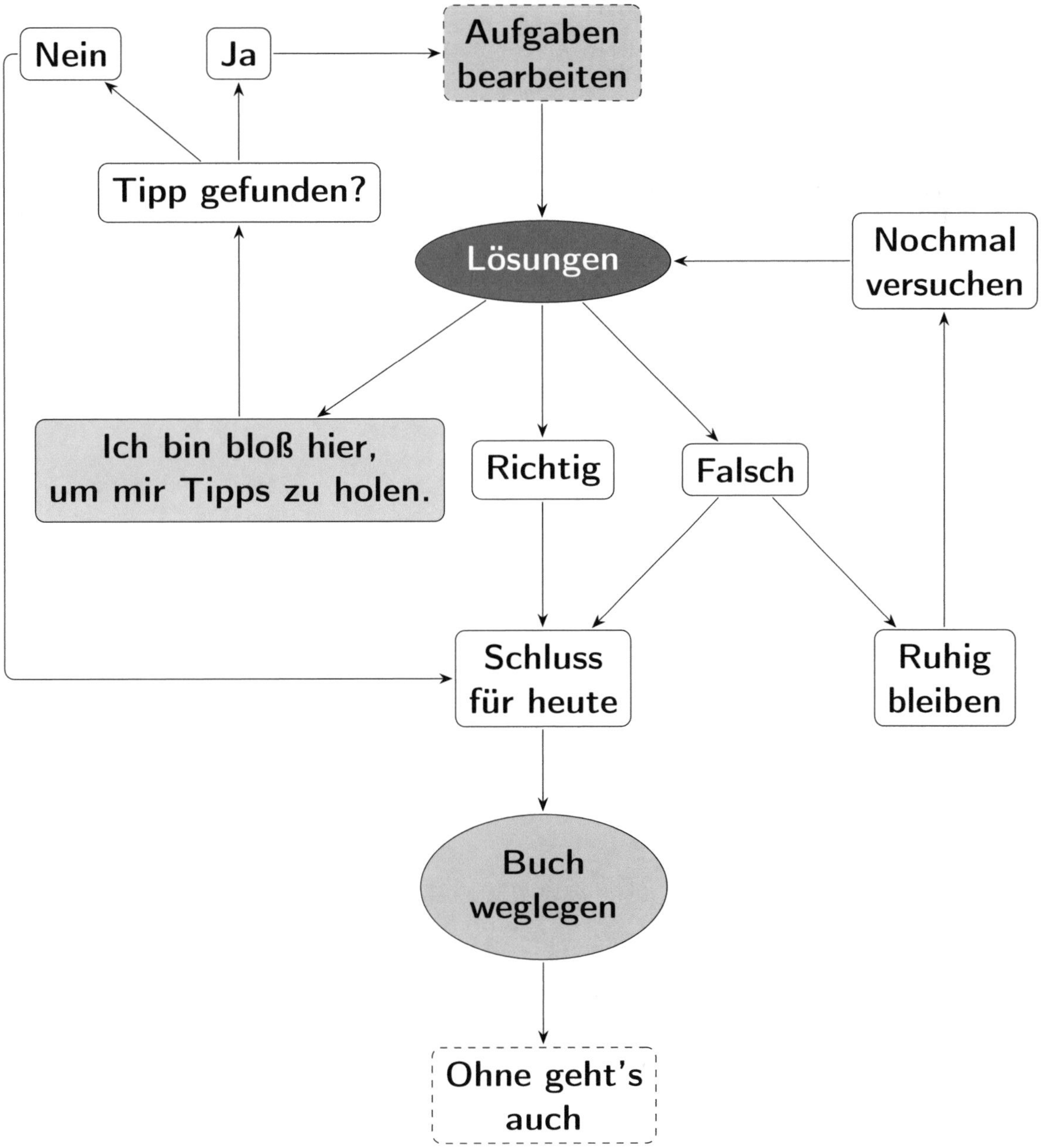



H. Kumrić und F. Roser, *Experimentalphysik: Mechanik*,
https://doi.org/10.1007/978-3-662-61855-4_8

## 8.1 Allgemeine Hinweise

In diesem Kapitel finden Sie die Lösungen aller Aufgaben in diesem Buch. Vorweg möchten wir Ihnen noch einige Hinweise zum Lösen von Aufgaben geben.

In Prüfungen ist es wichtig, dass die Korrektoren Ihre Lösungen verstehen können. Beachten sie dafür die folgenden Regeln.

- Führen Sie alle Rechenschritte ausführlich durch und überspringen Sie keine Rechnungen.
- Führen Sie keine neuen Variablen ein, ohne sie zuvor zu definieren.
- Setzen Sie in Rechnungen immer Zahlen ein, bevor Sie das Endergebnis aufschreiben.
- Runden Sie Ergebnisse auf die in der Prüfung gewünschte Zahl an Nachkommastellen.
- Unterstreichen Sie Ihre Ergebnisse und schreiben Sie Antwortsätze.
- Vergessen Sie *niemals*, auch alle Einheiten aufzuschreiben.
- Fertigen Sie Skizzen mit Lineal an und gestalten Sie sie so übersichtlich wie möglich.
- Schreiben Sie unbedingt leserlich! Was Sie unter Zeitdruck in einer Prüfung schreiben, kann für Korrektoren einfach unlesbar und deshalb unbewertbar sein.
- Schreiben Sie niemals mehrere Lösungswege für eine Aufgabe auf. Korrektoren können sich nicht die richtige Lösung aus verschiedenen Rechnungen heraussuchen.
- Schreiben Sie *unbedingt* viel Text und erläutern Sie Ihre Rechenschritte so ausführlich wie irgend möglich. Beschreiben Sie dabei nicht nur Ihre Berechnungen, sondern erklären Sie auch, warum diese an der jeweiligen Stelle berechtigt sind.

Damit dieses Buch nicht zu dick wird, haben wir uns hier bei einigen Aufgabenlösungen kürzer gefasst, als Sie das in einer Prüfung tun sollten. Bedenken Sie das unbedingt und üben Sie das saubere Lösen von Aufgaben vor der Prüfung.

## 8.2 Lösungen zu den Theorieaufgaben

### Theorieaufgabe 1

**Integrale Form der Gleichungen der Bewegung**

Dieser Zusammenhang lässt sich leicht durch eine Integration über

$$\dot{\boldsymbol{r}}(t) = \boldsymbol{v}(t) \tag{8.1}$$

herleiten. Wir integrieren dafür auf beiden Seiten über die Zeit mit den Grenzen $t_0$ und $t$. Um Verwechslungen mit der Variablen $t$ zu vermeiden, nennen wir die Integrationsvariable $t'$. Es ist

$$\int_{t_0}^{t} \frac{\mathrm{d}}{\mathrm{d}t'}\boldsymbol{r}(t')\,\mathrm{d}t' = \int_{t_0}^{t} \boldsymbol{v}(t)\,\mathrm{d}t'. \tag{8.2}$$

Die rechte Seite können wir hier nicht weiter vereinfachen, weil uns die Funktion $\boldsymbol{v}(t)$ nicht näher bekannt ist. Dagegen kann die linke Seite aufintegriert werden. Dabei ist die Stammfunktion von $\frac{\mathrm{d}}{\mathrm{d}t'}\boldsymbol{r}(t')$ einfach die Trajektorie $\boldsymbol{r}(t')$. Es ergibt sich also

$$\int_{t_0}^{t} \frac{\mathrm{d}}{\mathrm{d}t'}\boldsymbol{r}(t')\,\mathrm{d}t' = \boldsymbol{r}(t')\Big|_{t_0}^{t} = \boldsymbol{r}(t) - \boldsymbol{r}(t_0). \tag{8.3}$$

Die Umstellung der Gleichung liefert nun das Ergebnis:

$$\boldsymbol{r}(t) = \boldsymbol{r}(t_0) + \int_{t_0}^{t} \boldsymbol{v}(t')\,\mathrm{d}t'. \tag{8.4}$$

### Theorieaufgabe 2

**Strecke im Falle einer konstanten Geschwindigkeit**

Es gilt

$$\dot{s} = v \tag{8.5}$$

mit konstanter Geschwindigkeit $v$. Wir integrieren auf beiden Seiten über die Zeit:

$$\int_0^t \left(\frac{\mathrm{d}}{\mathrm{d}t'}s(t')\right)\mathrm{d}t' = \int_0^t v\,\mathrm{d}t'. \tag{8.6}$$

Das Ergebnis auf der linken Seite ist:

$$\int_0^t \left(\frac{\mathrm{d}}{\mathrm{d}t'}s(t')\right)\mathrm{d}t' = s(t')\Big|_0^t = s(t) - s(0). \tag{8.7}$$

Dagegen wird auf der rechten Seite nur über eine Konstante integriert:

$$\int_0^t v\,\mathrm{d}t' = vt'\Big|_0^t = vt. \tag{8.8}$$

Nach der Umstellung ergibt sich der Zusammenhang

$$s(t) = vt + s(0). \tag{8.9}$$

Wir nennen jetzt $s(0) = s_0$ und erhalten das Ergebnis für die zurückgelegte Strecke:

$$s(t) = v \cdot t + s_0. \tag{8.10}$$

### Theorieaufgabe 3

**Geschwindigkeit im Falle einer konstanten Beschleunigung**

Die Rechnung ist hier analog zur Berechnung der zurückgelegten Strecke bei konstanter Geschwindigkeit.

Es gilt

$$\dot{v} = a \tag{8.11}$$

mit konstanter Geschwindigkeit $a$. Die Integration auf beiden Seiten liefert:

$$\int_0^t \left(\frac{\mathrm{d}}{\mathrm{d}t'}v(t')\right)\mathrm{d}t' = \int_0^t a\,\mathrm{d}t'. \tag{8.12}$$

Auf der linken Seite erhalten wir:

$$\int_0^t \left(\frac{\mathrm{d}}{\mathrm{d}t'}v(t')\right)\mathrm{d}t' = v(t')\Big|_0^t = v(t) - v(0). \tag{8.13}$$

Auf der rechten Seite wird dagegen nur über eine Konstante integriert:

$$\int_0^t a\,\mathrm{d}t' = at'\Big|_0^t = at. \tag{8.14}$$

Nach der Umstellung ergibt den Zusammenhang:

$$v(t) = at + v(0). \tag{8.15}$$

Wir nennen nun $v(0) = v_0$ und erhalten für die Geschwindigkeit:

$$v(t) = a \cdot t + v_0. \tag{8.16}$$

### Theorieaufgabe 4

**Strecke im Falle einer konstanten Beschleunigung**

Wie wir bereits gezeigt haben, gilt für die Geschwindigkeit im Falle einer konstanten Beschleunigung

$$v(t) = a \cdot t + v_0. \tag{8.17}$$

Die zurückgelegte Strecke kann berechnet werden, indem wir über den Zusammenhang

$$\dot{s}(t) = v(t) = a \cdot t + v_0 \tag{8.18}$$

integrieren:

$$\int_0^t \frac{\mathrm{d}}{\mathrm{d}t'}s(t')\,\mathrm{d}t' = \int_0^t a \cdot t' + v_0\,\mathrm{d}t'. \tag{8.19}$$

Auf der linken Seite dieser Gleichung ergibt sich jetzt

$$\int_0^t \frac{\mathrm{d}}{\mathrm{d}t'}s(t')\,\mathrm{d}t' = s(t) - s(0). \tag{8.20}$$

Die rechte Seite dagegen wird wie folgt integriert:

$$\int_0^t a \cdot t' + v_0\,\mathrm{d}t' = \frac{a}{2}t'^2 + v_0 t'\Big|_0^t = \frac{1}{2}at^2 + v_0 t. \tag{8.21}$$

Mit $s(0) = s_0$ erhalten wir jetzt das Ergebnis für die zurückgelegte Strecke:

$$s(t) = \frac{1}{2}at^2 + v_0 t + s_0. \tag{8.22}$$

## Theorieaufgabe 5

**Inertialsysteme**

Ein Körper bewege sich mit Geschwindigkeit $\boldsymbol{v}_\mathrm{K}$. Da er sich gleichförmig bewegt, ist seine Beschleunigung $\boldsymbol{a}_\mathrm{K} = \boldsymbol{0}$.

Nun transformieren wir die Bewegung des Körpers in ein neues Bezugssystem, welches sich mit konstanter Geschwindigkeit $\boldsymbol{v}_\mathrm{S}$ bewegt. Die Geschwindigkeit des Körpers im neuen System ist nach der Galilei-Transformation

$$\boldsymbol{v}'_\mathrm{K} = \boldsymbol{v}_\mathrm{K} - \boldsymbol{v}_\mathrm{S}. \tag{8.23}$$

Auch diese Bewegung ist gleichförmig, wie man anhand $\boldsymbol{a}'_\mathrm{K} = \dot{\boldsymbol{v}}'_\mathrm{K} = \dot{\boldsymbol{v}}_\mathrm{K} - \dot{\boldsymbol{v}}_\mathrm{S} = \boldsymbol{a}_\mathrm{K} - \dot{\boldsymbol{v}}_\mathrm{S} = \boldsymbol{0}$ leicht erkennen kann.

## Theorieaufgabe 6

**Impulserhaltung in abgeschlossenen Systemen**

Berechnet man nun die zeitliche Ableitung des Gesamtimpulses, so erhält man

$$\dot{\boldsymbol{p}} = \dot{\boldsymbol{p}}_1 + \dot{\boldsymbol{p}}_2 = \boldsymbol{F}_1 + \boldsymbol{F}_2 = \boldsymbol{0}. \tag{8.24}$$

Für die verschiedenen Rechenschritte wurde erst das zweite und dann das dritte Newton'sche Axiom eingesetzt. Die Änderung des Gesamtimpulses verschwindet also.

## Theorieaufgabe 7

**Gedämpfte Bewegung**

Der Körper wird so abgebremst, dass seine Geschwindigkeit exponentiell abnimmt. Er hält also niemals ganz an. Das bedeutet jedoch nicht, dass er sich unendlich weit bewegt. An der Funktion $x(t)$ erkennen wir, dass sich der Körper immer mehr dem Ort

$$x_\infty = \frac{v_0 m}{\gamma} \tag{8.25}$$

annähert, ohne diesen jemals ganz zu erreichen.

## Theorieaufgabe 8

**Schwerpunktsbewegung**

Es ist

$$\dot{\boldsymbol{R}} = \frac{\mathrm{d}}{\mathrm{d}t}\left(\frac{1}{M}\sum_{i=1}^{N} m_i \boldsymbol{r}_i\right) = \frac{1}{M}\sum_{i=1}^{N} m_i \dot{\boldsymbol{r}}_i = \frac{\boldsymbol{P}}{M}. \tag{8.26}$$

Bei einem konstanten Gesamtimpuls bleibt auch die Geschwindigkeit des Schwerpunktes konstant.

## Theorieaufgabe 9

**Zweikörperproblem**

a) Die Schwerpunktskoordinate ist

$$\boldsymbol{R} = \frac{m_1 \boldsymbol{r}_1 + m_2 \boldsymbol{r}_2}{m_1 + m_2}. \tag{8.27}$$

Wir bringen sie in das Gleichungssystem ein, indem wir Gleichung (3.53b) zu Gleichung (3.53a) addieren, und erhalten:

$$\begin{aligned} & m_1 \ddot{\boldsymbol{r}}_1 + m_2 \ddot{\boldsymbol{r}}_2 = \underbrace{\boldsymbol{F}_{12} + \boldsymbol{F}_{21}}_{=0} \\ \Leftrightarrow \quad & \frac{m_1 \ddot{\boldsymbol{r}}_1 + m_2 \ddot{\boldsymbol{r}}_2}{m_1 + m_2} = \boldsymbol{0} \\ \Rightarrow \quad & \ddot{\boldsymbol{R}} = \boldsymbol{0}. \end{aligned}$$

Das bedeutet, dass sich der Schwerpunkt unbeschleunigt bewegt. Dieses Ergebnis haben wir erwartet.

b) Um die Relativkoordinate einzuführen, verwenden wir folgende Umformungen:

$$\ddot{\boldsymbol{r}}_1 = \frac{\boldsymbol{F}_{12}}{m_1} \tag{8.28}$$

$$\ddot{\boldsymbol{r}}_2 = \frac{\boldsymbol{F}_{21}}{m_2}. \tag{8.29}$$

Wir ziehen die Gleichungen voneinander ab und erhalten:

$$\ddot{\boldsymbol{r}}_1 - \ddot{\boldsymbol{r}}_2 = \frac{\boldsymbol{F}_{12}}{m_1} - \frac{\boldsymbol{F}_{21}}{m_2} \tag{8.30}$$

$$\Leftrightarrow \quad \ddot{\boldsymbol{r}}_{12} = \frac{m_2 \boldsymbol{F}_{12} - m_1 \boldsymbol{F}_{21}}{m_1 \cdot m_2} \tag{8.31}$$

$$\Rightarrow \quad \ddot{\boldsymbol{r}}_{12} = \frac{\boldsymbol{F}_{12}}{\mu}. \tag{8.32}$$

## Theorieaufgabe 10

**Inelastischer Stoß**

Zunächst wird der Gesamtimpuls $p$ der Waggons vor dem Stoß berechnet:

$$p = p_1 + p_2 = m_1 v_1 + m_2 v_2. \tag{8.33}$$

Nach dem Stoß bewegen sich beide Wagons mit der Geschwindigkeit $v'$ und haben den Impuls

$$p' = (m_1 + m_2) v'. \tag{8.34}$$

Die Impulserhaltung erfordert, dass $p = p'$ ist. Der Zusammenhang ergibt sich durch Gleichsetzen:

$$m_1 v_1 + m_2 v_2 = (m_1 + m_2) v'. \tag{8.35}$$

Die gesuchte Endgeschwindigkeit ergibt sich durch Umformung:

$$v' = \frac{m_1 v_1 + m_2 v_2}{m_1 + m_2}. \tag{8.36}$$

## Theorieaufgabe 11

**Zusammenhang von Geschwindigkeit und Winkelgeschwindigkeit**

Es ist nach Gleichung (3.61b)

$$\boldsymbol{v}(t) = R \cdot \omega(t) \begin{pmatrix} -\sin(\varphi(t)) \\ \cos(\varphi(t)) \end{pmatrix}. \tag{8.37}$$

Wir nehmen den Betrag

$$v = \left| R\omega \begin{pmatrix} -\sin(\varphi) \\ \cos(\varphi) \end{pmatrix} \right| = R\omega \left| \begin{pmatrix} -\sin(\varphi) \\ \cos(\varphi) \end{pmatrix} \right|. \quad (8.38)$$

Dabei ist aufgrund der Additionstheoreme von Sinus und Kosinus

$$\left| \begin{pmatrix} -\sin(\varphi) \\ \cos(\varphi) \end{pmatrix} \right| = \sqrt{(-\sin(\varphi))^2 + (\cos(\varphi))^2} = 1. \quad (8.39)$$

Dieser Vektor ist also ein Einheitsvektor und leistet keinen Beitrag zur Geschwindigkeit. Er liefert nur die Richtung der Bewegung. Damit ist

$$v = R\omega. \quad (8.40)$$

## Theorieaufgabe 12

**Drehimpulserhaltung in Systemen**

Der Gesamtdrehimpuls des Systems um einen beliebigen Punkt ist

$$\boldsymbol{L} = \boldsymbol{L}_1 + \boldsymbol{L}_2. \quad (8.41)$$

Die Ableitung des Gesamtdrehimpulses ist demnach

$$\dot{\boldsymbol{L}} = \dot{\boldsymbol{L}}_1 + \dot{\boldsymbol{L}}_2 = \boldsymbol{M}_1 + \boldsymbol{M}_2. \quad (8.42)$$

Diese Drehmomente sind im Allgemeinen nicht null, sondern können durch Wechselwirkungen der beiden Teilchen hervorgerufen werden. Wir schreiben also

$$\boldsymbol{M}_i = \boldsymbol{r}_i \times \boldsymbol{F}_i, \quad (8.43)$$

wobei $\boldsymbol{r}_i$ der Vektor vom betrachteten Raumpunkt zum Teilchen $i$ ist und $\boldsymbol{F}_i$ die Kraft, die auf das Teilchen wirkt. Diese Kraft setzt sich aus einer externen und einer internen Komponente zusammen. Es gibt Kräfte, die von außen auf die Teilchen des Systems wirken, und Kräfte, die durch Wechselwirkungen der Teilchen untereinander zustande kommen. Demnach ist $\boldsymbol{F}_i = \boldsymbol{F}_{i,\text{ext}} + \boldsymbol{F}_{i,\text{int}}$. Daraus ergibt sich

$$\dot{\boldsymbol{L}} = \boldsymbol{r}_1 \times (\boldsymbol{F}_{1,\text{ext}} + \boldsymbol{F}_{1,\text{int}}) + \boldsymbol{r}_2 \times (\boldsymbol{F}_{2,\text{ext}} + \boldsymbol{F}_{2,\text{int}}). \quad (8.44)$$

Da jedoch keine äußeren Drehmomente wirken, ist $\boldsymbol{r}_i \times \boldsymbol{F}_{i,\text{ext}} = \boldsymbol{0}$. So erhalten wir

$$\dot{\boldsymbol{L}} = \boldsymbol{r}_1 \times \boldsymbol{F}_{1,\text{int}} + \boldsymbol{r}_2 \times \boldsymbol{F}_{2,\text{int}}. \quad (8.45)$$

Für die internen Kräfte gilt das dritte Newton'sche Axiom und es ist $\boldsymbol{F}_2 = -\boldsymbol{F}_1$. So wird

$$\dot{\boldsymbol{L}} = (\boldsymbol{r}_1 - \boldsymbol{r}_2) \times \boldsymbol{F}_1. \quad (8.46)$$

Die Wechselwirkungskraft wirkt immer entlang der Richtung der Linie, welche die beiden Teilchen verbindet, also parallel zu $\boldsymbol{r}_1 - \boldsymbol{r}_2$. Deshalb ist

$$\dot{\boldsymbol{L}} = \boldsymbol{0}. \quad (8.47)$$

## Theorieaufgabe 13

**Trägheitsmoment von Massenpunkten**

Auf den Massenpunkt wirkt die Kraft $F_t$, die ihn entlang seiner Kreisbahn beschleunigt. Wir wählen die Kraft so, dass sie nur eine tangentiale Komponente besitzt. Alle anderen Komponenten haben keinen Beitrag zum Drehmoment. Es gilt also

$$F_t = m \cdot a_t. \quad (8.48)$$

$a_t$ ist auch nur die tangentiale Komponente der Beschleunigung. Das Drehmoment ist hier $M = r \cdot F_t$ und die Winkelbeschleunigung berechnet sich aus $\dot{\omega} = a_t/r$ (siehe Gleichung (3.64)). Damit gilt jetzt

$$\frac{M}{r} = m \cdot r\dot{\omega}. \quad (8.49)$$

Wir bringen die Gleichung auf die gewünschte Form

$$M = mr^2 \cdot \dot{\omega} \quad (8.50)$$

und erhalten so das Trägheitsmoment eines Massenpunktes

$$J = m \cdot r^2. \quad (8.51)$$

## Theorieaufgabe 14

**Trägheitsmomente besonderer Körper**

a) Für das Trägheitsmoment von Massenpunkten ist lediglich relevant, in welchem Abstand von der Rotationsachse sie sich befinden. Zerlegen wir nun den Kreisring in viele kleine Abschnitte mit Masse $\mathrm{d}m$, so erhalten wir viele kleine Massenpunkte, die sich alle im gleichen Abstand von der Rotationsachse befinden. Deshalb hat auch ein Kreisring das Trägheitsmoment $J = mr^2$.

b) Ein Hohlzylinder kann erzeugt werden, indem ein Kreisring entlang der Symmetrieachse gestreckt wird. Dabei ändert sich der Abstand der Massenpunkte von der Rotationsachse nicht. Analog beträgt auch hier das Trägheitsmoment $J = mr^2$.

## Theorieaufgabe 15

**Trägheitstensor**

Wir wissen, dass

$$\boldsymbol{L} = m\left[\boldsymbol{r}^2 \boldsymbol{\omega} - \boldsymbol{r}(\boldsymbol{r} \cdot \boldsymbol{\omega})\right] \quad (8.52)$$

ist. Die erste Komponente davon ist

$$L_x = m\left[\left(x^2 + y^2 + z^2\right)\omega_x - x(x\omega_x + y\omega_y + z\omega_z)\right] \quad (8.53a)$$

$$= m\left[\left(y^2 + z^2\right)\omega_x - xy\omega_y - xz\omega_z\right]. \quad (8.53b)$$

Zum Vergleich berechnen wir die erste Komponente des Matrixprodukts $L_x = (\boldsymbol{J}\boldsymbol{\omega})_x$:

$$L_x = J_{xx}\omega_x + J_{xy}\omega_y + J_{xz}\omega_z \quad (8.54a)$$

$$= m\left(y^2 + z^2\right)\omega_x - mxy\omega_y - mxz\omega_z. \quad (8.54b)$$

Durch einen Koeffizientenvergleich erkennen wir, dass die Komponenten des Trägheitstensors richtig gewählt sind. Die Komponenten $L_y$ und $L_z$ können analog berechnet werden und führen zu demselben Ergebnis.

### Theorieaufgabe 16

**Horizontale Corioliskraft auf der Erde**

Wir betrachten unser Problem zunächst in Kugelkoordinaten. Dann können wir den zur Erdoberfläche horizontalen Geschwindigkeitsvektor schreiben als $\boldsymbol{v} = v_\varphi \hat{\boldsymbol{e}}_\varphi + v_\vartheta \hat{\boldsymbol{e}}_\vartheta$. Da wir nur den horizontalen Anteil der Geschwindigkeit betrachten, lassen wir den Anteil in $\hat{\boldsymbol{e}}_r$-Richtung außer Acht. Umgeschrieben in kartesische Koordinaten erhalten wir

$$\boldsymbol{v} = v_\varphi \begin{pmatrix} -\sin(\varphi) \\ \cos(\varphi) \\ 0 \end{pmatrix} + v_\vartheta \begin{pmatrix} \cos(\vartheta)\cos(\varphi) \\ \cos(\vartheta)\sin(\varphi) \\ -\sin(\vartheta) \end{pmatrix}. \tag{8.55}$$

Wir wählen unser Koordinatensystem so, dass die $z$-Achse der Drehachse der Erde entspricht und

$$\boldsymbol{\omega} = \omega \hat{\boldsymbol{e}}_z = \begin{pmatrix} 0 \\ 0 \\ \omega \end{pmatrix} \tag{8.56}$$

ist. Damit ist nun das Kreuzprodukt

$$\boldsymbol{\omega} \times \boldsymbol{v} = v_\varphi \begin{pmatrix} -\omega\cos(\varphi) \\ -\omega\sin(\varphi) \\ 0 \end{pmatrix} + v_\vartheta \begin{pmatrix} -\omega\cos(\vartheta)\sin(\varphi) \\ \omega\cos(\vartheta)\cos(\varphi) \\ 0 \end{pmatrix}. \tag{8.57}$$

Wir können diesen Vektor in zwei orthogonale Komponenten zerlegen. Eine dieser Komponenten ist parallel zur Kugeloberfläche, die andere steht senkrecht darauf und ist damit parallel zum Einheitsvektor $\hat{\boldsymbol{e}}_r$.

Die zur Kugeloberfläche parallele Komponente setzt sich wiederum aus zwei orthogonalen Komponenten zusammen. Eine davon ist parallel zum Vektor $\hat{\boldsymbol{e}}_\varphi$ und die andere Komponente ist parallel zu $\hat{\boldsymbol{e}}_\vartheta$. Wir berechnen also die Projektionen

$$\begin{aligned}(\boldsymbol{\omega} \times \boldsymbol{v}) \cdot \hat{\boldsymbol{e}}_\varphi &= v_\varphi \omega (\cos(\varphi)\sin(\varphi) - \cos(\varphi)\sin(\varphi)) \\ &\quad + v_\vartheta \omega \left(\cos(\vartheta)\sin^2(\varphi) + \cos(\vartheta)\cos^2(\varphi)\right) \\ &= v_\vartheta \omega \cos(\vartheta)\end{aligned}$$

und

$$\begin{aligned}(\boldsymbol{\omega} \times \boldsymbol{v}) \cdot \hat{\boldsymbol{e}}_\vartheta &= v_\varphi \omega \left(-\cos(\vartheta)\cos^2(\varphi) - \cos(\vartheta)\sin^2(\varphi)\right) \\ &\quad + v_\vartheta \omega \left(-\cos^2(\vartheta)\sin(\varphi)\cos(\varphi)\right. \\ &\quad \left. + \cos^2(\vartheta)\sin(\varphi)\cos(\varphi)\right) \\ &= -v_\varphi \omega \cos(\vartheta).\end{aligned}$$

Beide Komponenten sind orthogonal zueinander. Damit ist die Länge der Komponente von $\boldsymbol{\omega} \times \boldsymbol{v}$ parallel zur Kugeloberfläche gegeben durch

$$\begin{aligned}&\sqrt{\left(-v_\varphi \omega \cos(\vartheta)\right)^2 + \left(v_\vartheta \omega \cos(\vartheta)\right)^2} \\ &= \sqrt{v_\varphi^2 + v_\vartheta^2}\,\omega\,|\cos(\vartheta)| = v\omega\,|\cos(\vartheta)|,\end{aligned} \tag{8.58}$$

wobei wir die Identität $\sqrt{v_\varphi^2 + v_\vartheta^2} = v$ verwendet haben.

Nun können wir die horizontale Komponente der Corioliskraft aufschreiben:

$$F_{\mathrm{C,\,hor}} = 2mv\omega\cos(\vartheta). \tag{8.59}$$

Da wir nur die Projektion der Kraft auf die Erdoberfläche betrachten, ist das Vorzeichen hier irrelevant. Auch den Betrag des Kosinus müssen wir hier nicht weiter beachten. Im letzten Schritt müssen wir noch den Winkel $\vartheta$ durch den Breitengrad $B = 90° - \vartheta$ ersetzen:

$$\begin{aligned}F_{\mathrm{C,\,hor}} &= 2mv\omega\cos(90° - B) \qquad &(8.60)\\ &= 2mv\omega\sin(B). &(8.61)\end{aligned}$$

Am Äquator ($B = 0°$) macht der Sinus einen Vorzeichenwechsel. Daran erkennen wir, dass die horizontale Komponente der Corioliskraft auf der Nordhalbkugel in eine andere Richtung wirkt, als auf der Südhalbkugel.

### Theorieaufgabe 17

**Konservative Kraftfelder**

Ein Kraftfeld ist konservativ, wenn das Arbeitsintegral

$$W = \oint_{\mathscr{C}} \boldsymbol{F}(\boldsymbol{s}) \cdot \mathrm{d}\boldsymbol{s} = 0 \tag{8.62}$$

ist. Die dabei vom Pfad umschlossene Fläche nennen wir $A$. Nach dem Satz von Stokes gilt aber

$$\oint_{\mathscr{C}} \boldsymbol{F}(\boldsymbol{s}) \cdot \mathrm{d}\boldsymbol{s} = \iint_A \mathrm{rot}(\boldsymbol{F}(\boldsymbol{r})) \cdot \mathrm{d}\boldsymbol{A} = 0. \tag{8.63}$$

Dieses Integral muss für alle beliebigen geschlossenen Pfade verschwinden und damit auch für jede denkbare Fläche $A$. Deshalb muss $\mathrm{rot}(\boldsymbol{F}(\boldsymbol{r})) = 0$ sein.

### Theorieaufgabe 18

**Nichtgeschlossene Pfade in konservativen Kraftfeldern**

Wir vergleichen zwei beliebige Pfade $\mathscr{C}_1$ und $\mathscr{C}_2$ vom Punkt $A$ zum Punkt $B$. Hängen wir beide Pfade hintereinander, so erhalten wir einen geschlossenen Pfad, in dem das Arbeitsintegral verschwindet. Dabei haben wir die Richtung auf einem der Pfade umgekehrt, also das Vorzeichen gewechselt. Es ist also

$$0 = \oint_{\mathscr{C}} \boldsymbol{F}(\boldsymbol{s}) \cdot \mathrm{d}\boldsymbol{s} = \int_{\mathscr{C}_1} \boldsymbol{F}(\boldsymbol{s}) \cdot \mathrm{d}\boldsymbol{s} - \int_{\mathscr{C}_2} \boldsymbol{F}(\boldsymbol{s}) \cdot \mathrm{d}\boldsymbol{s} \tag{8.64}$$

und damit

$$\int_{\mathscr{C}_1} \boldsymbol{F}(\boldsymbol{s}) \cdot \mathrm{d}\boldsymbol{s} = \int_{\mathscr{C}_2} \boldsymbol{F}(\boldsymbol{s}) \cdot \mathrm{d}\boldsymbol{s}. \tag{8.65}$$

Das gilt für jedes beliebige Paar von Pfaden $\mathscr{C}_1$ und $\mathscr{C}_2$. Demnach ist das Arbeitsintegral für alle Wege identisch.

8

## Theorieaufgabe 19

**Lageenergie**

Wir berechnen das Potential durch das Integral

$$V_\mathrm{L}(h) = -\int_0^h F_\mathrm{G}\,\mathrm{d}\tilde{h} \tag{8.66a}$$
$$= mg\int_0^h \mathrm{d}\tilde{h} \tag{8.66b}$$
$$= mgh. \tag{8.66c}$$

## Theorieaufgabe 20

**Federenergie**

Es ist

$$V_\mathrm{F}(x) = -\int_{x_0}^{x} F_\mathrm{F}(\tilde{x})\,\mathrm{d}\tilde{x}, \tag{8.67}$$

wobei wir als Anfangsposition $x_0$ wählen. Durch die Integration erhalten wir das Potential

$$V_\mathrm{F}(x) = -\int_{x_0}^{x} -D(\tilde{x}-x_0)\,\mathrm{d}\tilde{x} \tag{8.68a}$$
$$= \frac{D}{2}(\tilde{x}-x_0)^2\Big|_{x_0}^{x} \tag{8.68b}$$
$$= \frac{D}{2}(x-x_0)^2. \tag{8.68c}$$

## Theorieaufgabe 21

**Kinetische Energie**

Die geleistete Arbeit lässt sich hier in einer Dimension berechnen, da wir eine geradlinige Bewegung beschreiben:

$$W = \int F(s)\,\mathrm{d}s. \tag{8.69}$$

Wir wissen für geradlinige, gleichförmig beschleunigte Bewegungen, dass für die zurückgelegte Strecke

$$s(t) = \frac{1}{2}\frac{F}{m}t^2 \tag{8.70}$$

gilt. Da die Kraft $F$ konstant ist, erhalten wir

$$W = F\int \mathrm{d}s \tag{8.71a}$$
$$= F\,s(t) \tag{8.71b}$$
$$= \frac{F^2t^2}{2m}. \tag{8.71c}$$

Mit

$$v(t) = at = \frac{F}{m}t \tag{8.72}$$

ergibt sich also die kinetische Energie als Änderung der Gesamtenergie $\Delta E = W$:

$$E_\mathrm{kin} = \Delta E = W = \frac{1}{2}mv^2. \tag{8.73}$$

## Theorieaufgabe 22

**Elastischer Stoß**

a) Die Erhaltung des Gesamtimpulses fordert

$$m_1v_1 + m_2v_2 = m_1v_1' + m_2v_2'. \tag{8.74}$$

Die Energieerhaltung wird durch die Gleichung

$$\frac{m_1}{2}v_1^2 + \frac{m_2}{2}v_2^2 = \frac{m_1}{2}{v_1'}^2 + \frac{m_2}{2}{v_2'}^2 \tag{8.75}$$

ausgedrückt.

Wir formen die erste Gleichung um:

$$m_1\left(v_1 - v_1'\right) = m_2\left(v_2' - v_2\right). \tag{8.76}$$

Auch die Gleichung der Energieerhaltung lässt sich unter Zuhilfenahme der dritten binomischen Formel günstig umstellen:

$$m_1v_1^2 + m_2v_2^2 = m_1{v_1'}^2 + m_2{v_2'}^2 \tag{8.77a}$$
$$m_1\left(v_1^2 - {v_1'}^2\right) = m_2\left({v_2'}^2 - v_2^2\right) \tag{8.77b}$$
$$m_1\left(v_1 - v_1'\right)\left(v_1 + v_1'\right) = m_2\left(v_2' - v_2\right)\left(v_2' + v_2\right) \tag{8.77c}$$
$$m_1\left(v_1 - v_1'\right) = \frac{m_2\left(v_2' - v_2\right)\left(v_2' + v_2\right)}{\left(v_1 + v_1'\right)} \tag{8.77d}$$

b) Jetzt können wir beide Gleichungen gleichsetzen und erhalten den Zusammenhang

$$m_2\left(v_2' - v_2\right) = \frac{m_2\left(v_2' - v_2\right)\left(v_2' + v_2\right)}{\left(v_1 + v_1'\right)} \tag{8.78a}$$
$$1 = \frac{\left(v_2' + v_2\right)}{\left(v_1 + v_1'\right)} \tag{8.78b}$$
$$\left(v_1 + v_1'\right) = \left(v_2' + v_2\right). \tag{8.78c}$$

c) Wir berechnen die Endgeschwindigkeiten, indem wir diesen Zusammenhang mit $m_1$ multiplizieren und zur Gleichung der Impulserhaltung addieren:

$$m_1\left(v_1 - v_1'\right) + m_1\left(v_1 + v_1'\right)$$
$$= m_2\left(v_2' - v_2\right) + m_1\left(v_2' + v_2\right).$$

So erhalten wir die Geschwindigkeit:

$$2m_1v_1 = v_2'\left(m_1 + m_2\right) + v_2\left(m_1 - m_2\right) \tag{8.79a}$$
$$v_2' = \frac{2m_1v_1 - v_2\left(m_1 - m_2\right)}{m_1 + m_2} \tag{8.79b}$$
$$v_2' = 2\frac{m_1v_1 + m_2v_2}{m_1 + m_2} - v_2. \tag{8.79c}$$

Damit haben wir die Endgeschwindigkeit des zweiten Wagens $v_2'$ berechnet. Es ist nicht mehr nötig, $v_1'$ auszurechnen. Wir können einfach die Symmetrie des Systems ausnutzen und in der Lösung für $v_2'$ alle Indizes vertauschen:

$$v_1' = 2\frac{m_1v_1 + m_2v_2}{m_1 + m_2} - v_1. \tag{8.80}$$

## Theorieaufgabe 23

**Fluchtgeschwindigkeit**

a) Wir verwenden das Gravitationspotential für ein Testteilchen der Masse $m$:

$$V_{\mathrm{G}}(r)=-\frac{Gm_{\mathrm{E}}m}{r}. \tag{8.81}$$

Zu Beginn hat das Teilchen die kinetische Energie

$$E_{\mathrm{kin}}=\frac{m}{2}v_{\mathrm{F}}^2 \tag{8.82}$$

und die potentielle Energie

$$V_{\mathrm{G}}(r)=-\frac{Gm_{\mathrm{E}}m}{R_{\mathrm{E}}}. \tag{8.83}$$

Wenn das Teilchen mit Fluchtgeschwindigkeit gestartet wird, dann kehrt es im Abstand $r=\infty$ um. In unendlich großem Abstand hat das Teilchen also keine kinetische Energie mehr. Es ist $V_{\mathrm{G}}(\infty)=0$. Damit erhalten wir

$$\frac{m}{2}v_{\mathrm{F}}^2=\frac{Gm_{\mathrm{E}}m}{R_{\mathrm{E}}}. \tag{8.84}$$

Umformen ergibt

$$v_{\mathrm{F}}=\sqrt{\frac{2Gm_{\mathrm{E}}}{R_{\mathrm{E}}}}. \tag{8.85}$$

b) Für die Erde ergibt sich eine Fluchtgeschwindigkeit von

$$v_{\mathrm{F}}=\sqrt{\frac{2\cdot 6{,}674\cdot 10^{-11}\,\frac{\mathrm{m}^3}{\mathrm{kg}\cdot\mathrm{s}^2}\cdot 5{,}97\cdot 10^{24}\,\mathrm{kg}}{6{,}371\cdot 10^3\,\mathrm{m}}} \tag{8.86a}$$

$$=11{,}182\,\frac{\mathrm{km}}{\mathrm{s}}. \tag{8.86b}$$

## Theorieaufgabe 24

**Zweites Kepler'sches Gesetz und Drehimpulserhaltung**

Wir setzen die begonnene Rechnung fort und schreiben

$$\mathrm{d}\boldsymbol{s}=\frac{\mathrm{d}\boldsymbol{s}}{\mathrm{d}t}\mathrm{d}t=\boldsymbol{v}\,\mathrm{d}t. \tag{8.87}$$

Damit erhalten wir

$$F_{[t,t+\mathrm{d}t]}=\frac{1}{2}\left|\boldsymbol{r}\times\boldsymbol{v}\,\mathrm{d}t\right|. \tag{8.88}$$

Mit dem Drehimpuls $\boldsymbol{L}=\boldsymbol{r}\times\boldsymbol{p}=m\boldsymbol{r}\times\boldsymbol{v}$ ergibt sich

$$F_{[t,t+\mathrm{d}t]}=\frac{1}{2m}\left|\boldsymbol{L}\,\mathrm{d}t\right|=\frac{L}{2m}\mathrm{d}t. \tag{8.89}$$

Das Flächenelement für kleine Zeiten $\mathrm{d}t$ ist also für gleiche Werte $L$ konstant. Wir können auch ein großes Zeitintervall $[t,t+\Delta t]$ betrachten und erhalten die überstrichene Fläche

$$F_{[t,t+\Delta t]}=\int_t^{t+\Delta t}\frac{L}{2m}\,\mathrm{d}t'=\frac{L}{2m}\Delta t. \tag{8.90}$$

Aus der Erhaltung des Drehimpulses $L$ folgt also das zweite Kepler'sche Gesetz.

## Theorieaufgabe 25

**Lorentz-Transformation**

Anwenden der Transformation ergibt

$$s'^2=x'^2+y'^2+y'^2-c^2t'^2 \tag{8.91}$$

$$=\left(\frac{1}{\sqrt{1-\frac{v^2}{c^2}}}(x-vt)\right)^2+y^2+z^2$$

$$-c^2\left(\frac{1}{\sqrt{1-\frac{v^2}{c^2}}}\left(t-\frac{xv}{c^2}\right)\right)^2. \tag{8.92}$$

Durch Umformungen erhalten wir

$$s'^2=y^2+z^2+\frac{1}{1-\frac{v^2}{c^2}}\left[(x-vt)^2-c^2\left(t-\frac{xv}{c^2}\right)^2\right] \tag{8.93}$$

Wir betrachten jetzt nur die eckige Klammer:

$$\left[(x-vt)^2-c^2\left(t-\frac{xv}{c^2}\right)^2\right] \tag{8.94a}$$

$$=x^2-2xvt+v^2t^2-c^2t^2+2txv-\frac{x^2v^2}{c^2} \tag{8.94b}$$

$$=x^2+v^2t^2-c^2t^2-\frac{x^2v^2}{c^2} \tag{8.94c}$$

$$=\left(1-\frac{v^2}{c^2}\right)\cdot\left(x^2-c^2t^2\right). \tag{8.94d}$$

Diesen Ausdruck setzen wir nun wieder in die ursprüngliche Gleichung ein und erhalten

$$s'^2=y^2+z^2+\frac{1}{1-\frac{v^2}{c^2}}\left(1-\frac{v^2}{c^2}\right)\cdot\left(x^2-c^2t^2\right) \tag{8.95a}$$

$$=x^2+y^2+z^2-c^2t^2 \tag{8.95b}$$

$$=s^2. \tag{8.95c}$$

Unter der Lorentz-Transformation ändert sich die Größe $s^2$ also nicht und es ist $s'^2=s^2$.

## Theorieaufgabe 26

**Lorentz-Transformation bei kleinen Geschwindigkeiten**

Wir bilden die Taylorreihe der Wurzel $\sqrt{1-\frac{v^2}{c^2}}$ in erster Ordnung. Da hierbei die Geschwindigkeit nur quadratisch vorkommt, erhalten wir direkt

$$\sqrt{1-\frac{v^2}{c^2}}=1+\mathcal{O}\left(v^2\right). \tag{8.96}$$

8

Bei der Transformation der Zeit finden wir außerdem den Term $xv/c^2$. Für $v \ll c$ wird aber $v/c^2 \approx 0$. Nun schreiben wir also

$$x' \approx x - vt \tag{8.97a}$$
$$y' = y \tag{8.97b}$$
$$z' = z \tag{8.97c}$$
$$t' \approx t. \tag{8.97d}$$

Dabei haben wir genau die Galilei-Transformation erhalten.

## Theorieaufgabe 27

**Gleichzeitigkeit**

Ohne Beschränkung der Allgemeinheit betrachten wir ein Inertialsystem, welches sich in $x$-Richtung bewegt. So erhalten wir die transformierten Koordinaten der Ereignisse

$$x_A^{\mu\prime} = \begin{pmatrix} \gamma(ct_A - \beta x_A) \\ \gamma(x_A - \beta ct_A) \\ y_A \\ z_A \end{pmatrix} \tag{8.98}$$

und

$$x_B^{\mu\prime} = \begin{pmatrix} \gamma(ct_B - \beta x_B) \\ \gamma(x_B - \beta ct_B) \\ y_B \\ z_B \end{pmatrix}. \tag{8.99}$$

Die Zeitdifferenz beträgt im neuen Koordinatensystem

$$ct'_A - ct'_B = \gamma(ct_A - \beta x_A - ct_B + \beta x_B) \tag{8.100}$$
$$= \gamma\beta\,(x_B - x_A). \tag{8.101}$$

Diese Zeitdifferenz ist im Allgemeinen nicht null, falls beide Ereignisse nicht am gleichen Ort stattfinden. Die Ereignisse finden im neuen System nicht gleichzeitig statt.

## Theorieaufgabe 28

**Zeitdilatation**

Wir betrachten zunächst das Zug-System. In diesem System befinde sich die Zug-Uhr am Ort $x' = 0$ in Ruhe. Sie zeigt die Zeit $t'$ an. Zunächst möchten wir wissen, an welchem Ort sich die Uhr im Bahnsteigsystem befindet. Hier gilt nach der Lorentz-Transformation

$$x' = \gamma(x - \beta ct). \tag{8.102}$$

Mit $x' = 0$ erhalten wir so die Beziehung

$$x = \beta ct. \tag{8.103}$$

An diesem Ort befindet sich die Zug-Uhr im Bahnsteigsystem.

Nun berechnen wir mithilfe der Lorentz-Transformation, wie sich die Zeit im Zug-System ins Bahnsteigsystem transformiert. Hier gilt

$$ct' = \gamma(ct - \beta x). \tag{8.104}$$

Einsetzen des Orts $x$ liefert uns

$$ct' = \gamma\left(ct - \beta^2 ct\right) \tag{8.105a}$$
$$= \gamma\left(1 - \beta^2\right) ct \tag{8.105b}$$
$$= \frac{ct}{\gamma} \leq ct. \tag{8.105c}$$

Wie sehen nun, dass die Zug-Zeit, aus dem Bahnsteigsystem aus betrachtet, um den Faktor $1/\gamma$ langsamer vergeht. Die Zug-Uhr scheint also langsamer zu gehen als die Bahnsteig-Uhr.

Da grundsätzlich kein Inertialsystem besser ist als jedes andere Inertialsystem, beobachtet ein Mitreisender im Zug genau das gleiche Phänomen. Für ihn scheint die Bahnsteig-Uhr langsamer zu gehen als die Zug-Uhr.

## Theorieaufgabe 29

**Zeitdilatation und Eigenzeit**

Die Geschwindigkeit $v$ berechnet sich durch

$$v = \left|\frac{\mathrm{d}\boldsymbol{r}}{\mathrm{d}t}\right| \tag{8.106a}$$
$$= \sqrt{\left(\frac{\mathrm{d}\boldsymbol{r}}{\mathrm{d}t}\right)^2} \tag{8.106b}$$
$$= \sqrt{\left(\frac{\mathrm{d}x}{\mathrm{d}t}\right)^2 + \left(\frac{\mathrm{d}y}{\mathrm{d}t}\right)^2 + \left(\frac{\mathrm{d}z}{\mathrm{d}t}\right)^2}. \tag{8.106c}$$

Wir betrachten nun Gleichung (4.30) und dividieren auf beiden Seiten durch $\mathrm{d}t^2$. So erhalten wir

$$\frac{\mathrm{d}s^2}{\mathrm{d}t^2} = -c^2 + \left(\frac{\mathrm{d}x}{\mathrm{d}t}\right)^2 + \left(\frac{\mathrm{d}y}{\mathrm{d}t}\right)^2 + \left(\frac{\mathrm{d}z}{\mathrm{d}t}\right)^2 \tag{8.107a}$$
$$= -c^2 + v^2 \tag{8.107b}$$

oder

$$\mathrm{d}\tau^2 = \mathrm{d}t^2\left(1 - \frac{v^2}{c^2}\right). \tag{8.108}$$

Durch Ziehen der Wurzel erhalten wir den gesuchten Zusammenhang

$$\mathrm{d}\tau = \frac{1}{\gamma}\mathrm{d}t. \tag{8.109}$$

## Theorieaufgabe 30

**Längenkontraktion**

Wir führen für die Punkte $x_A$ und $x_B$ eine Lorentz-Transformation durch und erhalten

$$x'_A = \gamma(x_A + \beta ct_A) \tag{8.110}$$
$$x'_B = \gamma(x_B + \beta ct_B). \tag{8.111}$$

Wichtig ist, dass sich nicht nur die Positionen, sondern auch die Zeiten der beiden Stabenden transformieren. So gilt

$$t'_A = \gamma\left(t_A + \frac{\beta}{c}x_A\right) \tag{8.112}$$

$$t'_B = \gamma\left(t_B + \frac{\beta}{c}x_B\right). \tag{8.113}$$

Um die Länge des Stabs zu messen, werden die Positionen der beiden Enden $x'_A$ und $x'_B$ zur gleichen Zeit gemessen. Damit ist die gleiche Zeit des Beobachters gemeint. Es ist hier also $t'_{\text{mess}} = t'_A = t'_B$. Umformen der Zeiten ergibt also

$$t_A = \frac{t'_{\text{mess}}}{\gamma} - \frac{\beta}{c} x_A \tag{8.114}$$

$$t_B = \frac{t'_{\text{mess}}}{\gamma} - \frac{\beta}{c} x_B. \tag{8.115}$$

Jetzt können wir die Länge des Stabs berechnen, die der ruhende Beobachter misst:

$$\begin{aligned}
l' &= |x'_B - x'_A| && (8.116a)\\
&= |\gamma(x_B + \beta c t_B) - \gamma(x_A + \beta c t_A)| && (8.116b)\\
&= \gamma \left| x_B - x_A + \beta c \left[ \left( \frac{t'_{\text{mess}}}{\gamma} - \frac{\beta}{c} x_B \right) - \left( \frac{t'_{\text{mess}}}{\gamma} - \frac{\beta}{c} x_A \right) \right] \right| && (8.116c)\\
&= \gamma \left| x_B - x_A + \beta c \left[ -\frac{\beta}{c} x_B + \frac{\beta}{c} x_A \right] \right| && (8.116d)\\
&= \gamma \left| x_B - x_A - \beta^2 [x_B - x_A] \right| && (8.116e)\\
&= \frac{1}{\gamma} |x_B - x_A| && (8.116f)\\
&= \frac{l}{\gamma}. && (8.116g)
\end{aligned}$$

Weil $\gamma \geq 1$ ist, sehen wir hier, dass die gemessene Länge des Stabs $l'$ kleiner ist als die Länge des Stabs in dessen Ruhesystem.

## Theorieaufgabe 31

**Vierergeschwindigkeit**

Es ist

$$\begin{aligned}
u_\mu u^\mu &= \gamma^2 \left( -c^2 + \boldsymbol{v}^2 \right) && (8.117a)\\
&= \gamma^2 c^2 \left( \beta^2 - 1 \right) && (8.117b)\\
&= -c^2. && (8.117c)
\end{aligned}$$

Die Lichtgeschwindigkeit ist in allen Inertialsystemen konstant und damit ein Lorentz-Skalar.

## Theorieaufgabe 32

**Viererbeschleunigung**

Wir haben aus der Ableitung der Vierergeschwindigkeit in Gleichung (4.42) bereits gesehen, dass

$$b^\mu = \gamma \dot{\gamma} u^\mu + \gamma^2 \begin{pmatrix} 0 \\ \ddot{\boldsymbol{r}} \end{pmatrix} \tag{8.118}$$

ist. Da sich in der gesuchten Gleichung kein $\dot{\gamma}$ findet, drücken wir diesen Term zunächst anders aus:

$$\begin{aligned}
\dot{\gamma} &= \frac{\mathrm{d}}{\mathrm{d}t} \frac{1}{\sqrt{1 - \boldsymbol{\beta}^2}} && (8.119a)\\
&= \frac{\dot{\boldsymbol{\beta}} \cdot \boldsymbol{\beta}}{\sqrt{1 - \boldsymbol{\beta}^2}^3} && (8.119b)\\
&= \gamma^3 \boldsymbol{\beta} \cdot \dot{\boldsymbol{\beta}}. && (8.119c)
\end{aligned}$$

Dafür haben wir die Kettenregel benutzt und zuerst die innere Ableitung von $\boldsymbol{\beta}$ gebildet, anschließend die Ableitung von $\boldsymbol{\beta}^2$ nach $\boldsymbol{\beta}$ und zuletzt den ganzen Bruch nach $\boldsymbol{\beta}^2$. Nun können wir den neuen Ausdruck für $\dot{\gamma}$ in die Gleichung für die Viererbeschleunigung $b^\mu$ einsetzen, wobei wir gleich noch $\ddot{\boldsymbol{r}} = c\dot{\boldsymbol{\beta}}$ ersetzen:

$$b^\mu = \gamma^4 \boldsymbol{\beta} \cdot \dot{\boldsymbol{\beta}} u^\mu + \gamma^2 \begin{pmatrix} 0 \\ c\dot{\boldsymbol{\beta}} \end{pmatrix}. \tag{8.120}$$

Mit Gleichung (4.37c) erhalten wir nun

$$\begin{aligned}
b^\mu &= \gamma^4 \boldsymbol{\beta} \cdot \dot{\boldsymbol{\beta}} \begin{pmatrix} c \\ c\boldsymbol{\beta} \end{pmatrix} + \gamma^2 \begin{pmatrix} 0 \\ c\dot{\boldsymbol{\beta}} \end{pmatrix} && (8.121a)\\
&= c\gamma^4 \left[ \boldsymbol{\beta} \cdot \dot{\boldsymbol{\beta}} \begin{pmatrix} 1 \\ \boldsymbol{\beta} \end{pmatrix} + \frac{1}{\gamma^2} \begin{pmatrix} 0 \\ \dot{\boldsymbol{\beta}} \end{pmatrix} \right] && (8.121b)\\
&= c\gamma^4 \begin{pmatrix} \boldsymbol{\beta} \cdot \dot{\boldsymbol{\beta}} \\ (\boldsymbol{\beta} \cdot \dot{\boldsymbol{\beta}}) \boldsymbol{\beta} + \frac{\dot{\boldsymbol{\beta}}}{\gamma^2} \end{pmatrix}. && (8.121c)
\end{aligned}$$

## Theorieaufgabe 33

**Viererkraft**

Aus Gleichung (4.50) wissen wir, dass

$$F^0 = mc\gamma^4 \boldsymbol{\beta} \cdot \dot{\boldsymbol{\beta}} \tag{8.122}$$

ist. Wir versuchen also nun, auf diesen Term zu kommen:

$$\begin{aligned}
\gamma \boldsymbol{\beta} \cdot \boldsymbol{F} &= \gamma \boldsymbol{\beta} \cdot \left[ mc\gamma \dot{\boldsymbol{\beta}} + mc\gamma^3 \left( \boldsymbol{\beta} \cdot \dot{\boldsymbol{\beta}} \right) \boldsymbol{\beta} \right] && (8.123a)\\
&= mc\gamma^2 \boldsymbol{\beta} \cdot \left[ \dot{\boldsymbol{\beta}} + \gamma^2 \left( \boldsymbol{\beta} \cdot \dot{\boldsymbol{\beta}} \right) \boldsymbol{\beta} \right] && (8.123b)\\
&= mc\gamma^2 \left[ \boldsymbol{\beta} \cdot \dot{\boldsymbol{\beta}} + \gamma^2 \left( \boldsymbol{\beta} \cdot \dot{\boldsymbol{\beta}} \right) \boldsymbol{\beta} \cdot \boldsymbol{\beta} \right] && (8.123c)\\
&= mc\gamma^2 \boldsymbol{\beta} \cdot \dot{\boldsymbol{\beta}} \left[ 1 + \gamma^2 \boldsymbol{\beta} \cdot \boldsymbol{\beta} \right] && (8.123d)\\
&= mc\gamma^2 \boldsymbol{\beta} \cdot \dot{\boldsymbol{\beta}} \left[ 1 + \gamma^2 \boldsymbol{\beta}^2 \right]. && (8.123e)
\end{aligned}$$

An dieser Stelle schreiben wir $\gamma^2$ aus und bringen beide Terme in der Klammer auf denselben Nenner. So können wir die Klammer weiter vereinfachen.

$$\begin{aligned}
\gamma \boldsymbol{\beta} \cdot \boldsymbol{F} &= mc\gamma^2 \boldsymbol{\beta} \cdot \dot{\boldsymbol{\beta}} \left[ 1 + \frac{\boldsymbol{\beta}^2}{1 - \boldsymbol{\beta}^2} \right] && (8.124a)\\
&= mc\gamma^2 \boldsymbol{\beta} \cdot \dot{\boldsymbol{\beta}} \left[ \frac{1 - \boldsymbol{\beta}^2}{1 - \boldsymbol{\beta}^2} + \frac{\boldsymbol{\beta}^2}{1 - \boldsymbol{\beta}^2} \right] && (8.124b)\\
&= mc\gamma^2 \boldsymbol{\beta} \cdot \dot{\boldsymbol{\beta}} \left[ \frac{1}{1 - \boldsymbol{\beta}^2} \right] && (8.124c)\\
&= mc\gamma^4 \boldsymbol{\beta} \cdot \dot{\boldsymbol{\beta}} && (8.124d)\\
&= F^0. && (8.124e)
\end{aligned}$$

Damit ist die gesuchte Beziehung bewiesen.

8

## Theorieaufgabe 34

**Relativistische Energie-Impuls-Beziehung**

a) Es ist

$$E = \sqrt{m^2c^4 + \boldsymbol{p}^2c^2}. \tag{8.125}$$

Wir erkennen hier, dass die Energie symmetrisch vom Impuls abhängt. Das liegt daran, dass $\boldsymbol{p}^2$ in die Gleichung eingeht, nicht aber ungeraden Potenzen. Ungerade Terme der Taylorreihe werden deshalb verschwinden. Aus diesem Grund entwickeln wir einfach direkt in $\boldsymbol{p}^2$. So erhalten wir die nullte Ordnung

$$\left.\sqrt{m^2c^4 + \boldsymbol{p}^2c^2}\right|_{\boldsymbol{p}^2=0} = mc^2 \tag{8.126}$$

sowie die erste Ordnung

$$\left.\frac{c^2}{2\sqrt{m^2c^4 + \boldsymbol{p}^2c^2}}\right|_{\boldsymbol{p}^2=0} \cdot \boldsymbol{p}^2 = \frac{\boldsymbol{p}^2c^2}{2mc^2} = \frac{\boldsymbol{p}^2}{2m}. \tag{8.127}$$

Wir erhalten die Taylorreihe

$$E = mc^2 + \frac{\boldsymbol{p}^2}{2m} + \mathcal{O}(\boldsymbol{p}^4). \tag{8.128}$$

Der erste Term ist hier die Ruheenergie. Der zweite Term entspricht der kinetischen Energie aus der Newton'schen Mechanik. Für kleine Geschwindigkeiten liefert die spezielle Relativitätstheorie also auch hier die gleichen Ergebnisse wie die Newton'sche Mechanik. Erst in höheren Ordnungen, also bei größeren Geschwindigkeiten, zeigen sich die Unterschiede.

b) Bei großen Geschwindigkeiten wird $\boldsymbol{p}^2c^2 \gg m^2c^4$ und demnach

$$E \approx pc. \tag{8.129}$$

Dabei ist $p = \sqrt{\boldsymbol{p}^2} = |\boldsymbol{p}|$. Wir erkennen hier, dass die Energie in diesem Regime nicht quadratisch vom Impuls abhängt, wie in der Newton'schen Mechanik, sondern linear. Allerdings müssen wir im Kopf behalten, dass wir hier den relativistischen Impuls $\boldsymbol{p} = \gamma m c$ betrachten.

## Theorieaufgabe 35

**Harmonischer Oszillator**

a) Wir beginnen, indem wir den gegebenen Ansatz ableiten:

$$x(t) = A \cdot e^{\lambda t} \tag{8.130}$$

$$\dot{x}(t) = A\lambda \cdot e^{\lambda t} \tag{8.131}$$

$$\ddot{x}(t) = A\lambda^2 \cdot e^{\lambda t}. \tag{8.132}$$

Einsetzen in die Bewegungsgleichung Gleichung (5.1) ergibt:

$$A\lambda^2 \cdot e^{\lambda t} = -\omega^2 A \cdot e^{\lambda t}$$
$$A\lambda^2 = -A\omega^2.$$

Offensichtlich löst der Ansatz für $A = 0$ die Bewegungsgleichung. Dieser Fall ist allerdings nicht besonders interessant, da sich unsere Größe $x$ gar nicht ändert ($x(t) = 0$). Wenn $A \neq 0$ ist, dann können wir durch die Amplitude dividieren und erhalten die Bedingung $\lambda^2 = -\omega^2$. Mit Kenntnis der komplexen Zahlen folgern wir, dass

$$\lambda = \pm i\omega \tag{8.133}$$

ist. So ergibt sich die Lösung der Bewegungsgleichung des harmonischen Oszillators als Linearkombination beider Vorzeichen:

$$x(t) = A_1 \cdot e^{+i\omega t} + A_2 \cdot e^{-i\omega t}. \tag{8.134}$$

b) Wir verwenden die Beziehung

$$e^{iz} = \cos(z) + i\sin(z). \tag{8.135}$$

So erhalten wir

$$\begin{aligned} x(t) &= A_1 \cdot e^{+i\omega t} + A_2 \cdot e^{-i\omega t} \\ &= A_1 [\cos(\omega t) + i\sin(\omega t)] \\ &\quad + A_2 [\cos(-\omega t) + i\sin(-\omega t)] \\ &= A_1 [\cos(\omega t) + i\sin(\omega t)] \\ &\quad + A_2 [\cos(\omega t) - i\sin(\omega t)] \\ &= [A_1 + A_2]\cos(\omega t) + [A_1 - A_2]\, i\sin(\omega t). \end{aligned}$$

c) Wir wenden nun die Randbedingungen auf die Lösung an. So ergeben sich die Zusammenhänge

$$A_1 \cdot e^{+i\omega 0} + A_2 \cdot e^{-i\omega 0} \in \mathbb{R} \tag{8.136}$$

$$A_1 i\omega \cdot e^{+i\omega 0} - A_2 i\omega \cdot e^{-i\omega 0} \in \mathbb{R}, \tag{8.137}$$

die sich zu

$$A_1 + A_2 \in \mathbb{R} \tag{8.138}$$

$$i(A_1 - A_2) \in \mathbb{R} \tag{8.139}$$

vereinfachen lassen. Im Vergleich mit der Lösung der vorherigen Teilaufgabe erkennen wir sofort, dass für alle Zeiten $t$ gilt: $x(t) \in \mathbb{R}$.

## Theorieaufgabe 36

**Potential des harmonischen Oszillators**

a) Die Bewegungsgleichung des harmonischen Oszillators kann mithilfe des zweiten Newton'schen Axioms zu

$$\frac{F}{m} = -\omega^2 x \tag{8.140}$$

umgeschrieben werden. Wir wählen das Potential $V(x)$ des harmonischen Oszillators so, dass $V(0) = 0$ ist. Dann integrieren wir im Ort über die Kraft, um das Potential zu erhalten:

$$V(x) = -\int_0^x F(\tilde{x})\, \mathrm{d}\tilde{x} \tag{8.141a}$$

$$= \int_0^x m\omega^2 \tilde{x}\, \mathrm{d}\tilde{x} \tag{8.141b}$$

$$= \frac{m\omega^2}{2} x^2. \tag{8.141c}$$

8

Wir benutzen dabei die Kraft, die aufgewendet wird, um das Teilchen gegen die Kraft $K$ des Oszillators zu bewegen. Daher haben wir hier ein zusätzliches Minuszeichen verwendet.

b) Wir erhalten die potentielle Energie $V(x(t)) = V(t)$ im harmonischen Oszillator zur Zeit $t$, indem wir die Trajektorie $x(t)$ einsetzen:

$$V(t) = \frac{m\omega^2}{2}\hat{x}^2 \cdot \sin^2(\omega t + \varphi)\,. \tag{8.142}$$

Die Gesamtenergie im System ist die Summe aus potentieller und kinetischer Energie

$$E = V(t) + E_{\text{kin}}(t) \tag{8.143a}$$

$$= \frac{m\omega^2}{2}\hat{x}^2 \cdot \sin^2(\omega t + \varphi) + \frac{m}{2}\hat{x}^2\omega^2\cos^2(\omega t + \varphi) \tag{8.143b}$$

$$= \frac{m\omega^2\hat{x}^2}{2}\,. \tag{8.143c}$$

Dieser Wert ist zeitunabhängig und daher konstant.

## Theorieaufgabe 37

**Gedämpfte harmonische Oszillatoren**

a) Wir benötigen zunächst die erste und zweite Ableitung von $x(t)$:

$$\begin{aligned}\dot{x}(t) = \Big[&A_1\left(\sqrt{\gamma^2-\omega^2}-\gamma\right)\cdot e^{\sqrt{\gamma^2-\omega^2}t}\\ &+A_2\left(-\sqrt{\gamma^2-\omega^2}-\gamma\right)\cdot e^{-\sqrt{\gamma^2-\omega^2}t}\Big]\cdot e^{-\gamma t}\\ \ddot{x}(t) = \Big[&A_1\left(\sqrt{\gamma^2-\omega^2}-\gamma\right)^2\cdot e^{\sqrt{\gamma^2-\omega^2}t}\\ &+A_2\left(-\sqrt{\gamma^2-\omega^2}-\gamma\right)^2\cdot e^{-\sqrt{\gamma^2-\omega^2}t}\Big]\cdot e^{-\gamma t}.\end{aligned}$$

Wir setzen diese Ableitungen in die Bewegungsgleichung ein und erhalten

$$\begin{aligned}&\Big[A_1\left(\sqrt{\gamma^2-\omega^2}-\gamma\right)^2\cdot e^{\sqrt{\gamma^2-\omega^2}t}\\ &+A_2\left(-\sqrt{\gamma^2-\omega^2}-\gamma\right)^2\cdot e^{-\sqrt{\gamma^2-\omega^2}t}\Big]\cdot e^{-\gamma t}\\ &= -\omega^2\left(A_1\cdot e^{\sqrt{\gamma^2-\omega^2}t}+A_2\cdot e^{-\sqrt{\gamma^2-\omega^2}t}\right)\cdot e^{-\gamma t}\\ &-2\gamma\Big[A_1\left(\sqrt{\gamma^2-\omega^2}-\gamma\right)\cdot e^{\sqrt{\gamma^2-\omega^2}t}\\ &+A_2\left(-\sqrt{\gamma^2-\omega^2}-\gamma\right)\cdot e^{-\sqrt{\gamma^2-\omega^2}t}\Big]\cdot e^{-\gamma t}.\end{aligned}$$

Wir kürzen diese Gleichung um $e^{-\gamma t}$ und trennen die beiden linear unabhängigen Anteile voneinander. Da beide Rechnungen analog sind, betrachten wir hier nur den Anteil $e^{\sqrt{\gamma^2-\omega^2}t}$. Dabei erhalten wir

$$\begin{aligned}&\Big[A_1\left(\sqrt{\gamma^2-\omega^2}-\gamma\right)^2\cdot e^{\sqrt{\gamma^2-\omega^2}t}\Big]\\ &= -\omega^2\left(A_1\cdot e^{\sqrt{\gamma^2-\omega^2}t}\right)\\ &-2\gamma\Big[A_1\left(\sqrt{\gamma^2-\omega^2}-\gamma\right)\cdot e^{\sqrt{\gamma^2-\omega^2}t}\Big]\end{aligned}$$

oder

$$\left(\sqrt{\gamma^2-\omega^2}-\gamma\right)^2 = -\omega^2 - 2\gamma\left(\sqrt{\gamma^2-\omega^2}-\gamma\right). \tag{8.144}$$

Durch Anwenden der binomischen Formel auf der linken Seite können wir zeigen, dass diese Gleichung immer erfüllt ist. Damit ist die Bewegungsgleichung gelöst.

b) Auch hier leiten wir zunächst die Lösung ab:

$$\dot{x}(t) = -\gamma(A_1 + A_2 t)\cdot e^{-\gamma t} + A_2 e^{-\gamma t} \tag{8.145}$$

$$\ddot{x}(t) = \gamma^2(A_1 + A_2 t)\cdot e^{-\gamma t} - 2\gamma A_2 e^{-\gamma t}. \tag{8.146}$$

Einsetzen in die Bewegungsgleichung ergibt

$$\begin{aligned}&\gamma^2(A_1+A_2t)\cdot e^{-\gamma t} - 2\gamma A_2 e^{-\gamma t}\\ &= -\omega^2(A_1+A_2t)\cdot e^{-\gamma t}\\ &-2\gamma\left[-\gamma(A_1+A_2t)\cdot e^{-\gamma t} + A_2 e^{-\gamma t}\right].\end{aligned}$$

Auf beiden Seiten können wir um $e^{-\gamma t}$ kürzen und $\omega^2 = \gamma^2$ setzen. So erhalten wir

$$\begin{aligned}&\gamma^2(A_1+A_2t) - 2\gamma A_2\\ &= -\gamma^2(A_1+A_2t)\\ &-2\gamma[-\gamma(A_1+A_2t)+A_2].\end{aligned}$$

Diese Gleichung ist offensichtlich erfüllt. Damit ist die Bewegungsgleichung gelöst.

c) Wir leiten die Lösung ab:

$$\dot{x}(t) = \hat{x}\cdot[-\gamma\sin(\Omega t+\varphi) + \Omega\cos(\Omega t+\varphi)]\cdot e^{-\gamma t} \tag{8.147}$$

$$\begin{aligned}\ddot{x}(t) = \hat{x}\cdot\big[&(\gamma^2-\Omega^2)\sin(\Omega t+\varphi)\\ &-2\gamma\Omega\cos(\Omega t+\varphi)\big]\cdot e^{-\gamma t}\end{aligned} \tag{8.148}$$

Durch Einsetzen in die Bewegungsgleichung erhalten wir

$$\begin{aligned}&\hat{x}\cdot\big[(\gamma^2-\Omega^2)\sin(\Omega t+\varphi)\\ &-2\gamma\Omega\cos(\Omega t+\varphi)\big]\cdot e^{-\gamma t}\\ &= -\omega^2\hat{x}\cdot\sin(\Omega t+\varphi)\cdot e^{-\gamma t}\\ &-2\gamma\hat{x}\cdot[-\gamma\sin(\Omega t+\varphi)+\Omega\cos(\Omega t+\varphi)]\cdot e^{-\gamma t}.\end{aligned}$$

Nun kürzen wir $\hat{x}e^{-\gamma t}$ und setzen $\Omega = \sqrt{\omega^2 - \gamma^2}$ ein:

$$\begin{aligned}&\left[\left(2\gamma^2 - \omega^2\right)\sin(\Omega t + \varphi)\right.\\&\left.-2\gamma\sqrt{\omega^2 - \gamma^2}\cos(\Omega t + \varphi)\right]\\=&-\omega^2\sin(\Omega t + \varphi)\\&-2\gamma\left[-\gamma\sin(\Omega t + \varphi) + \sqrt{\omega^2 - \gamma^2}\cos(\Omega t + \varphi)\right].\end{aligned}$$

Es ist leicht zu erkennen, dass diese Gleichung immer erfüllt ist. Damit ist auch im Schwingfall die Bewegungsgleichung gelöst.

## Theorieaufgabe 38

**Getriebener harmonischer Oszillator**

a) Wir setzen die trigonometrischen Beziehungen ein und erhalten

$$\begin{aligned}&-\hat{x}_s\omega^2\cdot[\sin(\omega t)\cos(\varphi_s) + \cos(\omega t)\sin(\varphi_s)]\\&+2\gamma\hat{x}_s\omega\cdot[\cos(\omega t)\cos(\varphi_s) - \sin(\omega t)\sin(\varphi_s)]\\&+\omega_0^2\hat{x}_s\cdot[\sin(\omega t)\cos(\varphi_s) + \cos(\omega t)\sin(\varphi_s)]\\=&\hat{K}\sin(\omega t).\end{aligned}$$

Durch Umsortieren der Terme trennen wir die $\sin(\omega t)$-Anteile von den $\cos(\omega t)$-Anteilen:

$$\begin{aligned}&\sin(\omega t)\left[-\hat{x}_s\omega^2\cos(\varphi_s) - 2\gamma\hat{x}_s\omega\sin(\varphi_s) + \omega_0^2\hat{x}_s\cos(\varphi_s)\right]\\&+\cos(\omega t)\left[-\hat{x}_s\omega^2\sin(\varphi_s) + 2\gamma\hat{x}_s\omega\cos(\varphi_s) + \omega_0^2\hat{x}_s\sin(\varphi_s)\right]\\=&\hat{K}\sin(\omega t).\end{aligned}$$

Nun können wir einen Koeffizientenvergleich durchführen, indem wir die beiden Anteile einzeln betrachten. Damit die Bedingung für alle Zeiten $t$ erfüllt ist, muss nämlich

$$-\hat{x}_s\omega^2\cos(\varphi_s) - 2\gamma\hat{x}_s\omega\sin(\varphi_s) + \omega_0^2\hat{x}_s\cos(\varphi_s) = \hat{K} \quad (8.149)$$

sowie

$$-\hat{x}_s\omega^2\sin(\varphi_s) + 2\gamma\hat{x}_s\omega\cos(\varphi_s) + \omega_0^2\hat{x}_s\sin(\varphi_s) = 0 \quad (8.150)$$

gelten.

b) Indem wir Gleichung (8.150) umformen, erhalten wir den Zusammenhang

$$\tan(\varphi_s) = \frac{2\gamma\omega}{\omega^2 - \omega_0^2} \quad (8.151)$$

für die Phase $\varphi_s$. Alternativ können wir

$$\varphi_s = \arctan\left(\frac{2\gamma\omega}{\omega^2 - \omega_0^2}\right) \quad (8.152)$$

schreiben.

## Theorieaufgabe 39

**Resonanzfrequenz**

Wir leiten Gleichung (5.82) nach $\omega$ ab:

$$\frac{\mathrm{d}}{\mathrm{d}\omega}\hat{x}_s(\omega) = -\hat{K}\frac{2\omega\left(2\gamma^2 - \omega_0^2 + \omega^2\right)}{\sqrt[3]{\left(\omega_0^2 - \omega^2\right)^2 + (2\gamma\omega)^2}}. \quad (8.153)$$

Die Resonanzfrequenz können wir finden, indem wir die Nullstelle dieser Funktion suchen. Dabei ignorieren wir die Nullstelle bei $\omega = 0$, da diese hier für uns nicht relevant ist. Die Ableitung verschwindet auch, wenn der Faktor

$$\left(2\gamma^2 - \omega_0^2 + \omega^2\right)$$

Null wird. Dazu kommt es an den Stellen

$$\omega_{\mathrm{res}} = \pm\sqrt{\omega_0^2 - 2\gamma^2}. \quad (8.154)$$

Die negative Resonanzfrequenz unterscheidet sich hier physikalisch nicht grundlegend von der positiven Frequenz, aber wir betrachten nur positive Werte. Damit erhalten wir

$$\omega_{\mathrm{res}} = \sqrt{\omega_0^2 - 2\gamma^2}. \quad (8.155)$$

Nun betrachten wir die Amplitude $\hat{x}_s(\omega_{\mathrm{res}})$:

$$\hat{x}_s(\omega_{\mathrm{res}}) = \frac{\hat{K}}{\sqrt{\left(\omega_0^2 - \left(\omega_0^2 - 2\gamma^2\right)\right)^2 + (2\gamma)^2\left(\omega_0^2 - 2\gamma^2\right)}} \quad (8.156a)$$

$$= \frac{\hat{K}}{\sqrt{4\gamma^4 + 4\gamma^2\omega_0^2 - 8\gamma^4}} \quad (8.156b)$$

$$= \frac{\hat{K}}{2\gamma\Omega}. \quad (8.156c)$$

## Theorieaufgabe 40

**Gekoppelte Pendel**

a) Wir addieren die beiden Gleichungen und erhalten

$$m(\ddot{x}_1 + \ddot{x}_2) = -D\cdot(x_1 + x_2). \quad (8.157)$$

Wenn wir beide Gleichungen voneinander subtrahieren, erhalten wir dagegen

$$m(\ddot{x}_1 - \ddot{x}_2) = -D\cdot(x_1 - x_2) + 2D'\cdot(x_2 - x_1). \quad (8.158)$$

Die beiden neuen Gleichungen formen nun ein neues Gleichungssystem, welches jedoch die identische Information enthält wie zuvor. Wir können jetzt die neuen Koordinaten $u$ und $v$ einsetzen:

$$m\ddot{u} = -Du \quad (8.159)$$

$$m\ddot{v} = -\left(D + 2D'\right)v. \quad (8.160)$$

Nun sind die beiden Gleichungen entkoppelt.

b) Die Lösung der beiden entkoppelten Gleichungen ist eine triviale Aufgabe, da es sich hierbei um harmonische Oszillatoren handelt. Damit erhalten wir sofort

$$u(t) = \hat{x}_+ \cdot \sin(\omega_+ t + \varphi_+) \quad (8.161)$$
$$v(t) = \hat{x}_- \cdot \sin(\omega_- t + \varphi_-) \quad (8.162)$$

mit den Kreisfrequenzen

$$\omega_+ = \sqrt{\frac{D}{m}} \quad (8.163)$$
$$\omega_- = \sqrt{\frac{D + 2D'}{m}}. \quad (8.164)$$

Übersetzen wir das System zurück in seine ursprünglichen Koordinaten, so erhalten wir die Lösung

$$x_1(t) = \frac{u(t) + v(t)}{2} \quad (8.165a)$$
$$= \frac{\hat{x}_+}{2} \cdot \sin(\omega_+ t + \varphi_+) + \frac{\hat{x}_-}{2} \cdot \sin(\omega_- t + \varphi_-) \quad (8.165b)$$

$$x_2(t) = \frac{u(t) - v(t)}{2} \quad (8.166a)$$
$$= \frac{\hat{x}_+}{2} \cdot \sin(\omega_+ t + \varphi_+) - \frac{\hat{x}_-}{2} \cdot \sin(\omega_- t + \varphi_-). \quad (8.166b)$$

## Theorieaufgabe 41

**Lösung der eindimensionalen Wellengleichung**

Wir können die Kettenregel nutzen, um die Funktion $\xi(x \pm ct)$ nach Ort $x$ und Zeit $t$ abzuleiten:

$$\dot{\xi}(x \pm ct) = \pm c\xi'(x \pm ct) \quad (8.167a)$$
$$\ddot{\xi}(x \pm ct) = c^2 \xi''(x \pm ct) \quad (8.167b)$$
$$\frac{\partial}{\partial x}\xi(x \pm ct) = \xi'(x \pm ct) \quad (8.167c)$$
$$\frac{\partial^2}{\partial x^2}\xi(x \pm ct) = \xi''(x \pm ct). \quad (8.167d)$$

Da die Funktion $\xi(x \pm ct)$ zweimal differenzierbar ist, existiert die Ableitung $\xi''(x \pm ct)$. Nun können wir die Gleichung $\xi$ in die Bewegungsgleichung einsetzen und erhalten

$$c^2 \xi''(x \pm ct) = c^2 \xi''(x \pm ct). \quad (8.168)$$

Diese Gleichung ist offensichtlich immer erfüllt. Deshalb löst jede zweimal differenzierbare Funktion der Form $\xi(x \pm ct)$ die eindimensionale Wellengleichung.

## Theorieaufgabe 42

**Doppler-Effekt**

Diese Berechnung lässt sich mithilfe der Wellenlänge $\lambda$ durchführen. Die Quelle schwingt mit Periodendauer $T$ und bewegt sich mit Geschwindigkeit $v$, während sich die Welle von ihr wegbewegt. Betrachten wir nun einen Wellenberg, der sich direkt an der Quelle befindet. Der darauf folgende Berg wurde zuvor vom Auto ausgesendet, als sich dieses noch an einem anderen Ort befand; inzwischen hat es sich mit der Geschwindigkeit $c$ um die Strecke $vT$ weiterbewegt. Die Wellenlänge im Medium ist deshalb verändert:

$$\lambda' = \lambda - Tv. \quad (8.169)$$

Wir haben die Geschwindigkeit hier positiv gewählt, wenn sich die Quelle auf den Beobachter zubewegt.

Nun berechnen wir die Frequenz aus der Wellenlänge über den Zusammenhang

$$\lambda' = \frac{c}{f'} \quad (8.170)$$

und erhalten

$$\frac{c}{f'} = \frac{c}{f} - \frac{v}{f} \quad (8.171)$$
$$f' = \frac{f}{1 - \frac{v}{c}}. \quad (8.172)$$

## Theorieaufgabe 43

**Lösung der Wellengleichung in mehreren Dimensionen**

Wir bilden zunächst die Ableitungen:

$$\frac{\partial}{\partial r_i}\xi(\boldsymbol{k} \cdot \boldsymbol{r} - \omega t) = k_i \xi'(\boldsymbol{k} \cdot \boldsymbol{r} - \omega t) \quad (8.173a)$$
$$\Delta\xi(\boldsymbol{k} \cdot \boldsymbol{r} - \omega t) = \boldsymbol{k}^2 \xi''(\boldsymbol{k} \cdot \boldsymbol{r} - \omega t) \quad (8.173b)$$
$$\frac{\partial}{\partial t}\xi(\boldsymbol{k} \cdot \boldsymbol{r} - \omega t) = -\omega \xi'(\boldsymbol{k} \cdot \boldsymbol{r} - \omega t) \quad (8.173c)$$
$$\frac{\partial^2}{\partial t^2}\xi(\boldsymbol{k} \cdot \boldsymbol{r} - \omega t) = \omega^2 \xi''(\boldsymbol{k} \cdot \boldsymbol{r} - \omega t). \quad (8.173d)$$

Eingesetzt in die Wellengleichung ergibt sich

$$\omega^2 \xi''(\boldsymbol{k} \cdot \boldsymbol{r} - \omega t) = c^2 \boldsymbol{k}^2 \xi''(\boldsymbol{k} \cdot \boldsymbol{r} - \omega t). \quad (8.174)$$

Wir können hier nicht direkt durch $\xi''(\boldsymbol{k} \cdot \boldsymbol{r} - \omega t)$ teilen, weil diese Funktion auch Null sein könnte. Allerdings muss die Gleichung für alle Wellenfunktionen gelöst werden. Das ist nur gegeben, wenn die Bedingung

$$\omega^2 = c^2 \boldsymbol{k}^2 \quad (8.175)$$

erfüllt ist.

8

## Theorieaufgabe 44

**Kugelwellen**

Die zweite zeitliche Ableitung der Kugelwelle ist

$$\ddot{\xi}(r,t) = -\omega^2 \xi(r,t)\,. \tag{8.176}$$

Wir nutzen Kugelkoordinaten. Dann wird der Laplace-Operator zu

$$\begin{aligned}\Delta f = &\frac{1}{r^2}\frac{\partial}{\partial r}\left(r^2 \frac{\partial}{\partial r} f\right) \\ &+ \frac{1}{r^2 \sin(\theta)}\frac{\partial}{\partial \theta}\left(\sin(\theta)\frac{\partial}{\partial \theta} f\right) \\ &+ \frac{1}{r^2 \sin^2(\theta)}\frac{\partial^2}{\partial \varphi^2} f.\end{aligned} \tag{8.177}$$

Da die Kugelwelle nur vom Radius $r$ und nicht von den beiden Winkeln $\theta$ und $\varphi$ abhängt, müssen wir nur den ersten Term beachten. So erhalten wir

$$\Delta \xi(r,t) = \frac{1}{r^2}\frac{\partial}{\partial r}\left(r^2 \frac{\partial}{\partial r}\xi(r,t)\right) \tag{8.178a}$$

$$= \hat{\xi}\frac{1}{r^2}\frac{\partial}{\partial r}(-\sin(kr-\omega t) + rk\cos(kr-\omega t)) \tag{8.178b}$$

$$= -\hat{\xi}\frac{1}{r}k^2 \sin(kr-\omega t) \tag{8.178c}$$

$$= -k^2 \xi(r,t)\,. \tag{8.178d}$$

Eingesetzt in die Wellengleichung ergibt sich nun

$$-\omega^2 \xi(r,t) = -c^2 k^2 \xi(r,t)\,. \tag{8.179}$$

Die Wellengleichung wird erfüllt, solange die Bedingung $\omega^2 = c^2 k^2$ erfüllt ist.

## Theorieaufgabe 45

**Trägheitsmoment eines Vollzylinders**

Wir berechnen zunächst die Masse des Zylinders als Integral über all seine Volumenelemente. Dabei verwenden wir Zylinderkoordinaten ($\mathrm{d}V = r\,\mathrm{d}z\,\mathrm{d}\varphi\,\mathrm{d}r$):

$$M = \int \mathrm{d}m \tag{8.180a}$$

$$= \int_{\text{Körper}} \rho\,\mathrm{d}V \tag{8.180b}$$

$$= \rho \int_0^h \mathrm{d}z \int_0^{2\pi} \mathrm{d}\varphi \int_0^R \mathrm{d}r\, r \tag{8.180c}$$

$$= \frac{2\pi\rho h R^2}{2} \tag{8.180d}$$

$$= \pi\rho h R^2. \tag{8.180e}$$

Dabei haben wir die Jacobi-Determinante $r$ in das Integral einbezogen.

Das Trägheitsmoment berechnet sich analog, wobei der Radius $r$ in Kugelkoordinaten bereits der Abstand von der Rotationsachse $r_\perp$ ist ($r = r_\perp$). So ergibt sich

$$J = \int_{\text{Körper}} r_\perp^2 \rho\,\mathrm{d}V \tag{8.181a}$$

$$= \rho \int_0^h \mathrm{d}z \int_0^{2\pi} \mathrm{d}\varphi \int_0^R \mathrm{d}r\, r^3 \tag{8.181b}$$

$$= \frac{2\pi\rho h R^4}{4} \tag{8.181c}$$

$$= \frac{\pi\rho h R^4}{2}. \tag{8.181d}$$

Wir können hier die Masse $M$ einsetzen und erhalten so das Endergebnis

$$J = \frac{MR^2}{2}. \tag{8.182}$$

## Theorieaufgabe 46

**Schwerpunktsatz**

Es ist

$$M\boldsymbol{A} = \sum_i m_i \boldsymbol{a}_i \tag{8.183}$$

und

$$\boldsymbol{F}_i = m_i \boldsymbol{a}_i = \boldsymbol{F}_i^{\text{ext}} + \sum_j \boldsymbol{F}_{ij}^{\text{int}}. \tag{8.184}$$

Damit erhalten wir die Bewegungsgleichung

$$M\boldsymbol{A} = \sum_i \left[\boldsymbol{F}_i^{\text{ext}} + \sum_j \boldsymbol{F}_{ij}^{\text{int}}\right] \tag{8.185a}$$

$$= \sum_i \boldsymbol{F}_i^{\text{ext}} + \sum_{ij} \boldsymbol{F}_{ij}^{\text{int}}. \tag{8.185b}$$

Wechselwirkungskräfte treten immer paarweise auf (actio = reactio). Deshalb gilt

$$\boldsymbol{F}_{ij}^{\text{int}} = -\boldsymbol{F}_{ji}^{\text{int}}. \tag{8.186}$$

Alle diese Kräftepaare kürzen sich gegenseitig aus der Summe $\sum_{ij}$ heraus, es gilt also

$$\sum_{ij} \boldsymbol{F}_{ij}^{\text{int}} = \boldsymbol{0}. \tag{8.187}$$

Damit erhalten wir die vereinfachte Bewegungsgleichung

$$M\boldsymbol{A} = \sum_i \boldsymbol{F}_i^{\text{ext}}. \tag{8.188}$$

8

## Theorieaufgabe 47

**Volumenänderung durch Querkontraktion**

a) Das ursprüngliche Volumen des Quaders ist

$$V = ld^2. \tag{8.189}$$

Analog lässt sich das veränderte Volumen

$$(V + \Delta V) = (l + \Delta l) \cdot (d + \Delta d)^2 \tag{8.190}$$

berechnen. Wir erhalten die relative Volumenänderung, indem wir das ursprüngliche Volumen zunächst abziehen und dann dadurch dividieren:

$$\begin{aligned}\frac{\Delta V}{V} &= \frac{(l+\Delta l)\cdot(d+\Delta d)^2 - V}{V} \\ &= \frac{(l+\Delta l)\cdot(d+\Delta d)^2}{ld^2} - 1.\end{aligned}$$

b) Um nur die nullte und erste Ordnung der Volumenänderung herauszufiltern, multiplizieren wir zuerst alle Terme aus:

$$\begin{aligned}\frac{\Delta V}{V} &= \frac{ld^2 + 2ld\Delta d + l\Delta d^2 + \Delta l d^2 + 2\Delta l \Delta d d + \Delta l \Delta d^2}{ld^2} \\ &\quad - 1 \\ &= 2\left[\frac{\Delta d}{d} + \frac{\Delta l \Delta d}{ld}\right] + \frac{\Delta d^2}{d^2} + \frac{\Delta l}{l} + \frac{\Delta l \Delta d^2}{ld^2}.\end{aligned}$$

Wir zählen in jedem Term der relativen Volumenänderung, wie oft die Faktoren $\Delta l$ und $\Delta d$ vorkommen. Alle Terme mit mehr als einer Längenänderung oder Querkontraktion gehören zur quadratischen (oder noch höheren) Ordnung und werden vernachlässigt und es bleibt

$$\frac{\Delta V}{V} \approx 2\frac{\Delta d}{d} + \frac{\Delta l}{l} \tag{8.191}$$

übrig.

## Theorieaufgabe 48

**Rotierende Flüssigkeit**

Über die Funktion $z(r)$ können wir hier zunächst keine Aussagen machen, aber über die Ableitung $z'(r)$ schon. Das Steigungsdreieck an der Funktion $z(r)$ hat die Seiten $\mathrm{d}z$ (senkrecht) und $\mathrm{d}r$ (waagrecht). Auch die Kräfte wirken senkrecht und waagrecht, sodass die resultierende Kraft senkrecht zur Oberfläche wirkt. Anhand einer kleinen Skizze können wir uns nun leicht klar machen, dass

$$z'(r) = \frac{\mathrm{d}z}{\mathrm{d}r} = \frac{F_Z}{F_G} \tag{8.192}$$

gelten muss. Das Dreieck, das von den Kräften gezeichnet wird, hat die gleichen Seitenverhältnisse wie das Steigungsdreieck.

Wir erhalten also die Funktion $z(r)$ der Flüssigkeitsoberfläche über die Integration

$$\begin{aligned}z(r) &= \int z'(\tilde{r})\,\mathrm{d}\tilde{r} && (8.193a)\\ &= \int \frac{m\omega^2\tilde{r}}{mg}\,\mathrm{d}\tilde{r} && (8.193b)\\ &= \frac{\omega^2}{g}\int \tilde{r}\,\mathrm{d}\tilde{r} && (8.193c)\\ &= \frac{\omega^2}{2g}r^2 + h. && (8.193d)\end{aligned}$$

Wir haben hier noch die Integrationskonstante $h$ eingeführt. Diese wird so gewählt, dass das Flüssigkeitsvolumen erhalten bleibt. Die Oberfläche der Flüssigkeit hat die Form einer Parabel in mehreren Dimensionen. Wir sprechen auch von einem Rotationsparaboloid.

## Theorieaufgabe 49

**Schweredruck**

Wir betrachten eine Säule mit Querschnittsfläche $A$. Auf der Höhe $h$ (von oben gemessen, siehe Abbildung 7.4) machen wir einen gedanklichen Schnitt. Das darüberliegende Fluid hat das Volumen $V = Ah$. Die Masse des darüberliegenden Volumens ist

$$m(h) = \int \rho\,\mathrm{d}V = A\int_0^h \rho(z)\,\mathrm{d}z. \tag{8.194}$$

So erhalten wir die Gewichtskraft

$$F(h) = Ag\int_0^h \rho(z)\,\mathrm{d}z, \tag{8.195}$$

die auf die Fläche $A$ wirkt, und den Druck

$$p(h) = \frac{F(h)}{A} = g\int_0^h \rho(z)\,\mathrm{d}z. \tag{8.196}$$

Für inkompressible Fluide ist die Dichte $\rho$ konstant und wir erhalten

$$p(h) = \rho gh. \tag{8.197}$$

## Theorieaufgabe 50

**Kapillareffekt zwischen zwei Platten**

Wir wählen den gleichen Ansatz wie für das Röhrchen und berechnen für eine Höhenänderung $\mathrm{d}h$ die Änderung der potentiellen Energie $\mathrm{d}E_G$ und die Änderung der Grenzflächenenergie $\mathrm{d}E_\sigma$. Da der Spalt zwischen den Platten schmal und unendlich lang ist, müssen wir hier einen Abschnitt der Länge $l$ betrachten. So erhalten wir die Änderung der potentiellen Energie

$$\mathrm{d}E_G = \rho l d h g\,\mathrm{d}h \tag{8.198}$$

und die Änderung der Grenzflächenenergie

$$\begin{aligned}\mathrm{d}E_\sigma &= l\,(\sigma_{13} - \sigma_{23})\,\mathrm{d}h && (8.199a)\\ &= -l\cos(\varphi)\,\sigma_{12}\,\mathrm{d}h && (8.199b)\\ &= -l\cos(\varphi)\,\sigma\,\mathrm{d}h. && (8.199c)\end{aligned}$$

Dabei haben wir jetzt beachtet, dass die Flüssigkeitsoberfläche von oben betrachtet rechteckig ist und nicht kreisförmig.

Gleichsetzen der Kräfte $F = -\mathrm{d}E/\mathrm{d}h$ liefert den Zusammenhang

$$\cos(\varphi)\,\sigma = \rho d g h. \tag{8.200}$$

Aufgelöst nach der Steighöhe $h$ erhalten wir das Ergebnis

$$h = \frac{\cos(\varphi)\,\sigma}{\rho d g}. \tag{8.201}$$

## Theorieaufgabe 51

**Fluss in einem Rohr**

a) Der Fluss wird durch das Integral

$$I_1 = \int_A \rho \boldsymbol{u}_1 \cdot \mathrm{d}\boldsymbol{A} \tag{8.202}$$

berechnet. Das Fluid bewegt sich im Rohr aber nur in eine Richtung und die Dichte $\rho$ ist konstant. Deshalb können wir einfach die mittlere Geschwindigkeit $u_1$ mit der Querschnittsfläche des Rohrs multiplizieren:

$$I_1 = \pi r_1^2 \rho u_1. \tag{8.203}$$

b) Zwei Querschnittsflächen im Rohr bei den verschiedenen Radien $r_1$ und $r_2$ begrenzen mit dem Rohrmantel ein Volumen im Rohr. Dafür können wir die Kontinuitätsgleichung anwenden. Der Fluss durch alle Oberflächen des Volumens muss verschwinden. Durch die Rohrwand fließt offensichtlich nichts, deshalb muss durch beide Querschnitte der gleiche Fluss fließen:

$$I_1 = I_2. \tag{8.204}$$

So können wir nun auch die mittlere Geschwindigkeit des Fluids beim Radius $r_2$ berechnen:

$$u_2 = \frac{I_1}{\pi r_2^2}. \tag{8.205}$$

Durch Einsetzen von $I_1$ erhalten wir den Zusammenhang

$$\frac{u_2}{u_1} = \frac{r_1^2}{r_2^2}. \tag{8.206}$$

## Theorieaufgabe 52

**Volumenstrom im Rohr**

Wir lösen das Integral

$$I_V = \int_{\text{Fläche}} \boldsymbol{u} \cdot \mathrm{d}\boldsymbol{A}. \tag{8.207}$$

Die Fläche, die wir verwenden, ist die kreisförmige Querschnittsfläche des Rohrs. Die Geschwindigkeit des Fluids steht senkrecht auf dieser Fläche. Deshalb müssen wir keine Vektoren verwenden. Wir lösen das Integral in Polarkoordinaten (mit Jacobi-Determinante $r$):

$$I_V = \int_0^{2\pi} \mathrm{d}\varphi \int_0^R \mathrm{d}r\, r \frac{\Delta p}{4\eta l}\left(R^2 - r^2\right) \tag{8.208a}$$

$$= \frac{\pi \Delta p}{2\eta l} \int_0^R \mathrm{d}r\, r \left(R^2 - r^2\right) \tag{8.208b}$$

$$= \frac{\pi \Delta p}{2\eta l} \left[\frac{R^2 r^2}{2} - \frac{r^4}{4}\right]\Bigg|_0^R \tag{8.208c}$$

$$= \frac{\pi \Delta p}{2\eta l} \left(\frac{R^4}{2} - \frac{R^4}{4}\right) \tag{8.208d}$$

$$= \frac{\pi R^4 \Delta p}{8\eta l}. \tag{8.208e}$$

8

## 8.3 Lösungen zu den Übungsaufgaben

### Einführungsaufgabe 1

**Bewegung mit konstanter Geschwindigkeit**

Für geradlinige Bewegungen mit konstanter Geschwindigkeit gilt $s = v \cdot t$.

a)

$$\begin{aligned} s &= v \cdot t \\ &= 5\,\frac{\mathrm{m}}{\mathrm{s}} \cdot 7\,\mathrm{s} \\ &= 35\,\mathrm{m} \end{aligned}$$

b)

$$\begin{aligned} s &= 5\,\frac{\mathrm{m}}{\mathrm{s}} \cdot 7\,\mathrm{min} \\ &= 5\,\frac{\mathrm{m}}{\mathrm{s}} \cdot 7 \cdot 60\,\mathrm{s} \\ &= 2\,100\,\mathrm{m} = 2{,}1\,\mathrm{km} \end{aligned}$$

c)

$$\begin{aligned} s &= 5\,\frac{\mathrm{m}}{\mathrm{s}} \cdot 7\,\mathrm{h} \\ &= 5\,\frac{\mathrm{m}}{\mathrm{s}} \cdot 7 \cdot 3600\,\mathrm{s} \\ &= 126\,000\,\mathrm{m} = 126\,\mathrm{km} \end{aligned}$$

### Einführungsaufgabe 2

**Bewegung mit konstanter Geschwindigkeit**

a) Für konstante Geschwindigkeiten gilt

$$v = \frac{\Delta s}{\Delta t}.$$

b) Die Durchschnittsgeschwindigkeit ist auch

$$\bar{v} = \frac{\Delta s}{\Delta t}.$$

c) Es ergibt sich für die konstante und für die Durchschnittsgeschwindigkeit der Wert

$$\frac{\Delta s}{\Delta t} = \frac{100\,\mathrm{m}}{20\,\mathrm{s}} = 5\,\frac{\mathrm{m}}{\mathrm{s}}.$$

### Einführungsaufgabe 3

**Bewegung mit konstanter Beschleunigung**

a) Für konstante Beschleunigungen aus der Ruhe heraus gilt

$$v = at = 3\,\frac{\mathrm{m}}{\mathrm{s}^2} \cdot 5\,\mathrm{s} = 15\,\frac{\mathrm{m}}{\mathrm{s}}.$$

b) Es gilt hier

$$\begin{aligned} s &= \frac{1}{2} a t^2 \\ &= \frac{1}{2} 3\,\frac{\mathrm{m}}{\mathrm{s}^2} (5\,\mathrm{s})^2 \\ &= 37{,}5\,\mathrm{m}. \end{aligned}$$

c) Mit der Anfangsgeschwindigkeit $v_0 = 4\,\mathrm{m/s}$ ergibt sich für die Geschwindigkeit

$$v = at + v_0 = 3\,\frac{\mathrm{m}}{\mathrm{s}^2} \cdot 5\,\mathrm{s} + 4\,\frac{\mathrm{m}}{\mathrm{s}} = 19\,\frac{\mathrm{m}}{\mathrm{s}}$$

und für die Strecke

$$\begin{aligned} s &= \frac{1}{2} a t^2 + v_0 t \\ &= \frac{1}{2} 3\,\frac{\mathrm{m}}{\mathrm{s}^2} (5\,\mathrm{s})^2 + 4\,\frac{\mathrm{m}}{\mathrm{s}} \cdot 5\,\mathrm{s} \\ &= 57{,}5\,\mathrm{m}. \end{aligned}$$

### Einführungsaufgabe 4

**Zusammengesetzte Bewegungen**

a) Wir erhalten den folgenden Graphen.

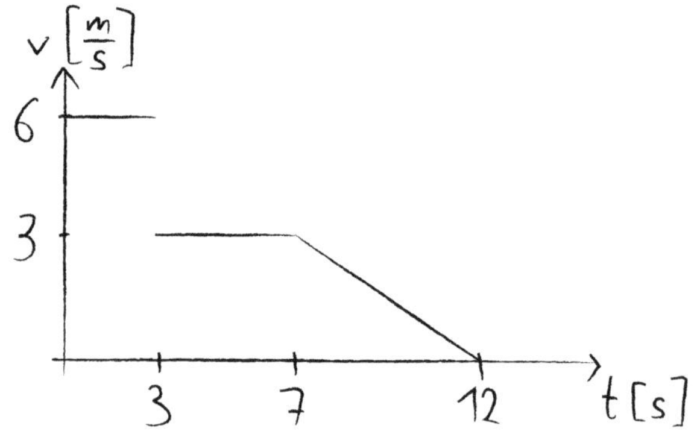


b) Es ist

$$a = \frac{\Delta v}{\Delta t} = \frac{-3\,\frac{\mathrm{m}}{\mathrm{s}}}{5\,\mathrm{s}} = -0{,}6\,\frac{\mathrm{m}}{\mathrm{s}^2}.$$

c) Die Flächen können geometrisch bestimmt werden. Im ersten Abschnitt ist die zurückgelegte Strecke die Fläche eines Rechtecks

$$s_1 = 3\,\mathrm{s} \cdot 6\,\frac{\mathrm{m}}{\mathrm{s}} = 18\,\mathrm{m}.$$

Im zweiten Abschnitt ist die Strecke

$$s_2 = 4\,\mathrm{s} \cdot 3\,\frac{\mathrm{m}}{\mathrm{s}} = 12\,\mathrm{m}.$$

Im dritten Abschnitt berechnen wir die Fläche eines Dreiecks

$$s_3 = \frac{1}{2} \cdot 5\,\mathrm{s} \cdot 3\,\frac{\mathrm{m}}{\mathrm{s}} = 7{,}5\,\mathrm{m}.$$

Die Gesamtstrecke ist die Summe

$$s = s_1 + s_2 + s_3 = 37{,}5\,\mathrm{m}.$$

## Einführungsaufgabe 5

**Bewegungen mit gegebenem Streckenverlauf**

a) Wir erhalten die Geschwindigkeit und die Beschleunigung durch Ableiten:

$$v(t) = \frac{\mathrm{d}}{\mathrm{d}t}s(t) = 5c_1t^4 + c_2c_3\cos(c_3t)$$
$$a(t) = \frac{\mathrm{d}}{\mathrm{d}t}v(t) = 20c_1t^3 - c_2c_3^2\sin(c_3t)\,.$$

b)

$$\begin{aligned}
v(t) &= \frac{\mathrm{d}}{\mathrm{d}t}s(t) = -c_1c_2\cos(c_2t)\sin(\sin(c_2t)) \\
&\quad + c_3c_4e^{c_4t} \\
a(t) &= \frac{\mathrm{d}}{\mathrm{d}t}v(t) \\
&= c_1c_2^2\sin(c_2t)\sin(\sin(c_2t)) \\
&\quad - c_1c_2^2\cos^2(c_2t)\cos(\sin(c_2t)) \\
&\quad + c_3c_4^2e^{c_4t}
\end{aligned}$$

## Einführungsaufgabe 6

**Bewegungen mit gegebener Geschwindigkeit**

a) Wir erhalten die Beschleunigung durch die Ableitung

$$a(t) = \frac{\mathrm{d}}{\mathrm{d}t}v(t) = 2At.$$

Die zurückgelegte Strecke ergibt sich über eine Integration, wobei die Bewegung zum Zeitpunkt $t = 0$ startet:

$$\begin{aligned}
s(t) &= \int_0^t v(\tilde{t})\,\mathrm{d}\tilde{t} \\
&= \int_0^t A\tilde{t}^2\,\mathrm{d}\tilde{t} \\
&= \frac{A}{3}t^3.
\end{aligned}$$

b) Wir erhalten die Beschleunigung durch die Ableitung:

$$a(t) = \frac{\mathrm{d}}{\mathrm{d}t}v(t) = A\omega\cos(\omega t)\,.$$

Die zurückgelegte Strecke ergibt sich über eine Integration, wobei die Bewegung zum Zeitpunkt $t = 0$ startet:

$$\begin{aligned}
s(t) &= \int_0^t v(\tilde{t})\,\mathrm{d}\tilde{t} \\
&= \int_0^t A\sin(\omega\tilde{t})\,\mathrm{d}\tilde{t} \\
&= -\frac{A}{\omega}\cos(\omega t) + \frac{A}{\omega} \\
&= \frac{A}{\omega}(1-\cos(\omega t))\,.
\end{aligned}$$

## Einführungsaufgabe 7

**Bewegungen mit gegebener Beschleunigung**

a) Die Geschwindigkeit erhalten wir über das Integral

$$\begin{aligned}
v(t) &= \int_0^t a(\tilde{t})\,\mathrm{d}\tilde{t} \\
&= \int_0^t (Bt - C)\,\mathrm{d}\tilde{t} \\
&= \frac{B}{2}t^2 - Ct.
\end{aligned}$$

Da das Teilchen zum Zeitpunkt $t = 0$ in Ruhe startet, haben wir hier als linke Integrationsgrenze $t = 0$ gewählt. Das Gleiche gilt für die zurückgelegte Strecke:

$$\begin{aligned}
s(t) &= \int_0^t v(\tilde{t})\,\mathrm{d}\tilde{t} \\
&= \int_0^t \left(\frac{B}{2}t^2 - Ct\right)\mathrm{d}\tilde{t} \\
&= \frac{B}{6}t^3 - \frac{C}{2}t^2.
\end{aligned}$$

b) Es ist

$$\begin{aligned}
v(t) &= \int_0^t a(\tilde{t})\,\mathrm{d}\tilde{t} \\
&= \int_0^t D\cdot\sin^2(E\tilde{t})\,\mathrm{d}\tilde{t} \\
&= \int_0^t \frac{D}{2}\cdot(1-\cos(2E\tilde{t}))\,\mathrm{d}\tilde{t} \\
&= \left[\frac{D}{2}\left(\tilde{t} - \frac{1}{2E}\sin(2E\tilde{t})\right)\right]\Bigg|_0^t \\
&= \frac{D}{2}\left(t - \frac{1}{2E}\sin(2Et)\right)
\end{aligned}$$

und

$$\begin{aligned}
s(t) &= \int_0^t v(\tilde{t})\,\mathrm{d}\tilde{t} \\
&= \int_0^t \frac{D}{2}\left(\tilde{t} - \frac{1}{2E}\sin(2E\tilde{t})\right)\mathrm{d}\tilde{t} \\
&= \frac{D}{2}\left(\frac{\tilde{t}^2}{2} + \frac{1}{4E^2}\cos(2E\tilde{t})\right)\Bigg|_0^t \\
&= \frac{D}{4}\left[t^2 + \frac{1}{2E^2}(\cos(2Et)-1)\right].
\end{aligned}$$

## Einführungsaufgabe 8

**Bewegungen in mehreren Dimensionen**

a) Die Beschleunigung ist die Ableitung der Geschwindigkeit:

$$\boldsymbol{a}(t) = \frac{\mathrm{d}}{\mathrm{d}t}\boldsymbol{v}(t) = v_0\begin{pmatrix} 1/\tau \\ -\omega\cdot\sin(\omega t) \\ -\gamma\cdot\exp(-\gamma t)\end{pmatrix}.$$

b) Es ist

$$\boldsymbol{r}(t)-\boldsymbol{r}(0)=\int_0^t \boldsymbol{v}(\tilde{t})\,\mathrm{d}\tilde{t}$$
$$=v_0\cdot\int_0^t \begin{pmatrix} \tilde{t}/\tau \\ \cos(\omega\cdot\tilde{t}) \\ \exp(-\gamma\cdot\tilde{t}) \end{pmatrix} \mathrm{d}\tilde{t}$$
$$=v_0 \begin{pmatrix} t^2/(2\tau) \\ 1/\omega\cdot\sin(\omega\cdot t) \\ -1/\gamma\cdot\exp(-\gamma\cdot t) \end{pmatrix}.$$

Damit ergibt sich

$$\boldsymbol{r}(t)=v_0 \begin{pmatrix} t^2/(2\tau) \\ 1/\omega\cdot\sin(\omega\cdot t) \\ -1/\gamma\cdot\exp(-\gamma\cdot t) \end{pmatrix}+\begin{pmatrix} x_0 \\ y_0 \\ z_0 \end{pmatrix}.$$

c) Wir erhalten die Beschleunigung

$$\boldsymbol{a}(t)=\begin{pmatrix} 3\,\mathrm{m}/\mathrm{s}^2 \\ -6\pi\mathrm{m}/\mathrm{s}^2\cdot\sin\left(\frac{2\pi t}{\mathrm{s}}\right) \\ -6\,\frac{\mathrm{m}}{\mathrm{s}^2}\cdot\exp\left(-\frac{2t}{\mathrm{s}}\right) \end{pmatrix}$$

und die Trajektorie

$$\boldsymbol{r}(t)=\begin{pmatrix} 1{,}5\,\frac{\mathrm{m}}{\mathrm{s}^2}\cdot t^2+1\,\mathrm{m} \\ \frac{1{,}5}{\pi}\,\mathrm{m}\cdot\sin\left(\frac{2\pi t}{\mathrm{s}}\right)+2\,\mathrm{m} \\ -1{,}5\,\mathrm{m}\cdot\exp\left(-\frac{2t}{\mathrm{s}}\right)-3\,\mathrm{m} \end{pmatrix}.$$

## Einführungsaufgabe 9

**Galilei-Transformation**

Nach der Galilei-Transformation werden die Geschwindigkeiten einfach addiert:

$$v=v_{\mathrm{Zug}}+v_{\mathrm{Ball}}$$
$$=100\,\frac{\mathrm{km}}{\mathrm{h}}+3\,\frac{\mathrm{m}}{\mathrm{s}}$$
$$=100\,\frac{\mathrm{km}}{\mathrm{h}}+3.6\cdot 3\,\frac{\mathrm{km}}{\mathrm{h}}$$
$$=110{,}8\,\frac{\mathrm{km}}{\mathrm{h}}.$$

## Einführungsaufgabe 10

**Kraft und Beschleunigung**

a) Es gilt $\boldsymbol{F}=m\boldsymbol{a}$ und damit

$$\boldsymbol{a}=\frac{1}{m}\boldsymbol{F}$$
$$=\frac{1}{5\,\mathrm{kg}}\begin{pmatrix} 2\,\mathrm{N} \\ 30\,\mathrm{mN} \\ 4\,\mathrm{MN} \end{pmatrix}$$
$$=\begin{pmatrix} 0{,}4 \\ 6\cdot 10^{-3} \\ 0{,}8\cdot 10^{6} \end{pmatrix}\frac{\mathrm{m}}{\mathrm{s}^2}.$$

b) Wir erhalten die Geschwindigkeit durch Integration:

$$\boldsymbol{v}=\int_0^{5\,\mathrm{s}} \boldsymbol{a}\,\mathrm{d}t$$
$$=\int_0^{5\,\mathrm{s}} \begin{pmatrix} 0{,}4 \\ 6\cdot 10^{-3} \\ 0{,}8\cdot 10^{6} \end{pmatrix}\frac{\mathrm{m}}{\mathrm{s}^2}\,\mathrm{d}t$$
$$=\begin{pmatrix} 0{,}4 \\ 6\cdot 10^{-3} \\ 0{,}8\cdot 10^{6} \end{pmatrix}\frac{\mathrm{m}}{\mathrm{s}^2}\cdot 5\,\mathrm{s}$$
$$=\begin{pmatrix} 2 \\ 30\cdot 10^{-3} \\ 4\cdot 10^{6} \end{pmatrix}\frac{\mathrm{m}}{\mathrm{s}}.$$

c) Wir betrachten hier eine konstante Beschleunigung. Deshalb ergibt sich die zurückgelegte Strecke zu

$$\boldsymbol{s}=\frac{1}{2}\boldsymbol{a}t^2$$
$$=\frac{1}{2}\begin{pmatrix} 0{,}4 \\ 6\cdot 10^{-3} \\ 0{,}8\cdot 10^{6} \end{pmatrix}\frac{\mathrm{m}}{\mathrm{s}^2}\cdot(5\,\mathrm{s})^2$$
$$=\begin{pmatrix} 5 \\ 75\cdot 10^{-3} \\ 10\cdot 10^{6} \end{pmatrix}\mathrm{m}.$$

## Einführungsaufgabe 11

**Masse**

a) Es gilt $F=ma$ und für die konstante Beschleunigung $v=at$. Damit erhalten wir

$$v=\frac{F}{m}\cdot t$$

oder

$$m=\frac{Ft}{v}=\frac{3\,\mathrm{N}\cdot 5\,\mathrm{s}}{10\,\frac{\mathrm{m}}{\mathrm{s}}}=1{,}5\,\mathrm{kg}.$$

b) Für die zurückgelegte Strecke gilt

$$s=\frac{1}{2}at^2=\frac{Ft^2}{2m}.$$

Wir erhalten die Masse

$$m=\frac{Ft^2}{2s}$$
$$=\frac{3\,\mathrm{N}\cdot(10\,\mathrm{s})^2}{2\cdot 30\,\mathrm{m}}$$
$$=5\,\mathrm{kg}.$$

8

## Einführungsaufgabe 12

**Federkraft**

a) Es gilt für die Federkraft

$$F = -D \cdot s = -3\,\frac{\mathrm{N}}{\mathrm{m}} \cdot 20\,\mathrm{cm} = -3 \cdot 0{,}2\,\mathrm{N} = -0{,}6\,\mathrm{N}.$$

Die Kraft, mit der die Feder gestreckt wird, ist nach actio = reactio

$$-F = 0{,}6\,\mathrm{N}.$$

b) Wir verwenden wieder die Federkraft und erhalten

$$D = \frac{F}{s} = \frac{3\,\mathrm{N}}{0{,}04\,\mathrm{m}} = 75\,\frac{\mathrm{N}}{\mathrm{m}}.$$

c) Die Feder wird mit der Gewichtskraft $F = mg$ gestreckt. Gleichsetzen ergibt also:

$$mg = Ds$$

$$m = \frac{Ds}{g} = \frac{1\,\frac{\mathrm{N}}{\mathrm{m}} \cdot 0{,}07\,\mathrm{m}}{9{,}81\,\frac{\mathrm{m}}{\mathrm{s}^2}} = 7{,}14 \cdot 10^{-3}\,\mathrm{kg} = 7{,}14\,\mathrm{g}.$$

Die Auslenkung der Feder $s$ ist proportional zur Gravitationsbeschleunigung $g$. Damit ist die Ausdehnung auf dem Mond

$$s_{\mathrm{Mond}} = \frac{g_{\mathrm{Mond}}}{g_{\mathrm{Erde}}} s_{\mathrm{Erde}} = 1{,}16\,\mathrm{cm}$$

und analog auf dem Jupiter

$$s_{\mathrm{Jupiter}} = 17{,}69\,\mathrm{cm}.$$

## Einführungsaufgabe 13

**Schwerpunkt**

a) Der Schwerpunkt ist

$$\boldsymbol{R} = \frac{\sum_{i=1}^{3} m_i \boldsymbol{r}_i}{\sum_{i=1}^{3} m_i} = \frac{1}{9\,\mathrm{kg}} \cdot \begin{pmatrix} 5 \\ -3 \\ 1 \end{pmatrix} \mathrm{m} \cdot \mathrm{kg} = \begin{pmatrix} 5/9 \\ -1/3 \\ 1/9 \end{pmatrix} \mathrm{m}.$$

b) Die Geschwindigkeit des Schwerpunktes berechnet sich nach

$$\boldsymbol{V} = \dot{\boldsymbol{R}} = \frac{\sum_{i=1}^{3} m_i \boldsymbol{v}_i}{\sum_{i=1}^{3} m_i} = \begin{pmatrix} -2 \\ -13/9 \\ 17/9 \end{pmatrix} \frac{\mathrm{m}}{\mathrm{s}}.$$

## Einführungsaufgabe 14

**Zentripetalkraft**

a) Die Zentripetalkraft ist

$$F_{\mathrm{Z}} = m\frac{v^2}{r} = 2\,\mathrm{N}.$$

b) Die Zentripetalkraft hängt quadratisch mit der Geschwindigkeit $v$ zusammen. Wenn wir die Geschwindigkeit also verdoppeln, dann vervierfacht sich die Zentripetalkraft.

## Einführungsaufgabe 15

**Konstante Winkelgeschwindigkeit**

a) Es gilt bei konstanter Winkelgeschwindigkeit für den zurückgelegten Winkel $\varphi$:

$$\varphi = \omega t = 3\,\frac{\mathrm{rad}}{\mathrm{s}} \cdot 4\,\mathrm{s} = 12\,\mathrm{rad}.$$

b) Bei einer ganzen Umdrehung ist $\varphi = 2\pi$:

$$t = \frac{\varphi}{\omega} = 2{,}09\,\mathrm{s}.$$

c) Innerhalb der Zeit $t = 3\,\mathrm{min} = 180\,\mathrm{s}$ ändert sich der Winkel des Massenpunktes um

$$\varphi = \omega t = 540\,\mathrm{rad} = 30940^\circ.$$

So erhalten wir den Endwinkel

$$35^\circ + 30940^\circ = 30975^\circ = 15^\circ.$$

Dafür haben wir am Ende $86 \cdot 360^\circ$ vom Winkel abgezogen. Dieser ändert sich schließlich nicht bei einer ganzen Umdrehung.

## Einführungsaufgabe 16

**Polarkoordinaten und kartesische Koordinaten**

a) Der Radius der Kreisbahn ist $r = 1\,\mathrm{m}$ und der Betrag der Geschwindigkeit ist $v = |\boldsymbol{v}| = 2\,\mathrm{m/s}$. So erhalten wir die Winkelgeschwindigkeit

$$\omega = -\frac{v}{r} = -2\,\frac{\mathrm{rad}}{\mathrm{s}}.$$

Dabei brauchen wir das negative Zeichen, weil sich der Massenpunkt im Uhrzeigersinn bewegt.

b) Für die Winkelgeschwindigkeit gilt

$$\omega(t) = 0 = \omega_{t_0} + \alpha\,(t - t_0)\,.$$

Der Massenpunkt ist zum Zeitpunkt $t = t_0 + 2\,\mathrm{s}$ in Ruhe.

c) Das Teilchen befindet sich zu Beginn beim Winkel $\varphi_{t_0} = 0\,\mathrm{rad}$. Nach der Zeit $t$ befindet er sich dann beim Winkel

$$\varphi = -\frac{1}{2}\alpha t^2 = -2\,\mathrm{rad}.$$

Das ist die Gleichung, die auch für gleichförmige Beschleunigungen gilt. Das negative Vorzeichen nehmen wir hinzu, weil wir eigentlich eine abgebremste Bewegung im Uhrzeigersinn betrachten und keine beschleunigte Bewegung gegen den Uhrzeigersinn. In kartesischen Koordinaten ergibt sich

$$x = r\cdot\cos(\varphi) = -0{,}42\,\mathrm{m}$$
$$y = r\cdot\sin(\varphi) = -0{,}91\,\mathrm{m}.$$

## Einführungsaufgabe 17

**Zentripetalbeschleunigung**

a) Es ist

$$\omega = \frac{v}{r}.$$

b) Es ist

$$a_Z = r\omega^2.$$

c) Es ergibt sich

$$\omega = 2\,\frac{\mathrm{rad}}{\mathrm{s}}$$
$$a_Z = 8\,\frac{\mathrm{m}}{\mathrm{s}^2}$$
$$F_Z = 24\,\mathrm{N}.$$

## Einführungsaufgabe 18

**Drehimpuls**

Der Drehimpuls beträgt

$$L = mvr = 6\,\frac{\mathrm{kg}\cdot\mathrm{m}^2}{\mathrm{s}}.$$

## Einführungsaufgabe 19

**Drehmoment**

a) Der Drehimpuls des Massenpunktes um den Kreismittelpunkt beträgt

$$L_0 = J\omega_0 = mr^2\omega_0 = -28\,\frac{\mathrm{kg}\cdot\mathrm{m}^2}{\mathrm{s}}.$$

Mit dem konstanten Drehmoment $M = 2\,\mathrm{Nm}$ gilt nach der Zeit von $t = 5\,\mathrm{s}$

$$L = L_0 + Mt = -28\,\frac{\mathrm{kg}\cdot\mathrm{m}^2}{\mathrm{s}} + 2\,\mathrm{Nm}\cdot 5\,\mathrm{s} = -18\,\frac{\mathrm{kg}\cdot\mathrm{m}^2}{\mathrm{s}}.$$

Das entspricht der Winkelgeschwindigkeit

$$\omega = \frac{L}{J} = \frac{L}{mr^2} = \frac{-18}{7}\,\frac{\mathrm{rad}}{\mathrm{s}} = -2{,}57\,\frac{\mathrm{rad}}{\mathrm{s}}.$$

b) Wir haben hier eine konstante Winkelbeschleunigung. Deshalb gilt für die Winkelgeschwindigkeit

$$\omega = \omega_0 + \alpha t$$

und für den Winkel

$$\varphi = \varphi_0 + \omega_0 t + \frac{1}{2}\alpha t^2$$

Dabei ist die Winkelbeschleunigung

$$\alpha = \frac{M}{J} = \frac{M}{mr^2} = 0{,}29\,\frac{\mathrm{rad}}{\mathrm{s}^2}.$$

Wir erhalten den zurückgelegten Winkel

$$\varphi - \varphi_0 = -10{,}70\,\mathrm{rad} = -612{,}78^\circ = 107{,}22^\circ.$$

Hier haben wir zwei Umdrehungen zum Winkel dazugerechnet.

c) Wir berechnen den Winkel wie zuvor:

$$\varphi - \varphi_0 = -27{,}50\,\mathrm{rad}.$$

Hier sind wir an der tatsächlich zurückgelegten Strecke interessiert. Dazu zählen auch abgeschlossene Kreisbahnen, wobei wir nicht den Weg betrachten, entlang dessen sich der Massenpunkt hin- und zurückbewegt. So erhalten wir

$$s = (\varphi - \varphi_0)\,r = -27{,}50\,\mathrm{m}.$$

## Einführungsaufgabe 20

**Drehbewegungen in drei Dimensionen**

a) Die Vektoren $\boldsymbol{M}$ und $\boldsymbol{\omega}(0)$ sind linear abhängig voneinander. Deshalb ändert sich nur die Geschwindigkeit des Massenpunktes auf seiner Kreisbahn und nicht seine Kreisbahn selbst. Das Trägheitsmoment ist $J = mr^2$. Es ergibt sich der Drehimpuls

$$\boldsymbol{L}(t) = \boldsymbol{L}(0) + \boldsymbol{M} \cdot t = J \cdot \boldsymbol{\omega}(0) + \boldsymbol{M} \cdot t.$$

Mit eingesetzten Zahlenwerten ergibt sich

$$\boldsymbol{L}(t) = \begin{pmatrix} 144 \\ 48 \\ -336 \end{pmatrix} \frac{\text{kg} \cdot \text{m}^2}{\text{s}} + t \cdot \begin{pmatrix} -1{,}5 \\ -0{,}5 \\ 3{,}5 \end{pmatrix} \text{Nm}.$$

Wenn der Massenpunkt in Ruhe ist, dann ist

$$\boldsymbol{0} = \boldsymbol{L}(t) = \begin{pmatrix} 144 \\ 48 \\ -336 \end{pmatrix} \frac{\text{kg} \cdot \text{m}^2}{\text{s}} + t \cdot \begin{pmatrix} -1{,}5 \\ -0{,}5 \\ 3{,}5 \end{pmatrix} \text{Nm}.$$

Als Lösung erhalten wir den Zeitpunkt $t = 96\,\text{s}$. Zu diesem Zeitpunkt ist der Massenpunkt in Ruhe.

b) Hier zeigen die Vektoren $\boldsymbol{\omega}(0)$ und $\boldsymbol{M}$ in verschiedene Richtungen. Deshalb dreht sich die Ebene, in der sich der Massenpunkt im Kreis bewegt. Deshalb ist der Massenpunkt auch nie in Ruhe. Es ergibt sich

$$\boldsymbol{L}(t) = \begin{pmatrix} 144 \\ 48 \\ -336 \end{pmatrix} \frac{\text{kg} \cdot \text{m}^2}{\text{s}} + t \cdot \begin{pmatrix} 1 \\ 2 \\ 3 \end{pmatrix} \text{Nm}.$$

## Einführungsaufgabe 21

**Trägheitstensor**

a) Es ergibt sich

$$\boldsymbol{J} = \begin{pmatrix} 130 & 15 & -75 \\ 15 & 170 & 25 \\ -75 & 25 & 50 \end{pmatrix} \text{kg} \cdot \text{m}^2.$$

b) Wir verwenden die Koordinaten $\boldsymbol{r} - \boldsymbol{r}_0$. Es ergibt sich:

$$\boldsymbol{J} = \begin{pmatrix} 65 & 30 & -20 \\ 30 & 40 & 30 \\ -20 & 30 & 65 \end{pmatrix} \text{kg} \cdot \text{m}^2.$$

## Einführungsaufgabe 22

**Trägheitskraft**

a) Da sich der Aufzug unbeschleunigt bewegt, wirken hier keine Scheinkräfte. Auf das Gewicht wirkt nur die Gravitationsbeschleunigung $g$. So gilt mit der Fallhöhe $h$:

$$\begin{aligned} h &= \frac{1}{2} g t^2 \\ t &= \sqrt{\frac{2h}{g}} \\ &= 0{,}71\,\text{s}. \end{aligned}$$

b) Nun wirkt eine Trägheitsbeschleunigung $a$, sodass die gesamte Beschleunigung $a_{\text{ges}} = g - a$ beträgt. Wir erhalten

$$t = \sqrt{\frac{2h}{a_{\text{ges}}}} = 0{,}86\,\text{s}.$$

c) Das Gewicht wird horizontal mit $a$ beschleunigt und legt in der Fallzeit $t = 0{,}71\,\text{s}$ die horizontale Distanz

$$s = \frac{1}{2} a t^2 = 0{,}25\,\text{m}$$

zurück.

## Einführungsaufgabe 23

**Zentrifugalbeschleunigung**

Es ist

$$a_Z = r\omega^2 = r\,(2\pi f)^2 = 268{,}67\,\frac{\text{m}}{\text{s}^2}.$$

## Einführungsaufgabe 24

**Zentrifugalkraft**

a) Es ist

$$\begin{aligned} \boldsymbol{F}_Z &= -m\boldsymbol{\omega} \times (\boldsymbol{\omega} \times \boldsymbol{r}) \\ &= -2\,\text{kg} \begin{pmatrix} 3 \\ 4 \\ -5 \end{pmatrix} \times \left[ \begin{pmatrix} 3 \\ 4 \\ -5 \end{pmatrix} \times \begin{pmatrix} 0 \\ 2 \\ -1 \end{pmatrix} \right] \frac{\text{m}}{\text{s}^2} \\ &= -2\,\text{kg} \begin{pmatrix} 3 \\ 4 \\ -5 \end{pmatrix} \times \begin{pmatrix} 6 \\ 3 \\ 6 \end{pmatrix} \frac{\text{m}}{\text{s}^2} \\ &= -2\,\text{kg} \begin{pmatrix} 39 \\ -48 \\ -15 \end{pmatrix} \frac{\text{m}}{\text{s}^2} \\ &= \begin{pmatrix} -78 \\ 96 \\ 30 \end{pmatrix} \text{N}. \end{aligned}$$

b) Wir benötigen den Abstand des Teilchens vom Punkt $R$:

$$\boldsymbol{d} = \boldsymbol{r} - \boldsymbol{R} = \begin{pmatrix} 3 \\ 3 \\ -6 \end{pmatrix} \text{m}.$$

Jetzt können wir wieder die Zentrifugalkraft berechnen:

$$\begin{aligned} \boldsymbol{F}_Z &= -m\boldsymbol{\omega} \times (\boldsymbol{\omega} \times \boldsymbol{d}) \\ &= \begin{pmatrix} -6 \\ -108 \\ -90 \end{pmatrix} \text{N}. \end{aligned}$$

8

## Einführungsaufgabe 25

**Corioliskraft**

Es ist

$$\begin{aligned}
\boldsymbol{F}_\mathrm{C} &= -2m(\boldsymbol{\omega}\times\boldsymbol{v})\\
&= -2\cdot 1\,\mathrm{kg}\left[\begin{pmatrix}1\\1\\-2\end{pmatrix}\times\begin{pmatrix}1\\2\\3\end{pmatrix}\right]\frac{\mathrm{m}}{\mathrm{s}^2}\\
&= -2\cdot\begin{pmatrix}7\\-5\\1\end{pmatrix}\,\mathrm{N}\\
&= \begin{pmatrix}-14\\15\\-2\end{pmatrix}\,\mathrm{N}.
\end{aligned}$$

## Einführungsaufgabe 26

**Corioliskraft auf der Erdoberfläche**

Es ist die horizontale Komponente der Corioliskraft auf der Erde beim Breitengrad $B$:

$$F_{\mathrm{C,\,hor}} = 2mv\omega\sin(B)\,.$$

Dabei ist

$$\omega = \frac{2\pi}{24\,\mathrm{h}}$$

die Winkelgeschwindigkeit, mit der sich die Erde um sich selbst dreht.

a) Es ergibt sich für Stuttgart

$$F_{\mathrm{C,\,hor}} = 6{,}129\,\mathrm{kN}.$$

b) Es ergibt sich für Reykjavik

$$F_{\mathrm{C,\,hor}} = 7{,}299\,\mathrm{kN}.$$

c) Es ergibt sich für Singapur

$$F_{\mathrm{C,\,hor}} = 0{,}142\,\mathrm{kN}.$$

d) Alle drei Städte befinden sich auf der Nordhalbkugel. Deshalb wirkt die horizontale Komponente der Corioliskraft immer in Fahrtrichtung nach rechts.

## Einführungsaufgabe 27

**Wegintegral**

a) Um zu überprüfen, ob das Kraftfeld konservativ ist, bilden wir die Rotation:

$$\mathrm{rot}(\boldsymbol{F}(\boldsymbol{r})) = F\begin{pmatrix}\partial_x\\\partial_y\\\partial_z\end{pmatrix}\times\begin{pmatrix}y\\x\\Cyz\end{pmatrix} = F\begin{pmatrix}Cz\\0\\0\end{pmatrix}\neq\boldsymbol{0}.$$

Das Kraftfeld ist also nicht konservativ.

b) Wir wählen die folgende Parametrisierung des Pfades:

$$\gamma(\lambda\in[0{,}1]) = A\cdot\begin{pmatrix}\lambda\\\lambda\\\lambda\end{pmatrix}.$$

So ergibt sich für die geleistete Arbeit:

$$\begin{aligned}
W &= \int_0^1 \boldsymbol{F}(\gamma(\lambda))\cdot\partial_\lambda\gamma(\lambda)\,\mathrm{d}\lambda\\
&= FA\int_0^1\begin{pmatrix}A\lambda\\A\lambda\\CA^2\lambda^2\end{pmatrix}\cdot\begin{pmatrix}1\\1\\1\end{pmatrix}\mathrm{d}\lambda\\
&= FA\int_0^1\left(A\lambda+A\lambda+CA^2\lambda^2\right)\mathrm{d}\lambda\\
&= FA^2\left[1^2+CA\frac{1^3}{3}\right]\\
&= FA^2\left(1+\frac{CA}{3}\right).
\end{aligned}$$

c) Wir berechnen das Arbeitsintegral mit dem neuen Weg $\boldsymbol{r}(\lambda)$:

$$\begin{aligned}
W &= \int_0^1 \boldsymbol{F}(\boldsymbol{r}(\lambda))\cdot\partial_\lambda\boldsymbol{r}(\lambda)\,\mathrm{d}\lambda\\
&= FA\int_0^1\begin{pmatrix}U\lambda^2\\\sin\left(\frac{\lambda\cdot\pi}{2}\right)\\CUV\lambda^3\end{pmatrix}\cdot\begin{pmatrix}\frac{\pi}{2}\cos\left(\frac{\lambda\cdot\pi}{2}\right)\\2U\lambda\\V\end{pmatrix}\mathrm{d}\lambda\\
&= FA\int_0^1\left[\frac{U\pi}{2}\lambda^2\cos\left(\frac{\lambda\pi}{2}\right)\right.\\
&\qquad\left.+2U\lambda\sin\left(\frac{\lambda\pi}{2}\right)+CUV^2\lambda^3\right]\mathrm{d}\lambda\\
&= FA\left[\frac{U\pi}{2}\frac{2\left(\pi^2-8\right)}{\pi^3}+2U\frac{4}{\pi^2}+CUV^2\frac{1}{4}\right]\\
&= FAU\left[1+\frac{CV^2}{4}\right].
\end{aligned}$$

## Einführungsaufgabe 28

**Geschlossene Pfade**

Das Kraftfeld ist konservativ, da $\mathrm{rot}(\boldsymbol{F}) = \boldsymbol{0}$ ist. Außerdem ist auch $\boldsymbol{r}(\lambda=0) = \boldsymbol{r}(\lambda=1)$. Der Pfad ist also geschlossen. Deshalb verschwindet das Arbeitsintegral: $W = 0$.

## Einführungsaufgabe 29

**Konservative Kraftfelder**

a) Es ist $\mathrm{rot}(\boldsymbol{F}) = \boldsymbol{0}$. Deshalb ist das Kraftfeld konservativ.

b) Es ist $\mathrm{rot}(\boldsymbol{F}) = \boldsymbol{0}$. Deshalb ist das Kraftfeld konservativ.

c) Es ist

$$\begin{aligned}\operatorname{rot}(\boldsymbol{F}(\boldsymbol{r})) &= \begin{pmatrix}\partial_x\\ \partial_y\\ \partial_z\end{pmatrix} \times F\begin{pmatrix}a\cdot\sin(cy)\\ a\cdot\cos(dx)\\ z\end{pmatrix}\\ &= Fa\begin{pmatrix}0\\ 0\\ -d\sin(dx)-c\cos(cy)\end{pmatrix}\\ &\neq \mathbf{0}.\end{aligned}$$

Deshalb ist das Kraftfeld nicht konservativ (sofern die Konstanten nicht verschwinden).

## Einführungsaufgabe 30

**Coulomb-Potential**

Die Coulomb-Kraft verhält sich mathematisch genauso, wie die Gravitationskraft. Für diese haben wir in Unterabschnitt 3.5.3 bereits das Potential berechnet. Analog erhalten wir das Coulomb-Potential

$$V_{\mathrm{C}}(r) = \frac{q_1 q_2}{4\pi\varepsilon_0}\frac{1}{r}.$$

## Einführungsaufgabe 31

**Kreisförmige Planetenbahn**

Die potentielle Energie des Planeten der Masse $m$ beträgt

$$V_{\mathrm{G}} = -\frac{GMm}{r}.$$

Wenn sich der Planet auf einer Kreisbahn bewegt, dann ist die Gravitationskraft gleich der Zentripetalkraft:

$$\begin{aligned}\frac{GMm}{r^2} &= \frac{mv^2}{r}\\ v &= \sqrt{\frac{GM}{r}}.\end{aligned}$$

So ergibt sich die kinetische Energie zu

$$\begin{aligned}E_{\mathrm{kin}} &= \frac{m}{2}v^2\\ &= \frac{GMm}{2r}\\ &= -\frac{1}{2}V_{\mathrm{G}}.\end{aligned}$$

Damit ist auf Kreisbahnen

$$\frac{V_{\mathrm{G}}}{E_{\mathrm{kin}}} = -2.$$

## Einführungsaufgabe 32

**Umlaufzeit des Pluto**

Nach dem dritten Kepler'schen Gesetz gilt

$$\left(\frac{T_{\mathrm{P}}}{T_{\mathrm{E}}}\right)^2 = \left(\frac{a_{\mathrm{P}}}{r_{\mathrm{E}}}\right)^3$$

mit der Umlaufzeit der Erde $T_{\mathrm{E}} \approx 365\,\mathrm{d}$. So erhalten wir

$$\begin{aligned}T_{\mathrm{P}} &= T_{\mathrm{E}}\sqrt{\left(\frac{a_{\mathrm{P}}}{r_{\mathrm{E}}}\right)^3}\\ &= 9\,004\,\mathrm{d}.\end{aligned}$$

Das entspricht einer Umlaufdauer von etwa 247 Jahren.

## Verständnisaufgabe 33

**Fall und Luftwiderstand**

a) Die Gravitationsbeschleunigung ist für die Feder genauso groß wie für den Elefanten. Deshalb treffen sie beide gleichzeitig auf dem Boden auf.

b) Durch die Luftreibung wird die leichte Feder stark abgebremst. Deshalb trifft der Elefant zuerst auf dem Boden auf.

c) Der Elefant ist um ein Vielfaches größer als die Feder. Deshalb muss er beim Fallen viel mehr Luft verschieben und erfährt auch die größere Luftreibung. Relevant ist für die Fallzeit nicht die absolute Reibungskraft, sondern das Verhältnis von Reibungskraft und Masse. Dieses ist bei der Feder größer, da sie sehr leicht ist.

## Verständnisaufgabe 34

**Tauziehen**

Die Zugkraft auf das Seil ist so groß wie die Kraft, mit der Sie ziehen. Dabei ist es egal, ob ein Ende des Seils an einer Wand befestigt oder von jemandem festgehalten wird. Wenn die andere Person allerdings weniger stark ziehen kann als Sie, dann können Sie stärker am Seil ziehen, wenn dieses an der Wand befestigt ist.

Wenn zwei identische Autos zusammenstoßen, dann greift das gleiche Prinzip. Wir können uns vorstellen, dass beide Autos genau gleich deformiert werden, sodass wir zwischen beide Autos eine Ebene zeichnen können. An der Stelle dieser Ebene könnte auch eine nicht deformierbare Wand stehen – das Auto würde sich gleich deformieren. Wenn die Autos aber nicht identisch sind, dann ist die Situation nicht mit einem Stoß gegen eine Wand vergleichbar.

## Verständnisaufgabe 35

**Glas mit Fliege**

Das Gewicht des Glases ändert sich nicht. Schließlich ist die Masse im Glas immer gleich. Wenn die Fliege fliegt, dann stützt sie sich gewissermaßen auf der Luft ab, die dagegen stärker gegen den Boden des Glases drückt, um die Fliege zu tragen.

## Verständnisaufgabe 36

**Mehrere Kräfte**

a) Das Gewicht über dem Gewichtheber ist in Ruhe. Deshalb ist die Gesamtkraft auf das Gewicht Null.

b) Auf das Gewicht wirken drei Kräfte: Die zwei Seilkräfte und die Gewichtskraft nach unten. Wenn das Seil völlig waagrecht ist, dann wirken die Seilkräfte horizontal nach links und rechts, während die Gewichtskraft immer noch senkrecht nach unten wirkt. Diese drei Kräfte können sich so niemals zu Null addieren. Egal wie stark wir an den Seilen ziehen, das Gewicht wird immer etwas nach unten hängen.

c) Der Kaktus wird vom Kopf von Herrn Krause abgebremst. Wir wissen aber nicht, über welche Strecke, oder über welche Zeit der Kaktus abgebremst wird, geschweige denn, ob die Bremsverzögerung gleichförmig ist. Deshalb gibt es keine Möglichkeit, diese Frage zu beantworten. Das wird klar, wenn wir einen Knetball und eine Stahlkugel von gleichem Gewicht auf den Kopf von Herrn Krause fallen lassen (was aber nicht ratsam ist).

## Verständnisaufgabe 37

**Pferdekutsche**

Tatsächlich zieht die gleiche Kraft an der Kutsche wie am Pferd. Allerdings betrachten wir hier die Beschleunigung und nicht die Kraft. Das Pferd zieht an der rollenden Kutsche und bewegt so ihr Gewicht. Die Kutsche dagegen zieht am Pferd, das jedoch nicht auf Rädern, sondern auf Hufen steht. Das Pferd ist damit fest mit der Erde verbunden. Die Kutsche zieht also am Pferd *und* der ganzen Erdkugel, die natürlich um ein Vielfaches schwerer ist als die Kutsche. Deshalb bewegt sich die Kutsche nach vorne und das Pferd nicht nach hinten.

Ganz genau genommen bewegt sich dabei allerdings tatsächlich die Erde nach hinten. Ihre Masse ist aber so irrsinnig groß, dass wir das mit gutem Gewissen vernachlässigen können.

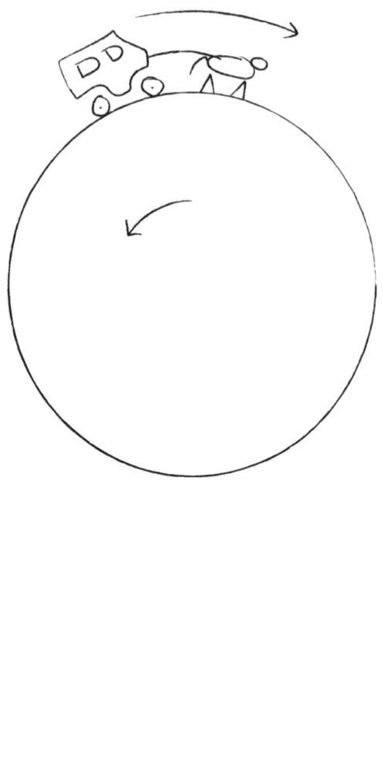

## Verständnisaufgabe 38

**Drehimpulserhaltung**

a) Der Drehimpuls bleibt konstant, da die Kraft nur in Richtung des Ursprungs wirkt und dabei zu keinem Drehmoment führt. Wenn der Radius der Kreisbahn verringert wird, dann wird der Korken deshalb schneller.

Wir können das auch verstehen, indem wir die Bahn des Korkens betrachten. Dieser bewegt sich nicht im Kreis, sondern auf einer Spirale nach innen. Die Kraft, mit der die Schur an ihm zieht, hat dann auch eine Komponente in Bewegungsrichtung des Korkens. So vergrößert sich seine Geschwindigkeit.

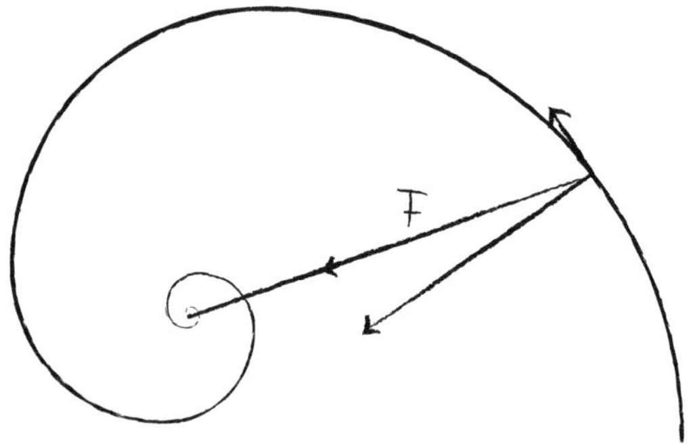


b) Beim Zug wirkt die Kraft nicht durch eine Schnur zum Mittelpunkt, sondern durch die Schienen orthogonal zur Bewegungsrichtung. Es ist klar, dass die Geschwindigkeit des Zugs durch die Schienen nicht verändert werden kann. Der Drehimpuls des Zugs um den Mittelpunkt wird kleiner, wenn die Spirale enger wird.

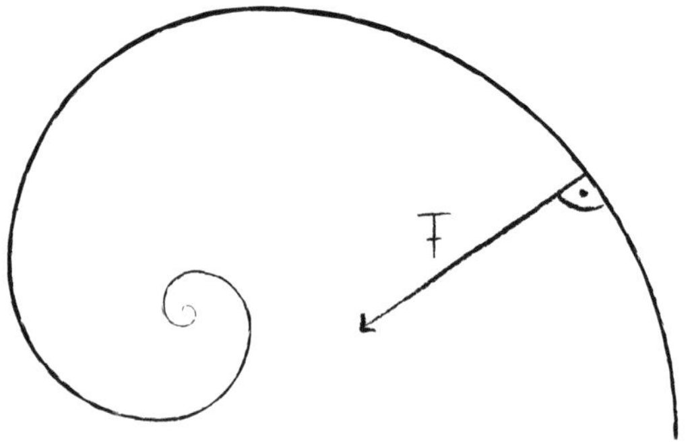


## Verständnisaufgabe 39

**Trägheitsmoment**

Der Vollzylinder ist schneller, da Anteile der Masse näher an der Drehachse des Zylinders liegen. Deshalb hat er ein kleineres Trägheitsmoment und beschleunigt schneller auf der Rampe.

## Verständnisaufgabe 40

**Ideallinie**

Rennautos bleiben nur bis zu einer bestimmten Querbeschleunigung auf der Spur. Wenn ein Rennauto im Kreis fährt, dann kann es deshalb umso schneller fahren, je größer der Radius der Kreisbahn ist. Deshalb versuchen Rennfahrer immer den größtmöglichen Kurvenradius zu fahren. Indem sie vor und nach Kurven ausholen und die Kurven schneiden, legen sie gewissermaßen die größtmögliche Kreisbahn in die Strecke und der Kurvenradius ist maximal. So kann schneller durch die Kurve gefahren werden.

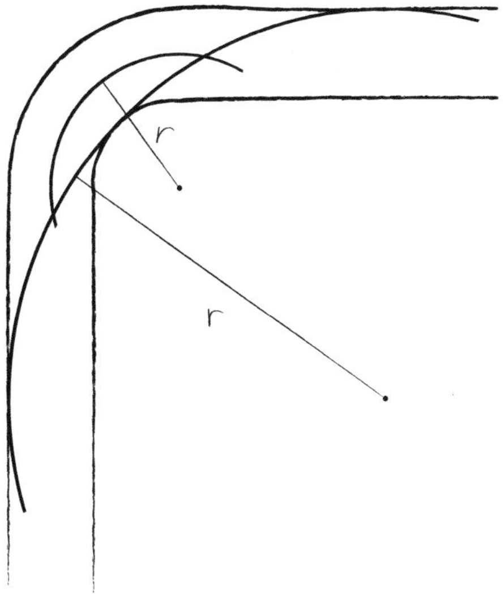


## Verständnisaufgabe 41

**Satellitenbahn**

Gar nicht. Wir können das an einem einfachen Gedankenexperiment erkennen. Wir stellen uns zwei identische Satelliten mit Masse $m$ vor, die sich beide auf derselben Umlaufbahn befinden. Da sie sich nicht voneinander unterscheiden, haben sie auch die gleiche Geschwindigkeit.

Nun verbinden wir die beiden Satelliten miteinander, sodass ein großer Satellit mit Masse $2m$ entsteht. Dabei verändert sich die Geschwindigkeit nicht. Deshalb ist die Geschwindigkeit von Satelliten auf gegebenen Umlaufbahnen immer unabhängig von ihrer Masse.

Wir kennen auch ein anderes Experiment, welches genau genommen identisch ist. Im Vakuum fallen auf der Erde alle Objekte (Elefant und Feder) gleich schnell zu Boden. Die Satelliten befinden sich auch im freien Fall um die Erde herum. Also muss auch hier die Bewegung unabhängig von ihrer Masse sein.

## Verständnisaufgabe 42

**Inertialsysteme**

a) In vielen Situationen kann ein solches System in guter Näherung als Inertialsystem angenommen werden. Da sich die Erde aber um sich selbst dreht, handelt es sich hier genau genommen um ein beschleunigtes System. Außerdem können wir auch die Gravitationskraft in diesem Zusammenhang wie eine Scheinkraft betrachten. (Dieser Gedanke steht im Zusammenhang mit der allgemeinen Relativitätstheorie.)

b) Wenn das System klein ist und sich im freien Fall befindet, dann handelt es sich um ein Inertialsystem. Wir können uns eine kleine Box vorstellen, die sich auf der Umlaufbahn befindet. Gegenstände in der Box bewegen sich unbeschleunigt.

c) In großen Systemen können nun Gezeitenkräfte auftreten. Je weiter ein Punkt im System vom Mond entfernt ist, desto kleiner ist die wirkende Gravitationsbeschleunigung. Deshalb bewegen sich Objekte im freien Fall um den Mond langsamer, wenn sie weiter vom Mond entfernt sind. Es handelt sich deshalb nicht um ein Inertialsystem. Betrachten wir eine große Box mit Gegenständen, die um den Mond kreist, so würden wir feststellen, wie sich die Gegenstände in der Box relativ zueinander bewegen. Dafür muss die Box aber ausreichend groß sein.

   Ein Beispiel für eine solche Box ist die Erde selbst, die gewissermaßen auch um den Mond kreist. Durch die Gezeitenkräfte kommt es zu Ebbe und Flut.

d) Die Rakete beschleunigt. Es wirken also Trägheitskräfte. Deshalb handelt es sich nicht um ein Inertialsystem.

## Verständnisaufgabe 43

**Fahrstrahl**

Das zweite Kepler'sche Gesetz folgt aus der Drehimpulserhaltung im System. Auch durch eine Gravitationskraft $\propto {}^1\!/_r$ wirkt kein Drehmoment auf einen Planeten, deshalb würde das zweite Kepler'sche Gesetz immer noch gelten.

Die Fluchtgeschwindigkeit ergibt sich aus der Arbeit, die nötig ist, um das Gravitationsfeld ganz zu verlassen ($r \to \infty$). Das Arbeitsintegral wäre hier aber proportional zu

$$\int_{r_0}^{\infty} \frac{1}{r}\,\mathrm{d}r = \infty.$$

Das Integral über ${}^1\!/_r$ divergiert. Die kinetische Energie müsste also unendlich groß sein, um das Gravitationsfeld zu verlassen. Deshalb könnte eine Fluchtgeschwindigkeit gar nicht mehr definiert werden.

Zum Vergleich: Die tatsächliche Gravitationskraft ist $\propto {}^1\!/_{r^2}$. Das gleiche Arbeitsintegral ist dann proportional zu

$$\int_{r_0}^{\infty} \frac{1}{r^2}\,\mathrm{d}r = \frac{1}{r_0}.$$

Dieser Wert ist endlich und deshalb ist es möglich, einem Gravitationsfeld zu entkommen.

## Aufgabe 44

**Brunnen**

Zunächst wird der Stein gleichförmig beschleunigt mit $g = 9{,}81\,\mathrm{m/s^2}$. Er fällt über die Zeit $t_\text{fall}$ in den Brunnen mit Tiefe $h$:

$$h = \frac{1}{2} g t_\text{fall}^2.$$

Der Schall benötigt die Zeit $t_\text{Schall}$, um durch den Brunnen an die Oberfläche zu reisen:

$$c = \frac{h}{t_\text{Schall}}.$$

Dabei ist $c = 340\,\mathrm{m/s}$ die Schallgeschwindigkeit. Die Gesamtzeit ist $t = t_\text{fall} + t_\text{Schall} = 5\,\mathrm{s}$. Wir formen um:

$$h = \frac{1}{2} g \left(t - t_\text{Schall}\right)^2$$

und setzen die zweite Gleichung $t_\text{Schall} = h/c$ ein:

$$h = \frac{1}{2} g \left(t - \frac{h}{c}\right)^2.$$

Das können wir zu der quadratischen Gleichung

$$0 = h^2 + \left(-\frac{2c^2}{g} - 2ct\right) h + c^2 t^2$$

umformen. Diese Gleichung können wir nun lösen:

$$\begin{aligned} h_{1,2} &= \frac{\left(\frac{2c^2}{g} + 2ct\right) \pm \sqrt{\left(-\frac{2c^2}{g} - 2ct\right)^2 - 4c^2t^2}}{2} \\ &= \left(\frac{c^2}{g} + ct\right) \pm \sqrt{\left(\frac{c^2}{g} + ct\right)^2 - c^2t^2} \\ &= \frac{c^2}{g} + ct \pm \sqrt{\frac{c^4}{g^2} + \frac{2c^3 t}{g}}. \end{aligned}$$

Hier setzen wir jetzt Zahlenwerte ein und erhalten

$$\begin{aligned} h_1 &= 2{,}69 \cdot 10^4\,\mathrm{m} \\ h_2 &= 107{,}59\,\mathrm{m}. \end{aligned}$$

Mithilfe eines einfachen Tests können wir herausfinden, welche dieser Lösungen die richtige ist. Wie lange würde Schall brauchen, um die Strecke $h_{1,2}$ zurückzulegen? Es wäre

$$\begin{aligned} t_1 &= \frac{h_1}{c} \approx 79\,\mathrm{s} \\ t_2 &= \frac{h_2}{c} \approx 0{,}316\,\mathrm{s}. \end{aligned}$$

Da $t_1 > t$ ist, kommt nur das Ergebnis $h_2$ infrage. Damit ist die Tiefe des Brunnens

$$h = 107{,}59\,\mathrm{m}.$$

8

## Aufgabe 45

**Relativbewegungen von Autos**

a) Da sich Bäume für gewöhnlich nicht bewegen, ist die maximale Relativgeschwindigkeit zwischen Bäumen und Autos $50\,\mathrm{km/h}$.

b) Die Relativgeschwindigkeit zweier Autos hängt davon ab, in welche Richtungen sich die Autos jeweils bewegen. Sie ist am größten, wenn sich beide Autos mit Geschwindigkeit $50\,\mathrm{km/h}$ aufeinander zubewegen. Dann ist die Relativgeschwindigkeit $100\,\mathrm{km/h}$.

c) Durch Sicherheitstests sind theoretisch nur Stöße gegen ruhende Hindernisse abgedeckt. Gerade beim Stoß eines kleineren Autos mit einem größeren, schwereren Autos kann das ins Gewicht fallen.

   (Wir werden später lernen, dass der Stoß zweier identischer Autos tatsächlich auch durch die Sicherheitstests abgedeckt ist. Das gilt aber nicht unbedingt für verschiedene Fahrzeuge.)

## Aufgabe 46

**Hase und Igel**

Zuerst konvertieren wir die Geschwindigkeit des Hasen $v_\text{Hase}$ und die Vorsprungszeit $t_\text{vor}$ in SI-Einheiten:

$$\begin{aligned} t_\text{vor} &= 1\,\mathrm{min} = 60\,\mathrm{s} \\ v_\text{Hase} &= 20\,\frac{\mathrm{km}}{\mathrm{h}} = \frac{20}{3.6}\,\frac{\mathrm{m}}{\mathrm{s}} = \frac{50}{9}\,\frac{\mathrm{m}}{\mathrm{s}}. \end{aligned}$$

a) Der Hase hat die Geschwindigkeit $v_\mathrm{H}$ und der Igel hat die Geschwindigkeit $v_\mathrm{I} = v_\mathrm{H}/5$. Der Hase holt den Igel nach der Zeit $t$ ein, wenn beide die gleiche Strecke zurückgelegt haben. Dann gilt:

$$\begin{aligned} s_\mathrm{I} &= s_\mathrm{H} \\ v_\mathrm{I} t &= v_\mathrm{H}\left(t - t_\text{vor}\right) \\ \frac{v_\mathrm{H}}{5} t &= v_\mathrm{H}\left(t - t_\text{vor}\right) \\ \frac{1}{5} t &= \left(t - t_\text{vor}\right) \\ t &= \frac{t_\text{vor}}{1 - \frac{1}{5}} \\ t &= \frac{60\,\mathrm{s}}{\frac{4}{5}} = 75\,\mathrm{s}. \end{aligned}$$

Nach dieser Zeit hat der Igel die Strecke

$$\begin{aligned} s_\mathrm{I} &= v_\mathrm{I} \cdot t = \frac{v_\mathrm{H}}{5} \cdot t \\ &= \frac{\frac{50}{9}\,\frac{\mathrm{m}}{\mathrm{s}}}{5} \cdot 75\,\mathrm{s} \\ &= 83{,}33\,\mathrm{m} \end{aligned}$$

zurückgelegt.

b) Diese Frage haben wir bereits beantwortet: $t = 75\,\text{s}$.

c) Hase und Igel laufen gleich lang. Deshalb legt der Hase die fünffache Strecke des Igels zurück. Damit gelten die beiden Gleichungen

$$s_\text{H} + s_\text{I} = 600\,\text{m}$$
$$s_\text{H} = 5 \cdot s_\text{I}.$$

Wir lösen dieses Gleichungssystem und erhalten die gelaufenen Strecken

$$s_\text{I} = 100\,\text{m}$$
$$s_\text{H} = 500\,\text{m}.$$

## Aufgabe 47

**Autobeschleunigung**

a) Für die konstante Beschleunigung gilt

$$\begin{aligned} s &= \frac{1}{2}at^2 \\ &= \frac{1}{2}\left(5\,\frac{\text{m}}{\text{s}^2}\right)(5\,\text{s})^2 \\ &= 62{,}5\,\text{m}. \end{aligned}$$

b) Wir verwenden dieselbe Gleichung:

$$\begin{aligned} 100\,\text{m} = s &= \frac{1}{2}at^2 \\ t^2 &= \frac{2s}{a} \\ t &= \sqrt{\frac{2s}{a}} \\ &= \sqrt{\frac{2 \cdot 100\,\text{m}}{5\,\frac{\text{m}}{\text{s}^2}}} \\ &= 6{,}32\,\text{s}. \end{aligned}$$

In dieser Zeit erreicht das Auto die Geschwindigkeit

$$v = at = 5\,\frac{\text{m}}{\text{s}^2} \cdot 6{,}32\,\text{s} = 31{,}6\,\frac{\text{m}}{\text{s}}.$$

## Aufgabe 48

**Fahrradfahrer**

a) Wir zerlegen die Bewegung des Radfahrers in eine vertikale ($y$) und eine horizontale ($x$) Komponente. Die vertikale Geschwindigkeit $v_y$ ist zu Beginn der Fallbewegung $v_y = 0$. Es gilt die gleichförmige Beschleunigung $g$ und mit der Höhe $h$ der Klippe:

$$h = \frac{1}{2}gt^2.$$

Nach der Zeit $t$ trifft das Fahrrad auf dem Boden auf. Es ist

$$t = \sqrt{\frac{2h}{g}} = \sqrt{\frac{2 \cdot 100\,\text{m}}{9{,}81\,\frac{\text{m}}{\text{s}^2}}} = 4{,}52\,\text{s}.$$

b) Für die horizontale Bewegung ist die Geschwindigkeit $v_x$ konstant. Damit gilt für die zurückgelegte Distanz

$$s = v_x t = 8\,\frac{\text{m}}{\text{s}} \cdot 4{,}52\,\text{s} = 36{,}16\,\text{m}.$$

c) Jetzt hat die Geschwindigkeit $v_0 = 8\,\text{m/s}$ zu Beginn eine horizontale und eine vertikale Komponente. Wir nennen den Winkel an der Klippe $\alpha = 10°$.

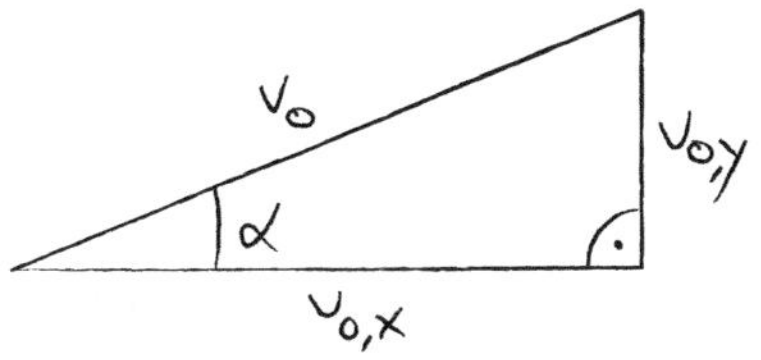


Dann gilt

$$v_{0,x} = v_0 \cdot \cos(\alpha)$$
$$v_{0,y} = v_0 \cdot \sin(\alpha).$$

Für die vertikale Komponente gilt nun

$$h = \frac{1}{2}gt^2 - v_{0,y}t.$$

Das negative Vorzeichen benötigen wir, weil die Geschwindigkeit $v_{0,x}$ nach oben und die Beschleunigung $g$ nach unten zeigt. Wir lösen die quadratische Gleichung:

$$\begin{aligned} t_{1,2} &= \frac{v_{0,y} \pm \sqrt{(-v_{0,y})^2 - 4 \cdot \frac{1}{2}g \cdot (-h)}}{g} \\ &= \frac{v_0 \sin(\alpha) \pm \sqrt{(v_0 \sin(\alpha))^2 + 2gh}}{g}. \end{aligned}$$

So erhalten wir die beiden Lösungen

$$t_1 = 4{,}66\,\text{s}$$
$$t_2 = -4{,}38\,\text{s}.$$

Nur die positive Lösung ergibt hier Sinn.

Die horizontale Komponente der Geschwindigkeit ist konstant $v_x = v_0 \cos(\alpha)$. Innerhalb der Fallzeit $t_1$ legt das Fahrrad die Strecke

$$\begin{aligned} s = v_x t_1 &= v_0 \cos(\alpha) t_1 \\ &= 8\,\frac{\text{m}}{\text{s}} \cdot \cos(10°) \cdot 4{,}66\,\text{s} \\ &= 36{,}71\,\text{m} \end{aligned}$$

zurück.

## Aufgabe 49

**Siebenmeter**

a) Der Geschwindigkeitsvektor ist

$$\boldsymbol{v}(t) = \begin{pmatrix} v_x(t) \\ v_y(t) \end{pmatrix}.$$

Dabei ist $v_x(t) = v_{x,0}$ konstant und $v_y(t) = v_{y,0} - gt$:

$$\boldsymbol{v}(t) = \begin{pmatrix} v_{x,0} \\ v_{y,0} - gt \end{pmatrix}.$$

Der Winkel $\alpha$, in dem der Ball die Hand des Schützen verlässt, ist durch

$$\tan(\alpha) = \frac{v_y(0)}{v_x(0)} = \frac{v_{y,0}}{v_{x,0}}$$
$$\alpha = \arctan\left(\frac{v_{y,0}}{v_{x,0}}\right)$$

gegeben.

Die Trajektorie des Balls ist durch

$$\begin{aligned}
\boldsymbol{r}(t) &= \boldsymbol{r}_0 + \int_0^t \boldsymbol{v}(\tilde{t})\,\mathrm{d}\tilde{t} \\
&= \boldsymbol{r}_0 + \int_0^t \begin{pmatrix} v_{x,0} \\ v_{y,0} - g\tilde{t} \end{pmatrix} \mathrm{d}\tilde{t} \\
&= \boldsymbol{r}_0 + \begin{pmatrix} v_{x,0}t \\ v_{y,0}t - (g/2)t^2 \end{pmatrix} \\
&= \begin{pmatrix} v_{x,0}t \\ 1{,}7\,\mathrm{m} + v_{y,0}t - (g/2)t^2 \end{pmatrix}
\end{aligned}$$

gegeben. Für die optimale Flugbahn des Balls gibt es nun eine Zeit $t_1$, für die

$$\boldsymbol{r}(t_1) = \begin{pmatrix} 3\,\mathrm{m} \\ 2{,}5\,\mathrm{m} \end{pmatrix}$$

ist (an dieser Stelle fliegt der Ball über den Torwart), sowie eine Zeit $t_2$, für die

$$\boldsymbol{r}(t_2) = \begin{pmatrix} 7\,\mathrm{m} \\ 2\,\mathrm{m} \end{pmatrix}$$

gilt (hier trifft der Ball ins Tor). So erhalten wir das folgende Gleichungssystem:

$$\begin{aligned}
3\,\mathrm{m} &= v_{x,0}t_1 \\
2{,}5\,\mathrm{m} &= 1{,}7\,\mathrm{m} + v_{y,0}t_1 - \frac{g}{2}t_1^2 \\
7\,\mathrm{m} &= v_{x,0}t_2 \\
2\,\mathrm{m} &= 1{,}7\,\mathrm{m} + v_{y,0}t_2 - \frac{g}{2}t_2^2.
\end{aligned}$$

Aus den linearen Gleichungen erhalten wir den Zusammenhang

$$t_2 = \frac{7}{3}t_1.$$

Wir formen die zweite quadratische Gleichung um zu

$$\begin{aligned}
0{,}3\,\mathrm{m} &= v_{y,0}t_2 - \frac{g}{2}t_2^2 \\
&= v_{y,0}\frac{7}{3}t_1 - \frac{49}{18}gt_1^2,
\end{aligned}$$

oder

$$v_{y,0} = \frac{0{,}3\,\mathrm{m} + \frac{49}{18}gt_1^2}{\frac{7}{3}t_1}.$$

Wir setzen dieses Ergebnis in die andere quadratische Gleichung ein und erhalten:

$$0{,}8\,\mathrm{m} = \frac{0{,}3\,\mathrm{m} + \frac{49}{18}gt_1^2}{\frac{7}{3}t_1}t_1 - \frac{g}{2}t_1^2.$$

Wir formen diese Gleichung zu

$$0 = t_1^2\left(-\frac{g}{2} + \frac{7}{6}g\right) - \frac{47}{70}\,\mathrm{m}$$

um und erhalten die Lösungen

$$t_{1,\pm} = \pm\sqrt{\frac{\frac{47}{70}\,\mathrm{m}}{-\frac{g}{2} + \frac{7}{6}g}} = \pm 0{,}32\,\mathrm{s}$$

für die Zeit $t_1$. Hier ist natürlich nur die positive Lösung sinnvoll. So erhalten wir

$$v_{x,0} = \frac{3\,\mathrm{m}}{0{,}32\,\mathrm{s}} = 9{,}38\,\frac{\mathrm{m}}{\mathrm{s}}$$

und

$$\begin{aligned}
v_{y,0} &= \frac{0{,}3\,\mathrm{m} + \frac{49}{18}gt_1^2}{\frac{7}{3}t_1} \\
&= \frac{0{,}3\,\mathrm{m} + \frac{49}{18}g\,(0{,}32\,\mathrm{s})^2}{\frac{7}{3}\cdot 0{,}32\,\mathrm{s}} \\
&= 4{,}06\,\frac{\mathrm{m}}{\mathrm{s}}.
\end{aligned}$$

So erhalten wir die Anfangsgeschwindigkeit des Balls

$$\begin{aligned}
v_0 = |\boldsymbol{v}_0| &= \sqrt{v_{x,0}^2 + v_{y,0}^2} \\
&= \sqrt{\left(9{,}38\,\frac{\mathrm{m}}{\mathrm{s}}\right)^2 + \left(4{,}06\,\frac{\mathrm{m}}{\mathrm{s}}\right)^2} \\
&= 10{,}22\,\frac{\mathrm{m}}{\mathrm{s}}.
\end{aligned}$$

Der Winkel, in dem der Ball die Hand des Schützen verlässt, beträgt

$$\begin{aligned}
\alpha &= \arctan\left(\frac{v_{y,0}}{v_{x_0}}\right) \\
&= \arctan\left(\frac{4{,}06\,\frac{\mathrm{m}}{\mathrm{s}}}{9{,}38\,\frac{\mathrm{m}}{\mathrm{s}}}\right) \\
&= 23{,}40^\circ.
\end{aligned}$$

b) Wenn sich der Torhüter einfach auf die Torlinie stellt, kann der Ball nicht mehr über ihn hinwegfliegen. Die meisten Torhüter stellen sich dennoch so weit wie möglich vor das Tor, damit sie aus Sicht des Schützen einen möglichst großen Bereich des Tors verdecken. Indem sie den Winkel so verkürzen, ist es deutlich schwerer, den Ball am Torhüter vorbei ins Tor zu werfen.

## Aufgabe 50

**Bremsweg**

a) Für eine konstante Bremsverzögerung $a$ gilt

$$s = \frac{1}{2}at^2$$

mit der Strecke $s = 15\,\mathrm{m}$ und der Bremszeit $t$. Es gilt außerdem $v = at$ mit

$$v = 50\,\frac{\mathrm{km}}{\mathrm{h}} = \frac{50}{3{,}6}\,\frac{\mathrm{m}}{\mathrm{s}}.$$

Damit erhalten wir

$$s = \frac{1}{2}a\left(\frac{v}{a}\right)^2 = \frac{1}{2}\frac{v^2}{a}$$

oder

$$a = \frac{1}{2}\frac{v^2}{s} = \frac{1}{2}\cdot\frac{\left(\frac{50}{3{,}6}\,\frac{\mathrm{m}}{\mathrm{s}}\right)^2}{15\,\mathrm{m}} = 6{,}43\,\frac{\mathrm{m}}{\mathrm{s}^2}.$$

b) Der Bremsweg

$$s = \frac{1}{2}\frac{v^2}{a}$$

hängt quadratisch von der Geschwindigkeit $v$ ab. Wenn wir also $v$ verdoppeln, dann vervierfacht sich der Bremsweg. Analog schrumpft der Bremsweg des Autos auf ein Viertel, wenn die Geschwindigkeit halbiert wird.

c) Die Geschwindigkeit des Autos beträgt

$$v = 100\,\frac{\mathrm{m}}{\mathrm{s}} = \frac{100}{3{,}6}\,\frac{\mathrm{m}}{\mathrm{s}}.$$

Während der Reaktionszeit $t_\mathrm{R} = 1\,\mathrm{s}$ legt das Auto also bereits die Strecke

$$s_\mathrm{R} = v\cdot t_\mathrm{R} = 27{,}78\,\mathrm{m}$$

zurück. Der Bremsweg ist

$$\begin{aligned} s_\mathrm{B} &= \frac{1}{2}\frac{v^2}{a} \\ &= \frac{1}{2}\cdot\frac{\left(\frac{100}{3{,}6}\,\frac{\mathrm{m}}{\mathrm{s}}\right)^2}{6{,}43\,\frac{\mathrm{m}}{\mathrm{s}^2}} \\ &= 60{,}00\,\mathrm{m}. \end{aligned}$$

Damit ist die zurückgelegte Strecke des Autos bis zum Stillstand

$$s = s_\mathrm{R} + s_\mathrm{B} = 27{,}78\,\mathrm{m} + 60{,}00\,\mathrm{m} = 87{,}78\,\mathrm{m} < 100\,\mathrm{m}.$$

Der Zusammenstoß kann verhindert werden.

## Aufgabe 51

**Schiefe Ebene mit Reibung**

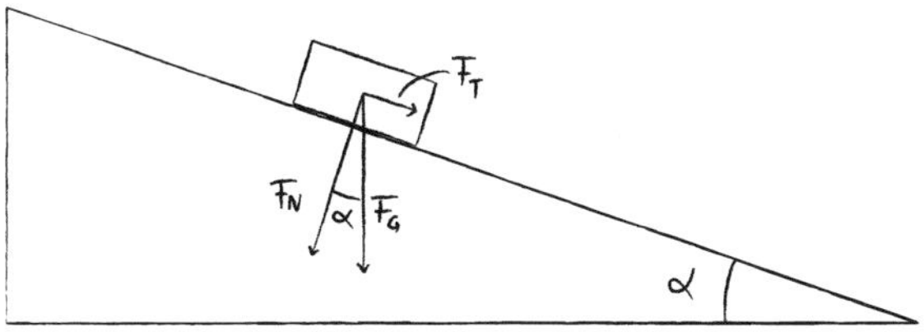


a) Die Komponente der Kraft auf den Klotz tangential zur Ebene ist

$$F_\mathrm{T} = F_\mathrm{g}\cdot\sin(\alpha) = mg\cdot\sin(\alpha).$$

Für die Beschleunigung $a$ des Klotzes gilt damit

$$a = \frac{F}{m} = g\cdot\sin(\alpha).$$

Im Fall $\alpha = 0^\circ$ ist der Klotz unbeschleunigt ($a = 0$). Für $\alpha = 90^\circ$ gilt dagegen $a = g$. Die Ebene ist in diesem Fall vertikal und der Klotz fällt einfach gerade nach unten.

b) Die maximale Haftreibungskraft beträgt

$$F_\mathrm{H} = \mu_\mathrm{H} F_\mathrm{N}$$

mit der Normalkomponente der Gewichtskraft

$$F_\mathrm{N} = F_\mathrm{g}\cdot\cos(\alpha) = mg\cdot\cos(\alpha).$$

Der Körper kommt ins Rutschen, wenn $F_\mathrm{T} = F_\mathrm{H}$ ist:

$$\begin{aligned} mg\sin(\alpha) &= \mu_\mathrm{H} mg\cdot\cos(\alpha) \\ \tan(\alpha) &= \mu_\mathrm{H} \\ \alpha &= \arctan(\mu_\mathrm{H}). \end{aligned}$$

Für den Haftreibungskoeffizienten $\mu_\mathrm{H} = 0{,}9$ ergibt sich so der Winkel

$$\alpha = 41{,}99^\circ.$$

c) Wir haben immer noch den Anstellwinkel $\alpha = 41{,}99^\circ$. Die Komponente der Schwerkraft, die den Klotz beschleunigt, ist

$$F_\mathrm{T} = mg\cdot\sin(\alpha).$$

Die Gleitreibungskraft beträgt

$$F_\mathrm{G} = \mu_\mathrm{G} mg\cos(\alpha)$$

und wirkt in die entgegengesetzte Richtung. Damit ergibt sich die Beschleunigung des Klotzes:

$$\begin{aligned} a &= \frac{F}{m} = \frac{F_\mathrm{T} - F_\mathrm{G}}{m} \\ &= g\cdot[\sin(\alpha) - \mu_\mathrm{G}\cdot\cos(\alpha)] \\ &= 2{,}92\,\frac{\mathrm{m}}{\mathrm{s}^2}. \end{aligned}$$

## Aufgabe 52

**Fadenpendel**

a) Es ergibt sich das folgende Bild.

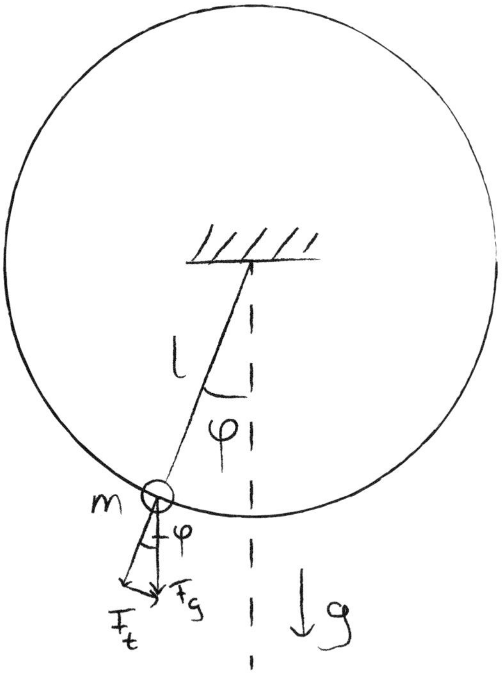


b) Die Gewichtskraft $F_{\mathrm{G}} = mg$ hat die tangentiale Komponente

$$F_{\mathrm{t}} = F_{\mathrm{G}} \cdot \sin(\varphi)\,.$$

Wir beschreiben den Ort des Teilchens durch den Winkel $\varphi$. Wenn sich der Winkel um $\mathrm{d}\varphi$ ändert, dann bewegt sich das Teilchen um die Strecke $l \cdot \mathrm{d}\varphi$. Es gilt nun

$$F_{\mathrm{t}} = mg \cdot \sin(\varphi) = ma = ml\ddot{\varphi}$$

oder kurz

$$\ddot{\varphi} = \frac{g}{l} \cdot \sin(\varphi)\,.$$

c) Mit der Kleinwinkelnäherung vereinfacht sich die Bewegungsgleichung zu

$$\ddot{\varphi} = \frac{g}{l} \cdot \varphi.$$

Die Schwingungsfunktion

$$\varphi(t) = A \cdot \sin(\omega t)$$

hat die Ableitung

$$\ddot{\varphi}(t) = A\omega^2 \cdot \sin(\omega t)\,.$$

Wir setzen sie in die Bewegungsgleichung ein und erhalten die Bedingung

$$A\omega^2 \cdot \sin(\omega t) = \frac{g}{l} \cdot A \cdot \sin(\omega t)$$
$$\omega^2 = \frac{g}{l}.$$

Damit hat die Kreisfrequenz $\omega$ den Wert

$$\omega = \pm\sqrt{\frac{g}{l}}.$$

## Aufgabe 53

**Satellitenbahn**

a) Auf den Satelliten mit Masse $m$ wirkt die Gravitationskraft

$$F_{\mathrm{G}} = \frac{GmM_{\mathrm{E}}}{r^2}$$

mit dem Abstand $r = R_{\mathrm{E}} + h$ des Satelliten vom Erdmittelpunkt. Diese Kraft ist auch die Zentripetalkraft

$$F_{\mathrm{Z}} = F_{\mathrm{G}} = m\frac{v^2}{r}.$$

Gleichsetzen ergibt

$$\begin{aligned}\frac{GmM_{\mathrm{E}}}{r^2} &= m\frac{v^2}{r}\\ v^2 &= \frac{GM_{\mathrm{E}}}{r}\\ v &= \sqrt{\frac{GM_{\mathrm{E}}}{R_{\mathrm{E}}+h}}\\ &= \sqrt{\frac{6{,}67\cdot 10^{-11}\,\frac{\mathrm{m}^3}{\mathrm{kg}\cdot\mathrm{s}^2}\cdot 5{,}97\cdot 10^{24}\,\mathrm{kg}}{6\,371\,\mathrm{km}+20000\,\mathrm{km}}}\\ &= \sqrt{\frac{6{,}67\cdot 10^{-20}\,\frac{\mathrm{km}^3}{\mathrm{kg}\cdot\mathrm{s}^2}\cdot 5{,}97\cdot 10^{24}\,\mathrm{kg}}{6\,371\,\mathrm{km}+20000\,\mathrm{km}}}\\ &= 3{,}89\,\frac{\mathrm{km}}{\mathrm{s}}.\end{aligned}$$

b) Der Satellit bewegt sich mit konstanter Geschwindigkeit $v$ um den Umfang $2\pi r^2$ seiner Umlaufbahn. Die Umlaufzeit ist damit

$$T = \frac{2\pi r}{v} = \frac{2\pi\,(R_{\mathrm{E}}+h)}{v} = 4{,}26\cdot 10^4\,\mathrm{s} \approx 11{,}83\,\mathrm{h}.$$

c) Damit ein Satellit geostationär sein kann, muss seine Umlaufdauer $T = 24\,\mathrm{h}$ betragen. So bewegt er sich genauso schnell um die Erde, wie sich diese dreht. Mit den Zusammenhängen

$$T = \frac{2\pi r}{v}$$

und

$$v = \sqrt{\frac{GM_{\mathrm{E}}}{r}}$$

erhalten wir die Gleichung

$$T = \frac{2\pi r}{\sqrt{\frac{GM_{\mathrm{E}}}{r}}}.$$

Diese formen wir nach dem Radius $r$ um:

$$\begin{aligned} T^2 &= \frac{4\pi^2 r^3}{GM_\mathrm{E}} \\ r^3 &= \frac{T^2 GM_\mathrm{E}}{4\pi^2} \\ r &= \sqrt[3]{\frac{T^2 GM_\mathrm{E}}{4\pi^2}} \\ &= 4{,}22 \cdot 10^7\,\mathrm{m}. \end{aligned}$$

So erhalten wir die Höhe des Satelliten über der Erdoberfläche

$$h = r - R_\mathrm{E} = 35{,}9 \cdot 10^3\,\mathrm{km}.$$

d) Geostationäre Satelliten müssen sich über dem Äquator befinden. Wir verstehen das, wenn wir uns einen Satelliten vorstellen, der über die Pole der Erde fliegt. Ein solcher Satellit könnte niemals geostationär sein, denn er befindet sich zu verschiedenen Zeitpunkten über den Polen. Vom Äquator aus kann man aber die Pole einer Kugel nicht sehen. Deshalb können mit geostationären Satelliten die Pole der Erde nicht beobachtet werden.

## Aufgabe 54

**Fallendes Seil**

Auf der rechten Seite hängt die Seilmasse

$$m_\mathrm{r} = \left(\frac{l}{2} + x\right)\frac{m}{l}.$$

Analog hängt auf der linken Seite die Masse

$$m_\mathrm{l} = \left(\frac{l}{2} - x\right)\frac{m}{l}.$$

So wirken auf beiden Seiten die Gewichtskräfte

$$\begin{aligned} F_\mathrm{l} &= m_\mathrm{l} g \\ F_\mathrm{r} &= m_\mathrm{r} g. \end{aligned}$$

Beide Kräfte wirken gegeneinander, sodass für die resultierende beschleunigende Kraft gilt:

$$\begin{aligned} F &= F_\mathrm{r} - F_\mathrm{l} \\ &= \frac{2xmg}{l}. \end{aligned}$$

Dabei ist die beschleunigte Masse immer noch $m$. So erhalten wir die Bewegungsgleichung

$$\frac{2xmg}{l} = m\ddot{x}$$

oder

$$\frac{2g}{l} x = \ddot{x}.$$

Um die Differentialgleichung zu lösen, wählen wir den Ansatz

$$x(t) = e^{\lambda t}.$$

So erhalten wir die Bedingung

$$\lambda = \pm\sqrt{\frac{2g}{l}}$$

und die allgemeine Lösung

$$x(t) = Ae^{+\sqrt{\frac{2g}{l}}t} + Be^{-\sqrt{\frac{2g}{l}}t}.$$

Nun betrachten wir die Anfangsbedingungen. So erhalten wir

$$\begin{aligned} C &= x(0) \\ &= A + B \end{aligned}$$

und

$$\begin{aligned} 0 &= \ddot{x}(0) \\ &= \frac{2g}{l}(A - B). \end{aligned}$$

Aus der zweiten Bedingung erhalten wir den Zusammenhang $A = B$. Durch die erste Bedingung ergibt sich dann $A = B = C/2$. Die Trajektorie ist also

$$\begin{aligned} x(t) &= \frac{C}{2}\left(e^{+\sqrt{\frac{2g}{l}}t} + e^{-\sqrt{\frac{2g}{l}}t}\right) \\ &= C \cdot \cosh\left(\sqrt{\frac{2g}{l}}t\right). \end{aligned}$$

## Aufgabe 55

**Bewegungsgleichungen**

a) Durch das Seil wirkt die Kraft $F = 98{,}1\,\mathrm{N}$ direkt auf das Gewicht mit Masse $m = 10\,\mathrm{kg}$. Schließlich könnten wir auch direkt horizontal am Seil ziehen und die Situation wäre dieselbe. Die Bewegungsgleichung ist einfach

$$F = ma.$$

b) Wenn nicht am Seil gezogen wird, sondern ein Gewicht mit Masse $10\,\mathrm{kg}$ daran hängt, dann wirkt auch die Kraft

$$F = mg = 10\,\mathrm{kg} \cdot 9{,}81\,\frac{\mathrm{m}}{\mathrm{s}^2} = 98{,}1\,\mathrm{N}.$$

Diese Kraft beschleunigt aber nun beide Gewichte, sodass die beschleunigte Masse doppelt so groß ist. Die neue Bewegungsgleichung ist also

$$F = 2ma.$$

## Aufgabe 56

**Gebremste Bewegung**

Wir lösen zunächst die Bewegungsgleichung des Zugs:

$$m\dot{v} = F = -\underbrace{15\,\frac{\mathrm{MN}\cdot\mathrm{s}}{\mathrm{m}}}_{\gamma} \cdot v.$$

Das haben wir in diesem Buch bereits getan (siehe Unterabschnitt 3.2.3). Es ergibt sich die Lösung

$$v(t) = v_0 \cdot e^{-\frac{\gamma}{m}t}.$$

8

a) Wir sehen hier direkt, dass für alle Zeiten $t$ die Geschwindigkeit $v \neq 0$ ist. Der Zug steht also niemals still.

b) Um die zurückgelegte Strecke zu berechnen, integrieren wir über die Geschwindigkeit:

$$\begin{aligned} x(t) &= \int_0^t v(\tilde{t})\,\mathrm{d}\tilde{t} \\ &= \int_0^t v_0 \cdot e^{-\frac{\gamma}{m}\tilde{t}}\,\mathrm{d}\tilde{t} \\ &= -v_0 \frac{m}{\gamma} \cdot e^{-\frac{\gamma}{m}\tilde{t}}\Big|_0^t \\ &= v_0 \frac{m}{\gamma}\left[1 - e^{-\frac{\gamma}{m}t}\right]. \end{aligned}$$

Der Zug fährt bis an den Punkt

$$x(t \to \infty) = \frac{v_0 m}{\gamma} = 2\,777{,}78\,\mathrm{m}$$

heran.

c) Wir suchen die Zeit $t$, zu der

$$v(t) = \frac{v_0}{2}$$

ist. Umformen ergibt

$$\begin{aligned} \frac{1}{2} &= e^{-\frac{\gamma}{m}t} \\ t &= \frac{m}{\gamma}\ln(2) \\ &= 23{,}10\,\mathrm{s}. \end{aligned}$$

Bis zu dieser Zeit hat der Zug die Strecke

$$x(t = 23{,}10\,\mathrm{s}) = 1\,388{,}68\,\mathrm{m}$$

zurückgelegt.

## Aufgabe 57

**Regentropfen**

a) Es ist:

$$\begin{aligned} F &= \dot{p} \\ F_\mathrm{G} + F_\mathrm{R} &= \dot{m}v + m\dot{v} \\ mg &= (\dot{m} + \gamma v)\,v + m\dot{v} \\ csg &= (c+\gamma)\,v^2 + cs\dot{v} \\ 0 &= cs\ddot{s} + c\dot{s}^2 + \gamma\dot{s}^2 - csg \\ 0 &= s\ddot{s} + \left(1 + \frac{\gamma}{c}\right)\dot{s}^2 - gs. \end{aligned}$$

b) Die Ableitungen sind:

$$\begin{aligned} s &= at^b \\ \dot{s} &= abt^{b-1} \\ \ddot{s} &= ab\,(b-1)\,t^{b-2}. \end{aligned}$$

Eingesetzt in die Bewegungsgleichung ergibt sich also

$$\begin{aligned} 0 = {} & a^2 b\,(b-1)\,t^{2b-2} \\ & + \left(1 + \frac{\gamma}{c}\right) a^2 b^2 t^{2b-2} \\ & - gat^b. \end{aligned}$$

Diese Gleichung muss für alle Zeiten $t$ gelten. Deshalb ist $b = 2$. So erhalten wir nun die folgende Bedingung für die Konstante $a$:

$$0 = a \cdot \left(a\left(6 + \frac{4\gamma}{c}\right) - g\right).$$

Eine Lösung ist hier $a = 0$. Diese führt auf die Trajektorie $s(t) = 0$. In diesem Fall bildet sich der Regentropfen gar nicht und $m(t) = 0$. Deshalb ist hier der andere Fall relevant:

$$a = \frac{g}{6 + \frac{4\gamma}{c}}.$$

So ergibt sich die Trajektorie

$$s(t) = \frac{g}{6 + \frac{4\gamma}{c}}t^2.$$

## Aufgabe 58

**Federkraft und reduzierte Masse**

a) Wir wählen die Koordinate $x$ der Masse so, dass sie sich in der Ruhelage der Feder am Ort $x = 0$ befindet. Dann erhalten wir die Bewegungsgleichung durch das Gleichsetzen der Federkraft mit der beschleunigenden Kraft $F = ma$:

$$ma = m\ddot{x} = -Dx.$$

b) Wir setzen die Schwingungsgleichung und ihre zweite Ableitung

$$\begin{aligned} x(t) &= x_0 \sin(\omega t) \\ \ddot{x}(t) &= -x_0\omega^2 \sin(\omega t) \end{aligned}$$

in die Bewegungsgleichung ein:

$$\begin{aligned} -mx_0\omega^2 \sin(\omega t) &= -Dx_0 \sin(\omega t) \\ \omega &= \pm\sqrt{\frac{D}{m}}. \end{aligned}$$

c) Die Kraft, die nun auf die Masse wirkt, ist $F = mg - Dx$. Damit ist die neue Bewegungsgleichung

$$m\ddot{x} = mg - Dx.$$

Wenn wir eine neue Koordinate $\tilde{x} = x + mg/D$ wählen, dann ist

$$m\ddot{\tilde{x}} = mg - D\left(\tilde{x} - \frac{mg}{D}\right) = -D\tilde{x}.$$

Das ist die gleiche Bewegungsgleichung mit der neuen, verschobenen Koordinate $\tilde{x}$. Die Masse führt an der Feder also immer noch die gleiche Bewegung aus, nur die Ruhelage der Masse an der Feder hat sich gewissermaßen um $mg/D$ verschoben.

d) Die reduzierte Masse ist hier $\mu = m/2$. Dadurch erhalten wir die veränderte Bewegungsgleichung

$$\frac{m}{2}\ddot{x} = -Dx,$$

wobei $x$ jetzt hier die Relativkoordinate der beiden Massen ist. Die neue Kreisfrequenz der Schwingung ist größer (verglichen mit der Feder an der Wand):

$$\omega = \pm\sqrt{\frac{D}{\left(\frac{m}{2}\right)}} = \pm\sqrt{\frac{2D}{m}}.$$

## Aufgabe 59

**Raketengleichung**

Wir leiten den Impuls der Rakete nach der Zeit ab:

$$\dot{p} = \frac{\mathrm{d}}{\mathrm{d}t}(mv) = \dot{m}v + m\dot{v}.$$

Dabei ist $\dot{m} = \dot{m}_{\mathrm{T}}$. Die ausgestoßene Masse bewegt sich im System eines Beobachters mit der Geschwindigkeit $v_{\mathrm{B}} = -v_{\mathrm{T}} + v$. Die Vorzeichen wählen wir so, weil sich Rakete und Treibstoff in entgegengesetzte Richtungen bewegen. Die Ableitung des Impulses des ausgestoßenen Treibstoffs ist

$$\dot{p}_{\mathrm{T}} = \frac{\mathrm{d}}{\mathrm{d}t}(m_{\mathrm{T}}v_{\mathrm{B}}) = \dot{m}_{\mathrm{T}}v_{\mathrm{B}}.$$

Der Gesamtimpuls muss erhalten sein. Deshalb gilt mit $\dot{m} = -\dot{m}_{\mathrm{T}}$:

$$0 = \dot{p} + \dot{p}_{\mathrm{T}} = \dot{m}v + m\dot{v} + \dot{m}_{\mathrm{T}}(-v_{\mathrm{T}} + v) = m\dot{v} + \dot{m}v_{\mathrm{T}}.$$

Wir formen um:

$$\frac{\mathrm{d}v}{\mathrm{d}t} = -\frac{v_{\mathrm{T}}}{m}\frac{\mathrm{d}m}{\mathrm{d}t}.$$

Indem wir nun auf beiden Seiten mit $\mathrm{d}t$ multiplizieren und anschließend integrieren, können wir diese Differentialgleichung lösen:

$$\int_0^{v(t)} \mathrm{d}v = -v_{\mathrm{T}}\int_{m_0}^{m(t)} \frac{\mathrm{d}m}{m}$$

$$v(t) = v_{\mathrm{T}} \ln\left(\frac{m_0}{m(t)}\right).$$

Das ist die sogenannte Raketengleichung.

## Aufgabe 60

**Schiff mit zwei Schleppern**

Wir führen ein Koordinatensystem ein. Die $x$-Achse zeige im Bild nach rechts und die $y$-Achse nach oben. So können wir jetzt die Kräfte $\boldsymbol{F}_1$ und $\boldsymbol{F}_2$ als Vektoren schreiben:

$$\boldsymbol{F}_1 = |\boldsymbol{F}_1| \cdot \begin{pmatrix} \cos(30°) \\ \sin(30°) \end{pmatrix}$$

$$\boldsymbol{F}_2 = |\boldsymbol{F}_2| \cdot \begin{pmatrix} \cos(-40°) \\ \sin(-40°) \end{pmatrix}.$$

Die Gesamtkraft auf das Schiff beträgt nun

$$\boldsymbol{F} = \boldsymbol{F}_1 + \boldsymbol{F}_2 = \begin{pmatrix} |\boldsymbol{F}_1| \cdot \cos(30°) + |\boldsymbol{F}_2| \cdot \cos(-40°) \\ |\boldsymbol{F}_1| \cdot \sin(30°) + |\boldsymbol{F}_2| \cdot \sin(-40°) \end{pmatrix}.$$

Der Betrag dieser Kraft ist

$$|\boldsymbol{F}| = 252{,}35\,\mathrm{kN}.$$

Gegenüber der $x$-Achse hat die Kraft den Winkel

$$\varphi = \arctan\left(\frac{F_y}{F_x}\right) = 8{,}14°.$$

Das Schiff wird also im Bild nicht nur nach rechts, sondern auch leicht nach oben gezogen.

## Aufgabe 61

**Foucault'sches Pendel**

a) Das Pendel bewegt sich, während sich die Erde dreht. Deshalb wirkt die Corioliskraft auf das Pendel. Diese wirkt immer in dieselbe Richtung und lenkt das Pendel so um, dass sich die Schwingungsebene langsam dreht.

b) Auf der Nord- beziehungsweise der Südhalbkugel dreht sich die Pendelebene in entgegengesetzter Richtung. Je weiter das Pendel vom Äquator entfernt ist, desto schneller dreht es sich.

c) An den Polen bleibt die Pendelebene gewissermaßen still stehen, während sich die Erde darunter hinwegdreht. Von der Erde aus betrachtet dreht sich die Pendelebene deshalb innerhalb von 12 h um 180°.

## Aufgabe 62

**Vertikale Komponente der Corioliskraft**

a) Die vertikale Komponente der Corioliskraft berechnet sich wie die horizontale Komponente. Wir zerlegen

$$\boldsymbol{v} = v_\vartheta \hat{\boldsymbol{e}}_\vartheta + v_\varphi \hat{\boldsymbol{e}}_\varphi.$$

Dabei sind die Einheitsvektoren

$$\hat{\boldsymbol{e}}_\vartheta = \begin{pmatrix} \cos(\vartheta)\cos(\varphi) \\ \cos(\vartheta)\sin(\varphi) \\ -\sin(\vartheta) \end{pmatrix}$$

$$\hat{\boldsymbol{e}}_\varphi = \begin{pmatrix} -\sin(\varphi) \\ \cos(\varphi) \\ 0 \end{pmatrix}.$$

Die Winkelgeschwindigkeit der Erde ist

$$\boldsymbol{\omega} = \omega\hat{\boldsymbol{e}}_z = \begin{pmatrix} 0 \\ 0 \\ \omega \end{pmatrix}$$

mit

$$\omega = \frac{2\pi}{24\,\mathrm{h}}.$$

Damit ist das Kreuzprodukt

$$\boldsymbol{\omega} \times \boldsymbol{v} = v_\vartheta \omega \begin{pmatrix} -\cos(\vartheta)\sin(\varphi) \\ \cos(\vartheta)\cos(\varphi) \\ 0 \end{pmatrix} + v_\varphi \omega \begin{pmatrix} -\cos(\varphi) \\ -\sin(\varphi) \\ 0 \end{pmatrix}.$$

Wir sind an der vertikalen Komponente der Corioliskraft interessiert. Deshalb berechnen wir die Projektion auf den Einheitsvektor $\hat{e}_r$:

$$(\boldsymbol{\omega} \times \boldsymbol{v}) \cdot \hat{e}_r = (\boldsymbol{\omega} \times \boldsymbol{v}) \cdot \begin{pmatrix} \sin(\vartheta)\cos(\varphi) \\ \sin(\vartheta)\sin(\varphi) \\ \cos(\vartheta) \end{pmatrix} = v_\vartheta \omega \cdot 0 + v_\varphi \omega [-\sin(\vartheta)] = -v_\varphi \omega \sin(\vartheta).$$

Damit erhalten wir nun die vertikale Komponente der Corioliskraft in Abhängigkeit des Breitengrades $B = 90° - \vartheta$:

$$F_{\mathrm{C,\,ver}} = 2mv_\varphi \omega \sin(\varphi) = 2mv_\varphi \omega \cos(B).$$

b) Damit das Flugzeug eine vertikale Corioliskraft erfährt, muss es sich in $\varphi$-Richtung bewegen. Das ist die West-Ost-Richtung. An den Polen verschwindet die vertikale Corioliskraft, am Äquator ist sie am stärksten.

c) Wenn die Corioliskraft nach oben wirken soll (und nicht nach unten), dann muss sich das Flugzeug von Westen nach Osten bewegen (dann ist $v_\varphi$ positiv). Für die Zentripetalbeschleunigung soll gelten

$$2v_\varphi \omega = 0{,}01 \cdot g.$$

Dabei ist am Äquator $\cos(B) = 1$. Wir erhalten die Lösung

$$v_\varphi = \frac{0{,}01 \cdot g}{2\omega} = 674{,}49\,\frac{\mathrm{m}}{\mathrm{s}} = 2428\,\frac{\mathrm{km}}{\mathrm{h}}.$$

## Aufgabe 63

**Waage am Breitengrad**

a) Am Äquator wirkt die Zentrifugalbeschleunigung

$$a_\mathrm{Z} = \omega^2 R_\mathrm{E} = \left(\frac{2\pi}{24\,\mathrm{h}}\right)^2 \cdot 6371\,\mathrm{km} = 0{,}0337\,\frac{\mathrm{m}}{\mathrm{s}^2}.$$

Die Gravitationsbeschleunigung ergibt sich als Quotient aus Gravitationskraft und der Masse eines Objekts:

$$g = \frac{GM_\mathrm{E}}{R_\mathrm{E}^2} = 9{,}8200\,\frac{\mathrm{m}}{\mathrm{s}^2}.$$

Es ist

$$\frac{a_\mathrm{Z}}{g} = 0{,}34\,\%.$$

Um diesen Bruchteil ändert sich die Kraft des Gewichts auf die Waage am Äquator im Vergleich zum Pol. Sie zeigt die Masse

$$m = \frac{10}{kg} \cdot (1 - 0{,}0034) = 9{,}966\,\mathrm{kg}$$

an.

b) Die Zentrifugalkraft hängt vom Breitengrad $B$ ab.

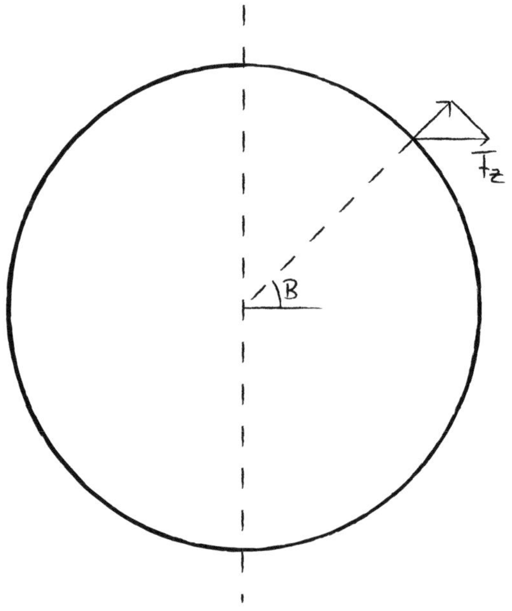


Es ist

$$a_\mathrm{Z} = \omega^2 R_\mathrm{E} \cdot \cos(B).$$

Wir betrachten hier aber nur die Komponente der Zentrifugalbeschleunigung, die senkrecht auf der Erdoberfläche steht:

$$a_{\mathrm{Z},\perp} = a_\mathrm{Z} \cdot \cos(B) = \omega^2 R_\mathrm{E} \cdot \cos^2(B).$$

Die Waage zeigt die Masse

$$m = 10\,\mathrm{kg} \cdot \left(g - \omega^2 R_\mathrm{E} \cdot \cos^2(B)\right)$$

an.

## Aufgabe 64

**Rampe**

a) Um das Motorrad auf die Ladefläche zu heben, muss die Schwerkraft überwunden werden:

$$F = mg = 200\,\text{kg} \cdot 9{,}81\,\frac{\text{m}}{\text{s}^2} = 1\,962\,\text{N}.$$

b) Die potentielle Energie des Motorrads ändert sich um

$$\Delta E_{\text{pot}} = mgh.$$

Diese Arbeit muss aufgebracht werden:

$$W = mgh = 1\,962\,\text{J}.$$

c) Die gleiche Arbeit wird auf einen dreimal größeren Weg verteilt. Das Arbeitsintegral bleibt gleich. Deshalb muss die Kraft ein Drittel betragen:

$$F = \frac{1\,962\,\text{N}}{3} = 654\,\text{N}.$$

## Aufgabe 65

**Zahnräder**

Intuitiv ist klar, dass es sich hier um einen inelastischen Stoß handelt. Allerdings können wir nicht einfach mit Impulserhaltung argumentieren. Auch das Argument der Drehimpulserhaltung scheitert zunächst, da sich die Zahnräder entgegengesetzt drehen.

Wir können uns aber mit einem einfachen Gedankenexperiment behelfen. Dafür stellen wir uns vor, dass sich beide Räder in der gleichen Richtung drehen. Das könnte man beispielsweise realisieren, indem sich beide Zahnräder nicht an ihren Kanten, sondern auf ihren Flächen berühren. Intuitiv ist klar, dass die Drehgeschwindigkeiten in diesem Beispiel gleich groß sind.

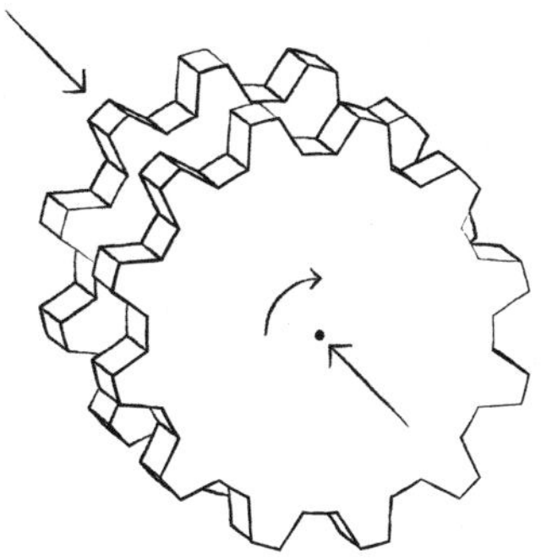

Nun können wir die Drehimpulserhaltung verwenden:

$$\begin{aligned} L &= L' \\ J\omega &= 2J\omega' \\ \omega' &= \frac{\omega}{2}. \end{aligned}$$

## Aufgabe 66

**Bremsleistung**

a) Es ist

$$s = \frac{1}{2}at^2$$

und $at = v_0$. So erhalten wir

$$\begin{aligned} s &= \frac{v_0^2}{2a} \\ &= 38{,}58\,\text{m}. \end{aligned}$$

b) Das Auto benötigt die Zeit

$$\begin{aligned} t_{\text{end}} &= \frac{v_0}{a} \\ &= 2{,}78\,\text{s}. \end{aligned}$$

c) Die Geschwindigkeit in Abhängigkeit von der Zeit ist

$$v(t) = v_0 - at.$$

So ergibt sich die Leistung

$$P = Fv = ma\,(v_0 - at)\,.$$

d) Die geleistete Bremsarbeit erhalten wir durch Integration über die Leistung:

$$\begin{aligned} W &= \int_0^{t_{\text{end}}} P(t)\,\text{d}t \\ &= \int_0^{t_{\text{end}}} ma\,(v_0 - at)\,\text{d}t \\ &= mav_0t - \frac{ma^2}{2}t^2\Big|_0^{t_{\text{end}}} \\ &= mav_0t_{\text{end}} - \frac{ma^2}{2}t_{\text{end}}^2 \\ &= 385{,}80\,\text{kJ}. \end{aligned}$$

Zum Vergleich berechnen wir die kinetische Energie zu Beginn:

$$\begin{aligned} E_{\text{kin}} &= \frac{m}{2}v_0^2 \\ &= 385{,}80\,\text{kJ}. \end{aligned}$$

Wir erhalten wie erwartet dasselbe Ergebnis.

## Aufgabe 67

**Pendelstoß**

Billiardkugeln stoßen elastisch miteinander zusammen. Zu Beginn ist die Geschwindigkeit der ruhenden Kugel $v_2 = 0$. Nach dem Stoß ist

$$\begin{aligned} v_2' &= 2\frac{m_1v_1 + m_2v_2}{m_1 + m_2} - v_2 \\ &= \frac{2m_1v_1}{m_1 + m_2}. \end{aligned}$$

8

Die kinetische Energie, die die Kugel damit hat, ist

$$E_{\text{kin}} = \frac{m_2}{2}\left(\frac{2m_1 v_1}{m_1+m_2}\right)^2.$$

Wenn das Pendel nach oben schwingt, dann wird die kinetische Energie in potentielle Energie umgewandelt. Am höchsten Punkt $h$ gilt:

$$\begin{aligned} m_2 gh &= E_{\text{kin}} \\ h &= \frac{\frac{m_2}{2}\left(\frac{2m_1 v_1}{m_1+m_2}\right)^2}{m_2 g}. \end{aligned}$$

Die Höhe, bis zu der das Pendel ausschwingt, wird durch den Winkel $\varphi$ beschrieben, um den das Pendel ausgelenkt wird:

$$\cos(\varphi) = \frac{l-h}{l}.$$

So erhalten wir den maximalen Winkel in Abhängigkeit von der Geschwindigkeit $v_1$ der ersten Kugel:

$$\begin{aligned} \varphi &= \arccos\left(\frac{l - \frac{\frac{m_2}{2}\left(\frac{2m_1 v_1}{m_1+m_2}\right)^2}{m_2 g}}{l}\right) \\ &= \arccos\left(\frac{l - \frac{(2m_1 v_1)^2}{2g(m_1+m_2)^2}}{l}\right). \end{aligned}$$

## Aufgabe 68

**Jo-Jo**

a) Wir setzen die Rotationsenergie des Jo-Jos am unteren Ende der Schnur mit der Lageenergie gleich, die das Jo-Jo hat, wenn es die Schnur nach oben gewandert ist. So erhalten wir:

$$\begin{aligned} E_{\text{rot}} &= E_{\text{pot}} \\ \frac{J}{2}\omega^2 &= mgh \\ \omega &= \sqrt{\frac{2mgh}{J}}. \end{aligned}$$

b) Wir wissen nicht, wie groß das wirkende Drehmoment $M$ ist, aber wir wissen, dass das Drehmoment am Jo-Jo konstant ist. Schließlich wird es durch die Gravitationskraft verursacht. Außerdem wissen wir, dass die Geschwindigkeit $v$, mit der sich das Jo-Jo nach oben bewegt, proportional zur Winkelgeschwindigkeit $\omega$ ist. Damit können wir nun folgende Aussage machen:

$$M = \dot{L} \propto \dot{\omega} \propto \dot{v} = a = const.$$

Das Jo-Jo erfährt also entlang der Schnur eine konstante Beschleunigung. Wir lassen nun gedanklich die Zeit rückwärts laufen und lassen das Jo-Jo von der höchsten Position nach unten Fallen. Dann gilt für die zurückgelegte Strecke

$$s = \frac{1}{2}at^2$$

und für die Geschwindigkeit

$$v = at.$$

Wir setzen die Zeit in die erste Gleichung ein und erhalten

$$s = \frac{1}{2}\frac{v^2}{a}$$

oder

$$v = \sqrt{\frac{2s}{a}} \propto \omega.$$

Die Winkelgeschwindigkeit steigt mit der zurückgelegten Strecke wurzelförmig an. Nachdem das Jo-Jo also die Strecke $l/4$ zurückgelegt hat, hat es bereits die halbe Winkelgeschwindigkeit erreicht, im Vergleich zur Geschwindigkeit am Ende der Schnur.

Wir drehen die Zeit wieder um und lassen das Jo-Jo die Schnur hinaufwandern. Nachdem es die Höhe $3l/4$ erreicht hat, hat es noch die halbe Winkelgeschwindigkeit.

## Aufgabe 69

**Effektives Potential**

a) Die Kraft ist

$$\boldsymbol{F} = -\nabla V(r) = -\partial_r V(r)\,\hat{\boldsymbol{e}}_r.$$

Sie zeigt in radialer Richtung.

b) Die Gesamtenergie des Teilchens setzt sich aus seiner potentiellen Energie und seiner kinetischen Energie zusammen:

$$\begin{aligned} E &= V(r) + E_{\text{kin}} \\ &= V(r) + \frac{m}{2}\dot{\boldsymbol{r}}^2. \end{aligned}$$

c) Gedanklich können wir aus dem Geschwindigkeitsvektor $\boldsymbol{v}$ des Teilchens und dem Koordinatenursprung eine Ebene konstruieren. Der Kraftvektor liegt dann automatisch auch in dieser Ebene. Deshalb wird das Teilchen niemals orthogonal zur Ebene beschleunigt und verlässt die Ebene auch nie.

Alternativ könnten wir auch mit der Drehimpulserhaltung im System argumentieren.

d) Wir drücken die Geschwindigkeit $\boldsymbol{v}$ in Polarkoordinaten aus:

$$\begin{aligned} \boldsymbol{v} &= \dot{\boldsymbol{r}} \\ &= \partial_t \begin{pmatrix} x \\ y \end{pmatrix} \\ &= \partial_t \begin{pmatrix} r\cos(\varphi) \\ r\sin(\varphi) \end{pmatrix} \\ &= \dot{r}\begin{pmatrix} \cos(\varphi) \\ \sin(\varphi) \end{pmatrix} + r\dot{\varphi}\begin{pmatrix} -\sin(\varphi) \\ \cos(\varphi) \end{pmatrix}. \end{aligned}$$

Das Quadrat der Geschwindigkeit ist damit

$$v^2 = \dot{r}^2 + r^2\dot{\varphi}^2 + 2\dot{r}r\dot{\varphi}\,(-\cos(\varphi)\sin(\varphi) + \sin(\varphi)\cos(\varphi))$$
$$= \dot{r}^2 + r^2\dot{\varphi}^2.$$

Damit ist

$$E_{\text{kin}} = \frac{m}{2}\left(\dot{r}^2 + r^2\dot{\varphi}^2\right)$$

und die Gesamtenergie beträgt

$$E = V(r) + \frac{m}{2}\left(\dot{r}^2 + r^2\dot{\varphi}^2\right).$$

e) Wir definieren das effektive Potential als

$$V_{\text{eff}}(r) = V(r) + \frac{m}{2}r^2\dot{\varphi}^2$$
$$= V(r) + \frac{L^2}{2r^2m}.$$

Dabei haben wir den Drehimpuls $L = mr^2\dot{\varphi}$ eingesetzt. So vereinfacht sich die Energie nun zu

$$E = V_{\text{eff}}(r) + \frac{m}{2}\dot{r}^2.$$

f) Das Teilchen bewegt sich um den Koordinatenursprung und hat dabei einen konstanten Drehimpuls. Wenn wir nur an der Koordinate $r$ des Teilchens in Abhängigkeit von der Zeit interessiert sind, dann können wir dafür das effektive Potential verwenden. Dieses verhindert bei einem Drehimpuls $L \neq 0$, dass das Teilchen zum Koordinatenursprung gelangt. Das wird durch ein zusätzliches Zentrifugalpotential $\propto r^{-2}$ erreicht. Dieses Zentrifugalpotential implementiert gewissermaßen die Zentrifugalkraft in dem Koordinatensystem, das sich mit dem Teilchen dreht.

Wir konnten das zweidimensionale System hier auf ein eindimensionales Problem reduzieren, indem wir das Koordinatensystem gewechselt und den konstanten Drehimpuls ausgenutzt haben. So können wir berechnen, zu welchem Zeitpunkt sich das Teilchen bei welchem Abstand vom Ursprung des Koordinatensystems befindet.

g) Das Gravitationspotential ist $\propto -r^{-1}$. Das effektive Potential hat im Fall $L \neq 0$ deshalb eine Potentialmulde. Es ist $V_{\text{eff}}(r \to \infty) = 0$ und $V_{\text{eff}}(r \to 0) = \infty$. Dazwischen befindet sich ein Minimum.

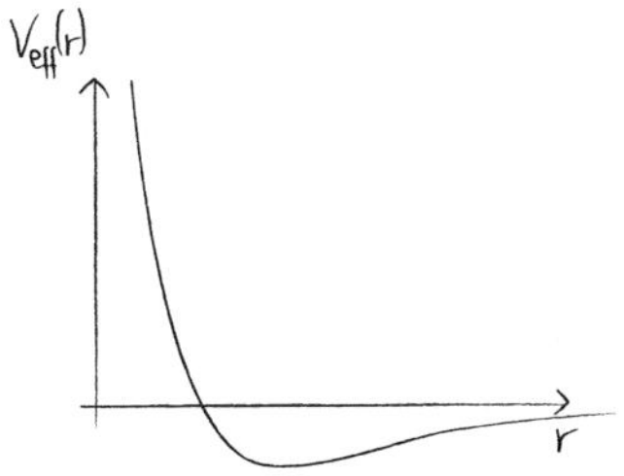


Wenn sich ein Planet in radialer Richtung unbewegt ($\dot{r} = 0$) im Minimum des effektiven Potentials befindet, dann bleibt sein Abstand vom Stern (am Koordinatenursprung) immer gleich. Der Planet führt also eine perfekte Kreisbahn aus. Planeten können aber auch Schwingungen in der Mulde des effektiven Potentials ausführen. Dann wird $r$ größer und kleiner. Die Planeten befinden sich dann auf Ellipsenbahnen.

Wenn die Gesamtenergie eines Objekts $> 0$ ist, dann sind sie nicht im System gebunden. So ist es für manche Kometen. Diese nähern sich einem Stern zunächst ($\dot{r} < 0$) und werden dann je nach Drehimpuls vom Zentrifugalpotential reflektiert. Dann bewegen sie sich wieder vom Stern weg ($\dot{r} > 0$.)

## Einführungsaufgabe 70

**Lorentz-Transformation**

a) Das System bewegt sich in $y$-Richtung. Deshalb ist

$$\boldsymbol{r}' = \begin{pmatrix} x' \\ y' \\ z' \end{pmatrix}$$
$$= \begin{pmatrix} x \\ \frac{1}{\sqrt{1-v^2/c^2}}(y - vt) \\ z \end{pmatrix}$$
$$= \begin{pmatrix} 2 \\ -2{,}1106 \cdot 10^8 \\ -5 \end{pmatrix}\,\text{m}.$$

Die Zeit $t'$ im System $\mathscr{K}'$ ist

$$t' = \frac{\left(t - \frac{yv}{c^2}\right)}{\sqrt{1 - \frac{v^2}{c^2}}}$$
$$= 7{,}0353\,\text{s}.$$

b) Mit der Galilei-Transformation ergibt sich:

$$\boldsymbol{r}' = \begin{pmatrix} 2 \\ -2{,}1000 \cdot 10^8 \\ -5 \end{pmatrix}\,\text{m}$$
$$t' = 7\,\text{s}.$$

## Einführungsaufgabe 71

**Kausalität**

a) Der Abstand der Ereignisse in der Raumzeit ist

$$s^2 = \left[-(6-2)^2 + (7-3)^2 + (8-4)^2 + (9-5)^2\right]\text{m}^2$$
$$= 2 \cdot 4^2\,\text{m}^2$$
$$= 32\,\text{m}^2 > 0.$$

Deshalb sind die Ereignisse $A$ und $B$ raumartig und können nicht kausal verbunden sein.

8

b) Die Ereignisse haben denselben Zeitpunkt $ct = 7\,\mathrm{m}$ und befinden sich nicht am gleichen Ort. Deshalb sind sie definitiv raumartig und hängen nicht kausal zusammen.

c) Wir berechnen den Abstand beider Ereignisse in der vierdimensionalen Raumzeit:

$$\begin{aligned} s^2 &= \left[-(1+4)^2+(-6+5)^2+(4-6)^2+(26-23)^2\right]\mathrm{m}^2 \\ &= -5^2+1^2+2^2+3^2\,\mathrm{m}^2 \\ &= -11\,\mathrm{m}^2 < 0. \end{aligned}$$

Die Ereignisse sind zeitartig und können deshalb kausal zusammenhängen.

d) Die Ereignisse haben denselben Ort, aber verschiedene Zeitpunkte. Deshalb sind sie zeitartig und können kausal zusammenhängen.

## Einführungsaufgabe 72

**Relativistische Energie**

Es ist

$$E = m\gamma c^2 - mc^2 = mc^2\left(\frac{1}{\sqrt{1-\frac{v^2}{c^2}}} - 1\right).$$

Nach der Newton'schen Mechanik gilt dagegen

$$E_\mathrm{N} = \frac{m}{2}v^2.$$

a)

$$\begin{aligned} E &= 4{,}53\cdot 10^{14}\,\mathrm{J} \\ E_\mathrm{N} &= 4{,}49\cdot 10^{14}\,\mathrm{J} \\ \frac{E}{E_\mathrm{N}} &= 1{,}0089 \end{aligned}$$

b)

$$\begin{aligned} E &= 1{,}85\cdot 10^{15}\,\mathrm{J} \\ E_\mathrm{N} &= 1{,}80\cdot 10^{15}\,\mathrm{J} \\ \frac{E}{E_\mathrm{N}} &= 1{,}028 \end{aligned}$$

c)

$$\begin{aligned} E &= 1{,}39\cdot 10^{16}\,\mathrm{J} \\ E_\mathrm{N} &= 1{,}12\cdot 10^{16}\,\mathrm{J} \\ \frac{E}{E_\mathrm{N}} &= 1{,}24 \end{aligned}$$

d)

$$\begin{aligned} E &= 1{,}16\cdot 10^{17}\,\mathrm{J} \\ E_\mathrm{N} &= 3{,}64\cdot 10^{16}\,\mathrm{J} \\ \frac{E}{E_\mathrm{N}} &= 3{,}19 \end{aligned}$$

## Verständnisaufgabe 73

**Relativitätsprinzip**

Alice befindet sich in einem Inertialsystem. Es gibt kein Experiment, anhand dessen Alice feststellen kann, ob sich die schwerelose Box gleichförmig bewegt oder nicht. Deshalb ergibt es gar keinen Sinn, den Zustand *in Ruhe* vom bewegten Zustand zu unterscheiden. Das ist die Grundlage des Relativitätsprinzips.

## Verständnisaufgabe 74

**Raketenbeschleunigung**

Tom kann tatsächlich immer weiter beschleunigen. Ein ruhender Beobachter, der Tom betrachtet, wird sehen, dass sich die Rakete der Lichtgeschwindigkeit immer weiter annähert, während die Zeit auf der Rakete immer langsamer zu vergehen scheint. Die Zeitdilatation spürt Tom selbst natürlich nicht. Er selbst befindet sich in seinem eigenen instantanen Inertialsystem in Ruhe. Deshalb kann er selbst immer weiter konstant beschleunigen. Wenn er seine Geschwindigkeit misst, kann er das nur im Vergleich mit anderen scheinbar ruhenden Objekten tun. Dabei verbietet die Relativitätstheorie Überlichtgeschwindigkeiten.

## Verständnisaufgabe 75

**Tachyonen**

Ja. Wir haben in diesem Buch nicht viel über diese Nuancen gesprochen, aber wir finden die Erklärung in Unterabschnitt 4.1.5. Der Faktor $\gamma$ existiert nicht für $v = c$, aber für Werte $v > c$ ist er definiert (wenn auch komplexwertig). Die Relativitätstheorie erlaubt es Teilchen nicht, die Lichtgeschwindigkeit zu *überschreiten* (oder zu unterschreiten), aber wenn sich ein Teilchen *immer* mit Überlichtgeschwindigkeit bewegt, dann ist das erlaubt. Wir nennen Teilchen mit Überlichtgeschwindigkeit *Tachyonen*. Ihre Existenz ist heute weder bewiesen noch vollständig widerlegt. Sie müssten allerdings eine komplexe Masse und andere fremdartige Eigenschaften besitzen.

## Verständnisaufgabe 76

**Reisezeit**

Nein. Prinzipiell können wir mit einem Raumschiff immer weiter beschleunigen. Dabei überschreiten wir zwar von außen betrachtet nie die Lichtgeschwindigkeit, aber die Zeit im Raumschiff vergeht immer langsamer. Im Grenzfall können wir Licht betrachten, welches von der Andromedagalaxie zu uns gelangt. Da es sich mit Lichtgeschwindigkeit bewegt, vergeht für einen Lichtstrahl von außen betrachtet überhaupt keine Zeit. Der Lichtstrahl altert also keine Sekunde auf seinem langen Weg.

Allerdings können wir nicht in einem Raumschiff zur Andromedagalaxie und wieder zurück reisen und erwarten, dass wir unsere Verwandten wiedersehen. Selbst wenn wir mit Lichtgeschwindigkeit hin und zurück gereist wären, wären auf der Erde 5 Millionen Jahre vergangen.

## Aufgabe 77

**Relativistische Elektronen**

Wenn sich das Elektron auf einer Kreisbahn bewegen soll, dann muss die Coulomb-Kraft der Zentripetalkraft entsprechen. Es gilt also:

$$\begin{aligned} F_C &= F_Z \\ \frac{e^2}{4\pi\varepsilon_0 a_0^2} &= \frac{mv^2}{a_0} \\ v &= \sqrt{\frac{e^2}{4\pi\varepsilon_0 a_0 m}} \\ &= 2{,}188\cdot 10^6\,\frac{\mathrm{m}}{\mathrm{s}}. \end{aligned}$$

Das Elektron würde also nach der Newton'schen Mechanik in jeder Sekunde eine Strecke von mehr als 2000 km zurücklegen. Das entspricht etwas weniger als einem Prozent der Lichtgeschwindigkeit ($c \approx 3\cdot 10^8\,\mathrm{m}/\mathrm{s}$). Im Wasserstoffatom ist das Elektron noch vergleichsmäßig langsam, und dennoch schon vergleichbar mit der Lichtgeschwindigkeit. In anderen Atomen bewegen sich die Elektronen noch schneller. Deshalb müssen bei der Beschreibung von Atomen auch relativistische Effekte beachtet werden. Das gilt auch für die quantenmechanische Beschreibung von Elektronen. Indem wir die relativistischen Effekte beachten, erhalten wir außerdem auch den Elektronenspin als neue Größe.

## Aufgabe 78

**Relativgeschwindigkeit**

Das linke Teilchen hat die Geschwindigkeit $v_1 = -0{,}8c$ und das rechte Teilchen bewegt sich mit $v_2 = 0{,}7c$ nach rechts. Wir stellen uns nun zunächst vor, dass wir nicht im Ruhesystem des Ausgangspunktes beginnen, sondern im Ruhesystem des linken Teilchens. Wenn wir nun eine Lorentz-Transformation im System des Ausgangspunktes durchführen möchten, dann erreichen wir das mithilfe der Matrix

$$\begin{pmatrix} \gamma_1 & \beta_1\gamma_1 \\ \beta_1\gamma_1 & \gamma_1 \end{pmatrix}.$$

Dabei ist $\beta_1 = v_1/c$. Anschließend führen wir die Lorentz-Transformation vom System des Ausgangspunktes ins System des rechten Teilchens durch. Dafür verwenden wir die Matrix

$$\begin{pmatrix} \gamma_2 & -\beta_2\gamma_2 \\ -\beta_2\gamma_2 & \gamma_2 \end{pmatrix}.$$

Die beiden Transformationen kombinieren sich also zu

$$\begin{aligned} \begin{pmatrix} \gamma_3 & -\beta_3\gamma_3 \\ -\beta_3\gamma_3 & \gamma_3 \end{pmatrix} &= \begin{pmatrix} \gamma_2 & -\beta_2\gamma_2 \\ -\beta_2\gamma_2 & \gamma_2 \end{pmatrix}\begin{pmatrix} \gamma_1 & \beta_1\gamma_1 \\ \beta_1\gamma_1 & \gamma_1 \end{pmatrix} \\ &= \gamma_1\gamma_2\begin{pmatrix} 1-\beta_1\beta_2 & \beta_1-\beta_2 \\ \beta_1-\beta_2 & 1-\beta_1\beta_2 \end{pmatrix}. \end{aligned}$$

Dabei ist es wichtig, die Matrizen in der richtigen Reihenfolge von rechts nach links zu multiplizieren.

Wir sind nun am Wert von $\gamma_3$ interessiert, weil dieser die addierte Geschwindigkeit $v_3$ enthält. Durch einen einfachen Koeffizientenvergleich sehen wir, dass

$$\gamma_3 = \gamma_1\gamma_2(1-\beta_1\beta_2)$$

ist. Wir formen um:

$$\begin{aligned} \gamma_3 &= \frac{1}{\sqrt{1-\beta_3^2}} \\ &= \frac{1-\beta_1\beta_2}{\sqrt{1-\beta_1^2}\sqrt{1-\beta_2^2}} \\ &= \frac{1-\beta_1\beta_2}{\sqrt{(1-\beta_1^2)(1-\beta_2^2)}} \\ &= \frac{1}{\sqrt{\frac{(1-\beta_1^2)(1-\beta_2^2)}{(1-\beta_1\beta_2)^2}}} \\ &= \frac{1}{\sqrt{1-\frac{(\beta_2-\beta_1)^2}{(1-\beta_1\beta_2)^2}}}. \end{aligned}$$

Es ist also

$$\frac{1}{\sqrt{1-\beta_3^2}} = \frac{1}{\sqrt{1-\left(\frac{(\beta_2-\beta_1)}{(1-\beta_1\beta_2)}\right)^2}}$$

oder

$$\beta_3 = \frac{v_3}{c} = \frac{(\beta_2-\beta_1)}{(1-\beta_1\beta_2)}.$$

So erhalten wir die addierte Geschwindigkeit

$$\begin{aligned} v_3 &= \frac{(v_2-v_1)}{\left(1-\frac{v_1v_2}{c^2}\right)} \\ &= \frac{(0{,}7+0{,}8)}{(1+0{,}7\cdot 0{,}8)}c \\ &= 0{,}962c. \end{aligned}$$

Das ist die Relativgeschwindigkeit der Teilchen.

## Aufgabe 79

**Eigenzeit**

Wir berechnen die Eigenzeit der bewegten Uhr:

$$\begin{aligned} \tau &= \int_0^{t_0} \frac{1}{\gamma}\,\mathrm{d}t \\ &= \int_0^{t_0} \sqrt{1-\frac{v^2}{c^2}}\,\mathrm{d}t \\ &= \int_0^{t_0} \sqrt{1-\frac{A^2t^2}{c^2}}\,\mathrm{d}t. \end{aligned}$$

Wir substituieren nun

$$\frac{At}{c} = \sin(u).$$

Damit ist

$$\frac{\mathrm{d}t}{\mathrm{d}u} = \frac{c}{A}\cos(u)$$

und wir erhalten das Integral

$$\begin{aligned}\tau &= \int_0^{\arcsin\left(\frac{At_0}{c}\right)} \sqrt{1-\sin^2(u)}\frac{c}{A}\cos(u)\,\mathrm{d}u \\ &= \frac{c}{A}\int_0^{\arcsin\left(\frac{At_0}{c}\right)} \cos^2(u)\,\mathrm{d}u \\ &= \frac{c}{A}\int_0^{\arcsin\left(\frac{At_0}{c}\right)} \left(\frac{1}{2}+\frac{1}{2}\cos(2u)\right)\mathrm{d}u \\ &= \frac{c}{A}\left(\frac{1}{2}u+\frac{1}{4}\sin(2u)\right)\Bigg|_0^{\arcsin\left(\frac{At_0}{c}\right)} \\ &= \frac{c\left(\arcsin\left(\frac{At_0}{c}\right)+\frac{1}{2}\sin\left(2\arcsin\left(\frac{At_0}{c}\right)\right)\right)}{2A}.\end{aligned}$$

Das ist die Zeit, die die bewegte Uhr zum Zeitpunkt $t_0$ anzeigt.

## Aufgabe 80

**Kontrahierter Zug**

Es muss gelten

$$l_{\text{Tunnel}} = \frac{1}{\gamma} l_{\text{Zug}}.$$

Wir formen diese Gleichung nach der Geschwindigkeit des Zugs $v$ um:

$$\begin{aligned} l_{\text{Tunnel}} &= \sqrt{1-\frac{v^2}{c^2}}\, l_{\text{Zug}} \\ l_{\text{Tunnel}}^2 &= \left(1-\frac{v^2}{c^2}\right) l_{\text{Zug}}^2 \\ v &= c\sqrt{1-\left(\frac{l_{\text{Tunnel}}}{l_{\text{Zug}}}\right)^2} \\ &= 93\,610\,\frac{\text{km}}{\text{s}}. \end{aligned}$$

## Aufgabe 81

**Flug zur Andromedagalaxie**

a) Wir betrachten das Ruhesystem auf der Erde $\mathscr{K}$, welches ein Inertialsystem ist. Außerdem führen wir ein instantanes Ruhesystem der Rakete $\mathscr{K}'$ ein, welches sich mit der Rakete bewegt und für infinitesimale Zeiten auch ein Inertialsystem ist. Da die Bewegung nur in einer Dimension erfolgt, müssen wir unsere Vierervektoren nur in zwei Dimensionen ($\mu \in \{0,1\}$) betrachten. Die Geschwindigkeit im System $\mathscr{K}'$ ist $\beta = 0$. So erhalten wir die Beschleunigung

$$(b')^\mu = c\gamma^4 \begin{pmatrix} \beta\dot{\beta} \\ \frac{\dot{\beta}}{\gamma^2}+\beta^2\dot{\beta} \end{pmatrix} = \begin{pmatrix} 0 \\ g \end{pmatrix}.$$

Mithilfe der Lorentz-Transformation erhalten wir auch die Beschleunigung im System $\mathscr{K}$:

$$\begin{aligned} b^\mu &= \begin{pmatrix} \gamma & \beta\gamma \\ \beta\gamma & \gamma \end{pmatrix} (b')^\mu \\ &= \begin{pmatrix} \beta\gamma g \\ \gamma g \end{pmatrix}. \end{aligned}$$

Die Ortskomponente der Beschleunigung im Erdsystem ist also $\gamma g$. Es ist aber auch (mit $\mathrm{d}t = \gamma \mathrm{d}\tau$)

$$b^x = \frac{\mathrm{d}}{\mathrm{d}\tau}u^x = \gamma\frac{\mathrm{d}}{\mathrm{d}t}(\gamma v).$$

So erhalten wir den Zusammenhang

$$g = \frac{\mathrm{d}}{\mathrm{d}t}(\gamma v).$$

Wir integrieren auf beiden Seiten nach der Zeit und erhalten mit der Anfangsbedingung $v(t=0)=0$ die Gleichung

$$gt = \gamma v.$$

Dabei müssen wir beachten, dass auch $\gamma$ selbst von der Geschwindigkeit abhängt. Wir formen nun nach $\beta = v/c$ um:

$$\begin{aligned} \gamma\beta &= \frac{gt}{c} \\ \frac{\beta}{\sqrt{1-\beta^2}} &= \frac{gt}{c} \\ \frac{\beta^2}{1-\beta^2} &= \left(\frac{gt}{c}\right)^2 \\ \beta^2 &= \frac{1}{\left(\frac{c}{gt}\right)^2+1} \\ \beta &= \frac{1}{\sqrt{1+\left(\frac{c}{gt}\right)^2}}. \end{aligned}$$

Damit kennen wir nun die Geschwindigkeit in Abhängigkeit von der Zeit. Es gilt $\beta < 1$, was im Einklang mit der speziellen Relativitätstheorie ist.

Wir können jetzt auch den Ort $x(t)$ in Abhängigkeit von der Zeit berechnen. Es ist

$$\begin{aligned} x(t) &= \int_0^t v(\tilde{t})\,\mathrm{d}\tilde{t} \\ &= \int_0^t c\beta(\tilde{t})\,\mathrm{d}\tilde{t} \\ &= \int_0^t \frac{c}{\sqrt{1+\left(\frac{c}{g\tilde{t}}\right)^2}}\,\mathrm{d}\tilde{t} \\ &= c\sqrt{\tilde{t}^2+\left(\frac{c}{g}\right)^2}\,\Bigg|_0^t \\ &= \frac{c^2}{g}\left(\sqrt{1+\left(\frac{gt}{c}\right)^2}-1\right). \end{aligned}$$

Mithilfe dieser Gleichung können wir die Zeit $t$ berechnen, innerhalb derer das Raumschiff die halbe Strecke

$$x = \frac{1}{2} \cdot 2{,}5 \cdot 10^6\,\mathrm{ly} = 1{,}18 \cdot 10^{22}\,\mathrm{m}$$

zurücklegt. Wir erhalten die Zeit

$$t = 3{,}94 \cdot 10^{13}\,\mathrm{s}.$$

In der zweiten Hälfte der Reise bremst das Raumschiff wieder ab. Das benötigt genauso viel Zeit wie das Beschleunigen in der ersten Hälfte. Die Gesamtzeit ist also $2t$.

Tatsächlich sind wir aber an der Eigenzeit $\tau$ interessiert. Diese erhalten wir durch

$$\begin{aligned}\tau &= \int_0^t \frac{1}{\gamma(\tilde{t})}\,\mathrm{d}\tilde{t} \\ &= \int_0^t \sqrt{1-\beta^2(\tilde{t})}\,\mathrm{d}\tilde{t} \\ &= \int_0^t \sqrt{1-\frac{(g\tilde{t})^2}{(g\tilde{t})^2+c^2}}\,\mathrm{d}\tilde{t} \\ &= \frac{c}{g}\,\mathrm{arsinh}\left(\frac{gt}{c}\right) \\ &= 4{,}51 \cdot 10^8\,\mathrm{s}.\end{aligned}$$

Im Raumschiff vergehen also etwas mehr als 14 Jahre. Die Uhr des Raumschiffs zeigt an, dass etwa 28 Jahre vergangen sind, wenn das Raumschiff bei der Andromeda-Galaxie ankommt.

b) In der Newton'schen Mechanik würde für die halbe Strecke einfach

$$s = \frac{1}{2} g t^2$$

oder

$$t = \sqrt{\frac{2s}{g}}$$

gelten. So ergibt sich

$$t = 4{,}91 \cdot 10^{10}\,\mathrm{s}.$$

Das entspricht einer Dauer von etwa 1556 Jahren. Das Raumschiff würde nach der Newton'schen Mechanik also erst nach 3112 Jahren ankommen.

## Aufgabe 82

**Gespannte Feder**

Die Feder ist in Ruhe und hat daher die zusätzliche Masse

$$m_{\mathrm{Spann}} = \frac{E_{\mathrm{Spann}}}{c^2} = \frac{\frac{1}{2}Dl^2}{c^2}.$$

Damit wiegt die gespannte Feder

$$m + \frac{\frac{1}{2}Dl^2}{c^2}.$$

## Aufgabe 83

**Äquivalenz von Masse und Energie**

Es ist:

$$\begin{aligned} m &= \frac{E}{c^2} \\ &= 12{,}53\,\mathrm{kg}.\end{aligned}$$

## Einführungsaufgabe 84

**Energie des harmonischen Oszillators**

Es gilt:

$$\begin{aligned} E &= \frac{m\omega^2\hat{x}^2}{2} \\ f &= \frac{\omega}{2\pi} = \frac{\sqrt{\frac{2E}{m\hat{x}^2}}}{2\pi} \\ &= 1{,}23\,\frac{1}{\mathrm{s}}.\end{aligned}$$

## Einführungsaufgabe 85

**Gedämpfte Schwingung**

Die Kreisfrequenz der gedämpften Schwingung ist

$$\Omega = \sqrt{\omega^2 - \gamma^2}.$$

Daraus lässt sich die Periodendauer

$$T = \frac{2\pi}{\Omega} = \frac{2\pi}{\sqrt{\omega^2-\gamma^2}}$$

errechnen. Die Amplitude klingt mit der Exponentialfunktion $\exp(-\gamma t)$ ab. Wir müssen also die Gleichung

$$\frac{1}{2} = \exp(-\gamma T \cdot 25) = \exp\left(-\frac{50\pi\gamma}{\sqrt{\omega^2-\gamma^2}}\right)$$

lösen. Wir erhalten

$$\begin{aligned}\gamma &= \sqrt{\frac{(\omega \ln(2))^2}{(50\pi)^2 + (\ln(2))^2}} \\ &= 4{,}41 \cdot 10^{-3}\,\frac{1}{\mathrm{s}}.\end{aligned}$$

## Einführungsaufgabe 86

**Harmonische Welle**

Es ist $\omega = ck$. Dabei ist

$$\begin{aligned}\omega &= 2\pi f \\ k &= \frac{2\pi}{\lambda}.\end{aligned}$$

So erhalten wir

$$\lambda = \frac{c}{f} = 2{,}33\,\mathrm{m}.$$

## Einführungsaufgabe 87

**Doppler-Effekt**

a) Es ist

$$f' = \frac{f}{1-\frac{v}{c}} = 485{,}46\,\text{Hz}.$$

b) Es ergibt sich

$$v = c\left(1-\frac{f}{f'}\right) = c\left(1-\frac{1}{2}\right) = \frac{c}{2} = 171{,}5\,\frac{\text{m}}{\text{s}}.$$

## Verständnisaufgabe 88

**Doppler-Effekt bei bewegtem Empfänger**

Ja. Wenn sich die Quelle bewegt, dann wird die Frequenz

$$f' = \frac{f}{1-\frac{v}{c}}$$

empfangen (bei negativer Geschwindigkeit $v$). Diese Frequenz wird bei hohen Geschwindigkeiten sehr klein, aber nie Null. Wenn sich dagegen der Empfänger bewegt, dann kann er der Schallwelle der Quelle einfach entfliehen, indem er sich mit Überschallgeschwindigkeit bewegt. Wenn sich also eine Welle durch ein Medium bewegt, dann macht es einen Unterschied, ob sich die Quelle oder der Empfänger im Medium bewegt. Dabei ist hier die Bewegung relativ zur Luft relevant.

## Aufgabe 89

**Feder und Masse**

Die Federkonstante beträgt

$$D = \frac{3\,\text{N}}{1\,\text{m}} = 3\,\frac{\text{N}}{\text{m}}.$$

Aus Gleichung (5.18) erhalten wir die Kreisfrequenz

$$\omega = \sqrt{\frac{D}{m}} = 1\,\frac{1}{\text{s}}$$

des Systems. So ergibt sich die Frequenz

$$f = \frac{\omega}{2\pi} = 0{,}159\,\text{Hz}.$$

## Aufgabe 90

**Fadenpendel**

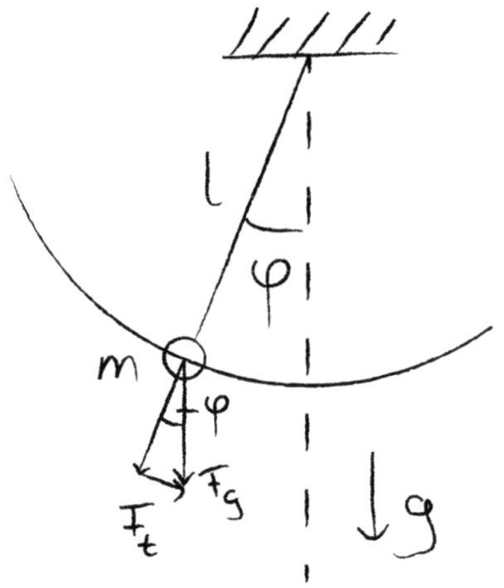


a) Wenn das Pendel um den Winkel $\varphi$ ausgelenkt wird, dann wirkt die tangentiale Kraftkomponente

$$F_t = -mg \cdot \sin(\varphi).$$

Die Beschleunigung der Masse ist

$$a = l\ddot{\varphi}.$$

Nach $F = ma$ gilt also

$$-g\sin(\varphi) = l\ddot{\varphi}.$$

Das ist nicht die Bewegungsgleichung eines harmonischen Oszillators.

b) Für kleine Winkel $\varphi$ ist

$$\sin(\varphi) \approx \varphi.$$

Damit vereinfacht sich die Bewegungsgleichung zu

$$\ddot{\varphi} = -\frac{g}{l}\varphi.$$

Das ist nun die Bewegungsgleichung eines harmonischen Oszillators. Folglich kennen wir die Lösung der Differentialgleichung bereits aus Gleichung (5.12):

$$\varphi(t) = \hat{\varphi} \cdot \sin\left(\sqrt{\frac{g}{l}}t + \varphi_0\right).$$

c) Die Kreisfrequenz des Pendels bei kleinen Auslenkungen ist

$$\omega = \sqrt{\frac{g}{l}}.$$

So ergibt sich die Frequenz

$$f = \frac{\sqrt{\frac{g}{l}}}{2\pi}.$$

d) Wenn das Pendel um die Strecke $A$ ausgelenkt wird, dann ist der Winkel $\varphi = A/l$. Wenn das Pendel fallengelassen wird, ist es im ersten Moment in Ruhe. Die Anfangsbedingungen sind also

$$\varphi(0) = \frac{A}{l}$$
$$\dot{\varphi}(0) = 0.$$

Wir setzen die Funktion $\varphi(t)$ ein und erhalten

$$\frac{A}{l} = \hat{\varphi}\sin(\varphi_0)$$
$$0 = \hat{\varphi}\sqrt{\frac{g}{l}}\cos(\varphi_0).$$

Aus der zweiten Bedingung erhalten wir

$$\varphi_0 = \frac{(2n+1)\pi}{2}$$

mit einer ganzen Zahl $n$. Damit ist $\sin(\varphi) = (-1)^n$ und

$$\hat{\varphi} = (-1)^n \frac{A}{l}.$$

Das Vorzeichen hängt hier davon ab, welchen Wert wir für $n$ wählen. Wir können das Ergebnis auch einfacher in einen Kosinus umschreiben. Es ist

$$\varphi(t) = \frac{A}{l}\cos\left(\sqrt{\frac{g}{l}}t\right).$$

## Aufgabe 91

**Getriebenes Federpendel**

Wir ignorieren die Ruhelänge der Feder. Die Masse hat die Position $x(t)$. Damit ist die Feder um die Länge $x - y$ gestreckt. Wir erhalten die Federkraft

$$F = -D(x-y).$$

Die Bewegungsgleichung ist damit

$$\frac{m}{D}\ddot{x} + x = y.$$

Die Lösung der homogenen Gleichung

$$\frac{m}{D}\ddot{x} + x = 0$$

kennen wir bereits:

$$x(t) = \hat{x}\sin\left(\sqrt{\frac{D}{m}}t + \varphi_0\right).$$

a) Als Ansatz für die partikuläre Lösung der Differentialgleichung

$$\frac{m}{D}\ddot{x} + x = At$$

wählen wir die Funktion

$$y(t) = Bt.$$

Einsetzen in die Gleichung führt uns auf die Bedingung $B = A$. Die partikuläre Lösung ist also $x(t) = At$. Das entspricht der kollektiven gleichförmigen Bewegung des ganzen Pendels mit Geschwindigkeit $A$. Die allgemeine Lösung ist

$$x(t) = \hat{x}\sin\left(\sqrt{\frac{D}{m}}t + \varphi_0\right) + At.$$

b) Hier ist die inhomogene Differentialgleichung

$$\frac{m}{D}\ddot{x} + x = Ae^{-Bt}.$$

Als Ansatz für die partikuläre Lösung verwenden wir die Funktion

$$x(t) = Ee^{Ft}.$$

Wir setzen diese Funktion in die Differentialgleichung ein und erhalten

$$E = \frac{A}{\frac{m}{D}B^2 + 1}$$
$$F = -B.$$

Die Gesamtlösung ist also

$$x(t) = \hat{x}\sin\left(\sqrt{\frac{D}{m}}t + \varphi_0\right) + \frac{A}{\frac{m}{D}B^2 + 1}e^{-Bt}.$$

## Aufgabe 92

**Molekülschwingungen**

a) Das Morse-Potential sieht folgendermaßen aus.

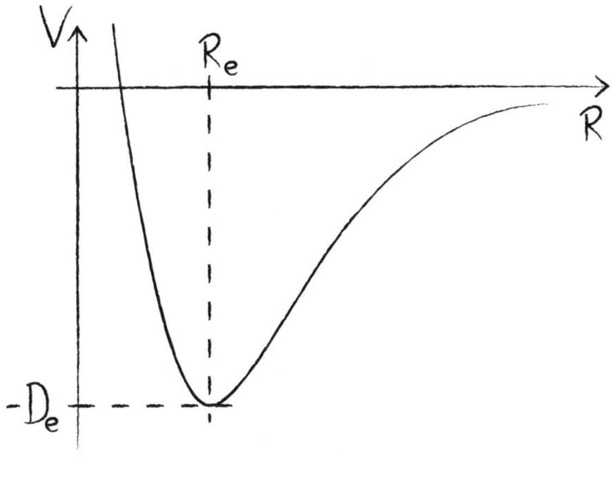


Das Molekül kann Schwingungen ausführen. Dabei ist die Abstoßungskraft der Atome, wenn sie sich nahekommen, stärker als die Anziehungskraft, wenn sie sich voneinander entfernen. Die Schwingungen sind deshalb nicht harmonisch, sondern asymmetrisch. Je größer die Schwingungsamplitude, desto größer wird deshalb auch der mittlere Abstand der Atome.

Wenn die Schwingungsenergie größer als $D_e$ ist, dann ist die Bindungsenergie des Moleküls überschritten und das Molekül löst sich in seine Bestandteile auf.

b) Wir berechnen die Taylorreihe für kleine Werte von $(R - R_e)$. Die Ableitungen des Potentials sind:

$$V = D_e \cdot \left(1 - e^{-a(R-R_e)}\right)^2 - D_e$$
$$\frac{d}{d(R-R_E)} V = 2D_e a e^{-a(R-R_e)} \left(1 - e^{-a(R-R_e)}\right)$$
$$\frac{d^2}{d(R-R_E)^2} V = -2D_e a \left(a e^{-a(R-R_e)} - 2a e^{-2a(R-R_e)}\right).$$

So erhalten wir die Taylorreihe

$$\begin{aligned} V(R) &= D_e \cdot \left(1 - e^{-a \cdot 0}\right)^2 - D_e \\ &\quad + \left[2D_e a e^{-a \cdot 0}\left(1 - e^{-a \cdot 0}\right)\right] \cdot (R - R_e) \\ &\quad + \left[-2D_e a\left(a e^{-a \cdot 0} - 2a e^{-2a \cdot 0}\right)\right] \cdot \frac{(R-R_e)^2}{2} \\ &\quad + \mathcal{O}\left((R-R_e)^3\right) \\ &= -D_e + D_e a^2 (R-R_e)^2 + \mathcal{O}\left((R-R_e)^3\right). \end{aligned}$$

Wir vergleichen das mit dem Potential eines harmonischen Oszillators,

$$V(x) = \frac{m\omega^2}{2} x^2.$$

$m$ ist üblicherweise die Masse des schwingenden Objekts. Da wir hier aber mit der Relativkoordinate arbeiten, müssen wir die reduzierte Masse $\mu$ einsetzen. Diese berechnet sich aus der Masse eines einzelnen Atoms durch

$$\mu = \frac{m}{2}.$$

So erhalten wir die Kreisfrequenz der Schwingung:

$$\begin{aligned} D_e a^2 &= \frac{\mu\omega^2}{2} \\ D_e a^2 &= \frac{m\omega^2}{4} \\ \omega &= \sqrt{\frac{4D_e a^2}{m}}. \end{aligned}$$

Die Schwingungsfrequenz des Moleküls für kleine Amplituden beträgt also

$$f = \frac{a}{\pi}\sqrt{\frac{D_e}{m}}.$$

## Aufgabe 93

**Normalschwingungen**

a) Die Bewegungsgleichungen sind:

$$\begin{aligned} m\ddot{x}_1 &= -Dx_1 - D(x_1 - x_2) \\ m\ddot{x}_2 &= D(x_1 - x_2) - D(x_2 - x_3) \\ m\ddot{x}_3 &= D(x_2 - x_3) - Dx_3. \end{aligned}$$

Umformen ergibt:

$$\begin{aligned} m\ddot{x}_1 &= -2Dx_1 + Dx_2 \\ m\ddot{x}_2 &= Dx_1 - 2Dx_2 + Dx_3 \\ m\ddot{x}_3 &= Dx_2 - 2Dx_3. \end{aligned}$$

b) Wir schreiben um:

$$m\ddot{\boldsymbol{x}} = -\begin{pmatrix} 2D & -D & 0 \\ -D & 2D & -D \\ 0 & -D & 2D \end{pmatrix} \boldsymbol{x}.$$

c) Wir erhalten die Eigenwerte der Matrix, indem wir die Nullstellen des charakteristischen Polynoms finden:

$$\begin{aligned} 0 &= \left| \begin{pmatrix} 2D-\lambda & -D & 0 \\ -D & 2D-\lambda & -D \\ 0 & -D & 2D-\lambda \end{pmatrix} \right| \\ &= (2D-\lambda)^3 - 2D^2(2D-\lambda) \\ &= (2D-\lambda)\left[(2D-\lambda)^2 - 2D^2\right]. \end{aligned}$$

Die erste Nullstelle des Polynoms ist

$$\lambda_1 = 2D.$$

Die anderen Nullstellen finden wir, indem wir die zweite quadratische Gleichung lösen:

$$0 = (2D-\lambda)^2 - 2D^2.$$

Es ergeben sich die Nullstellen

$$\lambda_{2,3} = \left(2 \pm \sqrt{2}\right) D.$$

Wir können nun auch die Eigenvektoren berechnen. Dafür lösen wir die linearen Gleichungssysteme

$$\boldsymbol{D}\boldsymbol{x}_i = \lambda_i \boldsymbol{x}_i.$$

So ist der erste Eigenvektor bestimmt durch:

$$\begin{aligned} 2Dx_1 - Dx_2 &= 2Dx_1 \\ -Dx_1 + 2Dx_2 - Dx_3 &= 2Dx_2 \\ -Dx_2 + 2Dx_3 &= 2Dx_3. \end{aligned}$$

Als Lösung des Gleichungssystems erhalten wir den Vektor

$$\boldsymbol{x}_1 = \begin{pmatrix} t \\ 0 \\ -t \end{pmatrix}.$$

Analog erhalten wir auch die anderen Eigenvektoren

$$\boldsymbol{x}_{2,3} = \begin{pmatrix} t \\ \mp\sqrt{2}t \\ t \end{pmatrix}.$$

d) Wie transformieren die Bewegungsgleichung nun, sodass die Matrix $D$ in Diagonalform ist:

$$\ddot{\tilde{\boldsymbol{x}}} = -\frac{\tilde{\boldsymbol{D}}}{m}\tilde{\boldsymbol{x}}$$

$$\begin{pmatrix} \ddot{\tilde{x}}_1 \\ \ddot{\tilde{x}}_2 \\ \ddot{\tilde{x}}_3 \end{pmatrix} = -\frac{D}{m}\begin{pmatrix} 2 & 0 & 0 \\ 0 & \left(2+\sqrt{2}\right) & 0 \\ 0 & 0 & \left(2-\sqrt{2}\right) \end{pmatrix}\begin{pmatrix} \tilde{x}_1 \\ \tilde{x}_2 \\ \tilde{x}_3 \end{pmatrix}.$$

Jede dieser Zeilen stellt nun die Gleichung eines harmonischen Oszillators dar. Es gilt also

$$\tilde{x}_1(t) = A_1\sin(\omega_1 t + \varphi_1)$$
$$\tilde{x}_2(t) = A_2\sin(\omega_2 t + \varphi_2)$$
$$\tilde{x}_3(t) = A_3\sin(\omega_3 t + \varphi_3)$$

mit den Kreisfrequenzen

$$\omega_i = \sqrt{\frac{\lambda_i}{m}}.$$

Wir können nun zurück in die ursprüngliche Basis transformieren und erhalten

$$\begin{aligned}\boldsymbol{x}(t) &= \boldsymbol{x}_1 A_1\sin(\omega_1 t + \varphi_1) \\ &\quad + \boldsymbol{x}_2 A_2\sin(\omega_2 t + \varphi_2) \\ &\quad + \boldsymbol{x}_3 A_3\sin(\omega_3 t + \varphi_3).\end{aligned}$$

e) Die Lösung der Bewegungsgleichung setzt sich hier aus drei Normalschwingungen zusammen, die sich überlagern. Die Normalschwingungen werden über die Eigenvektoren repräsentiert.

Der erste Eigenvektor entspricht der folgenden abgebildeten Oszillationsbewegung.

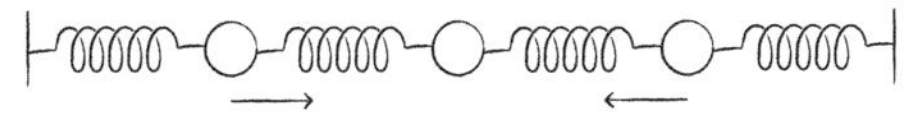

Dabei bleibt die mittlere Masse in Ruhe.

Der zweite Eigenvektor entspricht der folgenden Oszillationsbewegung.

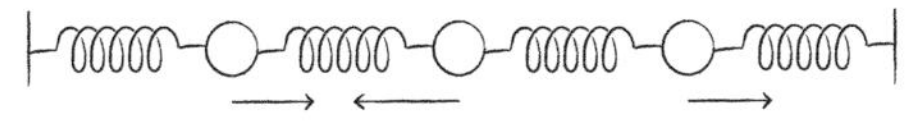

Der dritte Eigenvektor entspricht der folgenden Oszillationsbewegung.

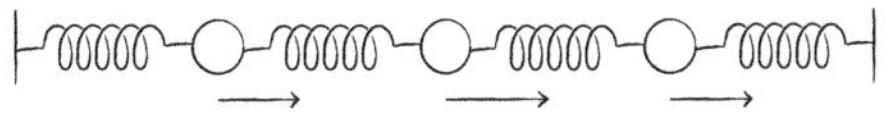

Die Eigenwerte von $\boldsymbol{D}$ führen auf die Eigenfrequenzen $\omega_i$. Das sind die Kreisfrequenzen, mit denen die verschiedenen Normalschwingungen oszillieren.

## Aufgabe 94

**Doppler-Effekt einer bewegten Quelle**

Relevant ist die Geschwindigkeit der Schallquelle auf den Beobachter zu oder vom Beobachter weg.

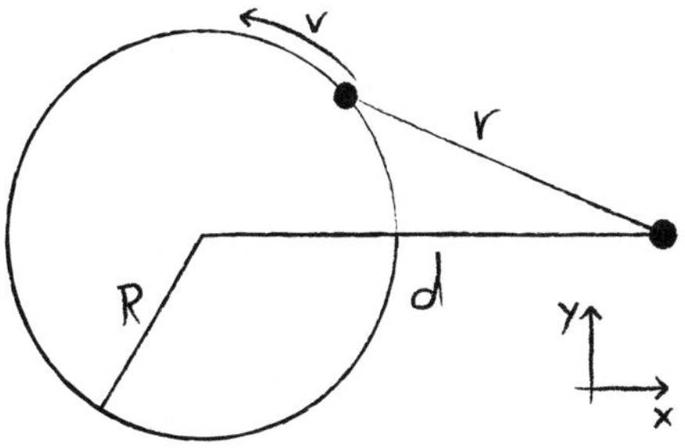


Die Kreisfrequenz der Bewegung ist

$$\omega = \frac{v}{R}.$$

Die Trajektorie der Quelle können wir als

$$\begin{pmatrix} R\cos(\omega t) \\ R\sin(\omega t) \end{pmatrix}$$

schreiben. Der Abstand zwischen Quelle und Empfänger ist damit

$$\begin{aligned} r &= \left| \begin{pmatrix} d - R\cos(\omega t) \\ -R\sin(\omega t) \end{pmatrix} \right| \\ &= \sqrt{(d - R\cos(\omega t))^2 + R^2\sin^2(\omega t)} \\ &= \sqrt{d^2 - 2dR\cos(\omega t) + R^2\cos^2(\omega t) + R^2\sin^2(\omega t)} \\ &= \sqrt{d^2 - 2dR\cos(\omega t) + R^2}. \end{aligned}$$

Die Geschwindigkeit der Quelle in Richtung auf den Empfänger zu ist die negative Ableitung des Abstands:

$$v = -\dot{r} = \frac{-dR\omega\sin(\omega t)}{\sqrt{d^2 + R^2 - 2dR\cos(\omega t)}}.$$

So erhalten wir die durch die Doppler-Verschiebung veränderte Frequenz

$$f(t) = \frac{f_0}{1-\frac{\dot{v}}{c}} = \frac{f_0}{1+\frac{dR\omega\sin(\omega t)}{c\sqrt{d^2+R^2-2dR\cos(\omega t)}}} = \frac{f_0}{1+\frac{dv\sin(\omega t)}{c\sqrt{d^2+R^2-2dR\cos(\omega t)}}}.$$

Für große Abstände $d \gg R$ erhalten wir einfach

$$f(t) = \frac{f_0}{1+\frac{v\sin(\omega t)}{c}}.$$

Bonus: Wenn ein Planet um einen Stern kreist, dann wird dieser durch die Gravitationskraft des Planeten hin- und herbewegt. Sterne mit Planeten führen also auch kleine Kreisbewegungen aus. Durch den Doppler-Effekt können wir das als Schwankungen der Frequenz des vom Stern ausgestrahlten Lichts messen. So können wir weit entfernte Planeten detektieren und auch einige Aussagen über ihre Eigenschaften machen. Wenn ein Stern mehrere Planeten hat, dann führt er keine einfachen Kreisbewegungen, sondern kompliziertere Trajektorien aus.

## Aufgabe 95

**Schwingender Stab**

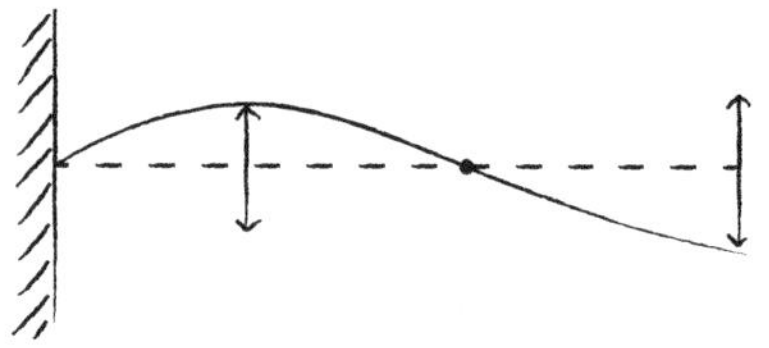

Der Stab hat zwei Enden, deshalb breiten sich stehende Wellen aus. An der Stelle, an der der Stab fest eingespannt ist, befindet sich ein Knoten. Am offenen Ende befindet sich ein Bauch der Welle. So erhalten wir die Bedingung

$$\lambda_i = \frac{4l}{(2i-1)}$$

mit $i \in \mathbb{N}$.

## Aufgabe 96

**Dispersionsrelation**

a) Die Dispersionsrelation finden wir, indem wir die Wellenfunktion mit anderen Wellenfunktionen vergleichen. So können wir die Kreisfrequenz identifizieren:

$$\omega(k) = \frac{\hbar k^2}{2m}.$$

b) Die Phasengeschwindigkeit ist

$$v_\mathrm{p} = \frac{\omega(k)}{k} = \frac{\hbar k}{2m}.$$

c) Die Gruppengeschwindigkeit ist

$$v_\mathrm{g} = \frac{\partial\omega(k)}{\partial k} = \frac{\hbar k}{m}.$$

d) Es ist

$$\frac{v_\mathrm{p}}{v_\mathrm{g}} = \frac{1}{2}.$$

## Aufgabe 97

**Interferenz von Schallwellen**

a) Eine einzelne Kugelwelle hat die Wellenfunktion

$$\xi_0(r,t) = \frac{\hat{\xi}}{r}\sin(kr-\omega t).$$

Wenn sich die beiden Wellen überlagern, dann hängt die Funktion $\xi$ nicht mehr nur vom Radius ab. Wir platzieren den Koordinatenursprung in der Mitte zwischen den Lautsprechern. Dann erhalten wir

$$\xi(\boldsymbol{r},t) = \xi_0\left(\boldsymbol{r}-\frac{d}{2}\hat{\boldsymbol{e}}_x,t\right) + \xi_0\left(\boldsymbol{r}+\frac{d}{2}\hat{\boldsymbol{e}}_x,t\right).$$

Am Empfänger kommt das Signal

$$\xi(\boldsymbol{r}=a\hat{\boldsymbol{e}}_y,t) = \frac{2\hat{\xi}}{\sqrt{a^2+\frac{d^2}{4}}}\cdot\sin\left(\underbrace{k\sqrt{a^2+\frac{d^2}{4}}}_{\varphi}-\omega t\right)$$

an.

b) Die Amplitude ist

$$\frac{2\hat{\xi}}{\sqrt{a^2+\frac{d^2}{4}}}.$$

Für $a \ll d$ ergibt die Taylorreihe

$$\frac{2\hat{\xi}}{\sqrt{a^2+\frac{d^2}{4}}} = \frac{4\hat{\xi}}{d} + \mathcal{O}(a^2).$$

In diesem Bereich ist die Amplitude also nahezu konstant in $a$.

Für große Abstände $a \gg d$ ergibt sich dagegen

$$\frac{2\hat{\xi}}{\sqrt{a^2+\frac{d^2}{4}}} = \frac{2\hat{\xi}}{a} + \mathcal{O}(d^2).$$

Das ist das Ergebnis, das wir auch erwarten würden, wenn sich beide Lautsprecher an demselben Ort befänden. Aus einer großen Entfernung $d$ sieht die Welle also aus wie die einfache Kugelwelle einer einzelnen Schallquelle.

c) Wenn die Lautsprecher eine Phasendifferenz von $\pi$ zueinander haben, dann ist das empfangene Signal

$$\begin{aligned}\xi(\boldsymbol{r}=a\hat{\boldsymbol{e}}_y,t) &= \frac{\hat{\xi}}{\sqrt{a^2+\frac{d^2}{4}}}\cdot\sin\left(k\sqrt{a^2+\frac{d^2}{4}}-\omega t\right)\\ &\quad+\frac{\hat{\xi}}{\sqrt{a^2+\frac{d^2}{4}}}\cdot\sin\left(k\sqrt{a^2+\frac{d^2}{4}}-\omega t+\pi\right)\\ &=0.\end{aligned}$$

In diesem Fall löschen sich die Schallwellen am Empfänger also gerade gegenseitig aus. Es wird kein Signal empfangen.

## Einführungsaufgabe 98

**Dichte eines Würfels**

Es ist

$$\begin{aligned}\rho &= \frac{m}{V}\\ &= \frac{686\,\mathrm{g}}{(7\,\mathrm{cm})^3}\\ &= \frac{686\cdot10^{-3}\,\mathrm{kg}}{(7\cdot10^{-2}\,\mathrm{m})^3}\\ &= 2\cdot10^3\,\frac{\mathrm{kg}}{\mathrm{m}}.\end{aligned}$$

## Einführungsaufgabe 99

**Kugelmasse**

a) Wir integrieren in Kugelkoordinaten über das Volumen der Kugel:

$$\begin{aligned}M &= \int_V \mathrm{d}V\,\rho(\boldsymbol{r})\\ &= \rho\int_0^R \mathrm{d}r\int_0^\pi \mathrm{d}\vartheta\int_0^{2\pi}\mathrm{d}\varphi\, r^2\sin(\vartheta)\\ &= 2\rho\pi\frac{R^3}{3}\cdot 2\\ &= \rho\frac{4\pi R^3}{3}.\end{aligned}$$

b) Es ist

$$\begin{aligned}M &= \int_0^R \mathrm{d}r\int_0^\pi \mathrm{d}\vartheta\int_0^{2\pi}\mathrm{d}\varphi\, r^2\sin(\vartheta)\,\rho(r)\\ &= a\int_0^R \mathrm{d}r\int_0^\pi \mathrm{d}\vartheta\int_0^{2\pi}\mathrm{d}\varphi\, r^3\sin(\vartheta)\\ &= \frac{a\cdot2\pi\cdot2\cdot R^4}{4}\\ &= a\pi R^4.\end{aligned}$$

c) Es ist

$$\begin{aligned}M &= \int_0^R \mathrm{d}r\int_0^\pi \mathrm{d}\vartheta\int_0^{2\pi}\mathrm{d}\varphi\, r^2\sin(\vartheta)\,\rho(r)\\ &= a\int_0^R \mathrm{d}r\int_0^\pi \mathrm{d}\vartheta\int_0^{2\pi}\mathrm{d}\varphi\, r^4\sin^2(\vartheta)\,(\cos(\varphi)+1)\\ &= a\frac{R^5}{5}\int_0^\pi \mathrm{d}\vartheta\int_0^{2\pi}\mathrm{d}\varphi\,\sin^2(\vartheta)\,(\cos(\varphi)+1)\\ &= a\frac{R^5}{5}\frac{\pi}{2}\int_0^{2\pi}\mathrm{d}\varphi\,(\cos(\varphi)+1)\\ &= a\frac{R^5\pi}{10}(0+2\pi)\\ &= \frac{a\pi^2R^5}{5}.\end{aligned}$$

d) Wir können die Rechnung hier in zwei Integrale aufteilen:

$$\begin{aligned}M &= \int_0^R \mathrm{d}r\int_0^\pi \mathrm{d}\vartheta\int_0^{2\pi}\mathrm{d}\varphi\, r^2\sin(\vartheta)\,\rho(z)\\ &= \int_0^R \mathrm{d}r\int_0^\pi \mathrm{d}\vartheta\int_0^{2\pi}\mathrm{d}\varphi\, r^2\sin(\vartheta)\,\rho_0\left(1+\frac{1}{R}z\right)\\ &= \frac{4\rho_0\pi R^3}{3}+\int_0^R \mathrm{d}r\int_0^\pi \mathrm{d}\vartheta\int_0^{2\pi}\mathrm{d}\varphi\, r^2\sin(\vartheta)\,\rho_0\frac{1}{R}z.\end{aligned}$$

Das erste Integral haben wir bereits für die Kugel mit konstanter Masse gelöst. Die zweite Hälfte können wir mithilfe von Symmetriebetrachtungen lösen. Wir betrachten hier gewissermaßen eine Kugel, deren untere Hälfte eine negative Dichte hat, während die obere Hälfte die gespiegelte positive Dichte hat ($\rho(z)=-\rho(-z)$). Deshalb wissen wir sofort, dass die Gesamtmasse dieser gedachten Kugel verschwinden muss. Wir integrieren gewissermaßen über eine ungerade Funktion mit symmetrischen Grenzen. Deshalb ist

$$M=\frac{4\rho_0\pi R^3}{3}.$$

## Einführungsaufgabe 100

**Schwerpunkt eines Quaders**

a) Die Masse ist

$$\begin{aligned}M &= \int_V \rho\,\mathrm{d}V\\ &= \int_0^a\int_0^b\int_0^c \rho\,\mathrm{d}z\,\mathrm{d}y\,\mathrm{d}x\\ &= abc\rho.\end{aligned}$$

8

Der Schwerpunkt ist

$$\begin{aligned}R &= \frac{1}{M}\int_V \rho\boldsymbol{r}\,\mathrm{d}V\\ &= \frac{\rho}{abc\rho}\int_0^a\int_0^b\int_0^c \boldsymbol{r}\,\mathrm{d}z\,\mathrm{d}y\,\mathrm{d}x\\ &= \frac{1}{abc}\begin{pmatrix}\frac{a^2}{2}bc\\ a\frac{b^2}{2}c\\ ab\frac{c^2}{2}\end{pmatrix}\\ &= \frac{1}{2}\begin{pmatrix}a\\ b\\ c\end{pmatrix}.\end{aligned}$$

b) Die Masse ist

$$\begin{aligned}M &= \int_V \rho(\boldsymbol{r})\,\mathrm{d}V\\ &= \int_0^a\int_0^b\int_0^c A\cdot(x+y+z)\,\mathrm{d}z\,\mathrm{d}y\,\mathrm{d}x\\ &= \frac{Aabc}{2}[a+b+c].\end{aligned}$$

Der Schwerpunkt ist

$$\begin{aligned}R &= \frac{1}{M}\int_V \rho(\boldsymbol{r})\boldsymbol{r}\,\mathrm{d}V\\ &= \frac{1}{\frac{Aabc}{2}[a+b+c]}\int_0^a\int_0^b\int_0^c \rho(\boldsymbol{r})\boldsymbol{r}\,\mathrm{d}z\,\mathrm{d}y\,\mathrm{d}x\\ &= \frac{A}{\frac{Aabc}{2}[a+b+c]}\int_0^a\int_0^b\int_0^c \begin{pmatrix}x^2+xy+xz\\ xy+y^2+yz\\ xz+yz+z^2\end{pmatrix}\mathrm{d}z\,\mathrm{d}y\,\mathrm{d}x\\ &= \frac{2}{abc[a+b+c]}\begin{pmatrix}\frac{a^3}{3}bc+\frac{a^2b^2}{4}c+\frac{a^2c^2}{4}b\\ \frac{a^2b^2}{4}c+\frac{b^3}{3}ac+\frac{b^2c^2}{4}a\\ \frac{a^2c^2}{4}b+\frac{b^2c^2}{4}a+\frac{c^3}{3}ab\end{pmatrix}\\ &= \frac{2}{[a+b+c]}\begin{pmatrix}\frac{a^2}{3}+\frac{ab}{4}+\frac{ac}{4}\\ \frac{ab}{4}+\frac{b^2}{3}+\frac{bc}{4}\\ \frac{ac}{4}+\frac{bc}{4}+\frac{c^2}{3}\end{pmatrix}.\end{aligned}$$

c) Die Masse ist

$$\begin{aligned}M &= \int_V \rho(\boldsymbol{r})\,\mathrm{d}V\\ &= \int_0^a\int_0^b\int_0^c A\cdot xyz\,\mathrm{d}z\,\mathrm{d}y\,\mathrm{d}x\\ &= \frac{Aa^2b^2c^2}{8}.\end{aligned}$$

Der Schwerpunkt ist

$$\begin{aligned}R &= \frac{1}{M}\int_V \rho(\boldsymbol{r})\boldsymbol{r}\,\mathrm{d}V\\ &= \frac{8}{Aa^2b^2c^2}\int_0^a\int_0^b\int_0^c \rho(\boldsymbol{r})\boldsymbol{r}\,\mathrm{d}z\,\mathrm{d}y\,\mathrm{d}x\\ &= \frac{8}{a^2b^2c^2}\int_0^a\int_0^b\int_0^c \begin{pmatrix}x^2yz\\ xy^2z\\ xyz^2\end{pmatrix}\mathrm{d}z\,\mathrm{d}y\,\mathrm{d}x\\ &= \frac{8}{12a^2b^2c^2}\begin{pmatrix}a^3b^2c^2\\ a^2b^3c^2\\ a^2b^2c^3\end{pmatrix}\\ &= \frac{2}{3}\begin{pmatrix}a\\ b\\ c\end{pmatrix}.\end{aligned}$$

## Einführungsaufgabe 101

**Schwerpunkt eines Dreiecks**

Die Fläche des Dreiecks ist

$$A = \frac{1}{2}\cdot 3\cdot 3 = 4{,}5.$$

Das Dreieck hat die Höhe 3 in $y$-Richtung und die Begrenzungen $y/3+1 \le x \le -2y/3+4$ in $x$-Richtung. Den Schwerpunkt des Dreiecks berechnen wir nun mithilfe des folgenden Integrals:

$$\begin{aligned}\boldsymbol{R} &= \frac{1}{A}\int_A \boldsymbol{r}\,\mathrm{d}A\\ &= \frac{1}{A}\int_0^3 \mathrm{d}y \int_{y/3+1}^{-2y/3+4}\mathrm{d}x \begin{pmatrix}x\\ y\end{pmatrix}\\ &= \frac{1}{A}\int_0^3 \mathrm{d}y \begin{pmatrix}\frac{(-2y/3+4)^2-(y/3+1)^2}{2}\\ y[(-2y/3+4)-(y/3+1)]\end{pmatrix}\\ &= \frac{1}{A}\int_0^3 \mathrm{d}y \begin{pmatrix}\frac{1}{6}y^2-3y+\frac{15}{2}\\ -y^2+3y\end{pmatrix}\\ &= \frac{1}{A}\begin{pmatrix}\frac{1}{18}y^3-\frac{3}{2}y^2+\frac{15}{2}y\\ -\frac{1}{3}y^3+\frac{3}{2}y^2\end{pmatrix}\Bigg|_0^3\\ &= \frac{1}{A}\begin{pmatrix}\frac{27}{18}-\frac{27}{2}+\frac{45}{2}\\ -\frac{27}{3}+\frac{27}{2}\end{pmatrix}\\ &= \frac{1}{A}\begin{pmatrix}\frac{21}{2}\\ \frac{9}{2}\end{pmatrix}\\ &= \begin{pmatrix}\frac{7}{3}\\ 1\end{pmatrix}.\end{aligned}$$

## Einführungsaufgabe 102

**Schwerpunkt eines Kegels**

Die Dichte des Kegels ist konstant. Deshalb rechnen wir nicht mit der Masse, sondern einfach mit dem Volumen und ignorieren die konstante Dichte. Der Kegel habe den Radius $R$:

$$\begin{aligned} V &= \int_0^h dz \int_0^{2\pi} d\varphi \int_0^{\frac{R}{h}z} dr\, r \\ &= 2\pi \int_0^h \frac{\frac{R^2}{h^2}z^2}{2} \\ &= \frac{\pi R^2}{h^2}\frac{h^3}{3} \\ &= \frac{\pi h R^2}{3}. \end{aligned}$$

Um die Integration etwas zu vereinfachen, haben wir den Kegel im Koordinatensystem auf den Kopf gestellt.

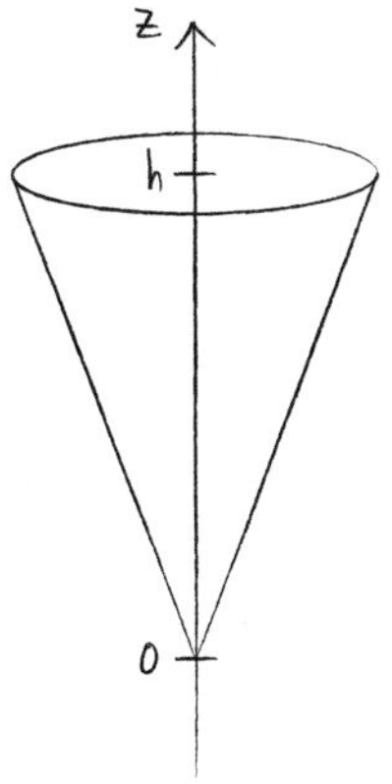


Wir können annehmen, dass sich der Schwerpunkt auf der Symmetrieachse des Kegels befindet. Deshalb berechnen wir nur die $z$-Komponente des Schwerpunktes. Dafür verwenden wir wieder den umgekehrten Kegel:

$$\begin{aligned} Z &= \frac{1}{V}\int_0^h dz \int_0^{2\pi} d\varphi \int_0^{\frac{R}{h}z} dr\, rz \\ &= \frac{2\pi}{V}\int_0^h dz\, z \frac{\frac{R^2}{h^2}z^2}{2} \\ &= \frac{\pi R^2}{h^2 V}\frac{h^4}{4} \\ &= \frac{\pi h^2 R^2}{4V} \\ &= \frac{3h}{4}. \end{aligned}$$

Da wir für diese Rechnung den Kegel auf den Kopf gestellt haben, befindet sich der Schwerpunkt auf der Höhe $h/4$.

## Einführungsaufgabe 103

**Pyramide**

Wir berechnen zunächst die Masse. Der quadratische Querschnitt der Pyramide auf der Höhe $z$ hat die Kantenlänge

$$d\left(1-\frac{z}{h}\right).$$

So ergibt sich die Masse

$$\begin{aligned} M &= \rho \int_0^h dz \int_{-\frac{d(1-\frac{z}{h})}{2}}^{\frac{d(1-\frac{z}{h})}{2}} dy \int_{-\frac{d(1-\frac{z}{h})}{2}}^{\frac{d(1-\frac{z}{h})}{2}} dx \\ &= \rho \int_0^h dz \int_{-\frac{d(1-\frac{z}{h})}{2}}^{\frac{d(1-\frac{z}{h})}{2}} dy\, d\left(1-\frac{z}{h}\right) \\ &= \rho \int_0^h dz\, d^2\left(1-\frac{z}{h}\right)^2 \\ &= -\rho h d^2 \int_1^0 du\, u^2 \\ &= \frac{\rho h d^2}{3}. \end{aligned}$$

Dabei haben wir die Substitution

$$u = \left(1-\frac{z}{h}\right)$$

verwendet.

Der Schwerpunkt liegt aus Symmetriegründen auf der $z$-Achse. Deshalb müssen wir hier nur die $z$-Komponente berechnen:

$$\begin{aligned} Z &= \frac{1}{M}\rho \int_0^h dz \int_{-\frac{d(1-\frac{z}{h})}{2}}^{\frac{d(1-\frac{z}{h})}{2}} dy \int_{-\frac{d(1-\frac{z}{h})}{2}}^{\frac{d(1-\frac{z}{h})}{2}} dx\, z \\ &= \frac{1}{M}\rho \int_0^h dz\, z d^2\left(1-\frac{z}{h}\right)^2 \\ &= \frac{1}{M}\rho d^2 \frac{h^2}{12} \\ &= \frac{h}{4}. \end{aligned}$$

8

## Einführungsaufgabe 104

**Trägheitsmoment einer Kugel**

Wir verwenden Zylinderkoordinaten. Die Rotationsachse sei die $z$-Achse. Dann ist (mit Jacobi-Determinante $r$)

$$\begin{aligned} J &= \int_V \rho r^2 \,\mathrm{d}V \\ &= \int_{-R}^{R} \mathrm{d}z \int_0^{2\pi} \mathrm{d}\varphi \int_0^{\sqrt{R^2-z^2}} \mathrm{d}r\,\rho r^3 \\ &= 2\pi\rho \int_{-R}^{R} \mathrm{d}z \frac{\left(R^2-z^2\right)^2}{4} \\ &= 2\pi\rho \frac{4R^5}{15} \\ &= \frac{8\pi\rho R^5}{15}. \end{aligned}$$

Die Masse der Kugel ist

$$M = \rho V = \frac{4\pi R^3 \rho}{3}.$$

So ergibt sich das Trägheitsmoment

$$J = \frac{2MR^2}{5}.$$

## Einführungsaufgabe 105

**Trägheitstensor**

Es ist

$$J_{ij} = \int_{\text{Würfel}} \left[\delta_{ij} r^2 - r_i r_j\right] \rho \,\mathrm{d}V$$

mit $r^2 = x^2 + y^2 + z^2$. Der Eintrag $J_{11}$ des Trägheitstensors ist damit

$$\begin{aligned} J_{11} &= \int_{-\frac{a}{2}}^{\frac{a}{2}} \mathrm{d}x \int_{-\frac{a}{2}}^{\frac{a}{2}} \mathrm{d}y \int_{-\frac{a}{2}}^{\frac{a}{2}} \mathrm{d}z \left[\delta_{11}\left(x^2+y^2+z^2\right) - x^2\right] \rho \\ &= \rho \int_{-\frac{a}{2}}^{\frac{a}{2}} \mathrm{d}x \int_{-\frac{a}{2}}^{\frac{a}{2}} \mathrm{d}y \int_{-\frac{a}{2}}^{\frac{a}{2}} \mathrm{d}z \left[y^2+z^2\right] \\ &= \rho a \int_{-\frac{a}{2}}^{\frac{a}{2}} \mathrm{d}y \left[y^2 a + \frac{a^3}{12}\right] \\ &= \frac{\rho a^5}{6}. \end{aligned}$$

Mit der Masse

$$m = \rho a^3$$

des Würfels ergibt sich also

$$J_{11} = \frac{ma^2}{6}.$$

Analog erhalten wir auch die Komponenten

$$J_{11} = J_{22} = J_{33}.$$

Die Nebendiagonalelemente des Trägheitstensors lassen sich auch berechnen:

$$\begin{aligned} J_{12} &= \int_{-\frac{a}{2}}^{\frac{a}{2}} \mathrm{d}x \int_{-\frac{a}{2}}^{\frac{a}{2}} \mathrm{d}y \int_{-\frac{a}{2}}^{\frac{a}{2}} \mathrm{d}z \left[\delta_{12}\left(x^2+y^2+z^2\right) - xy\right] \rho \\ &= -\rho \int_{-\frac{a}{2}}^{\frac{a}{2}} \mathrm{d}x \int_{-\frac{a}{2}}^{\frac{a}{2}} \mathrm{d}y \int_{-\frac{a}{2}}^{\frac{a}{2}} \mathrm{d}z\,xy \\ &= 0. \end{aligned}$$

Das Integral verschwindet, weil wir eine ungerade Funktion über symmetrischen Grenzen integrieren. Das Gleiche gilt auch für alle anderen Nebendiagonalelemente des Trägheitstensors. So erhalten wir

$$\boldsymbol{J} = \frac{ma^2}{6} \begin{pmatrix} 1 & 0 & 0 \\ 0 & 1 & 0 \\ 0 & 0 & 1 \end{pmatrix}.$$

## Einführungsaufgabe 106

**Hauptträgheitsachsen**

a) Wir berechnen zunächst das charakteristische Polynom:

$$\chi_{\boldsymbol{J}}(\lambda) = \left| \begin{pmatrix} \frac{5}{3}-\lambda & -\frac{2}{3} & \frac{1}{3} \\ -\frac{2}{3} & \frac{5}{3}-\lambda & -\frac{1}{3} \\ \frac{1}{3} & -\frac{1}{3} & \frac{8}{3}-\lambda \end{pmatrix} \mathrm{kg}\cdot\mathrm{m}^2 \right|$$

Es ergeben sich die Nullstellen

$$\begin{aligned} \lambda_1 &= 1\,\mathrm{kg}\cdot\mathrm{m}^2 \\ \lambda_2 &= 2\,\mathrm{kg}\cdot\mathrm{m}^2 \\ \lambda_3 &= 3\,\mathrm{kg}\cdot\mathrm{m}^2. \end{aligned}$$

Das sind die Hauptträgheitsmomente des Körpers:

$$\begin{aligned} J_1 &= \lambda_1 \\ J_2 &= \lambda_2 \\ J_3 &= \lambda_3. \end{aligned}$$

Die Hauptträgheitsachsen sind durch die Eigenvektoren von $\boldsymbol{J}$ gegeben. Wir erhalten sie, indem wir das lineare Gleichungssystem

$$\begin{pmatrix} \frac{5}{3}-\lambda & -\frac{2}{3} & \frac{1}{3} \\ -\frac{2}{3} & \frac{5}{3}-\lambda & -\frac{1}{3} \\ \frac{1}{3} & -\frac{1}{3} & \frac{8}{3}-\lambda \end{pmatrix} \mathrm{kg}\cdot\mathrm{m}^2 \cdot \begin{pmatrix} v_x \\ v_y \\ v_z \end{pmatrix} = \lambda_i \begin{pmatrix} v_x \\ v_y \\ v_z \end{pmatrix}$$

8

lösen. Für die verschiedenen Eigenwerte ergeben sich die folgenden Eigenvektoren:

$$\boldsymbol{v}_1 = \begin{pmatrix} 1 \\ 1 \\ 0 \end{pmatrix}$$
$$\boldsymbol{v}_2 = \begin{pmatrix} -1 \\ 1 \\ 1 \end{pmatrix}$$
$$\boldsymbol{v}_3 = \begin{pmatrix} 1 \\ -1 \\ 2 \end{pmatrix}.$$

Hier sind natürlich auch andere linear abhängige Eigenvektoren möglich ($\tilde{\boldsymbol{v}}_i = c_i \boldsymbol{v}_i$).

b) Wir berechnen auch hier das charakteristische Polynom und suchen dessen Nullstellen. So erhalten wir die Eigenwerte von $\boldsymbol{J}$, die auch die Hauptträgheitsmomente des Körpers sind:

$$J_1 = 1\,\mathrm{kg}\cdot\mathrm{m}^2$$
$$J_2 = 1\,\mathrm{kg}\cdot\mathrm{m}^2$$
$$J_3 = 2\,\mathrm{kg}\cdot\mathrm{m}^2.$$

Zwei dieser Trägheitsmomente sind identisch. Deshalb spannen hier zwei Achsen eine ganze Ebene von Hauptträgheitsachsen auf (so wie auch in Abbildung 6.6). Eine mögliche Wahl der Hauptträgheitsachsen sind die Eigenvektoren

$$\boldsymbol{v}_1 = \begin{pmatrix} 1 \\ 1 \\ 1 \end{pmatrix}$$
$$\boldsymbol{v}_2 = \begin{pmatrix} 1 \\ -1 \\ 0 \end{pmatrix}$$
$$\boldsymbol{v}_3 = \begin{pmatrix} 1 \\ 1 \\ -2 \end{pmatrix}.$$

c) In der ersten Komponente ist die Matrix $\boldsymbol{J}$ bereits diagonalisiert. Deshalb ist der erste Eigenwert

$$J_1 = 1\,\mathrm{kg}\cdot\mathrm{m}^2$$

zum Eigenvektor

$$\boldsymbol{v}_1 = \begin{pmatrix} 1 \\ 0 \\ 0 \end{pmatrix}.$$

Nun müssen wir noch die Matrix

$$\begin{pmatrix} 3 & -1 \\ -1 & 3 \end{pmatrix}\,\mathrm{kg}\cdot\mathrm{m}^2$$

diagonalisieren. Es ergeben sich die Eigenwerte

$$J_2 = 2\,\mathrm{kg}\cdot\mathrm{m}^2$$
$$J_3 = 4\,\mathrm{kg}\cdot\mathrm{m}^2$$

und die zweidimensionalen Eigenvektoren

$$\begin{pmatrix} 1 \\ 1 \end{pmatrix}$$
$$\begin{pmatrix} -1 \\ 1 \end{pmatrix}.$$

Diese stellen nur die zweite und dritte Komponente dar. Die beiden anderen Hauptachsen sind also durch die dreidimensionalen Eigenvektoren

$$\boldsymbol{v}_2 = \begin{pmatrix} 0 \\ 1 \\ 1 \end{pmatrix}$$
$$\boldsymbol{v}_3 = \begin{pmatrix} 0 \\ -1 \\ 1 \end{pmatrix}$$

gegeben.

## Einführungsaufgabe 107

**Kompressionsmodul**

Es ist

$$\begin{aligned} K &= \frac{1}{\kappa} \\ &= \frac{1}{\frac{3}{E}(1-2\mu)} \\ &= \frac{25}{6}\,\mathrm{GPa} \\ &= 4{,}167\,\mathrm{GPa}. \end{aligned}$$

## Einführungsaufgabe 108

**Schubmodul**

Es ist

$$\begin{aligned} \alpha &= \frac{\tau}{G} \\ &= \frac{F}{AG} \\ &= 7\cdot 10^{-6}\,\mathrm{rad} = \left(4{,}01\cdot 10^{-4}\right)^\circ. \end{aligned}$$

### Einführungsaufgabe 109

**Querkontraktion**

a) Es ist

$$\varepsilon = \frac{\Delta l}{l} = 5 \cdot 10^{-3}.$$

b) Die Änderung des Durchmessers beträgt

$$\Delta d = -\mu \varepsilon d = -1{,}5 \cdot 10^{-2}\,\text{mm}.$$

### Einführungsaufgabe 110

**Thermische Expansion**

Es ist

$$\Delta l = \alpha l \Delta T$$

mit der Temperaturdifferenz $\Delta T = 180\,\text{K}$. Damit ergeben sich die Längenänderung

$$\Delta l = 12{,}5\,\text{mm}$$

und die neue Gesamtlänge

$$l + \Delta l = 30{,}125\,\text{cm}.$$

### Verständnisaufgabe 111

**Archimedes**

Archimedes erkannte, dass die Dichte von verschiedenen Materialien unterschiedlich ist. Wären der Krone also andere Materialien beigemischt, so würde sich ihre Dichte von der Dichte des reinen Goldbarrens unterscheiden. Unter ständigem Nachwiegen konnte Archimedes den Goldbarren so beschneiden, dass er genauso viel wog wie die Krone. Der Wasserbehälter (es hätte auch jede andere Flüssigkeit sein können) diente dazu, die Volumen beider Gegenstände zu vergleichen. Wird die Krone ins Wasser getaucht, so steigt der Wasserspiegel an, weil die Krone ihr eigenes Volumen an Wasser verdrängt. Genauso verhält es sich mit dem Goldbarren. Wenn beide Körper also das gleiche Volumen haben, dann steigt der Wasserspiegel für beide Körper auch gleich. Der Legende nach stieg der Wasserspiegel bei der Krone weiter an. Das bedeutete, dass sie nicht aus reinem Gold gefertigt sein konnte. So konnte der Goldschmied des Betrugs überführt werden.

### Verständnisaufgabe 112

**Mutter und Schraube**

Wenn die Mutter erwärmt wird, dann wird sie größer. Das gilt auch für das Loch in der Mutter. Alle Längen vergrößern sich. Dabei muss aber die Mutter stärker erwärmt werden als die Schraube. Andernfalls vergrößert sich auch die Schraube in demselben Maße, wodurch die Mutter immer noch feststeckt.

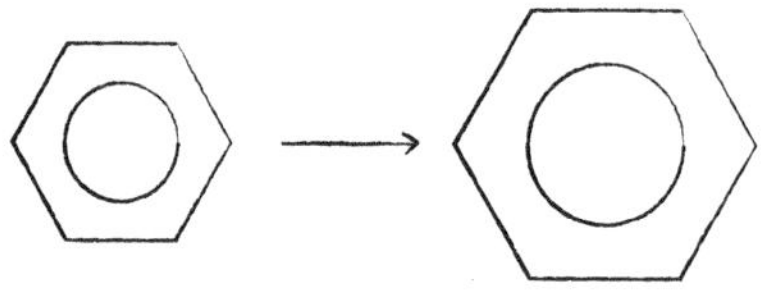

### Verständnisaufgabe 113

**Brückenspalt**

Die Lücken sind nötig, weil sich Brücken bei warmen Temperaturen ausdehnen und bei kalten Temperaturen zusammenziehen. In diese Spalten hinein können die Brücken sich ausdehnen, ohne Spannungen zu erzeugen. Aus dem gleichen Grund sind auch Brückenpfeiler häufig nicht fest, sondern beweglich mit der Brücke selbst verbunden.

### Aufgabe 114

**Schwingung im U-Rohr**

Wenn die Flüssigkeitsoberflächen auf beiden Seiten des Rohrs die Höhendifferenz $x$ haben, dann wirkt die Gewichtskraft der überstehenden Flüssigkeit als Rückstellkraft:

$$F = -\Delta m g = -\rho x A g.$$

Damit ist

$$m\ddot{x} = -\rho A g x.$$

Das ist die Bewegungsgleichung eines harmonischen Oszillators mit Kreisfrequenz

$$\omega = \pm\sqrt{\frac{\rho A g}{m}}.$$

### Aufgabe 115

**Hängender Halbring**

Der Körper hängt so, dass sich sein Schwerpunkt genau unter dem Aufhängepunkt befindet. Weil es sich um ein homogenes Material handelt, ignorieren wir in unseren Berechnungen Dichte und Masse des Halbrings. Wir berechnen außerdem nur eine Komponente des Schwerpunktes, da wir wissen, dass der Schwerpunkt auf der Symmetrieachse des Halbrings liegen muss.

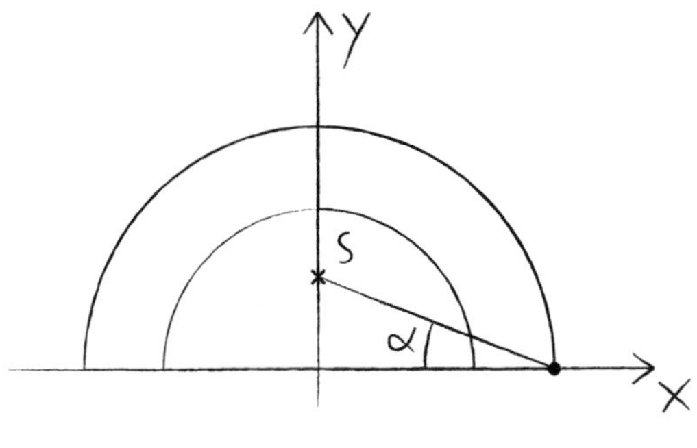


Wir berechnen zunächst die Fläche:

$$A = \int_0^{\pi} \mathrm{d}\varphi \int_{r_1}^{r_2} \mathrm{d}r\, r = \frac{\pi}{2}\left(r_2^2 - r_1^2\right).$$

So ergibt sich die $Y$-Koordinate des Schwerpunktes (Polarkoordinaten: $y = r\sin(\varphi)$):

$$\begin{aligned} Y &= \frac{1}{A}\int_0^{\pi} \mathrm{d}\varphi \int_{r_1}^{r_2} \mathrm{d}r\, r^2 \sin(\varphi) \\ &= \frac{2}{A}\int_{r_1}^{r_2} \mathrm{d}r\, r^2 \\ &= \frac{2}{3A}\left(r_2^3 - r_1^3\right) \\ &= \frac{4}{3\pi}\frac{\left(r_2^3 - r_1^3\right)}{\left(r_2^2 - r_1^2\right)}. \end{aligned}$$

Der Winkel $\alpha$ lässt sich nun mithilfe des Tangens berechnen:

$$\begin{aligned} \tan(\alpha) &= \frac{Y}{r_2} \\ \alpha &= \arctan\left(\frac{\frac{4}{3\pi}\frac{(r_2^3 - r_1^3)}{(r_2^2 - r_1^2)}}{r_2}\right) \\ &= \arctan\left(\frac{4}{3\pi}\frac{\left(r_2^3 - r_1^3\right)}{r_2\left(r_2^2 - r_1^2\right)}\right). \end{aligned}$$

Für einen Halbkreis ist $r_1 = 0$ und wir erhalten

$$\alpha = \arctan\left(\frac{4}{3\pi}\right) = 23{,}0^\circ.$$

## Aufgabe 116

**Gravitationstunnel**

Das Objekt hat die Masse $m$. Wenn es in die Erde hineinfällt, dann erfährt es beim Radius $r$ die Gravitationskraft

$$F = -\frac{GM(r)\,m}{r^2}.$$

Dabei ist $M(r)$ die Masse, die von einer Kugel mit Radius $r$ eingeschlossen wird. Es ist also

$$M(r) = \frac{4\pi}{3}\rho r^3.$$

Dabei ist die Dichte der homogenen Kugel

$$\rho = \frac{3M_\mathrm{E}}{4\pi R_\mathrm{E}^3}.$$

Wir erhalten also die Kraft

$$F = -\frac{GM_\mathrm{E} m}{R_\mathrm{E}^3} r.$$

Dabei haben wir die Koordinate $r$ so gewählt, dass sie auf der anderen Seite der Erde negativ wird. Es handelt sich also streng genommen nicht um den Radius.

Durch die Gravitationskraft wird die Masse nun beschleunigt. Daher gilt

$$\begin{aligned} m\ddot{r} &= -\frac{GM_\mathrm{E} m}{R_\mathrm{E}^3} r \\ \ddot{r} &= -\frac{GM_\mathrm{E}}{R_\mathrm{E}^3} r. \end{aligned}$$

Das ist die Bewegungsgleichung eines harmonischen Oszillators. Das Objekt wird also harmonisch zwischen den beiden gegenüberliegenden Punkten in der Erde hin und her schwingen.

Das Objekt kommt nach der Periodendauer $T$ wieder an demselben Punkt an. Es ist

$$\omega = \sqrt{\frac{GM_\mathrm{E}}{R_\mathrm{E}^3}}$$

und damit

$$\begin{aligned} T &= \frac{2\pi}{\omega} \\ &= \frac{2\pi}{\sqrt{\frac{GM_\mathrm{E}}{R_\mathrm{E}^3}}} \\ &= 5\,063{,}39\,\mathrm{s} \\ &= 1{,}41\,\mathrm{h}. \end{aligned}$$

Das Objekt kommt also nach knapp eineinhalb Stunden zurück.

## Aufgabe 117

**Trägheitsmoment zweier Kugeln**

Wir kennen bereits das Trägheitsmoment einer Kugel, die sich um ihren Schwerpunkt dreht:

$$J_{\text{Kugel}} = \frac{2mr^2}{5}.$$

Mithilfe des Satzes von Steiner berechnen wir nun das Trägheitsmoment des beschriebenen Systems:

$$\begin{aligned} J &= 2 \cdot \left( J_{\text{Kugel}} + m \left( \frac{d}{2} \right)^2 \right) \\ &= 2 \cdot \left( \frac{2mr^2}{5} + m \left( \frac{d}{2} \right)^2 \right) \\ &= \frac{m\left(8r^2 + 5d^2\right)}{10}. \end{aligned}$$

## Aufgabe 118

**Rollende Kugel**

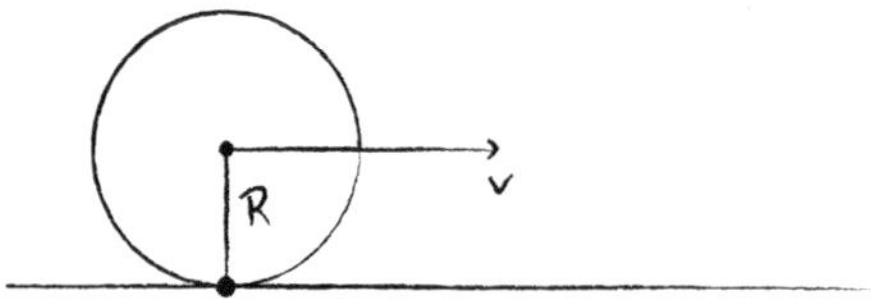


Wenn die Kugel rollt, dann dreht sie sich mit der Winkelgeschwindigkeit

$$\omega = \frac{v}{R}$$

um ihren Auflagepunkt. Das Trägheitsmoment dabei ist nach dem Steiner'schen Satz

$$\begin{aligned} J &= \frac{2MR^2}{5} + MR^2 \\ &= \frac{7MR^2}{5}. \end{aligned}$$

Dabei haben wir das Trägheitsmoment um den Mittelpunkt der Kugel bereits in einer anderen Aufgabe berechnet. Die Rotationsenergie der Kugel um ihren Auflagepunkt ist also

$$E_{\text{rot}} = \frac{1}{2} J\omega^2 = \frac{7Mv^2}{10}.$$

Das ist genau die kinetische Energie, die eine rollende Kugel besitzt. Würde sich die Kugel geradlinig bewegen, so wäre ihre kinetische Energie einfach

$$E_{\text{kin}} = \frac{1}{2} Mv^2.$$

Die rollende Kugel hat also eine um den Faktor 7/5 größere Energie.

## Aufgabe 119

**Würfelpendel**

Zuerst berechnen wir das Trägheitsmoment des Würfels um die Rotationsachse.

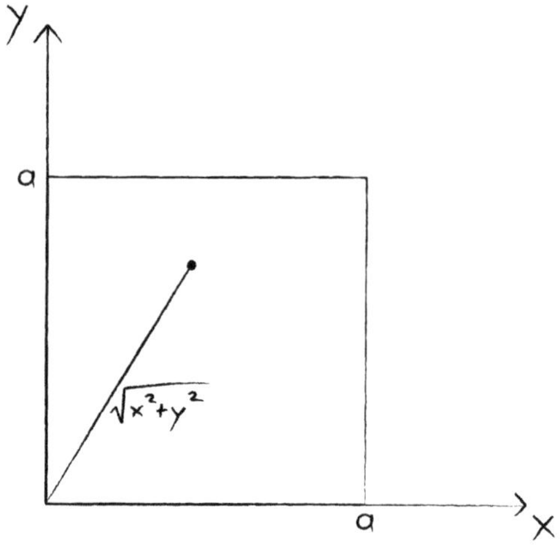


Es ist

$$\begin{aligned} J &= \int_V \rho r_\perp^2 \, \mathrm{d}V \\ &= \rho \int_0^a \mathrm{d}z \int_0^a \mathrm{d}y \int_0^a \mathrm{d}x \sqrt{x^2+y^2}^2 \\ &= \rho \int_0^a \mathrm{d}z \int_0^a \mathrm{d}y \int_0^a \mathrm{d}x \left(x^2+y^2\right) \\ &= \rho a \int_0^a \mathrm{d}y \int_0^a \mathrm{d}x \left(x^2+y^2\right) \\ &= \rho a \int_0^a \mathrm{d}y \left( \frac{a^3}{3} + ay^2 \right) \\ &= \rho a \left( \frac{a^4}{3} + \frac{a^4}{3} \right) \\ &= \rho \frac{2a^5}{3} \\ &= \frac{2ma^2}{3}. \end{aligned}$$

Dabei haben wir die Masse $m = \rho a^3$ des Würfels eingesetzt.

Am Schwerpunkt des Würfels greift nun stellvertretend die Schwerkraft $mg$ an. Wenn der Würfel um den Winkel $\varphi$ ausgelenkt ist, dann ist das Drehmoment um den Aufhängepunkt

$$M = -\frac{a}{\sqrt{2}} F \sin(\varphi) = -\frac{amg\sin(\varphi)}{\sqrt{2}}.$$

So erhalten wir die Bewegungsgleichung

$$\dot{L} = J\ddot{\varphi} = -\frac{amg\sin(\varphi)}{\sqrt{2}}.$$

Für kleine Winkel ist $\sin(\varphi) \approx \varphi$ und wir erhalten die Bewegungsgleichung eines harmonischen Oszillators

$$\ddot{\varphi} = -\frac{amg}{J\sqrt{2}}\varphi$$

mit der Kreisfrequenz

$$\omega = \pm\sqrt{\frac{amg}{J\sqrt{2}}} = \pm\sqrt{\frac{3g}{2\sqrt{2}a}}.$$

Die Frequenz ist also

$$f = \frac{\omega}{2\pi} = \frac{\sqrt{\frac{3g}{2\sqrt{2}a}}}{2\pi}.$$

## Aufgabe 120

**Würfel mit Kräften**

a) Die Summe beider Kräfte verschwindet. Deshalb bleibt der Schwerpunkt des Würfels in Ruhe. Er beginnt sich um seinen Schwerpunkt zu drehen. Die Rotationsachse steht wie eingezeichnet.

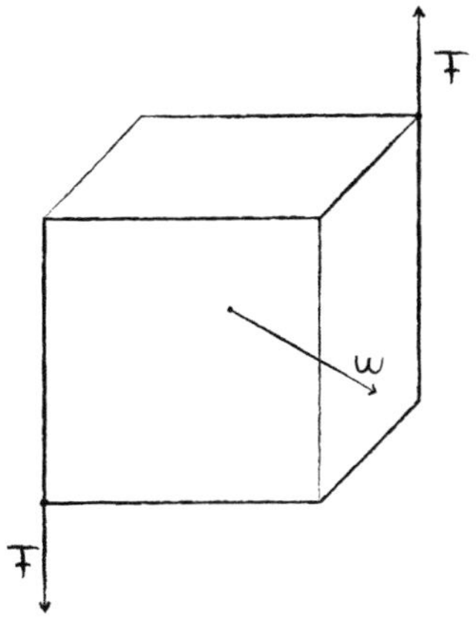


Sie geht durch den Mittelpunkt des Würfels und durch die Mitte der Würfelkante.

b) Wir berechnen zunächst das Drehmoment, das durch die Kräfte auf den Mittelpunkt des Würfels wirkt. Es ist

$$\boldsymbol{M} = 2\boldsymbol{r} \times \boldsymbol{F}$$
$$M = |\boldsymbol{M}| = aF.$$

Wir erhalten die Winkelbeschleunigung, indem wir die Gleichung

$$\dot{L} = J\alpha = M$$

verwenden. Dafür benötigen wir aber noch das Trägheitsmoment $J$ des Würfels um die gegebene Rotationsachse.

Das Trägheitsmoment im Würfel ist unabhängig von der Richtung, denn die Hauptträgheitsmomente sind aufgrund der Würfelsymmetrie alle gleich groß. Es ist

$$\begin{aligned} J &= \int_V \rho r_\perp^2 \,\mathrm{d}V \\ &= \rho \int_{-a/2}^{+a/2} \mathrm{d}z \int_{-a/2}^{+a/2} \mathrm{d}y \int_{-a/2}^{+a/2} \mathrm{d}x \sqrt{x^2+y^2}^2 \\ &= \rho\frac{a^5}{6} \\ &= \frac{ma^2}{6}. \end{aligned}$$

Damit ergibt sich

$$\alpha = \frac{M}{J} = \frac{aF}{\left(\frac{ma^2}{6}\right)} = \frac{6F}{ma}.$$

## Aufgabe 121

**Kegelstumpf**

a) Das Volumen eines Kegels mit Höhe $d$ und Radius $r_0$ ist

$$\begin{aligned} V_{\text{Kegel}} &= \int_{\text{Kegel}} \mathrm{d}V \\ &= \int_0^{2\pi} \mathrm{d}\varphi \int_0^d \mathrm{d}z \int_0^{\frac{r_0}{d}z} r\mathrm{d}r \\ &= 2\pi \int_0^d \mathrm{d}z \frac{\left(\frac{r_0}{d}z\right)^2}{2} \\ &= \pi\frac{r_0^2 d}{3}. \end{aligned}$$

Der Kegelstumpf der Höhe $h$ setzt sich zusammen aus einem Kegel der Höhe $h+x$ und Radius $r_1$ abzüglich eines Kegels mit Höhe $x$ und Radius $r_2$. Dabei ist (siehe Strahlensatz)

$$x = \frac{r_2 h}{r_1 - r_2}.$$

Das Volumen des Kegelstumpfes ist also

$$\begin{aligned} V_{\text{Kegelstumpf}} &= V_{x+h} - V_x \\ &= \pi\frac{r_1^2(x+h)}{3} - \pi\frac{r_2^2 x}{3} \\ &= \frac{\pi}{3}\left[\left(r_1^2 - r_2^2\right)\frac{r_2 h}{r_1 - r_2} + r_1^2 h\right] \\ &= \frac{\pi}{3} h \frac{r_1^3 - r_2^3}{r_1 - r_2}. \end{aligned}$$

Damit ist die Masse des Kegelstumpfes

$$m_{\text{Kegelstumpf}} = \rho \cdot V = \frac{\pi\rho}{3} h \frac{r_1^3 - r_2^3}{r_1 - r_2}.$$

8

b) Wir berechnen zunächst das Trägheitsmoment eines normalen Kegels mit Höhe $d$ und Radius $r_0$:

$$\begin{aligned} J_{\text{Kegel}} &= \int_V r^2 \rho \mathrm{d}V \\ &= \rho \int_0^{2\pi} \mathrm{d}\varphi \int_0^d \mathrm{d}z \int_0^{\frac{r_0}{d}z} r^3 \mathrm{d}r \\ &= \frac{\pi \rho r_0^4 d}{10} \\ &= m_{\text{Kegel}} \frac{3}{10} r_0^2. \end{aligned}$$

Für den Kegelstumpf gilt also

$$\begin{aligned} J_{\text{Kegelstumpf}} &= J_{x+h} - J_x \\ &= \frac{3}{10} \left[ M_{x+h} r_1^2 - M_x r_2^2 \right] \\ &= \frac{3}{10} \frac{\pi \rho}{3} \left[ r_1^4 (x+h) - r_2^4 x \right] \\ &= \frac{\pi \rho}{10} \left[ \frac{r_2 h}{r_1 - r_2} (r_1^4 - r_2^4) + h r_1^4 \right] \\ &= \frac{\pi \rho h}{10} \frac{r_1^5 - r_2^5}{r_1 - r_2} \\ &= \frac{3}{10} m_{\text{Kegelstumpf}} \frac{(r_1^5 - r_2^5)}{(r_1^3 - r_2^3)}. \end{aligned}$$

c) Wir wenden den Satz von Steiner an:

$$J' = J_{\text{Kegelstumpf}} + m a^2.$$

## Aufgabe 122

**Billardkugel**

a) Die Billardkugel hat den Radius $R$ und die Masse

$$m = \frac{4 \pi \rho R^3}{3r}.$$

Das Trägheitsmoment der Kugel um ihren Schwerpunkt beträgt

$$\begin{aligned} I &= \int_{\text{Kugel}} r_\perp^2 \mathrm{d}m \\ &= \rho \int_0^{2\pi} \mathrm{d}\varphi \int_0^{\pi} \mathrm{d}\vartheta \int_0^R \mathrm{d}r\, r^2 \sin(\vartheta) \cdot \Bigg( \underbrace{r \sin(\vartheta)}_{r_\perp} \Bigg)^2 \\ &= \rho \int_0^{2\pi} \mathrm{d}\varphi \int_0^{\pi} \mathrm{d}\vartheta \int_0^R \mathrm{d}r\, r^4 \sin^3(\vartheta) \\ &= \rho 2\pi \frac{R^5}{5} \cdot \frac{4}{3} \\ &= \frac{2mR^2}{5}. \end{aligned}$$

Wir berechnen nun die Endgeschwindigkeit der Kugel über den Drehimpuls. Bezüglich des Auflagepunktes der Kugel wirkt kein Drehmoment, deshalb ist dieser um diesen Punkt erhalten.

Zu Beginn ist der Drehimpuls um den Auflagepunkt

$$L = m R v_0.$$

Dafür stellen wir uns vor, dass wir die Kugel durch einen Massenpunkt an ihrem Schwerpunkt ersetzen.

Am Ende ist der Drehimpuls um den Auflagepunkt durch die Rotation der Kugel um diesen Punkt gegeben. Dabei ist die Winkelgeschwindigkeit $\omega = v_e/R$ und das Trägheitsmoment $I' = I + mR^2$:

$$L = I' \omega = I \frac{v_e}{R} + m R v_e.$$

Gleichsetzen ergibt:

$$\begin{aligned} v_e &= \frac{v_0}{1 + \frac{I}{mR^2}} \\ &= \frac{5 v_0}{7} \\ &= 0.71 \frac{\text{m}}{\text{s}}. \end{aligned}$$

b) Am Auflagepunkt der Kugel wirkt die Kraft $F = \mu m g$. Diese Kraft bremst die Kugel um $2v_0/7$ ab. Es gilt:

$$\begin{aligned} a = \frac{F}{m} &= \frac{v}{t} \\ \mu g &= \frac{2 v_0}{7t} \\ t &= \frac{2 v_0}{7 \mu g} \\ &= 0{,}058\,\text{s}. \end{aligned}$$

c) Es handelt sich hier um eine konstante Beschleunigung. Deshalb ist die Strecke

$$\begin{aligned} s &= v_0 t - \frac{a}{2} t^2 \\ &= v_0 t - \frac{\mu g}{2} t^2 \\ &= 4{,}97\,\text{cm}. \end{aligned}$$

## Aufgabe 123

**Fallendes Seil mit Rolle**

Zunächst berechnen wir das Trägheitsmoment der Rolle. Es ist in Zylinderkoordinaten

$$\begin{aligned} J &= \int_0^h \mathrm{d}z \int_0^{2\pi} \mathrm{d}\varphi \int_0^R \mathrm{d}r\, \rho r^3 \\ &= \rho h 2\pi \frac{R^4}{4} \\ &= \frac{m_{\text{Rolle}} R^2}{2}. \end{aligned}$$

Dabei haben wir die Masse $m_{\text{Rolle}} = \rho V = \rho \pi h R^2$ eingesetzt.

3

Auf der rechten Seite hängt die Seilmasse

$$m_{\mathrm{r}} = \left(\frac{l}{2} + x\right)\frac{m}{l}.$$

Analog hängt auf der linken Seite die Masse

$$m_{\mathrm{l}} = \left(\frac{l}{2} - x\right)\frac{m}{l}.$$

So wirken auf beiden Seiten die Gewichtskräfte

$$F_{\mathrm{l}} = m_{\mathrm{l}}g$$
$$F_{\mathrm{r}} = m_{\mathrm{r}}g.$$

Beide Kräfte wirken gegeneinander, sodass die resultierende beschleunigende Kraft

$$F = F_{\mathrm{r}} - F_{\mathrm{l}} = \frac{2xmg}{l}$$

ist. Diese Kraft beschleunigt nun nicht nur die Masse $m$, sondern treibt auch die Rolle mit Trägheitsmoment $J$ an. Dabei gilt für die Winkelgeschwindigkeit der Rolle die Bedingung

$$\omega R = \dot{x}.$$

Das Drehmoment an der Rolle ist

$$M = J\dot{\omega}.$$

Durch die Kraft $F$ werden nun sowohl die Rolle als auch das Seil selbst beschleunigt. Deshalb gilt

$$F = \frac{2xmg}{l} = \frac{J\dot{\omega}}{R} + m\ddot{x}.$$

Dabei haben wir das Drehmoment $M$ über die Gleichung $M = RF$ in eine Kraft umgerechnet. Wir setzen die Winkelgeschwindigkeit ein und erhalten die Bewegungsgleichung

$$\ddot{x} = \frac{2mg}{l\left(\frac{J}{R^2} + m\right)}x.$$

Wir setzen noch das Trägheitsmoment ein:

$$\ddot{x} = \frac{2mg}{l\left(\frac{m_{\mathrm{Rolle}}}{2} + m\right)}x.$$

Um die Differentialgleichung zu lösen, wählen wir den Ansatz

$$x(t) = e^{\lambda t}.$$

So erhalten wir die Bedingung

$$\lambda = \pm\sqrt{\frac{2mg}{l\left(\frac{m_{\mathrm{Rolle}}}{2} + m\right)}}.$$

und die allgemeine Lösung

$$x(t) = Ae^{+\sqrt{\frac{2mg}{l\left(\frac{m_{\mathrm{Rolle}}}{2}+m\right)}}\,t} + Be^{-\sqrt{\frac{2mg}{l\left(\frac{m_{\mathrm{Rolle}}}{2}+m\right)}}\,t}.$$

Nun betrachten wir die Anfangsbedingungen. So erhalten wir

$$C = x(0) = A + B$$

und

$$0 = \dot{x}(0) = \sqrt{\frac{2mg}{l\left(\frac{m_{\mathrm{Rolle}}}{2} + m\right)}}\,(A - B).$$

Aus der zweiten Bedingung erhalten wir den Zusammenhang $A = B$. Durch die erste Bedingung ergibt sich dann $A = B = C/2$. Die Trajektorie ist also

$$x(t) = \frac{C}{2}\left(e^{+\sqrt{\frac{2mg}{l\left(\frac{m_{\mathrm{Rolle}}}{2}+m\right)}}\,t} + e^{-\sqrt{\frac{2mg}{l\left(\frac{m_{\mathrm{Rolle}}}{2}+m\right)}}\,t}\right) = C\cdot\cosh\left(\sqrt{\frac{2mg}{l\left(\frac{m_{\mathrm{Rolle}}}{2}+m\right)}}\,t\right).$$

Wenn das Seil ganz heruntergefallen ist, ist $x = l/2$. Dazu kommt es zum Zeitpunkt $t_0$:

$$\frac{l}{2} = C\cdot\cosh\left(\sqrt{\frac{2mg}{l\left(\frac{m_{\mathrm{Rolle}}}{2}+m\right)}}\,t_0\right)$$
$$\operatorname{arcosh}\left(\frac{l}{2C}\right) = \sqrt{\frac{2mg}{l\left(\frac{m_{\mathrm{Rolle}}}{2}+m\right)}}\,t_0$$
$$t_0 = \frac{\operatorname{arcosh}\left(\frac{l}{2C}\right)}{\sqrt{\frac{2mg}{l\left(\frac{m_{\mathrm{Rolle}}}{2}+m\right)}}}.$$

Zu diesem Zeitpunkt hat die Rolle die Winkelgeschwindigkeit

$$\omega(t_0) = \frac{\dot{x}(t_0)}{R} = \frac{C\sqrt{\frac{2mg}{l\left(\frac{m_{\mathrm{Rolle}}}{2}+m\right)}}\sinh\left(\sqrt{\frac{2mg}{l\left(\frac{m_{\mathrm{Rolle}}}{2}+m\right)}}\,t_0\right)}{R} = \frac{C\sqrt{\frac{2mg}{l\left(\frac{m_{\mathrm{Rolle}}}{2}+m\right)}}\sinh\left(\operatorname{arcosh}\left(\frac{l}{2C}\right)\right)}{R} = \frac{C\sqrt{\frac{2mg}{l\left(\frac{m_{\mathrm{Rolle}}}{2}+m\right)}}\sqrt{\left(\frac{l}{2C}\right)^2 - 1}}{R}.$$

## Aufgabe 124

**Physikalisches Pendel**

Die Masse pro Länge der Stange sei $\eta$. Damit hat die Stange die Gesamtmasse $m = \eta l$. Das Trägheitsmoment berechnet sich durch

$$\begin{aligned} J &= \int_0^l \eta x^2 \, \mathrm{d}x \\ &= \frac{\eta l^3}{3} \\ &= \frac{ml^2}{3}. \end{aligned}$$

Am Schwerpunkt des Pendels wirkt nun die Schwerkraft $F = mg$. Das führt beim Auslenkungswinkel $\varphi$ zu einem Drehmoment

$$M = -mg\frac{l}{2}\sin(\varphi)$$

um den Aufhängepunkt. So erhalten wir die Bewegungsgleichung

$$\dot{L} = J\ddot{\varphi} = -mg\frac{l}{2}\sin(\varphi) = M,$$

die sich für kleine Winkel $\varphi$ zu einer Bewegungsgleichung eines harmonischen Oszillators vereinfacht:

$$\ddot{\varphi} = -\frac{3g}{2l}\varphi.$$

Die Kreisfrequenz ist

$$\omega = \pm\sqrt{\frac{3g}{2l}}.$$

Damit ist die Frequenz

$$f = \frac{\omega}{2\pi} = \pm\frac{\sqrt{\frac{3g}{2l}}}{2\pi}.$$

## Aufgabe 125

**Präzession eines Kreisels**

a) Das Trägheitsmoment des Zylinders ist

$$\begin{aligned} J &= \int_V \rho r^2 \mathrm{d}V \\ &= \int_0^{2\pi} \mathrm{d}\varphi \int_0^R \mathrm{d}r \int_0^h \mathrm{d}z \rho r^3 \\ &= \frac{h\pi\rho R^4}{2} \\ &= \frac{mR^2}{2}. \end{aligned}$$

So ergibt sich der Drehimpuls

$$L = J\omega = \frac{mR^2}{2}\omega.$$

b) Die Rotationsachse des Kreisels bewegt sich um die vertikale Achse herum.

c) Die Gravitationskraft greift stellvertretend am Schwerpunkt des Zylinders an. Dieser befindet sich in einer Entfernung von $(l + h/2)$ vom Aufstellpunkt des Kreisels. Das Drehmoment zeigt orthogonal zum Drehimpuls in die Zeichenebene hinein und hat den Betrag

$$M = \sin(\alpha)\left(l + \frac{h}{2}\right)F_{\mathrm{G}} \qquad = \sin(\alpha)\left(l + \frac{h}{2}\right)mg.$$

Es ist $\boldsymbol{M} = \dot{\boldsymbol{L}}$. Wir haben es also mit einer konstanten Änderungsrate des Drehimpulses zu tun. Da das Drehmoment immer orthogonal auf dem Drehimpuls steht, bleibt $|\boldsymbol{L}| = L$ immer gleich und der Drehimpulsvektor dreht sich nur im Kreis. Dabei hat er die Periodendauer $T_{\mathrm{P}}$, sodass

$$\dot{L}T_{\mathrm{P}} = 2\pi L$$

ist. Die Präzessionsfrequenz ist

$$\begin{aligned} \omega_{\mathrm{P}} &= \frac{2\pi}{T_{\mathrm{P}}} \\ &= \frac{\dot{L}}{L} \\ &= \frac{\sin(\alpha)\left(l + \frac{h}{2}\right)mg}{\frac{mR^2}{2}\omega} \\ &= \frac{\sin(\alpha)\left(l + \frac{h}{2}\right)g}{\frac{R^2}{2}\omega}. \end{aligned}$$

Dieses Ergebnis steht im Einklang mit Gleichung (6.39).

d) Im Fall $\alpha = 0°$ wird $\omega_{\mathrm{P}} = 0$ und der Kreisel führt keine Präzessionsbewegungen aus. Im Fall $\alpha = 90°$ wird $\sin(\alpha) = 1$ und

$$\omega_{\mathrm{P}} = \frac{\left(l + \frac{h}{2}\right)g}{\frac{R^2}{2}\omega}.$$

## Aufgabe 126

**Gravitationskraft kugelsymmetrischer Massenverteilungen**

a) Aus Symmetriegründen zeigt die Kraft auf das Testteilchen, $\boldsymbol{F}_{\mathrm{G}}(\boldsymbol{r}) = -F_{\mathrm{G}}(r)\hat{\boldsymbol{e}}_r$, immer zum Ursprung hin und ist auch nur vom Radius $r$ abhängig. Wir integrieren zunächst über ein beliebiges Volumen $V$:

$$\int_V \boldsymbol{\nabla} \cdot \boldsymbol{F}_{\mathrm{G}}(\boldsymbol{r})\,\mathrm{d}V = -4\pi G m_{\mathrm{Test}} \int_V \rho(\boldsymbol{r})\,\mathrm{d}V.$$

Nun wählen wir als Volumen $V$ eine Kugel mit Radius $r$. Ihre Oberfläche zeigt immer nach außen, also parallel zur Gravitationskraft. Deshalb können wir das Problem hier mithilfe des Satz von Gauß deutlich vereinfachen:

$$\begin{aligned} \int_V \boldsymbol{\nabla} \cdot \boldsymbol{F}_{\mathrm{G}}(\boldsymbol{r})\,\mathrm{d}V &= \oint_{\partial V} \boldsymbol{F}_{\mathrm{G}}(\boldsymbol{r}) \cdot \mathrm{d}\boldsymbol{A} \\ &= -\oint_{\partial V} F_{\mathrm{G}}(r)\,\mathrm{d}A \\ &= -4\pi r^2 F_{\mathrm{G}}(r). \end{aligned}$$

8

Hier haben wir im letzten Schritt einfach die Kugeloberfläche $4\pi r^2$ eingefügt, da die Kraft auf der ganzen Oberfläche gleich ist. Insgesamt gilt jetzt also:

$$-4\pi r^2 F_{\mathrm{G}}(r) = -4\pi G m_{\mathrm{Test}} \int_V \rho(\boldsymbol{r})\,\mathrm{d}V$$
$$F_{\mathrm{G}}(r) = \frac{G m_{\mathrm{Test}}}{r^2} \int_V \rho(\boldsymbol{r})\,\mathrm{d}V.$$

Das Integral beschreibt dabei einfach die von der gedachten Kugel eingeschlossene Masse $M(r)$. Diese hängt natürlich davon ab, bei welchem Abstand $r$ wir die Gravitationskraft messen.

b) Im Inneren einer Hohlkugel können wir die gleiche Rechnung mit einer gedachten Kugeloberfläche durchführen. Diese schließt dann aber keine Masse ein. Es ist in diesem Fall also

$$\int_V \rho(\boldsymbol{r})\,\mathrm{d}V = 0.$$

Deshalb herrscht im Inneren der Kugel Schwerelosigkeit und also $F_{\mathrm{G}} = 0$.

c) Im Inneren einer homogenen Vollkugel mit Radius $R$ und Dichte $\rho$ ist

$$\int_V \rho(\boldsymbol{r})\,\mathrm{d}V = \frac{4\pi}{3} r^3 \rho$$

für alle Radien $r \leq R$. Dabei ist $4\pi r^3/3$ das Volumen der gedachten Kugel. So erhalten wir einen linearen Verlauf der Gravitationskraft:

$$F_{\mathrm{G}}(r) = \frac{4\pi G \rho m_{\mathrm{Test}} r}{3}.$$

Die Kraft steigt also linear mit dem Radius an.

## Aufgabe 127

**Bremsendes Fahrrad**

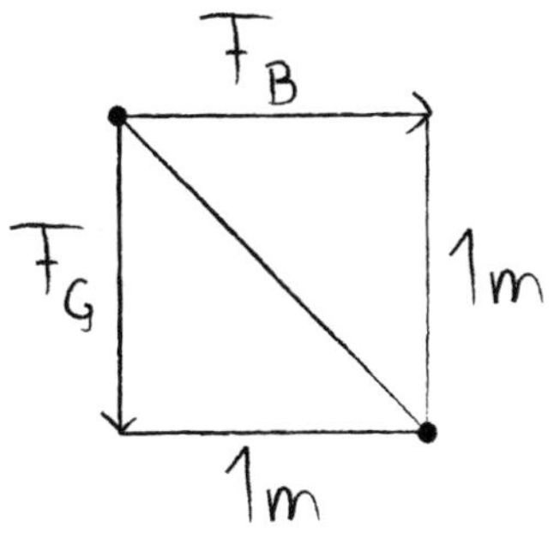


Wir berechnen das Drehmoment um den Auflagepunkt des Vorderrads. Einerseits wirkt hier die Gravitationskraft am Schwerpunkt, sodass wir das Drehmoment

$$M_{\mathrm{G}} = -mg \cdot 1\,\mathrm{m}$$

erhalten. Dafür haben wir das Kreuzprodukt aus Kraftvektor (nach unten) und Abstandsvektor zum Auflagepunkt gebildet. Indem wir den Kraftvektor parallel nach unten verschieben (was hier erlaubt ist), lässt sich das Ergebnis leicht erhalten. Andererseits wirken auch die Gegenkraft der Bremskraft und das Drehmoment

$$M_{\mathrm{B}} = F_{\mathrm{B}} \cdot 1\,\mathrm{m}.$$

Auch hier haben wir das Kreuzprodukt gebildet.

Außerdem wirkt noch das Drehmoment des Hinterrads, welches gegen den Boden drückt. Wenn sich dieses aber gerade vom Boden hebt, dann gilt $M_{\mathrm{G}} + M_{\mathrm{B}} = 0$. Wir lösen nach der Kraft auf:

$$F_{\mathrm{B}} = mg$$
$$= 981\,\mathrm{N}.$$

## Aufgabe 128

**Elastizitätsmodul**

a) Die Querschnittsfläche des Stabs beträgt

$$A = \pi r^2$$
$$= 78{,}54\,\mathrm{mm}^2.$$

Es gilt

$$\frac{F}{A} = E\frac{\Delta l}{l}.$$

So ergibt sich der Elastizitätsmodul

$$E = \frac{Fl}{A\,\Delta l}$$
$$= 69{,}9\,\mathrm{GPa}.$$

b) Die Querschnittsfläche muss genauso groß sein. Mit der quadratischen Querschnittsfläche $A = a^2$ ergibt sich die Kantenlänge

$$a = \sqrt{A} = 8{,}86\,\mathrm{mm}.$$

## Aufgabe 129

**Stahlseil**

Der Elastizitätsmodul beträgt in SI-Einheiten

$$E = 210 \cdot 10^9\,\frac{\mathrm{N}}{\mathrm{m}^2}.$$

An der Stelle $z$ an der Stange hängt die Masse

$$m(z) = \frac{z}{l} m$$

Deshalb wirken auf einen Querschnitt $A$ der Stange an der Stelle $z$ die Kraft

$$F(z) = \frac{mgz}{l}$$

und die Zugspannung

$$\sigma(z) = \frac{F(z)}{A} = \frac{mgz}{lA}.$$

8

Die Längenänderung an der Stelle $z$ beträgt nach Gleichung (6.51)

$$\sigma(z) = E\varepsilon = E\frac{\mathrm{d}l}{\mathrm{d}z}.$$

So erhalten wir

$$\begin{aligned}\Delta l &= \int \mathrm{d}l \\ &= \int_0^l \mathrm{d}z \frac{\sigma(z)}{E} \\ &= \int_0^l \mathrm{d}z \frac{mgz}{EAl} \\ &= \frac{mgl}{2EA}.\end{aligned}$$

Dabei ist die Masse des Stabs

$$m = \rho l A$$

und damit

$$\Delta l = \frac{\rho g l^2}{2E}.$$

Wir setzen Zahlenwerte ein und erhalten

$$\Delta l = 1{,}84\,\mathrm{mm}.$$

Diese sehr kleine Längenänderung stützt auch unsere Annahme eines konstanten Querschnitts $A$, der sich durch die Längenänderung nicht verkleinert. Der Stab hat die neue Länge

$$l' = 100{,}001\,84\,\mathrm{m}.$$

## Einführungsaufgabe 130

**Massenfluss**

Es ist

$$\begin{aligned}\boldsymbol{\nabla}\cdot\boldsymbol{u}(\boldsymbol{r}) &= \boldsymbol{\nabla}\cdot\begin{pmatrix} ay \\ -bxy \\ bxz + cx\end{pmatrix} \\ &= -bx + bx = 0.\end{aligned}$$

Da die Dichte eines inkompressiblen Fluids konstant ist ($\partial_t \rho = 0$), ist die Kontinuitätsgleichung erfüllt, denn es ist

$$\mathrm{div}(\boldsymbol{j}) = \rho\,\mathrm{div}(\boldsymbol{u}) = 0.$$

Wir verwenden Zylinderkoordinaten. Auf der Kreisfläche ist $z = 0$. Sie zeigt in $z$-Richtung. Deshalb ist $\mathrm{d}\boldsymbol{A} = r\mathrm{d}\varphi\,\mathrm{d}r\,\hat{\boldsymbol{e}}_z$. Der Massenfluss ist

$$\begin{aligned}I &= \int_{\text{Kreis}} \boldsymbol{j}(\boldsymbol{r})\cdot\mathrm{d}\boldsymbol{A} \\ &= \rho\int_0^{2\pi}\mathrm{d}\varphi\int_0^R \mathrm{d}r\,r\,\boldsymbol{u}(\boldsymbol{r})\cdot\hat{\boldsymbol{e}}_z \\ &= \rho\int_0^{2\pi}\mathrm{d}\varphi\int_0^R \mathrm{d}r\,r\,(bx0 + cx) \\ &= \rho c\int_0^{2\pi}\mathrm{d}\varphi\int_0^R \mathrm{d}r\,r^2\cos(\varphi) \\ &= 0.\end{aligned}$$

Hier verschwindet das Integral über den Kosinus. Der Massenfluss ist also Null.

## Einführungsaufgabe 131

**Viskosität**

Es ist

$$\tau = \eta\dot{\gamma}$$

mit der Schubspannung

$$\tau = \frac{F}{A}$$

und der Schergeschwindigkeit

$$\dot{\gamma} = \frac{v}{d}.$$

So erhalten wir die Viskosität

$$\begin{aligned}\eta &= \frac{Fd}{Av} \\ &= 0{,}25\,\mathrm{Pa}\cdot\mathrm{s}.\end{aligned}$$

## Verständnisaufgabe 132

**Hydraulische Presse**

Überall im Fluid herrscht (annähernd) der gleiche Druck. Das bedeutet aber, dass die Kräfte auf die Kolben verschieden groß sind, da sie verschieden große Oberflächen haben. Die jeweilige Kraft ist $F = Ap$. Das bedeutet, dass wir am kleinen Kolben mit recht kleinem Kraftaufwand einen großen Druck erzeugen können. Dieser erzeugt dann eine große Kraft am großen Kolben. Wir können die Drücke an beiden Kolben gleichsetzen und erhalten so das Kräfteverhältnis

$$\frac{F_1}{F_2} = \frac{A_1}{A_2}.$$

Bei einem Hebel wird eine Seite mit geringer Kraft um eine große Länge bewegt, sodass sich die andere Seite des Hebels mit großer Kraft um eine geringe Strecke bewegt. So ist es auch bei der hydraulischen Presse. Um den großen Kolben zu bewegen, muss der kleine Kolben deutlich weiterbewegt werden, sodass das Fluidvolumen gleich bleibt. Hydraulische Pressen arbeiten also nach dem gleichen Prinzip wie einfache Hebel.

## Verständnisaufgabe 133

**Schwimmen**

Da die Dichte des Würfels kleiner ist als die von Wasser, kann er schwimmen. Es gibt hier keine minimale Wassermenge. Wenn das Becken kaum größer ist als der Würfel, dann muss das Wasser auch nur den Raum zwischen Beckenwand und Würfel ausfüllen.

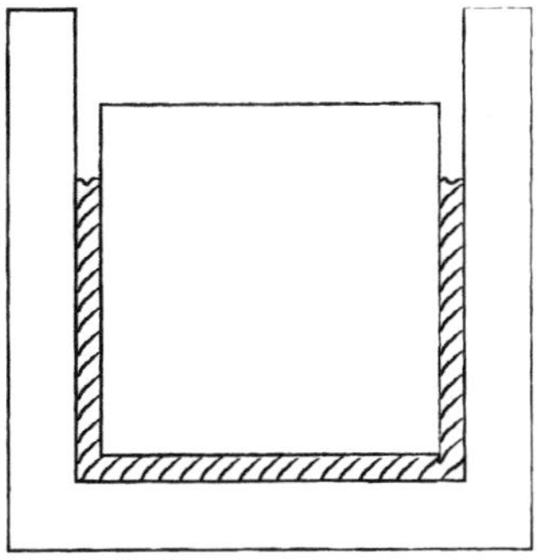

Intuitiv würde man vielleicht erwarten, dass der Würfel seine eigene Masse an Wasser verdrängen muss und dafür genug Wasser existieren muss, aber dieser Gedanke ist falsch. Es geht gewissermaßen nicht darum, wie viel Wasser tatsächlich verschoben wird, sondern darum, wie viel Wasser nicht im Becken ist, weil stattdessen der Würfel darin ist.

Sie können sich das auch folgendermaßen vorstellen: Der Würfel befindet sich zunächst in einem großen Becken mit viel Wasser. Jetzt bauen wir im Wasser das kleine Becken um den Würfel herum. Da wir den Würfel selbst dabei gar nicht berühren, bekommt er davon gar nichts mit und wird auch nicht plötzlich absinken.

## Verständnisaufgabe 134

**Wasserhahn**

Zu Beginn fließt das Wasser langsam aus dem Hahn. Durch die Gravitationsbeschleunigung fließt das Wasser am unteren Ende des Strahls schneller, wobei der Massenfluss konstant bleibt. Deshalb wird der Wasserstrahl schmaler, sodass die höhere Wassergeschwindigkeit ausgeglichen wird.

Wenn die Wassergeschwindigkeit immer größer wird, wird der Strahl immer schmaler. Dabei wird die gesamte Wasseroberfläche auch immer größer. Das können wir verstehen, wenn wir zwei Zylinder mit gleichem Volumen und verschiedenen Radien vergleichen. Je schmaler der Zylinder ist, desto größer wird die Oberfläche (Volumen $\propto r^2h$, Oberfläche $\propto rh$). Das ist aber energetisch nicht günstig, weil die spezifische Oberflächenenergie von Wasser eine kleine Oberfläche favorisiert. Ab einer bestimmten Wassergeschwindigkeit wird der Strahl so dünn und dadurch die Oberfläche so groß, dass es energetisch günstiger ist, Tröpfchen zu bilden.

## Verständnisaufgabe 135

**Magnus-Effekt**

Es handelt sich hierbei um den sogenannten *Magnus-Effekt*. Dieser kommt durch die Reibung zwischen dem rotierenden Ball und der Luft zustande. Wir betrachten den Ball in seinem Ruhesystem und betrachten die Luft, die an ihm vorbeiströmt.

Wir haben in der Abbildung die laminare Umströmung des Balls durch die Luft skizziert.

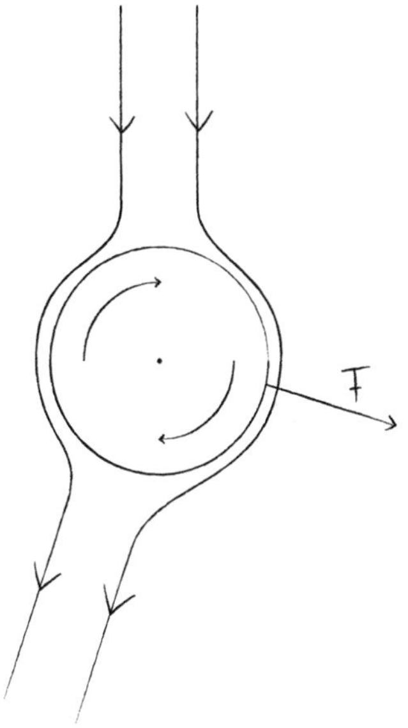


Durch die Rotation des Balls wird die Luft unten zur Seite abgelenkt. Diese Impulsänderung führt zu einer entgegengesetzt gerichteten Kraft auf den Ball.

Wir können das auch anhand der Bernoulli-Gleichung verstehen. Auf der rechten Seite des Balls bewegt sich die Luft schneller, da hier eine geringere Reibungskraft mit der Balloberfläche besteht. Deshalb ist der Druck von rechts auf den Ball kleiner als der Druck von links, wo die Luft durch die Rotation des Balls stärker abgebremst wird. Durch die Druckdifferenz zwischen der linken und der rechten Seite kommt es zu einer resultierenden Kraft nach rechts. (Hinzu kommt natürlich noch die einfache Reibungskraft, durch die der Ball abgebremst wird, wenn er sich durch Luft bewegt.)

## Aufgabe 136

**Ruhende Flüssigkeit**

Auf die Flüssigkeit wirken die Gravitationskraft

$$F_\mathrm{G} = m\begin{pmatrix} 0 \\ -g \end{pmatrix}$$

und die Trägheitskraft (die eine Scheinkraft ist)

$$F_\mathrm{T} = m\begin{pmatrix} -a \\ 0 \end{pmatrix}.$$

8

Dabei ist $a = 3\,\mathrm{m/s^2}$. So erhalten wir die resultierende Kraft, die in die Richtung

$$\begin{pmatrix} -a \\ -g \end{pmatrix}$$

zeigt. Die Flüssigkeitsoberfläche $h(x)$ stellt sich orthogonal zu dieser Kraft ein. Die Steigung der Flüssigkeitsoberfläche ist also

$$h'(x) = -\frac{a}{g}.$$

So erhalten wir die Form der Oberfläche

$$h(x) = -\frac{a}{g}x + h_0 = -0{,}31x + h_0.$$

Die Oberfläche steht also schief im Behälter.

## Aufgabe 137

### Statischer Druck

Es gilt

$$\mathrm{d}\boldsymbol{F} = \mathrm{grad}(p) \cdot \mathrm{d}V.$$

Dabei ist $\mathrm{d}\boldsymbol{F}$ die Kraft, die von außen auf das Fluid wirkt, und nicht die Gegenkraft des Fluids. Deshalb haben wir hier kein negatives Vorzeichen. Wir verwenden Zylinderkoordinaten. Auf jedes Volumenelement $\mathrm{d}V$ wirken die Gravitationskraft

$$\mathrm{d}\boldsymbol{F}_\mathrm{G} = -\rho g \mathrm{d}V \hat{\boldsymbol{e}}_z$$

und die Zentrifugalkraft

$$\mathrm{d}\boldsymbol{F}_\mathrm{Z} = \rho\omega^2 r \mathrm{d}V \hat{e}r.$$

Das System hat keine Winkelabhängigkeit. In Zylinderkoordinaten ist der Gradient

$$\mathrm{grad}(p) = \frac{\partial p}{\partial r}\hat{\boldsymbol{e}}_r + \frac{1}{r}\underbrace{\frac{\partial p}{\partial \varphi}}_{=0}\hat{\boldsymbol{e}}_\varphi + \frac{\partial p}{\partial z}\hat{\boldsymbol{e}}_z.$$

So erhalten wir die Differentialgleichung

$$-\rho g\hat{\boldsymbol{e}}_z + \rho\omega^2 r\hat{\boldsymbol{e}}_r = \frac{\partial p}{\partial r}\hat{\boldsymbol{e}}_r + \frac{\partial p}{\partial z}\hat{\boldsymbol{e}}_z.$$

Diese können wir mithilfe eines Koeffizientenvergleichs in eine radiale und eine vertikale Gleichung unterteilen:

$$\rho\omega^2 r = \frac{\partial p}{\partial r}$$
$$\rho g = -\frac{\partial p}{\partial z}.$$

Durch Integrieren beider Gleichungen (mit Integrationskonstanten) erhalten wir die Lösung

$$p(r,z) = \frac{\rho\omega^2 r^2}{2} - \rho g z + p_0.$$

## Aufgabe 138

### Würfel im Wasser

Der Würfel verdrängt das Wasservolumen $a^3/2$ und hat deshalb die Masse

$$m_\text{Würfel} = \rho_{Wasser}\frac{a^3}{2}.$$

Wenn der Würfel um die Länge $z$ weiter eingetaucht wird, dann ist die resultierende Kraft

$$F = a^2 z \rho_{Wasser} g$$

entsprechend dem zusätzlichen verdrängten Wasservolumen $a^2 z$. Die Kraft wirkt parallel zum Weg. Deshalb ist die Arbeit

$$\begin{aligned} W &= \int_0^{\frac{a}{2}} \mathrm{d}z F(z) \\ &= \int_0^{\frac{a}{2}} \mathrm{d}z \rho_\text{Wasser} a^2 z g \\ &= \frac{\rho_\text{Wasser} g a^4}{8} \\ &= \frac{m_\text{Würfel} g a}{4}. \end{aligned}$$

## Aufgabe 139

### Schwingender Schwimmer

Der Zylinder hat die Höhe $h$ und den Radius $r$ und ist um die Länge $z$ in die Flüssigkeit eingetaucht. Damit ist die Kraft auf den Zylinder

$$\begin{aligned} F(z) &= \pi r^2 h \rho_\mathrm{Z} g - \pi r^2 z \rho_\mathrm{F} g \\ &= g\pi r^2 \rho_\mathrm{Z}(h - 2z). \end{aligned}$$

Der $h$-Term bestimmt die Ruhelage des schwingenden Zylinders. Deshalb betrachten wir nur den $z$-Term und erhalten die Bewegungsgleichung

$$m_\mathrm{Z}\ddot{z} = -2g\pi r^2 \rho_\mathrm{Z} z.$$

Das ist die Bewegungsgleichung eines harmonischen Oszillators. Die Masse des Zylinders ist

$$m_\mathrm{Z} = \pi r^2 h \rho_\mathrm{Z}.$$

So erhalten wir die Kreisfrequenz

$$\omega = \pm\sqrt{\frac{2g}{h}}$$

und die Frequenz

$$f = \pm\frac{1}{\pi}\sqrt{\frac{g}{2h}}.$$

8

## Aufgabe 140

**Druck in einer Wasserkugel**

a) Im Inneren einer Seifenblase herrscht der Druck

$$p = \frac{4\sigma}{R}.$$

Das haben wir bereits in Unterabschnitt 7.2.1 behandelt. Im Gegensatz zur Seifenblase, die eine innere und eine äußere Oberfläche hat, hat die Wasserkugel nur auf der Außenseite eine Oberfläche. Deshalb ist der Druck halb so groß:

$$p = \frac{2\sigma}{R}.$$

b) Wasser ist annähernd inkompressibel. Die Gravitationskraft sphärisch symmetrischer Massenverteilungen im Abstand $r$ ist immer

$$F = \frac{GMm}{r^2}.$$

Dabei ist $M$ die Masse und $m$ die Probemasse, an der die Kraft wirkt. Sphärisch symmetrische Massenverteilungen verhalten sich also in diesem Zusammenhang wie Punktmassen (siehe Unterabschnitt 3.2.4).

In unserem Zusammenhang bedeutet das, dass die Kraft $\mathrm{d}F$ auf eine Testmasse $\mathrm{d}m$ beim Radius $r \leq R$

$$\mathrm{d}F(r) = \frac{GM(r)\,\mathrm{d}m}{r^2}$$

ist. Dabei ist $M(r)$ die Masse innerhalb der gedachten Kugel mit Radius $r$:

$$M(R) = V\rho = \frac{4\pi}{3}\pi r^3 \rho.$$

Es gilt nun

$$\mathrm{d}F = -\operatorname{grad}(p)\,\mathrm{d}V$$

mit $\mathrm{d}V = \mathrm{d}m/\rho$. An der Oberfläche verschwindet der Druck. Wir integrieren deshalb von der Kugeloberfläche in einer geraden Linie zum Zentrum. So erhalten wir den Druck

$$\begin{aligned} p &= -\int_R^0 \frac{\mathrm{d}F(r)}{\mathrm{d}V}\,\mathrm{d}r \\ &= -\int_R^0 \frac{GM(r)\rho}{r^2}\,\mathrm{d}r \\ &= -\int_R^0 \frac{4}{3}G\pi r\rho^2\,\mathrm{d}r \\ &= \frac{2}{3}\pi G R^2 \rho^2. \end{aligned}$$

c) Wir setzen beide Drücke gleich:

$$\begin{aligned} \frac{2\sigma}{R} &= \frac{2}{3}\pi G R^2 \rho^2 \\ R &= \sqrt[3]{\frac{3\sigma}{\pi G \rho^2}} \\ &= 10{,}15\,\mathrm{m}. \end{aligned}$$

Die Kugel müsste also einen Durchmesser von etwas mehr als 20 m haben.

## Aufgabe 141

**Barometrische Höhenformel**

Wir möchten berechnen, wie sich der Druck in der Höhe ändert. Dafür betrachten wir einen Luftquader mit Höhe $\mathrm{d}h$. An der Unterseite des Quaders herrscht der Druck $p$ und an der Oberseite der Druck $p + \mathrm{d}p$. Der Druckunterschied liegt im Schweredruck $\rho g \mathrm{d}h$ des Quaders. So erhalten wir den Zusammenhang

$$\frac{\mathrm{d}p}{\mathrm{d}h} = -\rho g.$$

Da die Dichte nicht konstant ist, setzen wir hier noch die ideale Gasgleichung ein:

$$\frac{\mathrm{d}p}{\mathrm{d}h} = -\frac{pMg}{RT}.$$

Wir erhalten nun die barometrische Höhenformel, indem wir diese Differentialgleichung lösen. Es handelt sich hier um eine homogene lineare Differentialgleichung erster Ordnung. Deshalb wählen wir eine Exponentialfunktion als Ansatz und erhalten die Lösung

$$p(h) = p_0 \cdot e^{\frac{-Mg}{RT}h}.$$

Der Druck fällt mit zunehmender Höhe exponentiell ab.

## Aufgabe 142

**Quecksilber-Barometer**

Der Druck ist an den beiden eingezeichneten Punkten gleich, da sie sich auf der gleichen Höhe befinden.

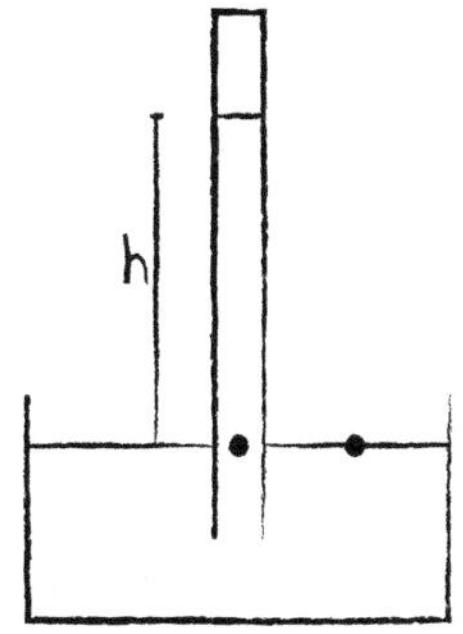


Dabei wirkt am rechten Punkt nur der Außendruck $p_0$ und am linken Punkt nur der Schweredruck der Flüssigkeit im Rohr. Durch das Vakuum gibt es hier keinen Außendruck. Deshalb gilt

$$p_0 = \rho g h.$$

Wir erhalten die Steighöhe

$$\begin{aligned} h &= \frac{p_0}{\rho g} \\ &= 762.3\,\mathrm{mm}. \end{aligned}$$

Die Steighöhe hängt nicht von der Länge des abgeschlossenen Rohrs ab. Bei größeren Rohren bildet sich also auch eine größere Vakuumkammer.

## Aufgabe 143

### Würfel und Behälter

Der Wasserdruck bei der Tiefe $h$ beträgt $p = \rho_{\text{Wasser}} g h$. Die Volumen der Körper verändern sich dabei jeweils um

$$\frac{\Delta V}{V} = -\kappa p.$$

Für alle Kantenlängen $a$ der Körper gilt:

$$\frac{\Delta a^3}{a^3} = \frac{\Delta V}{V}.$$

So erhalten wir

$$\Delta a = a \sqrt[3]{-\kappa \rho_{\text{Wasser}} g h}.$$

Damit der Würfel in den Behälter passt, muss gelten

$$a_{\text{W}} + \Delta a_{\text{W}} = a_{\text{B}} + \Delta a_{\text{B}}.$$

Wir setzen die obere Formel ein und erhalten den Zusammenhang

$$\begin{aligned} a_{\text{W}} + a_{\text{W}} \sqrt[3]{-\frac{\rho_{\text{Wasser}} g h}{K_{\text{Aluminium}}}} \\ = a_{\text{B}} + a_{\text{B}} \sqrt[3]{-\frac{\rho_{\text{Wasser}} g h}{K_{\text{Stahl}}}}. \end{aligned}$$

Wir erhalten die Lösung

$$h = 640{,}06\,\text{m}.$$

## Aufgabe 144

### Flüssigkeitstropfen

Es muss sich ein Kräftegleichgewicht einstellen. Das bedeutet, dass

$$\sigma_{13} = \cos(\alpha_1)\,\sigma_{23} + \cos(\alpha_2)\,\sigma_{12}$$

gelten muss. Das sind die horizontalen Komponenten der Grenzflächenspannungen am Rand des Tröpfchens.

Alle Grenzflächenspannungen sind positiv. Ansonsten würden sich die Fluide vermischen. Es ist klar, dass die obige Gleichung nur erfüllt sein kann, solange

$$\sigma_{13} < \sigma_{23} + \sigma_{12}$$

ist. Wenn diese Bedingung nicht erfüllt ist, dann wird das Tröpfchen auf der gesamten Flüssigkeitsoberfläche glatt gezogen.

## Aufgabe 145

### Torricelli-Gleichung

Die Flüssigkeit strömt horizontal aus dem Loch heraus. Die Geschwindigkeit können wir mithilfe der Bernoulli-Gleichung berechnen. Es ist

$$\frac{\rho}{2} v^2 + \rho g h + p_0 = const.$$

An der Flüssigkeitsoberfläche verschwindet die Geschwindigkeit (weil das Loch klein ist und nur wenig Flüssigkeit nach außen strömen kann). Es gibt nur den Schwereanteil $\rho g h$ und den äußeren Druck $p_0$. Am Loch dagegen ist der Schwereanteil des Drucks $\rho g h_{\text{L}}$ und die Geschwindigkeitnach

$$\begin{aligned} \rho g h + p_0 &= \frac{\rho}{2} v^2 + \rho g h_{\text{L}} + p_0 \\ v &= \sqrt{2g\,(h - h_L)}. \end{aligned}$$

Mithilfe der horizontalen Geschwindigkeit $v$ am Loch können wir nun den Abstand berechnen, in dem die Flüssigkeit den Boden trifft. Dafür berechnen wir die Fallzeit über die konstante Fallbeschleunigung $g$:

$$\begin{aligned} h_L &= \frac{1}{2} g t^2 \\ t &= \sqrt{\frac{2h_{\text{L}}}{g}}. \end{aligned}$$

In dieser Zeit bewegt sich die Flüssigkeit horizontal um die Strecke

$$\begin{aligned} s &= vt \\ &= \sqrt{2g\,(h - h_L)} \sqrt{\frac{2h_{\text{L}}}{g}} \\ &= 2\sqrt{h_{\text{L}}\,(h - h_{\text{L}})}. \end{aligned}$$

In diesem horizontalen Abstand vom Loch trifft die Flüssigkeit auf den Boden.

## Aufgabe 146

### Eimer mit Schlauch

Die Druckdifferenz, die zwischen den Enden des Schlauches herrscht, ist einfach der Schweredruck des Wassers im Eimer. Dieser beträgt

$$p = \rho g h$$

mit der Füllhöhe $h$. Mithilfe des Gesetzes von Hagen-Poiseuille lässt sich nun der Volumenfluss durch den Schlauch berechnen:

$$I_{\text{Schlauch}} = \frac{\pi r^4 \rho g h}{8 \eta l}.$$

Der Wasserpegel ist am Ende so eingestellt, dass der Fluss aus dem Schlauch $I_{\text{Schlauch}}$ genauso groß ist wie der Fluss in den Eimer:

$$I_{\text{Schlauch}} = I_{\text{Eimer}} = 0.3\,\frac{1}{\text{s}}.$$

Wir lösen also nach der Höhe auf:

$$\begin{aligned} I_{\text{Eimer}} &= \frac{\pi r^4 \rho g h}{8 \eta l} \\ h &= \frac{8 \eta l I_{\text{Eimer}}}{\pi r^4 \rho g} \\ &= 60{,}96\,\text{cm}. \end{aligned}$$

Das Wasser steigt also nicht über den Rand des Eimers. Stattdessen bleibt der Wasserpegel auf einer Höhe von $h = 60{,}96\,\text{cm}$ stehen.

## Aufgabe 147

**Venturi-Rohr**

Der Massenfluss $I$ ist überall im Rohr gleich. Er berechnet sich über die Strömungsgeschwindigkeit $v$ und die Querschnittsfläche $A = \pi R^2$:

$$I = \pi\rho R_1^2 v_1 = \pi\rho R_2^2 v_2$$

Offensichtlich ist also $v_2 > v_1$. Mithilfe der Bernoulli-Gleichung finden wir nun die Druckdifferenz zwischen beiden Seiten:

$$\frac{\rho}{2}v_1^2 + p_1 = \frac{\rho}{2}v_2^2 + p_2$$
$$p_1 - p_2 = \frac{\rho}{2}\left(v_2^2 - v_1^2\right).$$

Dabei ist $v_2 = R_1^2 v_1 / R_2^2$.

Im U-Rohr sorgt die Druckdifferenz $p_1 - p_2$ für den Höhenunterschied $\Delta h$. Die Gewichtskraft des angehobenen Fluids ist also genauso groß wie die durch die Druckdifferenz wirkende Kraft. Deshalb ist

$$p_1 - p_2 = (\rho_\text{F} - \rho)\, g\Delta h.$$

Dabei haben wir auch beachtet, dass sich das Gas auf der linken Seite absenkt, wenn die Flüssigkeit auf der rechten Seite nach oben gedrückt wird.

Gleichsetzen ergibt nun:

$$\frac{\rho}{2}\left(v_2^2 - v_1^2\right) = (\rho_\text{F} - \rho)\, g\Delta h$$
$$v_1^2\left(\frac{R_1^4}{R_2^4} - 1\right) = \frac{2(\rho_\text{F} - \rho)\, g\Delta h}{\rho}$$
$$v_1 = \sqrt{\frac{\frac{2(\rho_\text{F} - \rho) g\Delta h}{\rho}}{\left(\frac{R_1^4}{R_2^4} - 1\right)}}$$
$$I = \pi\rho R_1^2 \sqrt{\frac{2\left(\frac{\rho_\text{F}}{\rho} - 1\right) g\Delta h}{\left(\frac{R_1^4}{R_2^4} - 1\right)}}.$$

Das ist der Massenfluss in Abhängigkeit von $\Delta h$.

## Aufgabe 148

**Stokes'sche Gleichung**

Auf die Kugel wirken drei Kräfte. Die Reibungskraft ist

$$F_\text{R} = -6\pi\eta_\text{W} R v,$$

die Gravitationskraft ist

$$F_\text{G} = -m_\text{S} g = -\frac{4\pi}{3}R^3\rho_\text{S} g$$

mit dem Kugelvolumen $4\pi R^3/3$. Außerdem wirkt die Auftriebskraft

$$F_\text{A} = \frac{4\pi}{3}R^3\rho_\text{W} g.$$

So erhalten wir die Bewegungsgleichung der Kugel

$$m_\text{S}\ddot{z} = \frac{4\pi}{3}R^3\rho_\text{S}\ddot{z} = -6\pi\eta_\text{W} R\dot{z} + \frac{4\pi}{3}R^3(\rho_\text{W} - \rho_\text{S})\, g.$$

Wir vereinfachen diese Differentialgleichung zu

$$\ddot{z} = -\frac{9\eta_\text{W}}{2R^2\rho_\text{S}}\dot{z} + \frac{(\rho_\text{W} - \rho_\text{S})}{\rho_\text{S}}g.$$

Es handelt sich hier um eine lineare inhomogene Differentialgleichung zweiter Ordnung. Wir lösen zunächst die homogene Gleichung

$$\ddot{z} = -\frac{9\eta_\text{W}}{2R^2\rho_\text{S}}\dot{z}$$

mit dem Ansatz

$$z(t) = Ae^{\lambda t}.$$

So erhalten wir die Bedingung

$$\lambda^2 = -\frac{9\eta_\text{W}}{2R^2\rho_\text{S}}\lambda.$$

Diese hat die Lösungen $\lambda_1 = 0$ und

$$\lambda_2 = -\frac{9\eta_\text{W}}{2R^2\rho_\text{S}}.$$

So erhalten wir die homogene Lösung

$$z_\text{hom}(t) = A_1 + A_2 \cdot e^{-\frac{9\eta_\text{W}}{2R^2\rho_\text{S}}t}.$$

Für die partikuläre Lösung wählen wir ein Polynom als Ansatz:

$$z(t) = B_0 + B_1 t + B_2 t^2.$$

So erhalten wir die Bedingung

$$2B_2 = -\frac{9\eta_\text{W}}{2R^2\rho_\text{S}}(B_1 + 2B_2 t) + \frac{(\rho_\text{W} - \rho_\text{S})}{\rho_\text{S}}g.$$

Diese lösen wir durch einen Koeffizientenvergleich. So sehen wir direkt, dass $B_2 = 0$ sein muss. Demnach ist

$$B_1 = \frac{2R^2(\rho_\text{W} - \rho_\text{S})\, g}{9\eta_\text{W}}$$

und die partikuläre Lösung ist

$$z_\text{part}(t) = B_0 + \frac{2R^2(\rho_\text{W} - \rho_\text{S})\, g}{9\eta_\text{W}}t.$$

Wir definieren die Konstante $C = A_1 + B_0$. So erhalten wir die Gesamtlösung

$$z(t) = C + A_2 \cdot e^{-\frac{9\eta_\text{W}}{2R^2\rho_\text{S}}t} + \frac{2R^2(\rho_\text{W} - \rho_\text{S})\, g}{9\eta_\text{W}}t.$$

8

Die Geschwindigkeit ist die Ableitung der Trajektorie $z(t)$. Bei großen Zeiten $t \to \infty$ verschwindet hier die Exponentialfunktion und wir erhalten

$$v(t \to \infty) = \dot{z}(t \to \infty) = \frac{2R^2\left(\rho_\text{W} - \rho_\text{S}\right)g}{9\eta_\text{W}}.$$

Das ist die Endgeschwindigkeit, die die Kugel erreicht. Wir erhalten den Wert

$$v(t \to \infty) = -14{,}96\,\frac{\text{m}}{\text{s}}.$$

Das negative Vorzeichen erhalten wir hier, weil sich die Kugel nach unten (also in negative $z$-Richtung) bewegt.

## Aufgabe 149

**Navier-Stokes-Gleichung**

Die Navier-Stokes-Gleichung ist

$$\rho\left[\frac{\partial}{\partial t} + \boldsymbol{u}\cdot\boldsymbol{\nabla}\right]\boldsymbol{u} = \eta\,\Delta\boldsymbol{u} - \boldsymbol{\nabla}p + \rho\boldsymbol{g}.$$

Es wirken keine äußeren Drücke. Deshalb ist $\boldsymbol{\nabla}p = 0$. Die Geschwindigkeit zeigt überall senkrecht nach unten und hängt nur von der horizontalen Achse $x$ ab. Damit ist $\boldsymbol{u} = -u(x)\,\hat{\boldsymbol{e}}_z$. Da wir hier ein stationäres Strömungsprofil betrachten, ist $\partial_t \boldsymbol{u} = \boldsymbol{0}$. Außerdem ist

$$\begin{aligned}(\boldsymbol{u}\cdot\boldsymbol{\nabla})\,\boldsymbol{u} &= (u_x\partial_x + u_y\partial_y + u_z\partial_z)\begin{pmatrix}u_x\\u_y\\u_z\end{pmatrix}\\ &= u_z\partial_z\begin{pmatrix}0\\0\\u_z\end{pmatrix}\\ &= 0.\end{aligned}$$

Mit $\Delta\boldsymbol{u} = -\partial_x^2 u(x)\,\hat{\boldsymbol{e}}_x$ vereinfacht sich die Navier-Stokes-Gleichung zu

$$\eta\,\partial_x^2 u(x) = \rho g.$$

Indem wir zweimal über diese Gleichung integrieren, erhalten wir die Lösung

$$u(x) = \frac{\rho g}{2\eta}x^2 + C_1 x + C_2$$

der Navier-Stokes Gleichung. Dabei dürfen wir die Integrationskonstanten $C_1$ und $C_2$ nicht vergessen. Wir beachten nun noch die Randbedingungen

$$u(x = \pm d/2) = 0.$$

Diese ergeben sich, weil das Fluid an den Platten in Ruhe ist. So erhalten wir das Strömungsprofil

$$u(x) = \frac{\rho g}{2\eta}x^2 - \frac{\rho g d^2}{8\eta}.$$

Das Geschwindigkeitsprofil ist parabelförmig.

8

## Aufgabe 150

**Reynolds-Zahl**

Die Reynolds-Zahl muss gleich sein in beiden Medien. Wir setzen also gleich:

$$\begin{aligned}\text{Re}_\text{Wasser} &= \text{Re}_\text{Luft}\\ \frac{\rho_\text{Wasser}u_\text{Wasser}d_\text{Wasser}}{\eta_\text{Wasser}} &= \frac{\rho_\text{Luft}u_\text{Luft}d_\text{Luft}}{\eta_\text{Luft}}.\end{aligned}$$

Wir kennen die charakteristische Länge hier nicht, aber aus dem Größenverhältnis von Flugzeug und Modellflugzeug wissen wir, dass

$$\frac{d_\text{Wasser}}{d_\text{Luft}} = \frac{6\,\text{m}}{60\,\text{m}}$$

ist. So erhalten wir die Geschwindigkeit

$$\begin{aligned}u_\text{Wasser} &= \frac{10\cdot\rho_\text{Luft}\eta_\text{Wasser}}{\eta_\text{Luft}\rho_\text{Wasser}}\cdot u_\text{Luft}\\ &= 568{,}17\,\frac{\text{km}}{\text{h}}.\end{aligned}$$

# Sachverzeichnis




H. Kumrić und F. Roser, *Experimentalphysik: Mechanik*,
https://doi.org/10.1007/978-3-662-61855-4

Printed in the United States
By Bookmasters